Hans Simon

MATHEMATIK

für Techniker

mit 251 Abbildungen und 1285 Aufgaben

Friedrich Vieweg & Sohn
Braunschweig

Viewegs Fachbücher der Technik

1970

Copyright 1970 by Volk und Wissen, Volkseigener Verlag Berlin

Lizenzausgabe des Verlages Friedr. Vieweg & Sohn, Braunschweig
ISBN-13: 978-3-528-04049-9   e-ISBN-13: 978-3-322-85921-1
DOI: 10.1007/978-3-322-85921-1

Best.-Nr.: 4049

Vorwort

Eine der wichtigsten Grundlagen der Technik ist die Mathematik. Ziel der Techniker- und Ingenieurausbildung muß es daher u. a. sein, mathematische Kenntnisse in einem solchen Ausmaß zu vermitteln, daß der Studierende alle an ihn herantretenden mathematischen Probleme sicher meistern kann. Dazu ist es nötig, diese Kenntnisse so aufzunehmen und geistig zu verarbeiten, daß sich mathematische Fähigkeiten und Fertigkeiten entwickeln, die ein selbständiges mathematisches Denken und Arbeiten ermöglichen.

Die rasante Entwicklung von Technik und Wirtschaft bringt es mit sich, daß der Umfang der mathematischen Wissenschaft und damit auch die Fülle des vom Studierenden aufzunehmenden Stoffes ständig wächst. Stoffkomplexe, mathematische Begriffe, Rechenverfahren usw., die noch vor nicht allzu langer Zeit Aufgabe eines Spezialstudiums im fortgeschrittenen Ausbildungsstadium waren, gehören heute zu den selbstverständlichen Grundlagen einer jeden mathematischen Ausbildung. Damit den Lernenden die Fülle des Stoffes nicht erdrückt, ist es heute mehr denn je nötig,

a) eine strenge Stoffauswahl zu treffen,

b) den dargebotenen Stoff denkend zu erfassen und nicht nur anzulernen,

c) das erworbene Wissen und die entwickelten Fähigkeiten durch hinreichende und klug ausgewählte Übungen für die Praxis anwendungsbereit zu machen und zu erhalten.

Nur eine solche rationalisierte Ausbildung kann heute und künftig noch greifbare Erfolge gewährleisten.

Auch die mathematische Wissenschaft kommt einer solchen Rationalisierung entgegen, indem sich im Laufe der letzten Jahre einige zentrale Begriffe herausgeschält haben, die als tragende Säulen des gesamten mathematischen Gebäudes bezeichnet werden können. Ihnen muß daher bereits in den Anfängen des mathematischen Unterrichts besondere Aufmerksamkeit und Sorgfalt gewidmet werden. Dazu gehören vor allem die Begriffe Menge, Abbildung und Funktion. Da diese Begriffe noch nicht allzu lange diese heutige zentrale Stellung einnehmen, ohne sie aber heute ein mathematisches Studium unmöglich ist, beginnt der folgende Lehrgang mit ganz elementaren Gebieten der Arithmetik und Geometrie, allerdings unter bewußter Verwendung und Betonung der genannten Begriffe. Es muß deshalb dringend empfohlen werden, die Anfangskapitel nicht etwa zu überschlagen, auch wenn sie diesem oder jenem Leser scheinbar nichts Neues bieten. Die ständige Wiederholung und Übung ist sowieso eine der wichtigsten Voraussetzungen eines erfolgreichen mathematischen Studiums. Zugleich werden aber, vielleicht mehr oder weniger unmerklich, diese Grundlagen auf moderne Fundamente gestellt; und das ist das Entscheidende.

Aus dem gleichen Grunde wird der besonders wichtigen Gleichungslehre (Kapitel 5) ein umfangreiches Kapitel „Funktionen" vorangestellt, um diesen fundamentalen Begriff zu sichern und seine spätere Anwendung zu ermöglichen. Auch zur Trigonometrie wird deshalb der Eingang über die Winkelfunktionen gewählt, wie es heute in der Wissenschaft üblich ist.

Zahlreiche Übungen sollen die erworbenen Kenntnisse und Fähigkeiten zu Fertigkeiten entwickeln helfen und außerdem dem Studierenden die Gewißheit verschaffen, daß sein Studium von Erfolg gekrönt war. Deshalb sind in einem Anhang für viele Übungen die Lösungen, mitunter auch kurze Anleitungen für den Lösungsweg, angegeben. Solche Aufgaben sind durch ein (L) gekennzeichnet. Es ist unerläßlich, daß der Studierende nicht eher zur nächsten Übung oder zum nächsten Abschnitt übergeht, ehe er nicht für eine vorgenommene Aufgabe einen Lösungsweg fand, der zu der angegebenen Lösung führt. Hier ist Ausdauer und Disziplin unerläßlich!

Noch immer ist der „schlechte Ruf" der Mathematik, sie sei eine Wissenschaft, die nur besonders Begabten zugänglich sei, nicht ganz ausgerottet, wenn sich auch im Zuge der Technisierung unseres Lebens und unserer Wirtschaft hier ein wesentlicher Wandel bereits vollzogen hat. Möge dieses Buch dazu beitragen, die letzten Vorurteile dieser Art zu beseitigen. Die Ausbreitung der Technik in naher Zukunft erfordert das unabdingbar.

Braunschweig, Januar 1969 *Autor und Verlag*

INHALTSVERZEICHNIS

1. Arithmetik

Arithmetik ist die Lehre von den Zahlen und ihren Verknüpfungen. Mit Hilfe der Zahlen kann die Welt quantitativ erfaßt werden. Diese geistige Tätigkeit gehört zu den ältesten Aufgaben, die sich die Menschheit gestellt hat. Im Laufe der Jahrtausende erfuhr dabei der Zahlbegriff manche Erweiterung und Verfeinerung.

1.1. Die Grundrechenoperationen mit ganzen Zahlen

1.1.1. Die natürlichen Zahlen

Aus der Aufgabe, Mengen gleichartiger Dinge unserer Umwelt abzuzählen, ergibt sich der Begriff der natürlichen Zahl, wenn man von den speziellen Eigenschaften der abgezählten Dinge abstrahiert und nur die Quantität der Mengen betrachtet.

Beispiel 1:

Aus **3** Stühlen, **3** Äpfeln, **3** Menschen usw. ergibt sich als quantitative Gemeinsamkeit die Dreiermenge, die durch die **natürliche Zahl** „drei" gekennzeichnet wird.

Zur Beschreibung dient das **Zahlwort** „drei", das in verschiedenen Sprachen verschieden ist (franz. trois; engl. three usw.), oder ein Schriftsymbol, das **Zahlensymbol** oder die **Ziffer.** Auch hierfür gibt es verschiedene Möglichkeiten (z. B. 3 oder III), denn im Laufe der Zeit haben sich verschiedene **Ziffernsysteme** herausgebildet. Im täglichen Leben ist bei uns das **dekadische Positionssystem** (Zehnersystem) gebräuchlich, in dem mit Hilfe der **zehn Grundziffern** 0, 1, 2, 3, 4, 5, 6, 7, 8, 9 die Ziffern größerer natürlicher Zahlen dadurch dargestellt werden, daß man jeder Grundziffer im Zahlbild (z. B. 3456) außer ihrem **Grundwert** noch einen von der Stellung (oder Position) abhängigen **Stellenwert** zuweist. Erst **Grundwert und Stellenwert** ergeben den tatsächlichen **Wert der Grundziffer** im Zahlbild, die Summe aller dieser Grundzifferwerte die durch die Ziffer dargestelle Zahl.

Beispiel 2:

$$3456 = 3 \cdot 1000 + 4 \cdot 100 + 5 \cdot 10 + 6$$

Die Stellenwerte erhalten bei der Bildung des Zahlworts bestimmte Bezeichnungen, so daß sich ergibt: dreitausendvierhundertsechsundfünfzig.

Beim **Rechnen mit natürlichen Zahlen** sind die Stellenwerte streng zu beachten, so dürfen z.B. beim schriftlichen Addieren und Subtrahieren nur gleiche Stellenwerte vereinigt werden („richtiges Untereinandersetzen").

Beispiele:

3.	129876	4.	724598643
	7025		− 2008721
	136901		722589922

Übersicht über die Stellenwerte:

... 9 2 8 7 6 5 4 2 3 4 5 6 9 2 1 3 5 8 9 7 4

- Hunderttrillionen HTr
- Zehntrillionen ZTr
- Trillionen Tr
- Hunderttausendbillionen HTB
- Zehntausendbillionen ZTB
- Tausendbillionen TB
- Hundertbillionen HB
- Zehnbillionen ZB
- Billionen B
- Hunderttausendmillionen HTM
- Zehntausendmillionen ZTM
- Tausendmillionen TM
- Hundertmillionen HM
- Zehnmillionen ZM
- Millionen M
- Hunderttausender HT
- Zehntausender ZT
- Tausender T
- Hunderter H
- Zehner Z
- Einer E

Statt	sagt man auch
Tausendmillionen	Milliarde
Tausendbillionen	Billiarde
Tausendtrillionen	Trilliarde usw.

Beispiel 5:

50006402055982003 wird gelesen:

Fünfzigtausendsechs Billionen vierhundertzweitausendfünfundfünfzig Millionen neunhundertzweiundachtzig Tausend drei

oder

Fünfzig Billiarden sechs Billionen vierhundertzwei Milliarden fünfundfünfzig Millionen neunhundertzweiundachtzig Tausend drei

Die Folge der natürlichen Zahlen 0, 1, 2, 3, . . . kann dadurch veranschaulicht werden, daß auf einem Strahl in gleichen Abständen Punkte aufgetragen werden und jedem dieser Punkte eine natürliche Zahl zugeordnet wird (Abb. 1.1.). Die Darstellung heißt **Zahlenstrahl.**

Abb. 1.1.

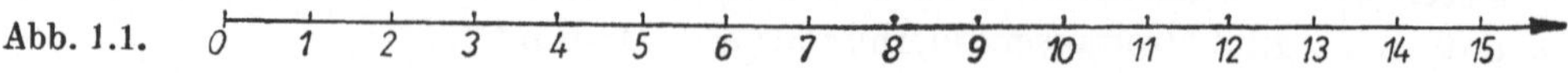

Es ist auch möglich, als Veranschaulichung einer bestimmten natürlichen Zahl die gerichtete Strecke vom Anfangspunkt 0 bis zu dem der betreffenden Zahl zugeordneten Punkt zu betrachten. Dann kann man Additions- und Subtraktionsaufgaben graphisch durch Aneinander- bzw. Aufeinanderlegen der entsprechenden Strecken lösen (Abb. 1.2.).

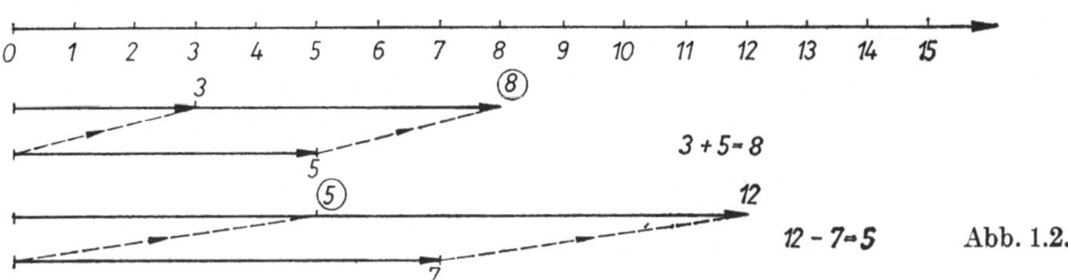

Abb. 1.2.

Wird der Zahlenstrahl wie in Abbildung 1.1. waagerecht mit dem Anfangspunkt am linken Ende gezeichnet, so folgt:

Je weiter rechts ein Punkt liegt, desto größer ist die ihm zugeordnete Zahl, und umgekehrt.

Beispiel 6:

a) 15 > 14   b) 15 > 3   c) 15 > 0   (> lies: größer als)

d) 2 < 3   e) 2 < 25   f) 0 < 1   (< lies: kleiner als)

Aufgaben zur Wiederholung:

1. 45 357 007 + 12 908 + 6 000 200 + 475 483 512 980
ist zu berechnen, und diese Zahlen sowie das Ergebnis sind zu lesen (L)[1].

2. 5 001 265 − 345 280 (L)

3. 16 143 215 − 653 008 − 12 005 − 395 + 255 006 (L)

4. Folgende Summen sind graphisch mit Hilfe des Zahlenstrahls zu bestimmen:

a) 6 + 2 + 8 + 4   b) 14 − 2 − 3   c) 7 + 5 − 3 − 8 (L)

5. 625 · 7489 (L)

6. 6 330 337 104 : 524 (L)

1.1.2. Variablen

Jede der in 1.1.1. benutzten Ziffern ist Symbol für eine ganz bestimmte Zahl, z.B. stellt die Ziffer 37 ausschließlich die Zahl siebenunddreißig dar. Oft besteht aber die Notwendigkeit, Zahlensymbole zu verwenden, die für mehrere (mitunter für unbe-

---

[1] Das in Klammern gesetzte L gibt an, daß im Anhang die Lösung zu der Aufgabe enthalten ist.

grenzt viele) Zahlen aus einem bestimmten Zahlenbereich stehen. Dazu werden Buchstaben benutzt; man nennt sie **allgemeine Zahlensymbole** oder **Variablen.** Wichtig ist, daß stets dabei vermerkt wird, welchem Zahlenbereich die Zahlen angehören sollen, die für die Variablen eingesetzt werden dürfen (mit denen die Variablen „belegt" werden dürfen).

Beispiele:

7. Alle natürlichen Zahlen zwischen 13 und 17, d. h. die größer als 13, aber kleiner als 17 sind, sind durch $13 < n < 17$ (n natürlich) festgelegt. (Es sind nur die Zahlen 14, 15, 16.)

8. Alle Paare natürlicher Zahlen, die miteinander multipliziert 60 ergeben, sind durch $x \cdot y = 60$ (x, y natürlich) festgelegt. (Das sind die Zahlenpaare 1 und 60; 2 und 30; 3 und 20; 4 und 15; 5 und 12; 6 und 10.)

9. Wird eine beliebige natürliche Zahl um ihr Doppeltes vermehrt, so ist die neue Zahl wieder eine natürliche Zahl und außerdem stets durch 3 teilbar (z. B. $5 + 10 = 15 = 3 \cdot 5$; $17 + 2 \cdot 17 = 51 = 3 \cdot 17$). Das läßt sich allgemein darstellen durch $a + 2a = 3 \cdot a$ (a natürlich).

Variablen bringen in der Mathematik große Vorteile. Mit ihrer Hilfe kann man

a) allgemeine Zusammenhänge, Gesetze, Regeln, Formeln kurz und übersichtlich darstellen,

b) Aufgaben, die in gleicher Form mit verschiedenen speziellen Zahlen vorkommen, ein für allemal lösen,

c) Zahlenrechnungen oft rationeller als mit bestimmten Zahlen gestalten.

Für die **Belegung der Variablen** mit bestimmten Zahlen aus dem angegebenen Zahlenbereich wird dabei folgendes verabredet:

1. Innerhalb eines Ausdrucks, einer Gleichung oder einer Ungleichung können verschiedene Variablen mit verschiedenen oder auch mit gleichen bestimmten Zahlen, gleiche Variablen aber immer nur mit denselben bestimmten Zahlen belegt werden.

Beispiel 10:

$a + b > a - b$ (a, b natürlich; $a \geqq b$)

Belegung mit $a = 7$; $b = 3$ ergibt $7 + 3 > 7 - 3$, also $10 > 4$

2. Eine vor einer Variablen stehende bestimmte Zahl heißt **Vorzahl oder Koeffizient.** Sie weist an, daß jede Variablenbelegung mit dieser Zahl multipliziert werden muß. (Zwischen Koeffizient und Variable kann deshalb ein Malpunkt gesetzt werden, doch ist das nicht nötig.)

Beispiel 11:

$3m + 2p + q$ (m, p, q natürlich)

Belegung mit $m = 1$; $p = 5$; $q = 0$ ergibt $3 \cdot 1 + 2 \cdot 5 + 0 = 3 + 10 + 0 = 13$

3. Kommen Variablen in einer Gleichung oder Ungleichung vor, so sind alle, aber auch
nur diejenigen Belegungen erlaubt, die wahre Aussagen ergeben.

Beispiele:

12. $x - 2 = 7$ (x natürlich) Belegung möglich mit 9.

13. $3 \cdot y = 4$ (y natürlich) Keine Belegung möglich.

14. $m + n = 8$ (m, n natürlich) Belegung möglich mit
    0 und 8; 1 und 7; 2 und 6; 3 und 5; 4 und **4.**

15. $15 - a > 10$ (a natürlich) Belegung möglich mit 0, 1, 2, 3, 4.

16. $15 - a = 15$ (a natürlich) Belegung möglich mit 0.

17. $15 - a > 20$ (a natürlich) Keine Belegung möglich.

18. $\left. \begin{array}{l} r + s = 10 \\ r - s = 2 \end{array} \right\}$ (r, s natürlich) Belegung möglich mit $r = 6$; $s = 4$.

1.1.3. Die Grundrechenoperationen

Es gibt vier Grundrechenoperationen, die einerseits nach Stufen, andererseits in
(direkte) Operationen und Umkehroperationen eingeteilt werden.

Stufe	Operation	Umkehroperation
I	**Addition:** $a + b = c$ Fachbezeichnungen: a, b Summanden $c, a + b$ Summe $+$ plus Beispiel: $17 + 14 = 31$	**Subtraktion:** $c - a = b$ Fachbezeichnungen: c Minuend a Subtrahend $b, c - a$ Differenz $-$ minus Beispiel: $31 - 17 = 14$
II	**Multiplikation:** $m \cdot n = p$ Fachbezeichnungen: m, n Faktoren $p, m \cdot n$ Produkt mal Beispiel: $12 \cdot 8 = 96$	**Division:** $p : m = n$ Fachbezeichnungen: p Dividend m Divisor $n, p : m$ Quotient $:$ durch Beispiel: $96 : 12 = 8$

Für die Rechenoperationen gelten folgende **Grundgesetze:**

Name des Gesetzes	Addition	Multiplikation
Kommutativgesetz	$a + b = b + a$ Summanden sind vertauschbar. Beispiel: $17 + 14 = 14 + 17$	$m \cdot n = n \cdot m$ Faktoren sind vertauschbar. Beispiel: $12 \cdot 8 = 8 \cdot 12$
Assoziativgesetz	$u + v + w = (u + v) + w$ $= u + (v + w)$ Aus mehreren Summanden können in verschiedener Weise Teilsummen gebildet werden. Beispiel: $6 + 8 + 11$ $= (6 + 8) + 11 = 14 + 11$ $= 6 + (8 + 11) = 6 + 19$	$x \cdot y \cdot z = (x \cdot y) \cdot z$ $= x \cdot (y \cdot z)$ Aus mehreren Faktoren können in verschiedener Weise Teilprodukte gebildet werden. Beispiel: $3 \cdot 5 \cdot 8$ $= (3 \cdot 5) \cdot 8 = 15 \cdot 8$ $= 3 \cdot (5 \cdot 8) = 3 \cdot 40$
Distributivgesetz	$(r + s) \cdot t = r \cdot t + s \cdot t$ Soll eine Summe mit einer Zahl multipliziert werden, kann entweder erst die Summe berechnet und das Ergebnis mit der Zahl multipliziert werden, oder es können die Summanden einzeln mit der Zahl multipliziert und dann die Teilprodukte addiert werden. Beispiel: $(40 + 3) \cdot 6 = 43 \cdot 6 = 40 \cdot 6 + 3 \cdot 6$	

Die geschickte Anwendung der Grundgesetze ergibt praktische Rechenvorteile bei vielen Rechenaufgaben.

Beispiele:

19. $13 + 44 + 12 + 27 + 8 = (13 + 27) + (12 + 8) + 44 = 40 + 20 + 44 = 60 + 44 = 104$

20. Bei der schriftlichen Multiplikation wird grundsätzlich das Distributivgesetz in Anwendung gebracht:

$$349 \cdot 627 = 349 \cdot (600 + 20 + 7) = 349 \cdot 600 + 349 \cdot 20 + 349 \cdot 7$$

$349 \cdot 627$
2094	$\rightarrow 349 \cdot 6 \,(00) = 2094 \,(00)$
698	$\rightarrow 349 \cdot 2 \,(0) \;= 698 \,(0)$
2443	$\rightarrow 349 \cdot 7 \qquad = 2443$

218823

Es ist möglichst geschickt zu berechnen:

1. $62440 + 235 + 9218 + 12 + 8005$ (L)   2. $125 \cdot 67508$ (L)

3. $12345 \cdot 987600$ (L)   4. $(12 + 87 + 9) \cdot 16$ (L)

1.1.4. Die ganzen Zahlen

Werden zwei natürliche Zahlen addiert oder multipliziert, so ergeben sich stets wieder natürliche Zahlen.

■ **Beispiel 21:**

$$17 + 189 = 206; \quad 23 + 0 = 23; \quad 14 + 1 = 15$$
$$6 \cdot 81 = 486; \quad 11 \cdot 0 = 0; \quad 36 \cdot 1 = 36$$

Bei der Subtraktion und der Division trifft das wohl manchmal, aber nicht in allen Fällen zu.

■ **Beispiele:**

22. a) $25 - 11 = 14$;   b) $90 : 15 = 6$ ⎫
    c) $25 - 25 = 0$;   d) $90 : 90 = 1$ ⎬ Ergebnisse sind natürliche Zahlen.

23. a) $25 - 48 = b$;   b) $90 : 27 = n$ Ergebnisse b bzw. n sind keine natürlichen Zahlen.

Die Differenz zweier natürlicher Zahlen ist offenbar nur dann wieder eine natürliche Zahl, wenn der Minuend nicht kleiner als der Subtrahend ist:

$$c - a = b \quad (c, a \text{ natürlich})$$

b nur dann natürlich, wenn $c \geqq a$.   Mit anderen Worten heißt das:

Im Bereich der natürlichen Zahlen ist die Subtraktion nicht uneingeschränkt ausführbar.

Am Zahlenstrahl zeigt sich das daran, daß beim Aufeinanderlegen der Strecken, die Minuend und Subtrahend zugeordnet sind, der dem Ergebnis entsprechende Punkt P nicht mehr auf dem Zahlenstrahl liegt, wenn der Minuend kleiner als der Subtrahend ist (Abb. 1.3.).

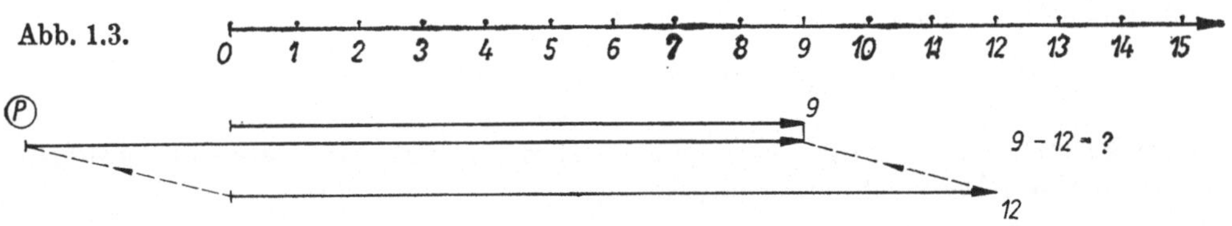

Abb. 1.3.

Um die Subtraktion natürlicher Zahlen ohne Einschränkung ausführbar zu machen, muß der Bereich der natürlichen Zahlen erweitert werden. Für den Zahlenstrahl bietet sich dazu die Verlängerung über den Nullpunkt hinaus zur **Zahlengeraden** an, wobei auch die Punkteinteilung fortgesetzt und wie in Abbildung 1.4. beschriftet wird.

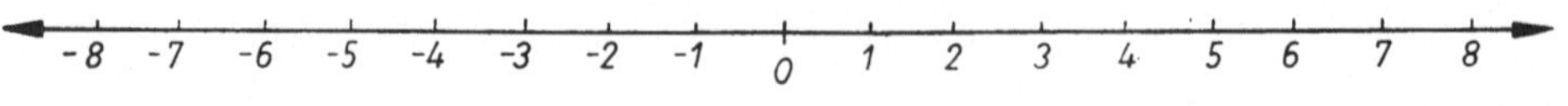

Abb. 1.4.

Die neuen Zahlen heißen **negative ganze Zahlen.** Sie werden „minus eins“, „minus zwei“ usw. gelesen. Eine Begründung für diese Lese- und Schreibweise ergibt sich durch folgende Überlegung:

Aus einer Subtraktionsaufgabe $c - a = b$ (a, c natürlich, $c \geq a$) können unbegrenzt viele neue Subtraktionsaufgaben mit derselben Differenz b gewonnen werden, wenn Minuend und Subtrahend um dieselbe natürliche Zahl m vermehrt oder vermindert werden und bei der Verminderung $m \leq a$ gewählt wird:

$$\left. \begin{array}{l} (c + m) - (a + m) = b \\ (c - m) - (a - m) = b \end{array} \right\} \quad a,\ c,\ m \text{ natürlich},\ c \geq a$$

■ **Beispiel 24 für** $c > a$:

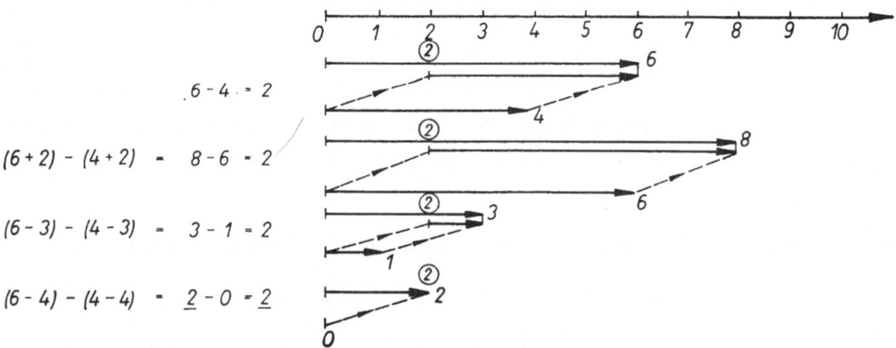

Abb. 1.5.

Insbesondere gilt für $c \geq a$ (vgl. letzte Zeile der Abb. 1.5.):

Werden Minuend und Subtrahend um den Subtrahenden vermindert, so ist der neue Minuend gleich der Differenz:

$$(c - a) - (a - a) = (c - a) - 0 = c - a = b$$

Vereinbarungsgemäß wird das sinnentsprechend auf die Subtraktionsaufgabe $c - a = b$ (a, c natürlich, $c < a$) übertragen.

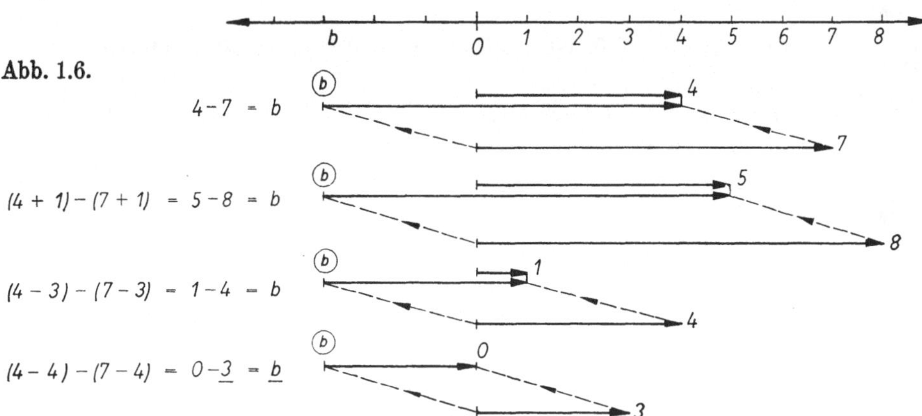

Insbesondere wird für den Fall $c < a$ festgesetzt:

Werden Minuend und Subtrahend um den Minuenden vermindert, so soll die Differenz durch den neuen Subtrahenden unter Beibehaltung des Minuszeichens symbolisiert werden:

$$(4 - 4) - (7 - 4) = 0 - 3 = -3; \text{ also } b = -3.$$

Allgemein: $\qquad (c - c) - (a - c) = 0 - (a - c) = -(a - c)$

Bei der gleichzeitigen Betrachtung der negativen ganzen Zahlen $-1, -2, -3, \ldots$ und der natürlichen Zahlen $0, 1, 2, 3, \ldots$ werden letztere gelegentlich (außer 0) mit einem Pluszeichen versehen und dann die **positiven ganzen Zahlen** $+1, +2, +3, \ldots$ genannt. Die Symbole $+$ und $-$, durch die sich die positiven von den negativen Zahlen unterscheiden, heißen die **Vorzeichen.** In bezug auf Rechenoperationen, Verknüpfungen usw. sind (wie hier nicht bewiesen werden kann) natürliche Zahlen (außer 0) und positive ganze Zahlen völlig gleichwertig. Deshalb darf das Vorzeichen $+$, wenn Mißverständnisse ausgeschlossen sind, weggelassen werden.
Positive und negative ganze Zahlen und die Zahl 0 bilden zusammen den Bereich der **ganzen Zahlen.**

Folgende Festsetzungen werden vereinbart:

1. Von zwei ganzen Zahlen soll diejenige die größere heißen, deren zugeordneter Punkt auf der Zahlengeraden weiter rechts liegt, wenn diese wie in Abbildung 1.4. gezeichnet ist.

Beispiel 26:

$\quad$ **a)** $-5 < +3;$ $\quad$ **b)** $+1 > -10000;$ $\quad$ **c)** $-500 < 0;$ $\quad$ **d)** $+500 > 0;$ $\quad$ **e)** $-15 < -2$

2. Zwei ganze Zahlen, denen zwei Punkte auf der Zahlengeraden zugeordnet sind, die nach beiden Seiten vom Nullpunkt in gleicher Entfernung liegen, sollen **entgegengesetzte Zahlen** heißen.

Beispiel 27:

-3 und $+3$; -10050 und $+10050$; $-a$ und $+a$ (a natürlich); 0 und 0.

3. Das Vorzeichen $-$ kann auch aufgefaßt werden als Symbol zur Kennzeichnung der entgegengesetzten Zahl zu einer beliebigen ganzen Zahl.

Beispiel 28:

Die entgegengesetzte Zahl zu 12 ist -12.

Da aber -12 auch die entgegengesetzte Zahl zu $+12$ ist, kann geschrieben werden:
$-12 = -(+12)$
Entsprechend ist $+6$ die entgegengesetzte Zahl zu -6, also kann geschrieben werden: $+6 = -(-6)$.

Allgemein gilt also:

$$\left. \begin{array}{l} -(+a) = -a \\ -(-a) = +a \end{array} \right\} \ (a \text{ natürlich})$$

4. Entgegengesetzte Zahlen unterscheiden sich nur im Vorzeichen. Um z. B. nur die Entfernung des zugeordneten Punktes vom Nullpunkt zu beschreiben, ist das Vorzeichen unwichtig. Dabei kommt es nur auf den Zahlenwert ohne Berücksichtigung des Vorzeichens an. Dafür ist der Fachname **Betrag** der ganzen Zahl üblich. Symbol: $|z|$ (z ganz). Der Betrag ist stets eine nichtnegative Zahl (positiv oder 0).

Beispiel 29:

a) $|+3| = |-3| = +3$;   b) $|+a| = |-a| = +a$ (a natürlich);   c) $|0| = 0$

Allgemein gilt für eine ganze Zahl z:

$|z| = \quad z$, falls $z \geqq 0$ Beispiel: $z = +5$; $|+5| = +5$
$|z| = -z$, falls $z < 0$ Beispiel: $z = -7$; $|-7| = +7$

5. Die für die Rechenoperationen mit natürlichen Zahlen gültigen Grundgesetze (Kommutativ-, Assoziativ-, Distributivgesetz) sollen auch im Bereich der ganzen Zahlen Gültigkeit haben.

Positive und negative Zahlen spielen nicht nur in der Mathematik, sondern auch in der Praxis eine Rolle. Es gibt eine Reihe von Begriffen, die zwei Teilbegriffe von gegensätzlichem Wesen umfassen. Zu deren Unterscheidung können bei Maßangaben die Vorzeichen $+$ und $-$ dienen.

a) Temperatur: $+5\,^\circ$C (Wärmegrade); $-5\,^\circ$C (Kältegrade)

b) Kontenstand: $+100$ DM (Guthaben); -100 DM (Schulden)

c) Höhenlagen: $+12$ m (über NN); -3 m (unter NN)

d) Pegelstand: $+3,40$ m (über Normalstand); $-2,10$ m (unter Normalstand)

Aufgaben

1. Folgende ganze Zahlen sind der Größe nach zu ordnen:

a) $+2$; -5; 0; -1000; $+500$; -1; $+1$

b) -12345; -12346; $+12345$; $+12346$ (L)

2. Wie heißen die entgegengesetzten Zahlen zu

12; -5; 1; -1; 10555; -3479; 0? (L)

3. Wie heißen die Beträge der in Aufgabe **2** genannten Zahlen? (L)

4. Welche Zahl von folgenden Zahlenpaaren ist jeweils die größere?

-13 und -14; $|-13|$ und $|-14|$; 17 und 18; $|17|$ und $|18|$; -100 und $+100$; $|-100|$ und $|+100|$ (L)

5. Welche Strecke wird auf der Zahlengeraden durch die Summe der Beträge zweier entgegengesetzter Zahlen veranschaulicht? Wie groß ist die Maßzahl dieser Strecke?

1.1.5. Addition und Subtraktion ganzer Zahlen

Die Zeichen $+$ und $-$ dienen einerseits zur Kennzeichnung der Rechenoperationen Addition und Subtraktion **(Rechenzeichen, Operationszeichen)**, andererseits zur Unterscheidung von positiven und negativen Zahlen **(Vorzeichen)**. Um Verwechslungen vorzubeugen, werden oft die Vorzeichen durch eine Klammer mit der Ziffer verbunden, falls Rechenzeichen und Vorzeichen unmittelbar nebeneinanderstehen oder eine bessere Verdeutlichung erwünscht ist.

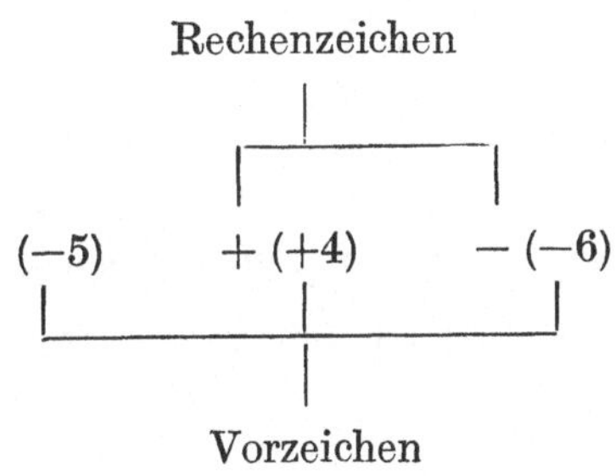

Im folgenden sollen Variable mit beliebigen ganzen Zahlen belegt werden. Dann bedeutet $(+a) = a$ nicht immer eine positive und $(-a)$ nicht immer eine negative Zahl.

Beispiel 31:

$(+a) = a$ belegt mit $(+3) = 3$ ergibt die positive Zahl $(+3) = 3$,

belegt mit (-5) ergibt die negative Zahl (-5).

$(-a)$ belegt mit $(+3) = 3$ ergibt die negative Zahl (-3),

belegt mit (-5) ergibt die positive Zahl $-(-5) = +5 = 5$.

Eine positive Zahl ist deshalb durch $(+ |a|) = a$; eine negative Zahl durch $(- |a|)$ dargestellt, wobei in beiden Fällen für $a = 0$ die Zahl 0 eingeschlossen ist.
Der Darstellung der Addition und Subtraktion an der Zahlengeraden entnimmt man folgende **Rechenregeln** (unter Verzicht auf eine exakte Begründung):

a) Addition von ganzen Zahlen mit gleichen Vorzeichen

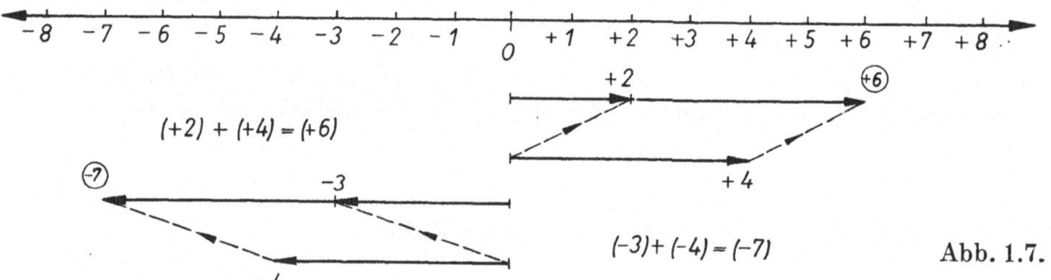

Abb. 1.7.

Regel I:

Die Summe von positiven Zahlen ist eine positive, die Summe von negativen Zahlen eine negative Zahl. Der Betrag der Summe ist in beiden Fällen gleich der Summe der Beträge der Summanden.

$$(+ |a|) + (+ |b|) = + (|a| + |b|)$$
$$(- |a|) + (- |b|) = - (|a| + |b|)$$

Beispiele:

32. $(+3) + (+9) + (+17) = +(3 + 9 + 17) = (+29) = 29$

33. $(-8) + (-4) + (-12) = -(|-8| + |-4| + |-12|) = -(8 + 4 + 12) = (-24)$

b) Addition von ganzen Zahlen mit verschiedenen Vorzeichen

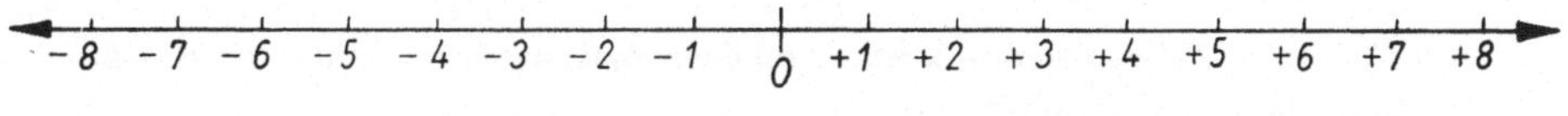

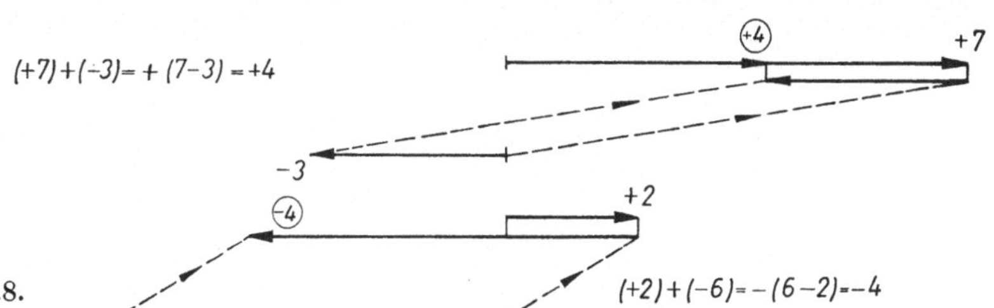

Abb. 1.8.

▶ **Regel II:**

Die Summe einer positiven und einer negativen Zahl ist positiv oder negativ, je nachdem, ob der positive oder der negative Summand den größeren Betrag hat. Der Betrag der Summe ist in jedem Fall gleich der Differenz der Beträge der Summanden.

$$(+ |a|) + (- |b|) = + (|a| - |b|), \text{ falls } |a| > |b|$$
$$(+ |a|) + (- |b|) = - (|b| - |a|), \text{ falls } |b| > |a|$$

Beispiel 34:

a) $(+16) + (-7) = + (|+16| - |-7|) = + (16 - 7) = (+9) = 9$

b) $(-36) + (+50) = + (|+50| - |-36|) = + (50 - 36) = (+14) = 14$

c) $(+12) + (-23) = - (|-23| - |+12|) = - (23 - 12) = (-11)$

d) $(-100) + (+10) = - (|-100| - |+10|) = - (100 - 10) = (-90)$

e) $(+16) + 0 \quad = + (16 + 0) = (+16) = 16$

f) $(-13) + 0 \quad = - (|-13| - |0|) = - (13 - 0) = (-13)$

c) Subtraktion von ganzen Zahlen

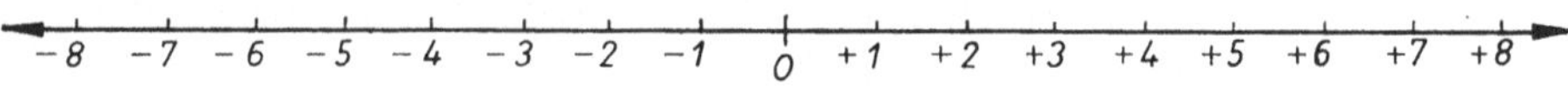

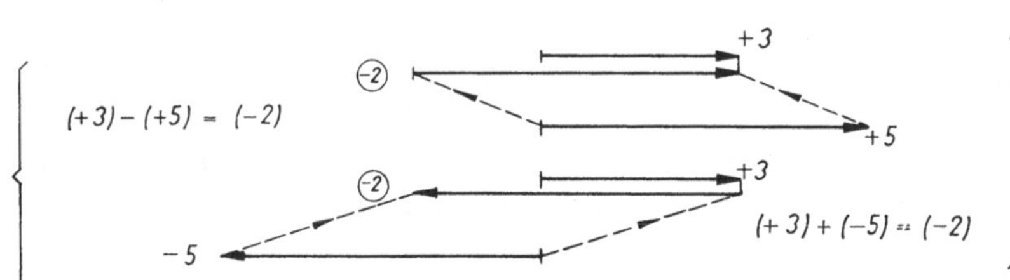

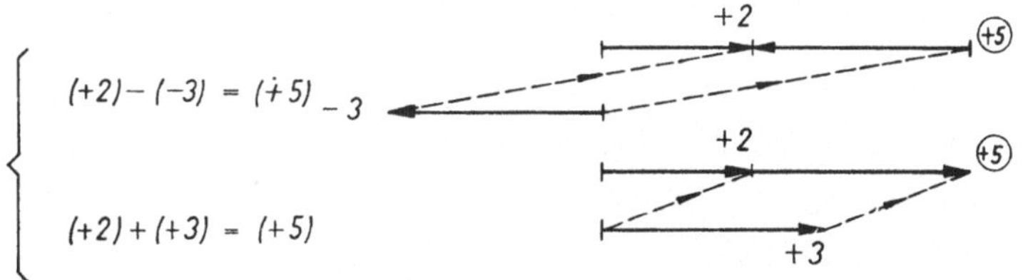

Abb. 1.9.

◄ **Regel III:**

Statt eine ganze Zahl zu subtrahieren, kann die entgegengesetzte Zahl unter Beachtung der Regeln I und II addiert werden.

$$a - b = a + (-b)$$

Beispiel 35:

a) $(+15) - (+20) = (+15) + (-20) = -(|-20| - |+15|) = -(20 - 15) = (-5)$

b) $(-12) - (+18) = (-12) + (-18) = -(|-12| + |-18|) = -(12 + 18) = (-30)$

c) $(-100) - (-300) = (-100) + (+300) = +(|+300| - |-100|) = +(300 - 100)$
$$= (+200) = 200$$

d) $(+16) - (-55) = (+16) + (+55) = +(16 + 55) = (+71) = 71$

e) $(+6) - 0 \quad = \quad (+6) + \quad (0) \quad = +(|+6| + |0|) = +(6 + 0) = (+6) = 6$

f) $0 - (+8) \quad = 0 + (-8) \quad\quad = -(|-8| + |0|) = -(8 + 0) = (-8)$

d) Addition und Subtraktion von Gliedern mit Variablen

Enthält ein Ausdruck Variablen, so können Glieder mit gleichen Variablen zusammengefaßt werden. Das geschieht, indem auf ihre Koeffizienten die Rechenregeln I bis III angewendet werden. Dazu muß vor solchen Koeffizienten, die kein Vorzeichen aufweisen, jeweils ein Vorzeichen $+$ ergänzt werden. Genauso wird mit den von Variablen freien Gliedern verfahren.

Beispiel 36:

$$6m + 4r - 2m - 9 - 17r + 6 + 3m$$
$$= (+6m) - (+2m) + (+3m) + (+4r) - (+17r) - (+9) + (+6)$$
$$= (+6m) + (-2m) + (+3m) + (+4r) + (-17r) + (-9) + (+6)$$
$$= (+6 - 2 + 3)m + (4 - 17)r + (-9 + 6)$$
$$= 7m - 13r - 3$$

Steht vor einer Variablen kein Koeffizient, so ist die Vorzahl $+1$ zu ergänzen. Ergibt sich beim Zusammenfassen der Koeffizient 0, so kommt das Glied in Wegfall.

Beispiel 37:

$$a + (-2b) + 3c - 3a - (-2b) - c$$
$$= +1a - (+3a) + (-2b) - (-2b) + (+3c) - (+1c)$$
$$= 1a + (-3a) + (-2b) + (+2b) + (+3c) + (-1c)$$
$$= (1 - 3)a + (-2 + 2)b + (3 - 1)c$$
$$= -2a + 0 \cdot b + 2c = -2a + 2c$$

1. $1 + (-2) - (+3) + 4 - 5 + (+6) - (-7) + 8$ (L)

2. $(-927) - (-354) + (+354)$ (L)

3. $7a - 3b + 5c + (-7b) - (-2c) - (+6b) + 9b - 6c$ (L)

4. $3m - 7n + 5m - 17m + 5n + 3n - 8p - 5n + 8p$ (L)

5. $45a + 57b - 86a + 54x - 73b + 10x + 19b - 71x$ (L)

6. $x - 5y + 8 + 7x - 3y + 5 - 8x - 9y - 14 + y$ (L)

7. $8a - 3b + 7c + x + (-4a) + (+b) + (-7x) - (-5a) - (+4b) - (-5c) - (+8x)$ (L)

8. $-2r + 3s - 4t - (-r) + 2t + (-3s) + r - (-t) + (+t)$ (L)

1.1.6. Addition und Subtraktion von Klammerausdrücken

Sollen mehrere Glieder eines Ausdrucks addiert oder subtrahiert werden, so werden
diese Glieder durch eine runde (), eckige [ ] oder geschweifte { } Klammer zusammengefaßt und das betreffende Rechenzeichen davorgesetzt.

Beispiel 38:

$$3m + (4m + 2n - 3o) - (2m - 4n + 3o)$$

Das soll bedeuten, daß das Rechenzeichen auf alle Glieder der Klammer angewendet
werden soll:

$$3m + (+4m) + (+2n) + (-3o) - (+2m) - (-4n) - (+3o)$$

Wegen $+ (+a) = +a$ und $+ (-a) = - (+a) = -a$ folgt:

$$3m + 4m + 2n - 3o - (+2m) - (-4n) - (+3o).$$

Wegen $- (+c) = -c$ und $- (-c) = + (+c) = +c$ folgt schließlich:

$3m + 4m + 2n - 3o - 2m + 4n - 3o$, also:

$$3m + (4m + 2n - 3o) - (2m - 4n + 3o) = 3m + 4m + 2n - 3o - 2m + 4n - 3o$$

Daraus ergibt sich die

Regel IV:

**Additionsklammern dürfen ohne Änderung der Vorzeichen der Klammerglieder weggelassen
werden, Subtraktionsklammern nach Änderung der Vorzeichen der Klammerglieder in die
entgegengesetzten. Eine am Anfang einer Aufgabe stehende Klammer ohne Vorzeichen ist
als Additionsklammer zu werten.** Diese Umformung nennt man das **Auflösen der Klammern.**

Beispiel 39:

$$(2x - 7y + 5z) - (5x - 3y + 4z) + (6x - 3y + z)$$
$$= 2x - 7y + 5z - 5x + 3y - 4z + 6x - 3y + z = 3x - 7y + 2z$$

Aufgaben

1. $(5x - 3a - 5b) - (7x + 2a - 5b) + (3x + 4a - b)$ (L)

2. $3a + (a + 7b - 4c) - (3a + 5b - 3c) - (b - c)$ (L)

3. $(9m - 8n + 7p) + (5n - 7p) - 8m - 2p - (-m - 3r)$ (L)

4. $(13n - 11y + 10z) - (-15n + 11y - 5z)$ (L)

5. $1500r + (675s + 250v) - 980t - (-1025t + 1495r - 605s)$ (L)

6. $10x + (3x - 2y) + (2y - 13x)$ (L)

7. $(73x - 195y + 167z) - (49x + 25y - 26z) + 34x + 220y$ (L)

8. $a + (2b + 3c) - 4b - (5c - 6a) + (-a - b - c) - (a + b + c)$ (L)

Anleitung zu den Aufgaben **9** bis **12**: Bei ineinandergeschachtelten Klammern werden die Klammern schrittweise aufgelöst, und zwar die inneren zuerst.

9. $(a - b) - [(b + x) - a] - (a - x)$ (L)

10. $[(2x - 5y) - (7x - 3y)] - [(3x - 5y) - (8x - 7y)]$ (L)

11. $\{4a - [3a + 2b - (x - b)]\} - \{2x - [2a - (x - a)]\}$ (L)

12. $(5a + 3b) + \{(12a - 6b) - [(10a - 2b) - (3a - 4b)]\}$ (L)

1.1.7. Multiplikation und Division von ganzen Zahlen

Den natürlichen Zahlen entsprechend gilt:

Das Produkt aus zwei ganzen Zahlen ist stets, der Quotient aber nur unter bestimmten Bedingungen eine ganze Zahl.

a) Multiplikation von ganzen Zahlen

Zahlen mit denselben Vorzeichen sollen **gleichartige,** solche mit verschiedenen Vorzeichen **ungleichartige Zahlen** heißen. Für das Multiplizieren ganzer Zahlen hat sich folgende **Festsetzung** als sinnvoll erwiesen:

▶ **Regel V:**

Das Produkt aus zwei gleichartigen Zahlen ist eine positive, das Produkt aus zwei ungleichartigen Zahlen eine negative Zahl. Der Betrag des Produktes ist in jedem Fall gleich dem Produkt aus den Beträgen der Faktoren.

$$(+ |m|) \cdot (+ |n|) = (- |m|) \cdot (- |n|) = + (|m| \cdot |n|) \left. \right\}$$
$$(+ |m|) \cdot (- |n|) = (- |m|) \cdot (+ |n|) = - (|m| \cdot |n|) \qquad (m, n \text{ ganz})$$

■ **Beispiel 40:**

a) $(-3) \cdot (-2) = + (|-3| \cdot |-2|) = + (3 \cdot 2) = +6 = 6$

22

b) $(-8) \cdot (+4) = - (|-8| \cdot |+4|) = - (8 \cdot 4) = -32$

c) $(+2) \cdot (-4) \cdot (-6) \cdot (-8) = [- (|+2| \cdot |-4|)] \cdot [+ (|-6| \cdot |-8|)]$
$$= [- (2 \cdot 4)] \cdot [+ (6 \cdot 8)]$$
$$= [-8] \cdot [+48] = - (|-8| \cdot |+48|) = - (8 \cdot 48) = -384$$

b) Division von natürlichen Zahlen

Die Division ist die umgekehrte Rechenoperation zur Multiplikation, d.h., aus $p : m = n$ folgt $p = m \cdot n$. Wenn also außer p und m auch der Quotient n eine natürliche Zahl sein soll, muß der Dividend p das Produkt aus dem Divisor m und einer natürlichen Zahl (eben dem Quotienten n) sein.

Beispiel 41:

$15 : 5 = 3$ deshalb, weil $15 = 5 \cdot 3$

$15 : 6 \neq n$ (n natürlich), weil $15 \neq 6 \cdot n$ (n natürlich)

Läßt sich eine Zahl p als Produkt aus einer anderen Zahl m und einer natürlichen Zahl $n > 0$ schreiben, so heißt p ein **Vielfaches** (n-faches) von m. Damit gilt:

Der Quotient aus zwei natürlichen Zahlen ist nur dann selbst eine natürliche Zahl, wenn der Dividend ein Vielfaches des Divisors ist. Anderenfalls führt die Division über den Bereich der natürlichen Zahlen hinaus.

Beispiel 42: (n natürlich)

a) $648 : 8 = n$, weil $648 = 8 \cdot n$; $\qquad n = 81$

b) $523 : 17 \neq n$, weil $523 \neq 17 \cdot n$, sondern
$$510 = 17 \cdot n_1; \qquad n_1 = 30$$
$$527 = 17 \cdot n_2; \qquad n_2 = 31$$
Offenbar gilt hierbei $30 < n < 31$.

c) $14 : 21 \neq n$, weil $14 \neq 21 \cdot n$, sondern bestenfalls
$$21 = 21 \cdot n_1; \qquad n_1 = 1$$
Offenbar gilt hierbei $0 < n < 1$.

Da der kleinste Faktor 1 ist, kann der Quotient niemals eine natürliche Zahl sein, wenn der Dividend kleiner als der Divisor ist.

c) Division von ganzen Zahlen

Aus Regel V folgt die Regel VI für die Division von ganzen Zahlen.

► **Regel VI:**

Der Quotient aus zwei gleichartigen Zahlen ist eine positive, der Quotient aus zwei ungleichartigen Zahlen eine negative Zahl. Der Betrag des Quotienten ist in jedem Fall gleich dem Quotienten aus den Beträgen von Dividend und Divisor.

Da die Beträge rechnerisch natürlichen Zahlen entsprechen, gilt weiter:

Der Quotient aus zwei ganzen Zahlen ist nur dann wieder eine ganze Zahl, wenn der Betrag des Dividenden ein Vielfaches des Betrages des Divisors ist. Anderenfalls führt die Division über den Bereich der ganzen Zahlen hinaus.

Beispiel 43:

a) $(-150):(-3) = +50,$ weil $-150 = (-3) \cdot (+50)$

b) $(+28):(-4) = -7,$ weil $+28 = (-4) \cdot (-7)$

c) $(+53):(-4) \neq n$ (n ganz), weil $+53 \neq (-4) \cdot n$ (n ganz), sondern

$$+52 = (-4) \cdot n_1; \qquad n_1 = -13$$
$$+56 = (-4) \cdot n_2; \qquad n_2 = -14$$

Offenbar gilt hierbei $-14 < n < -13$.

d) Multiplikation von Gliedern mit Variablen

Zu zwei Ausdrücken, die Variablen und einen ganzzahligen Koeffizienten in multiplikativer Verknüpfung enthalten, läßt sich stets ein Produkt angeben, das ebenfalls aus Variablen und einem ganzzahligen Koeffizienten in multiplikativer Verknüpfung besteht. Dasselbe gilt, wenn einer der Faktoren von Variablen frei ist.

Dabei werden die Koeffizienten unter Beachtung von Regel V miteinander multipliziert und die Variablen zunächst unverändert in alphabetischer Reihenfolge unter Verzicht auf die Malpunkte beigefügt. Da der Koeffizient 1 meist nicht geschrieben wird ($1a = a$; $-1x = -x$), ist bei Faktoren „ohne Vorzahl" zunächst überall der Koeffizient 1 bzw. -1 zu ergänzen.

Zur Belegung der Variablen sei im folgenden der Bereich der ganzen Zahlen zugelassen.

Beispiel 44:

$$(-3a) \cdot (+4x) \cdot b \cdot 8 \cdot (-y) = (-3a) \cdot (+4x) \cdot (+1b) \cdot (+8) \cdot (-1y)$$
$$= [(-3) \cdot (+4) \cdot (+1) \cdot (+8) \cdot (-1)] \, abxy =$$
$$= +96abxy = 96abxy$$

Ein Produkt aus gleichen Variablen kann kürzer als **Potenz** geschrieben werden. Darunter versteht man ein Symbol, das folgendermaßen definiert ist:

▶ **Die Potenz a^n (n eine natürliche Zahl > 1) ist eine abgekürzte Schreibweise für das Produkt aus n Faktoren a, also**

$$a^n = a \cdot a \cdot \ldots \cdot a \cdot a \quad (n \text{ solcher Faktoren})$$

■ **Beispiel 45:**

$$a^3 = a \cdot a \cdot a \quad \text{Für } a = +2 \text{ ergibt sich } (+2)^3 = (+2) \cdot (+2) \cdot (+2) = +8 = 8;$$
$$\text{für } a = -2 \text{ ergibt sich } -8.$$

Die abkürzende Potenzschreibweise wird grundsätzlich überall, wo die Möglichkeit besteht, angewendet.

■ **Beispiel 46:**

a) $(-7x) \cdot (4y) \quad x \cdot (-x) \cdot (-10y) = [(-7) \cdot (+4) \cdot (+1) \cdot (-1) \cdot (-10)] \, x \cdot x \cdot x \cdot y \cdot y$
$$= -280x^3y^2$$

b) $(5a^2b) \cdot (-2ab^3) \cdot (3x^2y) = [(+5) \cdot (-2) \cdot (+3)] \, a^2 \cdot b \cdot a \cdot b^3 \cdot x^2 \cdot y$
$$= -30a^3b^4x^2y$$

e) Division von Gliedern mit Variablen

Zu zwei Ausdrücken, die Variablen und einen ganzzahligen Koeffizienten in multiplikativer Verknüpfung enthalten, läßt sich ein Quotient gleicher Art nur dann angeben, wenn der Dividend ein Vielfaches des Divisors ist. Das muß sowohl für die Koeffizienten als auch für die Variablen zutreffen. Anderenfalls ist der Quotient nicht ganzzahlig, d.h., die Division führt über den Bereich der ganzen Zahlen hinaus. Der Quotient aus den Variablen wird dabei dadurch ermittelt, daß die entsprechende Multiplikation als „Probe" untersucht wird.

■ **Beispiel 47:**

a) $(-12mn^2p) : (+3mn) = -4np$, weil $-12mn^2p = (+3mn) \cdot (-4np)$

b) $(-8r^2s^2) : (-5rs) \neq G$ (G ein ganzzahliger multiplikativer Ausdruck), weil $-8r^2s^2 \neq (-5rs) \cdot G$, sondern z. B. $-10r^2s^2 = (-5rs) \cdot G$; $\quad G = 2rs$

● **Aufgaben**

1. $(+1) \cdot (-2) \cdot (+3) \cdot (-4) \cdot (+5) \cdot (-6)$ (L)

2. $(-8) \cdot (-10) \cdot (-7) \cdot (-8) \cdot 0$ (L)

3. $(+56) \cdot (-237) \cdot (+87)$ (L)

4. $(-3775) : (+25)$ (L)   **5.** $(-4096) : (-256)$ (L)

6. Mit welchen ganzen Zahlen kann x belegt werden, damit $(-30) : x$ als Quotient eine ganze Zahl ergibt? (L)

7. Mit Hilfe der Multiplikationsprobe ist zu begründen, daß

   a) $0 : g = 0$ für alle g außer $g = 0$ richtig ist,

   b) $g : 0$ aber für kein g eine Lösung ergibt.

    („Die Division durch 0 ist nicht erklärt.") (L)

8. Zwischen welchen ganzzahligen Grenzen liegt der Quotient der Divisionen $(-88) : (-16)$; $1286 : (-93)$; $(-16) : 25$? (L)

9. $(-3u^2) \cdot 12v^2 \cdot 6uv$ (L)

10. $37xy \cdot (-y^2) \cdot (-2xw) \cdot 4x^2y \cdot (-5xyw)$ (L)

11. $6abc \cdot (-5ab) \cdot (-2bc) \cdot (-ac) \cdot 8$ (L)

12. $(-b^3)z \cdot (-c^2)z^2 \cdot bcz$ (L)

13. $12mn \cdot 15nm \cdot (-3mn) \cdot (-4nm)$ (L)

14. $20xy \cdot (-4xy) \cdot (+5xy) \cdot (-1)$ (L)

15. $(-4ac) \cdot (-5bc) \cdot (-6cd) \cdot 5cb \cdot (-6ac) \cdot 2bc$ (L)

16. $60aby : (-12ab)$ (L)

17. $(-1001\,mn) : (-77nm)$ (L)

18. $(+a) : (-1)$ (L)

19. $284h^4g : (-142\,h^2g)$

20. $(-102y^2) : (+102y^2)$

21. Mit welchen ganzen Zahlen muß z belegt werden, damit die Division $21x^3y^3 : (-7x^2y^2z)$ einen ganzzahligen Quotienten ergibt?

Anmerkung zu den Aufgaben **22** bis **25**: Die Rechnungen sind nacheinander in der angegebenen Reihenfolge durchzuführen.

22. $(-4uw) \cdot 4vw : 16v$

23. $(+27rs) \cdot (-3a^2b^2c) : (-9ab^2c)$

24. $(-72cd^2) : (-9cd) \cdot 3ad$

25. $(-169a^2b^2) : (-13ab) \cdot (-13ab)$

1.1.8. Multiplikation und Division von Klammerausdrücken

Ein Ausdruck, der aus mehreren additiv oder subtraktiv verknüpften Gliedern besteht, wobei jedes Glied Variablen und einen Koeffizienten in multiplikativer Verknüpfung enthält, heißt **Polynom.** (Auch variablenfreie Glieder sind dabei möglich.) Ein zweigliedriges Polynom wird auch **Binom,** das einzelne Glied auch **Monom** genannt.

Beispiel 48:

   a) $13a^2b - 5ab + 17ab^2 - 8$ (Polynom)

   b) $9x^2 - 4y^2$ (Binom)

   c) $6axy$ (Monom)

a) Multiplikation und Division von Polynomen mit Monomen

Sollen alle Glieder eines Polynoms mit ein und demselben Monom multipliziert oder durch dieses dividiert werden, so wird um das Polynom eine Klammer gesetzt. Dem „Ausmultiplizieren" liegt das Distributivgesetz zugrunde.

Beispiel 49:

a) $(-4a + 5b - 6c + 7) \cdot (-2abc)$

$\qquad = -4a \cdot (-2abc) + 5b \cdot (-2abc) - 6c \cdot (-2abc) + 7(-2abc)$

$\qquad = 8a^2bc - 10ab^2c + 12abc^2 - 14abc$

b) $(25x^2y^3 - 70x^2y^2 + 55x^3y^2 - 5xy) : (-5xy)$

$\qquad = 25x^2y^3 : (-5xy) - 70x^2y^2 : (-5xy) + 55x^3y^2 : (-5xy) - 5xy : (-5xy)$

$\qquad = -5xy^2 + 14xy - 11x^2y + 1$

Wird bei solchen Aufgaben die Klammer weggelassen, so bezieht sich die Multiplikation bzw. Division nur auf das unmittelbar benachbarte Glied des Polynoms.

Beispiel 50:

a) $(4x + 5y - 8z) \cdot 3a = 12ax + 15ay - 24az,$ **aber**

$\quad 4x + 5y - 8z \cdot 3a = 4x + 5y - 24az$

b) $(6mn + 10mq - 12mp) : 2m = 3n + 5q - 6p,$ **aber**

$\quad 6mn + 10mq - 12mp : 2m = 6mn + 10mq - 6p$

Bei Belegung aller Variablen mit 1 ergibt sich:

a') $(4 + 5 - 8) \cdot 3 = 12 + 15 - 24 = 3 \quad$ oder $\quad (4 + 5 - 8) \cdot 3 = (1) \cdot 3 = 3,$ **aber**

$\quad 4 + 5 - 8 \cdot 3 = 4 + 5 - 24 = -15$

b') $(6 + 10 - 12) : 2 = 3 + 5 - 6 = 2 \quad$ oder $\quad (6 + 10 - 12) : 2 = (4) : 2 = 2,$ **aber**

$\quad 6 + 10 - 12 : 2 = 6 + 10 - 6 = 10$

Diesen Rechengängen und Ergebnissen liegen folgende Regeln zugrunde:

▶ **Regel VII:**

Sind in einer Aufgabe mit Rechenoperationen verschiedener Stufen Klammern enthalten, so sind, sofern das möglich ist, zuerst alle Rechenoperationen in den Klammern auszuführen, ehe die Operationen außerhalb der Klammern in Angriff genommen werden.

▶ **Regel VIII:**

Sind in einer Aufgabe Rechenoperationen verschiedener Stufen aneinandergereiht, so sind zuerst alle Rechenoperationen der 2. Stufe auszuführen, ehe die Rechenoperationen der 1. Stufe in Angriff genommen werden.

Merksatz: „Punktrechnung" ($\cdot$ und :) geht vor „Strichrechnung" ($+$ und $-$).

Das trifft auch für Aufgaben zu, die Variablen enthalten.

Beispiel 51:

a) $-6 + 3 \cdot (-5) - 16 : 8 + 4 = -6 - 15 - 2 + 4 = -19$

b) $15a - 5a \cdot 2 + 16a : 8 + 4 = 15a - 10a + 2a + 4 = 7a + 4$

c) $a(2a + b) + 2(a^2 - b^2) - (8a^3 - 6ab^2) : 2a = 2a^2 + ab + 2a^2 - 2b^2 - 4a^2 + 3b^2 = ab + b^2$

b) Multiplikation von Polynomen mit Polynomen

Beim Ausmultiplizieren zweier Polynome ergibt sich durch wiederholte Anwendung des Distributivgesetzes folgende Beziehung:

$$(a + b + c + d) \cdot (x + y + z)$$
$$= a(x + y + z) + b(x + y + z) + c(x + y + z) + d(x + y + z)$$
$$= ax + ay + az + bx + by + bz + cx + cy + cz + dx + dy + dz$$

▶ **Regel IX:**

Bei der Multiplikation zweier Polynome wird jedes Glied des einen Polynoms mit jedem Glied des anderen Polynoms unter Beachtung der Vorzeichenregel V multipliziert.

Die Zahl der Teilprodukte ist dabei zunächst gleich dem Produkt der Gliederzahlen der beiden Faktoren. Die Glieder des Produkts lassen sich mitunter am Ende noch zusammenfassen.

Beispiel 52:

$$(4u^2 - 3uv)(2v^2 + uv - 6) = 8u^2v^2 + 4u^3v - 24u^2 - 6uv^3 - 3u^2v^2 + 18uv$$
$$= 4u^3v + 5u^2v^2 - 24u^2 - 6uv^3 + 18uv$$

c) Die binomischen Grundformeln

Sehr häufig treten Multiplikationen zweier Binome auf, die entweder völlig gleich oder nur im Vorzeichen eines der beiden Glieder unterschiedlich sind. In allgemeiner Form ergibt sich:

$$(I) \quad (a + b)^2 = (a + b) \cdot (a + b) = a^2 + ab + ba + b^2 = a^2 + 2ab + b^2$$
$$(II) \quad (a + b) \cdot (a - b) = a^2 - ab + ba - b^2 = a^2 - b^2$$

(I) und (II) heißen die **binomischen Grundformeln.**

Beispiel 53:

a) $(3m + 4n)^2 = 9m^2 + 24mn + 16n^2$ (Formel I belegt mit $a = +3m$; $b = +4n$)

b) $(7r - 2s)^2 = 49r^2 - 28rs + 4s^2$ (Formel I belegt mit $a = +7r$; $b = -2s$)

c) $(9u + 15v) \cdot (9u - 15v) = 81u^2 - 225v^2$ (Formel II belegt mit $a = +9u$; $b = +15v$)

d) $(112)^2 = (100 + 12)^2 = 10000 + 2400 + 144 = 12544$ (Formel I belegt mit
$a = +100$; $b = +12$)

e) $64 \cdot 76 = (70 - 6)(70 + 6) = 4900 - 36 = 4864$ (Formel II belegt mit
$a = +70$; $b = +6$)

d) Zerlegen von Polynomen in Faktoren

Beim Ausmultiplizieren von Klammern wird ein Produkt in eine Summe verwandelt. Sehr oft ist der umgekehrte Rechengang erforderlich, nämlich eine Summe in ein

Produkt zu verwandeln (ein Polynom in Faktoren zu zerlegen). Das ist auf *drei Wegen* möglich.

1. Weg: **„Ausheben" oder „Ausklammern" gemeinsamer Faktoren** aus allen Gliedern des Polynoms.

> **Beispiel 54:**
>
> $$-42a^2bc - 7ab^2c + 49a^2b^2c^2 = 7abc\,(-6a - b + 7abc) = -7abc\,(6a + b - 7abc)$$

2. Weg: Anwenden der **binomischen Grundformeln**

> **Beispiel 55:**
>
> **a)** $n^2 - 4np + 4p^2 = (n - 2p)^2 = (n - 2p) \cdot (n - 2p)$
>
> **b)** $25a^4 - 1 = (5a^2 + 1)(5a^2 - 1)$

3. Weg: **Schrittweises** (wiederholtes) **Ausklammern** oder **Anwenden der binomischen Grundformeln**

> **Beispiel 56:**
>
> **a)** $ab + 3a - 2b - 6 = a(b + 3) - 2(b + 3) = (a - 2)(b + 3)$
>
> **b)** $25a^2 - 30ab + 9b^2 - 4c^2 = (5a - 3b)^2 - 4c^2 = (5a - 3b + 2c)(5a - 3b - 2c)$

e) Division von Polynomen durch Polynome

Hierzu dient ein Rechenverfahren, das der schriftlichen Division natürlicher Zahlen entspricht. Fachbezeichnung: **Partialdivision.** Dabei besteht jede Teildivision aus *vier Schritten.*

a)

$$27072 : 423 = 6 \ldots$$
$$-\ 2538$$
$$\overline{1692}$$
$$\ldots$$

1. Schritt: Division $\qquad 2707 : 423 = 6$

2. Schritt: Multiplikation $\qquad 423 \cdot 6 \ = 2538$

3. Schritt: Subtraktion des Teilprodukts 2538

4. Schritt: Herunterziehen der nächsten Stelle 2 des Dividenden

b)

$$(3a^2 + 5ab + 2b^2) : (a + b) = 3a \ldots$$
$$-\ (3a^2 + 3ab)$$
$$\overline{0 + 2ab + 2b^2}$$
$$\ldots\ldots\ldots\ldots$$

1. Schritt: $3a^2 : a = 3a$

2. Schritt: $(a + b) \cdot 3a = 3a^2 + 3ab$

3. Schritt: Subtraktion von $(3a^2 + 3ab)$

4. Schritt: Herunterziehen von $2b^2$

Dieser Viererzyklus wird wiederholt, bis alle Teile des Dividenden in die Division einbezogen sind. Ist der Dividend ein Vielfaches des Divisors, ergibt sich als letzte Teildifferenz Null. Es ist zweckmäßig, Dividend und Divisor nach fallenden Potenzen irgendeiner, aber derselben Variablen zu ordnen, gleichartige Glieder untereinander zu setzen und neuartige Glieder rechts herauszustellen.

$(y^2 + x^2 - z^2 - 2xy) : (x - y - z)$ Ordnen nach Potenzen von x:

$$(x^2 - 2xy + y^2 - z^2) : (x - y - z) = x - y + z$$

$\underline{-(x^2 - \ xy \qquad\qquad - xz)}$ (Neuartiges Glied $-xz$ rechts herausstellen!)

$\qquad 0 - \ xy + y^2 - z^2 + xz$ (Wieder nach Potenzen von x ordnen!)

$\qquad -xy + \ xz + y^2 - z^2$ (Viererzyklus beginnt wieder!)

$\underline{-(-xy \qquad\ + y^2 \qquad + yz)}$ (Neuartiges Glied $+yz$ rechts herausstellen!)

$\qquad 0 + \ xz + 0 \ - z^2 - yz$ (Viererzyklus beginnt wieder!)

$\underline{-(+ \ xz \qquad - z^2 - yz)}$

$$0 \qquad + 0 + 0$$

● **Aufgaben**

1. $(2a - 5b + 6c) \cdot (-3)$ (L)   **2.** $3b \cdot (-2a - 4b)$ (L)

3. $(-3x)(5r - 6t)$ (L)   **4.** $(2x^3 - 3x^2 + 3x - 1) \cdot 4x^2y^2$ (L)

5. $(64ab + 48ac + 40ad) : 8a$ (L)   **6.** $(105abx - 90bdx - 75bcx) : 15bx$ (L)

7. $(125x^3y^3z^2 - 75x^2y^3z^3 - 50x^3y^2z^3) : 25x^2y^2z^2$ (L)

8. Welches Ergebnis ist größer, das von $3 - 4 \cdot 5 + 16 : 4 - 8$ oder das von $(3 - 4) \cdot 5 + 16 : (4 - 8)$? (L)

9. $5(2a - 3b + c) - 4(a + b + c)$ (L)   **10.** $(2r + 3s) \cdot 4s + 2r (3r - 4s)$ (L)

11. $x(x + y) + y(y - x) - (x^4 + x^2) : x^2 - (y^4 - y^2) : y^2$ (L)

12. $2a^2 - a (a - 5b) - b(a - b)$ (L)   **13.** $6m^2 - 5m (-m + 2q) + 4m (-3m - 2n)$ (L)

14. $(10mn - 12nr + 6n) : 2n - (45am - 36ar + 9a) : 9a$ (L)

15. $(x^2 - xy + y^2) (x + y)$ (L)   **16.** $(8a^3 + 4a^2b + 2ab^2 + b^3) \cdot (2a - b)$ (L)

17. $(a - b + c - d) (a + b - c - d)$ (L)   **18.** $(6ac - 3ad + 2bc - bd) \cdot (6ac + 3ad)$ (L)

19. $(3a - 5) (3a + 5)$ (L)   **20.** $(12x + 15y)^2$ (L)   **21.** $(7m - 10n)^2$ (L)

22. $(-13c + 1) (1 - 13c)$ (L)   **23.** $(-4 + z^2) (z^2 + 4)$ (L)

24. $(16h + 6k) (6k + 16h)$ (L)   **25.** $(a - 2b)^2 + (b - 2c)^2 + (c - 2a)^2$ (L)

26. $2(a - b)^2 - (a + b) (a - b)$ (L)

27. $(x + y) (x - y) + (y + z) (y - z) - (z + x) (x - z)$ (L)

28. 127^2 (L)   **29.** $73 \cdot 87$ (L)   **30.** $38 \cdot 62$ (L)

31. $(25x + 30) ((50 - 20x) + (15 - 10x) (40 + 20x) + 7 (10x - 40)^2$ (L)

32. $(x + y) (y - z) - (y + z) (x - z) + (z + x) (x - y) - (x + y) (x - y)$ (L)

Bei den Aufgaben **33** bis **38** sind zuerst zwei Faktoren zu multiplizieren, das Ergebnis mit dem dritten usf. (Anwendung des Assoziativgesetzes).

33. $(5y - 2) \cdot (2y - 5) \cdot 3y$ (L)   **34.** $(3x + 5)(7x + 5)(2x - 1)$ (L)

35. $(a + b)(a + b) \cdot (a - b)(a - b)$ (L)   **36.** $6x(x + 1)(7x - 2) - (3x + 1) \cdot 7x \cdot (2x - 1)$ (L)

37. $(a + b)^3$ (L)   **38.** $(m - n)^4$ (L)

Die Polynome der Aufgaben **39** bis **48** sind als Produkte zu schreiben.

39. $15ab - 25b^2 + 30bc$ (L)   **40.** $7x - 7 + 7y$ (L)

41. $36x^2 + 12xy + y^2$ (L)   **42.** $4x^2 - 1$ (L)

43. $81m^4 - 36n^4$ (L)   **44.** $1 + 14r + 49r^2$ (L)

45. $ax + ay - bx - by$ (L)   **46.** $mx - 2m - nx - 2n$ (L)

47. $xy - x - y + 1$ (L)   **48.** $35a^2 + 30xy - 42ax - 25ay$ (L)

49. $(10ax + 8ay - 25bx - 20by) : (5x + 4y)$ (L)

50. $(3a^2 + 5ab + 2b^2) : (a + b)$ (L)   **51.** $(2y^3 - 7xy^2 + 9x^3) : (3x - 2y)$ (L)

52. $(6x^2 + 7x + 2) : (3x + 2)$ (L)   **53.** $(3ab - 3a - 4b + 4) : (3a - 4)$ (L)

54. $(a^3 - b^3) : (a - b)$ (L)   **55.** $(-x^4 - x^2 - 1) : (x^2 - x + 1)$ (L)

1.2. Die Grundrechenoperationen mit rationalen Zahlen

1.2.1. Die rationalen Zahlen

Der Quotient der Division $6 : 2$ ist die natürliche Zahl 3, weil 6 ein Vielfaches (das Dreifache) von 2 ist. Der Quotient von $5 : 2$ ist aber keine natürliche Zahl, weil 5 kein Vielfaches von 2 ist. Dem entspricht in der Praxis etwa die Aufgabe, mit Hilfe eines 1-l-Maßes eine gewisse Flüssigkeitsmenge auf 2 andere Gefäße gleichmäßig zu verteilen. Bei einer Gesamtmenge von 6 l ist das möglich, bei 5 l aber nicht. Aus der Erfahrung ist bekannt, daß im zweiten Falle ein $\frac{1}{2}$-l-Maß benötigt wird, mit dessen Hilfe in jedes der beiden Gefäße je fünfmal $\frac{1}{2}$ l geschöpft wird. Jedes enthält dann 5 halbe Liter. Mathematisch wird das dargestellt durch: $5 : 2 = \frac{5}{2}$ (gelesen: fünf Halbe). Entsprechend lassen sich alle im Bereich der natürlichen Zahlen nicht lösbaren Divisionsaufgaben formal mit einer Lösung versehen (ausgenommen die Division durch 0).

■ Beispiel 1:

a) $2 : 7 = \dfrac{2}{7}$ (gelesen: zwei Siebentel)

b) $80 : 25 = \dfrac{80}{25}$ (gelesen: achtzig Fünfundzwanzigstel)

c) $1 : 3 = \dfrac{1}{3}$ (gelesen: ein Drittel)

Diese Schreib- und Leseweise wird auch für die absoluten Beträge ganzer Zahlen zugelassen, wodurch auch alle Divisionsaufgaben aus ganzen Zahlen (Divisor $\neq 0$)

formal eine Lösung erhalten. Das Vorzeichen des Quotienten wird nach wie vor nach
Regel VI bestimmt und **vor** das Zahlensymbol gesetzt.

Beispiel 2:

a) $(-18):(+7) = -\dfrac{18}{7}$;   b) $(+1):(-8) = -\dfrac{1}{8}$;   c) $(-54):(-15) = +\dfrac{54}{15}$

Die neu eingeführten Zahlen heißen **Brüche.** Mathematisch gesehen ist ein Bruch bzw.
sein Betrag **ein geordnetes Zahlenpaar aus zwei natürlichen Zahlen.** Im Schrift-
zeichen werden diese, durch einen waagerechten (manchmal auch schrägen) **Bruchstrich** getrennt, übereinandergeschrieben. Die obere Zahl heißt der **Zähler,** die untere
der **Nenner** des Bruches. Das Vorzeichen steht davor genau in Höhe des Bruchstriches.

Beispiel 3:

$+\dfrac{16}{7}$ oder $+\,^{16}/_7$ Zähler: 16; Nenner: 7

Den Brüchen lassen sich wie den ganzen Zahlen auf der Zahlengeraden eindeutig
Punkte zuordnen. Der zum Bruch $+\frac{5}{2}$ gehörende Punkt P kann z. B. dadurch erhalten
werden, daß die vom Punkt 0 bis zum Punkt $+5$ führende Strecke in 2 gleich große
Teile geteilt wird (Abb. 1.10.).

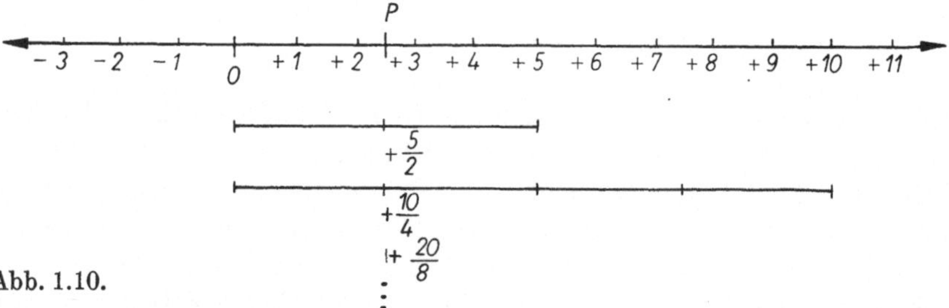

Abb. 1.10.

Derselbe Punkt P ergibt sich aber auch beim Teilen der Strecken 0 bis $+10$ in 4 Teile,
0 bis $+20$ in 8 Teile usw. Diesen Teilungen entsprechen die Brüche $+\dfrac{10}{4}$, $+\dfrac{20}{8}$ usw.,
die zwar alle **qualitativ,** d.h. dem Zahlenpaar nach **verschieden** sind, die aber offenbar alle **quantitativ gleich** sind, d.h. dieselbe Zahl darstellen. Diese Zahl heißt die
rationale Zahl, die alle diese Brüche $\left(\dfrac{5}{2}, \dfrac{10}{4}, \dfrac{20}{8}\text{ usw.}\right)$ umfaßt. Jeder dieser Brüche wird
ein **Repräsentant** dieser rationalen Zahl genannt. Welcher von ihnen als Schrift-
symbol für die rationale Zahl benutzt wird, ist an sich gleichgültig. Vereinbarungsgemäß wird gewöhnlich derjenige verwendet, der den kleinstmöglichen Zähler und
Nenner aufweist. Wenn also ein Punkt der Zahlengeraden mit einem Bruch beschriftet
ist, muß stets bedacht werden, daß diesem Punkt nicht nur dieser eine Bruch zugeordnet ist, sondern die **rationale Zahl,** die durch den notierten Bruch repräsen-
tiert wird, also die Gesamtheit oder **die Menge aller quantitativ gleichen Brüche**
(Abb. 1.11.).

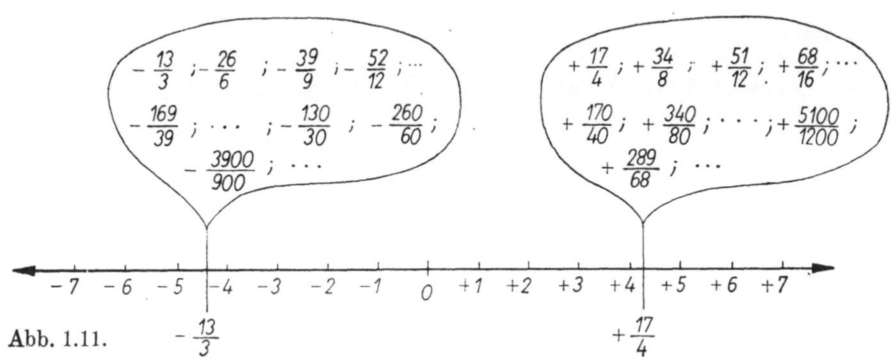

Abb. 1.11.

Für Brüche und rationale Zahlen werden folgende **Festsetzungen vereinbart** $\left(\dfrac{a}{b}, \dfrac{c}{d}, \dfrac{z}{n} \ldots \right.$ sollen dabei deren Beträge sein, also $a, b, c, d, z, n, \ldots$ natürliche Zahlen; $\left. b, d, n \ldots \neq 0\right)$:

1. Gleichheit der Beträge $\dfrac{a}{b} = \dfrac{c}{d}$ liegt vor, falls

$$a \cdot d = c \cdot b.$$

Bei gleichen Vorzeichen sind dann auch die Brüche gleich, d.h., es liegt dann dieselbe rationale Zahl vor.

Beispiel 4:

$\dfrac{3}{4} = \dfrac{12}{16}$, denn $3 \cdot 16 = 12 \cdot 4$. Also gilt:

$$+\dfrac{3}{4} = +\dfrac{12}{16} \quad \text{und} \quad -\dfrac{3}{4} = -\dfrac{12}{16}$$

2. Wie bei den ganzen Zahlen soll auch von zwei rationalen Zahlen diejenige die **größere** heißen, deren zugeordneter Punkt auf der Zahlengeraden weiter rechts liegt, wenn diese wie in Abbildung **1.4.** gezeichnet ist.
Bei ungleichartigen [vgl. 1.1.7. (a)] rationalen Zahlen ist stets die positive die größere.

Beispiel 5:

$$+\dfrac{2}{3} > -\dfrac{17}{3} \quad \text{(Abb. 1.12.)}$$

Bei gleichartigen rationalen Zahlen sind zunächst die Beträge zu vergleichen, für die gilt $\dfrac{a}{b} > \dfrac{c}{d}$, falls $a \cdot d > c \cdot b$.
Zum endgültigen Vergleich sind aber **noch** die Vorzeichen zu berücksichtigen:

$$+\dfrac{a}{b} > +\dfrac{c}{d}, \quad \text{falls } a \cdot d > c \cdot b$$

$$-\dfrac{a}{b} < -\dfrac{c}{d}, \quad \text{falls } a \cdot d > c \cdot b$$

 Beispiel 6:

$\dfrac{9}{2} > \dfrac{8}{3}$, weil $9 \cdot 3 > 8 \cdot 2$, also

$+\dfrac{9}{2} > +\dfrac{8}{3}$, aber $-\dfrac{9}{2} < -\dfrac{8}{3}$ (Abb. 1.12.)

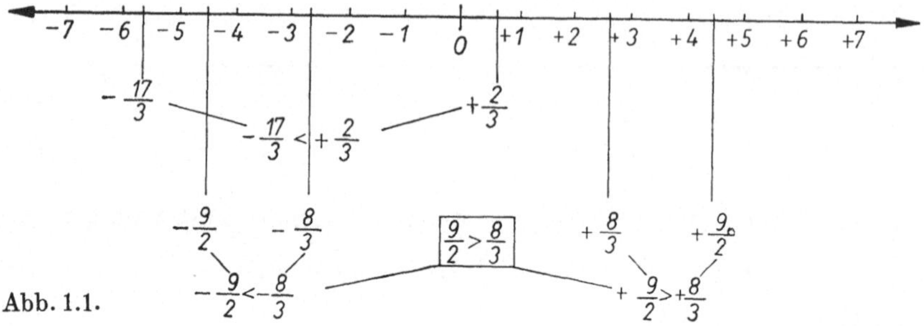

Abb. 1.1.

3. Die **ganzen** (und damit auch die **natürlichen**) **Zahlen** werden in den Bereich der rationalen Zahlen einbezogen durch die Festsetzung $a = \dfrac{a}{1}$ (a natürlich). Eine ganze Zahl ist demnach ein geordnetes Zahlenpaar, dessen zweites Element 1 ist.

Beispiel 7:

a) $-5 = -\dfrac{5}{1}$;   b) $+18 = +\dfrac{18}{1}$;   c) $1 = \dfrac{1}{1}$;   d) $0 = \dfrac{0}{1}$

Der Bereich der rationalen Zahlen umfaßt demnach die ganzen Zahlen und die Brüche.

4. Um zu einem Repräsentanten einer rationalen Zahl weitere zu finden, muß der Bruch erweitert oder gekürzt werden.
Erweitern heißt, Zähler und Nenner mit derselben natürlichen Zahl > 1 multiplizieren.

Beispiel 8:

a) $-\dfrac{6}{9} = -\dfrac{6 \cdot 2}{9 \cdot 2} = -\dfrac{12}{18}$;   b) $5 = \dfrac{5}{1} = \dfrac{5 \cdot 7}{1 \cdot 7} = \dfrac{35}{7}$;

c) $-\dfrac{a^2}{b} = -\dfrac{a^2 \cdot a}{b \cdot a} = -\dfrac{a^3}{ab}$;

d) $\dfrac{x+y}{x-y} = \dfrac{(x+y) \cdot 3(x+y)}{(x-y) \cdot 3(x+y)} = \dfrac{3(x+y)^2}{3(x^2-y^2)}$

Jeder Bruch läßt sich auf unbegrenzt viele Weisen erweitern.
Kürzen heißt, Zähler und Nenner durch dieselbe natürliche Zahl > 1 dividieren, so daß dabei in beiden Fällen wieder natürliche Zahlen entstehen.

Beispiel 9:

a) $-\dfrac{6}{9} = -\dfrac{6:3}{9:3} = -\dfrac{2}{3}$; b) $+\dfrac{100}{10} = +\dfrac{100:10}{10:10} = +\dfrac{10}{1} = +10$;

c) $\dfrac{17}{8}$ läßt sich nicht kürzen. d) $\dfrac{a^2\,bc}{a\,b^2\,c} = \dfrac{a^2\,bc : abc}{a\,b^2\,c : abc} = \dfrac{a}{b}$

e) $-\dfrac{4x^2 - 9y^2}{4x + 6y} = -\dfrac{(2x+3y)(2x-3y)}{2(2x+3y)} = -\dfrac{(2x+3y)(2x-3y):(2x+3y)}{2(2x+3y):(2x+3y)}$

$\qquad = -\dfrac{2x-3y}{2}$

f) $\dfrac{3\,a\,m\,x}{5\,b\,n\,y}$ läßt sich nicht kürzen.

Nicht jeder Bruch läßt sich kürzen. Das ist vielmehr nur dann möglich, wenn Zähler und Nenner Vielfache ein und derselben Kürzungszahl sind.

5. Für gewisse Brüche mit dem Betrag $\dfrac{a}{b}$ $(b \neq 0)$ sind besondere Fachbezeichnungen üblich.

a) Ist der Zähler kleiner als der Nenner $(a < b)$, so heißt der Bruch **echter Bruch.**

Beispiel 10:

$$-\frac{2}{5} \; ; \quad +\frac{13}{14} \; ; \quad -\frac{1}{6}$$

b) Ist der Zähler größer als der Nenner $(a > b)$, so heißt der Bruch **unechter Bruch.**

Beispiel 11:

$$+\frac{12}{5} \; ; \quad -\frac{6}{4} \; ; \quad +\frac{3}{2}$$

c) Ist der Zähler eines unechten Bruches speziell ein Vielfaches des Nenners $[a = n \cdot b$ $(n$ natürlich$)]$ oder sind Zähler und Nenner gleich $(a = b)$, so heißt der Bruch **uneigentlicher Bruch.** Er ist stets Repräsentant einer ganzen rationalen Zahl.

Beispiel 12:

$$-\frac{15}{5} \; ; \quad +\frac{2}{1} \; ; \quad -\frac{7}{7} \; ; \quad +\frac{1}{1}$$

d) Brüche mit dem Zähler 1 $\left(a = 1,\ \text{also } \dfrac{1}{b}\right)$ heißen **Stammbrüche,** alle anderen **Zweigbrüche.**

Beispiel 13:

a) $\dfrac{1}{5} \; ; \quad -\dfrac{1}{8} \; ; \quad +\dfrac{1}{2}$ (Stammbrüche) b) $+\dfrac{2}{5} \; ; \quad -\dfrac{9}{8} \; ; \quad -\dfrac{2}{2}$ (Zweigbrüche)

Stammbrüche sind (mit Ausnahme von $\dfrac{1}{1}$) stets echte Brüche, Zweigbrüche können echte, unechte oder uneigentliche Brüche sein.

e) Werden bei einem Bruch Zähler und Nenner ausgetauscht $\left(\dfrac{a}{b} \to \dfrac{b}{a}\right)$, so heißt der neu entstandene Bruch **reziproker Bruch** zum ersten. (Dabei ist $a \neq 0$, $b \neq 0$ vorauszusetzen.)

Beispiel 14:

a) $-\dfrac{3}{5} \to -\dfrac{5}{3}$;   b) $\dfrac{7}{5} \to \dfrac{5}{7}$

Die Reziprokenbeziehung ist umkehrbar, so daß der reziproke Bruch zu einem reziproken Bruch wieder der Ausgangsbruch ist.

Beispiel 15:

$\dfrac{9}{4} \to \dfrac{4}{9}$; $\dfrac{4}{9} \to \dfrac{9}{4}$

Der reziproke Bruch zu einem echten Bruch ist ein unechter Bruch (und umgekehrt), der reziproke Bruch zu einem Stammbruch ist eine ganze Zahl (und umgekehrt), die Zahlen $+1$ und -1 sind jeweils reziprok zu sich selbst.

Beispiel 16:

a) $\dfrac{2}{11} \to \dfrac{11}{2}$;   b) $-\dfrac{12}{4} \to -\dfrac{4}{12}$;   c) $-\dfrac{1}{7} \to -\dfrac{7}{1}$;   d) $4 = \dfrac{4}{1} \to \dfrac{1}{4}$;

e) $+\dfrac{3}{3} = +1 = +\dfrac{1}{1} \to +\dfrac{1}{1}$;   f) $-\dfrac{5}{5} = -1 = -\dfrac{1}{1} \to -\dfrac{1}{1}$

f) Brüche mit gleichen Nennern heißen **gleichnamige Brüche,** solche mit verschiedenen Nennern **ungleichnamige Brüche.**

Beispiel 17:

a) $+\dfrac{1}{3}$; $-\dfrac{2}{3}$; $+\dfrac{8}{3}$; $-\dfrac{3}{3}$; $\cdots$ (gleichnamige Brüche)

b) $+\dfrac{2}{5}$; $-\dfrac{1}{3}$; $+\dfrac{4}{4}$; $\cdots$ (ungleichnamige Brüche)

6. An der Zahlengeraden ist zu erkennen, wie ein unechter Bruch $\left(+\dfrac{14}{3}\right)$ als eine Summe aus einer ganzen Zahl $(+4)$ und einem echten Bruch $\left(+\dfrac{2}{3}\right)$ dargestellt werden kann (Abb. 1.13.).

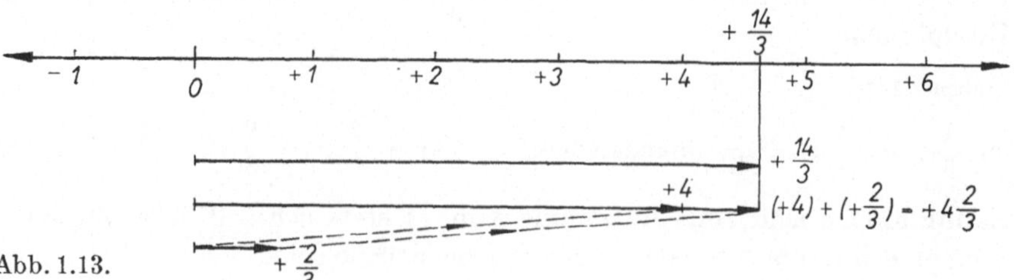

Abb. 1.13.

Dafür ist unter Unterdrückung des Additionszeichens zwischen ganzer Zahl und echtem Bruch $[(+4) + (+\frac{2}{3})]$ die Kurzschreibweise $+4\frac{2}{3}$ üblich. Dieses Symbol heißt **gemischte Zahl**; es wird in der Praxis gern verwendet.

Beispiel 18:

a) $4\frac{1}{2}m = (4m + \frac{1}{2}m)$;   b) $-3\frac{1}{5}°C = [(-3°) + (-\frac{1}{5}°)]\,C$

Mathematisch ist die Schreibweise als unechter Bruch zweckmäßiger; sie bietet meist Rechenvorteile.

7. Die für die Rechenoperationen mit natürlichen und ganzen Zahlen gültigen Grundgesetze (Kommutativ-, Assoziativ- und Distributivgesetz) sollen auch im Bereich der rationalen Zahlen Gültigkeit behalten.

Aufgaben

In den Aufgaben **1** bis **5** ist immer ein Repräsentant einer rationalen Zahl gegeben, zu dem jeweils 5 weitere Repräsentanten zu bestimmen sind.

1. $+\dfrac{2}{3}$ (L)   2. $-\dfrac{8}{5}$ (L)   3. $+\dfrac{120}{12}$ (L)   4. $-\dfrac{6}{6}$ (L)   5. $\dfrac{0}{4}$ (L)

In den Aufgaben **6** bis **21** ist jeweils zu bestimmen und zu begründen, ob die beiden Brüche gleich sind oder, falls sie ungleich sind, welcher der größere ist.

6. $+\dfrac{5}{7}$; $+\dfrac{11}{14}$ (L)   7. $-\dfrac{17}{36}$; $+\dfrac{25}{54}$ (L)   8. $-\dfrac{7}{8}$; $-\dfrac{5}{6}$ (L)

9. $-\dfrac{5}{13}$; $-\dfrac{9}{17}$ (L)   10. $+\dfrac{24}{26}$; $+\dfrac{36}{39}$ (L)   11. $\dfrac{3}{2}$; $-\dfrac{3}{2}$ (L)

12. $-\dfrac{7}{8}$; $-\dfrac{8}{9}$ (L)   13. $+\,6$; $+\dfrac{54}{9}$ (L)   14. $-\dfrac{15}{18}$; $-\dfrac{70}{84}$ (L)

15. $+\dfrac{13}{12}$; $+\dfrac{143}{132}$ (L)   16. $+\dfrac{151}{201}$; $+\dfrac{3}{4}$ (L)   17. $+\dfrac{5}{12}$; $-\dfrac{7}{16}$ (L)

18. $+\dfrac{1}{3}$; $+\dfrac{8}{3}$ (L)   19. $-\dfrac{2}{5}$; $-\dfrac{10}{5}$ (L)   20. $+\dfrac{1}{3}$; $+\dfrac{1}{5}$ (L)

21. $-\dfrac{2}{9}$; $-\dfrac{2}{101}$ (L)

22. Die Aufgaben **18** bis **21** machen folgende Sätze wahrscheinlich:

   (I) Von zwei gleichnamigen Brüchen hat der mit dem größeren Zähler den größeren Betrag.

   (II) Von zwei ungleichnamigen Brüchen mit gleichen Zählern hat der mit dem größeren Nenner den kleineren Betrag.

   Diese beiden Sätze sind mit Hilfe des Produktkriteriums zu beweisen. (L)

Die rationalen Zahlen in den Aufgaben **23** bis **28** sind jeweils der Größe nach zu ordnen, immer mit der kleinsten beginnend.

23. $+\dfrac{3}{4}$, $+\dfrac{11}{12}$, $+\dfrac{5}{6}$, $+\dfrac{8}{9}$ (L)

24. $+\dfrac{27}{37}$; $+\dfrac{16}{37}$; $+\dfrac{14}{37}$; $-\dfrac{25}{37}$; $-\dfrac{6}{37}$; $+\dfrac{13}{37}$; $-\dfrac{12}{37}$; $-\dfrac{5}{37}$; $+\dfrac{7}{37}$; $-\dfrac{29}{37}$ (L)

25. $+\dfrac{7}{9}$; $-\dfrac{7}{12}$; $-\dfrac{7}{13}$; $-\dfrac{7}{29}$; $+\dfrac{7}{30}$; $-\dfrac{7}{8}$; $+\dfrac{7}{41}$; $+\dfrac{7}{22}$; $-\dfrac{7}{10}$; $-\dfrac{7}{53}$ (L)

26. $+\dfrac{1}{8}$; $+\dfrac{3}{7}$; $+\dfrac{5}{4}$; $+\dfrac{3}{8}$; $+\dfrac{5}{7}$; $+\dfrac{7}{4}$; $+\dfrac{5}{5}$ (L)

27. $-\dfrac{1}{12}$; $-\dfrac{7}{12}$; $-\dfrac{11}{7}$; $-\dfrac{7}{10}$! $-\dfrac{7}{9}$; $-\dfrac{8}{7}$; $-\dfrac{8}{9}$; $-\dfrac{9}{7}$; $-\dfrac{5}{12}$; $-\dfrac{7}{11}$ (L)

28. $-\dfrac{5}{8}$; $+\dfrac{7}{10}$; $+\dfrac{16}{12}$; $-\dfrac{2}{5}$; $-\dfrac{20}{23}$ (L)

In den Aufgaben **29** bis **44** sind die gegebenen Brüche jeweils mit den in Klammern beigefügten Erweiterungsfaktoren zu erweitern.

29. $+\dfrac{6}{7}$ (18) (L) **30.** $-\dfrac{2}{5}$ (70) (L) **31.** $+\dfrac{8}{2}$ (212) (L)

32. $-\dfrac{10}{11}$ (10) (L) **33.** $-\dfrac{1}{2}$ (50) (L) **34.** $+\dfrac{2}{1}$ (8) (L)

35. $+\dfrac{ax}{by}$ $(c\,z)$ (L) **36.** $-\dfrac{a^2}{b^2}$ (15) (L) **37.** $+\dfrac{x-y}{a-b}$ (m) (L)

38. $+\dfrac{2\,a\,b}{3\,m\,n}$ $(4\,a\,m)$ (L) **39.** $+\dfrac{10\,a^2\,b^3}{5\,c^3\,d^2}$ $(2\,a\,b\,c\,d)$ (L)

40. $-\dfrac{13\,a\,b}{1}$ $(5\,a\,b\,c)$ (L) **41.** $-\dfrac{a+b-c}{a-b+c}$ $(a\,b\,c)$ (L) **42.** $+\dfrac{r+s}{r-s}$ $(r+s)$ (L)

43. $-\dfrac{7\,l-5\,k}{6\,l\,k}$ $(10\,l^2\,k^2)$ (L) **44.** $+\dfrac{625\,h^2}{1024\,g^3}$ $(50\,h\,g)$ (L)

Die in den Aufgaben **45** bis **64** gegebenen Brüche sind mit irgendeiner der möglichen Kürzungszahlen zu kürzen, die in den Aufgaben **65** bis **84** gegebenen aber mit der größtmöglichen Kürzungszahl.[1]

45. $+\dfrac{8}{12}$ **46.** $-\dfrac{100}{120}$ **47.** $+\dfrac{300}{450}$ **48.** $-\dfrac{8}{4}$

49. $+\dfrac{63}{72}$ **50.** $+\dfrac{12}{16}$ **51.** $-\dfrac{54}{72}$ **52.** $+\dfrac{48}{72}$

53. $+\dfrac{a\,x}{b\,x}$ **54.** $+\dfrac{7\,a\,p\,q}{7\,b\,p\,x}$ **55.** $+\dfrac{54\,a\,b\,x\,y}{72\,a\,c\,n\,x}$

56. $-\dfrac{18\,a\,x}{42\,a\,y}$ **57.** $-\dfrac{8\,a\,y}{12\,y}$ **58.** $-\dfrac{51\,x}{68\,y}$

59. $-\dfrac{6\,a\,(c+d)}{3\,b\,(c+d)}$ **60.** $+\dfrac{35\,a}{15\,a\,b}$ **61.** $+\dfrac{8\,x\,(a+b)}{12\,y\,(a-b)}$

62. $+\dfrac{3\,a^2\,b^2}{6\,a}$ **63.** $-\dfrac{76\,a\,b\,x\,y}{19\,a\,b\,y}$ **64.** $+\dfrac{12\,x\,(n+1)}{18\,x\,(n+2)}$

[1] Bei diesen Aufgaben handelt es sich um leicht überschaubare Übungen, die ohne Kenntnis der Teilbarkeit und der Faktorenzerlegung (vgl. 1.2.2.) gelöst werden können. Dort folgen dann schwierigere Kürzungsaufgaben.

65. $+\dfrac{81}{90}$ (L) 66. $-\dfrac{96}{100}$ (L) 67. $-\dfrac{50}{50}$ (L) 68. $+\dfrac{35}{45}$ (L)

69. $-\dfrac{216}{240}$ (L) 70. $-\dfrac{27}{999}$ (L) 71. $-\dfrac{840}{960}$ (L) 72. $+\dfrac{128}{192}$ (L)

73. $-\dfrac{3\,a\,x}{3\,x}$ (L) 74. $+\dfrac{36\,a\,c\,d}{9\,a\,d}$ (L) 75. $-\dfrac{90\,a^2\,p\,q\,x}{18\,a\,p\,x}$ (L)

76. $+\dfrac{85\,a^2\,b^2}{17\,a^2}$ (L) 77. $-\dfrac{9\,x\,(a-1)}{3\,x\,(a-1)}$ (L) 78. $+\dfrac{3\,(a-x)}{6\,(a-x)}$ (L)

79. $-\dfrac{25\,a\,b}{15\,a\,c}$ (L) 80. $-\dfrac{38\,a\,x}{57\,b\,x}$ (L) 81. $+\dfrac{18\,a^2\,x}{42\,a\,x^2}$ (L)

82. $-\dfrac{a\,(b-c)}{(b-c)\,x}$ (L) 83. $+\dfrac{27\,(a+x)}{36\,(a-x)}$ (L) 84. $-\dfrac{16\,a^2\,b^2\,c^2}{32\,a\,b\,x}$ (L)

85. Aus den Brüchen $+\dfrac{3}{2}$; $-\dfrac{1}{9}$; $-\dfrac{16}{6}$; $+\dfrac{6}{8}$; $-\dfrac{6}{6}$; $-\dfrac{1}{17}$;

$+\dfrac{17}{1}$; $-\dfrac{6}{10}$; $-\dfrac{1}{6}$; $+\dfrac{0}{2}$ sind

a) alle echten, **b)** alle unechten, **c)** alle uneigentlichen Brüche; **d)** alle Stammbrüche, **e)** alle Zweigbrüche, **f)** alle gleichnamigen Brüche zusammenzustellen. (L)

86. Zu den in Aufgabe **85** aufgeführten Brüchen sind die **reziproken** Brüche zu bilden. (L)

87. Folgende unechte Brüche sind als gemischte Zahlen zu schreiben:

$$+\dfrac{17}{4}\ ; \quad -\dfrac{25}{3}\ ; \quad +\dfrac{214}{25}\ ; \quad -\dfrac{16}{5}\ ; \quad +\dfrac{624}{10}\ ; \quad -\dfrac{624}{100}\ \text{(L)}$$

88. Folgende gemischte Zahlen sind als unechte Brüche zu schreiben:

$$+12\dfrac{1}{2}\ ; \quad +24\dfrac{3}{10}\ ; \quad -16\dfrac{2}{3}\ ; \quad +8\dfrac{17}{125}\ ; \quad -1\dfrac{1}{3}\ ; \quad -28\dfrac{19}{77}$$

Diese Umrechnung wird **Einrichten der gemischten Zahl** genannt.

89. Warum läßt sich $+\dfrac{66}{11}$ nicht als gemischte Zahl schreiben? Welcher Bedingung müssen also unechte Brüche genügen, wenn sie als gemischte Zahl geschrieben werden sollen?

90. Warum ist nach der Definition $-16\dfrac{4}{3}$ keine gemischte Zahl? Wie müßte sie heißen, wenn sie quantitativ der gegebenen Zahl gleich sein soll?

91. Warum kann von $+\dfrac{3a^2x}{2b^2y}$ nicht festgestellt werden, ob sie einen echten, unechten oder uneigentlichen Bruch darstellt?

92. In dem in Aufgabe **91** gegebenen Bruch sind a, b, x, y mit solchen natürlichen Zahlen zu belegen, daß **a)** ein echter, **b)** ein unechter, **c)** ein uneigentlicher Bruch entsteht. (L)

1.2.2. Teilbarkeit und Faktorenzerlegung natürlicher Zahlen

Wenn in $p : m = n$ (p, m natürlich; $m \neq 0$) **p ein Vielfaches von m** ist, so ist auch n eine natürliche Zahl. Statt dessen wird dann auch gesagt:
„p ist durch m teilbar" oder „m ist ein Teiler von p" oder „m teilt p" (Symbol: $m \mid p$; $\mid$ lies: „teilt").
Für verschiedene Aufgaben der Bruchrechnung ist es wichtig, die Teiler von Zähler und Nenner eines Bruches zu erkennen und zu bestimmen.

a) Teilbarkeitsregeln

Für einfache natürliche Zahlen gibt es Regeln, mit deren Hilfe rasch erkannt werden kann, ob eine Zahl durch jene Zahl teilbar ist oder nicht.

▶ **Regel X:**

Eine Zahl ist durch 2 (4, 8, 16, . . .) bzw. durch 5 (25, 125, 625 . . .) teilbar, wenn die letzte Grundziffer (die aus den letzten 2, 3, 4, . . . Grundziffern gebildete Zahl) durch 2 (4, 8, 16 . . .) bzw. 5 (25, 125, 625, . . .) teilbar ist.

Beispiel 19:

a) $2 \mid 724$, denn $2 \mid 4$;   **b)** $8 \mid 29488$, denn $8 \mid 488$

c) $5 \mid 550$, denn $5 \mid 0$;   **d)** $125 \mid 209\,625$, denn $125 \mid 625$

Eine durch 2 teilbare Zahl muß als letzte Grundziffer eine 0, 2, 4, 6 oder 8 haben. Eine solche Zahl heißt **gerade Zahl,** alle anderen **ungerade Zahlen.**

▶ **Regel XI:**

Eine Zahl ist durch 3 bzw. 9 teilbar, wenn ihre Quersumme durch 3 bzw. 9 teilbar ist.

Unter der **Quersumme** wird dabei die Summe aller Grundziffern des Zahlbildes ohne Rücksicht auf ihren Stellenwert verstanden.

Beispiel 20:

a) $3 \mid 201861$, denn $3 \mid (2 + 1 + 8 + 6 + 1)$, d.h. $3 \mid 18$

b) $9 \mid 201861$, denn $9 \mid 18$

c) $9 \nmid 72357$, denn $9 \nmid (7 + 2 + 3 + 5 + 7)$, d.h. $9 \nmid 24$
($\nmid$ lies: „teilt nicht")

▶ **Regel XII:**

Eine Zahl ist durch 11 teilbar, wenn ihre Querdifferenz durch 11 teilbar ist.

Unter der **Querdifferenz** wird dabei die Differenz aus der Summe der an geraden Stellen stehenden und der Summe der an ungeraden Stellen stehenden Grundziffern verstanden.

Beispiel 21:

11|29 197 245, denn 11|$(2 + 1 + 7 + 4) - (9 + 9 + 2 + 5)$;

d.h. 11|$(14 - 25)$ oder 11|(-11)

Teilbarkeitsregeln für andere als die genannten Zahlen sind in der Anwendung so kompliziert, daß ihr Einsatz bei der Ermittlung der Teilbarkeit gegenüber der unmittelbaren Division keinen Vorteil bringt.

b) *Primzahlen und Primfaktoren*

Jede natürliche Zahl > 1 ist durch 1 und durch sich selbst teilbar. Diese Teiler heißen **triviale Teiler,** alle anderen **echte Teiler.** Eine natürliche Zahl > 1, die nur triviale Teiler hat, heißt **Primzahl,** jede, die außerdem auch echte Teiler hat, heißt **zusammengesetzte Zahl.** Jede zusammengesetzte Zahl läßt sich mit Hilfe ihrer echten Teiler als Produkt schreiben, oft auf mehrfache Weise.

Beispiel 22:

a) 19 ist Primzahl, denn nur 1|19 und 19|19, also $19 = 1 \cdot 19$

b) 24 ist zusammengesetzt, denn außer 1|24 und 24|24 gilt noch: 2|24; 3|24; 4|24; 6|24; 8|24; 12|24

Folglich kann geschrieben werden:
$$24 = 1 \cdot 24 = 2 \cdot 12 = 3 \cdot 8 = 4 \cdot 6$$

Oft sind die echten Teiler selbst zusammengesetzte Zahlen. Werden diese wieder als Produkte geschrieben, so kann das fortgeführt werden, bis die untersuchte Zahl als ein Produkt aus lauter Primzahlen dargestellt ist. Diese heißen die **Primfaktoren** der untersuchten Zahl. Sie geben einen klaren Überblick über alle Teiler der betreffenden Zahl.

Beispiel 23:

$24 = 4 \cdot 6 = (2 \cdot 2) \cdot (2 \cdot 3) = 2 \cdot 2 \cdot 2 \cdot 3 = 2^3 \cdot 3$

Teiler: 2; 3; $2 \cdot 2 = 4$; $2 \cdot 3 = 6$; $2 \cdot 2 \cdot 2 = 8$; $2 \cdot 2 \cdot 3 = 12$

(Alle Kombinationen der Primfaktoren aufstellen!)

Für diese Zerlegungen ist die Kenntnis der **Primzahlen** wichtig. Sie bleiben übrig, wenn aus der Folge der natürlichen Zahlen systematisch alle Vielfachen von 2, 3, (4), 5, (6), 7, . . . herausgestrichen werden.

2 3 4̸ 5 6̸ 7 8̸ 9̸ 1̸0̸ 11 1̸2̸ 13 1̸4̸ 1̸5̸ 1̸6̸ 17 1̸8̸ 19 2̸0̸

\ : Vielfache von 2;   / : Vielfache von 3;

| : Vielfache von 5;   —— : Vielfache von 7

Als Primzahlen bleiben übrig: 2, 3, 5, 7, 11, 13, 17, 19, ... Das Verfahren heißt das **Sieb des ERATHOSTHENES**. Es zeigt sich, daß die Primzahlen in der Folge der natürlichen Zahlen ganz unregelmäßig verteilt sind und ihre Anzahl unbegrenzt groß ist.

Bei der **Primfaktorenzerlegung** größerer natürlicher Zahlen wird zweckmäßig zuerst ein Primfaktor (z. B. 2) so oft abgespalten, wie es möglich ist, dann ein anderer (etwa 3), dann ein dritter usf., bis auch der Restfaktor eine Primzahl ist. Unabhängig von der Reihenfolge der Abspaltung ergibt sich so für jede natürliche Zahl eindeutig eine ganz bestimmte Primfaktorenzerlegung.

■ Beispiel 24:

$$
\begin{aligned}
2520 &= 2 \cdot 1260 \\
&= 2 \cdot 2 \cdot 630 \\
&= 2 \cdot 2 \cdot 2 \cdot 315 \\
&= 2 \cdot 2 \cdot 2 \cdot 3 \cdot 105 \\
&= 2 \cdot 2 \cdot 2 \cdot 3 \cdot 3 \cdot 35 \\
&= 2 \cdot 2 \cdot 2 \cdot 3 \cdot 3 \cdot 5 \cdot 7 = 2^3 \cdot 3^2 \cdot 5 \cdot 7
\end{aligned}
$$

c) Gemeinsame Teiler

Verschiedene natürliche Zahlen größer als 1 haben meist verschiedene Teiler (außer dem trivialen Teiler 1), sie können aber gelegentlich auch **gemeinsame Teiler** aufweisen. Unter ihnen ist, wenn es mehrere gibt, sicherlich ein **größter gemeinsamer Teiler (g.g.T.)**. Sind keine gemeinsamen Teiler vorhanden, so heißen die Zahlen **teilerfremd**. Die Bestimmung des g. g. T. geschieht zweckmäßig mit Hilfe der **Primfaktorenzerlegung** beider Zahlen.

■ Beispiel 25:

a)
$$
\begin{aligned}
1890 &= \quad 2 \cdot 3 \cdot 3 \cdot 3 \cdot 5 \cdot 7 \\
396 &= 2 \cdot 2 \cdot 3 \cdot 3 \qquad\quad \cdot 11 \\
\hline
\text{g. g. T.:} &\quad 2 \cdot 3 \cdot 3 = 18
\end{aligned}
$$

b)
$$
\begin{aligned}
60 &= 2 \cdot 2 \cdot 3 \cdot 5 \\
91 &= \qquad\qquad 7 \cdot 13 \\
\hline
\end{aligned}
$$
Die Zahlen sind teilerfremd.

c)
$$
\begin{aligned}
80a^2b^3c &= 2 \cdot 2 \cdot 2 \cdot 2 \cdot 5 \qquad \cdot a \cdot a \cdot b \cdot b \cdot b \cdot c \\
104a^2b^2x &= 2 \cdot 2 \cdot 2 \qquad\quad \cdot 13 \cdot a \cdot a \cdot b \cdot b \qquad \cdot x \\
\hline
\text{g. g. T.:} &\quad 2 \cdot 2 \cdot 2 \cdot a \cdot a \cdot b \cdot b = 8a^2b^2
\end{aligned}
$$

d)
$$
\begin{aligned}
15x^2 - 60y^2 &= 3 \cdot 5 \qquad\quad \cdot (x + 2y) \cdot (x - 2y) \\
21xz - 42yz &= 3 \quad\ \cdot 7 \qquad\qquad\quad \cdot (x - 2y) \cdot z \\
\hline
\text{g. g. T.:} &\qquad\quad 3(x - 2y)
\end{aligned}
$$

Der Zerlegung in Primfaktoren muß, wenn Variablen vorkommen, gegebenenfalls eine Umwandlung von Summen in Produkte durch Ausklammern bzw. Anwenden der binomischen Grundformeln vorangehen.

Der g. g. T. von Zähler und Nenner eines Bruches ist die **größtmögliche Kürzungszahl** (KZ) für diesen Bruch. Mit ihrer Hilfe ergibt sich sofort derjenige Repräsentant der rationalen Zahl, dessen Zähler und Nenner teilerfremd sind (die also die kleinstmöglichen Zähler und Nenner darstellen).

Beispiel 26:

a) $+\dfrac{351}{189} = +\dfrac{3 \cdot 3 \cdot 3 \cdot 13}{3 \cdot 3 \cdot 3 \cdot 7} = +\dfrac{13}{7}$ KZ: $3 \cdot 3 \cdot 3 = 27$

b) $-\dfrac{54\,a^2\,b^2\,x\,y}{72\,a^3\,b^3\,x\,z} = -\dfrac{2 \cdot 3 \cdot 3 \cdot 3 \cdot a \cdot a \cdot b \cdot b \cdot x \cdot y}{2 \cdot 2 \cdot 2 \cdot 3 \cdot 3 \cdot a \cdot a \cdot a \cdot b \cdot b \cdot b \cdot x \cdot z} = -\dfrac{3\,y}{4\,a\,b\,z}$ KZ: $18a^2b^2x$

c) $+\dfrac{3\,ax - 3\,ay - x + y}{6\,ax + 6\,ay - 2\,x - 2\,y} = +\dfrac{3\,a\,(x - y) - (x - y)}{6\,a\,(x + y) - 2\,(x + y)} = +\dfrac{(x - y)\,(3\,a - 1)}{2\,(x + y)\,(3\,a - 1)}$

$= \dfrac{x - y}{2\,(x + y)}$ KZ: $3\,a - 1$

d) Gemeinsame Vielfache

Zu jeder natürlichen Zahl größer als 1 können beliebig viele **Vielfache** gebildet werden. Verschiedene Zahlen haben im allgemeinen auch verschiedene Vielfache, doch können darunter gelegentlich auch **gemeinsame Vielfache** sein. Unter diesen ist dann bestimmt ein **kleinstes gemeinsames Vielfaches (k. g. V.)**. Es läßt sich ebenfalls mit Hilfe der Primfaktorenzerlegung bestimmen und spielt bei der Addition und Subtraktion von Brüchen als sogenannter **Hauptnenner** (HN) eine Rolle.

Beispiel 27:

a) $16 = 2 \cdot 2 \cdot 2 \cdot 2$

  $60 = 2 \cdot 2 \cdot 3 \cdot 5$

  $36 = 2 \cdot 2 \cdot 3 \cdot 3$

  k. g. V.: $2 \cdot 2 \cdot 2 \cdot 2 \cdot 3 \cdot 3 \cdot 5 = 720$

b) $42n^2px^2 = 2 \cdot 3 \cdot 7 \cdot n \cdot n \cdot p \cdot x \cdot x$

  $63np^2x = 3 \cdot 3 \cdot 7 \cdot n \cdot p \cdot p \cdot x$

  $15npx^2 = 3 \cdot 5 \cdot n \cdot p \cdot x \cdot x$

  k. g. V.: $2 \cdot 3 \cdot 3 \cdot 5 \cdot 7 \cdot n \cdot n \cdot p \cdot p \cdot x \cdot x = 630n^2p^2x^2$

Aufgaben

1. Die Zahlen 14450, 1000, 10584, 258555, 297000 sind daraufhin zu untersuchen, ob sie durch 2, 3, 4, 5, 8, 9, 11, 25, 125 teilbar sind. (L)

2. Eine Zahl, die durch 6 teilbar sein soll, muß sich wegen $6 = 2 \cdot 3$ durch 2 und durch 3 teilen

lassen. Wie lautet eine entsprechende Teilbarkeitsregel? Welche von den in Aufgabe **1** genannten Zahlen sind durch 6 teilbar? (L)

3. Dieselben Überlegungen und Übungen wie in Aufgabe **2** für die Zahl 6 sind für $10 = 2 \cdot 5$, $100 = 4 \cdot 25$, $1000 = 8 \cdot 125$ anzustellen. (L)

4. Das Sieb des ERATHOSTHENES ist bis zur Zahl 200 fortzuführen.

Die Zahlen in den Aufgaben **5** bis **14** sind in Primfaktoren zu zerlegen.

5. 72 (L)   **6.** 90 (L)   **7.** 96 (L)   **8.** 144 (L)   **9.** 211 (L)

10. 1008 (L)   **11.** 1111 (L)   **12.** 7425 (L)   **13.** 8575 (L)   **14.** 45000 (L)

Zu den Zahlenpaaren in den Aufgaben **15** bis **26** ist der g.g.T. zu bestimmen.

15. 100; 180 (L)   **16.** 280; 342 (L)   **17.** 750; 875 (L)

18. 5083; 1955 (L)   **19.** 75600; 23400 (L)   **20.** 990; 1000 (L)

21. $48anpq$; $16abnp$ (L)   **22.** $39ac^2np^2$; $65a^2np^2x$ (L)

23. $2a - 10$; $5(a - 5)$ (L)   **24.** $x^2 - a^2$; $a^2 + 2ax + x^2$ (L)

25. $18bx - 24cx$; $15ab - 20ac$ (L)   **26.** $300\,m^2n$; $525\,mnp$ (L)

Die Brüche in den Aufgaben **27** bis **41** sollen gekürzt werden, so daß im Ergebnis Zähler und Nenner teilerfremd sind.

27. $+\dfrac{450}{480}$ (L)   **28.** $-\dfrac{264}{312}$ (L)   **29.** $-\dfrac{77}{220}$ (L)   **30.** $+\dfrac{1680}{2640}$ (L)

31. $-\dfrac{327}{351}$ (L)   **32.** $-\dfrac{4\,a\,b\,c}{14\,a\,x\,y}$ (L)   **33.** $+\dfrac{8\,a^2\,c\,x^2}{12\,a^2\,b\,x}$ (L)

34. $+\dfrac{96\,r^3\,x^3\,z}{120\,r^2\,x^4\,z}$ (L)   **35.** $-\dfrac{117\,a\,b\,c}{1300\,b\,c\,d}$ (L)   **36.** $+\dfrac{2\,a^2 - 4\,a\,b}{4\,a\,x - 2\,a\,y}$ (L)

37. $+\dfrac{6\,x - 3}{10\,x - 5}$ (L)   **38.** $-\dfrac{9\,a^2 - 9\,a}{15 - 15\,a}$ (L)   **39.** $-\dfrac{4\,x^2 - 4}{2\,(x - 1)^2}$ (L)

40. $+\dfrac{3\,a\,x + 4\,b\,y - 3\,a\,y - 4\,b\,x}{4\,a\,x + 3\,b\,y - 4\,a\,y - 3\,b\,x}$ (L)   **41.** $-\dfrac{a\,x - 1 + x - a}{a\,x + 1 + x + a}$ (L)

In den Aufgaben **42** bis **52** ist jeweils das k.g.V. zu bestimmen.

42. 12, 16, 27 (L)   **43.** 24, 80, 90 (L)   **44.** 9, 25, 70 (L)

45. 40, 60, 150 (L)   **46.** 14, 18, 35, 63 (L)   **47.** 30, 56, 84, 108 (L)

48. $24a^2$; $36ab$; $60ab^2$ (L)   **49.** $9x^2$, $5xy$, $55y^2$, $30x$ (L)   **50.** $40a^2x$, $72abx^2$, $60x^3$

51. $5x^3$, $12xy$, $50xy^2$, $60y^2$ (L)   **52.** $(x + 1)^2$; $x^2 - 1$; $(x - 1)^2$ (L)

1.2.3. Addition und Subtraktion von rationalen Zahlen

► **Regel XIII:**

Es können grundsätzlich nur *gleichnamige rationale Zahlen* addiert oder subtrahiert werden. Das geschieht, indem die Zähler unter Berücksichtigung der Vorzeichen und etwaiger Klammern addiert bzw. subtrahiert werden. Diese Summe wird der Zähler, der gemeinsame Nenner der Nenner des Bruches, der das Endergebnis darstellt.

Gemischte Zahlen müssen vorher eingerichtet, die Endergebnisse gegebenenfalls bis zu teilerfremden Zählern und Nennern gekürzt werden.

■ **Beispiel 28:**

a) $\dfrac{7}{4} - \left(\dfrac{5}{4} + \dfrac{1}{4}\right) + 2\dfrac{1}{4} - \dfrac{3}{4} + 9\dfrac{3}{4} = \dfrac{7 - 5 - 1 + 9 - 3 + 39}{4} = +\dfrac{46}{4} = +\dfrac{23}{2}$

b) $\dfrac{5a}{2x} - \dfrac{3}{2x} + \dfrac{2a-1}{2x} - \dfrac{3a-2}{2x} = \dfrac{5a - 3 + 2a - 1 - 3a + 2}{2x} = \dfrac{4a-2}{2x} = \dfrac{a-1}{x}$

► **Regel XIV:**

***Ungleichnamige rationale Zahlen* müssen für die Addition und Subtraktion *gleichnamig* gemacht werden. Dazu wird das k. g. V. aller Teilnenner (der sogenannte Hauptnenner HN) bestimmt, und alle Summanden (Brüche, wie etwa vorkommende ganze Zahlen) werden durch Erweitern in Brüche mit dem HN als Nenner verwandelt. Dann wird nach Regel XIII verfahren.**

■ **Beispiel 29:**

a) $\dfrac{3}{5} + 2\dfrac{1}{6} - \left(\dfrac{1}{4} - \dfrac{9}{2}\right) + \dfrac{7}{15} - 4 = \dfrac{3 \cdot 12 + 13 \cdot 10 - 1 \cdot 15 + 9 \cdot 30 + 7 \cdot 4 - 4 \cdot 60}{60}$

$= \dfrac{36 + 130 - 15 + 270 + 28 - 240}{60} = +\dfrac{209}{60}$

Bestimmung des HN

$(5 = \qquad 5)$	Alle Einzelnenner, die Teiler eines anderen Einzelnenners sind,
$6 = \quad \mathbf{2 \cdot 3}$	können bei der Bestimmung des k. g. V. weggelassen werden (im
$4 = \mathbf{2 \cdot 2}$	Beispiel eingeklammert).
$(2 = 2)$	
$15 = \qquad \mathbf{3 \cdot 5}$	

$\text{HN.}: 2 \cdot 2 \cdot 3 \cdot 5 = 60$

b) $\dfrac{6x}{7} - \dfrac{3y}{5} + \dfrac{13x}{42} - \left(\dfrac{7y}{30} - \dfrac{5x}{15}\right) = \dfrac{6x \cdot 30 - 3y \cdot 42 + 13x \cdot 5 - 7y \cdot 7 + 5x \cdot 14}{210}$

HN. aus 42 und 30:

$42 = \mathbf{2 \cdot 3 \cdot} \quad \mathbf{7}$

$30 = 2 \cdot 3 \cdot \mathbf{5}$

$\text{HN.}: 2 \cdot 3 \cdot 5 \cdot 7 = 210$

$= \dfrac{180x - 126y + 65x - 49y + 70x}{210}$

$= \dfrac{315x - 175y}{210} = \dfrac{35(9x - 5y)}{210} = \dfrac{9x - 5y}{6}$

c) $\dfrac{7s-1}{15r-30t} + \dfrac{4s-11}{5r-10t} - \dfrac{18s+1}{r-2t} = \dfrac{7s-1+3(4s-11)-15(18s+1)}{15(r-2t)}$

$$15r-30t = 3\cdot 5\cdot(r-2t)$$
$$5r-10t = 5\cdot(r-2t)$$
$$r-2t = (r-2r)$$
$$\overline{\text{HN.}: 3\cdot 5\cdot(r-2t) = 15(r-2t)}$$

$$= \dfrac{7s-1+12s-33-270s-15}{15(r-2t)}$$

$$= \dfrac{-251s-49}{15(r-2t)} = -\dfrac{251s+49}{15(r-2t)}$$

Aufgaben

1. $\dfrac{7}{29} + \dfrac{8}{29} - \left(\dfrac{9}{29} + \dfrac{5}{29}\right) - \dfrac{30}{29} + \dfrac{40}{29}$ (L)

2. $5\dfrac{1}{7} - \dfrac{6}{7} - \left(\dfrac{4}{7} + 3\dfrac{3}{7}\right) - \dfrac{18}{7} + \dfrac{100}{7}$ (L)

3. $1\dfrac{9}{16} + \dfrac{7}{16} + \dfrac{11}{16} - \left(2\dfrac{5}{16} + 6\dfrac{3}{16}\right)$ (L)

4. $\dfrac{2}{17} + \dfrac{8}{17} + \dfrac{5}{17} - \left(8\dfrac{5}{17} - 7\dfrac{12}{17}\right)$ (L)

5. $\dfrac{4}{5} + \dfrac{1}{10} + \dfrac{5}{6} - 4\dfrac{3}{8} - \left(\dfrac{7}{12} + \dfrac{11}{24}\right)$ (L)

6. $-\dfrac{3}{7} - \dfrac{8}{15} - \left(-\dfrac{7}{10} - 1\dfrac{2}{5}\right) + \left(\dfrac{5}{6} - \dfrac{19}{30}\right)$ (L)

7. $\dfrac{5}{11} + \dfrac{5}{6} + 2\dfrac{4}{5} - \left(\dfrac{13}{15} + \dfrac{19}{30} - 1\right)$ (L)

8. $1\dfrac{3}{5} - \dfrac{1}{6} + \dfrac{5}{9} - 2\dfrac{17}{36} + \dfrac{11}{18} - \dfrac{5}{12}$ (L)

9. $\dfrac{5}{8} - 2 + \dfrac{11}{12} - \dfrac{3}{4} - \dfrac{5}{8} + 1\dfrac{8}{15}$ (L)

10. $\dfrac{2}{3} - \dfrac{2}{9} + \dfrac{7}{12} - \dfrac{7}{18} - \dfrac{5}{24} - 5 + \dfrac{1}{36}$ (L)

11. $\dfrac{1}{2} + \dfrac{1}{4} + \dfrac{3}{5} + \dfrac{7}{15} - \dfrac{9}{20} - \dfrac{5}{3} - \dfrac{9}{10}$ (L)

12. $\dfrac{3}{4} + \dfrac{7}{9} + 2\dfrac{3}{12} - 5\dfrac{2}{3} + \dfrac{7}{12} + \dfrac{13}{4} - 3$ (L)

13. $\dfrac{1}{2} - \dfrac{1}{3} + \dfrac{1}{4} - \dfrac{1}{5} + \dfrac{1}{6} - \dfrac{1}{7} + \dfrac{1}{8} - \dfrac{1}{9} + \dfrac{1}{10}$ (L)

Bei den Aufgaben **14** bis **16** ist es vorteilhaft, die gemischten Zahlen nicht einzurichten, sondern die ganzen Zahlen und die echten Brüche getrennt jeweils für sich zusammenzufassen.

14. $4\dfrac{3}{10} + 5\dfrac{5}{12}$ (L)

15. $35\dfrac{19}{48} - 19\dfrac{17}{60}$ (L)

16. $19\dfrac{13}{16} + 83\dfrac{39}{40} - 47$ (L)

17. $\dfrac{2x}{7} + \dfrac{3x}{7} - \dfrac{x}{7}$ (L)

18. $\dfrac{3a+2b}{a+b} - \dfrac{5a+6b}{a+b}$ (L)

19. $\dfrac{a+b}{c} - \dfrac{(a-b)}{c}$ (L)

20. $\dfrac{3x-4y}{x-y} - \dfrac{6x-7y}{x-y} + \dfrac{4x-10y}{x-y} + 5$ (L)

21. $\dfrac{2a+b+5c}{a+c} + 1 - \dfrac{a+b+4c}{a+c}$ (L)

22. $\dfrac{x-2}{15x} - \dfrac{7-3x}{15x} + \dfrac{9+5x}{15x}$ (L)

23. $\dfrac{ax-bx}{x^2-y^2} - \dfrac{ay-by}{x^2-y^2}$ (L)

24. $\dfrac{x+y}{z} + \dfrac{x-y}{z} - \dfrac{2x}{z}$ (L)

25. $\dfrac{a}{12} + \dfrac{a}{8} - \left(\dfrac{a}{6} + \dfrac{a}{3}\right)$ (L)

26. $\dfrac{2x+3y}{26} + \dfrac{5x-6y}{39} - \dfrac{3x-y}{13}$ (L)

27. $\dfrac{a}{2} - \dfrac{a-2}{3}$ (L)

28. $\dfrac{x}{10} + \dfrac{1-x}{15}$ (L)

29. $\dfrac{1}{2x} - \dfrac{1}{3x} + \dfrac{1}{4x}$ (L)

30. $\dfrac{x}{a} - \dfrac{x}{b}$ (L)

31. $\dfrac{m}{n} + \dfrac{n}{m} - 2$ (L)

32. $\dfrac{3a}{5x} - \dfrac{7a}{10x} - \dfrac{a}{6x} + \dfrac{7a}{15x}$ (L)

33. $\dfrac{x+3y}{4y} - \dfrac{x+2y}{6y} + 1$ (L)

34. $\dfrac{4a-5b+7c}{3x} - \dfrac{3a-7b+6c}{4x} + \dfrac{a-b-5c}{6x}$ (L)

35. $\dfrac{a+4b}{10a+15b} - \dfrac{a+5b}{14a+21b} + 3$ (L)

36. $\dfrac{3a-4b}{9a-6b} + \dfrac{2a+2b}{15a-10b} - 1$ (L)

37. $\dfrac{3}{x+1} - \dfrac{2}{x-1} + \dfrac{5}{x^2-1}$ (L)

38. $\dfrac{x+1}{x-1} - \dfrac{x-1}{x+1}$ (L)

39. $\dfrac{x-2}{x-3} - \dfrac{x-1}{x-2}$ (L)

40. $\dfrac{2m+3}{2m-2} - \dfrac{3m-2}{3m+3} - \dfrac{5}{6m^2-6}$ (L)

1.2.4. Multiplikation und Division von rationalen Zahlen

a) Multiplikation und Division von einzelnen rationalen Zahlen

▶ **Regel XV:**

Zwei rationale Zahlen werden multipliziert, indem man Zähler mit Zähler und Nenner mit Nenner multipliziert. Diese Produkte werden Zähler bzw. Nenner des Bruches, der das Endergebnis darstellt. Sein Vorzeichen wird nach Regel V bestimmt.

Es empfiehlt sich, vor dem Ausmultiplizieren von Zähler und Nenner zu kürzen.

■ **Beispiel 30:**

a) $\left(+\dfrac{7}{9}\right) \cdot \left(-\dfrac{4}{5}\right) = -\dfrac{7 \cdot 4}{9 \cdot 5} = -\dfrac{28}{45}$

b) $\left(-\dfrac{35a^2 b}{6cd}\right) \cdot \left(-\dfrac{2c^2}{7ab}\right) = +\dfrac{5 \cdot 7 \cdot a \cdot a \cdot b \cdot 2 \cdot c \cdot c}{2 \cdot 3 \cdot c \cdot d \cdot 7 \cdot a \cdot b} = +\dfrac{5ac}{3d}$

▶ **Regel XVI:**

Zwei rationale Zahlen werden dividiert, indem man den Dividenden mit dem reziproken Bruch des Divisors nach Regel XV multipliziert.

Gemischte Zahlen sind auch beim Multiplizieren und Dividieren vorher einzurichten.

■ **Beispiel 31:**

a) $\left(-2\dfrac{27}{49}\right) : \left(+\dfrac{15}{56}\right) = -\dfrac{125 \cdot 56}{49 \cdot 15} = -\dfrac{200}{21}$

b) $\left(-\dfrac{(x-y)^2}{x+y}\right) : \left(-\dfrac{x^2-y^2}{5}\right) = +\dfrac{(x-y) \cdot (x-y) \cdot 5}{(x+y) \cdot (x+y) \cdot (x-y)} = +\dfrac{5(x-y)}{(x+y)^2}$

Die für ganze Zahlen geltenden Regeln und Verfahren, insbesondere die Regeln VII bis IX, die binomischen Grundformeln und das Verfahren der Partialdivision, gelten auch, wenn in den Polynomen rationale Zahlen vorkommen.

Beispiel 32:

a) $\left(\dfrac{a}{b} + \dfrac{b}{c} + \dfrac{c}{a}\right) \dfrac{ab}{c} = \dfrac{a \cdot ab}{b \cdot c} + \dfrac{b \cdot ab}{c^2} + \dfrac{c \cdot ab}{a \cdot c} = \dfrac{a^2}{c} + \dfrac{ab^2}{c^2} + b$

b) $\left(\dfrac{3}{5} - \dfrac{x}{y}\right) \cdot \left(\dfrac{3}{x} + \dfrac{5}{y}\right) - \left(\dfrac{3}{5x} + \dfrac{1}{y}\right) \cdot \left(3 - \dfrac{5x}{y}\right)$

$= \left[\dfrac{9}{5x} + \dfrac{3}{y} - \dfrac{3}{y} - \dfrac{5x}{y^2}\right] - \left[\dfrac{9}{5x} + \dfrac{3}{y} - \dfrac{3}{y} - \dfrac{5x}{y^2}\right] = \dfrac{9}{5x} - \dfrac{5x}{y^2} - \dfrac{9}{5x} + \dfrac{5x}{y^2} = 0$

c) $\left(\dfrac{2}{x^3} - \dfrac{3}{x^2} + \dfrac{4}{x}\right) : \dfrac{1}{3x^2} = \dfrac{2 \cdot 3x^2}{x^3 \cdot 1} - \dfrac{3 \cdot 3x^2}{x^2 \cdot 1} + \dfrac{4 \cdot 3x^2}{x \cdot 1} = \dfrac{6}{x} - 9 + 12x$

d) $\left(\dfrac{3a}{2b} - \dfrac{2b}{3a}\right) : \left(\dfrac{3}{b} + \dfrac{2}{a}\right) = \dfrac{a}{2} - \dfrac{b}{3}$

$$\begin{array}{l}
\underline{-\left(\dfrac{3a}{2b} \qquad + 1\right)} \\[2mm]
\qquad 0 - \dfrac{2b}{3a} - 1 \\[2mm]
\hline
\qquad - 1 - \dfrac{2b}{3a} \\[2mm]
\underline{- \left(- 1 - \dfrac{2b}{3a}\right)} \\[2mm]
\qquad\quad 0 + 0
\end{array}$$

Nebenrechnungen:

$\dfrac{3a}{2b} : \dfrac{3}{b} = \dfrac{3a \cdot b}{2b \cdot 3} = \dfrac{a}{2}$

$-1 : \dfrac{3}{b} = -\dfrac{1 \cdot b}{3} = -\dfrac{b}{3}$

e) $\left(\dfrac{3m}{4n} - \dfrac{2x}{3y}\right)^2 = \dfrac{9m^2}{16n^2} - \dfrac{mx}{ny} + \dfrac{4x^2}{9y^2}$ $\quad \Big($Binomische Grundformel I belegt mit

$a = \dfrac{3m}{4n} \, ; \qquad b = \dfrac{2x}{3y}\Big)$

c) _Doppelbrüche_

$2 : 3 = \frac{2}{3}$ läßt erkennen, daß das Divisionszeichen und der Bruchstrich einander entsprechen.

Zum Beispiel kann die Divisionsaufgabe $\left(\dfrac{3a}{2b} - \dfrac{2b}{3a}\right) : \left(\dfrac{3}{b} + \dfrac{2}{a}\right)$ auch mit Hilfe eines Bruchstrichs statt des Divisionszeichens geschrieben werden:

$$\dfrac{\dfrac{3a}{2b} - \dfrac{2b}{3a}}{\dfrac{3}{b} + \dfrac{2}{a}}$$

Es entsteht ein Bruch, dessen Zähler und dessen Nenner nochmals Brüche enthalten.
Fachbezeichnung: **Doppelbruch.** Ein Doppelbruch kann also letztlich als Aufgabe
zur Division zweier Polynome aufgefaßt werden. Diese läßt sich in folgender Weise auf
die Division zweier Brüche zurückführen:

▶ **Regel XVII:**

**Die Summen in Zähler und Nenner eines Doppelbruchs werden unter Verwendung des Haupt-
nenners je zu einem Bruch vereinigt, und beide Brüche werden dann nach Regel XVI durch-
einander dividiert.**

Beispiel 33:

$$\frac{\dfrac{a}{2x} - \dfrac{2x}{a}}{\dfrac{2x}{a} - 1} = \frac{\dfrac{a^2 - 4x^2}{2ax}}{\dfrac{2x - a}{a}} = \frac{a^2 - 4x^2}{2ax} : \frac{2x - a}{a} = \frac{(a^2 - 4x^2) \cdot a}{2ax \cdot (2x - a)}$$

$$= \frac{(a + 2x)(a - 2x) \cdot a}{2ax(2x - a)} = -\frac{(a + 2x)(a - 2x) \cdot a}{2ax(a - 2x)} = -\frac{a + 2x}{2x}$$

● **Aufgaben**

1. $(+72) \cdot \left(+\dfrac{31}{32}\right)$ (L) **2.** $\left(-\dfrac{77}{85}\right) \cdot \left(+\dfrac{51}{55}\right)$ (L) **3.** $\left(+\dfrac{32}{39}\right) \cdot \left(-\dfrac{65}{72}\right) \cdot \left(-\dfrac{27}{80}\right)$ (L)

4. $\left(+\dfrac{54}{55}\right) : (-18)$ (L) **5.** $\left(-\dfrac{68}{71}\right) : (-17)$ (L) **6.** $(+65) : \left(+\dfrac{39}{41}\right)$ (L)

7. $(-72) : \left(-5\dfrac{13}{19}\right)$ (L) **8.** $\left(+13\dfrac{1}{5}\right) : \left(-\dfrac{11}{12}\right)$ (L) **9.** $\left(-\dfrac{8ax}{5by}\right) \cdot \left(-\dfrac{3ay}{4bx}\right)$ (L)

10. $\left(+\dfrac{5pq}{3y}\right) \cdot (-15y)$ (L) **11.** $\left(+\dfrac{3a}{5b}\right) \cdot \left(-\dfrac{10b}{9x}\right) \cdot \left(-1\dfrac{1}{2}x\right)$ (L)

12. $\left(+\dfrac{10a(x-1)}{7b(x+1)}\right) \cdot \left(-\dfrac{m(x+1)}{5a(x+2)}\right) \cdot \left(-3\dfrac{1}{2}b\right)$ (L)

13. $\left(+\dfrac{3ab}{5x}\right) : (-6a)$ (L) **14.** $(-9x) : \left(-\dfrac{12ax}{5b}\right)$ (L)

15. $(-15n) : \left(+\dfrac{5nx}{3y}\right)$ (L) **16.** $\left(+\dfrac{2x}{4y}\right) : \left(-\dfrac{7bx}{9ay}\right)$ (L)

17. $\left(+\dfrac{2a^2n}{5b^2p}\right) : \left(+\dfrac{4n^2x}{15b^2y}\right)$ (L) **18.** $\left(+\dfrac{a^3x^3}{b^3y^3}\right) : \left(+\dfrac{3a^2b^2}{5x^2y^2}\right)$ (L)

19. $\left(+\dfrac{3a^2b^2(n-1)}{4x^2y^2(n+1)}\right) : \left(-\dfrac{b^2(x-1)}{(n+1)y^2}\right)$ (L) **20.** $\left(+\dfrac{10a^2b^3}{9x^2}\right) : \left(-8\dfrac{1}{3}b^2\right)$ (L)

21. $\left(-\dfrac{5(m^2-n^2)}{2(r-s)^2}\right) : \left(+\dfrac{10(m-n)}{(r^2-s^2)}\right)$ (L) **22.** $\left(+\dfrac{91(a-x)^2}{12(a+x)^2}\right) : \left(+\dfrac{104(a+x)^2}{16(a^2-x^2)}\right)$ (L)

23. $\left(\dfrac{1}{x} + \dfrac{1}{y} - \dfrac{1}{z}\right) \cdot xyz$ (L) **24.** $\left(\dfrac{1}{x^2} - \dfrac{2}{x} + 3\right) \cdot 5x^2$ (L)

25. $\left(\dfrac{3}{a} + \dfrac{4}{b} + \dfrac{5}{c} - \dfrac{6}{d}\right) : \dfrac{1}{abcd}$ (L) **26.** $\left(\dfrac{6a^2}{5} - \dfrac{5ab}{3} + 8c\right) : \dfrac{2a}{3b}$ (L)

27. $\left(\dfrac{x}{y} - \dfrac{2}{3}\right) \cdot \left(\dfrac{3x}{5} + \dfrac{2y}{7}\right)$ (L)

28. $\left(\dfrac{x}{5} - \dfrac{y}{3}\right) \cdot \left(\dfrac{5}{x} + \dfrac{3}{y}\right)$ (L)

29. $\left(\dfrac{1}{a} + \dfrac{1}{b}\right)(a - b) + (a + b) \cdot \left(\dfrac{1}{a} - \dfrac{1}{b}\right)$ (L)

30. $\left(\dfrac{3ay}{4x} - \dfrac{2b^2 x}{3ay} - \dfrac{1}{2}b\right) \cdot \left(\dfrac{3a}{b} + \dfrac{2x}{y}\right)$ (L)

31. $\left(\dfrac{3x}{4y} + \dfrac{2y}{5x} + \dfrac{1}{2}\right) \cdot \left(\dfrac{5}{y} - \dfrac{2}{x}\right)$ (L)

32. $\left(\dfrac{5a}{3b} + \dfrac{3b}{4a} - \dfrac{5}{6}\right) \cdot \left(\dfrac{3a}{b} + \dfrac{3}{2}\right)$ (L)

33. $\left(\dfrac{2a^2}{9b} - \dfrac{a}{3} + \dfrac{b}{2}\right) \cdot \left(\dfrac{2}{3b} + \dfrac{1}{a}\right)$ (L)

34. $\left(\dfrac{a}{b} - \dfrac{b}{a}\right)^2$ (L)

35. $\left(\dfrac{2x}{y} + \dfrac{3y}{x}\right)\left(\dfrac{2x}{y} - \dfrac{3y}{x}\right)$ (L)

36. $\left(5\dfrac{1}{2}\dfrac{r^2}{t} - 2\dfrac{1}{4}\dfrac{t^2}{r}\right)^2$ (L)

37. $\left(\dfrac{5a^2}{b} - \dfrac{16b}{5}\right) : (5a + 4b)$ (L)

38. $\left(\dfrac{5a}{7b} - \dfrac{7b}{5a}\right) : \left(\dfrac{7}{a} + \dfrac{5}{b}\right)$ (L)

39. $\left(\dfrac{9x^2}{8y^2} + \dfrac{y}{3x}\right) : \left(\dfrac{3}{2y} + \dfrac{1}{x}\right)$ (L)

40. $\left(\dfrac{10a}{9b^2} + \dfrac{1}{b} + \dfrac{2}{a} - \dfrac{9b}{5a^2}\right) : \left(\dfrac{5}{b} - \dfrac{3}{a}\right)$ (L)

41. $\dfrac{\dfrac{x}{2} - \dfrac{1}{5}}{\dfrac{x}{2} + \dfrac{1}{5}}$ (L)

42. $\dfrac{\dfrac{a}{2} - \dfrac{b}{3}}{\dfrac{a}{2} + \dfrac{b}{3}}$ (L)

43. $\dfrac{\dfrac{1}{a} + \dfrac{1}{b}}{\dfrac{1}{a} - \dfrac{1}{b}}$ (L)

44. $\dfrac{\dfrac{3}{x} - \dfrac{5}{y}}{\dfrac{5}{x} - \dfrac{3}{y}}$ (L)

45. $\dfrac{\dfrac{a}{x} + \dfrac{b}{y}}{\dfrac{b}{x} - \dfrac{a}{y}}$ (L)

46. $\dfrac{\dfrac{a+1}{a-1} - 1}{\dfrac{a+1}{a-1} + 1}$ (L)

47. $\dfrac{\dfrac{x+6}{x+3} + 1}{2 - \dfrac{x+6}{x+3}}$ (L)

48. $\dfrac{\dfrac{1}{a-b} + \dfrac{1}{a+b}}{\dfrac{1}{a-b} - \dfrac{1}{a+b}}$ (L)

49. $\dfrac{\dfrac{x}{x-y} - \dfrac{y}{x+y}}{\dfrac{y}{x-y} + \dfrac{x}{x+y}}$ (L)

1.2.5. Die Dezimalschreibweise von rationalen Zahlen

a) Die Dezimalzahlen

Im täglichen Leben sind Angaben wie 12,25 DM, 1,50 m, 3,725 kg üblich und weit verbreitet. Bei solchen, ein Komma enthaltenden Zahlen handelt es sich um **Dezimalzahlen.** Sie stellen eine sinnvolle Erweiterung der Symbolik natürlicher Zahlen im Zehnerpositionssystem dar. Beim Zahlensymbol einer natürlichen Zahl in diesem Ziffernsystem hat jede Grundziffer einen Stellenwert, der ein Zehntel des Stellenwertes der unmittelbar links von ihr stehenden Grundziffer beträgt.

■ Beispiel 35:

3925 Stellenwert von 9: 100

Stellenwert von 2: $\dfrac{1}{10}$ von 100, nämlich 10

Bei natürlichen Zahlen sind der niedrigste Stellenwert die Einer. Werden rechts davon, zur Verdeutlichung durch ein Komma getrennt, weitere Grundziffern beigefügt, so ergibt sich bei Beibehaltung des Bildungsgesetzes für die Stellenwerte dieser Grundziffern folgende Übersicht:

Dezimalkomma

← —————————————————— Dezimalzahl —————————————————— →

Ganze ← ... 9 7 4 , 2 6 8 6 5 3 2 1 0 7 6 4 7 5 3 1 2 3 7 2 ... → Dezimalstellen

Ziffer	Stellenwert
9	Hunderter H
7	Zehner Z
4	Einer E
2	Zehntel z
6	Hundertstel h
8	Tausendstel t
6	Zehntausendstel zt
5	Hunderttausendstel ht
3	Millionstel m
2	Zehnmillionstel zm
1	Hundertmillionstel hm
0	Tausendmillionstel tm
7	Zehntausendmillionstel ztm
6	Hunderttausendmillionstel htm
4	Billionstel b
7	Zehnbillionstel zb
5	Hundertbillionstel hb
3	Tausendbillionstel tb
1	Zehntausendbillionstel ztb
2	Hunderttausendbillionstel htb
3	Trillionstel tr
7	Zehntrillionstel ztr
2	Hunderttrillionstel htr

Statt	sagt man auch
Tausendmillionstel	Milliardstel
Tausendbillionstel	Billiardstel
Tausendtrillionstel	Trilliardstel

Beispiel 35:

6,725 896 wird gelesen:

6 Komma sieben zwei fünf acht neun sechs **oder**

6 Ganze 7 Zehntel 2 Hundertstel 5 Tausendstel 8 Zehntausendstel 9 Hunderttausendstel 6 Millionstel **oder**

6 Ganze siebenhundertfünfundzwanzigtausendachthundertsechsundneunzig Millionstel.

Können aus irgendwelchen Gründen nicht sämtliche Dezimalstellen der Dezimalzahl notiert werden, so wird durch 3 Punkte (...) angedeutet, daß noch weitere folgen. Enden die Dezimalstellen an irgendeiner Stelle, so heißt die Dezimalzahl **endlich** (auch wenn nicht alle Dezimalstellen aufgeschrieben wurden). Gibt es für die Dezimalstellen niemals ein Ende, so heißt die Dezimalzahl **unendlich.**

b) Dezimalzahlen und gemeine Brüche

Eine Dezimalzahl ist eine andere Schreibweise für einen Bruch mit einer Zehnerpotenz als Nenner.

Beispiel 36:

a) $0{,}729 = \dfrac{729}{1000}$;

$(1000 = 10^3)$

b) $3{,}4\,056\,072 = 3\,\dfrac{4\,056\,072}{10\,000\,000} = \dfrac{34\,056\,072}{10\,000\,000}$

$(10\,000\,000 = 10^7)$

Die Schreibweise der rationalen Zahlen mit Hilfe des Bruchstrichs heißt im Gegensatz zur Schreibweise als Dezimalzahl **gemeiner Bruch.** Alle gemeinen Brüche, deren **Nenner** bei der Primfaktorenzerlegung **nur Potenzen von 2 oder von 5 oder von beiden** ergeben, lassen sich als **endliche Dezimalzahlen** schreiben, wenn sie geschickt erweitert werden.

Beispiel 37:

a) $\dfrac{7}{8} = \dfrac{7 \cdot 125}{8 \cdot 125} = \dfrac{875}{1000} = 0{,}875$ $\qquad (8 = 2 \cdot 2 \cdot 2 = 2^3)$

b) $\dfrac{36}{25} = \dfrac{36 \cdot 4}{25 \cdot 4} = \dfrac{144}{100} = 1\,\dfrac{44}{100} = 1{,}44$ $\qquad (25 = 5 \cdot 5 = 5^2)$

c) $\dfrac{29}{2000} = \dfrac{29 \cdot 5}{2000 \cdot 5} = \dfrac{145}{10000} = 0{,}0145$ $\qquad (2000 = 2 \cdot 2 \cdot 2 \cdot 2 \cdot 5 \cdot 5 \cdot 5 = 2^4 \cdot 5^3)$

Ein anderer Weg ist folgender:

▶ **Regel XVIII:**

Um einen gemeinen Bruch in eine Dezimalzahl zu verwandeln, wird der Zähler durch den Nenner dividiert. Durch Anhängen von Nullen an die Teildifferenzen wird dabei der Rechengang über die Einer hinaus bis in die Dezimalstellen des Quotienten fortgeführt.

Beispiel 38:

a) $\dfrac{3}{50} = 3 : 50 = 0{,}06$

$\quad\underline{\;\;30\;\;}$

$\quad\;\;300$

$(50 = 2 \cdot 5 \cdot 5 = 2 \cdot 5^2)$

b) $\dfrac{5}{8} = 5 : 8 = 0{,}625$

$\quad\underline{\;\;50\;\;}$

$\quad\;\;\underline{\;\;20\;\;}$

$\quad\;\;\;\;40$

$(8 = 2 \cdot 2 \cdot 2 = 2^3)$

Dieser Weg ist stets anwendbar, also auch wenn der **Nenner andere Primfaktoren als nur Potenzen von 2 und 5** enthält. Dann ergibt sich aber eine **unendliche Dezimalzahl.** Diese ist stets periodisch, d.h., im Ergebnis wiederholt sich laufend eine Gruppe von Dezimalstellen. Diese Gruppe (die **Periode**) beginnt unmittelbar hinter dem Dezimalkomma, wenn unter den Primfaktoren des Nenners keine Potenzen von 2 oder 5 sind **(reinperiodische Dezimalzahl)**, andernfalls erst nach einer Anzahl von Dezimalstellen, die nicht in die Periode einbezogen sind **(Vorperiode, vorperiodische Dezimalzahl)**.

Beispiel 39:

a) $\dfrac{7}{33} = 7 : 33 = 0{,}2121\ldots = 0{,}\overline{21}$

$\qquad\quad \underline{70}$

$\qquad\qquad \underline{40}$

$\qquad\qquad\quad \underline{70}$

$\qquad\qquad\qquad \underline{40}$

$(33 = 3 \cdot 11$: keine Potenzen von 2 und 5; reinperiodische Dezimalzahl$)$

b) $\dfrac{71}{148} = 71 : 148 = 0{,}47972972\ldots = 0{,}47\overline{972}$

$\qquad \underline{710}$

$\qquad \underline{1180}$

$\qquad\quad \underline{1440}$

$\qquad\qquad \underline{1080}$

$\qquad\qquad\quad \underline{440}$

$\qquad\qquad\quad\; \underline{1440}$

$\qquad\qquad\qquad\; \underline{1080}$

$\qquad\qquad\qquad\quad\; \underline{440}$

$\qquad\qquad\qquad\qquad\; \underline{1440}$

$(148 = 2 \cdot 2 \cdot 37 = 2^2 \cdot 37$: auch Potenz von 2, vorperiodische Dezimalzahl; Vorperiode: 47$)$

Die Verwandlung einer Dezimalzahl in einen gemeinen Bruch ergibt sich bei endlichen Dezimalzahlen aus der Definition der Dezimalzahl.

Beispiel 40:

$$0{,}00052 = \frac{52}{100\,000} = \frac{13}{25\,000}$$

Bei unendlichen Dezimalzahlen führt ein schematischer Rechengang, der hier nicht näher begründet werden kann, zum Ziel.

Beispiel 41:

a) reinperiodische Dezimalzahl:

$$0{,}\overline{72} = x \qquad \text{(Multiplikation mit } 10^2,$$
$$72{,}\overline{72} = 100x \qquad \text{da 2-stellige Periode)}$$
$$\overline{72{,}\overline{72} - 0{,}\overline{72} = 100x - x}$$
$$72 = 99x$$
$$x = 0{,}\overline{72} = \frac{72}{99} = \frac{8}{11}$$

b) Vorperiodische Dezimalzahl:

$$0,8\overline{453} = x \qquad \text{(Multiplikation mit } 10^1, \text{ da 1-stellige Vorperiode)}$$

$$8,\overline{453} = 10x \qquad \text{(Desgl. mit } 10^3, \text{ da 3-stellige Periode)}$$

$$8453,\overline{453} = 10000x$$

$$8453,\overline{453} - 8,\overline{453} = 10000x - 10x$$

$$8445 = 9990x$$

$$x = 0,8\overline{453} = \frac{8445}{9990} = \frac{563}{666}$$

c) Die Grundrechenoperationen mit Dezimalzahlen

▶ **Regel XIX:**

Beim schriftlichen Addieren und Subtrahieren werden die Dezimalzahlen so untereinandergesetzt, daß Komma unter Komma steht. Dann wird wie mit natürlichen Zahlen verfahren.

■ **Beispiel 42:**

a)
```
  13,0057
   0,42982
 306,407
─────────
 319,84252
```

b)
```
  26,8200
- 12,0053
─────────
  14,8147
```

Am Ende einer Dezimalzahl können notfalls beliebig viele Nullen ergänzt werden.

▶ **Regel XX:**

Beim Multiplizieren werden die Dezimalzahlen zunächst wie natürliche Zahlen behandelt. Die Stellung des Dezimalkommas im Ergebnis ergibt sich aus dem Stellenwert seiner letzten Grundziffer. Dieser wird durch Multiplikation der Stellenwerte der letzten Grundziffern der Faktoren bestimmt.

■ **Beispiel 43:**

```
16,2408 · 0,00756
─────────────────
      1136856
       812040
       974448
─────────────────
    0,122780448
```

$$\frac{8}{10000} \cdot \frac{6}{100000} = \frac{\ldots}{1\,000\,000\,000}, \text{ d. h.}$$

im Produkt 9 ($= 4 + 5$) Dezimalstellen

▶ **Regel XXI:**

Beim Dividieren zweier Dezimalzahlen werden Dividend und Divisor mit einer solchen Zehnerpotenz multipliziert, daß der Divisor ganzzahlig wird. Dann wird wie mit natürlichen Zahlen verfahren, wobei beim evtl. Überschreiten des Dezimalkommas im Dividenden ein solches Komma im Quotienten zu setzen ist.

■ **Beispiel 44:**

8,192 : 5,12

```
819,2 : 512 = 1,6
    3072
```

Multiplikation mit 10^2
wegen 2 Dezimalstellen im Divisor.

d) Das Runden von Dezimalzahlen

Bei der praktischen Anwendung müssen unendliche Dezimalzahlen stets, endliche vielfach **gerundet** werden. Unter dem Runden versteht man das Weglassen überflüssiger Dezimalstellen, wobei die letzte beibehaltene evtl. eine Abänderung nach bestimmten Rundungsregeln erfährt.

▶ **Regel XXII:**

Ist die erste wegzulassende Dezimalstelle 0, 1, 2, 3 oder 4, so bleibt die letzte beibehaltene Dezimalstelle unverändert (*abrunden*).

Ist die erste wegzulassende Dezimalstelle aber 6, 7, 8 oder 9, so wird die letzte beibehaltene Dezimalstelle um 1 erhöht (*aufrunden*). Das trifft auch bei 5 zu, wenn auf diese noch weitere Dezimalstellen folgen.

Beispiel 45:

a) $12,43(4006) \approx 12,43$ b) $7,258(64) \approx 7,259$ ($\approx$ lies: „annähernd

c) $0,4(5000001) \approx 0,5$ d) $16,219(728) \approx 16,220$ gleich")

▶ **Regel XXIII:**

Ist die einzige wegzulassende Dezimalstelle 5, so wird die letzte beibehaltene Stelle belassen, wenn sie eine gerade Zahl ist, aber um 1 erhöht, wenn sie eine ungerade Zahl ist (Gerade-Zahl-Regel).

Beispiel 46:

a) $10,42(5) \approx 10,42$ b) $9,871(5) \approx 9,872$ c) $0,4739(5) \approx 0,4740$

Diese Rundungsregeln finden auch bei ganzen Zahlen Anwendung, doch werden dort die überflüssigen letzten Grundziffern nicht weggelassen, sondern durch Nullen ersetzt.

Beispiel 47:

a) $245(638) \approx 246\,000$ b) $198(47) \approx 19\,800$ c) $272(501) \approx 273\,000$

d) $9876(5) \approx 98\,760$ e) $17\,273(50) \approx 1\,727\,400$

● **Aufgaben**

In den Aufgaben **1** bis **37** sind gegebene gemeine Brüche in Dezimalzahlen (endliche vollständig-unendliche bis auf eine vollständige Periode) und gegebene Dezimalzahlen in gemeine Brüche um, zuwandeln.

1. $\dfrac{23}{40}$ (L)   2. $\dfrac{11}{128}$ (L)   3. $\dfrac{5}{16}$ (L)   4. $\dfrac{19}{20}$ (L)   5. $\dfrac{29}{80}$ (L)

6. $\dfrac{1}{25}$ (L) ·   7. $\dfrac{19}{1600}$ (L)   8. $\dfrac{81}{625}$ (L)   9. $\dfrac{124}{125}$ (L)   10. $\dfrac{1001}{3125}$ (L)

11. $\dfrac{1}{9}$ (L)   12. $\dfrac{3}{7}$ (L)   13. $\dfrac{8}{13}$ (L)   14. $\dfrac{5}{11}$ (L)   15. $\dfrac{4}{19}$ (L)

16. $\dfrac{2}{3}$ (L)   17. $\dfrac{7}{18}$ (L)   18. $\dfrac{5}{12}$ (L)   19. $\dfrac{1}{30}$ (L)   20. $\dfrac{8}{15}$ (L)

21. $\dfrac{13}{22}$ (L)   22. $\dfrac{19}{24}$ (L)   23. $\dfrac{19}{21}$ (L)   24. $\dfrac{13}{60}$ (L)   25. $\dfrac{35}{121}$ (L)

26. $\dfrac{11}{37}$ (L)   27. $\dfrac{49}{90}$ (L)   28. 0,245 (L)   29. 0,00264 (L)   30. 3,15 (L)

31. 7,0205 (L)   32. 0,6848 (L)   33. $0,\overline{6}$ (L)   34. $4,2\overline{18}$ (L)   35. $6,\overline{5418}$ (L)

36. $0,00\overline{64}$ (L)   37. $2,100\overline{026}$ (L)

Die Ergebnisse der Aufgaben **38** bis **46** sind schriftlich zu bestimmen und zu lesen.

38. $0,526 + 13,00482 - 2,2555 + 17,638 - 0,90093 + 125,60708$ (L)

39. $0,00726 + 0,726 - 0,0726 + 0,70206 - 0,07026$ (L)

40. $17,247 \cdot 0,0865$ (L)   **41.** $13,72 \cdot 1,372$ (L)   **42.** $0,0558 \cdot 0,007263$ (L)

43. $12,138 : 0,042$ (L)   **44.** $1,053 : 4,5$ (L)   **45.** $0,111 \; : 6,25$ (L)

46. $1066,8 : 0,256$ (L)

Die Zahlen in den Aufgaben **47** bis **62** sind zu runden. In Klammern ist jedesmal der Stellenwert der letzten beizubehaltenden Grundziffer angegeben.

47. 17,24933 (t) (L)   **48.** 0,05286 (zt) (L)   **49.** 150,7085 (z) (L)

50. 725,69726 (h) (L)   **51.** 17,725001 (h) (L)   **52.** 0,045 (h) (L)

53. 6,7875 (t) (L)   **54.** 16,015 (h) (L)   **55.** 100,005 (h) (L)

56. 298765 (ZT) (L)   **57.** 134250 (T) (L)   **58.** 1253,25 (T) (L)

59. 2555000 (HT) (L)   **60.** 2565000 (HT) (L)   **61.** 17558,125 (H) (L)

62. 9876,54321   (1. zt 2. t 3. h 4. z 5. E 6. Z 7. H 8. T) (L)

1.2.6. Verhältnis und Proportion

Im täglichen Leben wird beim Größenvergleich irgendwelcher Objekte oft das **Verhältnis** der Maßzahlen angegeben. So stehen z.B. die Längen von 2 Stangen von 3 m und 2 m im Verhältnis 3 zu 2. Das mathematische Symbol dafür ist 3 : 2. Zwei doppelt so lange Stangen verhalten sich wie 6 zu 4 (6 : 4). Beide Verhältnisse sind offenbar gleichwertig, denn stets ergibt sich die längere Stange, wenn man die kürzere um die Hälfte vergrößert $(2\,\text{m} + \tfrac{1}{2} \cdot 2\,\text{m} = 3\,\text{m}; \; 4\,\text{m} + \tfrac{1}{2} \cdot 4\,\text{m} = 6\,\text{m})$. Infolgedessen kann geschrieben werden: 3 : 2 = 6 : 4 (gelesen: 3 verhält sich zu 2 wie 6 zu 4). Eine solche Gleichung aus zwei Verhältnissen heißt **Proportion.**

a) Proportionsgesetze

In der Proportion $a : b = c : d$ heißen $a : b$ die **linke,** $c : d$ die **rechte** Seite, a und d die **Außenglieder,** b und c die **Innenglieder,** a und c die **Vorderglieder,** b und c die **Hinterglieder.** Rechnerisch kann statt eines Verhältnisses auch ein Bruch, für eine Proportion also die Gleichheit zweier Brüche geschrieben werden: $\dfrac{a}{b} = \dfrac{c}{d}$.

Werden beide Seiten dieser Gleichung mit $b \cdot d$ multipliziert, so ergibt sich

$$\frac{a \cdot b \cdot d}{b} = \frac{c \cdot b \cdot d}{d} \text{ oder nach dem Kürzen: } a \cdot d = b \cdot c.$$

▶ **Regel XXIV:**

Bei jeder Proportion ist das Produkt aus den Außengliedern gleich dem Produkt aus den Innengliedern: *Produktgleichung* **der Proportion.**

■ **Beispiel 48:**

$7 : 9 = 21 : 27$, folglich $7 \cdot 27 = 9 \cdot 21$

Während zu einer Proportion nur eine einzige Produktgleichung gehört, gehören zu einer vorgegebenen Produktgleichung 8 gleichwertige Proportionen:

$$a \cdot d = b \cdot c$$

(1) $a : b = c : d$ (2) $a : c = b : d$ (3) $d : b = c : a$ (4) $d : c = b : a$

(5) $b : a = d : c$ (6) $b : d = a : c$ (7) $c : a = d : b$ (8) $c : d = a : b$

Zu einer gegebenen Proportion können daher stets sieben weitere durch bestimmten Austausch von Gliedern hergestellt werden.

▶ **Regel XXV:**

Aus einer Proportion läßt sich eine andere gleichwertige gewinnen, wenn

a) **die Innenglieder vertauscht werden**   (1) und (2); (3) und (4); (5) und (6); (7) und (8),

b) **die Außenglieder vertauscht werden**   (1) und (3); (2) und (4); (5) und (7); (6) und (8),

c) **die Innenglieder gegen die Außenglieder ausgetauscht werden** (1) und (5); (2) und (7); (3) und (6); (4) und (8).

■ **Beispiel 49:**

$3 : 5 = 15 : 25$ ergibt als gleichwertige Proportionen

nach a) $3 : 15 = 5 : 25$ nach a) und b) $25 : 15 = 5 : 3$

nach b) $25 : 5 = 15 : 3$ nach a) und c) $15 : 3 = 25 : 5$

nach c) $5 : 3 = 25 : 15$ nach b) und c) $5 : 25 = 3 : 15$

nach a) und b) und c) $15 : 25 = 3 : 5$

► **Regel XXVI:**

Eine Proportion $a : b = c : d$ **kann zu einer Proportionenkette**

$a : b = c : d = e : f = g : h = \ldots$

erweitert werden. Dafür wird gewöhnlich eine *fortlaufende Proportion* **geschrieben:**

$a : c : e : g : \cdots = b : d : f : h : \cdots$

Beispiel 50:

$4 : 9 = 12 : 27 = 20 : 45 = 40 : 90 = 48 : 108 = 120 : 270$ oder

$4 : 12 : 20 : 40 : 48 : 120 = 9 : 27 : 45 : 90 : 108 : 270$

b) Prozentuale Vergleiche

Sollen mehrere Verhältnisse untereinander verglichen werden, so ist es zweckmäßig, alle auf ein und dasselbe Hinterglied umzurechnen. Vereinbarungsgemäß wird dazu in der Praxis meist die Zahl 100 genommen. Die Berechnung des zugehörigen Vordergliedes kann mit Hilfe einer Proportion geschehen.

Beispiel 51:

$18 : 45 = p : 100$ Also: $18 : 45 = \dfrac{40}{100} = 40\%$

$\dfrac{18 \cdot 100}{45} = p$ gelesen: 18 ist 40 Hundertstel von 45

$40 = p$ oder 18 ist 40 **Prozent** von 45

Allgemein: $w : g = p : 100 = p\,\%$

Dabei heißt:

w der **Prozentwert,** g der **Grundwert,**

p der **Prozentsatz,** $\%$ das **Prozentzeichen.**

Prozentuale Angaben sind im täglichen Leben weit verbreitet. Dabei treten hauptsächlich **drei Grundaufgaben** auf, nämlich:

1. w aus g und p;   2. g aus w und p;   3. p aus w und g

zu berechnen (zu **3.** vgl. obiges Beispiel!)

Weitere Beispiele:

Zu 1) Wieviel sind 6 % von 700 DM?

Ansatz: $w : 700 = 6 : 100$

$$w = \frac{6 \cdot 700}{100} = 42$$ 6 % von 700 DM sind 42 DM.

Zu 2) 150 g einer Substanz sollen in Wasser so gelöst werden, daß die Lösung eine Konzentration von 35 % erhält. Wieviel g Lösung entstehen?

$$\text{Ansatz: } 150 : g = 35 : 100$$

$$g = \frac{150 \cdot 100}{35} = 428,57 \ldots \approx 430$$

Es ergeben sich rund 430 g Lösung.

Bei prozentualen Angaben ist es oft nötig, die Ergebnisse sinnvoll zu runden.

 **Aufgaben**

In den Aufgaben **1** bis **6** sind zu der gegebenen Proportion die übrigen sieben gleichwertigen und die Produktgleichung aufzustellen.

1. $42 : 15 = 28 : 10$ (L)   **2.** $57 : 45 = 76 : 60$ (L)   **3.** $15 : 21 = 40 : 56$ (L)

4. $21 : 28 = 27 : 36$ (L)   **5.** $5ab : 3bc = 10a : 6c$ (L)   **6.** $m : p = n : q$ (L)

In den Aufgaben **7** bis **12** sind zu den gegebenen Produktgleichungen die acht möglichen Proportionen aufzustellen.

7. $3 \cdot 28 = 6 \cdot 14$ (L)   **8.** $5 \cdot 18 = 9 \cdot 10$ (L)   **9.** $8 \cdot 11 = 2 \cdot 44$ (L)

10. $14 \cdot 9 = 7 \cdot 18$ (L)   **11.** $3x \cdot 20y^2 = 15xy \cdot 4y$ (L)   **12.** $16h \cdot 7i = 112hi \cdot 1$ (L)

In den Aufgaben **13** bis **18** sind die gegebenen Proportionen mit Hilfe der Produktgleichung auf ihre Richtigkeit zu überprüfen.

13. $4 : 9 = 148 : 333$ (L)   **14.** $16 : 87 = 120 : 660$ (L)   **15.** $95 : 175 = 114 : 210$ (L)

16. $35 : 56 = 40 : 63$ (L)   **17.** $16a^2 : 150ab = 24b^2a : 225b^3$ (L)   **18.** $13x : 12y = 12y : 13x$ (L)

In den Aufgaben **19** bis **32** sind nur 3 Glieder bekannt. Das zunächst mit x bezeichnete vierte Glied (Fachbezeichnung: **vierte Proportionale**) ist zu bestimmen.

19. $14 : x = 91 : 65$ (L)   **20.** $0{,}28 : 9{,}8 = x : 10{,}5$ (L)   **21.** $3\frac{1}{3} : 1\frac{1}{4} = \frac{8}{9} : x$ (L)

22. $58 : 87 = 36 : x$ (L)   **23.** $1{,}17 : 15{,}6 = 0{,}45 : x$ (L)   **24.** $6 : 8 = 9 : x$ (L)

25. $x : 6 = 8 : 9$ (L)   **26.** $6 : x = 8 : 9$ (L)   **27.** $6 : 8 = x : 9$ (L)

28. $15ac : 10bc = 3ad : x$ (L)   **29.** $14mn : 18n = 21mp : x$ (L)   **30.** $19 \cdot 8 = 4 \cdot x$ (L)

31. $x \cdot 0{,}27 = 0{,}9 \cdot 0{,}6$ (L)   **32.** $7 \cdot 1{,}5 = x \cdot 21$ (L)

In den Aufgaben **33** bis **35** ist jeweils die Proportionenkette zu vervollständigen und die fortlaufende Proportion aufzustellen.

33. $13 : 7 = 39 : x = 91 : y = 117 : z$ (L)

34. $0{,}8 : 3 = 8 : x = 1{,}6 : y = 0{,}4 : z = 3{,}2 : u = 32 : v = 64 : w$ (L)

35. $ab : a = 2bc : x = 3b^2 : y = 4abcd : z = 5bd^2 : u$ (L)

In den Aufgaben **36** bis **54** sind die gegebenen Verhältnisse bzw. Brüche als Prozentangaben darzustellen.

36. $3:4$ (L)   **37.** $7:2$ (L)   **38.** $1:5$ (L)   **39.** $2:3$ (L)

40. $3:50$ (L)   **41.** $7:8$ (L)   **42.** $13:30$ (L)   **43.** $16:28$ (L)

44. $128:91$ (L)   **45.** $21,6:48$ (L)   **46.** $0,75:\frac{7}{8}$ (L)   **47.** $374,4:480$ (L)

48. $\frac{1}{4}$ (L)   **49.** $\frac{3}{2}$ (L)   **50.** $\frac{1}{2}$ (L)   **51.** $\frac{1}{3}$ (L)

52. $2\frac{1}{4}$ (L)   **53.** $\frac{1}{10}$ (L)   **54.** $\frac{7}{5}$ (L)

In den Aufgaben **55** bis **72** sind die Prozentangaben als rationale Zahlen in Form von Dezimalzahlen mit höchstens drei Dezimalstellen darzustellen. (Gegebenenfalls muß gerundet werden.)

55. 1% **56.** $2,5\%$ (L)   **57.** $8\frac{1}{3}\%$ (L)   **58.** 25% (L)

59. 50% (L)   **60.** 75% (L)   **61.** 100% (L)   **62.** $12,5\%$ (L)

63. $33\frac{1}{3}$ (L)   **64.** 105% (L)   **65.** 200% (L)   **66.** 500% (L)

67. $3\frac{1}{4}\%$ (L)   **68.** $16\frac{2}{3}\%$ (L)   **69.** $2\frac{1}{7}\%$ (L)   **70.** $5\frac{1}{6}\%$ (L)

71. $11\frac{1}{11}\%$ (L)   **72.** $5\frac{1}{12}\%$ (L)

In den Aufgaben **73** bis **78** ist der Prozentwert zu bestimmen.

73. 2% von 4500 DM (L)   **74.** 6% von 480 ha (L)

75. 65% von 65 m (L)   **76.** $3,45\%$ von 460 kg (L)

77. $4\frac{3}{8}\%$ von 6300 kg (L)   **78.** $9\frac{1}{4}\%$ von 480 dt (L)

In den Aufgaben **79** bis **84** ist der Grundwert zu bestimmen.

79. $3\% \mathrel{\widehat{=}} 27$ DM (L)   **80.** $5,5\% \mathrel{\widehat{=}} 434,5$ t (L)   **81.** $75\% \mathrel{\widehat{=}} 0,6$ dt (L)

82. $87,5\% \mathrel{\widehat{=}} 630$ l (L)   **83.** $\frac{5}{6}\% \mathrel{\widehat{=}} 45$ kg (L)   **84.** $1\frac{1}{2}\% \mathrel{\widehat{=}} 7,5$ l (L)

In den Aufgaben **85** bis **90** ist zu bestimmen, wieviel Prozent die erstgenannte Größe von der zweitgenannten ausmacht.

85. 72 dt von 80 dt (L)   **86.** 22,5 hl von 75 hl (L)

87. 29 ha von 39 ha (L)   **88.** 105 ha von 21 ha (L)

89. 15 kg von 20 kg (L)   **90.** 20 kg von 15 kg (L)

2. Planimetrie

2.1. Grundlegende Begriffe

2.1.1. Geometrische Grundgebilde

In der Geometrie (wörtlich: Erdvermessung) werden die gestaltlichen und größenmäßigen Eigenarten der Gegenstände unserer Umwelt untersucht. Dabei wird zwar an die Anschauung angeknüpft (sie wird sogar durch Modelle und Zeichnungen weitgehend unterstützt), doch wird einerseits von allen Besonderheiten abgesehen, die für Gestalt und Größe ohne Belang sind (Material, Farbe, Gewicht usw.), und zum anderen werden unwesentliche gestaltliche Details vorerst außer Betracht gelassen. Die geometrischen Untersuchungen werden also auf gewisse vereinfachte, idealisierte Formen erstreckt, die sich aber in möglichst vielen realen Gegenständen angenähert wiederfinden. Letztlich werden also in der Geometrie nur in der Vorstellung existierende, **abstrakte Gebilde** betrachtet, die allerdings durch reale Objekte (Gegenstände, Modelle, Zeichnungen) in mehr oder minder guter Näherung veranschaulicht werden können.

Bei der systematischen Untersuchung zeigt sich, daß auch kompliziertere Gebilde mit Hilfe einiger einfacher **Grundgebilde** beschrieben werden können. Das einfachste ist eine beliebige Stelle in unserem Anschauungsraum. Sie wird **Punkt** genannt und durch große lateinische Buchstaben (A, B, P, ...) bezeichnet. Wird ein Punkt bewegt, so durchläuft er eine gewisse Bahn. Die geometrische Bezeichnung dafür ist **Linie** oder **Kurve.** Je nach der Bewegung kann sie **begrenzt** (z. B. Bahn eines geworfenen Steines) oder **unbegrenzt** (z. B. Bahnen gewisser Himmelskörper), im Sonderfall auch **geschlossen** (z. B. Kreislinie) sein.

Ändert sich während der Bewegung des Punktes laufend die Bewegungsrichtung, so heißt die entstehende Linie **krumm,** bei gleichbleibender Bewegungsrichtung aber **gerade.** Erfolgt im letzten Fall die Bewegung von einem Punkt aus ohne abzubrechen nach zwei genau entgegengesetzten Richtungen, so entsteht eine **Gerade,** die stets nach beiden Seiten unbegrenzt ist. Erfolgt die Bewegung von dem Ausgangspunkt aus nur nach einer Seite hin, so ergibt sich eine **Halbgerade** oder ein **Strahl,** der nur nach der einen Seite zu unbegrenzt ist. Wird die Bewegung nach einer gewissen Zeit abgebrochen, so ist die Bahn des bewegten Punktes beidseitig begrenzt; es ergibt sich eine **Strecke.** Die Strecke besitzt also zwei Endpunkte, z. B. A und B. Durch diese ist sie eindeutig bestimmt; sie wird deshalb meist mit $\overline{AB}$ bezeichnet.

Der Anschauung wird der **Satz** entnommen:

> **Zwischen zwei Punkten A und B ist die Strecke $\overline{AB}$ die kürzeste Verbindung, jede krumme Linie zwischen diesen Punkten ist länger.**

Wird eine Linie im Raum bewegt, so entsteht i.a. eine **Fläche**. Flächen können **begrenzt** und **unbegrenzt,** im Sonderfall auch **geschlossen** (z.B. Kugel) sein, ferner **gekrümmt** (z.B. Oberfläche eines Rohres) oder **eben** (z.B. Wasseroberfläche in einem Becken).

Eine **Ebene** entsteht u.a., wenn eine Gerade um einen ihrer Punkte bei unveränderlicher Achse gedreht wird. Geometrische Gebilde, die vollständig in eine Ebene gelegt werden können, heißen **ebene Gebilde.** Dazu gehören u.a. **ebene Kurven** (z.B. Kreislinie, Strecke, Strahl, Gerade) und **ebene Figuren** (das sind Teile einer Ebene einschließlich ihrer Umrandung). Bei den meisten Figuren sind die Umrandungen geschlossen (etwa in Form einer krummen Linie wie z.B. beim Kreis oder in Form aufeinanderfolgender Strecken, wie z.B. bei einem Viereck).

Der Teil der Geometrie, der sich mit der Untersuchung ebener Gebilde befaßt, heißt ebene Geometrie oder **Planimetrie.** Er bildet die Grundlage auch für alle weiterführenden geometrischen Betrachtungen.

Durch Flächen oder Flächenteile (gekrümmte oder ebene Figuren) läßt sich ein Teil unseres Anschauungsraumes abgrenzen. Ein solcher Raumteil einschließlich seiner Umgrenzung wird **Körper** genannt. Die Untersuchung der Eigenarten von Körpern und der damit zusammenhängenden besonderen Eigenschaften unseres Anschauungsraumes ist Aufgabe der **Stereometrie.**

2.1.2. Geraden und Winkel

Geraden, Strahlen und Strecken werden oft durch kleine lateinische Buchstaben bezeichnet, die gelegentlich durch Indizes (Sing.: Index) weiter unterschieden werden:
a, b, g_1, g_2, m, ...
Zwei Geraden g_1 und g_2 können völlig aufeinanderliegen, so daß sie wie eine einzige Gerade erscheinen. Sie stimmen dann in unzählig vielen Punkten überein, denn jeder Punkt von g_1 ohne Ausnahme fällt dann mit einem Punkt von g_2 zusammen und umgekehrt. Das trifft auch für zwei Strahlen s_1 und s_2 zu, wenn sie einen gemeinsamen Ausgangspunkt S haben und in gleicher Richtung verlaufen.

Wird s_1 festgehalten und s_2 um S gedreht, so bleibt nur noch S gemeinsamer Punkt beider Strahlen, und s_1 und s_2 verlaufen nun nicht mehr in derselben Richtung. Zwischen ihnen ergibt sich vielmehr ein **Richtungsunterschied,** der um so größer wird, je weiter s_2 von s_1 weggedreht wird. Andere Fachbezeichnung: s_1 und s_2 bilden einen **Winkel** miteinander, s_1 und s_2 heißen die **Schenkel,** S der **Scheitel** des Winkels. Zur Bezeichnung des Winkels werden kleine griechische Buchstaben (α, β, γ, ..., φ, ψ) benutzt oder, wenn auf den Winkelschenkeln je ein beliebiger Punkt A bzw. B angenommen wird, das Symbol $\sphericalangle\,ASB$ (der Scheitelpunkt S stets in der Mitte; vgl. Abb. 2.1.).

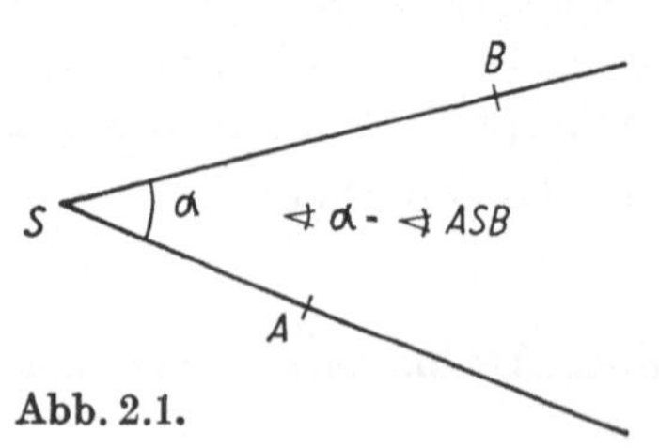

Abb. 2.1.

Wird s_2 um S gedreht, bis der Strahl in entgegengesetzter Richtung zu s_1 verläuft, so bilden s_1 und s_2 eine Gerade. Der Winkel zwischen s_1 und s_2 heißt dann **gestreckter Winkel.** Er dient als Grundlage für die **Winkelmessung.** Die Hälfte des gestreckten Winkels heißt **rechter Winkel** (kurz: ein Rechter; Symbol: $1^{\llcorner}$). Der neunzigste Teil davon heißt ein Grad (Symbol: $1°$). Die weitere Unterteilung erfolgt entweder dezimal ($17{,}24°$) oder durch die Festsetzungen $1° = 60'$ (Minuten); $1' = 60''$ (Sekunden). Heute wird gelegentlich die Unterteilung des rechten Winkels in Hundertstel vorgenommen: $1^{\llcorner} = 100^{\mathrm{g}}$ (Neugrad); $1^{\mathrm{g}} = 100^{\mathrm{c}}$ (Neuminuten); $1^{\mathrm{c}} = 100^{\mathrm{cc}}$ (Neusekunden). (Im folgenden wird in Altgrad, Altminuten und Altsekunden gerechnet.)

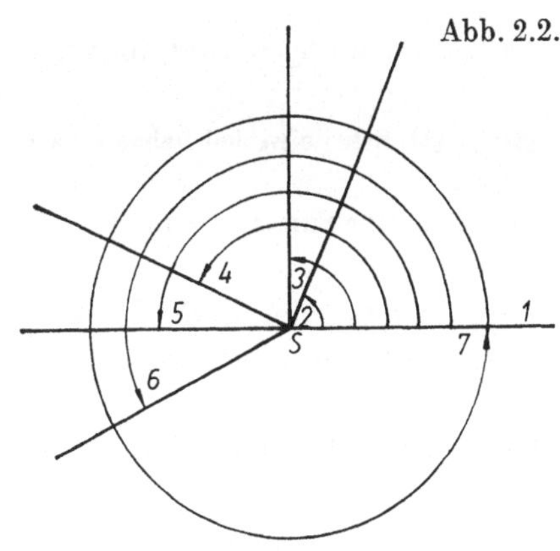

Abb. 2.2.

Für gewisse Winkelgrößen sind besondere Bezeichnungen üblich (Abb. 2.2.).

(1) $\qquad \alpha_1 = \quad 0°$: Nullwinkel

(2) $\quad 0° < \alpha_2 < \ 90°$: spitzer Winkel

(3) $\qquad \alpha_3 = \ 90°$: rechter Winkel

(4) $\quad 90° < \alpha_4 < 180°$: stumpfer Winkel

(5) $\qquad \alpha_5 = 180°$: gestreckter Winkel

(6) $180° < < \alpha_6\, 360°$: überstumpfer Winkel

(7) $\qquad \alpha_7 = 360°$: Vollwinkel

Wird von zwei aufeinanderfallenden Geraden g_1 und g_2 die eine, etwa g_2, um einen beliebigen Punkt S um einen gewissen Winkel gedreht, so entstehen zwei **einander schneidende Geraden** mit 4 Winkeln α, β, γ, δ (Abb. 2.3.).

Für folgende Winkelpaare sind besondere Bezeichnungen üblich:

α und γ; β und δ: **Scheitelwinkel**

α und β; β und γ; γ und δ; δ und α: **Nebenwinkel**

Scheitelwinkel haben also 2 Paare entgegengesetzt verlaufender Schenkel, Nebenwinkel 1 Paar entgegengesetzt und 1 Paar gleich verlaufender Schenkel bei gleichem Scheitel.

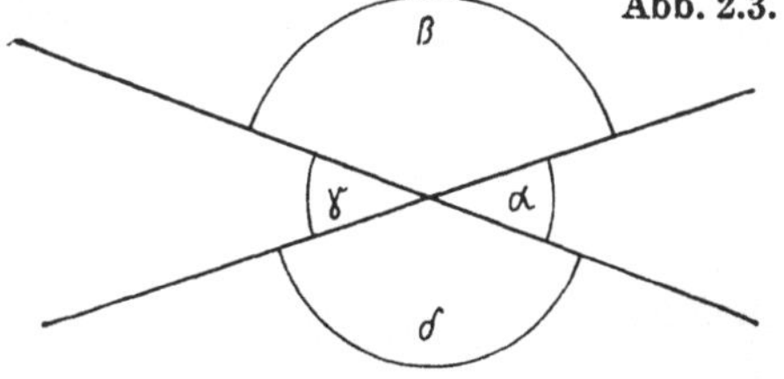

Abb. 2.3.

Der Anschauung werden folgende **Lehrsätze** entnommen:

▶ **(1) Scheitelwinkel haben gleiche Größe**

▶ **(2) Die Summe der Größen zweier Nebenwinkel beträgt 180°.**

Zwei Winkel, deren Größensumme 180° beträgt, heißen **Supplementwinkel.** Infolgedessen kann auch gesagt werden:

▶ **(2a) Nebenwinkel sind Supplementwinkel.**

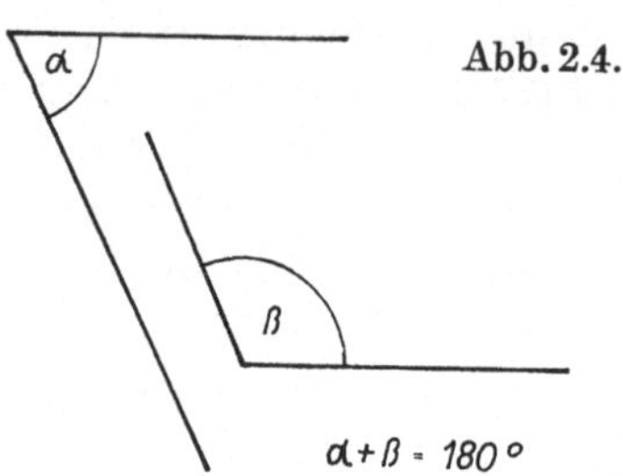

Abb. 2.4.

Dieser Lehrsatz ist nicht umkehrbar: Supplementwinkel sind nicht unbedingt Nebenwinkel (Abb. 2.4.): α und β sind Supplementwinkel, aber nicht Nebenwinkel.

„Nebenwinkel" ist eine Lageeigenart, „Supplementwinkel" aber eine Größeneigenart.

Wird von den beiden aufeinanderfallenden Geraden g_1 und g_2 die eine, etwa g_2, so verschoben, daß jeder Punkt in der gleichen Richtung um die gleiche Strecke bewegt wird (die Verschiebungsrichtung falle nicht mit der Richtung von g_1 zusammen), so entstehen zwei **parallele Geraden.** Sie haben offensichtlich im endlichen Anschauungsraum **keinen gemeinsamen Schnittpunkt,** wohl aber **überall den gleichen Abstand,** wenn folgendes festgesetzt wird: Die Entfernungen irgendeines Punktes P von g_1 zu irgendwelchen Punkten P_i ($i = 1, 2, 3, \ldots$) von g_2 sind offenbar im allgemeinen verschieden (Abb. 2.5.). Der Anschauung wird entnommen, daß die Entfernung zu demjenigen Punkt P_a die kürzeste ist, deren Verbindungsstrecke $\overline{PP_a}$ auf g_1 und g_2 senkrecht steht (Symbol: ⌐). Diese Entfernung heißt der **Abstand** a von g_1 und g_2.

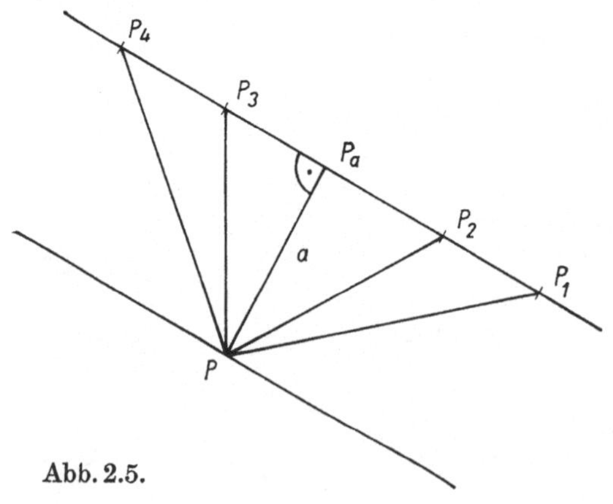

Abb. 2.5.

Zwei einander schneidende Geraden (Abb. 2.3.) und zwei parallele Geraden (Abb. 2.5.) verlaufen stets in ein und derselben Ebene, d. h., sie legen immer eindeutig eine Ebene fest. Es handelt sich also in diesen Fällen um planimetrische Gebilde. Wird aber z.B. nach der Drehung (Abb. 2.3.) die Gerade g_2 parallel so verschoben, daß sie nicht in derselben Ebene verbleibt, so entstehen zwei Geraden, die sich nicht schneiden (also keinen gemeinsamen Punkt haben), aber auch nicht parallel zueinander verlaufen.

Beispiel:

First und nicht parallele Traufe eines Hauses (Abb. 2.6.).

Solche Strecken bzw. Geraden heißen **windschief.** Sie **kreuzen** einander. Ihre Untersuchung ist eine Aufgabe der Stereometrie.

Drei Geraden in ein und derselben Ebene g_1, g_2 und g_3, von denen keine zwei parallel zueinander **oder aufeinander** liegen, ergeben drei Schnittpunkte P_1, P_2 und P_3 (Abb. 2.7.). An jedem Schnittpunkt entstehen vier Winkel. Werden speziell zwei der drei Schnittpunkte betrachtet (etwa P_1 und P_2), so soll die P_1 und P_2 verbindende Gerade g_3 (vgl. Abb. 2.7.) die **Schneidende,** die anderen beiden Geraden g_1 und g_2 die beiden **Geschnittenen** heißen. Bei den acht Winkeln sind für folgende **Winkelpaare** besondere Bezeichnungen üblich:

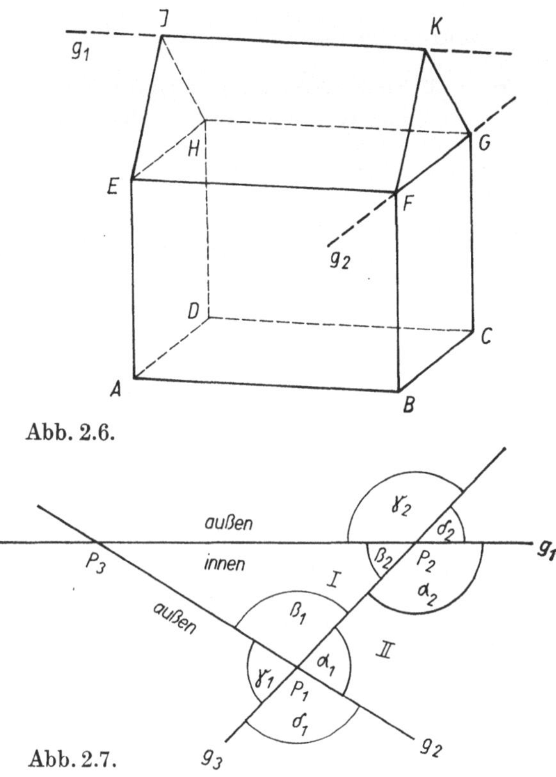

Abb. 2.6.

Abb. 2.7.

α_1 und γ_1; β_1 und δ_1; α_2 und γ_2; β_2 und δ_2: **Scheitelwinkel** (s. o.)

α_2 und β_2; β_2 und γ_2; γ_2 und δ_2; δ_2 und α_2;
α_1 und β_1; β_1 und γ_1; γ_1 und δ_1; δ_1 und α_1; } **Nebenwinkel** (s. o.)

α_1 und δ_2; β_1 und γ_2; γ_1 und β_2; δ_1 und α_2: **Stufenwinkel**

α_1 und β_2; β_1 und α_2; γ_1 und δ_2; δ_1 und γ_2; **Wechselwinkel**

α_1 und α_2; β_1 und β_2; γ_1 und γ_2; δ_1 und δ_2;
α_1 und γ_2; β_1 und δ_2; γ_1 und α_2; δ_1 und β_2: } **entgegengesetzt liegende Winkel.**

Wird verabredet, daß die Ebene durch die Geschnittenen in zwei „äußere" und einen „inneren" Teil zerlegt, durch die Schneidende aber in die beiden „Halbebenen I bzw. II" unterteilt wird, so gilt:

Stufenwinkel liegen beide in I oder beide in II, jeweils einer außen, der andere innen.

Wechselwinkel liegen beide außen oder beide innen, jeweils einer in I, der andere in II.

Entgegengesetzt liegende Winkel befinden sich entweder beide in I oder beide in II, dann auch beide innen oder beide außen, oder es liegt einer in I, der andere in II, dann auch stets einer von ihnen innen und der andere außen.

Verlaufen die Geschnittenen parallel zueinander, so gilt (Abb. 2.8.):

▶ **3) An geschnittenen Parallelen sind Stufenwinkel und Wechselwinkel jeweils gleich groß, entgegengesetzt liegende Winkel aber Supplementwinkel.**

Der Satz ist umkehrbar:

▶ **(3a) Wenn Stufenwinkel oder Wechselwinkel an Geschnittenen jeweils gleich groß oder wenn entgegengesetzt liegende Winkel Supplementwinkel sind, so verlaufen die Geschnittenen parallel zueinander.**

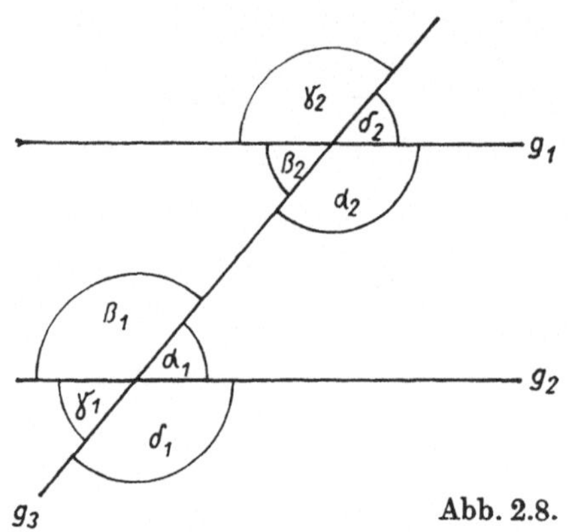

Mit der Stufenwinkel-Bedingung ist dieser Umkehrsatz die Grundlage für die mechanische Konstruktion von Parallelen („Parallelenabschieben"; Aufgabe 11a).

Abb. 2.8.

 **Aufgaben**

Die Ergebnisse der Aufgaben **1** bis **6** sind sowohl in Grad, Minuten und Sekunden als auch in Grad mit Dezimalunterteilung (Genauigkeit: Tausendstel Grad) anzugeben. Bei diesen Umrechnungen sind Hilfsmittel (Zahlentafeln, Rechenstab) zweckmäßig.

1. $16° 15' 56'' + 127° 52' - 94° 36'' + 184° 7' 6'' - 14' 12'' + 59''$ (L)

2. $16{,}428° - 0{,}022° + 257{,}004° - 177° + 0{,}1°$ (L)

3. a) $25° 4' 6'' \cdot 12$ **b)** $57' 26'' \cdot 257$ **c)** $42° 6'' \cdot 8$ (L)

4. a) $8{,}927° \cdot 35$ **b)** $0{,}026° \cdot 5264$ **c)** $32{,}728° \cdot 9$ (L)

5. a) $354° 7' 19'' : 18$ **b)** $58' 17'' : 25$ **c)** $259° 47'' : 84$ (L)

6. a) $299{,}476° : 27$ **b)** $0{,}982° : 17$ **c)** $352{,}007° : 443$ (L)

7. Können beide Nebenwinkel zugleich spitz, zugleich stumpf, zugleich Rechte sein? Wie steht das bei Scheitelwinkeln? (Begründungen!)

8. Folgende Aussage ist zu begründen: Ist in Abbildung 2.3. Winkel γ ein Rechter, so sind auch α, β und δ Rechte. (L)

9. Aus Abbildung 2.6. sind sämtliche Paare von **a)** einander schneidenden, **b)** einander kreuzenden, **c)** zueinander parallelen Hauskanten zusammenzustellen.

10. In Abbildung 2.8. sei $\beta_2 = 64° 12' 48''$. Wie groß sind die übrigen sieben Winkel? (L)

11. Gegeben sei eine Gerade g und ein nicht auf ihr gelegener Punkt P. Durch P ist die Parallele zu g zu zeichnen mit Hilfe eines Lineals und **a)** eines Zeichendreiecks, **b)** eines Winkelmessers, **c)** eines Zirkels. Gibt es dabei jeweils mehrere Möglichkeiten?

12. Folgender Satz ist zu begründen: Sind an zwei geschnittenen Geraden die Winkel eines Stufenwinkelpaares gleich groß, so sind auch die Winkel aller anderen Stufenwinkelpaare und aller Wechselwinkelpaare jeweils gleich groß.

2.1.3. Symmetrie

Die Schrift auf einem Druckstock (Stempel) und ihr Abdruck gleichen einander völlig, nur sind durchgängig rechts und links vertauscht (Abb. 2.9.).

Zwei Figuren mit diesen Eigenschaften heißen **spiegelbildlich gleich** oder **achsensymmetrisch.** Für sie läßt sich stets genau eine Gerade, eine **Symmetrieachse,** angeben, so daß die eine Figur beim Umklappen um diese Gerade genau auf die andere fällt. Punkte, Strecken, Winkel der beiden Figuren, die dabei zur Deckung kommen, heißen **entsprechende Stücke.** Für sie gilt (Abb. 2.10.):

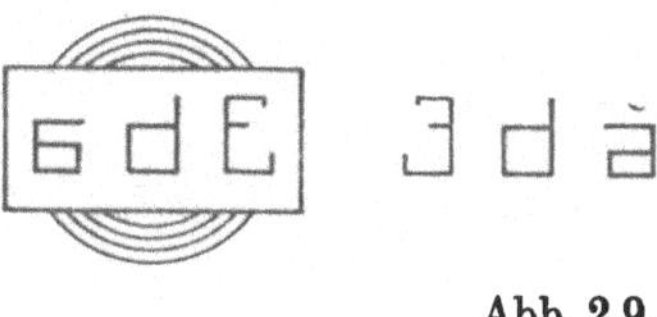

Abb. 2.9.

▶ (1) **Entsprechende Punkte zweier achsensymmetrischer Figuren sind von jedem Punkt X der Symmetrieachse jeweils gleich weit entfernt und lassen sich durch eine Strecke verbinden, die mit der Symmetrieachse einen rechten Winkel bildet und von dieser halbiert wird** ($\overline{CX} = \overline{C'X}$; $\overline{CM} = \overline{C'M}$; $\sphericalangle\,XMC = 90°$).

▶ (2) **Entsprechende Strecken zweier achsensymmetrischer Figuren (z. B. $\overline{AB}$ und $\overline{A'B'}$) bzw. ihre Verlängerungen schneiden sich auf der Symmetrieachse und bilden dort mit dieser gleich große Winkel** ($\alpha = \alpha'$).

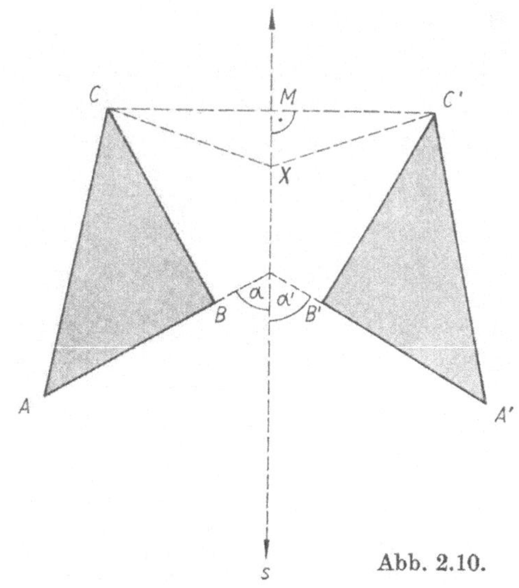

Abb. 2.10.

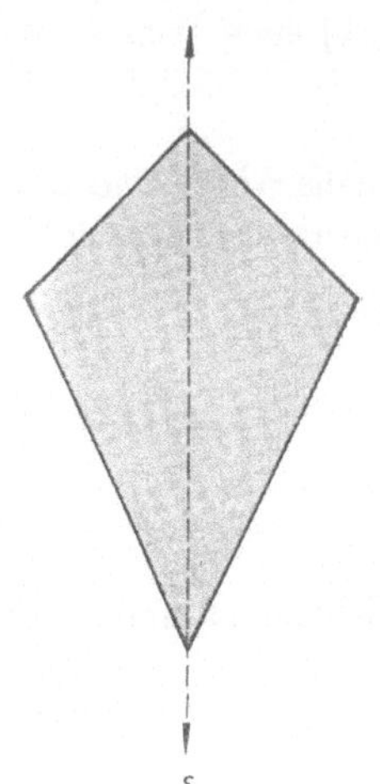

Abb. 2.11.

Es gibt Figuren, die sich durch eine Gerade in zwei achsensymmetrische **Hälften** teilen lassen. Die genannte Gerade ist dann die Symmetrieachse *s* (Abb. 2.11.). Solche Figuren heißen **in sich achsensymmetrisch.** Durch Drehen (Umklappen) um die Symmetrieachse kommen sie mit sich selbst zur Deckung.

Manche Figuren können auch durch Drehen um einen Punkt um 180° mit sich selbst zur Deckung gebracht werden (Abb. 2.12.). Sie heißen **in sich zentralsymmetrisch,** der Drehpunkt das **Symmetriezentrum** *S*.

Es gibt auch Paare getrennter zentralsymmetrischer Figuren, die durch Drehen um 180° um ein Symmetriezentrum zum Aufeinanderliegen gebracht werden können (Abb. 2.13.; vgl. auch Aufgabe **2**).

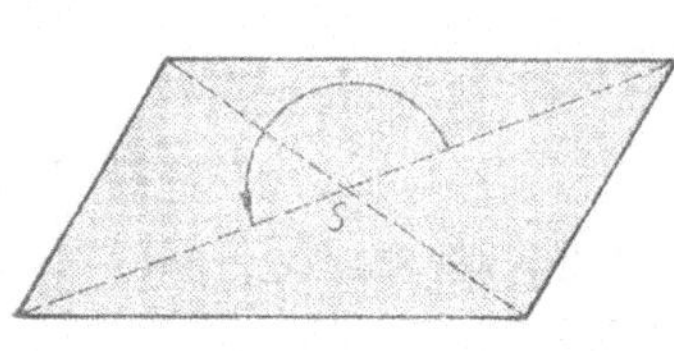

Abb. 2.12.

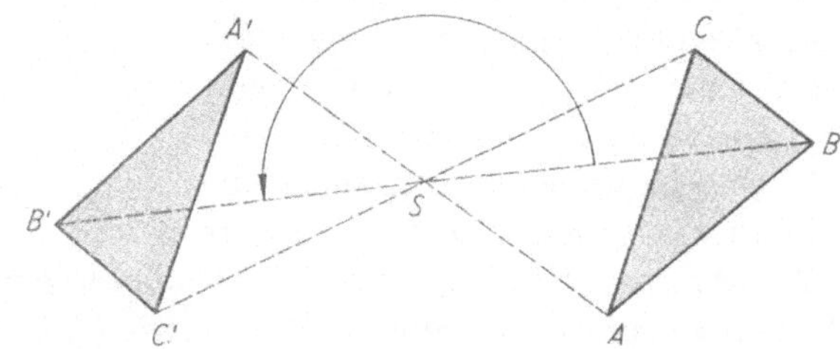

Abb. 2.13.

● **Aufgaben**

1. Gegeben ist ein beliebiges Viereck $ABCD$. Es ist das dazu achsensymmetrische zu zeichnen, wenn die Symmetrieachse **a)** beliebig außerhalb, **b)** beliebig innerhalb von $ABCD$, **c)** durch A, **d)** durch $\overline{CD}$, **e)** durch $\overline{AC}$ verläuft.

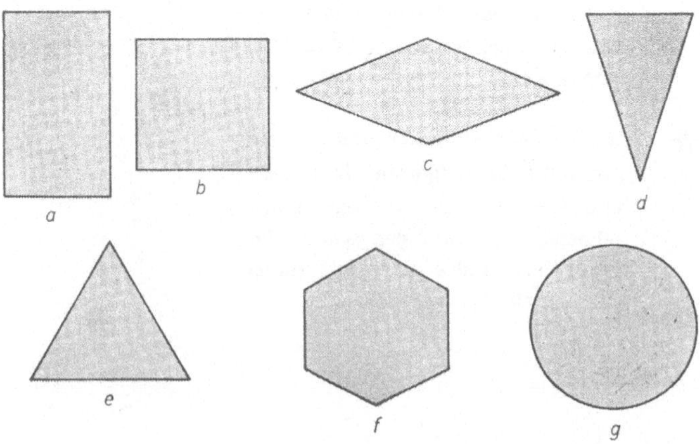

Abb. 2.14.

68

2. Es sind zwei Sätze über die Lage entsprechender Punkte und Strecken bei zentralsymmetrischen Figuren aufzustellen.

3. Der Begriff der in sich zentralsymmetrischen Figuren läßt sich dahingehend erweitern, daß eine Drehung bereits um einen Drehwinkel $< 180°$ zur Deckung führt. Solche Figuren heißen dann **mehrfach zentralsymmetrisch.** Die in Abbildung 2.14. dargestellten Figuren sind daraufhin zu untersuchen, ob sie und gegebenenfalls wievielfach sie zentralsymmetrisch sind. (L)

4. Besitzt eine Figur mehrere Symmetrieachsen, so heißt sie **mehrfach achsensymmetrisch.** Die Figuren der Abbildung 2.14. sind daraufhin zu untersuchen, ob sie und gegebenenfalls wievielfach sie achsensymmetrisch sind. (L)

2.1.4. Grundkonstruktionen

Aus historischen Gründen wird unter **konstruieren** (im strengen Sinne) das Herstellen geometrischer Zeichnungen unter alleiniger Benutzung der Zeichengeräte Zirkel und Lineal verstanden. (Heute übliche Zeichenhilfsmittel wie Zeichendreieck, Parallelenlineal, Kurvenlineal, Winkelmesser usw. werden dabei ausdrücklich ausgeschlossen.) In der praktischen Zeichentechnik wird diese Beschränkung heute nicht mehr anerkannt, doch spielt sie in der reinen Geometrie aus wissenschaftlichen Gründen nach wie vor eine gewisse Rolle. Konstruktiv im strengen Sinne lassen sich bei weitem nicht alle geometrischen Aufgaben lösen. Bei den lösbaren kommen **fünf Grundkonstruktionen** immer wieder vor. Sie beruhen auf den Gesetzen der Achsensymmetrie.

■ **a) Zu zwei gegebenen Punkten P_1 und P_2 ist die Mittelsenkrechte zu konstruieren.**

(Die Mittelsenkrechte ist die Gerade, die durch den Mittelpunkt der Strecke $\overline{P_1P_2}$ senkrecht zu dieser verläuft.)

Wenn P_1 und P_2 als zwei achsensymmetrisch einander entsprechende Punkte aufgefaßt werden, so ist die gesuchte Mittelsenkrechte die Symmetrieachse. Ihre Konstruktion erfolgt mit Hilfe zweier beliebiger Achsenpunkte X und Y (Abb. 2.15.).

■ **b) Zu einer gegebenen Strecke $a = \overline{AB}$ ist der Mittelpunkt zu konstruieren.**

(Die Strecke ist zu halbieren.)

Der Mittelpunkt wird mit Hilfe der Symmetrieachse zu A und B gefunden, die nach **a)** konstruiert wird.

■ **c) Gegeben ist eine Gerade g und auf ihr ein Punkt P. In P ist auf g die Senkrechte zu errichten.**

Indem auf g zu beiden Seiten und in gleicher Entfernung von P mit dem Zirkel zwei Hilfspunkte A und B konstruiert werden, wird die Aufgabe auf **a)** zurückgeführt.

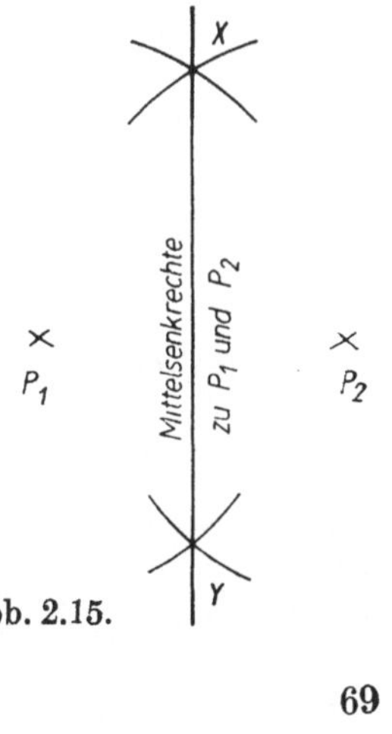

Abb. 2.15.

d) Gegeben ist eine Gerade g und ein nicht auf ihr liegender Punkt Q. Von Q ist auf g das Lot zu fällen.

(Das Lot von Q ist die durch Q verlaufende Senkrechte zu g.)

Indem auf g mit dem Zirkel zwei Punkte A und B konstruiert werden, die von Q gleich weit entfernt liegen, kann das gesuchte Lot als Mittelsenkrechte zu $\overline{AB}$ aufgefaßt und nach **a)** konstruiert werden (Abb. 2.16.).

e) Zu einem gegebenen Winkel ist die Winkelhalbierende zu konstruieren.

(Der Winkel ist zu halbieren.)

Werden die Schenkel des Winkels als achsensymmetrisch einander entsprechende Geraden aufgefaßt, so kann die Winkelhalbierende als Symmetrieachse zu diesen Schenkeln aufgefaßt und konstruiert werden. Dazu werden auf den Schenkeln mit dem Zirkel in gleicher Entfernung vom Scheitel zwei einander entsprechende Hilfspunkte A und B konstruiert; dann wird weiter wie bei **a)** verfahren (Abb. 2.17.).

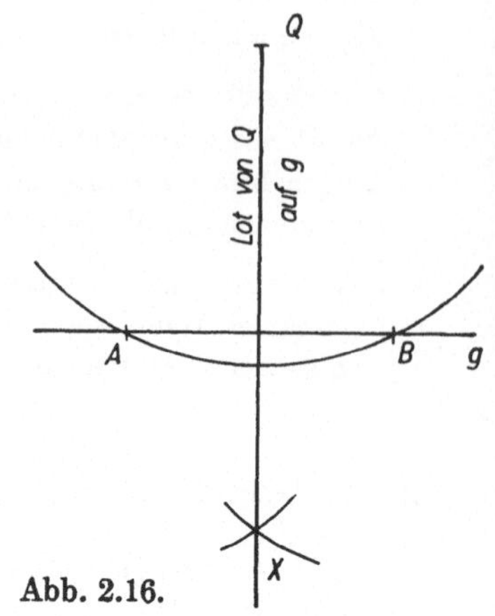

Abb. 2.16.

● **Aufgaben**

1. Die fünf Grundkonstruktionen sind auszuführen und zu beschreiben.

2. Es sind drei beliebige, nicht auf ein und derselben Geraden liegende Punkte A, B und C zu wählen und untereinander durch Strecken zu verbinden. Die Punkte sollen so liegen, daß die bei A, B und C entstehenden Winkel alle spitz sind. Es sind zu konstruieren **a)** die Halbierenden dieser drei Winkel, **b)** die Mittelpunkte der drei Strecken $\overline{AB}$, $\overline{BC}$ und $\overline{CA}$, **c)** die Mittelsenkrechten auf diesen Strecken, **d)** die Lote von den Punkten auf die gegenüberliegenden Strecken.

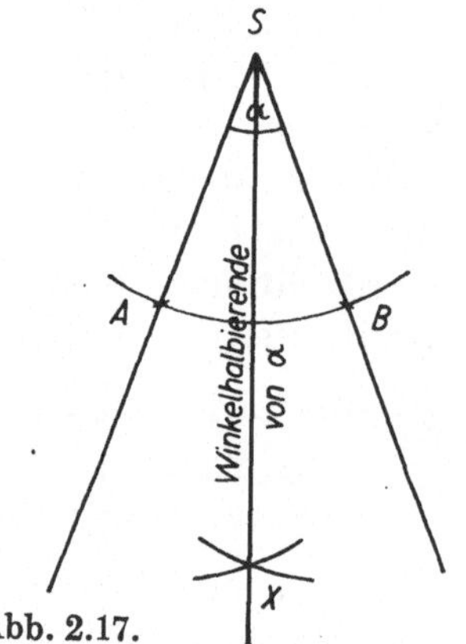

Abb. 2.17.

3. Aufgabe **2** ist zu zeichnen für den Fall, daß der Winkel bei A **a)** stumpf, **b)** ein Rechter ist.

4. Beide Winkel eines Nebenwinkelpaares sind zu halbieren. Wie verlaufen die Winkelhalbierenden zueinander? Das Ergebnis ist zu begründen.

2.2. Dreiecke

2.2.1. Dreieckformen

Drei Geraden, von denen keine zwei windschief oder parallel zueinander verlaufen, schneiden sich in drei Punkten. Diese bestimmen ein **Dreieck.** Für dieses sind folgende Fachbezeichnungen in der in Abbildung 2.18. dargestellten Anordnung üblich:

A, B, C: Eckpunkte oder **Ecken**

$\overline{AB} = c$; $\overline{BC} = a$; $\overline{CA} = b$: **Seiten**

α, β, γ: Innenwinkel (kurz: **Winkel**)

α', β', γ': **Außenwinkel**

$\triangle ABC$: **Dreieck ABC**

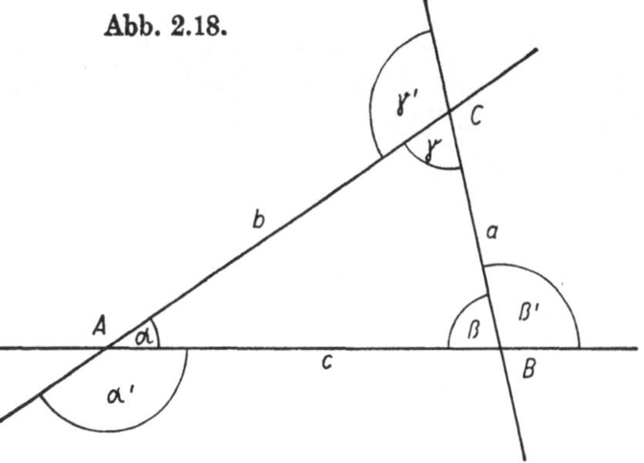
Abb. 2.18.

Dreiecke lassen sich in Klassen einteilen

a) nach den Seiten:

3 verschieden lange Seiten: **ungleichseitige Dreiecke** (Abb. 2.18.)

3 gleich lange Seiten: **gleichseitige Dreiecke** (Abb. 2.19. a)

2 gleich lange Seiten: **gleichschenklige Dreiecke** (Abb. 2.19. b)

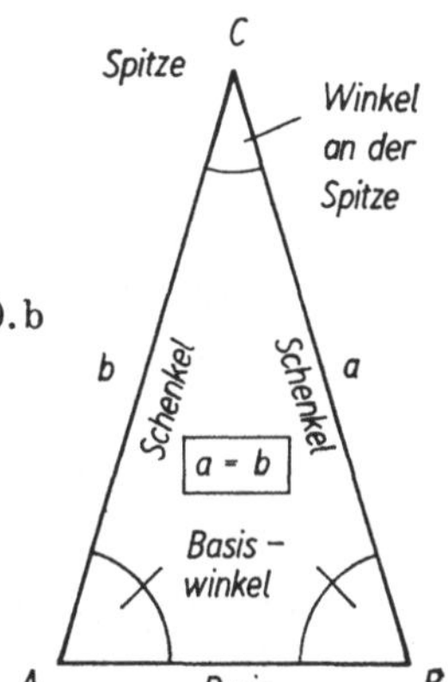

Abb. 2.19. a

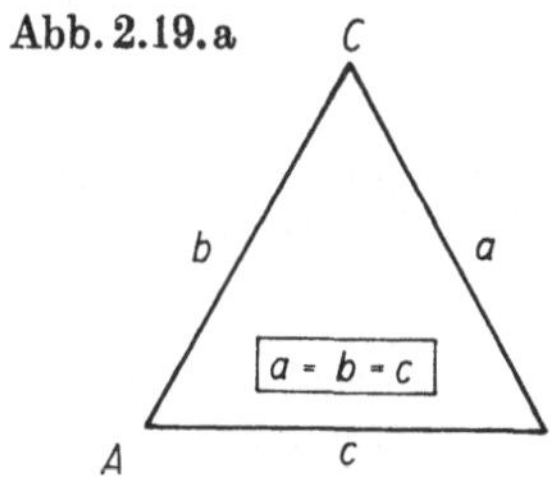

Abb. 2.19. b

b) nach den Winkeln:

3 spitze Winkel: **spitzwinklige Dreiecke** (Abb. 2.18.)

1 stumpfer Winkel: **stumpfwinklige Dreiecke** (Abb. 2.20.)

1 rechter Winkel: **rechtwinklige Dreiecke** (Abb. 2.21.)

Abb. 2.20.

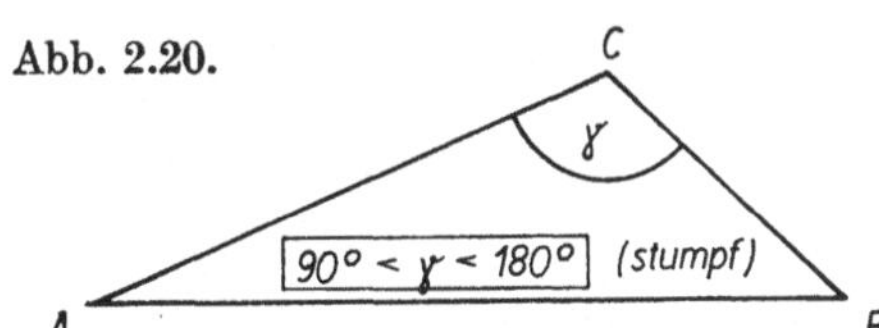

Abb. 2.21.

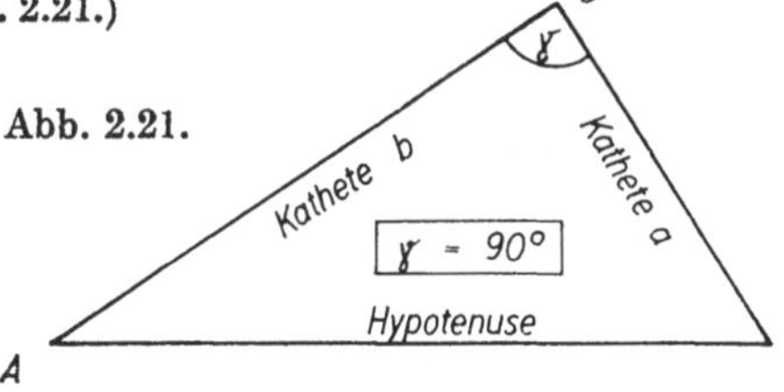

Von Bedeutung sind außerdem die **besonderen Linien des Dreiecks: Höhen** (h_a, h_b, h_c); **Winkelhalbierende** $(w_\alpha, w_\beta, w_\gamma)$; **Seitenhalbierende** oder **Mittellinien** (s_a, s_b, s_c); **Mittelsenkrechte** (m_a, m_b, m_c).

Die Indizes $a, b, c, \alpha, \beta, \gamma$ geben Seite, Ecke und Winkel an, zu denen die betreffende besondere Linie gehört (Abb. 2.22; vgl. auch Aufgaben **2, 3, 4**). Höhen, Winkelhalbierende und Seitenhalbierende sind Strecken, Mittelsenkrechte aber Geraden.

Die drei besonderen Linien derselben Art schneiden sich jeweils in ein und demselben Punkt: H, W, S, M. Diese heißen die vier **merkwürdigen Punkte des Dreiecks** (vgl. Aufgaben **2**, **3**, **4**).

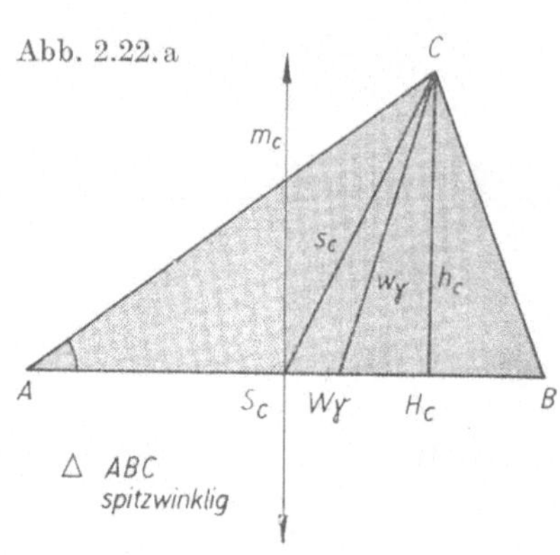

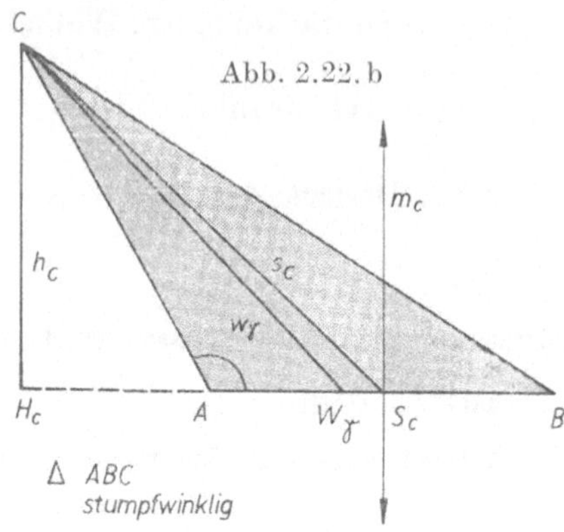

Aufgaben

1. Folgende Dreiecke sind zu konstruieren:

a) gleichseitiges Dreieck; Seitenlänge 5 cm; **b)** rechtwinkliges Dreieck; Kathetenlängen 3 cm und 4 cm; **c)** gleichschenklig-spitzwinkliges Dreieck; **d)** gleichschenklig-rechtwinkliges Dreieck; **e)** gleichschenklig-stumpfwinkliges Dreieck.

2. Die vier merkwürdigen Punkte des Dreiecks sind für ein spitzwinkliges Dreieck zu konstruieren. Dabei ist darauf zu achten, ob die Punkte innerhalb oder außerhalb des Dreiecks liegen, oder ob sie auf eine Seite oder in eine Ecke fallen, und ob irgendwelche der vier Punkte auf ein und derselben Geraden liegen.

3. Aufgabe 2 ist für ein stumpfwinkliges Dreieck zu lösen.

4. Aufgabe 2 ist für ein rechtwinkliges Dreieck zu lösen.

2.2.2. Dreiecksätze

Der Anschauung wird entnommen:

▶ **(1) Im Dreieck ist die Summe der Längen zweier Seiten stets größer als die Länge der dritten Seite.**

▶ **(2) Im Dreieck liegen der größten Seite der größte Winkel, der kleinsten Seite der kleinste Winkel und gleich langen Seiten gleich große Winkel gegenüber.**

Daraus folgen die Sätze:

▶ **(3) Im gleichschenkligen Dreieck sind die Basiswinkel gleich groß.**

▶ **(4) Im gleichseitigen Dreieck sind alle drei Winkel gleich groß.**

Von besonderer Bedeutung sind die **Winkel-summensätze:**

▶ **(5) In jedem Dreieck beträgt die Summe der Größen der drei Innenwinkel 180°.**

▶ **(6) In jedem Dreieck ist jeder Außenwinkel genau so groß wie die Summe der Größen der beiden nicht anliegenden Innenwinkel.**

▶ **(7) In jedem Dreieck beträgt die Summe der Größen der vier Außenwinkel 360°.**

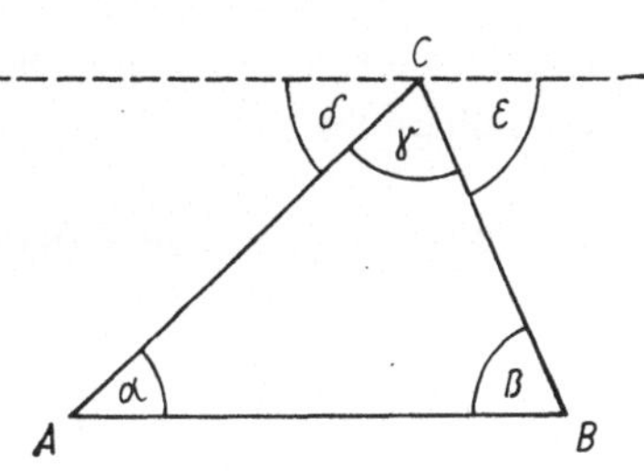

Abb. 2.23.

Beweis zu (5) (Abb. 2.23.): Durch die Parallele zu c durch C entstehen dort noch zwei Winkel δ und ε, die mit γ zusammen einen gestreckten Winkel ergeben: $\delta + \varepsilon + \gamma = 180°$.

δ und α sowie ε und β sind aber als Wechselwinkel an Parallelen gleich groß:

$\delta = \alpha$; $\varepsilon = \beta$. Folglich gilt: $\alpha + \beta + \gamma = 180°$, w.z.b.w.

Beweis zu (6): Jeder Innenwinkel ist als Nebenwinkel der Supplementwinkel seines Außenwinkels: $\alpha = 180° - \alpha'$; $\beta = 180° - \beta'$; $\gamma = 180° - \gamma'$.

Aus (5) folgt dann z.B.: $\alpha + \beta + \gamma = 180° - \alpha' + \beta + \gamma = 180°$

$$\beta + \gamma = \alpha', \text{w.z.b.w.}$$

Beweis zu (7): Aus (6) folgt:

$$\alpha' + \beta' + \gamma' = \beta + \gamma + \gamma + \alpha + \alpha + \beta = 2 \cdot (\alpha + \beta + \gamma) = 2 \cdot 180°$$

$$= 360°, \text{w.z.b.w.}$$

Aus (4) und (5) folgt sofort

▶ **(8) Im gleichseitigen Dreieck beträgt die Größe jedes Innenwinkels 60°.**

Eine besondere Eigenschaft kommt allen gleich-schenkligen Dreiecken zu:

▶ **(9) Jedes gleichschenklige Dreieck ist in sich achsensymmetrisch.**

Die Verlängerung der Dreieckshöhe h_c von der Spitze zur Basis ist die Symmetrieachse s. Diese Höhe h_c halbiert also die Basis und den Winkel an der Spitze, ist zugleich Winkelhalbierende und Seitenhalbierende und fällt mit der Mittel-senkrechten zusammen (Abb. 2.24.)

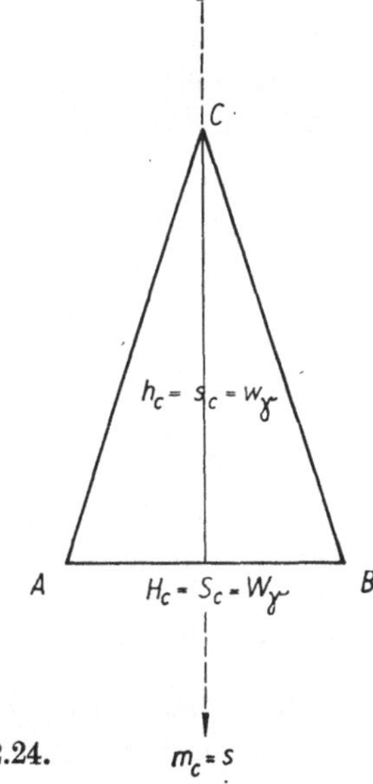

Abb. 2.24.

Aus (9) folgt, da das gleichseitige Dreieck dreifach gleichschenklig ist:

▶ **(10) Das gleichseitige Dreieck ist dreifach achsensymmetrisch.**

Für jede Seite fallen die vier besonderen Linien zusammen und die vier merkwürdigen Punkte liegen in einem Punkt vereinigt. Dieser ist außerdem Symmetriezentrum für eine **dreifache Zentralsymmetrie** (Abb. 2.25.).

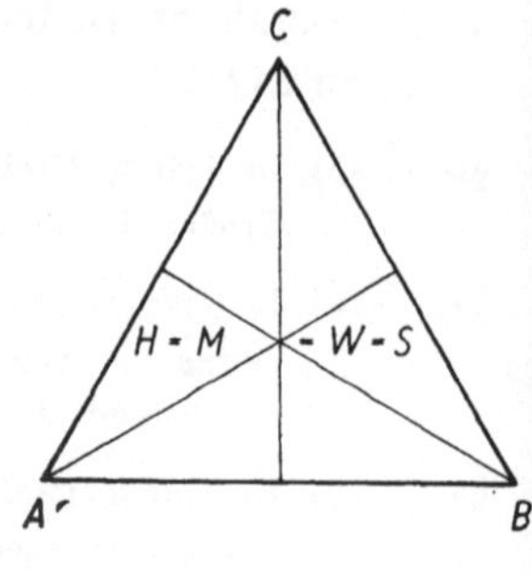

Abb. 2.25.

Für die rechtwinkligen Dreiecke folgen aus (5) und (2) die Sätze:

▶ **(11) In jedem rechtwinkligen Dreieck beträgt die Summe der Größen der beiden nicht rechten Winkel 90°; es sind also auf jeden Fall spitze Winkel.**

▶ **(12) In jedem rechtwinkligen Dreieck ist die Hypotenuse die größte Seite.**

● **Aufgaben**

1. In einem rechtwinkligen Dreieck ist ein Winkel 57° 16′ 25″ groß. Wie groß sind die anderen? (L)

2. In einem gleichschenkligen Dreieck ist a) der Winkel an der Spitze, b) ein Basiswinkel 76° 15′ 36″ groß. Wie groß sind jeweils die anderen Winkel? (L)

3. Warum kann im gleichschenkligen Dreieck ein Basiswinkel niemals stumpf sein? Kann er ein Rechter sein?

4. Winkel, deren Größen zusammen 90° betragen, heißen **Komplementwinkel.** Wie heißt Satz (11) unter Verwendung dieses Begriffs?

5. Unter welcher Bedingung für die Winkel ist im gleichschenkligen Dreieck die Basis gleich einem Schenkel bzw. größer oder kleiner als ein Schenkel? Je ein solches Dreieck ist zu konstruieren. (L)

6. Zwei Winkel eines Dreiecks sind 37,34° bzw. 93,47° groß. Wie groß sind der dritte Winkel und sämtliche Außenwinkel? Die Angaben sind auch in Grad, Minuten und Sekunden umzurechnen. (L)

2.2.3. Umfang und Flächeninhalt

Werden die Seiten a, b, c eines Dreiecks in irgendeiner, aber der gleichen Längeneinheit (km, m, dm, cm, mm) gemessen, wobei die Maßzahlen auch Brüche sein können, so ergibt sich für die Länge des **Umfangs u**:

▶ $$(13) \quad u_D = a + b + c$$

Die Maßeinheiten für Flächeninhalte beliebiger Figuren sind die Flächeninhalte von Quadraten, deren Seitenlängen gleich den Längeneinheiten sind (km², m², dm², cm², mm²). Geometrisch kommt also die Bestimmung des Inhalts einer Fläche darauf hinaus, diese Fläche mit Einheitsquadraten auszulegen. Das ist bei Quadraten und Rechtecken ohne Schwierigkeit möglich, falls die Seiten in irgendeiner Längeneinheit (oder Bruchteilen davon) meßbar sind. Für den **Flächeninhalt** von **Quadrat** und **Rechteck** ergibt sich dann:

▶   **(14) a) Quadrat:** $A_Q = a^2$**, wenn** a **die Länge der Seite ist**

        b) Rechteck: $A_R = a \cdot b$**, wenn** a **und** b **die Längen der beiden Seiten sind.**

Zur Bestimmung des **Flächeninhalts** A_D eines **Dreiecks** wird dieses in ein flächengleiches Rechteck verwandelt, z.B. wie in Abbildung 2.26. gezeigt. Dann ergibt sich:

$$A_D = \tfrac{1}{2} c \cdot h_c.$$

Da diese Verwandlung offenbar von jeder Dreieckseite aus möglich ist, gilt insgesamt:

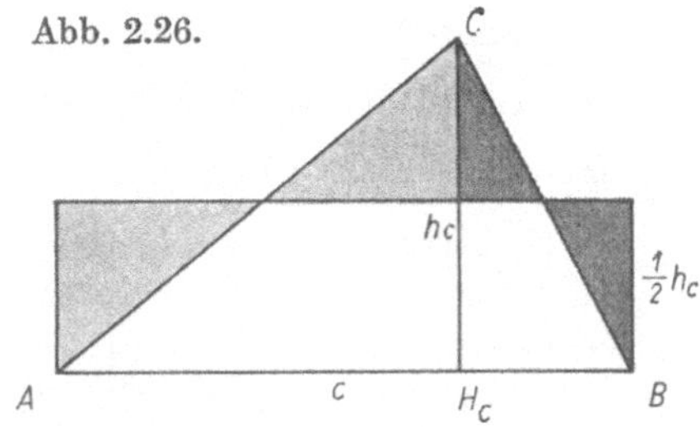

▶   **(15) Der Flächeninhalt eines Dreiecks ist gleich dem halben Produkt aus den Längen irgendeiner Seite und der zugehörigen Höhe.**

$$A_D = \frac{1}{2}\, a \cdot h_a = \frac{1}{2}\, b \cdot h_b = \frac{1}{2}\, c \cdot h_c$$

Beim rechtwinkligen Dreieck wird zweckmäßig nicht von der Hypotenuse, sondern von einer Kathete ausgegangen, da dann die zugehörige Höhe die andere Kathete ist. Dann gilt (Abb. 2.27.):

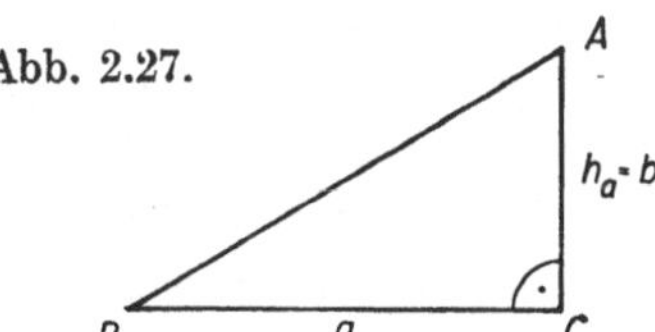

▶   **(16) Der Flächeninhalt eines rechtwinkligen Dreiecks ist gleich dem halben Produkt aus den Längen der beiden Katheten.**

$$A_{RD} = \frac{1}{2}\, a \cdot b$$

●   **Aufgaben**

1. Die drei Seiten eines Dreiecks sind 60 mm, 80 mm bzw. 90 mm lang. Das Dreieck ist zu konstruieren, die Höhen sind einzuzeichnen, dann möglichst genau zu vermessen, und der Flächeninhalt des Dreiecks ist auf dreierlei Weise zu berechnen.

2. Ein rechtwinklig-dreieckiges Feld (Kathetenlängen: 295 m; 183 m) soll mit Kunstdünger (3 dt je ha) bestreut werden. Wieviel wird benötigt? (L)

3. Von folgenden Dreiecken ist die Länge des Umfangs zu bestimmen:
   a) gleichschenkliges Dreieck; Schenkellänge 88 mm; Basislänge 139 mm
   b) gleichseitiges Dreieck; Seitenlänge 56 mm (L)

4. Wieviel Quadratmeter Fläche hat die Giebelwand eines Hauses mit Satteldach, das 9,2 m breit ist und vom Boden bis zur Traufenkante 6,6 m und bis zum First 10,8 m mißt? (L)

5. Ein Dreieck hat einen Flächeninhalt von 257,6 dm². Die Länge einer Seite ist 57 cm. Wie groß ist die Höhe? (L)

6. Der Flächeninhalt folgender Dreiecke ist zu bestimmen:

a) $a = 4,5$ cm; $b = 6,4$ cm; $\gamma = 90°$

b) $a = 0,5$ dm; $c = 0,3$ dm; $\beta = 90°$ (L)

7. Ein Dreieck hat eine Seite von der Länge 8 cm. Die zugehörige Höhe mißt 6 cm. Parallel zu dieser Seite wird in 4 cm Abstand in das Dreieck eine Strecke eingespannt, die ein Drittel der parallelen Seite als Länge hat und die das Dreieck in zwei Teile zerlegt. Welche Flächeninhalte haben diese Teile? (L)

8. Es sind zwei gleichschenklige Dreiecke zu konstruieren. Bei dem einen soll die Basis 4 cm und die Höhe 2 cm lang sein, bei dem zweiten sollen die Maße gerade vertauscht sein. Welches hat **a)** den größeren Flächeninhalt, **b)** den größeren Umfang? (Zu **b**): Schenkellängen messen!)

9. Wie groß sind die Flächeninhalte der in Abbildung 2.28. dargestellten Dreiecke, wenn jede Quadratseite 2 cm lang ist? (L)

10. Die Katheten eines rechtwinkligen Dreiecks sind 2 m und 3 m lang. In einem zweiten sind die Katheten je um 10% länger.
Um wieviel Prozent ist der Flächeninhalt des zweiten Dreiecks größer als der des ersten? (L)

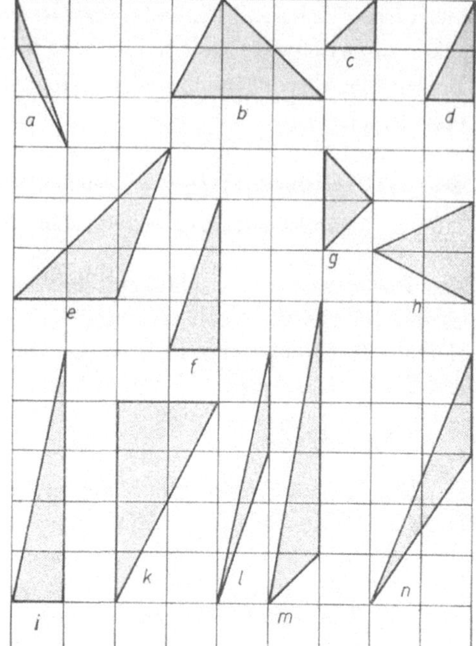

Abb. 2.28.

2.3. Vierecke

2.3.1. Viereckformen

Vier Punkte A, B, C, D ein und derselben Ebene, von denen nicht drei auf ein und derselben Geraden liegen, bestimmen ein (ebenes) **Viereck.** Für dieses sind folgende Fachbezeichnungen in der in Abbildung 2.29. dargestellten Anordnung üblich:

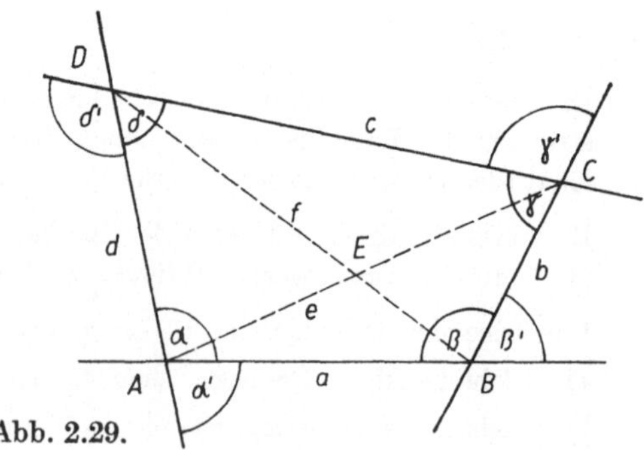

Abb. 2.29.

A, B, C, D: Eckpunkte oder **Ecken**

E: **Diagonalenschnittpunkt**

$\overline{AB} = a$; $\overline{BC} = b$; $\overline{CD} = c$; $\overline{DA} = d$: **Seiten**

$\overline{AC} = e$; $\overline{BD} = f$: **Diagonalen**

$\alpha, \beta, \gamma, \delta$: Innenwinkel, (kurz: **Winkel**);

$\alpha', \beta', \gamma', \delta'$: **Außenwinkel.**

Diagonalen sind die Verbindungsstrecken zweier gegenüberliegender Ecken, während die Seiten je zwei benachbarte verbinden (Abb. 2.29.). Vierecke mit einspringenden Ecken (Abb. 2.30.) und mit sich schneidenden Seiten (sogenannte überschlagene Vierecke; Abb. 2.31.) sollen im folgenden nicht betrachtet werden.

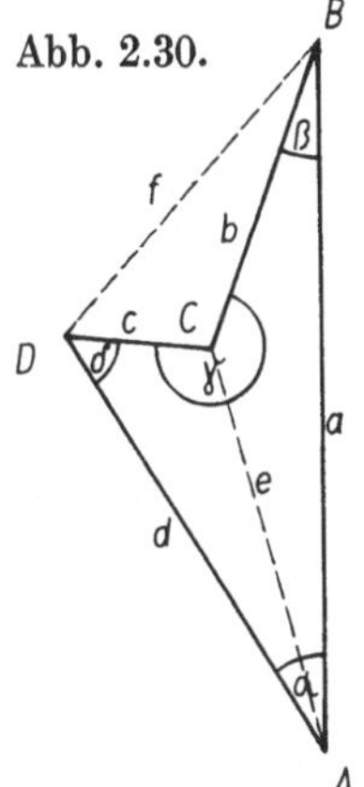

Abb. 2.30.

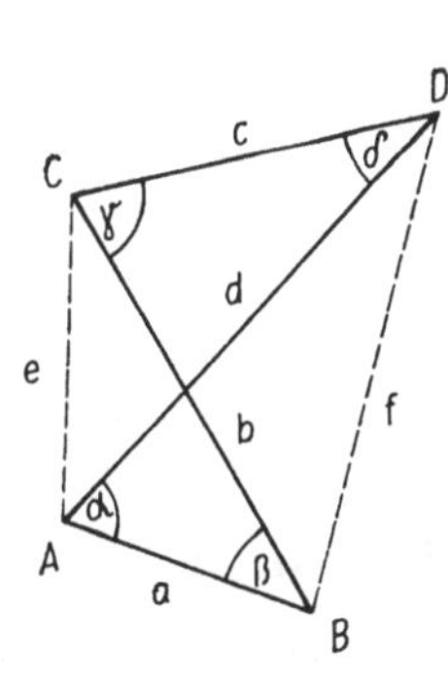

Abb. 2.31.

Besondere Formen der Vierecke
ergeben sich, wenn

a) Gegenseiten parallel sind,

b) Gegenseiten oder Nachbarseiten gleiche Länge haben,

c) gewisse Viereckwinkel Rechte sind.

Besondere Bedeutung haben folgende **Sonderformen des Vierecks:**

I. 2 Paar Nachbarseiten haben gleiche Länge:
Drachenviereck

II. 2 Paar Gegenseiten sind parallel:
Parallelogramm

III. Alle 4 Seiten haben gleiche Länge:
Rhombus

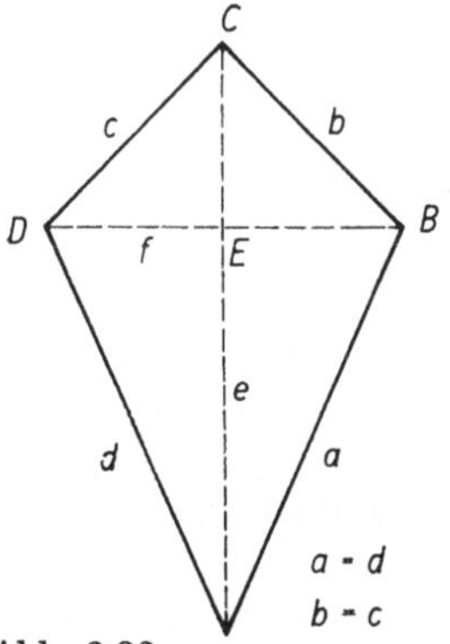

Abb. 2.32.

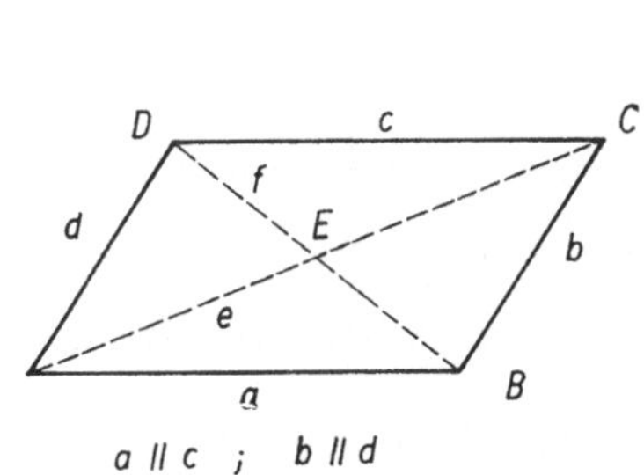

Abb. 2.33.

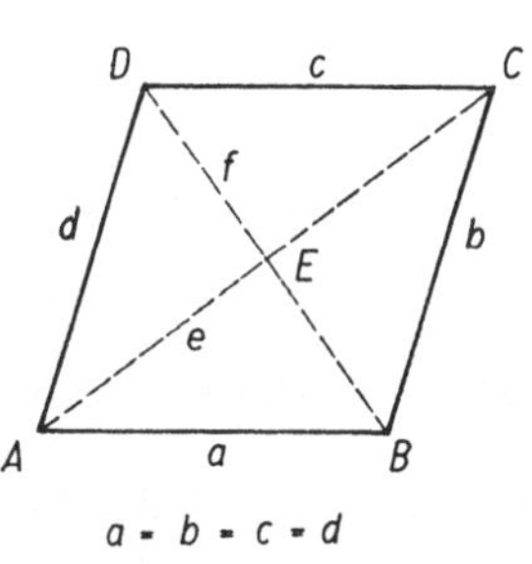

Abb. 2.34.

IV. Alle 4 Winkel
sind gleich groß
(je 90°):
Rechteck

V. Alle 4 Winkel
sind gleich groß
und alle 4 Seiten
haben gleiche Länge:
Quadrat

VI. 1 Paar Gegenseiten
ist parallel:
Trapez

Abb. 2.35.

Abb. 2.36.

Abb. 2.37.

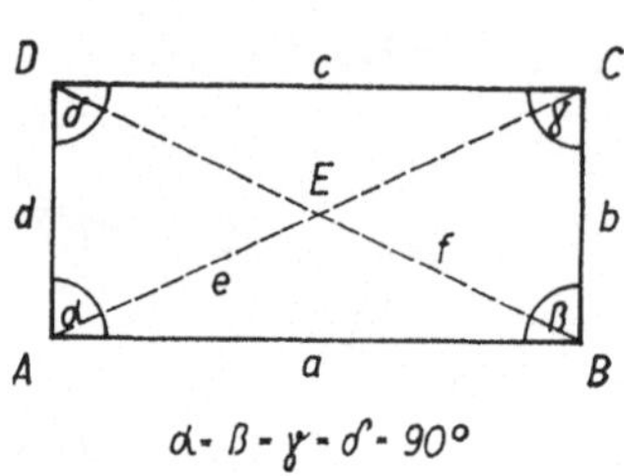

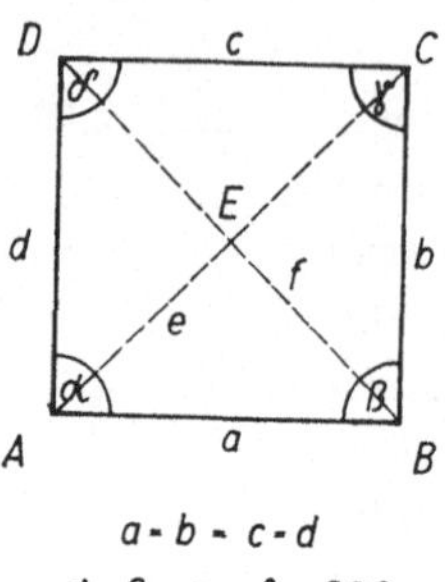

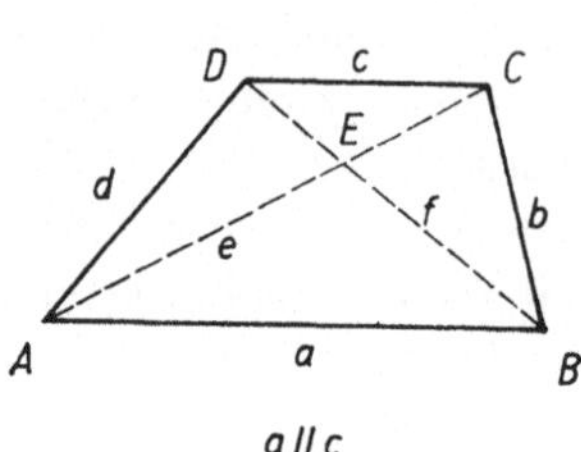

Aufgaben

1. Inwiefern kann **a)** das Quadrat den Rechtecken, **b)** das Quadrat den Rhomben, **c)** der Rhombus den Drachenvierecken, **d)** das Parallelogramm den Trapezen als spezieller Fall zugerechnet werden? **(L)**

2. Welche der Sonderformen I bis VI sind auf Grund der gewählten Definitionen die allgemeinsten; welche ist die speziellste? **(L)**

3. Folgende Vierecke sind zu konstruieren:

a) Quadrat: Seitenlänge 4,8 cm

b) Rechteck: $a = 17$ mm und $b = 57$ mm

c) Rhombus: Seitenlänge 5 cm; $\gamma = 125°$

d) Parallelogramm: $a = 2,7$ cm; $b = 4,5$ cm; $\beta = 55°$

e) Drachenviereck: $a = 3$ cm; $b = 7$ cm; $f = 4$ cm

f) Trapez: beliebige Maße, nur $a < c$.

2.3.2. Vierecksätze

Für jedes Viereck gelten folgende **Winkelsummensätze**:

▶ **(1) In jedem Viereck beträgt die Summe der Größen der vier Innenwinkel 360°.**

▶ **(2) In jedem Viereck beträgt die Summe der Größen der vier Außenwinkel 360°.**

Beweis zu (1): Jedes Viereck läßt sich durch eine Diagonale in zwei Dreiecke zerlegen, also: $\alpha + \beta + \gamma + \delta = 2 \cdot 180° = 360°$, w.z.b.w.

Beweis zu (2): Da auch beim Viereck jeder Außenwinkel Supplementwinkel zu seinem Innenwinkel ist ($\alpha = 180° - \alpha'$ usw.), gilt mit (1):

$$\alpha + \beta + \gamma + \delta = (180° - \alpha') + (180° - \beta') + (180° - \gamma') + (180° - \delta') = 360°$$

$$720° - (\alpha' + \beta' + \gamma' + \delta') = 360°$$

$$\alpha' + \beta' + \gamma' + \delta' = 360°, \text{w.z.b.w.}$$

Für die sechs **Sonderformen** ergeben sich folgende **Sätze**:

I. Drachenviereck: Charakteristische Eigenschaft ist die **einfache Achsensymmetrie.** Die Symmetrieachse fällt mit der Diagonalen durch diejenigen Ecken zusammen, in denen je zwei gleich lange Seiten zusammenstoßen (A und C in Abb. 2.32.). Die anderen beiden Ecken (B und D in Abb. 2.32.) sind einander entsprechende Punkte in bezug auf diese Symmetrieachse. Infolgedessen gilt:

▶ **(3) Die Diagonalen im Drachenviereck stehen senkrecht aufeinander.**

▶ **(4) Die Winkel an den Ecken des Drachenvierecks, durch die die Symmetrieachse nicht verläuft, sind gleich groß ($\beta = \delta$ in Abb. 2.32.).**

▶ **(5) Die Diagonale, die nicht mit der Symmetrieachse zusammenfällt, zerlegt das Drachenviereck in zwei gleichschenklige Dreiecke mit gemeinsamer Basis ($\triangle BCD$ und $\triangle ABD$ in Abb. 2.32.).**

▶ **(6) Die Diagonale, die mit der Symmetrieachse zusammenfällt, halbiert die Winkel, durch die sie verläuft (α und γ in Abb. 2.32.).**

II. Parallelogramm: Charakteristische Eigenschaft ist die **Zentralsymmetrie.** Symmetriezentrum ist der Diagonalenschnittpunkt (E in Abb. 2.33.). Gegenecken sind jeweils entsprechende Punkte in bezug auf das Symmetriezentrum (A und C bzw. B und D in Abb. 2.33.). Infolgedessen gilt:

▶ **(7) Die Diagonalen im Parallelogramm halbieren einander in ihrem Schnittpunkt ($\overline{AE} = \overline{CE}$ bzw. $\overline{BE} = \overline{DE}$ in Abb. 2.33.).**

▶ **(8) Gegenseiten im Parallelogramm haben gleiche Länge ($\overline{AB} = \overline{CD}$ bzw. $\overline{BC} = \overline{AD}$ in Abb. 2.33.).**

▶ **(9) Gegenwinkel im Parallelogramm haben gleiche Größe ($\alpha = \gamma$ bzw. $\beta = \delta$ in Abb. 2.33.).**

Diese drei Sätze sind umkehrbar.

III. Rhombus: Charakteristische Eigenschaften sind eine **doppelte Achsensymmetrie** und die **Zentralsymmetrie.** Erstere ergibt sich, weil der Rhombus ein spezielles, gewissermaßen ein „doppeltes", **Drachenviereck** ist (vgl. Aufgabe **1c** aus Abschnitt 2.3.1.). Die Symmetrieachsen fallen mit den beiden Diagonalen zusammen. Entsprechende Punkte sind in bezug auf s_1 (Abb. 2.38.) B und D, in bezug auf s_2 aber

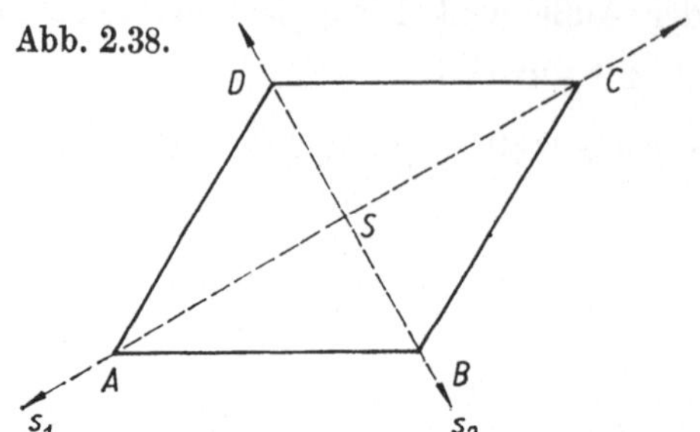

A und C. Die Zentralsymmetrie ergibt sich, weil der Rhombus nach der Umkehrung von **(8)** ein **spezielles Parallelogramm** ist. Symmetriezentrum ist der Diagonalenschnittpunkt (Abb. 2.38.). Infolgedessen gelten in sinnvoller Übertragung für den Rhombus die Sätze **(3)** bis **(9)** in folgender Form:

▶ **(10) Die Diagonalen im Rhombus halbieren die Winkel, durch die sie verlaufen, stehen senkrecht aufeinander und halbieren einander in ihrem Schnittpunkt; jede zerlegt den Rhombus in zwei gleichschenklige Dreiecke mit gemeinsamer Basis.**

▶ **(11) Gegenseiten im Rhombus haben gleiche, und zwar für jedes Paar dieselbe Länge, und verlaufen parallel zueinander.**

▶ **(12) Gegenwinkel im Rhombus haben gleiche Größe.**

IV. Rechteck: Charakteristische Eigenschaften sind wie beim Rhombus eine **doppelte Achsensymmetrie** und die **Zentralsymmetrie.** Symmetrieachsen sind aber diesmal die beiden Geraden, die durch die Mittelpunkte je zweier Gegenseiten verlaufen, Symmetriezentrum ist ihr Schnittpunkt (Abb. 2.39.). Die Zentralsymmetrie folgt daraus, daß das Rechteck nach der Umkehrung von **(9)** ein **spezielles Parallelogramm** ist. Die Achsensymmetrie mit den genannten Symmetrieachsen ist eine neu auftretende Eigenschaft. Dabei sind entsprechende Punkte in bezug auf s_1 (Abb. 2.39.) A und B bzw. C und D, in bezug auf s_2 aber B und C bzw. A und D. Aus diesen Gründen gelten die Sätze **(6)** bis **(8)** für das Rechteck in folgender, teilweise erweiterter Form:

▶ **(13) Die Diagonalen im Rechteck haben gleiche Länge und halbieren einander in ihrem Schnittpunkt.**

▶ **(14) Gegenseiten im Rechteck haben gleiche Länge und verlaufen parallel zueinander.**

▶ **(15) Gegenwinkel im Rechteck haben gleiche, und zwar für jedes Paar dieselbe Größe, nämlich 90°.**

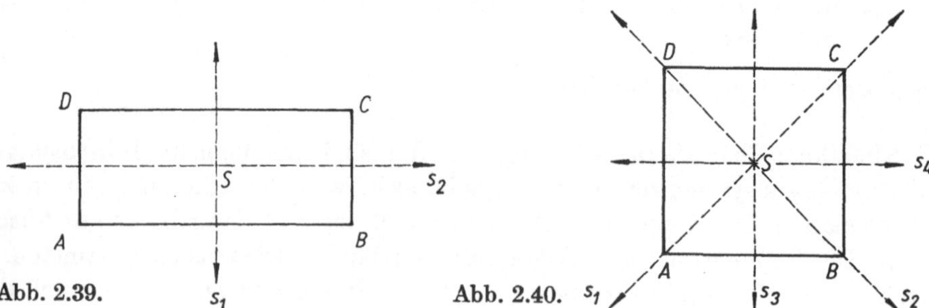

V. Quadrat: Charakteristische Eigenschaften sind eine **vierfache Achsensymmetrie** und eine **vierfache Zentralsymmetrie** (Abb. 2.40.), denn das Quadrat ist ein **spezielles Rechteck** (vgl. Aufgabe **1 a** aus Abschnitt 2.3.1.) sowie ein **spezieller Rhombus** (vgl. Aufgabe **1 b** aus Abschnitt 2.3.1.) und damit nach III auch ein **spezielles Parallelogramm** und ein **spezielles Drachenviereck.** Infolgedessen gelten in sinnvoller Übertragung und Zusammenziehung alle Sätze von **(3)** bis **(15)** in folgender Form:

▶ **(16) Die Diagonalen im Quadrat halbieren die Winkel, durch die sie verlaufen, stehen senkrecht aufeinander, haben gleiche Länge und halbieren einander in ihrem Schnittpunkt; jede zerlegt das Quadrat in zwei rechtwinklig-gleichschenklige Dreiecke mit gemeinsamer Basis.**

▶ **(17) Gegenseiten im Quadrat haben gleiche, und zwar für jedes Paar dieselbe Länge, und verlaufen parallel zueinander.**

▶ **(18) Gegenwinkel im Quadrat haben gleiche Größe, und zwar für jedes Paar dieselbe Größe, nämlich 90°.**

VI. Trapez: Es besitzt **keine Symmetrieeigenschaften,** solange die nichtparallelen Seiten (die **Schenkel**) verschiedene Längen haben (Abb. 2.37.).
Sind diese gleich lang, heißt das Trapez **gleichschenklig** (Abb. 2.41.). Dieses besitzt eine **einfache Achsensymmetrie.** Die Symmetrieachse verläuft durch die Mittelpunkte der parallelen Seiten. Infolgedessen gilt:

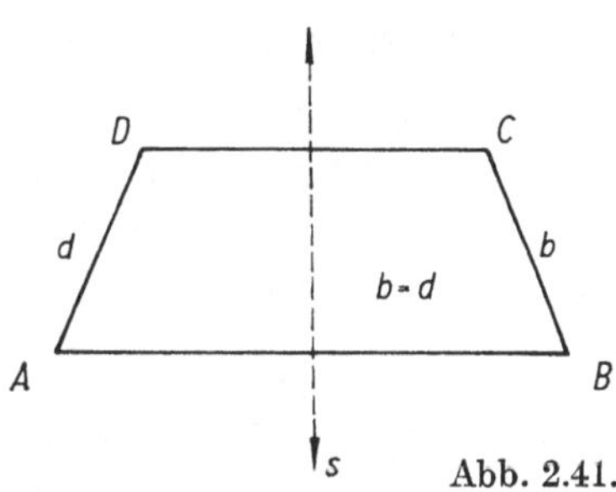

Abb. 2.41.

▶ **(19) Im gleichschenkligen Trapez haben die Diagonalen gleiche Länge.**

▶ **(20) Im gleichschenkligen Trapez sind Winkel, die an derselben Parallelseite liegen, gleich groß.**

● **Aufgaben**

Abb. 2.42.

1. In **a)** einem Parallelogramm und **b)** einem gleichschenkligen Trapez beträgt die Größe eines Winkels 72°. Wie groß sind in beiden Figuren die übrigen Winkel? (L)

2. Wie groß sind die Winkel in einem Rhombus, wenn einer von ihnen dreimal so groß wie der andere ist? (L)

3. Ein Seil ist so über eine Rolle geführt, wie es Abbildung 2.42. zeigt. Welchen Winkel bilden die Seilenden miteinander? (L)

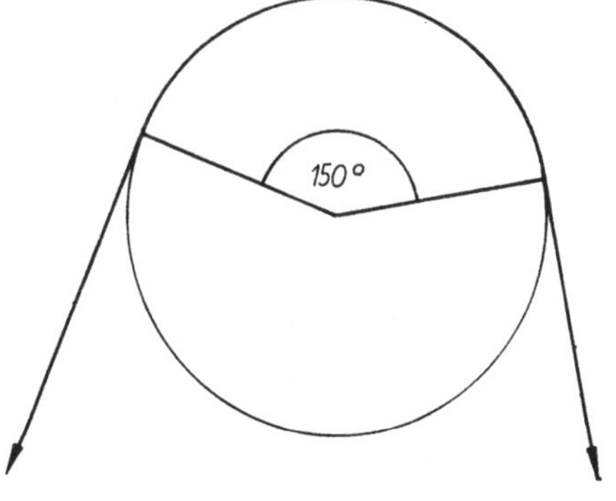

4. Was für ein Viereck entsteht, wenn zwei gleiche gleichschenklige Dreiecke **a)** längs ihrer Basen, **b)** längs eines Schenkels aneinandergesetzt werden? (L)

5. Um welche Vierecke kann es sich handeln, wenn **a)** die Diagonalen gleich lang sind, **b)** die Diagonalen senkrecht aufeinanderstehen, **c)** die Diagonalen einander halbieren, **d)** nur 1 Paar Gegenwinkel gleiche Größe hat, **e)** 2 Paar Gegenwinkel je gleich groß sind, **f)** nur 1 Paar Nachbarwinkel gleiche Größe hat, **g)** alle 4 Winkel gleich groß sind, **h)** nur 1 Paar Gegenseiten parallel liegt, **i)** 2 Paar Gegenseiten jeweils parallel liegen? (L)

6. In welchen Vierecken haben alle Außenwinkel die gleiche Größe? Wie groß sind sie? (L)

7. In einem Drachenviereck sind **a)** 2 Gegenwinkel, **b)** 2 Nachbarwinkel $102°55'$ bzw. $43°12'$. Wie groß sind die anderen Winkel? Lassen sich diese Fragen eindeutig beantworten?

2.3.3. Umfang und Flächeninhalt

Für das **allgemeine Viereck** läßt sich die Länge des **Umfangs** folgendermaßen bestimmen:

▶   **(1)** $u_V = a + b + c + d.$

Der **Flächeninhalt** A_V ergibt sich durch Zerlegen (mit Hilfe einer Diagonale) in 2 Dreiecke. Deren Flächeninhalte A_1 und A_2 müssen getrennt berechnet werden. Dann ist

▶   **(2)** $A_V = A_1 + A_2.$

Für Quadrat, Rechteck, Parallelogramm, Drachenviereck, Rhombus und Trapez lassen sich einfachere Berechnungsformeln angeben.

▶   **(3) Übersicht:**

Sonderform	Verwendete Symbole	Umfang u	Flächeninhalt A
Quadrat		$u_Q = 4a$	$A_Q = a^2$
Rechteck		$u_R = 2(a + b)$	$A_R = a \cdot b$
Parallelogramm		$u_P = 2(a + b)$	$A_P = a \cdot h_a = b \cdot h_b$

Sonderform	Verwendete Symbole	Umfang u	Flächeninhalt A
Drachenviereck		$u_{Dr} = 2(a + b)$	$A_{Dr} = \tfrac{1}{2} e \cdot f$
Rhombus		$u_{Rh} = 4a$	$A_{Rh} = \tfrac{1}{2} e \cdot f$
Trapez		$u_T = a + b + c + d$	$A_T = m \cdot h$ $= \tfrac{1}{2}(a + c) \cdot h$

Herleitung einiger Flächenformeln

a) **Parallelogramm:** Die schraffierten Dreieckflächen (Abb. 2.43.) sind gleich **groß**, folglich gilt: Der Flächeninhalt des Parallelogramms $ABCD$ ist gleich dem des Rechtecks $ABEF$, also gleich $a \cdot h_a$

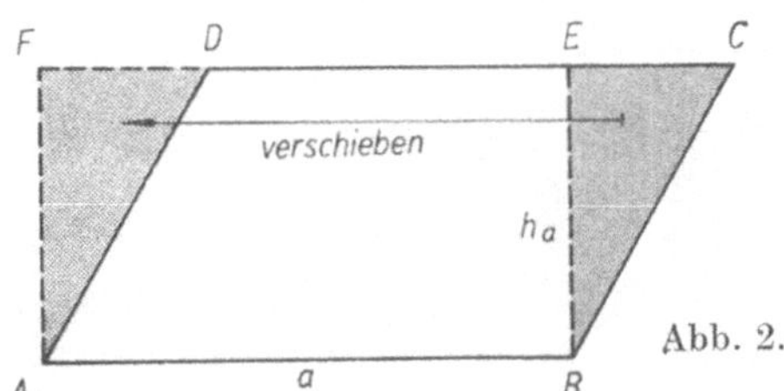

Abb. 2.43.

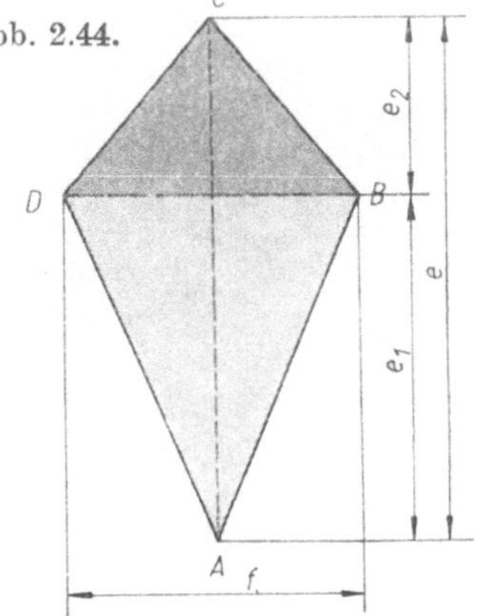

Abb. 2.44.

b) **Drachenviereck:**

Flächeninhalte (Abb. 2.44.):

$\triangle ABD$: $\tfrac{1}{2} e_1 \cdot f$ $\triangle BCD$: $\tfrac{1}{2} e_2 \cdot f$

Drachenviereck $ABCD$:

$\tfrac{1}{2} e_1 \cdot f + \tfrac{1}{2} e_2 \cdot f = \tfrac{1}{2}(e_1 + e_2) f = \tfrac{1}{2} e \cdot f$.

c) **Trapez:** Die gleichartig schraffierten Dreiecke (Abb. 2.45.) sind jeweils gleich **groß**, folglich gilt: $m = \tfrac{1}{2}(a + c)$. Weiter ist der Flächeninhalt des Trapezes $ABCD$ gleich dem des Rechtecks $EFGH$, also gleich $m \cdot h$

Abb. 2.45.

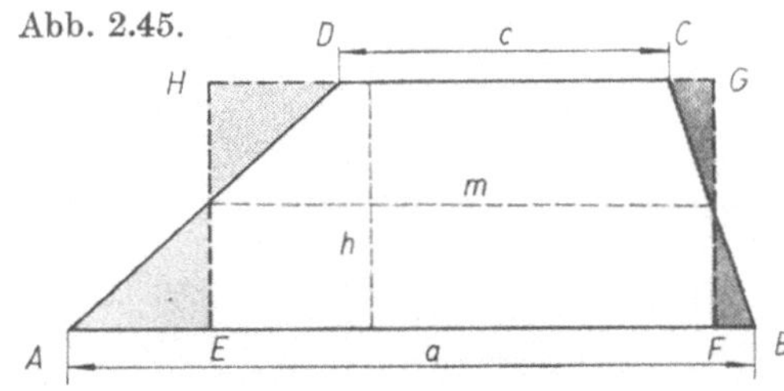

1. Vier gleich lange Stäbe sind durch Scharniere zu einem beweglichen Viereck verbunden. Wie ändert sich bei Bewegung der Stäbe Umfang und Flächeninhalt?
In welcher Lage ergeben sich die größten Werte?

2. Der Querschnitt eines Dammes ist ein gleichschenkliges Trapez. Er wird, von einer Sohlenbreite von 8 m ausgehend, mit Böschungswinkeln von 45° auf 2,50 m Höhe aufgeschüttet. Wie breit wird der Damm auf der Dammkrone? Wie groß ist der Flächeninhalt des Querschnitts? Der Querschnitt ist zu zeichnen. (L)

3. In einem Parallelogramm ist $a = 2b = 3h_a$. Wie groß ist h_b, ausgedrückt durch a? Wie groß ist der Flächeninhalt, ausgedrückt 1) durch a, 2) durch b, 3) durch h_a, 4) durch h_b? Das Parallelogramm ist zu zeichnen. (L)

4. Ein Bild mit den Maßen 40 cm $\times$ 60 cm soll in einem 5 cm breiten Rahmen eingefaßt werden. Wieviel Meter Rahmenleiste ist erforderlich? Welche Wandfläche bedeckt das gerahmte Bild (L)?

5. Von einem Trapez sind der Flächeninhalt A, die Länge der Deckseite c und die der Höhe h bekannt. Wie groß ist die Grundseite? Ist die Gestalt des Trapezes eindeutig bestimmt? (Zeichnung!)

6. Wie groß sind die Flächeninhalte der in Abb. 2.46. dargestellten Vierecke, wenn jede Quadratseite 4 cm lang ist? Falls möglich, sind auch die Umfänge der Vierecke anzugeben. (L)

7. In einem Trapez ist $a = 3c = 5h$. Wie groß ist der Flächeninhalt, wenn $c = 15$ cm ist? (L)

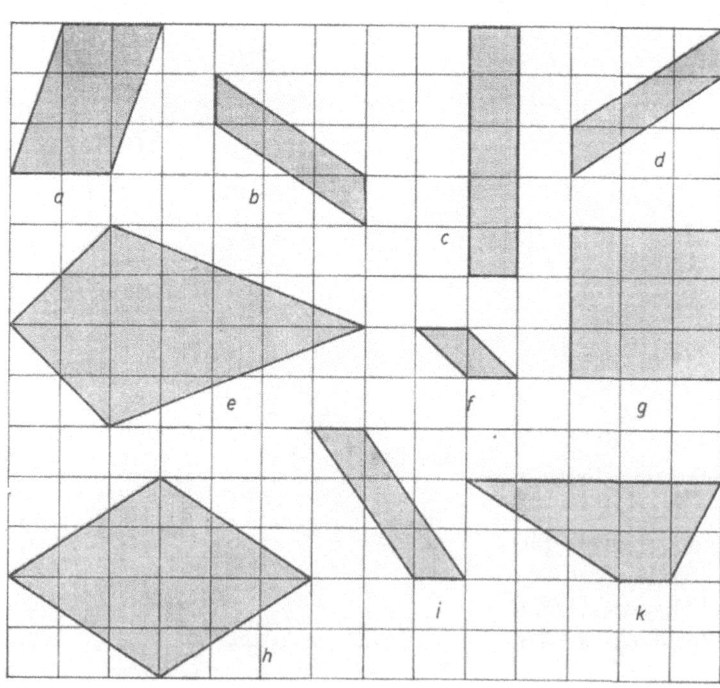

Abb. 2.46.

8. Welchen Flächeninhalt hat das Papierformat DIN A 4 mit den Abmessungen 210 mm und 297 mm? (L)

9. Der Flächeninhalt des Drachenvierecks mit den Diagonalenlängen 13,5 cm und 259 mm ist zu berechnen. (L)

2.4. Regelmäßige Vielecke

n Punkte einer Ebene, von denen nicht drei auf ein und derselben Geraden liegen bestimmen ein (ebenes) **n-Eck.** Es besitzt n Eckpunkte oder **Ecken,** n **Seiten** n Innenwinkel (kurz: **Winkel**), n **Außenwinkel** und $\frac{1}{2}n(n-3)$ **Diagonalen,** wenn darunter alle Verbindungsstrecken nicht benachbarter Punkte verstanden werden.

Die Anzahl der Diagonalen ergibt sich aus Abbildung 2.47. (Beispiel: Siebeneck): Von einer Ecke können offenbar nach allen Ecken außer nach der betreffenden Ecke selbst und nach den beiden Nachbarecken Diagonalen gezogen werden, das sind $n-3$ Stück. Das ist von jeder der n Ecken aus möglich, also $n(n-3)$ Stück. Dabei ist aber jede Diagonale zweimal gezählt worden, also $\frac{1}{2}n\,(n-3)$ Diagonalen.

Abbildung 2.47. zeigt weiter, daß das n-Eck in $(n-2)$ Dreiecke zerlegt werden kann.

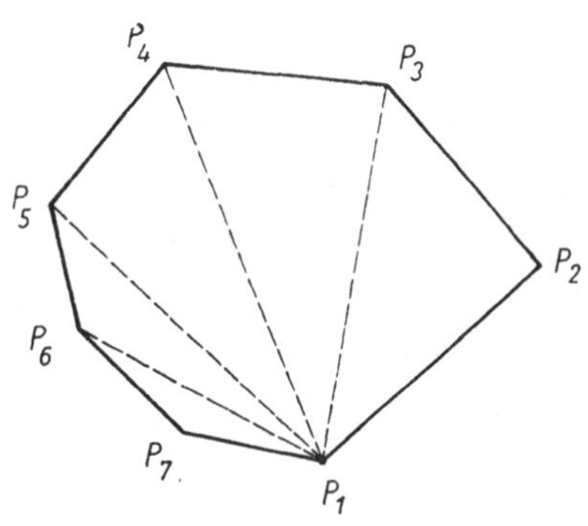

Abb. 2.47.

Daraus folgen die **Winkelsummensätze:**

▶ (1) **In jedem n-Eck beträgt die Summe der Größen der Innenwinkel $(n-2)$ 180°.**

▶ (2) **In jedem n-Eck beträgt die Summe der Größen der Außenwinkel 360°.**
(Beweis als Aufgabe 1.)

Haben alle Seiten und alle Winkel eines n-Ecks jeweils gleiche Größe, so heißt das Vieleck **regelmäßig.** (Das regelmäßige Dreieck ist daher das gleichseitige Dreieck, das regelmäßige Viereck das Quadrat.)

Jedes regelmäßige n-Eck besitzt einen **Mittelpunkt,** d. h. einen Punkt, der von allen Ecken und allen Seitenmittelpunkten gleich weit entfernt ist (Abb. 2.48.; Beispiel: regelmäßiges Fünfeck).

Um den Mittelpunkt läßt sich ein Kreis durch sämtliche Ecken zeichnen **(Umkreis)**

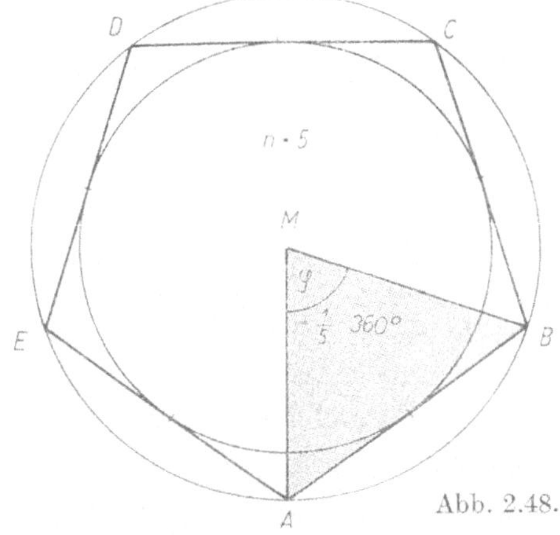

Abb. 2.48.

und ein zweiter durch sämtliche Seitenmittelpunkte **(Inkreis)**. Die Verbindungsstrecken von M zu den Ecken zerlegen das regelmäßige n-Eck in n gleiche, gleichschenklige Dreiecke **(Bestimmungsdreieck)**. Es gelten offenbar folgende **Sätze:**

▶ **(3) Das regelmäßige n-Eck besitzt eine n-fache Zentralsymmetrie; Symmetriezentrum ist der Mittelpunkt.**

▶ **(4) Der Winkel an der Spitze jedes Bestimmungsdreiecks beträgt $\frac{1}{n} \cdot 360°$.**

▶ **(5) Die Länge des Umfangs eines regelmäßigen n-Ecks ist das n-fache der Seitenlänge s:**

$$u_V = n \cdot s.$$

▶ **(6) Der Flächeninhalt eines regelmäßigen n-Ecks ist das n-fache des Flächeninhalts A_D eines Bestimmungsdreiecks:**

$$A_V = n \cdot A_D.$$

● **Aufgaben**

1. Satz (2) ist wie beim Dreieck und Viereck mit Hilfe der Supplementbeziehung zwischen Innen- und Außenwinkel herzuleiten.

2. Für $n = 3, 4, 5, 6, 7, 8$ sind die Größen der Winkel an der Spitze der Bestimmungsdreiecke für die jeweiligen regelmäßigen Vielecke zu berechnen.

3. Folgender Satz ist zu beweisen: Das Bestimmungsdreieck des regelmäßigen Sechsecks ist gleichseitig.

4. Mit Hilfe des in Aufgabe 3 genannten Satzes und des Umkreises ist ein regelmäßiges Sechseck zu konstruieren und der Inkreis einzuzeichnen.

5. Mit Hilfe des Umkreises ist ein Quadrat zu konstruieren und der Inkreis einzuzeichnen.

6. Mit Hilfe des Umkreises ist ein regelmäßiges Achteck zu konstruieren und der Inkreis einzuzeichnen.

2.5.   Kreis und Kreisteile

2.5.1. Grundlegende Begriffe

Beim Kreis sind **Kreisfläche** und **Kreislinie (Peripherie)** zu unterscheiden. Die Kreislinie ist die Menge derjenigen Punkte einer Ebene, die von einem Punkt dieser Ebene **(Mittelpunkt, Zentrum)** alle dieselbe Entfernung **(Radius, Halbmesser; halber Durchmesser)** haben.

Eine Gerade kann einen Kreis **meiden (Passante)**, **schneiden (Sekante)** oder **berühren (Tangente)**. Abbildung 2.49. zeigt: Die Tangente hat mit der Kreislinie den **Berührungspunkt** B gemeinsam. $\overline{MB}$ heißt **Berührungsradius.** Die Sekante teilt durch ihre beiden **Schnittpunkte** P_1 und P_2 mit der Kreislinie diese in zwei **Kreisbögen** $\overparen{P_1P_2}$ und

$\overset{\frown}{P_2 P_1}$, die Kreisfläche in zwei **Kreis-abschnitte** oder **-segmente** Sg_1 und Sg_2. Der innerhalb des Kreises gelegene Teil der Sekante $\overline{P_1 P_2}$ heißt **Sehne.** Wird M mit P_1 und P_2 verbunden, so entsteht das zum Bogen $\overset{\frown}{P_1 P_2}$, zur Sehne $\overline{P_1 P_2}$ und zum Segment Sg_1 gehörende, stets gleichschenklige **Mittelpunktdreieck** $\triangle_{\mathbf{M}}$. Sg_1 und $\triangle_{\mathbf{M}}$ zusammen ergeben den zugehörigen **Kreisausschnitt** oder **-sektor** $S_{\mathbf{K}}$. Verläuft die Sekante durch M, so wird die Sehne zum **Durchmesser** (größtmögliche Sehnenlänge), der Kreis wird in zwei **Halbkreise** geteilt und das Mittelpunktdreieck verschwindet.

Besondere Bedeutung haben folgende **Winkel am Kreis** (Abb. 2.50.):

Zum Bogen $\overset{\frown}{P_1 P_2}$ gehörender

Umfangs- oder **Peripheriewinkel:** α

Mittelpunkts- oder **Zentriwinkel:** β

Sehnentangentenwinkel: γ

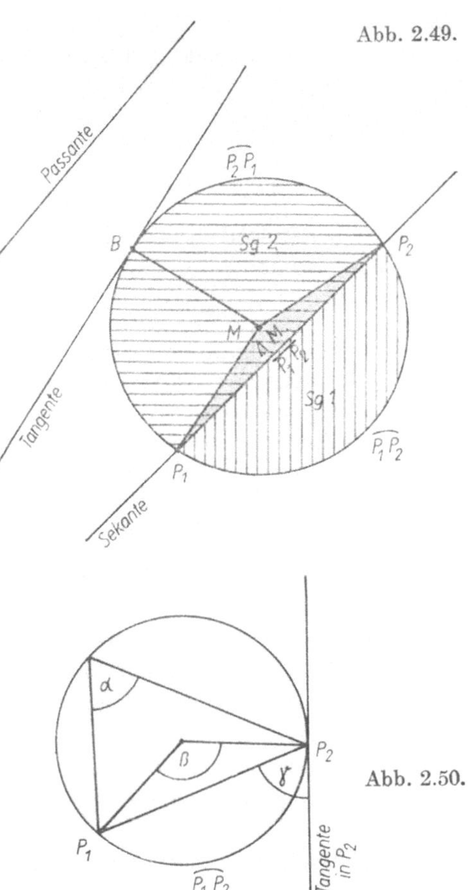

2.5.2. Kreissätze

a) Sätze zur Kreissehne

Der Kreis ist unbegrenzt **vielfach zentralsymmetrisch** (Symmetriezentrum: **Mittelpunkt**), aber auch unbegrenzt **vielfach achsensymmetrisch** (Symmetrieachse: jede Sekante durch den Mittelpunkt **[Zentrale]**).

Daraus ergeben sich folgende **Sätze:**

▶ **(1) Der zu einer Sehne senkrechte Durchmesser halbiert diese Sehne, den zugehörigen Bogen, Zentriwinkel und Sektor und das zugehörige Mittelpunktdreieck und Segment** (Abb. 2.51.):

$$\overline{P_1 Y} = \overline{P_2 Y}; \quad \overset{\frown}{P_1 X} = \overset{\frown}{P_2 X};$$
$$\sphericalangle P_1 M X = \sphericalangle P_2 M X.$$

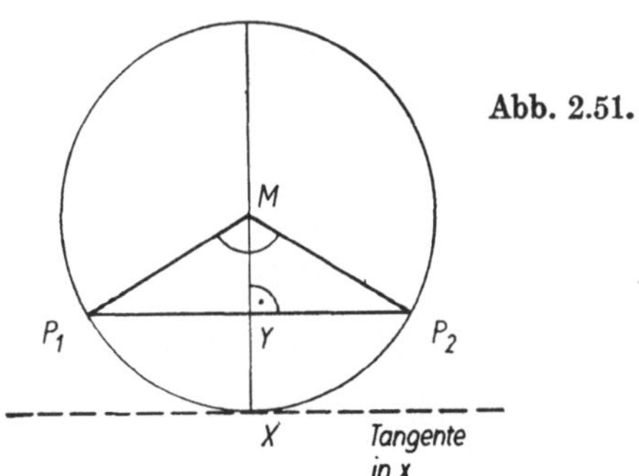

► **(2) In demselben Kreis gehören zu gleich langen Sehnen gleich große Sehnenabstände vom Mittelpunkt, gleich große Bögen, Zentriwinkel, Sektoren, Mittelpunktdreiecke und Segmente** (Abb. 2.52.):

$$\overline{P_1P_2} = \overline{Q_1Q_2}; \quad \overline{MY} = \overline{MZ};$$

$$\overset{\frown}{P_1P_2} = \overset{\frown}{Q_1Q_2}; \quad \sphericalangle P_1MP_2 = \sphericalangle Q_1MQ_2.$$

Kreise mit demselben Mittelpunkt, aber verschiedenen Radien heißen **konzentrische Kreise**. Für sie gilt:

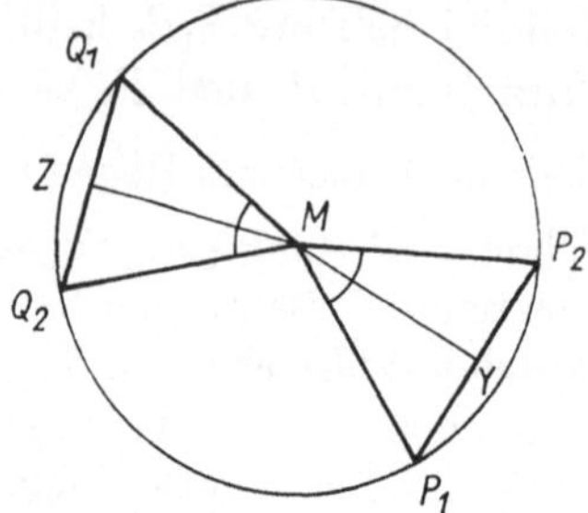

Abb. 2.52.

► **(3) In konzentrischen Kreisen gehören zu demselben Zentriwinkel verschieden große Sehnen und Sehnenabstände vom Mittelpunkt, verschieden große Bögen, Sektoren, Mittelpunktdreiecke und Segmente** (Abb. 2.53.).

$$\sphericalangle P_1MP_2 = \sphericalangle Q_1MQ_2; \quad \overline{P_1P_2} > \overline{Q_1Q_2};$$

$$\overline{MY} > \overline{MZ}; \quad \overset{\frown}{P_1P_2} > \overset{\frown}{Q_1Q_2}$$

(1) bleibt offenbar richtig, wenn die Sehne parallel verschoben wird und immer mehr nach X zu (Abb. 2.51.) wandert. Schließlich trifft die Sekante die Kreislinie nicht mehr in zwei Punkten P_1 und P_2, sondern nur noch in einem Punkt X: Sie ist zur **Tangente** geworden. Dann gilt:

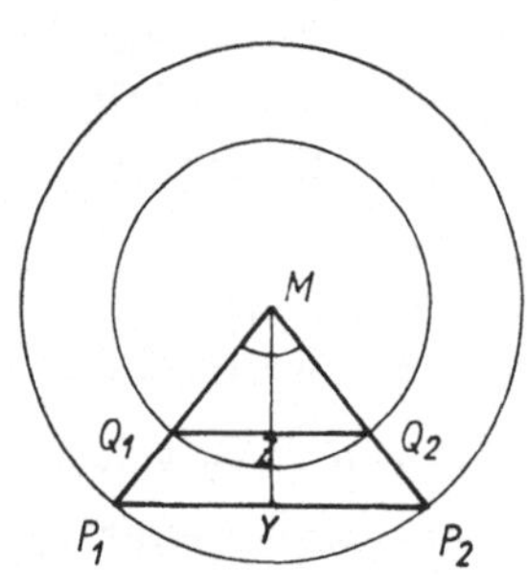

Abb. 2.53.

► **(4) Die Tangente steht senkrecht auf dem Berührungsradius.**

Dieser Satz ermöglicht eine einfache Konstruktion einer Tangente an einen gegebenen Kreis in einem gegebenen Peripheriepunkt (vgl. Aufgabe **1**).

b) Sätze über Winkel am Kreis

► **(5) Ein *Peripheriewinkel* ist halb so groß wie der zum gleichen Bogen gehörende Zentriwinkel.**

Beweis: Wegen der Gleichschenkligkeit der Dreiecke MP_1S und MP_2S gilt (Abb. 2.54.):

$$\sphericalangle P_1MS = 180° - 2\alpha_1$$

$$\sphericalangle P_2MS = 180° - 2\alpha_2$$

$$\beta = 360° - (180° - 2\alpha_1) - (180° - 2\alpha_2)$$

$$= 2(\alpha_1 + \alpha_2) = 2\alpha, \quad \text{w. z. b. w.}$$

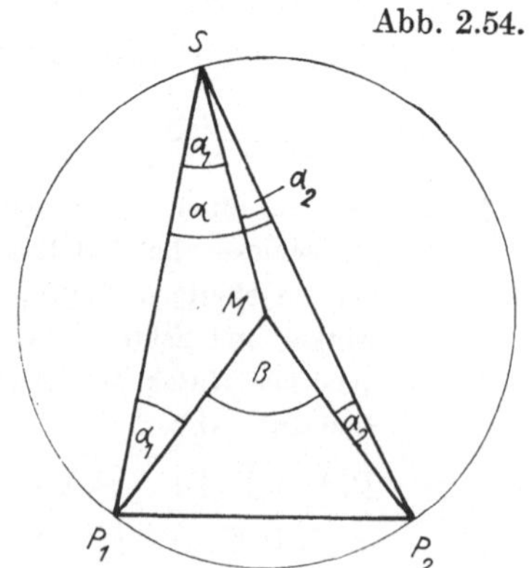

Abb. 2.54.

Aus **(5)** folgt sofort:

▶ **(6) Alle zu demselben Bogen gehörenden *Peripheriewinkel* sind gleich groß.**

▶ **(7) Die *Peripheriewinkel im Halbkreis* sind Rechte (*Satz des* THALES, Abb. 2.55.).**

Begründung: Der zum Halbkreis gehörende Zentriwinkel ist 180° groß.

Mit Hilfe des THALESkreises läßt sich leicht an einen gegebenen Kreis k von einem außerhalb gelegenen Punkt P das Tangentenpaar konstruieren (vgl. Aufgabe **5** und Abb. 2.56.).

▶ **(8) Der *Sehnentangentenwinkel* ist ebenso groß wie jeder zum gleichen Bogen gehörende Peripheriewinkel.**

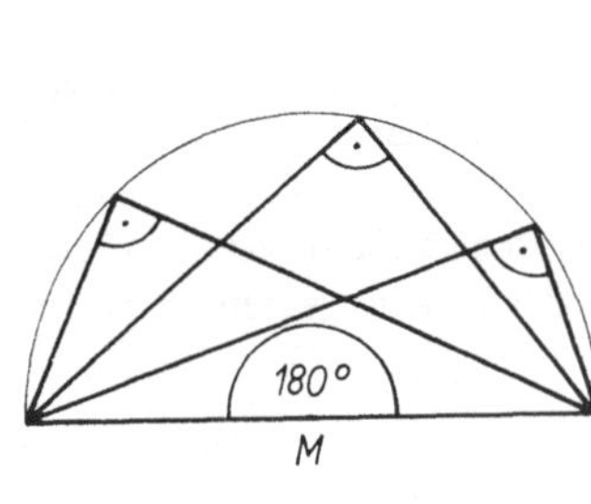
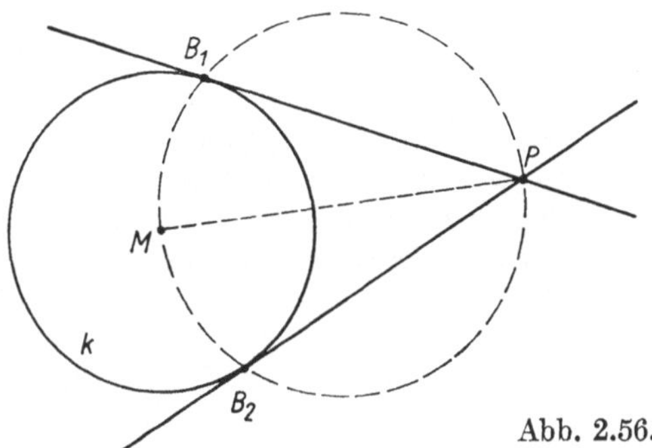

Abb. 2.55.   Abb. 2.56.

Beweis (Abb. 2.57.): Wird α so gelegt, daß sein Schenkel P_2S durch M verläuft, so gilt nach **(7)**:

$$\sphericalangle P_2P_1S = 90°, \quad \text{also} \quad \sphericalangle P_1P_2S = 90° - \alpha.$$

Andererseits sind nach **(4)** die Winkel zwischen Tangente und Durchmesser Rechte. Folglich:

$$\sphericalangle P_1P_2S = 90° - \gamma.$$

$$\text{Also:} \quad 90° - \alpha = 90° - \gamma; \quad \alpha = \gamma,$$

w. z. b. w.

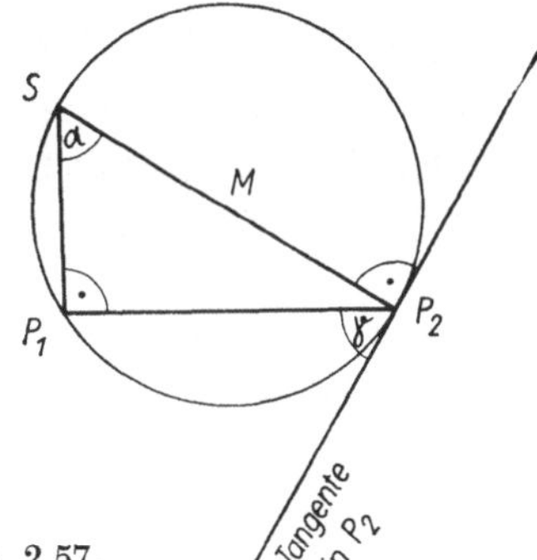

Abb. 2.57.

 **Aufgaben**

1. An einen gegebenen Kreis ist in einem gegebenen Peripheriepunkt die Tangente zu konstruieren.

2. Gegeben sind 2 Punkte. Es sind Kreise zu konstruieren, die durch diese Punkte gehen. Wo liegen ihre Mittelpunkte? (Satz **(1)** beachten!)

3. Es ist ein Kreis zu konstruieren, der durch 3 nicht auf ein und derselben Geraden liegende Punkte verläuft. (Aufgabe **2** beachten!)

4. Warum läßt sich um jedes beliebige Dreieck ein Umkreis legen? Wie wird der Mittelpunkt gefunden? (Aufgabe 3 beachten!) Die Konstruktion ist auszuführen für ein a) spitzwinkliges, b) stumpfwinkliges, c) rechtwinkliges Dreieck.

5. An einen gegebenen Kreis ist von einem außerhalb gelegenen Punkt das Tangentenpaar zu konstruieren. Der Konstruktionsgang (vgl. Abb. 2.56.) ist zu begründen.

6. Gegeben ist ein Kreis mit dem Radius 5 cm und die Größe der Peripheriewinkel mit a) 50°, b) 70°, c) 100°, d) 130°. In jedem Fall ist die zugehörige Sehne zu konstruieren und abzumessen. Was fällt beim Vergleich von a) und d) in bezug auf die zugehörigen Sehnen und Kreisbögen auf?

7. Zu jeder Sehne gibt es 2 Kreisbögen, also auch 2 Zentriwinkel, 2 Sehnentangentenwinkel und 2 Mengen von Peripheriewinkeln. Welche allgemeingültige Aussage läßt sich über jedes diese drei Winkelpaare machen? (An Zeichnungen veranschaulichen!)

8. Gegeben sind zwei einander schneidende Geraden. Es sind alle Kreise mit dem Radius von 3 cm Größe zu zeichnen, die zugleich beide Geraden berühren.

9. Ein Riementrieb läuft a) offen, b) gekreuzt über Rollen von 8 cm bzw. 6 cm Durchmesser, deren Mittelpunkte einen Abstand von 10 cm haben. Für jeden Fall ist die Länge des gestreckten Riementeils durch Konstruktion zu bestimmen.
Anleitung: Es handelt sich um die Aufgabe, die gemeinsamen äußeren bzw. inneren Tangenten an zwei Kreise zu konstruieren. Das ist mit parallelen Hilfstangenten an Hilfskreise mit den Radien $(R - r)$ bzw. $(R + r)$ möglich (Abb. 2.58.).

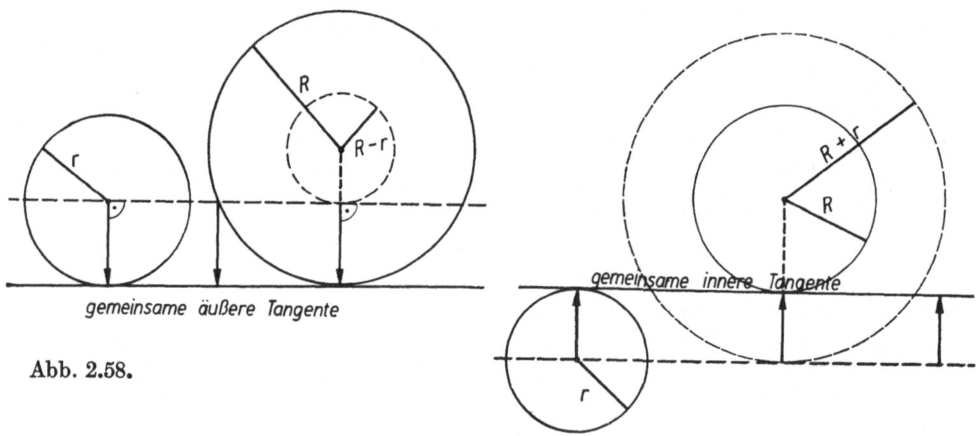

Abb. 2.58.

2.5.3. Umfang und Flächeninhalt des Kreises

Umfang und Flächeninhalt können nicht mit elementaren Mitteln und niemals genau bestimmt werden. Wohl aber können beide mit jeder beliebigen Genauigkeit angenähert werden. Dazu gibt es mehrere Wege, z.B.

A. **Mechanische Methode:** Um einen Zylinder mit möglichst genau kreisförmigem Querschnitt wird ein Faden mehrfach aufgewickelt und nach dem Abspulen wird seine Länge vermessen. Daraus läßt sich eine Näherung für die Größe des Kreisumfangs angeben.

Zur Bestimmung der Größe der Kreisfläche wird ein Kreis auf ein möglichst enges Quadratraster (z.B. Millimeterpapier) gezeichnet und durch Kästchenabzählen und Schätzen der Kästchenteile ein Näherungswert für den Kreisflächeninhalt ermittelt.

B. **Mathematische Methode:** In und um den Kreis wird je ein regelmäßiges Vieleck gezeichnet, dessen Umfänge und Flächeninhalte mit elementaren Mitteln als Vielfache des Radius r berechnet werden können (Abb. 2.59.; Beispiel: Regelmäßiges Sechseck).

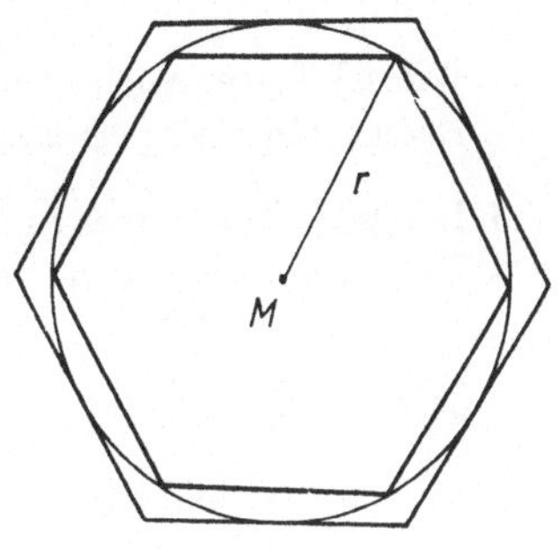

Abb. 2.59.

Die Größe des Kreisumfangs bzw. der Kreisfläche liegt offenbar jeweils zwischen den für das ein- und das umbeschriebene Vieleck ermittelten Größen. Wird die Eckenzahl der Vielecke vergrößert (z.B. verdoppelt, vervierfacht, verachtfacht usw.), so schmiegen sich die Vielecke immer enger an den Kreis an und die Unterschiede zwischen ihren Größen für Umfang und Flächeninhalt werden immer geringer, so daß eine Abschätzung der dazwischen liegenden Werte für Kreisumfang und -flächeninhalt möglich ist.

Auf solche Weise ergibt sich, daß die **Größe des Kreisumfangs** ein **Vielfaches des Durchmessers,** der **Flächeninhalt** ein **Vielfaches des Quadrates des Radius** ist, und daß der **Vervielfacher** in beiden Fällen **der gleiche** ist. Er läßt sich zahlenmäßig nie genau angeben, sondern (siehe oben) nur mit beliebiger Genauigkeit annähern. Er wird deshalb durch das Buchstabensymbol π (pi; griech. p — Peripherie) dargestellt, und es folgen die **Sätze:**

▶ (9) **Die Länge des Umfangs des Kreises mit dem Durchmesser** $d = 2r$ **beträgt**

$$u_{\mathrm{Kr}} = \pi d.$$

▶ (10) **Der Flächeninhalt des Kreises mit dem Radius** r **beträgt**

$$A_{\mathrm{Kr}} = \pi r^2.$$

Dabei ist: $\pi = 3{,}141\,592\,653\,589\,793\ldots \approx 3{,}1416 \approx 3{,}14 \approx \frac{22}{7} \approx 3.$

Je nach der erforderlichen Genauigkeit wird π mit einer größeren oder kleineren Dezimalstellenzahl verwendet.

● **Aufgaben**

1. Umfang und Flächeninhalt folgender Kreise sind zu berechnen:
   a) $d = 0{,}24$ m, **b)** $r = 83$ cm, **c)** $d = 6{,}5$ cm, **d)** $r = 3200$ m. (L)

2. Der Durchmesser des Triebrades einer Lok mißt 1,75 m. Wie oft dreht sich das Rad auf einer Fahrstrecke von 95 km Länge? (L)

3. Wie groß sind Durchmesser und Radius eines Kreises, dessen Peripherie eine Länge von 84,8 cm hat? (L)

4. Wieviel Tulpenzwiebeln pflanzt ein Gärtner auf den Rand eines kreisförmigen Beetes vom Radius 3 m bei 12 cm Zwiebelabstand? (L)

5. Der große Zeiger einer Armbanduhr ist 11 mm lang. Welchen Weg legt die Spitze **a)** an einem Tag, **b)** in einer Woche zurück? (L)

6. Wie groß ist der Flächeninhalt eines Kreises vom Umfang
a) 1,57 m, **b)** 56,6 cm, **c)** 345,60 m? (L)

7. Ein Quadrat und ein Kreis haben den gleichen Umfang von 110 cm. Welche Figur hat den größeren Flächeninhalt? (L)

8. Aus einer quadratischen Holzplatte mit der Seitenlänge 89 cm wird die größtmögliche kreisförmige Tischplatte ausgeschnitten. Wieviel Prozent beträgt der Abfall? (L)

9. Wie groß ist der Flächeninhalt eines Kreisrings mit den Radien **a)** 9 cm und 7 cm, **b)** 1,6 cm und 1,9 cm? (L)

10. Ein Rohr hat einen äußeren Durchmesser von 11,5 cm und eine Wandstärke von 1,5 cm. Wie groß sind die lichte Weite und der Flächeninhalt des Querschnitts? (L)

11. Wie groß ist der Blechbedarf für 20 kreisförmige Scheiben von 27 mm Durchmesser, wenn der Verschnitt 25% beträgt? (L)

12. Wie groß ist die Umfangsgeschwindigkeit eines Schwungrades von 3 m Durchmesser in m/s, das in der Minute 85 Umdrehungen macht? (L)

13. Wie groß sind Umfang und Flächeninhalt des Einheitskreises, d.h. des Kreises mit dem Radius 1 cm? (L)

14. Wie breit muß das Blech für ein Ofenrohr mit 15 cm lichter Weite geschnitten werden, wenn 3 cm für den Falz zugegeben werden müssen? (L)

15. Wievielmal so groß werden Umfang und Querschnittsfläche eines Rundstahls, wenn der Durchmesser verdoppelt wird? (L)

16. Eine Welle mit dem Durchmesser 100 mm soll so abgedreht werden, daß die Querschnittsfläche um 16% kleiner wird. Neuer Durchmesser? (L)

2.5.4. Größe von Kreisteilen

Zwischen Zentriwinkeln, Bögen und Sektoren eines Kreises besteht Proportionalität. Infolgedessen lassen sich unter Verwendung von Peripherielänge (πd) als „Kreisbogen", Vollkreisflächeninhalt (πr^2) als „Kreissektor" und Vollwinkel (360°) als „Zentriwinkel" für einen Kreisbogen b bzw. einen Kreissektor A_{SK} mit dem Zentriwinkel β folgende Proportionen aufstellen:

$$b : \beta = \pi d : 360° \qquad \text{und} \qquad A_{SK} : \beta = \pi r^2 : 360°$$

Daraus folgen die **Sätze:**

▶ **(11)** Die Länge des zum Zentriwinkel β gehörenden *Kreisbogens* im Kreis mit dem Durchmesser d beträgt

$$b = \pi \cdot \frac{\beta}{360°} \cdot d.$$

▶ **(12)** Der Flächeninhalt des zum Zentriwinkel β gehörenden *Kreissektors* im Kreis mit dem Radius r beträgt

$$A_{\mathrm{SK}} = \pi \cdot \frac{\beta}{360°} \cdot r^2.$$

Der Flächeninhalt des **Kreissegments** wird als Differenz aus den Flächeninhalten des Kreissektors und des Mittelpunktdreiecks bestimmt. (Die Berechnung des Flächeninhalts des letzteren aus dem Zentriwinkel β und dem Radius erfordert im allgemeinen Methoden der Trigonometrie.)

● **Aufgaben**

1. Wie lang sind die Kreisbögen und wie groß sind die Flächeninhalte der Kreissektoren für
   a) $r = 25$ cm; $\beta = 60°$, **b)** $r = 40$ cm, $\beta = 112°$? (L)

2. Es ist der Flächeninhalt des Kreissektors aus
   a) $r = 65$ cm; $b = 88$ cm **b)** $d = 1,24$ m; $b = 57$ cm
   zu berechnen. (L)

3. Ein Kraftwagen biegt an einer rechtwinkligen Straßenkreuzung ein. Dabei bewegt sich das innere Hinterrad auf einem Kreisbogen mit dem Radius $r = 3,5$ m. Die Spurweite des Wagens beträgt 1,20 m. Wie groß ist die Differenz zwischen den Wegen der beiden Hinterräder während des Durchfahrens der Kurve? (L)

4. Ein Eisenbahngleis beschreibt einen 540 m langen Bogen bei einem Krümmungsradius von der Länge 600 m (beides bezogen auf die Gleismitte). Wie groß ist der Zentriwinkel? (L)

5. Für einen Ventilator sind Flügel in Form von Kreissektoren mit der Bogenlänge 66 mm und dem Zentriwinkel 21° anzufertigen. Welchen Durchmesser hat das Flügelrad? (L)

6. Für eine Torbogenöffnung (Abb. 2.60.) sind vorgegeben:
   $s = 3,8$ m $r = 2,76$ m $h_1 = 3,96$ m $h_2 = 3,2$ m $\alpha = 87°$
   Es sind die Länge des Bogens b und der Flächeninhalt der gesamten Toröffnung zu berechnen. (L)

7. Wie groß ist der Flächeninhalt eines Ausschnitts aus einem Kreisring, dessen äußerer Durchmesser 3 m beträgt und dessen Ringbreite 0,3 m mißt, wenn der Zentriwinkel des Ausschnitts 60° groß ist? (L)

Abb. 2.60.

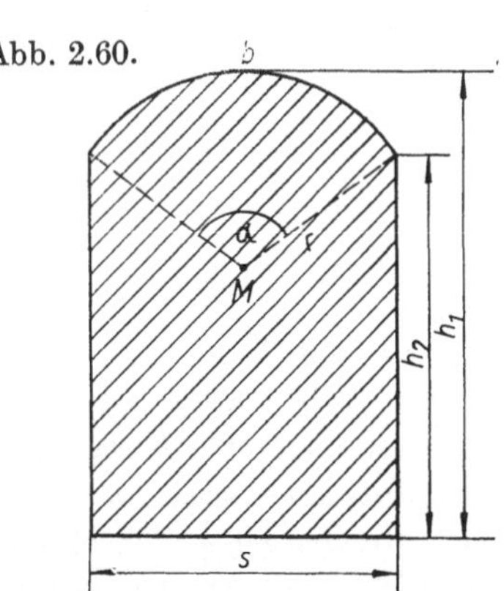

8. Wie groß ist der Zentriwinkel des Sektors, dessen Umfang (Bogen + 2 Radien) gleiche Größe wie die Peripherie hat? (L)

9. Wie lang muß eine Blechtafel sein, aus der 5 m Wellblech hergestellt werden sollen, dessen Querschnitt aus Halbkreisen mit einem Durchmesser von 10 cm besteht? (L)

2.6. Geometrische Verwandtschaften

2.6.1. Grundlegende Begriffe

Während bisher einzelne Figuren in bezug auf ihre Besonderheiten betrachtet wurden, sollen jetzt Mengen von solchen Figuren untersucht werden, die durch gewisse Prozesse ineinander verwandelt werden können, wobei eine Anzahl von Eigenschaften erhalten bleibt. Ein solcher Prozeß ist z.B. die nach bestimmten Gesetzen vorzunehmende **Abbildung** einer Figur (Original, **Urbild**) in eine andere **(Bild)**. Technisch kann dieser Prozeß durch **Projektion** eines entsprechenden Objektes mit Hilfe von Lichtstrahlen auf einen Bildschirm realisiert werden. Je nach dem Verlauf der Lichtstrahlen und der Lage des Objektes (z.B. Diapositiv) zur Bildebene (Projektionsschirm) entstehen aus demselben Urbild ganz verschieden gestaltete Bilder. Im folgenden interessieren die Besonderheiten der Bildmengen, die aus einem Urbild entstehen, wenn die Ebenen, in denen Urbild und Bild liegen, parallel liegen und die **Projektionsstrahlen** entweder **zentral** (Abb. 2.61.) oder **parallel** (Abb. 2.62.) verlaufen.

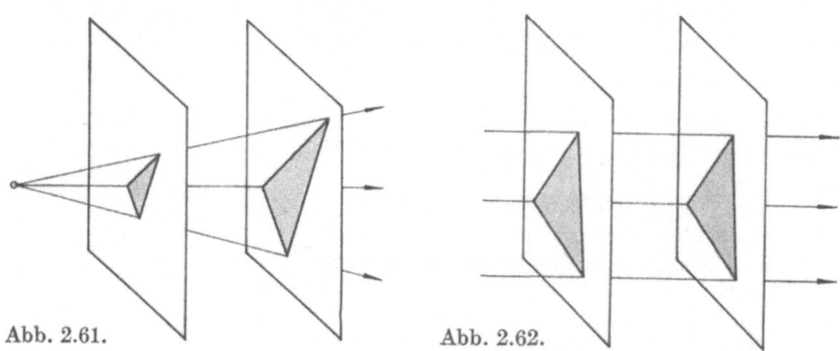

Abb. 2.61.   Abb. 2.62.

Die Figurenmengen, die hierbei entstehen, heißen **geometrisch verwandt.** Die Abbildung 2.61. zugrunde liegende Verwandtschaft heißt **Ähnlichkeit,** die Abbildung 2.62. zugrunde liegende **Kongruenz.**

Von Interesse sind im folgenden auch Mengen von Figuren, die — ohne Rücksicht auf ihre Gestalt — denselben Flächeninhalt aufweisen. In diesem Fall wird von der **Gleichheit** der Figuren gesprochen.

2.6.2. Ähnlichkeit

a) Allgemeine Eigenschaften ähnlicher Figuren

Aus der Abbildung ähnlicher Figuren durch ein Zentralstrahlenbündel (Abb. 2.61.) folgt als **Definition:**

▶ **(1) Zwei Vielecke gleicher Eckenzahl sind ähnlich (äquiform; Symbol $\sim$), wenn sämtliche einander entsprechenden Winkel jeweils gleich groß sind.**

„Sämtliche Winkel" bedeutet, daß z. B. bei zwei ähnlichen Vierecken die gleiche Größe nicht nur bei entsprechenden Innen- und Außenwinkeln, sondern u. a. auch bei allen von den Diagonalen gebildeten Winkeln vorliegen muß.

Werden z. B. zwei in diesem Sinne ähnliche Dreiecke ABC und $A'B'C'$ mit zwei entsprechenden Innenwinkeln aufeinander gelegt (Abb. 2.63.), so folgt wegen $\beta = \beta'$,

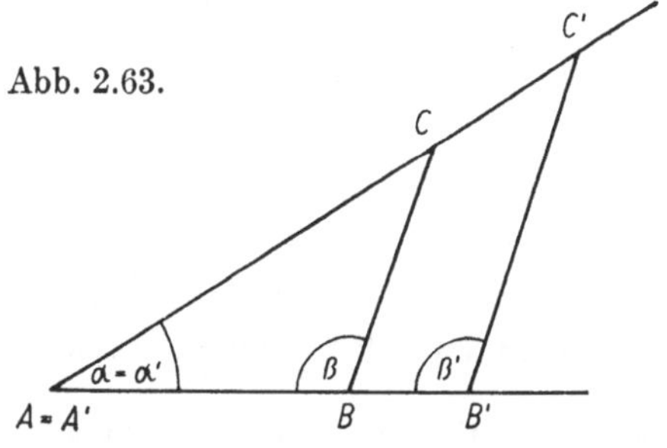

Abb. 2.63.

daß $\overline{BC} = a$ und $\overline{BC'} = a'$ parallel verlaufen und $\overline{AB} = c$ in demselben Verhältnis zu $\overline{A'B'} = c'$ vergrößert ist wie $\overline{AC} = b$ zu $\overline{A'C'} = b'$. Das läßt sich genau so für a und a' zeigen, wenn die Dreiecke mit dem Winkel $\beta = \beta'$ aufeinander gelegt werden, und ebenso für alle anderen Strecken (Höhen, Winkelhalbierenden usw.; bei n-Ecken mit $n > 3$ auch für die Diagonalen usw.). Es gilt also:

▶ **(2) In ähnlichen Vielecken stehen entsprechende Strecken stets in demselben Verhältnis. Es heißt das *Ähnlichkeitsverhältnis k* beider Figuren:**

$$a' : a = b' : b = c' : c = \cdots = k$$

Nach den Proportionsgesetzen folgt aus $a : a' = b : b'$ sofort $a : b = a' : b'$. Das bedeutet:

▶ **(3) In ähnlichen Vielecken stehen irgendzwei Strecken der einen Figur in demselben Verhältnis wie die entsprechenden Strecken der anderen:**

$$a : b : c : \cdots = a' : b' : c' : \cdots$$

Die Ähnlichkeit zweier Vielecke kann also statt durch die Übereinstimmung der Größen entsprechender Winkel auch durch die Proportionalität entsprechender Strecken erklärt und definiert werden.

● **Aufgaben**

1. Es sind zwei ähnliche Dreiecke mit den Winkeln $\alpha = 50°$; $\beta = 100°$; $\gamma = \ldots$ zu zeichnen, bei denen entsprechende Strecken im Verhältnis $1 : 2$ stehen.

2. Es sind zwei ähnliche regelmäßige Sechsecke mit dem Ähnlichkeitsverhältnis $k = 3 : 2$ zu konstruieren.

3. Es ist zu zeigen, daß zwei Vierecke, die nur in entsprechenden Innenwinkeln übereinstimmen, nicht ähnlich zu sein brauchen, d.h. daß deren entsprechende Strecken nicht in demselben Verhältnis zu stehen brauchen.

4. Alle Kreise sind ähnlich. Es sind zwei Kreise mit dem Ähnlichkeitsverhältnis $k = 4 : 3$ zu zeichnen.

b) Ähnlichkeitskriterien für Dreiecke

Um die Ähnlichkeit zweier Figuren zu gewährleisten, ist es nicht nötig, die Gleichheit sämtlicher einander entsprechenden Winkel und die Konstanz des Ähnlichkeitsverhältnisses für sämtliche einander entsprechenden Strecken zu überprüfen. Bei **Dreiecken** z.B. genügt es bereits, wenn zwei bestimmte Übereinstimmungen nachgewiesen sind, um die Ähnlichkeit beider Figuren zu sichern.

Die in Frage kommenden Übereinstimmungen werden als sogenannte **Ähnlichkeitskriterien** oder **Ähnlichkeitssätze** wie folgt formuliert.

▶   **(4) Dreiecke sind ähnlich, wenn sie übereinstimmen**

        a) in zwei Winkeln, oder

        b) in zwei Seitenverhältnissen, oder

        c) in einem Seitenverhältnis und dem eingeschlossenen Winkel, oder

        d) in einem Seitenverhältnis und dem der größeren der ins Verhältnis gesetzten Seiten gegenüberliegenden Winkel.

Um die Richtigkeit dieser vier Sätze zu beweisen, muß gezeigt werden, daß durch die gegebenen Bedingungen jeweils alle Dreieckswinkel (Winkel an Diagonalen entfallen beim Dreieck!) eindeutig festliegen. Dann ist nach Satz **(1)** die Ähnlichkeit gewährleistet.

Zu 4a) Gilt für die Dreiecke ABC und $A'B'C'$ $\alpha = \alpha'$ und $\beta = \beta'$, so ist $\gamma = 180° - \alpha - \beta$ und $\gamma' = 180° - \alpha' - \beta'$, also auch $\gamma = \gamma'$.

Zu 4b) Anschaulich läßt sich die Übereinstimmung der Winkel dadurch zeigen, daß zu einem Dreieck ABC ein zweites $A'B'C'$ mit Hilfe der Seiten konstruiert wird, wobei lediglich die Gleichheit der Seitenverhältnisse, also $a : b : c = a' : b' : c'$, beachtet wird, und daß dann die Gleichheit der Größen entsprechender Winkel durch Ausmessen bestätigt wird.
Um aus den Seiten a, b, c des ersten Dreiecks die drei Seiten a', b', c' für das zweite Dreieck zu finden, die im gleichen Verhältnis stehen, ist es nötig, die entsprechenden Strecken unter Beibehaltung der Maßzahlen mit einer anderen Maßeinheit (e' statt e) zu konstruieren. In Abb. 2.64. geschieht das für $a = 2e$, $b = 3e$, $c = 4e$ mit $a' = 2e'$, $b' = 3e'$, $c' = 4e'$. Das bedeutet letztlich, daß die beiden Dreiecke das Ähnlichkeitsverhältnis $k = e' : e$ besitzen.

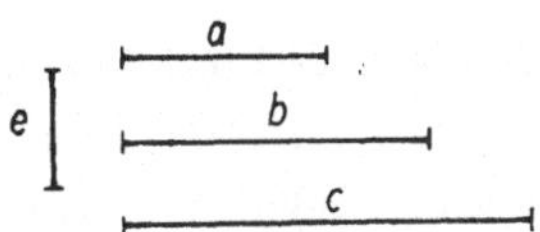 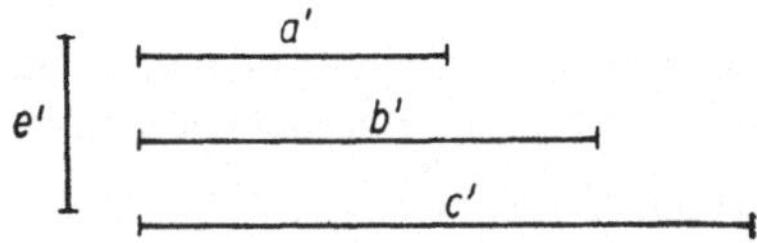

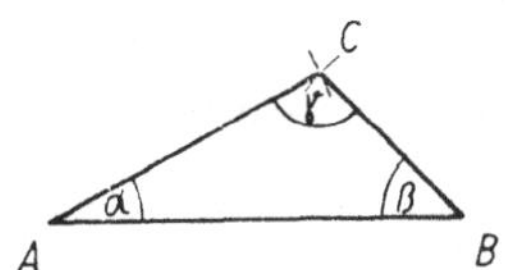 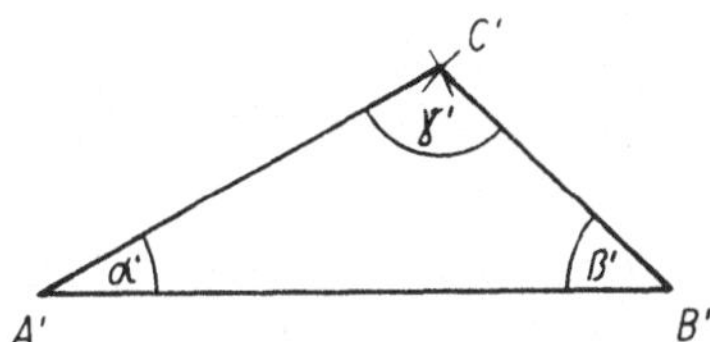

Abb. 2.64.

Konstruktionsgang: $c = \overline{AB}$ zeichnen. Um A mit b und um B mit a Kreisbögen schlagen. Ihren Schnittpunkt C mit A und B verbinden. (Bei $A'B'C'$ entsprechende Konstruktion.) Dann Winkel ausmessen und vergleichen.

Ein *Beweis* kann *indirekt* geführt werden. Angenommen, es ergäbe sich zum Ausgangsdreieck ABC nicht das Dreieck $A'B'C'$ mit $\alpha = \alpha'$, sondern ein Dreieck $A'B'C_1$ mit $\alpha_1 \neq \alpha$ (Abb. 2.65.), in dem $\overline{A'C_1} = b_1$ und $\overline{B'C_1} = a_1$ seien. Dann gilt nach den vorausgesetzten Bedingungen sowohl $a : a' = b : b' = c : c'$ für das Dreieck $A'B'C'$ als auch $a : a_1 = b : b_1 = c : c'$ für das Dreieck $A'B'C_1$. Wegen $c : c' = c : c'$ muß dann $a : a' = a : a_1$ und $b : b' = b : a_1$ gelten, was nur für $a' = a_1$ und $b' = b_1$ möglich ist, d. h. C_1 muß mit C' zusammenfallen, die Dreiecke $A'B'C'$ und $A'B'C_1$ müssen also identisch sein. Ein anderer Winkel α_1 kann sich also nicht ergeben. (Für die Winkel β' und γ' läßt sich dasselbe zeigen.)

Zu **4c)** *und* **4d)** vgl. Aufgabe 1 bis 5.

Abb. 2.65.

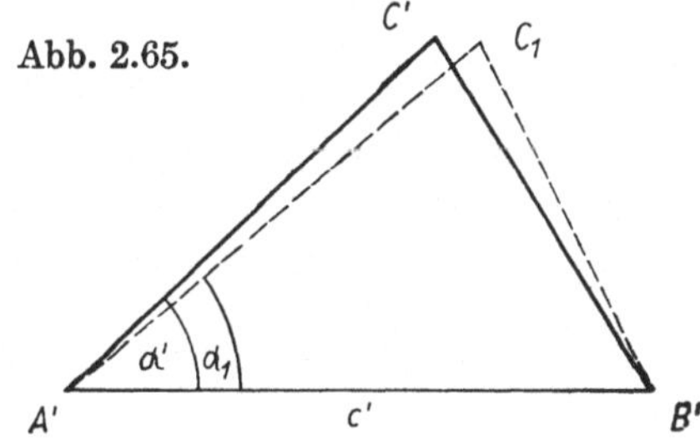

Aufgaben

1. Zu einem Dreieck ABC ist ein ähnliches $A'B'C'$ zu konstruieren, wenn $\alpha' = \alpha$ und die Seiten b' und c' unter Beachtung der Verhältnisgleichheit $b' : c' = b : c$ zur Konstruktion benutzt werden ($k = e' : e = 3 : 4$). Ergibt sich dann auch $\beta = \beta'$ und $\gamma = \gamma'$ (Satz 4c)?

2. Zu einem Dreieck mit den Seiten $a = 2$ cm, $b = 3$ cm, $c = 4$ cm (also $e = 1$ cm) ist ein ähnliches zu konstruieren, wenn zur Konstruktion $\gamma' = \gamma$ und die Seiten a' und c' unter Beachtung der Verhältnisgleichheit $a' : c' = a : c$ benutzt werden ($k = e' : e = 4 : 3$). Ergibt sich eindeutig ein Dreieck mit $\alpha' = \alpha$ und $\beta' = \beta$ (Satz 4d)?

Anleitung: Mit $\overline{B'C'} = a' = k \cdot a$ beginnen; $\gamma' = \gamma$ an $\overline{B'C'}$ in C' antragen, dann zur Festlegung von A' auf dem freien Schenkel von γ' um B' mit $c' = k \cdot c$ einen Kreisbogen schlagen.

3. Aufgabenstellung wie bei Aufgabe **2,** nur soll zur Konstruktion des Dreiecks $A'B'C'$ diesmal $\alpha' = \alpha$ (statt $\gamma' = \gamma$) verwendet werden.

Anleitung: Diesmal mit $\overline{A'B'} = c' = k \cdot c$ beginnen und zum Schluß einen Kreisbogen mit $a' = ka$ um B' schlagen. Wie viele Schnittpunkte gibt es diesmal auf dem freien Schenkel des Winkels α!? Worin liegt die Ursache dafür? (Vgl. Satz **4 d**).

4. Das Dreieck mit $a = 3$ cm. $b = 4$ cm, $c = 5$ cm ist in C rechtwinklig. Zu ihm ist ein ähnliches zu konstruieren nach der gleichen Aufgabenstellung wie bei **a)** Aufgabe **2, b)** Aufgabe **3.** Wie viele Lösungen gibt es in diesen Fällen? Welche Schwierigkeit entsteht bei **b)**?

5. Es ist zu begründen, inwiefern das Ähnlichkeitskriterium **4 d** nur bei Verwendung des Winkels, der der größeren der ins Verhältnis gesetzten Seiten gegenüberliegt, eindeutig ein ähnliches Dreieck festlegt.

6. Die Ähnlichkeitskriterien (**4**) gelten für beliebige Dreiecke. Für spezielle Dreiecksformen lassen sie sich vereinfachen. Es sind die Ähnlichkeitssätze (**4**) abzuwandeln für **a)** gleichschenklige, **b)** rechtwinklige Dreiecke.

7. Es sind Ähnlichkeitskriterien für **a)** Rechtecke, **b)** Rhomben aufzustellen.

8. Wie steht es mit Ähnlichkeitskriterien für **a)** gleichseitige Dreiecke, **b)** Quadrate?

c) Ähnliche Figuren in Ähnlichkeitslage

Wird die räumliche Erklärung der Ähnlichkeit (Abb. 2.61.) in die Ebene übertragen, so ergibt sich folgender **Satz:**

▶ **(5) Ähnliche Figuren können stets so gelegt werden, daß**

    a) entsprechende Punkte auf Strahlen (*Ähnlichkeitsstrahlen*) liegen, die von einem gemeinsamen Punkt P (*Ähnlichkeitspunkt*) ausgehen, und

    b) entsprechende Seiten parallel zueinander verlaufen.

So gelegene ähnliche Figuren heißen **Figuren in Ähnlichkeitslage.**

Der Ähnlichkeitspunkt kann dabei außerhalb der Verbindungsstrecke $\overline{AA'}$ entsprechender Punkte A und A' liegen (**äußerer Ähnlichkeitspunkt** P_a; Abb. 2.66.) oder innerhalb von $\overline{AA'}$ (**innerer Ähnlichkeitspunkt** P_i; Abb. 2.67.) oder mit einem Rand- oder Eckpunkt beider Figuren zusammenfallen ($P = A = A'$; Abb. 2.68.).

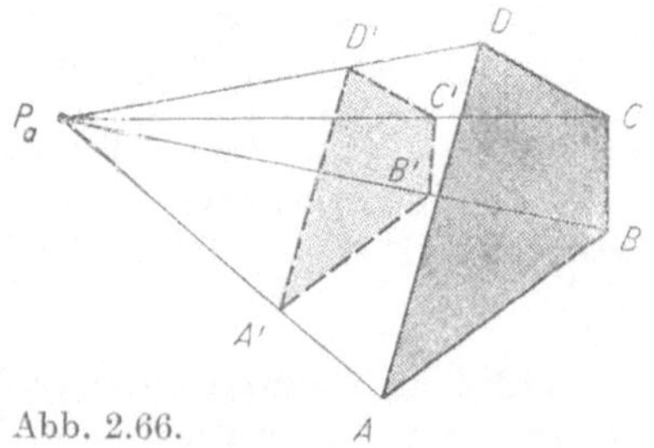

Abb. 2.66.

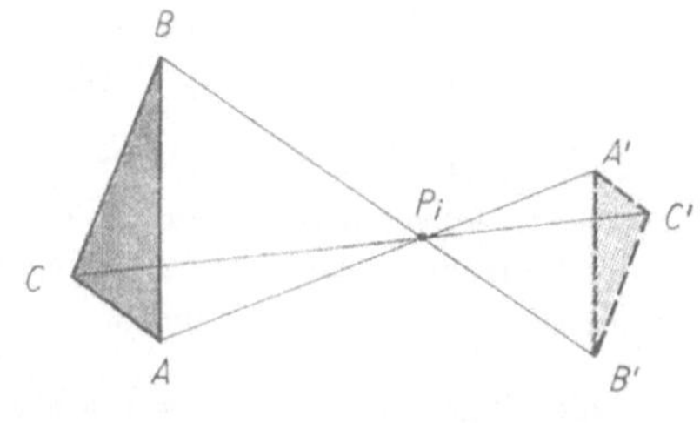

Abb. 2.67.

Besonders die zuletzt gezeigte Lage ist für die Konstruktion ähnlicher Vielecke sehr geeignet.

Daß tatsächlich ähnliche Figuren stets in Ähnlichkeitslage zueinander gebracht werden können und umgekehrt Figuren in solcher Lage stets ähnlich sind, folgt daraus, daß z.B. in Abbildung 2.66. die Gleichheit der Winkel $P_a A D$ und $P_a A' D'$ die Parallelität von $\overline{AD}$ und $\overline{A'D'}$ nach sich zieht und umgekehrt (Stufenwinkel an Parallelen).

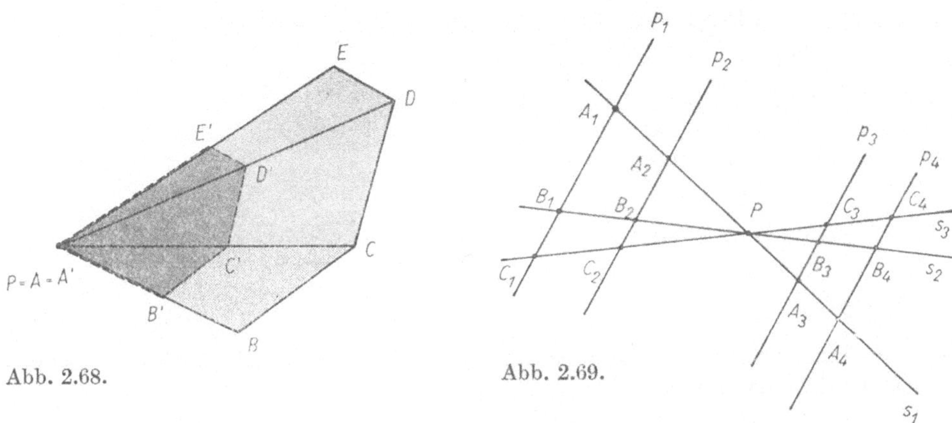

Abb. 2.68.

Abb. 2.69.

Das läßt sich für alle anderen Winkel im Vieleck entsprechend zeigen, womit Satz **(5)** bewiesen ist.

Das hat aber weiter zur Folge, daß z.B. in Abbildung 2.68.

$$\triangle PBC \sim \triangle PB'C' \quad \text{und damit} \quad \overline{BC} : \overline{B'C'} = \overline{PB} : \overline{PB'} = \overline{PC} : \overline{PC'}.$$

Diese Beziehung zwischen den Abschnitten auf den Ähnlichkeitsstrahlen und den Seiten der ähnlichen Vielecke wird in allgemeinerer Form meist als **Strahlensatz** bezeichnet (Abb. 2.69.).

▶ **(6) Wird ein Strahlenbüschel[1] von einer Parallelenschar geschnitten, so stehen**

    a) **irgendwelche Abschnitte auf einem Strahl in demselben Verhältnis wie die entsprechenden Abschnitte auf einem anderen Strahl,**

    b) **irgendwelche Abschnitte auf einer Parallelen in demselben Verhältnis wie die entsprechenden Abschnitte auf einer anderen Parallelen,**

    c) **entsprechende Abschnitte auf verschiedenen Parallelen in demselben Verhältnis wie die vom Strahlenschnittpunkt aus bis zu den jeweiligen Parallelen gemessenen Abschnitte irgendeines Strahls.**

● **Aufgaben**

1. Der Strahlensatz ist in allen 3 Teilen anhand von Abbildung 2.69. in Proportionen zu formulieren. (Beispiel zu **6 a**): $\overline{A_1 A_2} : \overline{A_1 A_4} : \overline{A_2 A_3} = \overline{C_1 C_2} : \overline{C_1 C_4} : \overline{C_2 C_3}$).

[1] Eigentlich handelt es sich um ein Geradenbüschel.

2. Beim Konstruieren ähnlicher regelmäßiger Vielecke wird der Ähnlichkeitspunkt zweckmäßig in den Mittelpunkt gelegt. Es ist in dieser Weise je zu einem gegebenen regelmäßigen n-Eck ein im Verhältnis $k = 3 : 1$ vergrößertes für $n = 3, 4, 6, 8$ zu konstruieren.

3. Mit Hilfe des Strahlensatzes ist folgender Satz zu beweisen: Wird in einem Dreieck durch den Mittelpunkt einer Seite die Parallele zu einer zweiten gezogen, so halbiert sie die dritte Seite und ist halb so lang wie die zweite (Fachbezeichnung: **Mittelparallele**).

4. Auch das Trapez besitzt eine Mittelparallele. Ihre Länge ist durch die Längen der beiden Parallelseiten auszudrücken. (L)

5. Mit Hilfe des Strahlensatzes ist folgender Satz zu beweisen: Im Dreieck teilt der Schnittpunkt der Seitenhalbierenden jede von ihnen im Verhältnis $1 : 2$.

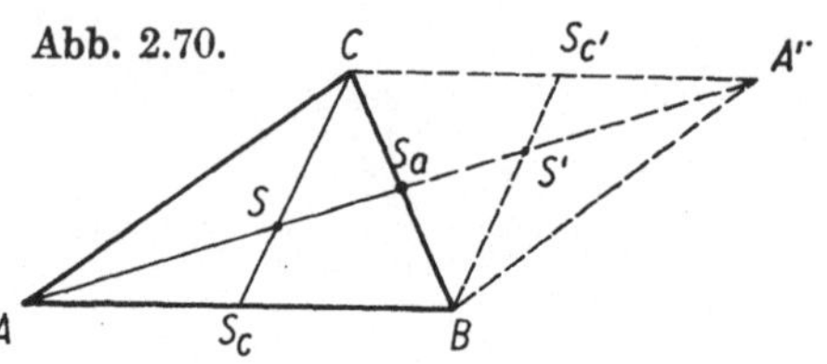
Abb. 2.70.

Anleitung: Dreieck ABC wie in Abbildung 2.70. zu einem Parallelogramm ergänzen ($\overline{SS'} = \overline{SA}$; $\overline{SS_a} = \overline{S'S_a}$).

6. In welchem Verhältnis stehen **a)** die Umfänge, **b)** die Flächeninhalte ähnlicher Dreiecke mit dem Ähnlichkeitsverhältnis k? (Beispiel: $k = 2 : 1$). (L)

d) Einige Anwendungen der Ähnlichkeit

Drei **grundlegende geometrische Konstruktionsaufgaben** sind mit Hilfe der Ähnlichkeitssätze bzw. des Strahlensatzes lösbar.

a) **Zu drei gegebenen Strecken mit den Maßzahlen a, b, c soll die vierte Proportionale mit der Maßzahl x konstruiert werden.**

(Darunter wird die Strecke verstanden, deren Maßzahl mit den Maßzahlen der gegebenen Strecken in dieser Reihenfolge eine Proportion bildet, also, gleiche Maßeinheiten vorausgesetzt, $a : b = c : x$.) Eine der möglichen Lösungen mit Hilfe des Strahlensatzes zeigt Abbildung 2.71.

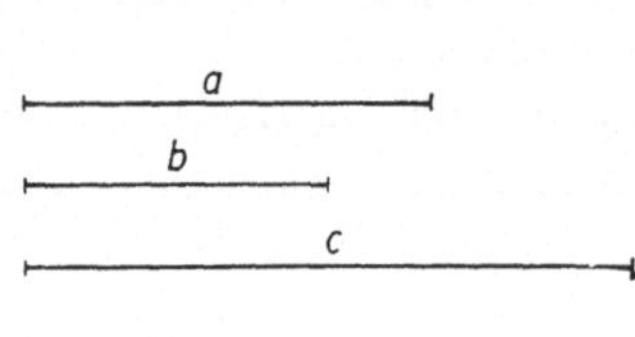

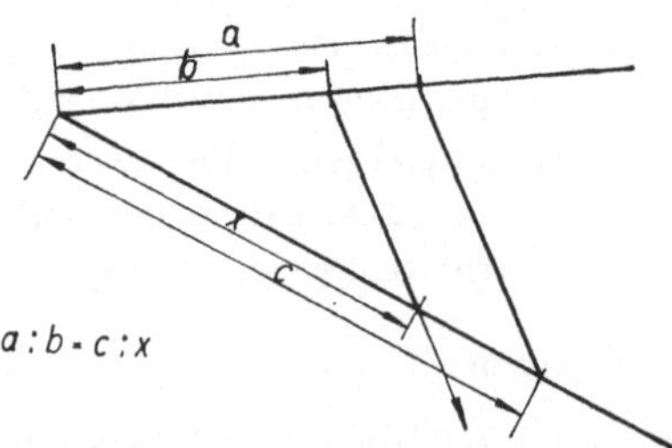

Abb. 2.71.

Beschreibung: a, b, c wie in Abbildung 2.71. abtragen; Endpunkte von a und c verbinden; Parallele zu dieser Verbindungsgeraden durch Endpunkt von b ziehen.

b) **Eine Strecke s ist in einem vorgegebenen Verhältnis $m : n$ von innen zu teilen.**

(Zur äußeren Teilung vgl. Aufgabe **1.**) Eine der möglichen Lösungen mit Hilfe des Strahlensatzes zeigt Abbildung 2.72. für

$$m \cdot n = 3 : 2 \, .$$

Beschreibung: Auf zwei beliebig gerichteten Parallelen durch A und B mit beliebiger Maßeinheit e von A bzw. B aus $3e$ bzw. $2e$ nach verschiedenen Seiten von $\overline{AB}$ abtragen und die Endpunkte verbinden. Dann gilt: $\overline{AT} : \overline{TB} = m : n \ (= 3 : 2)$.

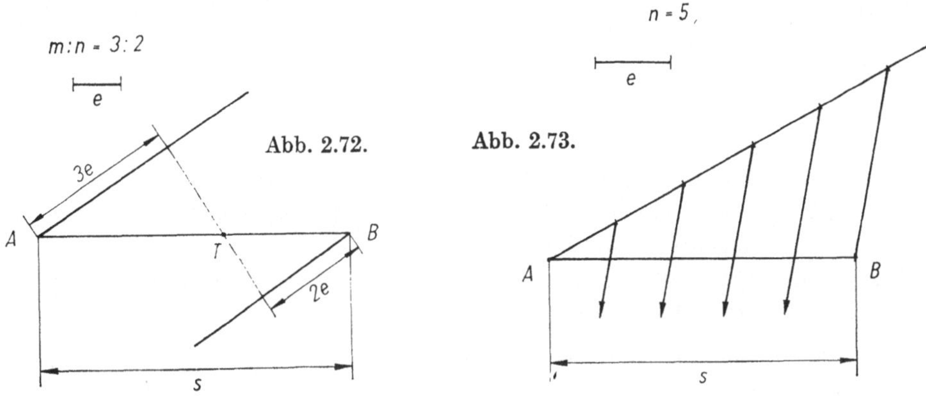

Abb. 2.72.　　Abb. 2.73.

c) **Eine Strecke s ist in n gleiche Teile zu teilen** (Abb. 2.73.).
Beschreibung: Auf einem beliebig gerichteten von A ausgehenden Strahl mit beliebiger Maßeinheit e von A aus $1e$, $2e$, ..., $5e$ abtragen; Endpunkt von $5e$ mit B verbinden und Parallelen zu dieser Verbindungsgeraden durch die Endpunkte von $1e$, ..., $4e$ ziehen.

Verschiedene **Meß- und Zeichengeräte** beruhen ebenfalls auf Anwendungen der Ähnlichkeitssätze bzw. des Strahlensatzes.

d) Der **Meßkeil** dient zum Messen der lichten Weite von engen Rohren (Abb. 2.74. mit Ablesebeispiel $d = 13{,}8$ mm).

e) Der **Transversalmaßstab** findet sich auf vielen Winkelmessern. Mit seiner Hilfe können Streckenlängen, die mit dem Stechzirkel aus Zeichnungen abgenommen wurden, noch um eine Dezimalstelle genauer als mit dem gewöhnlichen Maßstab

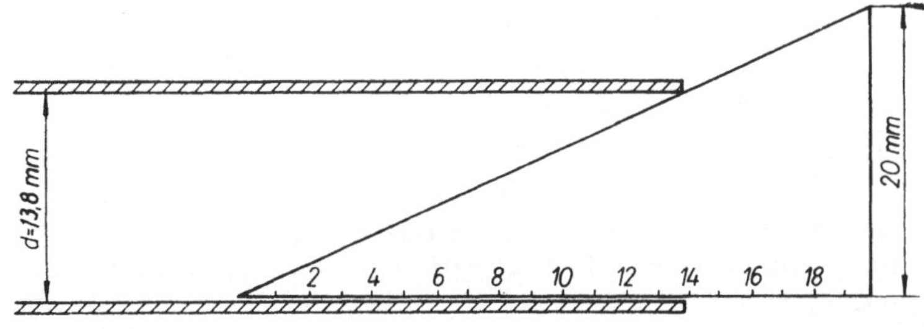

Abb. 2.74.

bestimmt werden (Abb.
2.75. mit Ablesebeispiel
$s = 16{,}4$ Einheiten: Meß-
strecke von 10 aus auf der
geeigneten Waagerechten
nach links zu einpassen).

f) Mit Hilfe der **Daumenbreite** läßt sich die Entfernung eines Gegenstands
oder seine Breitenaus-
dehnung näherungsweise
wie folgt bestimmen:

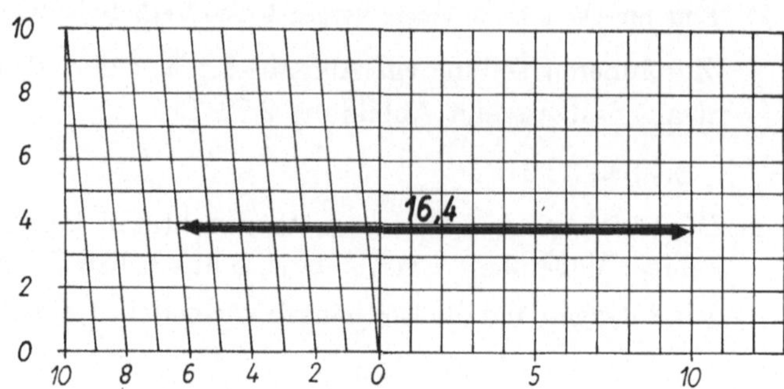

Abb. 2.75.

Am gestreckten Arm (Armlänge a) wird der abgespreizte Daumen lotrecht gehalten und bei geschlossenem einen Auge mit dem anderen an beiden Daumen-
seiten (Daumenbreite d) vorbeivisiert. Dabei wird eine gewisse Gegenstandsbreite g
überdeckt (Gegenstandsentfernung e).

Dann gilt (Abb. 2.76.): $d : a = g : e$. Sind außer d und a noch e bzw. g bekannt,
läßt sich g bzw. e bestimmen.

g) Dasselbe ist mit dem **Daumensprung** möglich. Dabei wird wie bei f) verfahren, aber
abwechselnd mit beiden Augen einzeln an derselben Daumenseite vorbeivisiert.
Ist die Augenentfernung b, so gilt:

$$b : a = g : (e - a) \quad \text{(Abb. 2.77.)}$$

$$\approx g : e, \quad \text{da} \quad a \ll e.$$

($\ll$ lies: wesentlich kleiner als …).

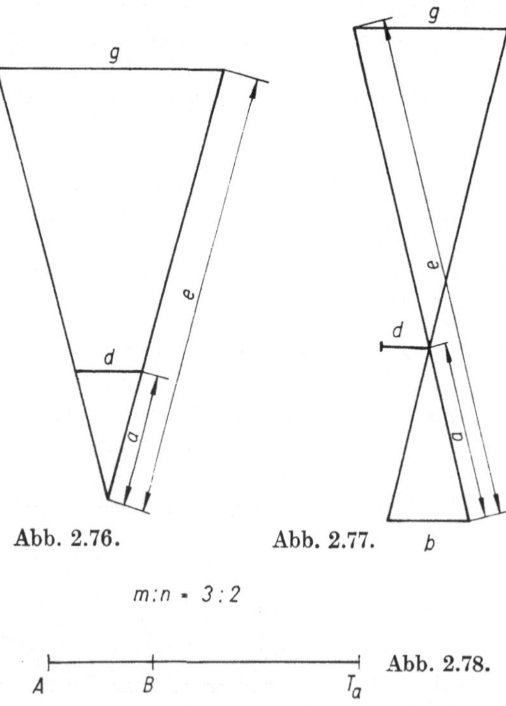

● **Aufgaben**

1. Das Teilen einer Strecke $\overline{AB}$ in einem
gegebenen Verhältnis $m : n$ bedeutet,
einen Teilpunkt T zu finden, so daß gilt
$\overline{AT} : \overline{TB} = m : n$. Ein solcher Punkt kann
zwischen A und B liegen (Abb. 2.72.;
innerer Teilpunkt T_i), er kann aber auch
außerhalb von $\overline{AB}$ liegen (Abb. 2.78.;
äußerer Teilpunkt T_a). Auch dann gilt
$\overline{AT_a} : \overline{T_a B} = m : n$ (in Abb. 2.78. $m : n$
$= 3 : 2$). Eine Strecke $\overline{AB} = s = 4$ cm
ist von innen und von außen zu teilen
im Verhältnis **a)** $2 : 1$, **b)** $1 : 2$, **c)** $4 : 3$
und **d)** $3 : 4$.

102

2. Die vierte Proportionale ist zu konstruieren zu **a)** 2, 3, 4; **b)** 4, 1, 6; **c)** 1, 2, 3; **d)** 8, 9, 5.

3. Sind zwei der gegebenen Glieder einer Proportion gleich, so heißt das gesuchte Glied die **dritte Proportionale** $(a : b = b : x)$.

Die dritte Proportionale ist zu konstruieren zu **a)** 2 und 4; **b)** 6 und 4; **c)** 1 und 3; **d)** 7 und 5.

4. Eine Strecke von 7 cm ist in n gleiche Teile zu teilen mit n gleich **a)** 5, **b)** 3, **c)** 8, **d)** 2, **e)** 4.

5. An einer rechtwinklig zur Blickrichtung verlaufenden Straße stehen Telephonstangen im Abstand von 50 m. Dieser Abstand wird von **a)** $1\frac{1}{2}$; **b)** 2 Daumenbreiten gedeckt. Entfernung bis zur Straße?

(Annahme: $a = 60$ cm; $d = 2$ cm) (L)

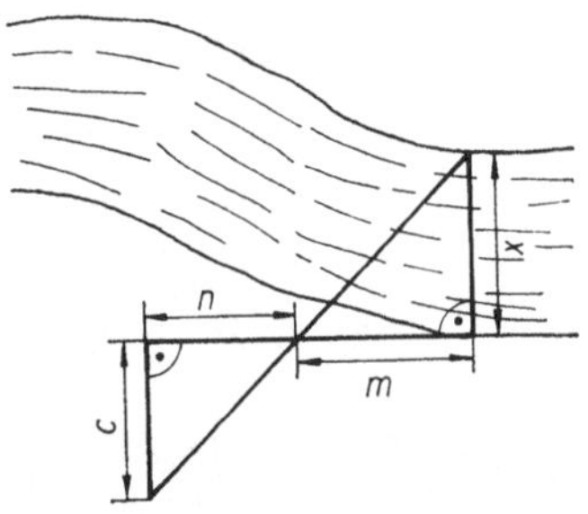
Abb. 2.79.

6. Wie breit ist ein Geländestreifen in **a)** 600 m, **b)** 2800 m Entfernung, den ein Daumensprung überstreicht?

(Annahme: $a = 60$ cm; $b = 6{,}5$ cm) (L)

7. Abbildung 2.79. zeigt eine Möglichkeit, die Breite x eines Flusses angenähert zu bestimmen.

Meßergebnisse:

a) $m = 35$ m; $\quad n = 17$ m; $\quad c = 8$ m;

b) $m = 42$ m; $\quad n = 12$ m; $\quad c = 6$ m

x ist jeweils konstruktiv und rechnerisch zu ermitteln. Bei der Konstruktion ist ein geeigneter Zeichenmaßstab, etwa 1 : 500, zu verwenden. (L)

8. In welcher Entfernung vom Linsenmittelpunkt des Projektionsapparates muß ein Diapositiv (24 mm mal 36 mm) stehen, damit ein Projektionsschirm (2 m mal 3 m) voll ausgeleuchtet wird, der sich **a)** in 5 m, **b)** in 8 m Entfernung befindet? (L)

2.6.3. Kongruenz

a) Kongruenzkriterien für Dreiecke

Die **Kongruenz** von Figuren kann als **Sonderfall der Ähnlichkeit** aufgefaßt werden, wenn das Projektionszentrum (Abb. 2.61.) unbegrenzt weit weg rückt und dadurch die Projektionsstrahlen parallel verlaufen (Abb. 2.62.). Dann liegt außer der gleichen Form der Figuren auch noch die gleiche Länge aller entsprechenden Strecken vor. Kongruente Figuren können deshalb so aufeinandergepaßt werden, daß sie sich völlig decken (**Deckungsgleichheit**). Zwei achsen- oder zentralsymmetrische Figuren sind deshalb stets kongruent. Sie befinden sich außerdem in einer besonderen Lage zueinander, was bei der Kongruenz schlechthin nicht Bedingung ist. Daraus folgt:

▶ **(1) Zwei Vielecke gleicher Eckenzahl sind kongruent (Symbol: ≅), wenn sämtliche einander entsprechenden Winkel jeweils gleich groß sind und sämtliche einander entsprechenden Strecken (Seiten, Diagonalen, Höhen usw.) jeweils gleiche Länge haben.**

Wie bei der Ähnlichkeit ist es auch bei der Kongruenz nicht nötig, die Übereinstimmung sämtlicher entsprechenden Stücke zweier Figuren zu überprüfen, um die Kongruenz zu gewährleisten. Bei **Dreiecken** z.B. genügt, wenn drei bestimmte Übereinstimmungen nachgewiesen werden. Diese bilden den Inhalt der **Kongruenzkriterien (Kongruenzsätze)** für Dreiecke. Sie ergeben sich aus den Ähnlichkeitssätzen, die die Übereinstimmung in der Form sicherstellen, wenn jeweils noch eine weitere Übereinstimmung dazugenommen wird, die die gleiche Größe der Dreiecke gewährleistet.

Das führt zu folgenden **Sätzen:**

▶ **(2) Dreiecke sind kongruent, wenn sie übereinstimmen in**

    a) zwei Winkeln und einer Seite, oder

    b) in drei Seiten, oder

    c) in zwei Seiten und dem eingeschlossenen Winkel, oder

    d) in zwei Seiten und dem der größeren von ihnen gegenüberliegenden Winkel.

Das Zusätzliche gegenüber den Ähnlichkeitskriterien besteht also darin, daß bei a) außer den Winkeln noch eine Seite, bei b), c), d) statt der Seitenverhältnisse die Längen der betreffenden Seiten selbst übereinstimmen müssen.

Der Nachweis der Richtigkeit dieser Sätze beruht auf demselben Prinzip, das beim Beweis der Richtigkeit des Ähnlichkeitssatzes (4b) zur Anwendung kam; d.h., es wird gezeigt, daß bei Verwendung der im jeweiligen Kongruenzkriterium genannten Stücke zu einem gegebenen Dreieck

a) ein kongruentes konstruiert werden kann und

b) ein in Form oder Größe abweichendes nicht entstehen kann (vgl. Aufgabe 1 und 2).

Die Kongruenz von **Vielecken** mit der Eckenzahl $n > 3$ wird auf die Kongruenz von Dreiecken zurückgeführt, indem die Vielecke durch geeignete Linien, z.B. Diagonalen, in Dreiecke zerlegt werden.

● **Aufgaben**

1. Ein Dreieck hat die Seiten $a = 5{,}2$ cm; $b = 3{,}5$ cm; $c = 7{,}3$ cm und die Winkel $\alpha = 41°$, $\beta = 26°$, $\gamma = 113°$. Es ist jeweils ein zweites Dreieck zu konstruieren aus (1) a, β und γ (Satz 2 a), (2) a, b und c (Satz 2 b), (3) b, c und α (Satz 2 c), (4) b, c und γ (Satz 2 d). Ist jede der Konstruktionen eindeutig ausführbar? Entstehen stets kongruente Dreiecke?

2. Zu dem in Aufgabe 1 gegebenen Dreieck ist ein zweites zu konstruieren aus (1) b, c und β, (2) a, c und α. Wie steht es hier mit der Eindeutigkeit der Konstruktion und mit der Kongruenz der entstandenen Dreiecke?

3. Es sind Kongruenzkriterien zu formulieren für **a)** gleichschenklige, **b)** rechtwinklige, **c)** gleichseitige Dreiecke und für **d)** Rechtecke, **e)** Rhomben, **f)** Quadrate.

b) Einige Anwendungen der Kongruenz

(1) Mit Hilfe der Kongruenz von Dreiecken lassen sich oft geometrische Lehrsätze **beweisen.**

■ **Beispiel**

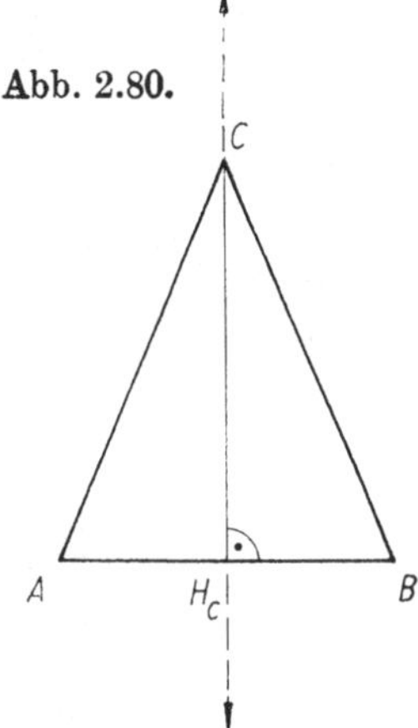

Abb. 2.80.

Im gleichschenkligen Dreieck liegt die Höhe von der Spitze zur Basis auf der Symmetrieachse.

Beweis (Abb. 2.80.): Wenn $\overline{CH_c}$ ein Teil der Symmetrieachse des Dreiecks ist, muß sich beweisen lassen, daß gilt:

$$\sphericalangle\ CAH_c = \sphericalangle\ CBH_c$$
$$\sphericalangle\ ACH_c = \sphericalangle\ BCH_c$$
$$\overline{AH_c} = \overline{BH_c}$$

Das ist der Fall, weil $\triangle AH_cC \cong \triangle BH_cC$ nach Kongruenzsatz 2*d*. Die Kongruenz ist gewährleistet, weil $\overline{H_cC} = \overline{H_cC}$ (in beiden Dreiecken liegend), $\overline{AC} = \overline{BC}$ (gleichgroße Schenkel) und $\sphericalangle\ AH_cC = \sphericalangle\ BH_cC$ (90°; Höhe!).

Da außerdem die zur Kongruenzsicherung benutzten Winkel als Rechte der Hypotenuse, also der größeren der verwendeten beiden Seiten gegenüberliegen, ist auch die besondere Bedingung des Satzes 2*d* gegeben.
Die für die Symmetrie zu beweisenden Gleichheiten folgen jetzt daraus, daß es sich jeweils um entsprechende Stücke in kongruenten Dreiecken handelt.

(2) Die **Konstruktion von Vielecken** aus irgendwelchen gegebenen Stücken ist grundsätzlich so aufzufassen, daß zu einem bereits vorliegenden Vieleck ein kongruentes unter Verwendung lediglich der genannten Stücke konstruiert werden soll. Das ist ohne besondere Schwierigkeiten für Dreiecke mit Hilfe der vier Kongruenzkriterien möglich, wenn die dort genannten Stücke gegeben sind. Wenn aber zur Konstruktion von Dreiecken andere Stücken (z.B. die besonderen Linien) gegeben sind oder n-Ecke mit $n > 3$ konstruiert werden sollen, müssen diese durch geeignete Hilfslinien in solche **Teildreiecke** zerlegt werden, die nach den Kongruenzsätzen konstruierbar sind. Von ihnen ausgehend wird schließlich die gesamte Figur aufgebaut.

■ **Beispiel**

Zur Konstruktion eines Dreiecks sollen verwendet werden: eine Seite ($c = 6$ cm), die zugehörige Höhe ($h_c = 4{,}5$ cm) und die Seitenhalbierende ($s_c = 5$ cm). Zweckmäßigerweise werden vor der Konstruktion in ein beliebiges Dreieck die gegebenen Stücken eingezeichnet (**Analysisfigur**; Abb. 2.81.), um einen Überblick über den Konstruktionsgang zu gewinnen (**Vorüberlegung**). Es zeigt sich, daß das Dreieck CS_cH_c eindeutig nach Kongruenzsatz 2*d*) konstruierbar ist ($\sphericalangle\ S_cH_cC = 90°$; Höhe!). Da nach dieser Konstruktion auch

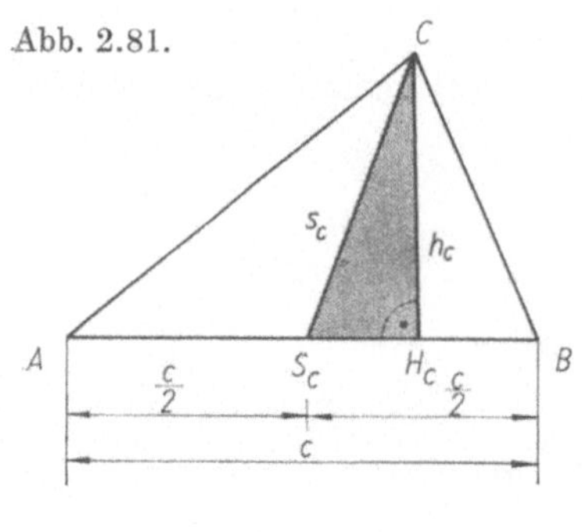
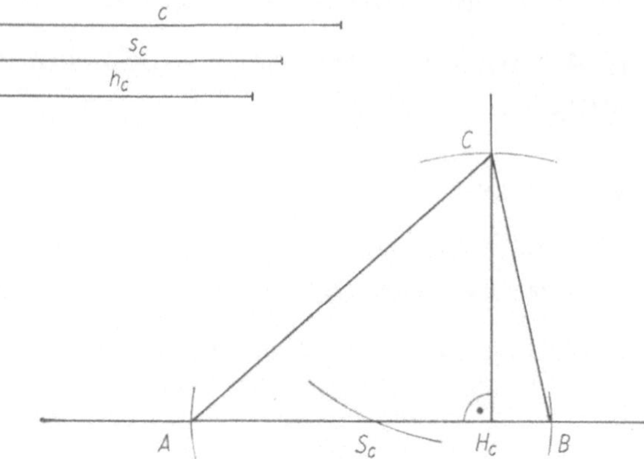

Abb. 2.81.

Abb. 2.82.

$\not\!\!\prec CS_cH_c$ und $\not\!\!\prec CS_cA$ festliegen, sind nun auch die Dreiecke AS_cC und BS_cC nach Kongruenzsatz 2*a*) eindeutig konstruierbar. ($\overline{AS_c} = \overline{BS_c} = \frac{1}{2}c$; Seitenhalbierende!).

Konstruktionsgang (Abb. 2.82.)

An die Strecke $\overline{CH_c} = h_c$ wird in H_c ein rechter Winkel angetragen und dann mit s_c um C ein Kreisbogen geschlagen, der den freien Schenkel des rechten Winkels in S_c schneidet. Der Kreis um S_c mit $\frac{1}{2}c$ schneidet die Strecke $\overline{H_cS_c}$ bzw. ihre beidseitige Verlängerung in A und B. Durch Verbindung dieser Punkte mit C entsteht das verlangte Dreieck ABC.

Eine Vereinfachung kann die Überlegung und der Konstruktionsgang dadurch erfahren, daß nach Erörterung bzw. Konstruktion des ersten Teildreiecks CS_cH_c statt der zwei anliegenden Teildreiecke AS_cC und BS_cC lediglich für die noch fehlenden Punkte A und B je zwei Linien beschrieben werden, deren Schnittpunkt der betreffende gesuchte Punkt ist. Solche Linien heißen **Bestimmungslinien (geometrische Örter)**.

Im Beispiel ergäbe sich dann in der Vorüberlegung an Stelle des letzten Satzes:

Bestimmungslinien für A: 1) Verlängerung $\overline{S_cH_c}$ über S_c hinaus

2) Kreis mit $\dfrac{c}{2}$ um S_c

Bestimmungslinien für B: 1) Verlängerung von $\overline{S_cH_c}$ über H_c hinaus

2) Kreis mit $\dfrac{c}{2}$ um S_c

 **Aufgaben**

Mit Hilfe der Kongruenzsätze für Dreiecke sind folgende Lehrsätze zu beweisen:

1. Im Parallelogramm sind die Gegenseiten gleichlang.
2. Im Parallelogramm halbieren die Diagonalen einander.
3. Im Rechteck sind die Diagonalen gleichlang.
4. Im gleichschenkligen Dreieck sind die Winkelhalbierenden der Basiswinkel gleichlang.

106

5. Die Verbindungslinie der Spitzen zweier gleichschenkliger Dreiecke mit gemeinsamer Basis halbiert diese.

6. Verbindet man in einem Dreieck die drei Seitenmittelpunkte untereinander, so wird es in vier untereinander kongruente Teildreiecke zerlegt.

7. Verbindet man die Seitenmittelpunkte eines beliebigen Vierecks untereinander, so entsteht ein Parallelogramm.

Folgende Vielecke sind zu konstruieren: (Dabei ist eine ausführliche Vorüberlegung mit Analysisfigur und eine Beschreibung der Konstruktion anzufertigen.)

8. Dreieck aus $c = 4{,}4$ cm; $h_c = 2{,}6$ cm; $b = 3{,}2$ cm

9. Dreieck aus $a = 3{,}7$ cm; $s_a = 7{,}0$ cm; $\gamma = 80°$

10. Dreieck aus $c = 5{,}4$ cm; $s_b = 6{,}2$ cm; $\alpha = 118°$

11. Rechtwinkliges Dreieck ($\gamma = 90°$) aus $b = 7{,}2$ cm; $h_b = 4{,}3$ cm

12. Gleichschenkliges Dreieck (Basis c) aus $a = 3{,}8$ cm; $h_c = 1{,}6$ cm

13. Dreieck aus $w_\alpha = 5{,}9$ cm; $\alpha = 35°$, $\beta = 50°$

14. Dreieck aus $s_c = 4{,}6$ cm; $h_c = 4{,}0$ cm; $\alpha = 50°$

15. Parallelogramm aus $a = 5{,}0$ cm; $b = 6{,}5$ cm; $\alpha = 62°$

16. Parallelogramm aus $a = 5{,}0$ cm; $e = 8{,}0$ cm; $f = 6{,}4$ cm

17. Trapez aus $a = 4{,}0$ cm; $d = 3{,}5$ cm, $e = 5{,}5$ cm, $f = 7{,}5$ cm.

2.6.4. Flächengleichheit

a) Flächenvergleiche

▶ **(1) Zwei Figuren, die denselben Flächeninhalt besitzen, heißen unabhängig von ihrer Form gleiche Figuren (Symbol: =).**

Es können also z. B. sehr wohl ein Kreis und ein Quadrat „gleiche Figuren" sein, entgegen der landläufigen Vorstellung vom Wesen der Gleichheit.

Oft werden auch additive oder subtraktive **Kombinationen von Figuren** mit anderen in bezug auf etwaige Gleichheit verglichen. So ist z. B. die Summe von n Quadraten von der Seite a gleich dem Rechteck mit den Seiten $n \cdot a$ und a.

Die Grundlage jedes Flächenvergleichs sind die Beziehungen für die Berechnung des Flächeninhalts der Figuren. Durch geeignete Interpretation solcher Formeln ergeben sich Sätze für den Flächenvergleich.

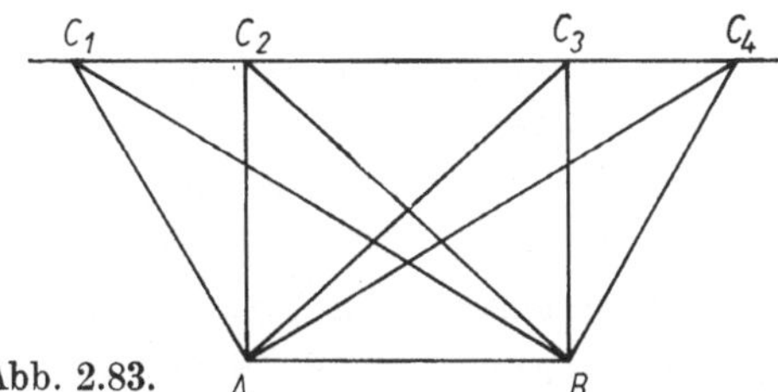

Abb. 2.83.

> **(2) Alle Dreiecke mit einer gemeinsamen Seite, deren Gegenecken auf einer Parallelen zu dieser Seite (sogenannte Spitzenparallele) liegen, sind gleich (Abb. 2.83.).**

$$\triangle ABC_1 = \triangle ABC_2 = \triangle ABC_3 = \ldots$$

Zu solchen Mengen untereinander gleicher Dreiecke gehören stets spitz-, recht- und stumpfwinklige, ungleichseitige und gleichschenklige, aber nur unter besonderen Bedingungen gleichseitige Dreiecke.

> **(3) Alle Parallelogramme mit einer gemeinsamen Seite, deren Gegenseiten auf einer Parallelen zur gemeinsamen Seite liegen, sind gleich.**

Zu solchen Mengen gleicher Parallelogramme gehören stets auch Rechtecke, aber nur unter besonderen Bedingungen Rhomben und Quadrate.

> **(4) Werden durch einen Punkt einer Diagonalen eines Parallelogramms die Parallelen zu den Seiten gezogen, so sind die beiden Parallelogramme gleich, durch welche die Diagonale nicht verläuft (Fachbezeichnung: Ergänzungsparallelogramme).**

Beweis (Abb. 2.84.):

(I) $\triangle ACB = \triangle ACD$

(II) $\triangle APE = \triangle APH$

(III) $\triangle PCF = \triangle PCG$,

denn die verglichenen Dreiecke sind jeweils kongruent, und kongruente Figuren sind unter allen Umständen jeweils auch gleich. Durch Differenzbildung (I) − (II) − (III) folgt die Behauptung: $EBFP = HPGD$.

Eine praktische Anwendung des Flächenvergleichs ist die **Flächenverwandlung,** d. h. die Konstruktion einer Figur von vorgeschriebener Gestalt, die den gleichen Flächeninhalt wie eine vorgegebene hat.

■ **Beispiel:**

Ein beliebiges Viereck ist in ein Rechteck zu verwandeln.

Konstruktionsgang (Abb. 2.85.):

(I) Viereck $ABCD$ → Dreieck ECD

(Anwendung von Satz (2) auf Teildreieck ABD; Spitzenparallele s durch A zu $\overline{BD}$).

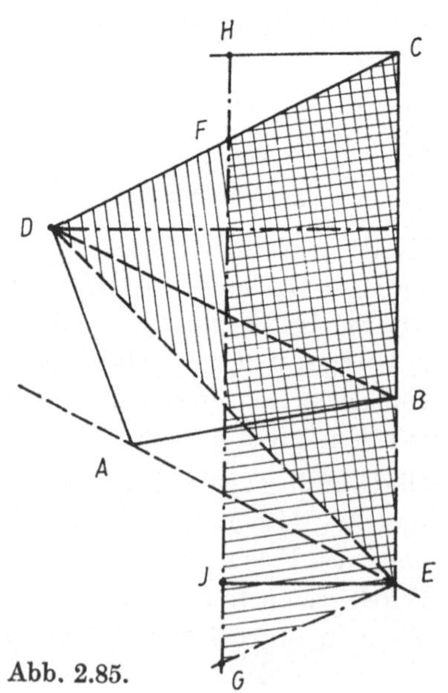

Abb. 2.85.

(II) Dreieck $ECD \rightarrow$ Parallelogramm $GECF$

$$\left(\text{Flächeninhalt vom Dreieck: } \frac{\overline{EC} \cdot h}{2}, \quad \text{vom Parallelogramm: } \overline{EC} \cdot \left(\frac{h}{2}\right)\right)$$

(III) Parallelogramm $GECF \rightarrow$ Rechteck $ECHI$ (Anwendung von Satz (3))

● Aufgaben

1. Für welche Vierecksformen gilt mit Satz (4) die Gleichheit, wenn als Ausgangsviereck **a)** ein Rhombus, **b)** ein Rechteck, **c)** ein Quadrat genommen wird?

Folgende Flächenverwandlungen sind konstruktiv durchzuführen!

2. Rechteck $\rightarrow$ gleichschenkliges Dreieck.

3. Quadrat $\rightarrow$ rechtwinkliges Dreieck.

4. Parallelogramm $\rightarrow$ Rhombus.

5. Fünfeck $\rightarrow$ gleichschenkliges Dreieck.

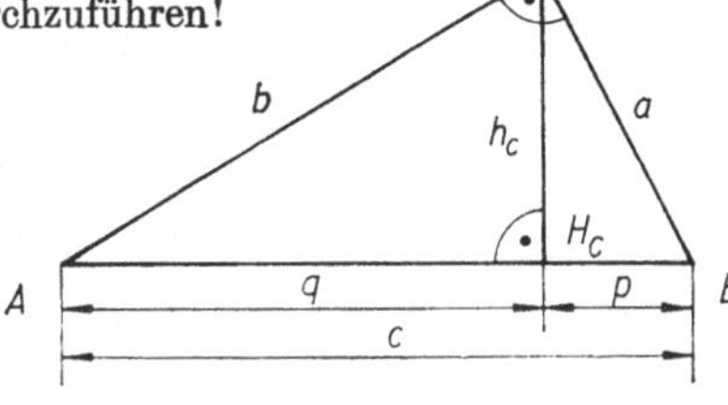

Abb. 2.86.

b) *Flächengleichheiten am rechtwinkligen Dreieck*

In jedem rechtwinkligen Dreieck wird die Hypotenuse c durch den Fußpunkt ihrer Höhe h_c in zwei **Hypotenusenabschnitte** p und q zerlegt (Abb. 2.86.). Außerdem gilt:

▶ **(5) Jedes rechtwinklige Dreieck wird durch die Höhe auf der Hypotenuse in zwei Teildreiecke zerlegt, die untereinander und zum Ausgangsdreieck ähnlich sind**

$$(\triangle AH_cC \sim \triangle H_cBC \sim \triangle ABC).$$

Der *Beweis* ergibt sich aus der Winkelgleichheit (z.B. $\sphericalangle CAH_c = \sphericalangle BCH_c$).

Aus Satz **(5)** folgen **vier Sätze über Flächengleichheiten am rechtwinkligen Dreieck.**

▶ **(6) Das Rechteck aus den beiden Hypotenusenabschnitten ist gleich dem Quadrat über der Höhe (*Höhensatz:* $p \cdot q = h_c{}^2$).**

Beweis: Aus $\triangle AH_cC \sim \triangle H_cBC$ folgt $q : h_c = h_c : p$ und daraus $p \cdot q = h_c^2$.

▶ **(7) Das Quadrat über einer Kathete ist gleich dem Rechteck aus dem zugehörigen Hypotenusenabschnitt und der ganzen Hypotenuse (*Kathetensatz von Euklid:* $a^2 = p \cdot c$; $b^2 = q \cdot c$).**

Beweis: Aus $\triangle H_cBC \sim \triangle ABC$ folgt $p : a = a : c$ und daraus $a^2 = p \cdot c$ (Für $b^2 = q \cdot c$ entsprechend)

▶ **(8) Das Quadrat über der Hypotenuse ist gleich der Summe der Quadrate über den Katheten (*Satz des Pythagoras:* $a^2 + b^2 = c^2$).**

Beweis: Aus **(7)** folgt: $a^2 + b^2 = p \cdot c + q \cdot c = (p + q) \cdot c = c \cdot c = c^2$

► **(9) Das Rechteck aus den beiden Katheten ist gleich dem Rechteck aus der Hypotenuse und der zugehörigen Höhe ($a \cdot b = c \cdot h_c$).**

Beweis: Aus **(7)** folgt $a^2 \cdot b^2 = p \cdot q \cdot c^2$ und mit

$$\textbf{(6)} \quad a^2 \cdot b^2 = h_c^2 \cdot c^2 \quad \text{oder} \quad a \cdot b = c \cdot h_c$$

Mit Hilfe dieser Sätze lassen sich **drei wichtige Konstruktionsaufgaben** lösen.

a) Ein Rechteck ist in ein Quadrat zu verwandeln.

Lösung mit Satz **(6)**:
Mit den Seiten a und b des gegebenen Rechtecks als Hypotenusenabschnitten wird mit Hilfe des Thaleskreises ein rechtwinkliges Dreieck konstruiert (Abb. 2.87.). Seine zur Hypotenuse führende Höhe x ist die Seite des gesuchten Quadrats.

b) Zu zwei gegebenen Strecken mit den Maßzahlen a und b soll die mittlere Proportionale mit der Maßzahl x konstruiert werden.

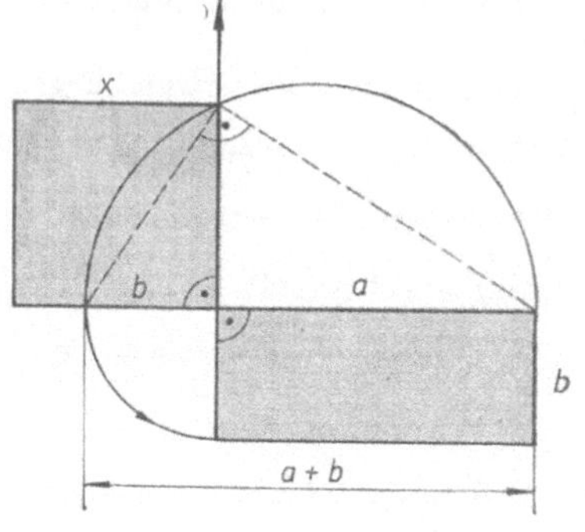

Abb. 2.87.

Die mittlere Proportionale (geometrisches Mittel) x zu a und b wird durch die Proportion $a : x = x : b$ definiert. Dafür läßt sich auch $a \cdot b = x^2$ schreiben. Damit ist die Aufgabe auf **a)** zurückgeführt.

c) Zu einem gegebenen Quadrat ist ein zweites mit n-fachem Flächeninhalt zu konstruieren.

Lösung mit Satz **(8)**; als Beispiel $n = 5$ (Abb. 2.88.):
Zunächst wird $a^2 + a^2 = 2a^2$ konstruiert; dann $2a^2 + a^2 = 3a^2$ usw. (Die Konstruktion läßt sich auf beliebige natürliche Zahlen n ausdehnen.)

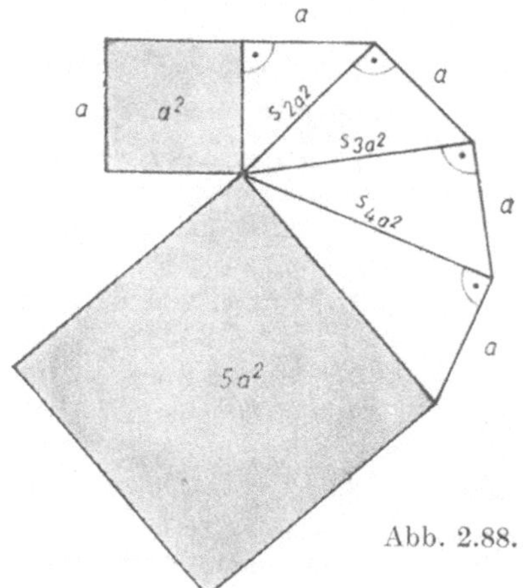

Abb. 2.88.

● **Aufgaben**

1. Zu den Sätzen **(6)**, **(7)**, **(8)** und **(9)** sind die Figuren zu konstruieren.

2. Die Lösung zur Konstruktionsaufgabe c) (Abb. 2.88.) läßt sich vereinfachen durch die Abänderung zu $5a^2 = 4a^2 + a^2 = (2a)^2 + a^2$ oder zu $5a^2 = 9a^2 - 4a^2 = (3a)^2 - (2a)^2$. Beide Konstruktionen sind auszuführen und mit Abbildung 2.88. zu vergleichen. Welche ist die einfachste?

3. Zu einem gegebenen Quadrat a^2 sind die Quadrate mit den Flächeninhalten $n \cdot a^2$ für $n = 2, 3,$ 6, 8, 11, 16 zu konstruieren.

4. Ein gegebenes Rechteck ist in ein Quadrat zu verwandeln unter Benutzung von Satz (7).

5. Folgende Figuren sind in Quadrate zu verwandeln: **a)** beliebiges Dreieck, **b)** Parallelogramm, **c)** Rhombus, **d)** Trapez, **e)** gleichseitiges Dreieck, **f)** gleichschenklig-rechtwinkliges Dreieck, **g)** beliebiges Viereck, **h)** beliebiges Fünfeck, **i)** regelmäßiges Sechseck, **k)** regelmäßiges Achteck. Anleitung: Die vorletzte Figur muß stets ein Rechteck sein.

6. Wie groß ist der Flächeninhalt des Quadrats über der Diagonale eines gegebenen Quadrats, ausgedrückt durch dessen Seite a? (L)

7. Desgl. über der Diagonale eines Rechtecks (Seiten a und b)? (L)

8. Desgl. über der Höhe eines gleichseitigen Dreiecks (Seite s)? (L)
(Die Aufgaben **6** bis **8** sind auch konstruktiv zu lösen, die Ergebnisse sind nachzumessen und mit den Rechenergebnissen zu vergleichen.)

9. Wie groß ist der Flächeninhalt des Quadrats über der dritten Seite eines rechtwinkligen Dreiecks ($\gamma = 90°$), wenn gegeben ist: **a)** $a = 4{,}5$ cm, $b = 7{,}2$ cm; **b)** $a = 3{,}8$ m, $c = 5{,}9$ m? (L)

10. Es ist je ein Quadrat zu konstruieren, das **a)** gleich der Summe, **b)** gleich der Differenz der beiden Quadrate mit den Seitenlängen 4,2 cm und 3,3 cm ist.

11. Es ist die mittlere Proportionale zu konstruieren zu **a)** 2 und 4, **b)** 6 und 4, **c)** 1 und 3, **d)** 7 und 5. Es ist dazu sowohl Satz (6) als auch Satz (7) zu verwenden.

c) Flächengleichheiten am Kreis

Schneiden einander zwei Sekanten (außerhalb des Kreises) oder zwei Sehnen (innerhalb), so sollen die Strecken von ihren Schnittpunkten bis zu den Schnittpunkten von Sekante bzw. Sehne mit dem Kreis die **Sekanten- bzw. Sehnenabschnitte** heißen (Abb. 2.89.). Dann gelten folgende Sätze:

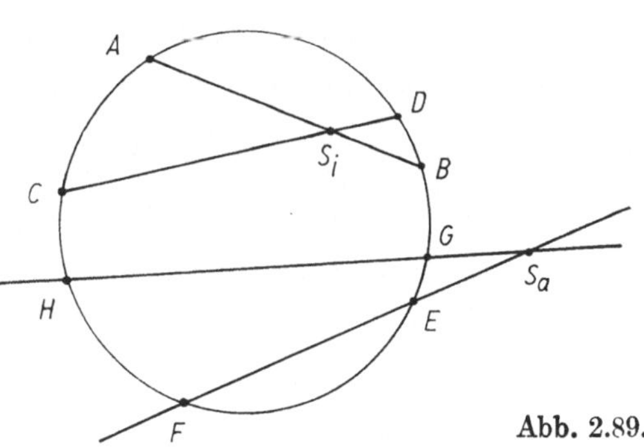

Abb. 2.89.

▶ **(10) Schneiden einander zwei Kreissehnen, so ist das Rechteck aus den Abschnitten der einen Sehne gleich dem Rechteck aus den Abschnitten der anderen Sehne**

(Sehnensatz: $\overline{AS_i} \cdot \overline{BS_i} = \overline{CS_i} \cdot \overline{DS_i}$).

Beweis: $\triangle CS_iA \sim \triangle DS_iB$ wegen der gleichen Größe entsprechender Winkel (z.B. $\sphericalangle CAS_i = \sphericalangle BDS_i$ als Umfangswinkel über demselben Bogen). Daraus folgt:

$$\overline{AS_i} : \overline{CS_i} = \overline{DS_i} : \overline{BS_i} \text{ oder } \overline{AS_i} \cdot \overline{BS_i} = \overline{CS_i} \cdot \overline{DS_i}$$

▶ **(11) Schneiden einander zwei Kreissekanten (außerhalb des Kreises), so ist das Rechteck aus den Abschnitten der einen Sekante gleich dem Rechteck aus den Abschnitten der anderen (Sekantensatz: $\overline{ES_a} \cdot \overline{FS_a} = \overline{GS_a} \cdot \overline{HS_a}$).**

Der Beweis erfolgt analog zum Beweis zu Satz **(10)**.

Schneiden einander eine Sekante und eine Tangente, so soll die Strecke vom Schnittpunkt bis zum Berührungspunkt der Tangente der **Tangentenabschnitt** heißen (Abb. 2.90.). Dann gilt:

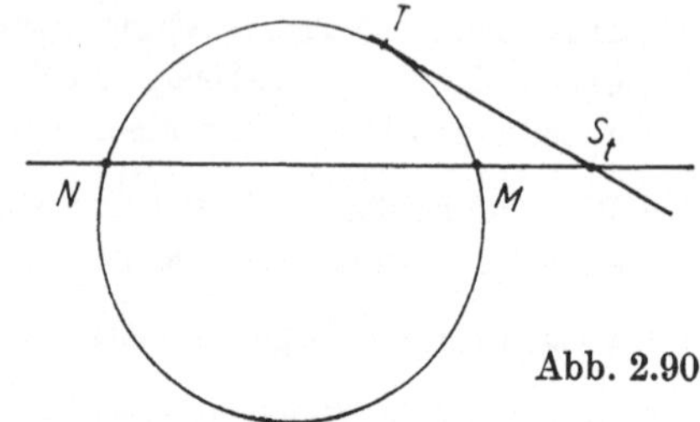

Abb. 2.90.

▶ **(12) Schneiden einander eine Kreissekante und eine Kreistangente, so ist das Rechteck aus den Sekantenabschnitten gleich dem Quadrat über dem Tangentenabschnitt (Sekanten-Tangenten-Satz: $\overline{MS_t} \cdot \overline{NS_t} = (\overline{TS_t})^2$).**

Beweis: $\triangle MS_tT \sim \triangle NS_tT$ (z.B. $\sphericalangle S_tTM = \sphericalangle S_tNT$ als Sehnentangenten- bzw. Umfangswinkel); weiter wie bei **(10)**.

● **Aufgaben**

1. Zu den Sätzen **(10)**, **(11)**, **(12)** sind die Figuren zu konstruieren.

2. Ein gegebenes Rechteck ist in ein Quadrat zu verwandeln unter Benutzung von Satz **(12)**.

3. Aufgabe 11 aus Abschnitt 2.6.4.b) ist unter Verwendung von Satz **(12)** zu lösen.

4. Inwiefern ist es berechtigt, Satz **(12)** als Sonderfall von Satz **(11)** zu betrachten?

5. Inwiefern stellen Satz **(10)** und **(11)** letztlich ein und dieselbe Aussage dar?

6. Was für eine spezielle Aussage ergibt sich, wenn der Schnittpunkt zweier Sehnen die eine von ihnen halbiert? (Figur! Vergleich mit Satz **(12)**!)

3. Stereometrie

3.1. Körperformen

Alle Körper unserer Umwelt sind Teile unseres Anschauungsraumes, die durch ihre **Oberfläche** vom übrigen Raum abgegrenzt werden. Diese kann

a) **durchgängig gekrümmt** sein (z.B.: Ei, Ball) oder

b) aus **ebenen Flächenstücken** (ebenen Figuren) **zusammengesetzt** sein (z.B.: Kiste, nicht angespitzter kantiger Bleistift) oder

c) **teils aus gekrümmten, teils aus ebenen Teilen** bestehen (z.B.: angespitzter Bleistift, Rundstahlstange).

Zu a) gehört als Körper von besonderer Bedeutung die **Kugel.** Ferner spielen zwei Mengen von Körpern, die zu b) und c) gehören, eine besondere Rolle: die **Prismen** (einschließlich **Kreiszylinder**) und die **Pyramiden** (einschließlich **Kreiskegel**). Sie sind als Grundformen bei sehr vielen Gegenständen unserer Umwelt wiederzufinden.

3.2. Prisma und Kreiszylinder

3.2.1. Allgemeine Eigenschaften

Werden von den Eckpunkten eines ebenen Vielecks aus untereinander parallele Strahlen in irgendeiner Richtung in den Raum geführt, so begrenzen diese und die je zwischen zwei benachbarten Strahlen aufgespannten Ebenenteile einen **prismatischen Raum** (Abb. 3.1. für ein ebenes Fünfeck $ABCDE$). Wird dieser von einer Ebene geschnitten, die parallel zum Ausgangsvieleck verläuft, so ergibt sich als Schnittfigur eine zum Ausgangsvieleck kongruente Figur ($A_1B_1C_1D_1E_1$ in Abb. 3.1.). Der durch diese beiden Vielecke abgegrenzte Teil des prismatischen Raumes ist ein Körper und heißt **Prisma.** Die beiden begrenzenden Vielecke heißen

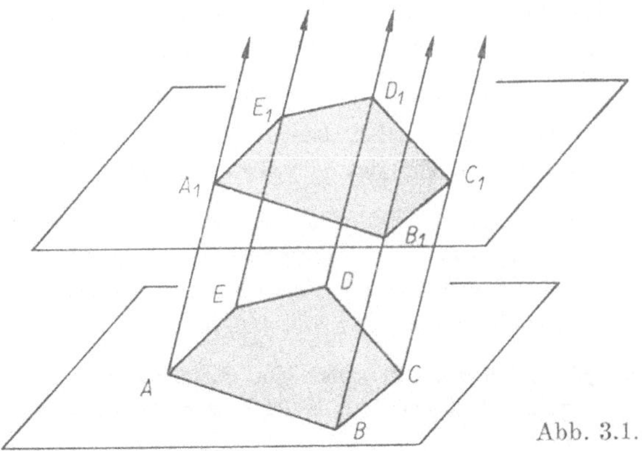

Abb. 3.1.

Grundfläche und **Deckfläche,** die begrenzenden Parallelogramme **Seitenflächen.** Alle ebenen Figuren der Oberfläche zusammen heißen kurz die **Flächen** des Körpers. Sie stoßen in den **Kanten** des Prismas aneinander, die sich wiederum in den **Ecken** schneiden.

Die Prismen werden nach der **Seitenzahl der Grundfläche** bezeichnet (z. B. fünf-seitiges Prisma in Abb. 3.1.). Bei regelmäßiger Grundfläche heißt auch das Prisma **regelmäßig.** Stehen die Seitenkanten senkrecht auf der Ebene der Grundfläche, wird das Prisma **gerade,** anderenfalls **schief** genannt. (In Abb. 3.1. ist demnach ein schie-fes fünfseitiges Prisma abgebildet.) Die **Seitenflächen** sind bei schiefen Prismen **Parallelogramme** (und evtl. Rechtecke), bei geraden aber ausschließlich **Rechtecke.**

Das gerade vierseitige Prisma mit einem Rechteck als Grundfläche heißt **Quader.** Ist die Grundfläche ein Quadrat, wird der Quader **quadratische Säule** genannt. Sie ist das regelmäßige, vierseitige, gerade Prisma.

Der Abstand der beiden Ebenen, in denen Grund- bzw. Deckfläche liegen (d. h. die kürzeste, senkrecht zu den Ebenen gemessene Entfernung), ist die **Höhe** des Prismas. Bei geraden Prismen ist die Größe der Höhe gleich der Länge der Seitenkanten. Die-jenige quadratische Säule, deren Höhe genau so groß ist wie die Seite der Grundfläche, ist das speziellste vierseitige Prisma, der **Würfel.** Seine Oberfläche besteht aus sechs gleich großen Quadraten.

Ist die Grundfläche eines prismatischen Raumes ein **Kreis,** so tritt an Stelle der n Seitenflächen des Prismas eine gleichmäßig gekrümmte Fläche, die **Mantelfläche** (kurz: **Mantel**). In ihr liegen unbegrenzt viele Strecken, die den Seitenkanten ent-sprechen, die **Mantellinien.** Dieser Körper heißt **Kreiszylinder.**

Je nach der Lage der Mantellinien zur Ebene von Grund- und Deckfläche wird auch hier zwischen **geraden** und **schiefen Kreiszylindern** unterschieden.

● **Aufgaben**

1. Was für ein Körper entsteht, wenn **a)** auf einen Würfel ein zweiter mit gleichgroßer Grundfläche gesetzt wird, **b)** ein Würfel durch eine Ebene parallel zur Grundfläche halbiert wird?

2. Jemand behauptet, ein Blatt Schreibpapier DIN A 4 sei ein Quader, ein anderer, es sei ein Rechteck. Wer hat recht?

3. In ein regelmäßiges sechsseitiges Prisma soll ein regelmäßiges dreiseitiges Prisma so einbe-schrieben werden, daß dessen Grundfläche, Deckfläche und Seitenkanten jeweils mit den ent-sprechenden Teilen des sechsseitigen Prismas zusammenfallen. Wie viele Möglichkeiten gibt es?

4. Wie viele Kreiszylinder lassen sich einem Würfel **a)** einbeschreiben, **b)** umbeschreiben? Anleitung: **Ein-** bzw. **umbeschreiben** heißt, daß möglichst viele Teile beider Körper zusammen-fallen sollen, im ersten Fall aber der eine ganz innerhalb, im zweiten ganz außerhalb des anderen Körpers liegen soll. (L)

5. **a)** Von folgenden Körpern sind die Anzahl der Ecken E, Kanten K und Flächen F durch Ab-zählen festzustellen: Würfel, Quader, quadratische Säule, n-seitiges Prisma mit $n = 3, 5,$ 6, 7, 8.

114

b) Die Ergebnisse sind in folgender Tabelle zusammenzustellen:

Körper	E	F	$E+F$	K	$K+2$

Welche Beziehung zwischen E, F und K zeigt sich aus der Tabelle? **(Eulerscher Polyedersatz)** (L)

3.2.2. Volumenberechnung

a) Volumen gerader Prismen und Kreiszylinder

Die Maßeinheiten für die Bestimmung des Rauminhalts (Volumens) von Körpern sind Würfel, deren Kanten gleich einer Längeneinheit (1 mm, 1 cm usw.) sind: Kubikmillimeter, -zentimeter, -dezimeter usw. (Symbole: mm³, cm³, dm³, m³, km³).

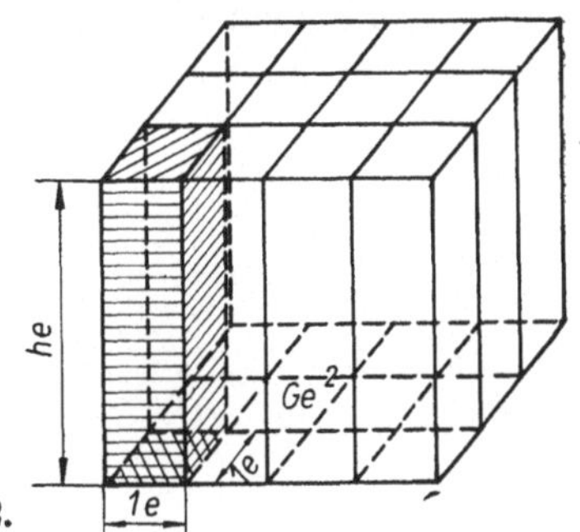

Abb. 3.2.

Praktisch muß der Raum des Körpers mit solchen Einheitswürfeln angefüllt werden. Bei einem geraden Prisma kann das dadurch geschehen, daß seine Grundfläche mit Einheitsquadraten ausgelegt, also die Maßzahl ihres Flächeninhalts bestimmt wird, und dann über jedem dieser Quadrate eine quadratische Säule von der Höhe des Prismas (deren Maßzahl sei h) errichtet wird (Abb. 3.2. mit beliebiger Maßeinheit e). Daraus ergibt sich sofort die Maßzahl des Volumens jedes geraden Prismas.

▶ **(1) Das Volumen V_{Pr} jedes geraden Prismas ist gleich dem Produkt aus dem Flächeninhalt der Grundfläche G und der Länge der Höhe h, wenn V_{Pr}, G und h in einander entsprechenden Einheiten gemessen werden.**

$$V_{Pr} = G \cdot h$$

Daraus folgt weiter:

▶ **(2) Das Volumen des geraden Kreiszylinders mit dem Grundkreisradius r und der Höhe h ist**

$$V_Z = \pi r^2 \cdot h.$$

▶ **(3) Das Volumen des Würfels mit der Kante a ist**

$$V_W = a^3.$$

▶ **(4) Das Volumen der quadratischen Säule mit den Kanten a (Seite der Grundfläche) und h (Höhe) ist**

$$V_{qS} = a^2 h.$$

▶ **(5) Das Volumen des Quaders mit den Kanten a, b und c ist**

$$V_{Qu} = a\,b\,c.$$

b) Volumenvergleiche

Schiefe Prismen lassen sich nicht in der in Abbildung 3.1. dargestellten Art mit quadratischen Säulen ausfüllen. Wohl aber lassen sich die Volumina schiefer und gerader Prismen miteinander vergleichen. Dadurch kann die Volumenberechnung von schiefen Prismen auf die von geraden zurückgeführt werden.

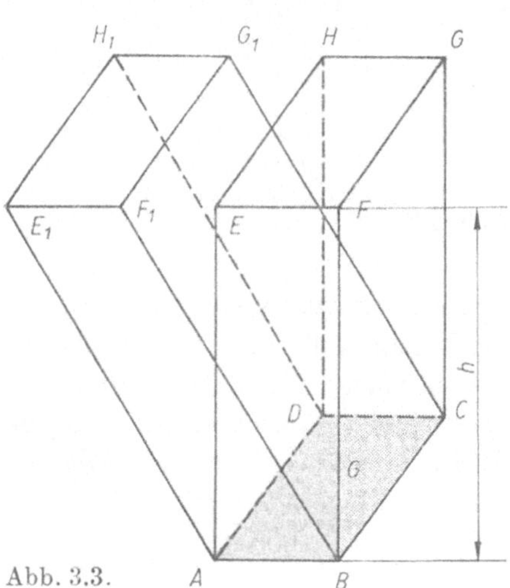

Abb. 3.3.

Wird ein Quader so zur Seite gedrückt, wie es Abbildung 3.3. zeigt, so entsteht ein schiefes vierseitiges Prisma mit rechteckiger Grundfläche. Es ist leicht einzusehen, daß beide Körper das gleiche Volumen haben, wenn nicht $ABCD$, sondern $ABFE$ bzw. ABF_1E_1 als Grundflächen betrachtet werden. In bezug auf diese Flächen sind beide Körper gerade Prismen mit beispielsweise $\overline{BC}$ als Höhe. Die beiden Grundflächen sind aber gleich, sofern nur $\overline{EF}$ parallel zu $\overline{AB}$ verschoben wird, also h gleich groß bleibt. Dann lassen sich in beiden Körpern wie in Abbildung 3.1. gleich viele quadratische Säulen, also auch Einheitswürfel einbauen, womit die Volumengleichheit erwiesen ist. Es gilt also:

▶ **(6) Ein gerades und ein schiefes vierseitiges Prisma mit gleichen Grundflächen G und gleich großen Höhen h haben, wenn sie wie in Abbildung 3.3. zueinander liegen, gleiches Volumen.**

Praktisch läßt sich das durch zwei Stapel von Karteikarten veranschaulichen, die in der abgebildeten Stapelform übereinandergelegt sind, vorausgesetzt, daß in *jeder beliebigen Höhe Karteikarten von gleichem Ausmaß* liegen und ihre *Anzahl in beiden Stapeln die gleiche* ist. Daß bei dem schiefen Stapel keine glatten Begrenzungsflächen, sondern eine Art von Treppen entstehen, liegt an der Kartendicke. Wird diese hinreichend verkleinert, so verschwinden die Unebenheiten offenbar immer mehr.
Ein solcher Kartenstapel läßt sich noch in verschiedenster Weise anderweit deformieren, selbst den einzelnen Karten lassen sich andere Gestalten geben (Abb. 3.4.).

116

Trotzdem bleibt die gesamte Papiermasse, also das Volumen des Körpers, dasselbe, sofern nur die obengenannten Voraussetzungen erfüllt sind. Das veranschaulicht am Beispiel der Prismen den wichtigen **Satz über Volumenvergleiche** beliebiger Körper, auf dessen exakten Beweis verzichtet werden muß. Für Prismen lautet er:

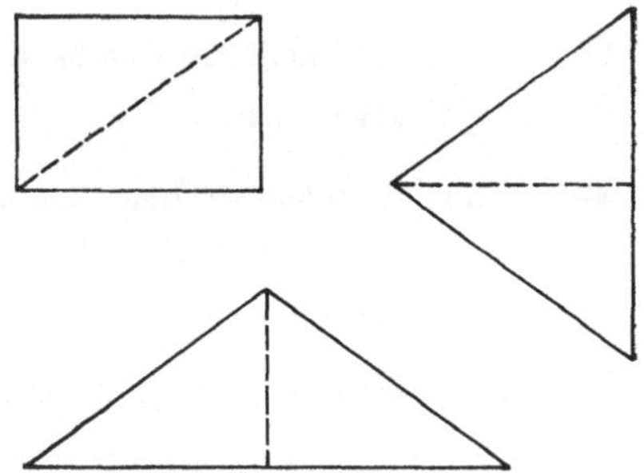

Abb. 3.4.

▶ **(7) Zwei Prismen haben gleiches Volumen, wenn sie gleich große Höhen besitzen und wenn sich beim Schnitt mit einer zur Grundfläche parallelen Ebene in beliebiger, aber bei beiden Körpern gleicher Höhe Schnittflächen mit gleichem Flächeninhalt ergeben.**

Der Satz umfaßt auch die Schnitte in den Höhen 0 und h. Das besagt, daß die Grund- und Deckflächen jeweils inhaltsgleich sein müssen. Dieser Satz heißt der **Satz von Cavalieri.**

c) Volumen schiefer Prismen und Kreiszylinder

Satz (7) trifft auf zwei Prismen zu, die gleich große Grundflächen und Höhen haben, unabhängig davon, ob sie gerade oder schief sind:

▶ **(8) Ein *schiefes Prisma* hat dasselbe Volumen wie das gerade mit derselben Grundfläche und gleich großer Höhe, also**

$$V_{Pr} = G \cdot h.$$

Entsprechendes gilt für den schiefen Kreiszylinder.

▶ **(9) Ein *schiefer Kreiszylinder* hat dasselbe Volumen wie der gerade mit derselben Grundfläche und gleich großer Höhe, also**

$$V_Z = \pi r^2 \cdot h.$$

3.2.3. Oberflächenberechnung

a) Prismen

Im allgemeinen müssen zur Bestimmung des Oberflächeninhalts von Prismen die Größen der einzelnen Teilflächen getrennt berechnet und dann addiert werden. Folgende Vereinfachungen sind beachtenswert:

▶ **(10) Die Oberfläche des *n*-seitigen regelmäßigen geraden Prismas (Grundfläche G) besteht aus zwei gleichen regelmäßigen *n*-Ecken und *n* Rechtecken, deren Seiten die Prismenhöhe h und die Seite der Grund- und Deckfläche s sind:**

$$O_{rPr} = 2 \cdot G + n \cdot s \cdot h.$$

▶ (11) Der Inhalt der Oberfläche des Würfels mit der Kante a ist

$$O_W = 6\,a^2.$$

▶ (12) Der Inhalt der Oberfläche der quadratischen Säule mit den Kanten a (Seite der Grundfläche) und h (Höhe) ist

$$O_{qS} = 2\,a\,(a + 2\,h).$$

▶ (13) Der Inhalt der Oberfläche des Quaders mit den Kanten a, b und c ist

$$O_{Qu} = 2\,(a\,b + b\,c + c\,a).$$

b) Kreiszylinder

Die Oberfläche jedes Kreiszylinders besteht aus zwei gleich großen Kreisen und der Mantelfläche. Diese läßt sich stets **abwickeln,** d.h. in eine Ebene ausbreiten. Aber nur beim geraden Kreiszylinder ist der Mantelflächeninhalt mit elementaren Mitteln zu bestimmen, da die Abwicklung beim geraden Zylinder ein Rechteck ergibt (Abb. 3.5.). Daraus folgt:

▶ (14) Der Inhalt der Oberfläche des geraden Kreiszylinders mit dem Durchmesser d und der Höhe h ist

$$O_Z = \pi d \left(\frac{d}{2} + h \right).$$

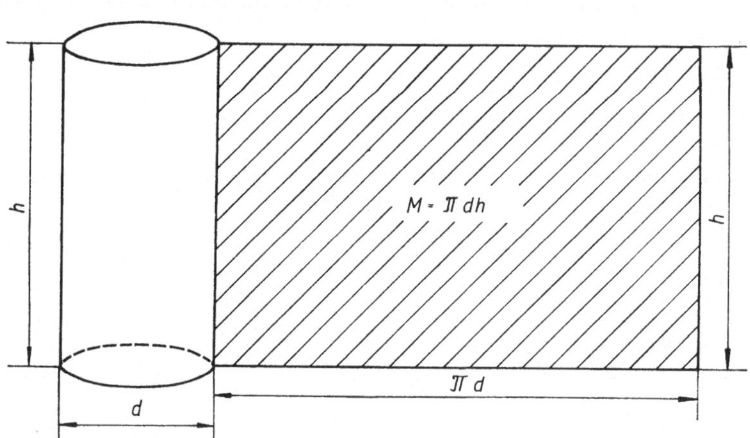

Abb. 3.5.

 **Aufgaben**

1. Von folgenden geraden Prismen sind das Volumen und bei **a)**, **b)**, **c)** der Oberflächeninhalt zu berechnen:

a) Würfel (Kante $a = 0,9$ m)

b) Quader (Kanten $s = 9,1$ cm; $b = 3,4$ cm; $c = 5$ cm)

c) Rechtwinklig-dreiseitiges Prisma (Kanten der Grundfläche: $a = 3$ dm, $b = 4$ dm, $c = 5$ dm; Höhe: $h = 12$ dm)

d) Vierseitiges Prisma mit trapezförmiger Grundfläche (Parallelseiten des Trapezes: $a = 75$ mm; $c = 33$ mm; Trapezhöhe $h = 42$ mm; Prismenhöhe $H = 150$ mm)

e) Vierseitiges Prisma mit einem Parallelogramm als Grundfläche (Parallelogrammseite $a = 35$ cm; zugehörige Höhe $h_a = 10$ cm; Prismenhöhe $h = 25$ cm) (L)

2. Aluminiumtöpfe haben folgende Innenmaße: **a)** $d = 14$ cm; $h = 10$ cm; **b)** $r = 10$ cm; $h = 13$ cm; **c)** $d = 24$ cm; $h = 15$ cm. Wieviel Liter faßt jeder Topf? Wieviel Quadratzentimeter mußten eloxiert werden? (L)

3. Das Becken eines Schwimmbades ist quaderförmig mit den Maßen 50 m $\times 20$ m $\times 3$ m. In welcher Zeit wird es bis zu einer Höhe von $2{,}8$ m gefüllt, wenn in 1 min $6{,}7$ m^3 Wasser zufließen? (L)

4. Durch einen Bahndamm mit trapezförmigem Querschnitt (Höhe $h = 4$ m; obere Breite $c = 12$ m, Böschungswinkel $\alpha = 45°$) soll senkrecht zum Damm eine 15 m breite Durchfahrt gelegt und dann überbrückt werden. Wieviel Erde ist abzufahren? (L)

5. Ein zylindrischer, beiderseits verschlossener Kessel (Länge 3 m; Durchmesser 2 m) soll entrostet werden. Welche Flächengröße ist zu entrosten? Wieviel Liter Wasser faßt der Kessel? (L)

6. Der Mantelflächeninhalt eines 10 cm hohen Kreiszylinders beträgt 200 cm^2. Wie groß ist der Oberflächeninhalt? (L)

7. Der Umfang eines $4{,}2$ m hohen zylinderförmigen Silos beträgt 11 m. Wie groß ist sein Volumen? (L)

8. Wie groß sind Volumen und Gewicht eines Ziegelsteins? (Maße: 25 cm $\times$ 12 cm $\times$ 6,5 cm; $\varrho = 1{,}7$ g cm^{-3}) (L)

9. Ein Stahlbolzen (Durchmesser: 50 mm) hat einen 50 mm langen Vierkantansatz mit 30 mm Kantenbreite. Gewicht des Bolzens bei 130 mm Gesamtlänge? ($\varrho = 7{,}8$ g cm^{-3}) (L)

10. Wie ändern sich Volumen und Oberflächeninhalt eines Würfels, wenn die Kantenlänge **a)** verdoppelt, **b)** gedrittelt, **c)** verzehnfacht wird? (L)

11. Wieviel wiegt der laufende Meter Eisenrohr von 1 cm Wandstärke und einem äußeren Durchmesser von 15 cm? ($\varrho = 7{,}2$ kg/dm^3) (L)

12. Der Achsenschnitt eines Zylinders ist ein Quadrat von der Seitenlänge a. Wie groß sind Volumen und Oberflächeninhalt? (L)

13. Wieviel wiegen 200 m Alu-Draht ($d = 3$ mm; $\varrho = 2{,}8$ kg dm^{-3})? (L)

14. Ein Rechteck mit den Seiten a und b ($a > b$) rotiert einmal um a, zum anderen um b als Achse. Wie verhalten sich die Volumina und die Mantelflächeninhalte beider Zylinder? (L)

15. Die Teilstriche eines zylindrischen Meßglases mit $d = 40$ mm lichter Weite sollen von 5 cm^3 zu 5 cm^3 angebracht werden. In welcher Entfernung sind jeweils zwei Striche anzubringen? (L)

3.3. Pyramide und Kreiskegel

3.3.1. Allgemeine Eigenschaften

Werden von den Eckpunkten eines ebenen Vielecks Strahlen in den Raum geführt, die nicht parallel wie in Abbildung 3.1. verlaufen, sondern die sich alle in einem Punkt schneiden (Abb. 3.6. für ein ebenes Fünfeck), so begrenzen das Vieleck und die zwischen den Strahlen liegenden Dreiecke einen Körper, der **Pyramide** heißt. Der gemeinsame Schnittpunkt der Strahlen ist ihre **Spitze;** die übrigen Bezeichnungen sind die gleichen wie beim Prisma **(Grundfläche, Seitenflächen, Kanten, Ecken).** Auch die Pyramiden werden nach der Seitenzahl der Grundfläche bezeichnet.

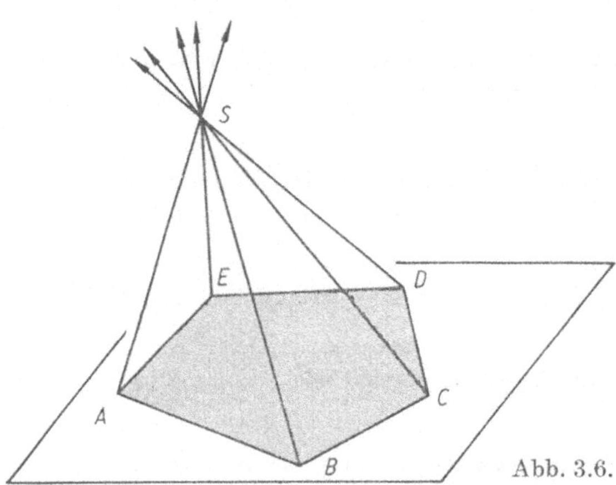

Abb. 3.6.

Ist die Grundfläche ein regelmäßiges Vieleck, heißt die Pyramide selbst **regelmäßig.** Liegt bei ihr die Spitze senkrecht über dem Mittelpunkt der Grundfläche, wird die Pyramide **gerade,** anderenfalls **schief** genannt. Bei geraden Pyramiden sind die Seitenflächen kongruente gleichschenklige Dreiecke, in allen anderen Fällen kommen als Seitenflächen auch ungleichseitige Dreiecke vor. Der Abstand der Spitze von der Ebene der Grundfläche ist die **Höhe** der Pyramide.

Ist die Grundfläche ein **Kreis,** so ergibt sich als entsprechender Körper ein **Kreiskegel.** Er kann gerade oder schief sein. An Stelle der Dreiecke besitzt der Kreiskegel als Teil der Oberfläche eine gekrümmte **Mantelfläche** (kurz: **Mantel**). In ihr verlaufen unbegrenzt viele gerade **Mantellinien** von den Punkten der Peripherie der Grundfläche zur Spitze, die den Seitenkanten der Pyramide entsprechen.

● **Aufgaben**

1. An fünf verschiedenen Pyramiden ist zu überprüfen, ob auch für sie der Eulersche Polyedersatz gilt (vgl. Aufgabe 5 in Abschnitt 3.2.1.).

2. Ein gerader Kreiskegel, der einem geraden Kreiszylinder einbeschrieben ist, hat dieselbe Grundfläche wie der Zylinder, während seine Spitze mit dem Mittelpunkt von dessen Deckfläche zusammenfällt. In welchem Verhältnis stehen beim Zylinder Durchmesser und Höhe, wenn die Mantellinien des einbeschriebenen Kegels unter 45° zur Grundfläche geneigt sind? (L)

3. Ein gerader Kreiszylinder, der einem geraden Kreiskegel einbeschrieben ist, liegt so, daß seine Grundfläche konzentrisch innerhalb der Grundfläche des Kegels und die Peripherie seiner Deckfläche in der Mantelfläche des Kegels liegt. In welchem Verhältnis stehen die Höhen beider Körper, wenn ihre Grundkreisdurchmesser im Verhältnis **a)** $1:2$, **b)** $3:4$, **c)** $m:n$ stehen? (L)

3.3.2. Volumenberechnung

a) Volumenvergleiche

Satz (7) aus Abschnitt 3.2.2. gilt, wie hier nicht bewiesen werden kann, auch für
pyramidenförmige Körper (Pyramiden und Kreiskegel). Nun gilt aber für alle diese
Körper der Satz:

▶ **(1) Jede parallel zur Grundfläche einer Pyramide in beliebiger Höhe gelegte Schnittebene
ergibt eine zur Grundfläche ähnliche Schnittfigur**

Der *Beweis* ergibt sich durch wiederholte Anwendung des Strahlensatzes (Abb. 3.7.:
$\triangle ABC \sim \triangle A'B'C'$). Das Ähnlichkeitsverhältnis ist z. B. $k = h : h'$. Die Flächeninhalte der Grundflächen G und G' der beiden Pyramiden stehen dann im Verhältnis $G : G' = k^2 = h^2 : h'^2$.

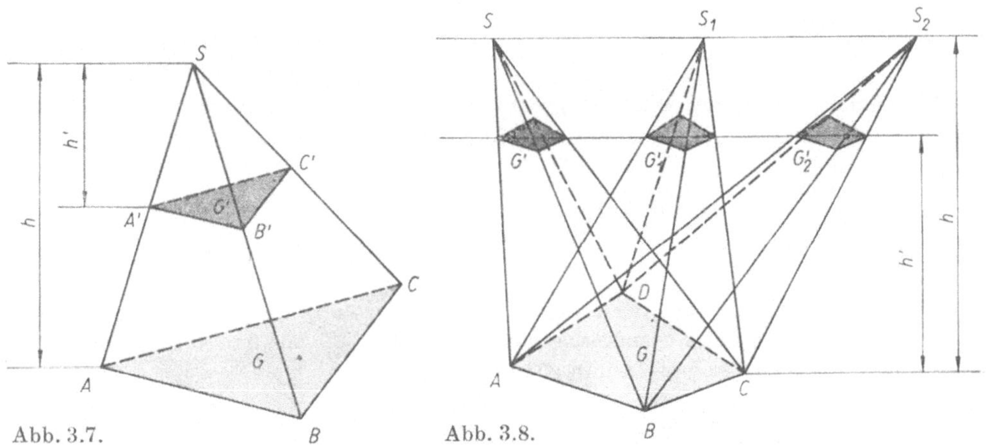

Abb. 3.7.   Abb. 3.8.

Werden mehrere Pyramiden mit derselben Grundfläche G und gleich großen Höhen h
(Abb. 3.8.) alle in einer beliebigen, aber gleichen Höhe h' geschnitten, so sind die
entstehenden Schnittfiguren stets untereinander flächengleich. Denn es gilt:

$$G : G' = k^2 = G : G_1' = G : G_2' = \ldots, \quad \text{also} \quad G' = G_1' = G_2' = \ldots$$

Daraus folgt für Pyramiden und Kreiskegel der Satz (7) aus Abschnitt 3.2.2. in der
vereinfachten Form:

▶ **(2) *Pyramiden* (und *Kreiskegel*) haben gleiches Volumen, wenn sie gleich große Höhen
und Grundflächen besitzen.**

b) Prismendrittelung

▶ **(3) Jedes dreiseitige Prisma läßt sich durch zwei geeignete Diagonalschnitte in drei untereinander volumengleiche Pyramiden zerlegen, von denen zwei dieselben Grundflächen-
und Höhengrößen wie das Prisma besitzen.**

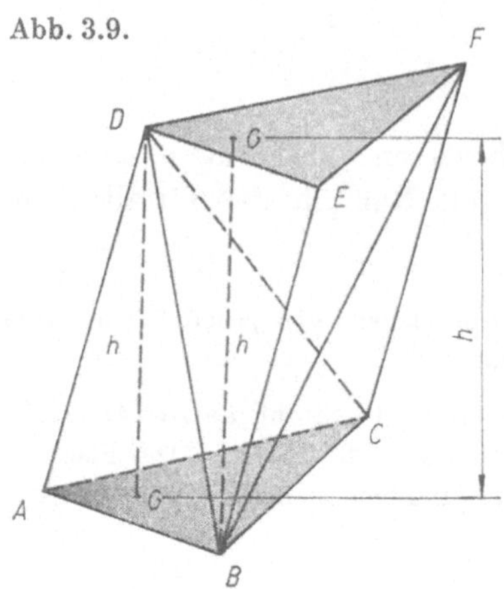

Abbildung 3.9. zeigt: Pyramide $ABCD$ ist nach Satz (2) volumengleich Pyramide $DEFB$, denn beide haben gleich große Grundflächen G (ABC bzw. DEF) und gleich große Höhen h. Wird die Pyramide $DEFB$ aber als Pyramide mit der Grundfläche BFE (also $BFED$) betrachtet, so ist sie als die Hälfte der vierseitigen Pyramide $BCFED$ (Halbieren des Grundflächenparallelogramms $BCFE$ durch die Diagonale BF) aufzufassen. Damit ist erwiesen, daß auch die dritte Pyramide $BCFD$ den beiden erstgenannten ($ABCD$ bzw. $DEFB$) volumengleich ist.

Die Überlegung läßt sich umkehren: An jede dreiseitige Pyramide lassen sich zwei volumengleiche anfügen, so daß insgesamt ein dreiseitiges Prisma entsteht, das dieselbe Grundflächen- und Höhengröße wie die Ausgangspyramide hat.

c) Volumen von Pyramiden und Kreiskegeln

Aus Satz (3) folgt

▶ (4) **Das Volumen einer *dreiseitigen Pyramide* ist ein Drittel vom Volumen des Prismas mit gleichgroßer Grundfläche und Höhe. Werden V, G und h in einander entsprechenden Einheiten gemessen, so gilt**

$$V_{dr\mathrm{Py}} = \frac{1}{3}\,G \cdot h.$$

Da jedes n-Eck in ein flächengleiches Dreieck verwandelt werden kann, läßt sich jede n-seitige Pyramide in eine dreiseitige verwandeln, deren Grundflächeninhalt G und deren Höhengröße h mit den entsprechenden Größen der n-seitigen Pyramide übereinstimmen. Damit haben aber beide Pyramiden nach Satz (2) auch das gleiche Volumen, und es gilt:

▶ (5) **Das *Volumen jeder Pyramide* ist gleich einem Drittel des Produkts aus dem Flächeninhalt der Grundfläche G und der Länge der Höhe h, wenn diese in einander entsprechende Einheiten gemessen werden:**

$$V_{\mathrm{Py}} = \frac{1}{3}\,G \cdot h$$

Daraus folgt sofort:

▶ (6) **Das *Volumen des Kreiskegels* mit dem Grundkreisradius r und der Höhe h ist**

$$V_{\mathrm{Ke}} = \frac{\pi}{3}\,r^2 \cdot h$$

3.3.3. Oberflächenberechnung

a) Pyramiden

Im allgemeinen müssen die Größen der
einzelnen Teilflächen (*n* Dreiecke und die
Grundfläche) getrennt berechnet und dann
addiert werden, um den Oberflächeninhalt
zu erhalten. Nur bei der geraden regelmäßigen Pyramide ist eine Vereinfachung
möglich, weil die *n* Seitenflächen kongruente gleichschenklige Dreiecke sind.

> **(7) Die *Oberfläche der n-seitigen re-
> gelmäßigen geraden Pyramide*
> (Grundfläche G) besteht aus einem
> regelmäßigen *n*-Eck und *n* gleich-
> schenkligen Dreiecken △ mit der Basis
> gleich der Seite der Grundfläche:**
>
> $$O_{rPy} = G + n \cdot \triangle$$

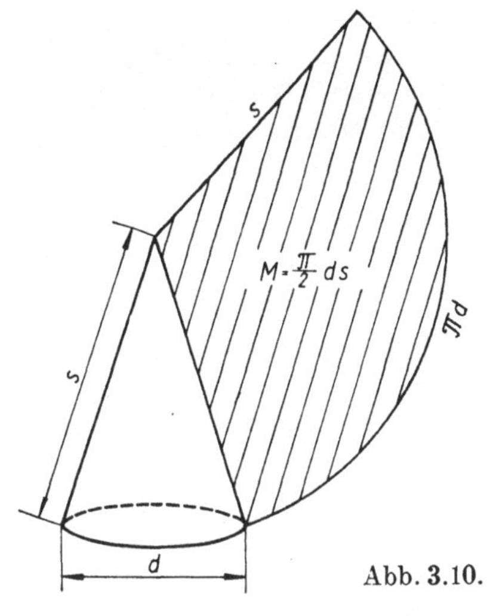

Abb. 3.10.

b) Kreiskegel

Die Oberfläche besteht aus dem Grundkreis und der Mantelfläche. Diese läßt sich
abwickeln, ihre Größe ist aber nur beim geraden Kreiskegel mit elementaren Mitteln
zu bestimmen. In diesem Fall ergibt sich nämlich ein **Kreissektor** mit der Mantellinie *s* als Radius und der Peripherie des Grundkreises πd als Bogen (Abb. 3.10.).
Dann gilt:

$$M : \pi s^2 = \pi d : 2\pi s$$

$$M = \frac{\pi}{2} ds$$

> **(8) Der Inhalt der Oberfläche O_{Ke} des *geraden Kreiskegels* mit dem Durchmesser *d*
> des Grundkreises und der Mantellinie *s* ist**
>
> $$O_{Ke} = \frac{\pi}{2} d \left(\frac{d}{2} + s \right).$$

● **Aufgaben**

1. Zu berechnen sind Volumen und Oberfläche von

   a) einer geraden quadratischen Pyramide (Grundkante 20 cm; Höhe 24 cm)

   b) einer geraden vierseitigen Pyramide mit rechteckiger Grundfläche (Grundkanten 10 dm
   und 18 dm; Höhe 12 dm)

   c) einem geraden Kreiskegel (Durchmesser des Grundkreises 12 cm; Mantellinie 10 cm) (L)

2. Ein Turm mit quadratischer Grundfläche von 32,80 m Umfang hat als Dach eine Pyramide, deren Höhe ein Fünftel der Gesamthöhe ausmacht. Die Turmhöhe bis zum Dachansatz beträgt 44,60 m. In welchem Verhältnis steht der Dachraum zum Turmraum (ohne Dachraum)? Wie groß ist der gesamte umbaute Raum? (L)

3. Ein rechtwinkliges Dreieck mit den Katheten $a = 8$ cm und $b = 6$ cm wird einmal um die Kathete a, zum anderen um die Kathete b gedreht. Wie groß sind Volumen, Mantel und Oberfläche von jedem der beiden entstehenden Kreiskegel, und in welchem Verhältnis stehen jeweils entsprechende Größen? (L)

4. Ein kegelförmiger Haufen Sand soll durch 3-Tonner-Lastwagen abgefahren werden. Der Umfang des Kegels wird durch Abschreiten auf 22 m geschätzt, die Höhe auf 2 m. 1 m³ Sand hat ein Gewicht von 1800 kp. Wieviel Fuhren sind nötig? (L)

5. Bei einem runden Spitzzelt werden der Bodendurchmesser mit 4,00 m, die Höhe mit 5,00 m und eine Mantellinie mit 5,39 m vermessen. Können die Maße stimmen? Wie groß sind Bodenfläche, Luftraum und Menge des benötigten Zeltplanstoffs (ohne Bodenbedeckung)? (L)

6. An ein Stück Quadratstahl (50 mm × 50 mm) soll eine pyramidenförmige Spitze von 114 mm Höhe angeschmiedet werden. Wieviel wiegt das Werkstück bei einer Gesamtlänge von 250 mm ($\varrho = 7{,}85$ kg dm⁻³)? Welche Rohlänge des Quadratstahls ergibt die richtige Spitzenhöhe bei 5 % Abbrandverlust? (L)

7. Einem geraden Kreiskegel (Grundkreisdurchmesser 17 cm; Höhe 14 cm) ist ein gerader Kreiszylinder einbeschrieben (Durchmesser 8 cm). Wie groß ist die Zylinderhöhe? Welches Volumen hat der Restkörper (Kegel minus Zylinder)? (L)

8. Ein gleichschenkliges Trapez (Parallelseiten 12 cm und 6 cm; Höhe 4 cm) rotiert einmal um die größere, dann um die kleinere der Parallelseiten. Wie groß sind die Volumina der Rotationskörper? In welchem Verhältnis stehen sie? (L)

9. Wie groß ist das Volumen einer dreiseitigen Pyramide mit gleichschenkliger Grundfläche (Schenkel 5 cm; Basis 6 cm; Höhe der Pyramide 7,5 cm)? (L)

10. Aus einem Würfel soll ein gerader Kreiskegel mit größtmöglichem Volumen gedreht werden. Wieviel Prozent beträgt der Abfall? (L)

11. Zwei gerade Kreiskegel liegen mit ihren gleich großen Grundflächen (Durchmesser 10 cm) so aufeinander, daß beide Spitzen nach außen weisen. Der Spitzenabstand beträgt 24 cm. Die Höhen der beiden Kegel verhalten sich wie **a)** 1 : 1, **b)** 1 : 2, **c)** 1 : 3, **d)** 1 : 5. Wie groß sind jeweils das Volumen des Doppelkegels, die Volumina der beiden Teilkegel und deren Verhältnis? (L)

12. Ein Stück Rundstahl (Länge 120 mm; Durchmesser 40 mm) ist auf jeder Seite bis zu einem Viertel der Länge kegelförmig ausgebohrt. Wieviel wiegt das Werkstück ($\varrho = 7{,}8$ g cm⁻³)? (L)

3.4. Stumpfkörper

3.4.1. Allgemeine Eigenschaften

Wird von einer Pyramide oder einem Kreiskegel durch eine parallel zur Grundfläche
gelegene Ebene die Spitze abgeschnitten, so bleibt ein **Stumpfkörper** übrig. Dieser
besitzt außer der Grundfläche G_1 eine Deckfläche G_2, die zur Grundfläche ähnlich ist
(Satz (1) aus Abschnitt 3.3.2.). Der n-seitige **Pyra-**
midenstumpf wird außerdem von n Trapezen als
Seitenflächen begrenzt, die beim geraden regelmäßigen
Stumpf (Abb. 3.11. für $n = 4$) gleichschenklig und
untereinander kongruent sind.

Der **Kreiskegelstumpf** hingegen besitzt an Stelle der
Seitenflächen eine gekrümmte Mantelfläche (Mantel),
in der unbegrenzt viele Mantellinien liegen (Abb. 3.12.:
gerader Kreiskegelstumpf).

Der abgeschnittene Teil heißt **Ergänzungspyramide**
bzw. **Ergänzungskegel.**

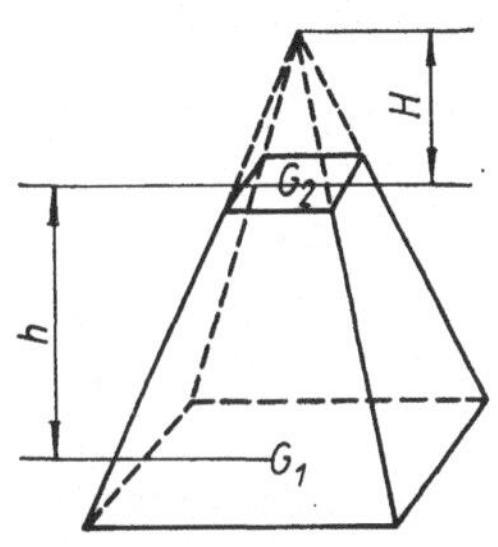

Abb. 3.11.

● **Aufgaben**

1. Es ist zu begründen, warum zwischen Grund- und Deckfläche der Stumpfkörper Ähnlichkeit
   besteht.

2. Gilt für ebenflächig begrenzte Stumpfkörper der Eulersche Polyedersatz? (Es sind 5 Beispiele
   zu untersuchen.)

3.4.2. Volumenberechnung

Das Volumen jedes Stumpfkörpers ergibt sich als
Differenz aus dem großen Pyramidenkörper und dem
Ergänzungskörper.

a) Kreiskegelstumpf

Mit den in Abb. 3.12. notierten Symbolen ergibt sich:

$$V_{\text{Kest}} = \frac{\pi}{3} r_1^2 (h + H) - \frac{\pi}{3} r_2^2 H$$

Zwischen r_1, r_2, $(h + H)$ und H besteht nach dem
Strahlensatz Proportionalität:

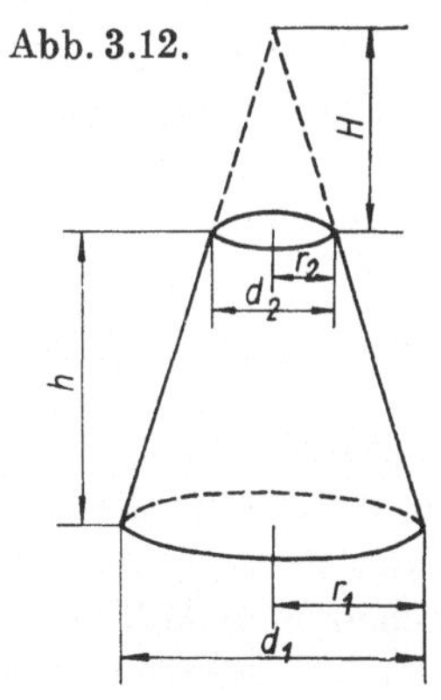

Abb. 3.12.

$$(h + H) : H = r_1 : r_2, \qquad \text{also: } (h + H) = \frac{r_1}{r_2}\, H$$

$$\text{und} \qquad H = \frac{r_2}{r_1 - r_2} \cdot h$$

$$\text{d. h.: } (h + H) = \frac{r_1}{r_1 - r_2} \cdot h$$

Durch Einsetzen folgt:

$$V_{\text{KeSt}} = \frac{\pi}{3} \left[\frac{r_1{}^3}{r_1 - r_2}\, h - \frac{r_2{}^3}{r_1 - r_2}\, h \right] = \frac{\pi h}{3} \cdot \frac{r_1{}^3 - r_2{}^3}{r_1 - r_2}$$

Wegen $(r_1{}^3 - r_2{}^3) : (r_1 - r_2) = r_1{}^2 + r_1 r_2 + r_2{}^2$ ergibt sich schließlich:

▶ **(1) Das Volumen des *Kreiskegelstumpfs* läßt sich bestimmen nach**

$$V_{\text{KeSt}} = \frac{\pi h}{3}\, (r_1{}^2 + r_1 r_2 + r_2{}^2).$$

b) *Pyramidenstumpf*

Auf gleiche Weise läßt sich eine Formel für das Volumen des Pyramidenstumpfes mit den Symbolen der Abbildung 3.11. herleiten, doch ist dazu der Begriff der Wurzel erforderlich (vgl. Abschnitt 4.5.2., Seite 161). Die Formel wird deshalb nur mitgeteilt:

▶ **(2) Das Volumen des *Pyramidenstumpfes* ist**

$$V_{\text{PySt}} = \frac{h}{3}\, (G_1 + \sqrt{G_1 G_2} + G_2)$$

3.4.3. Oberflächenberechnung

a) *Pyramidenstumpf*

Im allgemeinen müssen die Größen der einzelnen Teilflächen (n Trapeze sowie Grund- und Deckfläche) getrennt berechnet und dann addiert werden, um den Oberflächeninhalt des Stumpfes zu ermitteln. Nur beim geraden, regelmäßigen Pyramidenstumpf ist eine Vereinfachung möglich, da die n Seitenflächen kongruente gleichschenklige Trapeze sind.

b) *Kreiskegelstumpf*

Die Oberfläche besteht aus Grund- und Deckkreis und der Mantelfläche. Diese läßt sich abwickeln, aber nur beim geraden Stumpf mit elementaren Mitteln berechnen. In diesem Fall ergibt sich nämlich ein **Kreisringausschnitt** (Abb. 3.13.). Dessen Flächeninhalt läßt sich als Differenz aus den Flächeninhalten zweier Kreissektoren A_1 und A_2 bestimmen (vgl. Abb. 3.10.):

$$A_1 = \frac{\pi}{2}\, d_1\,(s + S); \qquad A_2 = \frac{\pi}{2}\, d_2\, S;$$

$$M_{\text{Kest}} = \frac{\pi}{2}\left[d_1\,(s + S) - d_2\, S \right].$$

Wegen $(s + S) : S = d_1 : d_2$ folgt:

$$(s + S) = \frac{d_1}{d_2}\, S$$

also: $\quad S = \dfrac{d_2}{d_1 - d_2}\, s$

d. h.: $\quad (s + S) = \dfrac{d_1}{d_1 - d_2}\, s$

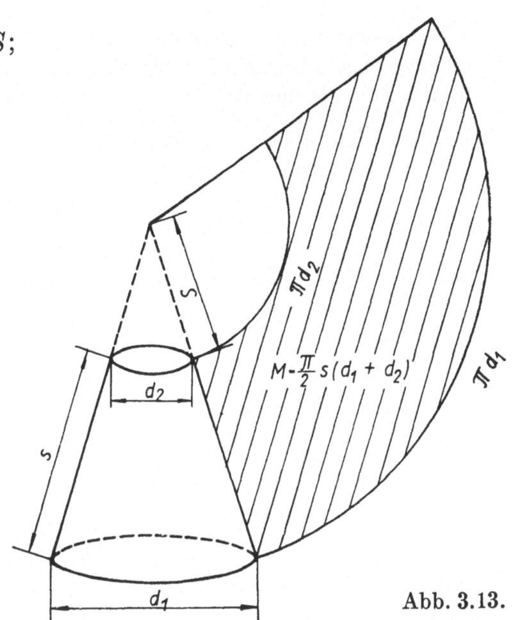

Abb. 3.13.

Daraus ergibt sich:

$$M_{\text{Kest}} = \frac{\pi}{2}\left[\frac{d_1{}^2}{d_1 - d_2}\, s - \frac{d_2{}^2}{d_1 - d_2}\, s \right] = \frac{\pi}{2}\, s\, \frac{d_1{}^2 - d_2{}^2}{d_1 - d_2}$$

oder

$$M_{\text{Kest}} = \frac{\pi}{2}\, s\,(d_1 + d_2)$$

▶ **(3) Der Inhalt der Oberfläche des geraden *Kreiskegelstumpfes* mit den Durchmessern d_1 bzw. d_2 des Grund- bzw. Deckkreises und der Mantellinie s ist**

$$O_{\text{Kest}} = \frac{\pi}{2}\left[\frac{d_1{}^2}{2} + \frac{d_2{}^2}{2} + s\,(d_1 + d_2) \right].$$

● **Aufgaben**

1. Volumen und Oberflächeninhalt eines geraden Kreiskegelstumpfes mit folgenden Maßen sind zu berechnen: Grundkreisdurchmesser 22 cm, Deckkreisdurchmesser 10 cm; Höhe 8 cm. (L)

2. Ein quadratischer Pyramidenstumpf (Grundflächenkante 25 cm, Deckflächenkante 15 cm, Höhe 18 cm) wird in halber Höhe parallel zur Grundfläche durchgeschnitten. Wie groß sind die Volumina der beiden Teile? In welchem Verhältnis stehen sie? (L)

3. Oberer und unterer Durchmesser eines Wassereimers sind 28 cm bzw. 20 cm groß, seine Höhe 24 cm. Wieviel Liter faßt er? (L)

4. Ein Kegel mit gleichseitigem Achsenschnitt wird in halber Höhe durchgeschnitten. Wie groß ist die Oberfläche des entstehenden Stumpfes (Durchmesser des Grundkreises: 8 dm)? (L)

5. Das Trapez aus Aufgabe 8 im Abschnitt 3.3.3. rotiert um seine Symmetrieachse. Wie groß sind Volumen und Oberfläche des entstehenden Kreiskegelstumpfes? (L)

6. Wird bei einem Kreiskegelstumpf $d_1 = d_2$, so geht er in einen Kreiszylinder über. Stimmen in diesem Fall die Formeln für Oberflächeninhalt und Volumen mit den entsprechenden Formeln für den Zylinder überein?

7. Dieselbe Überlegung ist für den Fall durchzuführen, daß $d_2 = 0$ wird. Welcher Körper ergibt sich dann? Stimmen auch hierbei die Formeln für Oberflächeninhalt und Volumen?

3.5.   Kugel und Kugelteile

3.5.1. Kugel

a) Allgemeine Eigenschaften

Bei der Kugel muß zwischen **Kugelkörper** und **Kugelfläche** unterschieden werden. (Sobald Verwechslungen ausgeschlossen sind, wird in beiden Fällen kurz von der „Kugel" gesprochen.) Eine **Kugelfläche** ist die Menge aller Punkte des Anschauungsraumes, die von einem festen Punkt **(Mittelpunkt)** die gleiche Entfernung **(Radius, Halbmesser, halber Durchmesser)** haben.

Eine **Ebene** kann eine Kugel **meiden, berühren (Tangentialebene)** oder **schneiden.** Die Schnittfigur ist in jedem Fall ein **Kreis.** Der größte **(Großkreis, Hauptkreis)** entsteht, wenn die Ebene durch den Mittelpunkt verläuft. Sein Radius ist gleich dem Kugelradius. Alle anderen Schnittkreise sind kleiner **(Kleinkreise, Nebenkreise).**

b) Volumenberechnung

Satz (7) aus Abschnitt **3.2.2.** gilt, wie hier nicht bewiesen werden kann, nicht nur für Prismen und Pyramiden, sondern in entsprechender Form für alle Körper, die die dort genannten Bedingungen über Höhe und Schnittflächeninhalt erfüllen. So läßt sich z.B. zur Halbkugel ein Körper konstruieren, der den Bedingungen dieses Satzes genügt und dessen Volumen sich leicht bestimmen läßt. Dieser Körper ist ein Restkörper, der entsteht, wenn aus einem Kreiszylinder ein gerader Kreiskegel so ausgebohrt wird, wie es Abbildung **3.14.** zeigt. Grundkreisradius und Höhe von Kreiszylinder und Kreiskegel haben dieselbe Größe wie der Kugelradius.

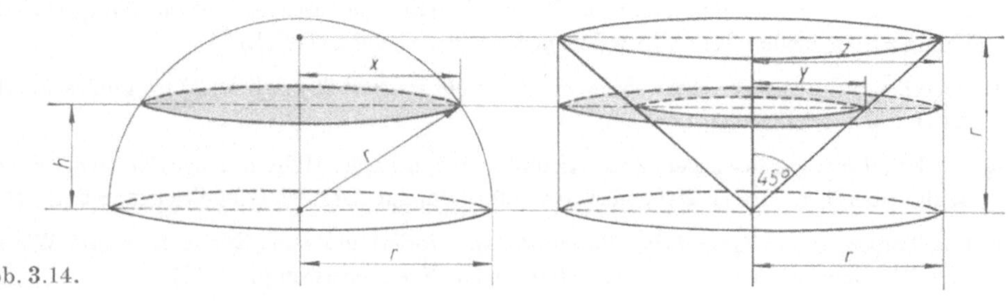

Abb. 3.14.

Daß Restkörper und Halbkugel die Bedingungen des Satzes von Cavalieri erfüllen, zeigt ein Schnitt parallel zu den Grundflächen in beliebiger Höhe h. Es ergibt sich (Abb. 3.14.):

a) bei der **Halbkugel** ein **Kreis,** für dessen Radien x gilt:

$x^2 = r^2 - h^2$. Der Flächeninhalt ist also $\pi(r^2 - h^2)$;

b) bei dem **Restkörper** ein **Kreisring,** für dessen Radien gilt:

$y = h$; $z = r$. Der Flächeninhalt ist also $\pi(r^2 - h^2)$.

Damit ist die Flächengleichheit beider Schnittfiguren in jeder beliebigen Höhe erwiesen, und das Volumen der Halbkugel ist gleich dem Volumen des Restkörpers, also gleich der Differenz der Volumina von Kreiszylinder und Kreiskegel:

$$V_{\mathrm{HKu}} = V_{\mathrm{Z}} - V_{\mathrm{Ke}} = \pi r^2 \cdot r - \tfrac{1}{3}\pi r^2 \cdot r = \tfrac{2}{3}\pi r^3.$$

Daraus folgt:

▶ **(1) Das *Volumen der Kugel* mit dem Radius r bzw. dem Durchmesser d ist**

$$V_{\mathrm{Ku}} = \frac{4}{3}\,\pi\,r^3 = \frac{\pi}{6}\,d^3.$$

c) Oberflächenberechnung

Die Größe der Oberfläche einer Kugel läßt sich mit elementaren Mitteln nicht ermitteln. Sie wird deshalb ohne Beweis mitgeteilt:

▶ **(2) Die Größe der *Oberfläche der Kugel* mit dem Radius r bzw. dem Durchmesser d ist**

$$O_{\mathrm{Ku}} = 4\,\pi\,r^2 = \pi\,d^2.$$

● **Aufgaben**

1. In welchem Verhältnis stehen die Volumina eines Kreiszylinders, einer Kugel und eines Kreiskegels, wenn Zylinder und Kegel Grundkreisdurchmesser und Höhe von der Größe des Kugeldurchmessers haben? (Satz von Archimedes) (L)

2. In welchem Verhältnis steht der Oberflächeninhalt einer Kugel zum Mantelflächeninhalt des umbeschriebenen Kreiszylinders? In welchem Verhältnis stehen die Größen der beiden Oberflächen? (L)

3. Wie groß sind Oberfläche und Volumen einer Kugel mit dem Durchmesser **a)** 2 m, **b)** 13,5 cm, **c)** 0,7 dm? (L)

4. Der Umfang einer Kugel beträgt 157 cm. Wie groß sind Volumen und Oberflächeninhalt? (L)

5. Wieviel wiegt eine eiserne Hohlkugel mit einem äußeren Durchmesser von 15 cm und einer Wanddicke von 1 cm ($\varrho = 7{,}2 \text{ g cm}^{-3}$)? (L)

6. Ein Wasserbehälter besteht aus einem 1,80 m hohen Zylinder mit 2,00 m lichter Weite, der unten durch eine nach außen gewölbte Halbkugel abgeschlossen ist. Wieviel Kubikmeter Wasser faßt er und welche Fläche wird benetzt? (L)

7. Der Radius der Erde wird, wenn sie angenähert als Kugel betrachtet wird, mit 6370 km angegeben. Wie groß sind dann Äquator, Oberfläche und Volumen? (L)

8. Um wieviel steigt das Wasser in einem Zylinder mit einer lichten Weite von 10 cm an, wenn eine Stahlkugel unter Wasser gelegt wird, deren Durchmesser zur lichten Weite im Verhältnis **a)** 1 : 1, **b)** 1 : 4, **c)** 1 : 9 steht? (L)

9. Eine Halbkugel vom Radius r wird von der Grundfläche her so kegelförmig ausgebohrt, daß die Kegelspitze in der Kugeloberfläche liegt. Wie groß ist das Volumen des Restkörpers? (L)

10. Ein Kreiszylinder und eine Kugel haben gleiches Volumen. Wie groß ist die Zylinderhöhe, wenn die Durchmesser von Zylinder und Kugel übereinstimmen? (L)

11. Wieviel Kugeln vom Durchmesser 2 cm kann man aus 10 kg Blei gießen ($\varrho = 11,4$ g cm^{-3})? (L)

12. Wieviel Prozent beträgt der Materialabfall, wenn aus einem Würfel die größtmögliche Kugel gedreht wird? (L)

13. Einer Halbkugel vom Durchmesser d ist die größtmögliche Kugel einbeschrieben. Wie groß ist das Volumen des Restkörpers? In welchem Verhältnis stehen die Volumina aller drei Körper? (L)

14. Wieviel Kubikmeter enthält das 0,5 m dicke Mauerwerk einer halbkugelförmigen Kuppel mit dem inneren Durchmesser von 12 m? (L)

15. Die Lunge des Menschen besteht aus rund 1,6 Milliarden kugelförmigen Bläschen mit einem Durchmesser von je etwa 0,2 mm. Wie groß ist die gesamte Oberfläche der Lungenbläschen? (L)

16. Ein Stahlbolzen besteht aus einem 70 mm langen zylindrischen Teil vom Durchmesser 30 mm, auf dessen einem Ende eine kegelförmige Spitze, auf dessen anderem Ende eine Halbkugel aufgesetzt ist. Die gesamte Bolzenlänge ist 130 mm.
Wie schwer ist der Bolzen ($\varrho = 7,85$ g cm^{-3})? (L)

3.5.2. Kugelteile

a) Zusammenstellung der Fachbezeichnungen

Wird eine Kugel von einer Ebene geschnitten, so wird sie in zwei Teile zerlegt (Abb. 3.15.).

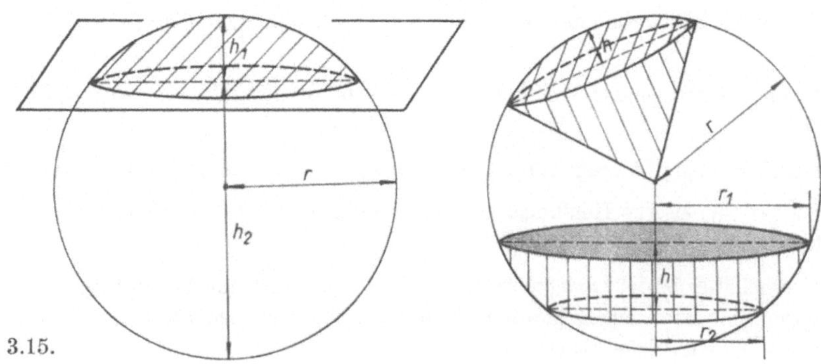

Abb. 3.15.   Abb. 3.16.

Die **Teile des Kugelvolumens,** die dadurch entstehen, heißen **Kugelabschnitte** oder
Kugelsegmente. Sie sind durch den Kugelradius r und die Höhen h_1 bzw. h_2 eindeutig
bestimmt.
Die **Teile der Kugeloberfläche** heißen **Kugelkappen, Kugelschalen** oder **Kugelkalotten.**
Ihre Bestimmungsstücke sind ebenfalls Kugelradius r und Höhen h_1 bzw. h_2.
Wird zu einem Kugelabschnitt noch der Kegel dazugenommen, dessen Spitze im
Kugelmittelpunkt liegt (Abb. 3.16.), so ergibt sich ein **Kugelausschnitt** oder **Kugel-
sektor** (Bestimmungsstücke: r und h).
Wird eine Kugel von zwei parallelen Ebenen geschnitten, so entsteht ein Teilkörper,
dessen Volumen **Kugelschicht** und dessen Teil der Kugeloberfläche **Kugelzone** heißt.
Beide sind bestimmt durch die Radien der begrenzenden Schnittkreise r_1 bzw. r_2
und durch die Höhe h (Abb. 3.16.).

b) Volumenberechnung

Das Volumen des **Kugelsegments** läßt sich nach derselben Methode berechnen, die in
Abschnitt 3.5.1.*b)* für das Volumen der Halbkugel benutzt wurde. In diesem Fall
ist das Volumen des Kugelsegments gleich der Differenz der Volumina eines Kreiszylinders und eines Kegelstumpfes mit den Radien r und $(r - h)$ und der Höhe h
(vgl. Abb. 3.14.):

$$V_{\text{KuSg}} = \pi r^2 h - \frac{\pi}{3} h \left[r^2 + r (r - h) + (r - h)^2 \right]$$

$$= \frac{\pi}{3} h (3r^2 - r^2 - r^2 + rh - r^2 + 2rh - h^2)$$

$$= \frac{\pi}{3} h (3rh - h^2) = \frac{\pi}{3} h^2 (3r - h)$$

►   **(3) Das *Volumen des Kugelsegments* von der Höhe *h* aus der Kugel mit dem Radius *r* ist**

$$V_{\text{KuSg}} = \frac{\pi}{3} h^2 (3r - h).$$

Der **Kugelsektor** ergibt sich als Summe von Kugelsegment und Kegel:

$$V_{\text{KuSk}} = \frac{\pi}{3} h^2 (3r - h) + \frac{\pi}{3} \left[r^2 - (r - h)^2 \right] (r - h)$$

$$= \frac{\pi}{3} (3rh^2 - h^3 + r^3 - r^2 h - r^3 + r^2 h + 2 r^2 h - 2 r h^2 - r h^2 + h^3)$$

$$= \frac{\pi}{3} \cdot 2 r^2 h = \frac{2}{3} \pi r^2 h$$

►   **(4) Das *Volumen des Kugelsektors* von der Höhe *h* aus der Kugel mit dem Radius *r* ist**

$$V_{\text{KuSk}} = \frac{2}{3} \pi r^2 h.$$

Die **Kugelschicht** ergibt sich als Differenz zweier Kugelsegmente:

▲ **(5) Das *Volumen der Kugelschicht* mit den Radien r_1 und r_2 der begrenzenden Kreise und der Höhe h ist**

$$V_{\text{KuSch}} = \frac{\pi h}{6}\,(3\,r_1{}^2 + 3r_2{}^2 + h^2)\,.$$

c) Oberflächenberechnung

Der Flächeninhalt der **Kugelkappe** läßt sich mit elementaren Mitteln nicht berechnen. Das Ergebnis wird ohne Beweis mitgeteilt:

▶ **(6) Der *Flächeninhalt der Kugelkappe* mit der Höhe h aus der Kugel mit dem Radius r ist**

$$O_{\text{KuKa}} = 2\,\pi\,r\,h.$$

Der Flächeninhalt der **Kugelzone** von der Höhe $h = h_1 - h_2$ wird als Differenz aus zwei Kugelkappen berechnet:

▶ **(7) Der *Flächeninhalt der Kugelzone* mit der Höhe h aus der Kugel mit dem Radius r ist**

$$O_{\text{KuZ}} = 2\,\pi\,r\,h.$$

● **Aufgaben**

1. Von einer Kugel mit dem Radius $r = 6$ cm wird ein 3 cm hohes Kugelsegment abgeschnitten. Wie groß sind sein Volumen und der Flächeninhalt der Kalotte? (L)

2. Eine Halbkugel vom Radius r soll parallel zum begrenzenden Kreis so abgeschnitten werden, daß sich der Flächeninhalt der Kalotte zu dem der Kugelzone verhält wie **a)** 1 : 1, **b)** 1 : 2, **c)** 2 : 3. In welchem Abstand vom begrenzenden Kreis der Halbkugel muß jeweils der Schnitt gelegt werden? (L)

3. Aus einer Holzkugel soll der dritte Teil ihres Volumens als Kugelsektor ausgestochen werden. Wie groß ist dessen Höhe? (L)

4. Ein zylindrischer Schwimmer vom Durchmesser 400 mm ist beidseitig mit kugelförmig nach außen gewölbten Böden von je 100 mm Höhe abgeschlossen. Die gesamte Länge beträgt 700 mm. Wie groß sind Volumen und Oberfläche des Schwimmers? (L)

5. Eine Kugel mit einem Durchmesser von 260 mm wird zentrisch mit einem Bohrer von 100 mm durchbohrt. Wie groß ist das Volumen des Restkörpers? Wieviel Prozent beträgt der Abfall? (L)

6. Wie groß ist der Flächeninhalt einer Kugelzone, die von zwei gleich großen Kreisen begrenzt wird und deren Höhe gleich dem Kugelradius r ist? In welchem Verhältnis steht er zum Oberflächeninhalt der Kugel? (L)

7. Die Oberfläche einer Kugel soll durch zwei parallele Schnitte gedrittelt werden. Wie liegen die Schnitte? (L)

8. Durch einen ebenen Schnitt durch eine Kugel entstehen zwei Kugelsegmente, deren Volumina zusammen das Volumen der Kugel ergeben müßten. Stimmt das? (L)

4. Funktionen

4.1. Funktionen und ihre Darstellungen

4.1.1. Der Funktionsbegriff

Um zu einer mathematisch einwandfreien Definition des Funktionsbegriffs zu kommen, gehen wir zunächst von einem Beispiel aus. Wir betrachten hierzu ein Feriendorf, das aus einer größeren Anzahl von Bungalows besteht. Die Bewohner des Feriendorfes bilden eine Menge. Hier begegnen wir dem mathematischen Begriff „Menge". Wir dürfen ihn nicht mit dem Wort „Menge" der Umgangssprache verwechseln, das häufig gleichbedeutend mit „viel" benutzt wird.

Wir bezeichnen die Menge der Bewohner mit X. Ebenso fassen wir die Bungalows des Dorfes zu der Menge Y zusammen. Eine Menge im mathematischen Sinne ist durch die Angabe der einzelnen Objekte, die zu ihr gehören, d.h. durch die Angabe ihrer Elemente, bestimmt. Die Feriengäste bzw. die Bungalows des Dorfes sind also die Elemente der Menge X bzw. der Menge Y. Wir ordnen nun die Elemente der beiden Mengen einander zu, und zwar wollen wir jedem durch seinen Namen bezeichneten Urlauber aus der Menge X den Bungalow aus der Menge Y zuordnen, in dem er wohnt. Dabei sollen die auftretenden Ziffern die Nummern der Bungalows bedeuten (s. Abb. 4.1. a).

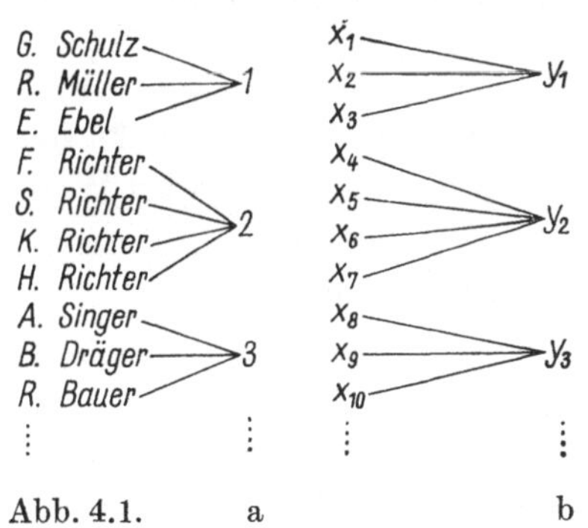

Abb. 4.1.   a   b

Zur besseren Übersicht wollen wir jetzt die Feriengäste, die Elemente der Menge X, mit x_1, x_2, x_3 usw. und die Bungalows als Elemente der Menge Y mit y_1, y_2, y_3 usw. bezeichnen. Wir erhalten dann die Abb. 4.1.b als Darstellung der Zuordnung. Man kann statt durch die Abbildung 4.1.b die Zuordnung auch durch eine Menge von Paaren aus je einem Urlauber und dem zugeordneten Bungalow angeben. Dabei verabreden wir, den Urlauber innerhalb eines jeden Paares stets an erster Stelle anzuführen, d.h., wir ordnen die Paare. Es ist üblich, die geordneten Paare in Klammern zu setzen. Wir erhalten so folgende Menge von geordneten Paaren:

$$(x_1; y_1); \ (x_2; y_1); \ (x_3; y_1); \ (x_4; y_2); \ (x_5; y_2); \ (x_6; y_2); \ (x_7; y_2);$$
$$(x_8; y_3); \ (x_9; y_3); \ (x_{10}; y_3); \ \ldots$$

Wir erkennen nun an dieser Zuordnung folgende wichtige Eigenschaften: Jedem Urlauber ist ein Bungalow als sein Ferienheim zugeordnet, aber es ist ihm auch nur ein Bungalow zugeordnet.

Diese Tatsache bringt man durch die Redeweise „jedem Feriengast ist eindeutig ein Bungalow zugeordnet" zum Ausdruck.

Kehrt man die Richtung der Zuordnung in dem betrachteten Beispiel um, indem man jedem Bungalow die in ihm wohnenden Urlauber zuordnet, so zeigt sich, daß diese neue Zuordnung nicht mehr eindeutig ist. Jetzt gehören nämlich zu jedem Bungalow im allgemeinen mehrere Bewohner.

Die durch die erste Zuordnungsvorschrift erzeugte Menge von geordneten Paaren heißt eine **Funktion**.

Wir wollen nun die an dem eben behandelten Beispiel erkannten Eigenschaften in allgemeiner Form zusammenfassen.

Definition

Wird jedem Element x einer Menge X eindeutig ein Element y einer Menge Y zugeordnet, so entsteht dadurch eine Menge von geordneten Paaren. Diese Menge von geordneten Paaren heißt Funktion.

Funktionen werden üblicherweise mit f, g, h, φ, ψ usw. bezeichnet. Um auszudrücken, daß das Paar $(x; y)$ zur Funktion f gehört, schreibt man auch $y = f(x)$ [bzw. $y = g(x)$ usw.]. Für das Zeichen x können alle Elemente der Menge X, denen etwas zugeordnet wird, beliebig eingesetzt werden. Man nennt x die **unabhängige Veränderliche** (Variable). Hat man nun für x ein Element eingesetzt, dann liegt das zugeordnete Element (auch der **Funktionswert** genannt) fest. Das Element, das für y eingesetzt werden darf, hängt also vom zuerst für x gewählten Element ab. Deshalb heißt y auch **abhängige Variable**.

Im Unterricht beschäftigen wir uns fast ausschließlich mit ganz speziellen Funktionen. Bei ihnen sind die Mengen X und Y nicht Mengen von irgendwelchen Objekten (im Beispiel waren es Menschen und Häuser), sondern beide sind Mengen von reellen Zahlen. Die Menge X von reellen Zahlen, denen etwas zugeordnet wird, heißt **Definitionsbereich** (DB), und die Menge Y der zugeordneten reellen Zahlen wird **Wertevorrat** (WV) genannt.

Eine Funktion kann nun auf verschiedene Arten dargestellt werden.

a) Man gibt die Zuordnungsvorschrift in Worte gekleidet an, wie es im Beispiel geschehen ist.

b) Die Funktion wird dadurch gegeben, daß man alle geordneten Paare aufschreibt, die zu ihr gehören. Das kann auch in Form einer Tabelle, bei der in der ersten Zeile oder Spalte die Elemente x und in der zweiten Zeile oder Spalte die Elemente y stehen, geschehen. Eine solche Tabelle wird **Wertetabelle** oder **Wertetafel** genannt. Diese Darstellung einer Funktion ist natürlich nur dann möglich, wenn die betrachtete Funktion aus nur endlich vielen geordneten Paaren besteht, wie das im Beispiel der Fall ist. Bei den im Unterricht behandelten Funktionen gibt eine Wertetafel nur eine Auswahl aus der gesamten Menge der geordneten Paare.

c) Faßt man die geordneten Paare einer Funktion als Koordinatenpaare bezüglich eines Koordinatensystems auf, dann kann man eine Funktion auch graphisch darstellen, indem man die zu den Paaren gehörigen Punkte in dieses Koordinatensystem einzeichnet. Die graphische Darstellung einer Funktion heißt auch das **Bild der Funktion**.

d) Bei den meisten der in der Schule behandelten Funktionen kann man die Zuordnungsvorschrift in Form einer Gleichung, eines analytischen Ausdrucks, darstellen. Dieser analytische Ausdruck gibt an, durch welche Rechenoperationen man zu einer vorgegebenen Zahl x des Definitionsbereiches die zugeordnete **Zahl** y des Wertevorrats finden kann. Bei der Angabe des analytischen Ausdrucks der Funktion muß stets der Definitionsbereich mitgenannt werden. Es genügt **z. B.** nicht, den analytischen Ausdruck $y = \sqrt{1 + x}$ zur Darstellung einer Funktion anzugeben; denn für $x = -5$ ist $\sqrt{1 + x}$ im Bereich der reellen Zahlen gar nicht definiert. Die vollständige Angabe muß heißen: $y = \sqrt{1 + x}$ (DB: $-1 \leq x < \infty$). Der Definitionsbereich einer Funktion muß auch angegeben werden, um Einschränkungen einer Funktion deutlich zu machen. So sind z. B. die durch die analytischen Ausdrücke $y = x^2$ (DB: $-\infty < x < +\infty$) und $y = x^2$ (DB: $-1 \leq x \leq 2$) gegebenen Funktionen voneinander verschieden, denn die zweite Funktion enthält **nicht alle** geordneten Paare, die **zur ersten Funktion** gehören. So **gehört** z.B. das geordnete Paar $(-5; 25)$ zur ersten Funktion, aber nicht **zur zweiten.** Unterbleibt die Angabe des Definitionsbereichs, so nimmt man stillschweigend an, daß der Definitionsbereich aus allen den reellen Zahlen besteht, für die $\sqrt{1 + x}$ definiert ist.

Ein weiteres Beispiel für einen analytischen Ausdruck einer Funktion ist $y = x^2$ ($-\infty < x < +\infty$). Er besagt, daß man den der Zahl x zugeordneten Wert y dadurch erhält, indem man x quadriert.

Die Schreibweise $y = f(x)$ bedeutet, daß y der zu x gehörige Funktionswert ist, der durch irgendeine Zuordnungsvorschrift geliefert wird. Mit $y = f(x)$ wird also nicht die gesamte Funktion bezeichnet, sondern nur der zu x gehörige Funktionswert. Dennoch sagt man der Kürze wegen häufig: die Funktion $y = f(x)$.

4.1.2. Graphische Darstellung von empirisch gefundenen Funktionen

Funktionen, deren Wertetafeln aus statistischen Angaben oder durch Beobachtungen gewonnen werden, also nicht nach analytischen Ausdrücken berechnet werden können, nennt man *empirisch gefundene Funktionen*. Die graphische Darstellung in einem Koordinatensystem ergibt eine Folge voneinander getrennt liegender Punkte. Die Punktfolge kann nur durch Bereitstellen weiterer Wertepaare verdichtet werden. Als Beispiel einer empirisch gefundenen Funktion sind die in Leipzig an einem Apriltage beobachteten Temperaturen durch die folgende Wertetafel angegeben.

Uhrzeit:	0	2	4	6	8	10	12	14	16	18	20	22	24	Uhr
Lufttemperatur:	7,6	6,0	5,6	7,4	10,0	12,4	13,8	14,2	14,0	12,4	10,2	9,6	9,2	°C

Bei der graphischen Darstellung (Abb. 4.2.) sind nur die Überschüsse über 5 °C durch Strecken entsprechender Länge dargestellt, die auf einer waagerechten Geraden

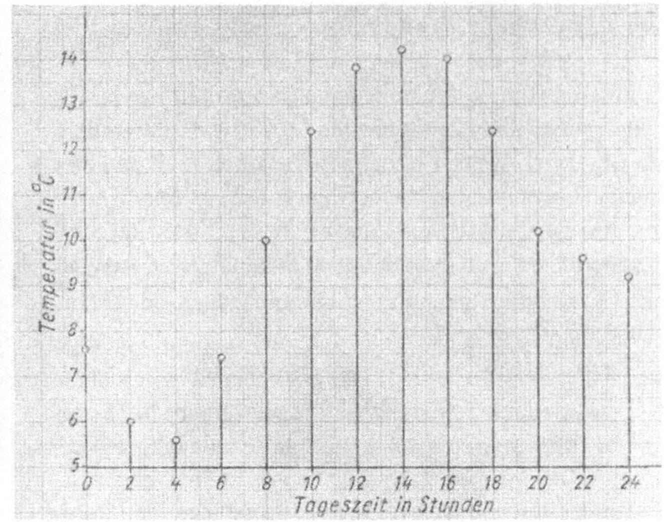

Abb. 4.2.

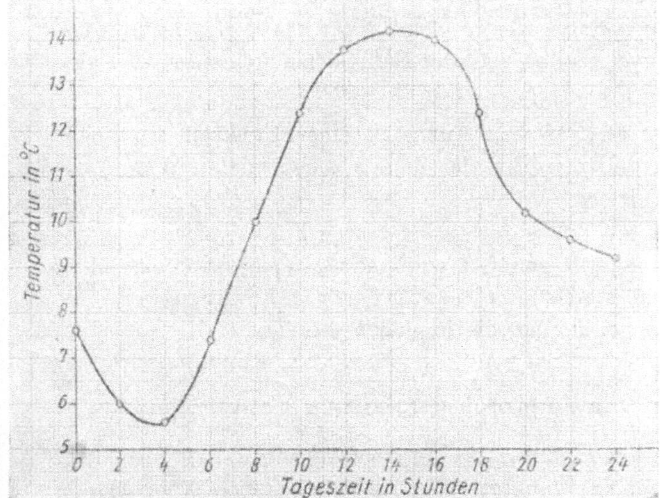

Abb. 4.3.

senkrecht stehen. Die Endpunkte der Strecken bilden ein *Punktdiagramm* der empirischen Funktion, das das Ansteigen und Sinken der Lufttemperatur an diesem Tage deutlich macht. Das Diagramm gibt den Zusammenhang zwischen Tageszeit und Lufttemperatur nur unvollkommen wieder. Die Temperaturen wurden in Abständen von zwei Stunden abgelesen. Die in der Tabelle angegebenen Temperaturen ändern sich deshalb sprungweise, sie verändern sich aber in Wirklichkeit allmählich. Dieses Verhalten deutet die in Abbildung 4.3. skizzierte Kurve an, die durch die Diagrammpunkte gelegt ist. [Punktdiagramme kann man nicht immer in ein Kurvendiagramm umwandeln (z. B. Diagramme, durch die die Produktion verschiedener Jahre miteinander verglichen wird).] Das Verbinden von derartigen Punkten ist

136

Abb. 4.4. Der Barograph zeichnet Schwankungen des Luftdrucks auf einer durch ein Uhrwerk bewegten Trommel auf

Abb. 4.5. Der Thermograph zeichnet Schwankungen der Lufttemperatur auf einer durch ein Uhrwerk bewegten Trommel auf

aber problematisch, weil es ja durchaus sein kann, daß die Kurve zwischen zwei zu verbindenden Punkten ein ganz anderes Verhalten zeigt, als es eigentlich der Funktion entspricht. Das bedeutet, daß ein neu ermittelter Punkt dann möglicherweise nicht auf dem gezeichneten Diagramm liegt.

Welche Werte die Temperatur zwischen zwei Beobachtungen wirklich hatte, läßt die Kurve nur vermuten. Da auch durch eine dichtere Beobachtungsfolge die lückenlose Erfassung des Zusammenhangs zwischen Temperatur und Tageszeit nicht erreicht wird, wurden Geräte konstruiert, die derartige Zusammenhänge laufend erfassen. So registriert der *Barograph* (Abb. 4.4.) die Veränderung des Luftdrucks, der *Thermograph* die der Temperatur in Abhängigkeit von der Tageszeit (Abb. 4.5.). Durch Diagramme selbstregistrierender Apparate können auch Vorgänge erfaßt werden, deren rascher Ablauf eine unmittelbare Beobachtung unmöglich macht.

● **Aufgaben**

1. Zur Beobachtung eines Krankheitsverlaufs wurden an sieben aufeinander folgenden Tagen jedesmal früh 6 Uhr und abends 18 Uhr die folgenden Körpertemperaturen gemessen.

	1.	2.	3.	4.	5.	6.	7. Tag
6 Uhr:	37,3	38,6	38,2	38,4	39,7	38,8	37,4 °C
18 Uhr:	38,9	39,0	38,9	40,1	40,0	38,0	37,2 °C

a) Die Körpertemperatur ist in Abhängigkeit von der Zeit graphisch darzustellen.

b) Geben Sie Definitionsbereich und Wertevorrat an!

2. Die folgenden Luftdruckwerte wurden vom Barographen eines Flugzeugs registriert.

Höhe h in km:	0	2	4	6	8	10
Luftdruck b in Torr:	760	598	470	370	291	229

Die Luftdruckwerte b sind in Abhängigkeit von der Höhe graphisch darzustellen.

3. Letternmetall für Handsatz enthält 28% Antimon, 67% Blei und 5% Zinn, für Maschinensatz (Linotype) 12% Antimon, 83% Blei und 5% Zinn, für Maschinensatz (Monotype) 19% Antimon, 72% Blei und 9% Zinn. Die Bestandteile sind für jede Sorte durch Sektoren eines Kreises (100% = 360 Grad) zu veranschaulichen (*Kreisdiagramm*). (L)

4. a) Die jährliche Kalisalzgewinnung in der Bundesrepublik betrug in 1000 t:

1963: 18537; 1964: 20588; 1965: 22209

b) Die jährliche Erdgasförderung der Bundesrepublik nahm die folgende Entwicklung (Angaben in Mill. Nm³)

1963: 915; 1964: 1457; 1965: 2221

Die Steigerung ist durch nebeneinandergezeichnete gleich breite Rechtecke entsprechender Höhe zu veranschaulichen (Säulendiagramm).

5. Die Elektrizitätserzeugung der Bundesrepublik Deutschland betrug in den Jahren

1958	1959	1960	1961	1962	1963	1964
95,3	103,2	116,4	124,6	135,4	147,2	164,8 Milliarden kWh.

Ein Diagramm der Steigerung ist zu zeichnen.

6. Setzt man die Produktion von Personenkraftwagen in der Bundesrepublik Deutschland für 1958 mit 100% an, so ergab sie für

1950	1952	1954	1956	1960	1962	1964
23,5%	33,4%	54,5%	77,0%	146,7%	167,6%	196,4%

Es ist ein Diagramm anzufertigen.

7. Auf einer Wetterstation wurden die folgenden Monatsdurchschnittstemperaturen festgestellt.

Jan. :	8 °C	April:	16 °C	Juli :	28 °C	Okt. :	18 °C
Febr.:	10 °C	Mai :	20 °C	Aug. :	27 °C	Nov.:	12 °C
März :	12 °C	Juni :	25 °C	Sept.:	24 °C	Dez. :	10 °C

Die Durchschnittstemperaturen sind durch ein Diagramm zu veranschaulichen.

8. Das Heizöl wird in vielen Industriezweigen immer mehr verwendet. Die Heizölerzeugung in der Bundesrepublik Deutschland betrug in den Jahren

1961	1962	1963	1964	1965
17,8	19,7	23,4	32,4	38,3 Mill. t.

a) Zum Vergleich der Produktionsziffern ist ein Säulendiagramm anzufertigen.

b) Die jährliche prozentuale Erhöhung der Produktion ist zu berechnen. Die Ergebnisse sind graphisch darzustellen.

9. Die Erleichterung der Arbeit bei der Getreideernte durch die Entwicklung neuer Erntemaschinen zeigt die folgende Zusammenstellung.

Mit einer Sense können zwei Personen in einer Stunde 6 a mähen und binden.

Mit einem Ableger und zwei Pferden können zwei Personen in einer Stunde 32 a mähen und binden.

Mit einem Mähbinder und einem Traktor können zwei Personen in einer Stunde 45 a mähen und binden.

Mit einem Zapfenwellenbinder können zwei Personen in einer Stunde 50 a mähen und binden.

Wieviel Prozent beträgt die Steigerung der Arbeitsproduktivität von Maschine zu Maschine? (L)

10. Stellen Sie in einem Diagramm den Export und Import von Papier- und Druckmaschinen in der Bundesrepublik für die Jahre 1962 bis 1965 gegenüber!

Die Wertangaben in der nachstehenden Tabelle stellen die tatsächlichen Werte in Millionen DM dar.

Jahr	1962	1963	1964	1965
Export	867,8	1006,5	1077,7	1118,2
Import	103,3	108,6	104,0	131,0

4.2. Ganze rationale Funktionen ersten, zweiten und dritten Grades

4.2.1. Die konstanten Funktionen

Wir geben ein **weiteres** Beispiel für eine Funktion: Allen reellen Zahlen soll als Funktionswert jeweils die Zahl 3 zugeordnet werden. Der Definitionsbereich dieser Funktion umfaßt also alle reellen Zahlen x mit $-\infty < x < +\infty$. Der Wertevorrat enthält nur die eine einzige Zahl 3. Die Funktion selbst besteht aus allen geordneten Paaren $(x; 3)$, in denen x irgendeine reelle Zahl bedeutet. Diese Paare lassen sich hier natürlich nicht angeben, da es unendlich viele sind. Man kann die betrachtete Funktion aber außer durch die oben angegebene wörtliche Zuordnungsvorschrift noch auf zwei andere Arten darstellen, und zwar durch den analytischen Ausdruck $y = f(x) = 3$ und durch das Bild der Funktion. Dieses Bild stellt im kartesischen Koordinatensystem eine Parallele zur x-Achse dar, die durch den Punkt $(0; 3)$ auf der y-Achse geht. Funktionen, die durch eine Gleichung der Form $y = c$ (c konstant) beschrieben werden, nennt man **konstante** Funktionen. Ihre Bilder im kartesischen Koordinatensystem sind Parallelen zur x-Achse im Abstand c. Dabei verlaufen die Parallelen im I. und II. Quadranten, falls $c > 0$, und im III. und IV. Quadranten, falls $c < 0$ gilt. Ist $c = 0$, so ist die x-Achse Bild der Funktion.

4.2.2. Die identische Funktion

Ordnet man jede reelle Zahl x sich selbst zu, so bekommt man eine Funktion, die aus allen Paaren $(x; x)$ besteht, wobei für x alle reellen Zahlen mit $-\infty < x < +\infty$ eingesetzt werden dürfen. Auch bei dieser Funktion kann man nicht alle unendlich vielen Paare angeben. Ihr analytischer Ausdruck heißt $y = x$. Die graphische Darstellung dieser Funktion ist eine Gerade, die Winkelhalbierende des I. und III. Quadranten.

Die durch den analytischen Ausdruck $y = x$ gegebene Funktion heißt die **identische Funktion** oder **Identitätsfunktion**.

4.2.3. Die ganzen rationalen Funktionen

▶ **Definition:**

Die ganzen rationalen Funktionen sind diejenigen Funktionen, die sich aus den konstanten Funktionen und der Identitätsfunktion durch Addition, Multiplikation oder Subtraktion zusammensetzen lassen.

Die in der Definition erwähnten Rechenoperationen mit Funktionen sollen so ausgeführt werden, daß man die jeweils zu einem Wert von x gehörenden Funktionswerte addiert, multipliziert oder subtrahiert. Die Division ist in der Definition ausdrücklich ausgeschlossen. Folgende Beispiele sollen die Definition veranschaulichen.

Beispiel 1:

Konstante Funktion:	$f_1(x) = -7$
Identische Funktion:	$f_2(x) = x$
Multiplikation von $f_2(x)$ mit sich selbst:	$f_3(x) = x^2$
Multiplikation von $f_3(x)$ mit $f_2(x)$:	$f_4(x) = x^3$
Wiederholte Addition von $f_4(x)$:	$f_5(x) = 4x^3$
Wiederholte Addition von $f_3(x)$:	$f_6(x) = 3x^2$
Subtraktion der Funktion $f_6(x)$ von $f_5(x)$:	$f_7(x) = 4x^3 - 3x^2$
Wiederholte Addition von $f_2(x)$:	$f_8(x) = 5x$
Addition von $f_7(x)$ und $f_8(x)$:	$f_9(x) = 4x^3 - 3x^2 + 5x$
Addition von $f_9(x)$ und $f_1(x)$:	$f(x) = 4x^3 - 3x^2 + 5x - 7$

Beispiel 2:

Konstante Funktion:	$f_1(x) = 8$
Identische Funktion:	$f_2(x) = x$
Wiederholte Multiplikation von $f_2(x)$:	$f_3(x) = x^6$
Wiederholte Multiplikation von $f_2(x)$:	$f_4(x) = x^3$
Wiederholte Addition von $f_4(x)$:	$f_5(x) = 7x^3$
Addition von $f_3(x)$ und $f_5(x)$:	$f_6(x) = x^6 + 7x^3$
Addition von $f_1(x)$ und $f_6(x)$:	$f(x) = x^6 + 7x^3 + 8$

Der Exponent der vorkommenden höchsten Potenz der Veränderlichen x heißt der Grad der ganzen rationalen Funktion. So ist im Beispiel 1 eine ganze rationale Funktion dritten Grades und im Beispiel 2 eine solche sechsten Grades entstanden. Die gewonnenen Erkenntnisse kann man allgemein in folgender Erklärung zusammenfassen:

Die Werte einer ganzen rationalen Funktion lassen sich durch die Gleichung

$$y = f(x) = a_n x^n + a_{n-1} x^{n-1} + \cdots + a_2 x^2 + a_1 x + a_0 \quad (a_n \neq 0)$$

darstellen. Dabei bezeichnet n eine natürliche Zahl und heißt der Grad der ganzen rationalen Funktion. Die Buchstaben $a_n, a_{n-1}, \ldots, a_2, a_1, a_0$ bezeichnen konstante Koeffizienten. Diese können beliebige Zahlen sein. So gilt im ersten Beispiel: $a_3 = 4$; $a_2 = -3$; $a_1 = 5$; $a_0 = -7$. Im zweiten Beispiel ist $a_6 = 1$; $a_5 = 0$; $a_4 = 0$; $a_3 = 7$; $a_2 = 0$; $a_1 = 0$; $a_0 = 8$.

Auch die Funktion $y = \frac{3}{4} x^4 + 0{,}6 x^3 - \sqrt{2}\, x + \frac{1}{2} \sqrt{2}$ ist eine ganze rationale Funktion mit $a_4 = \frac{3}{4}$; $a_3 = 0{,}6$; $a_2 = 0$; $a_1 = \sqrt{2}$; $a_0 = \frac{1}{2} \sqrt{2}$.

140

4.2.4. Spezielle ganze rationale Funktionen

a) Lineare Funktionen

Setzt man in dem allgemeinen analytischen Ausdruck einer ganzen rationalen Funktion $n = 1$, so erhält man eine ganze rationale Funktion ersten Grades mit der Gleichung $y = a_1 x + a_0$. Es ist üblich, in diesem Fall die Koeffizienten a_1 und a_0 in m und n [1]) umzubenennen, so daß der analytische Ausdruck die Form $y = mx + n$ annimmt. Die graphische Darstellung der durch diesen Ausdruck dargestellten Funktion ergibt im kartesischen Koordinatensystem eine Gerade. Daher nennt man die ganzen rationalen Funktionen ersten Grades auch **lineare** Funktionen.
Die Lage des Funktionsbildes im Koordinatenkreuz richtet sich nach den Werten von m und n. Später wird gezeigt, daß m den Neigungswinkel der Geraden gegen die x-Achse und n den Abschnitt bestimmt, den die Gerade auf der y-Achse abschneidet.
Die lineare Funktion, deren analytischer Ausdruck

$$y = \tfrac{2}{3} x - 4$$

ist, enthält z. B. die Zahlenpaare $(-3; -6)$, $(0; -4)$, $(3; -2)$, $(6; 0)$, $(9; 2)$, die man als Koordinaten von Punkten der Geraden deuten kann. Da eine Gerade durch zwei ihrer Punkte bestimmt ist, genügen zwei dieser Zahlenpaare zum Zeichnen des Funktionsbildes. Die Gerade verläuft vom Punkt P $(0; -4)$ zum Punkt Q $(6; 0)$ (Abb. 4.6.). Ist der analytische Ausdruck einer Funktion nach der abhängigen Variablen aufgelöst, wie das bei $y = mx + n$ der Fall ist, so spricht man von der *expliziten* Form. In allen anderen Fällen spricht man von *impliziter* Form. In *impliziter* Form würde die oben durch $y = \tfrac{2}{3} x - 4$ angegebene Funktion z. B. durch $2x - 3y - 12 = 0$ angegeben.
Die explizite Form ist für die Berechnung der Wertetafel vorzuziehen.
Als *Nullstellen* einer Funktion bezeichnet man Werte von x, für die sich als Funktionswert $y = 0$ ergibt. An diesen Stellen liegen die Schnittpunkte des Funktionsbildes mit der x-Achse.
Die Funktion $y = mx$ ergibt für $x = 0$ auch $y = 0$, d. h., die entsprechende Gerade geht durch den Nullpunkt des Koordinatenkreuzes.
$y = n$ stellt die Parallele zur x-Achse dar, die die y-Achse bei n schneidet.

[1]) Der Buchstabe n darf hier nicht mit dem vorher ebenso bezeichneten Grad einer ganzen rationalen Funktion verwechselt werden.

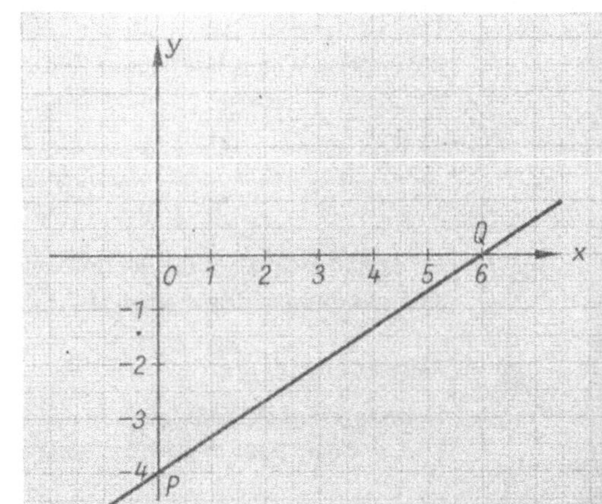

Abb. 4.6.

● **Aufgaben**

1. Das zu den folgenden analytischen Ausdrücken gehörende Funktionsbild ist zu zeichnen.

   a) $y = x + 2$ b) $y = 2x - 1$ c) $y = \frac{2}{3}x + 1$ d) $y = -x + 3$

2. Die folgenden in impliziter Form gegebenen analytischen Ausdrücke sind in expliziter Form zu schreiben. Dabei sei I. y abhängige Variable, II. x abhängige Variable.

   a) $x + y - 23 = 0$ b) $x - y = 5$ c) $2x + 3y = 45$

   d) $7x - 9y = 11$ e) $6x - 7y - 43 = 0$ f) $12x = 9 - 11y$ (L)

3. Die Geschwindigkeit, die ein frei fallender Körper nach der Fallzeit t erreicht, wird nach der Formel $v = g \cdot t$ berechnet ($g = 9{,}81 \text{ m} \cdot \text{s}^{-2}$). v ist in Abhängigkeit von t graphisch darzustellen. Aus dem Bild ist zu entnehmen, wie groß v für $t = 2\frac{1}{2}\,s$ und t für $v = 30 \text{ ms}^{-1}$ ist.

4. Auf Grund der Beziehung $360° = 400^g$ ist ein Diagramm zu zeichnen, das zur Umrechnung von Altgrad in Neugrad dient.   (L)

5. Auf Grund der Beziehung $1\,\text{PS} = 0{,}736 \text{ kW}$ ist ein Diagramm zu zeichnen, das zur Umrechnung von PS in kW dient.

b) Quadratische Funktionen

Wir wollen jetzt ganze rationale Funktionen zweiten Grades betrachten. Die allgemeine Form ihrer analytischen Ausdrücke ist ($n = 2$):

$$y = a_2 x^2 + a_1 x + a_0 \quad (a_2 \neq 0).$$

Man schreibt statt dessen auch: $y = ax^2 + bx + c$. Dabei sind $a \neq 0$, b und c konstant. Ganze rationale Funktionen zweiten Grades heißen auch quadratische Funktionen.

■ **Beispiel 3:**

Der Weg s (in cm), der mit der konstanten Beschleunigung b (in cm $\cdot$ s^{-2}) in der Zeit t (in s) zurückgelegt wird, kann nach der Formel

$s = \frac{1}{2}\,b\,t^2$

berechnet werden.

Der analytische Ausdruck für die Abhängigkeit der Weglänge s von der zur Zurücklegung des Weges benötigten Zeit t enthält keine höhere als die zweite Potenz der unabhängigen Variablen t.

t (in s)	0	1	2	3	4	5	6	7	8	9
s (in cm)	0	0,1	0,4	0,9	1,6	2,5	3,6	4,9	6,4	8,1

Es ergibt sich als Bild der Funktion mit dem analytischen Ausdruck $s = 0{,}1 \text{ cm} \cdot \text{s}^{-2} t^2$ eine gekrümmte Linie (Abb. 4.7.).

■ **Beispiel 4:**

Der analytische Ausdruck $y = ax^2 + bx + c$ geht für $a = 1$, $b = 0$ und $c = 0$ in die Form $y = x^2$ über. Man erhält für den Bereich $-3 \leq x \leq +3$ z.B. die Wertetafel

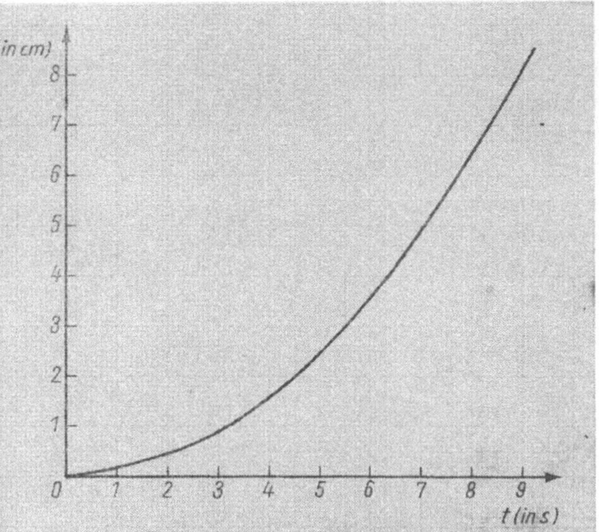

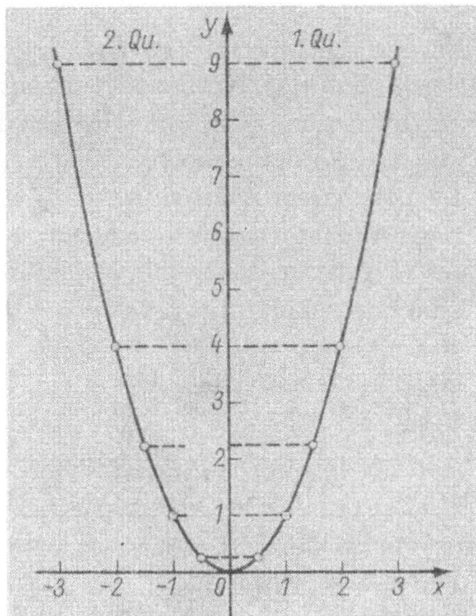

b. 4.7.   Abb. 4.8.

x	-3	$-2,5$	-2	$-1,5$	-1	$-0,5$	0	$+0,5$	$+1$	$+1,5$	$+2$	$+2,5$	$+3$
y	$+9$	$+6,25$	$+4$	$+2,25$	$+1$	$+0,25$	0	$+0,25$	$+1$	$+2,25$	$+4$	$+6,25$	$+9$

und damit die in Abbildung 4.8. gezeigte graphische Darstellung, eine sogenannte *Normal-* oder *Einheitsparabel*. Die sich nach dem positiven Teil der Ordinatenachse öffnende Kurve verläuft im ersten und zweiten Quadranten und hat die Ordinatenachse als *Symmetrieachse*. Die Parabel *berührt* die Abszissenachse im Nullpunkt des Koordinatensystems. Der Nullpunkt bildet den *Scheitel* dieser Parabel. Als Ordinaten der Punkte einer sorgfältig gezeichneten Normalparabel erhält man annähernd die Quadratzahlen zu den Abszissenwerten.

r $a = 1$, $b \neq 0$ und $c \neq 0$ erhält man als graische Darstellungen der Funktionen Parabeln, sich von der Parabel der Abbildung 4.8. nur rch ihre Lage im Koordinatensystem unterheiden. Sie sind nämlich gegenüber letzterer rallel zu den Koordinatenachsen verschoben.

Beispiel 5:

$y = x^2 - 4x + 3$ (Abb. 4.9.)

Abb. 4.9.

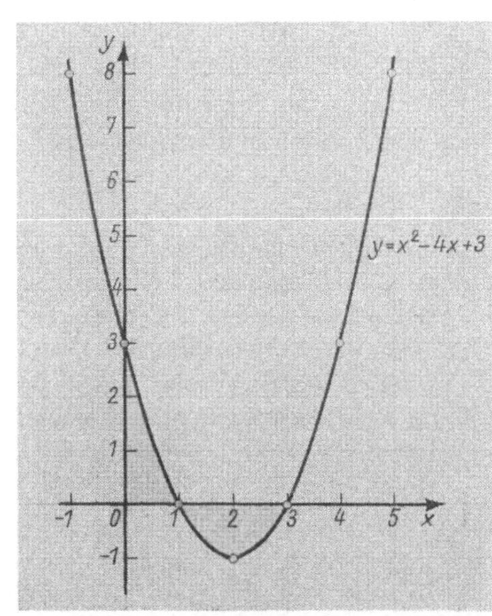

Bei den bisher betrachteten quadratischen Funktionen hat der Koeffizient des quadratischen Gliedes a den Wert $+1$. Die Diagramme sind jedesmal Normalparabeln, die sich nach der Seite der positiven y-Achse öffnen.

Man erkennt, daß sie sich für $a = -1$ nach der negativen Richtung der y-Achse öffnen. Zum Beispiel ergibt sich für $y = -x^2$ als Wertetafel

x	-3	-2	-1	0	$+1$	$+2$	$+3$
y	-9	-4	-1	0	-1	-4	-9

und als graphische Darstellung eine an der x-Achse gespiegelte Normalparabel (Abb. 4.10.). Ist der Koeffizient des quadratischen Gliedes $a = \pm 1$, so wird durch das Verwenden einer Schablone der Normalparabel das Aufstellen der Wertetafel überflüssig.

Durch den analytischen Ausdruck $y = f(x) = = ax^2 + bx + c$ wird eine Parabel dargestellt, deren Symmetrieachse zur Ordinatenachse parallel verläuft. Die Parabel öffnet sich für positive Werte von a nach der positiven Seite, für negative nach der negativen Seite der Ordinatenachse. Der Parabelscheitel hat die Abszisse $-\dfrac{b}{2a}$, die Ordinate $\dfrac{4ac - b^2}{4a}$. Man erhält diese Koordinaten, wenn man den analytischen Ausdruck auf die Form $\bar{y} = g(x) = (x - d)^2 + e$ bringt, wobei $\bar{y} = \dfrac{y}{a} = \dfrac{f(x)}{a}$ gilt.

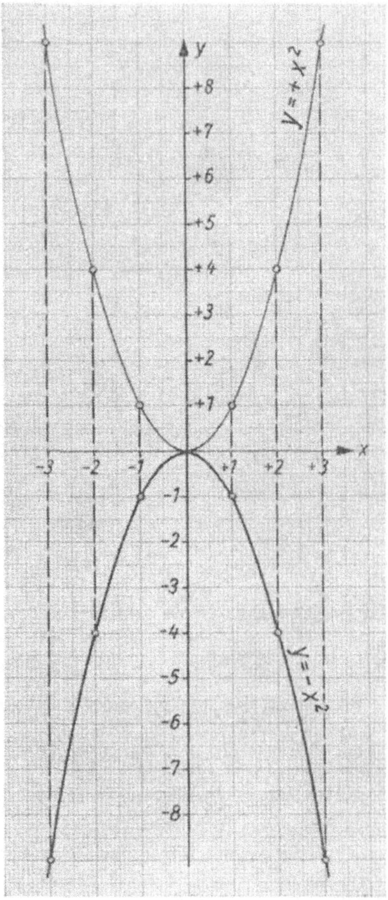

Es gilt dann: $d = -\dfrac{b}{2a}$ und $e = \dfrac{4ac - b^2}{4a^2}$.

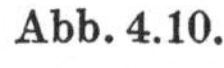

Abb. 4.10.

Die Ordinate des Parabelscheitels ergibt sich dann aus e, indem man den Übergang von y zu $\bar{y}$ durch Multiplikation mit a wieder rückgängig macht.

Aufgaben

1. Aus dem Bild der Funktion $y = x^2$ sind näherungsweise die folgenden Werte zu entnehmen.

    a) $0{,}75^2$; $1{,}35^2$; $1{,}85^2$; $2{,}15^2$; $2{,}65^2$

    b) $\sqrt{0{,}62}$; $\sqrt{1{,}2}$; $\sqrt{1{,}75}$; $\sqrt{2{,}3}$; $\sqrt{2{,}8}$

2. In ein Koordinatensystem sind die Bilder der folgenden Funktionen zu zeichnen.

    $y = \tfrac{1}{2}x^2$; $y = x^2$; $y = 2x^2$; $y = -\tfrac{1}{2}x^2$; $y = -x^2$; $y = -2x^2$

3. Die folgenden Funktionen sind graphisch darzustellen.

    a) $y = x^2 + 2$ **b)** $y = x^2 - 2$ **c)** $y = x^2 - 2$ **d)** $y = -x^2 - 2$

    e) $y = 2x^2 + 3$ **f)** $y = -2x^2 + 3$ **g)** $y = 3x^2 - 2$ **h)** $y = -3x^2 - 2$

4. Für die Bilder der folgenden Funktionen sind die Scheitelkoordinaten zu ermitteln und die Lagen der Symmetrieachse anzugeben.

a) $y = (x - 5)^2$ b) $y = -(x - 5)^2$ c) $y = \frac{1}{2}(x + 2)^2$ d) $y = -\frac{1}{2}(x + 2)^2$

e) $y = (x + 2{,}5)^2 - 3$ f) $y = -(x + 2{,}5)^2 - 3$

g) $y = \frac{1}{3}(x - 3{,}6)^2 + 4$ h) $y = -\frac{1}{3}(x - 3{,}6)^2 + 4$ (L)

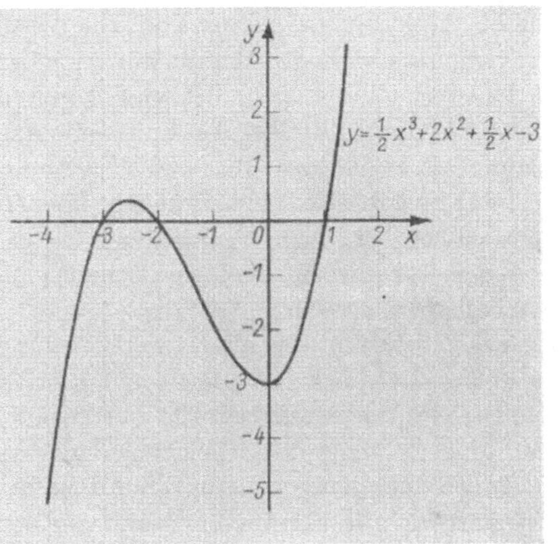

Abb. 4.11.

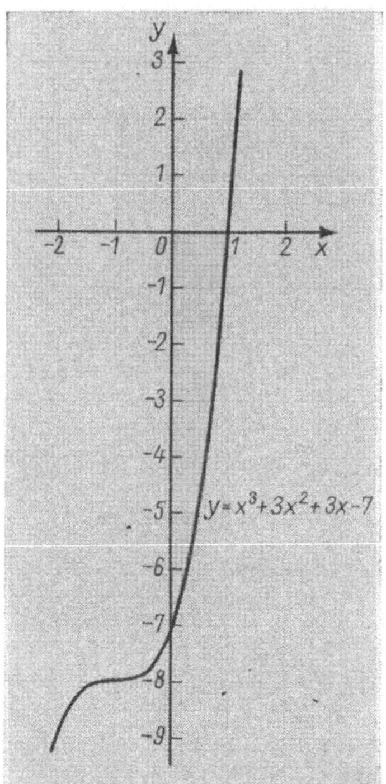

Abb. 4.12.

Abb. 4.13.

4.2.5. Ganze rationale Funktionen dritten Grades

Die analytischen Ausdrücke der ganzen rationalen Funktionen dritten Grades ($n = 3$) haben die folgende allgemeine Form:

$$y = a_3 x^3 + a_2 x^2 + a_1 x + a_0 \quad (a_3 \neq 0).$$

Die Abbildungen 4.11., 4.12. und 4.13. zeigen die graphischen Darstellungen von ganzen rationalen Funktionen dritten Grades, die für deren Verlauf typisch sind.

4.2.6. Nullstellen ganzer rationaler Funktionen

Will man sich einen Überblick über den Verlauf einer Kurve, die das Bild einer Funktion darstellt, im Koordinatensystem verschaffen, so ist es vorteilhaft, die Lage

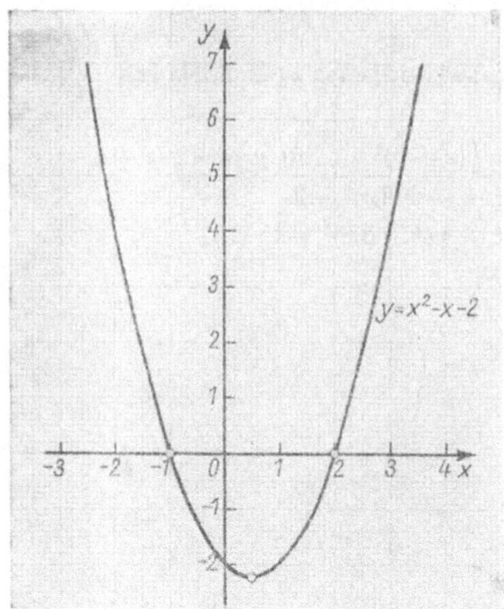

Abb. 4.14.

Abb. 4.15.

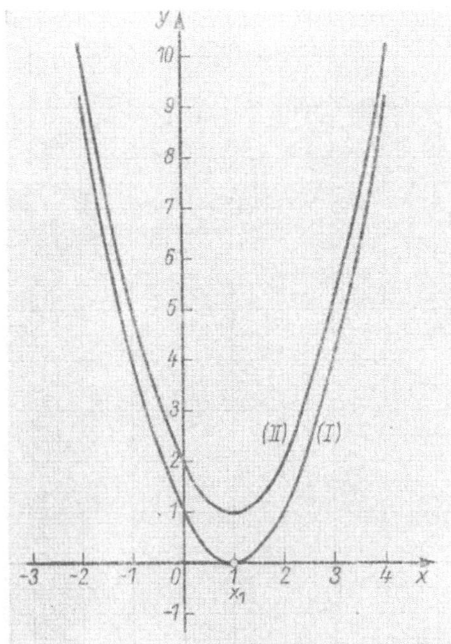

gewisser zur Kurve gehörenden Punkte mit speziellen Eigenschaften zu ermitteln. Zu diesen speziellen Punkten zählen unter anderem auch etwa vorhandene Schnittpunkte der Kurve mit der Abszissenachse. Charakteristisch für diese Punkte ist, daß ihre Ordinaten, d. h. die Funktionswerte der durch das betreffende Bild dargestellten Funktion, gleich Null sind. Die Werte von x, denen bei der betrachteten Funktion der Funktionswert $y = 0$ zugeordnet wird, nannten wir in 4.2.4. die Nullstellen der Funktion. Aus den Kenntnissen, die wir über den Verlauf der Bilder von linearen Funktionen haben, können wir entnehmen, daß diese Funktionen mit Ausnahme der konstanten Funktion genau eine Nullstelle haben.

Untersuchen wir nun die durch die Gleichung $y = x^2 - x - 2$ (Abb. 4.14.) gegebene Funktion auf Nullstellen. Wir haben dazu alle Werte von x, denen durch die angegebene Gleichung der Wert $y = 0$ zugeordnet wird, zu ermitteln. Das bedeutet, daß wir alle geordneten Paare von der Form $(x; 0)$ finden müssen. Nach den Regeln, die im Abschnitt „Quadratische Gleichungen" wiederholt werden, finden wir die beiden Paare $(-1; 0)$ und $(2; 0)$. Es müßte nun noch bewiesen werden, daß dies auch alle Paare der Form $(x; 0)$ sind. Diesen Beweis wollen wir jedoch nicht führen.

Die betrachtete Funktion hat also zwei Nullstellen, nämlich $x_1 = -1$ und $x_2 = 2$. Das im vorigen Beispiel gefundene Ergebnis bedeutet nun aber nicht, daß alle ganzen rationalen Funktionen zweiten Grades im Bereich der reellen Zahlen zwei Nullstellen haben müssen.

Die durch die beiden folgenden analytischen Ausdrücke gegebenen Funktionen sind Beispiele dafür:

$$\text{(I)} \quad y = x^2 - 2x + 1;$$
$$\text{(II)} \quad y = x^2 - 2x + 2.$$

Die erste Funktion besitzt nur die eine Nullstelle $x_1 = 1$, und die zweite hat in ihrem Definitionsbereich, dem Bereich der reellen Zahlen, überhaupt keine Nullstelle (s. Abb. 4.15.).

146

Zusammenfassend können wir feststellen, daß eine ganze rationale Funktion zweiten Grades im Bereich der reellen Zahlen höchstens zwei verschiedene Nullstellen hat. Dieses Ergebnis läßt sich verallgemeinern zu dem

▶ **Satz:**
Jede ganze rationale Funktion n-ten Grades hat im Bereich der reellen Zahlen höchstens n verschiedene Nullstellen.

Auch diesen Satz können wir hier nicht beweisen.

4.2.7. Extremwerte und Wendepunkte ganzer rationaler Funktionen

In der Abbildung 4.16. ist das Bild der ganzen rationalen Funktion dritten Grades mit dem analytischen Ausdruck $y = \frac{1}{4}x^3 - \frac{3}{4}x^2 - \frac{5}{2}x + 6$ dargestellt. Sie hat drei Nullstellen: $x_1 = -3$; $x_2 = 2$; $x_3 = 4$. Außer diesen Nullstellen gibt es aber noch weitere Punkte des Funktionsbildes, die besondere Eigenschaften aufweisen, so z. B. die Punkte H und T. Der Punkt H liegt nämlich in bezug auf seine Umgebung am höchsten. Damit ist aber nicht gesagt, daß H der höchste Punkt des Funktionsbildes überhaupt sein muß; denn außerhalb einer Umgebung von H kann es Punkte geben, die höher als H liegen, z. B. den Punkt P_4. Ganz entsprechend liegt der Punkt T in bezug auf seine Umgebung am tiefsten. Der Punkt T ist jedoch nicht der tiefste Punkt überhaupt. Der Punkt P_5 liegt z. B. tiefer als T.

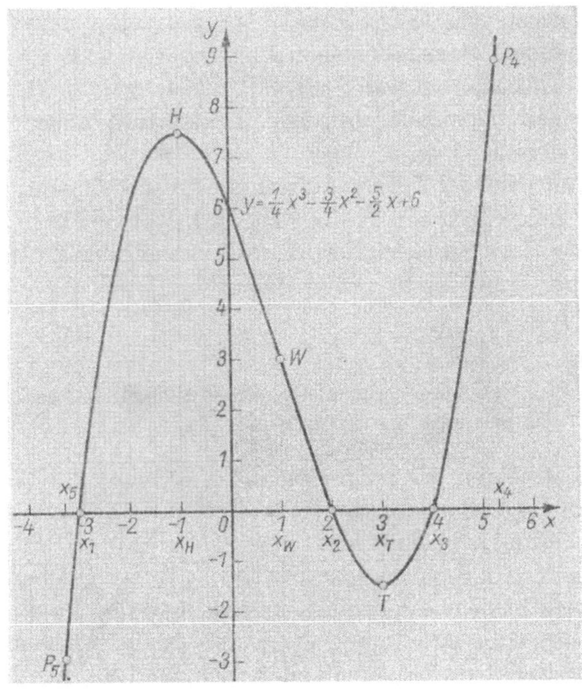

Abb. 4.16.

▶ **Definition:**
Ein Funktionswert einer gegebenen Funktion, der innerhalb einer passend gewählten Umgebung der größte ist, heißt ein (relatives) Maximum der Funktion. Ein Funktionswert einer gegebenen Funktion, der innerhalb einer passend gewählten Umgebung der kleinste ist, heißt ein (relatives) Minimum der Funktion. Maxima und Minima heißen Extremwerte.

Der Zusatz „relativ" in der Definition soll andeuten, daß sich die Eigenschaft, größter oder kleinster Funktionswert zu sein, nur auf eine gewisse Umgebung bezieht.

Die in Abbildung 4.16. dargestellte Funktion dritten Grades hat also zwei Extrema, ein Maximum an der Stelle $x_H = -1$ und ein Minimum an der Stelle $x_T = 3$.

Es gibt jedoch ganze rationale Funktionen, die weder Maxima noch Minima besitzen. Ein Beispiel für derartige Funktionen ist die mit dem analytischen Ausdruck $y = x^3 + 1$. Ihre graphische Darstellung ist in Abbildung 4.17. wiedergegeben. Die Abbildung läßt erkennen, daß es im gesamten Kurvenverlauf keinen Punkt gibt, der in bezug auf irgendeine Umgebung der höchste oder tiefste Punkt wäre. Betrachtet man nämlich einen beliebigen Punkt der Kurve, so findet man in jeder seiner Umgebungen links einen tiefer gelegenen und rechts einen höher gelegenen Punkt.

Mit Hilfe der Differentialrechnung, die in diesem Buch jedoch nicht behandelt wird, läßt sich nun ein Satz beweisen, der über die Anzahl der Extrema bei ganzen rationalen Funktionen Auskunft gibt:

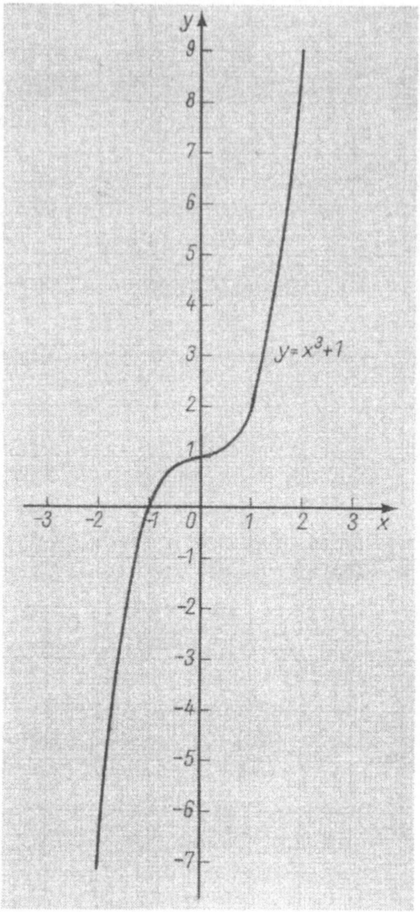

Satz:

Jede ganze rationale Funktion n-ten Grades hat höchstens $n - 1$ Extrema.

Abb. 4.17.

Betrachten wir noch einmal die Abbildung 4.16., so sehen wir, daß die Kurve in ihrem Verlauf Abschnitte besitzt, in denen sie unterschiedlich gekrümmt ist. Durchläuft man die Kurve im Sinne wachsender x-Werte, so stellt man fest, daß ihre Krümmung, in Richtung der positiven y-Achse gesehen, zunächst konkav ist. Das ändert sich in dem Augenblick, in dem man den Punkt W durchläuft. Von diesem Punkt an ist die Krümmung der Kurve, in der gleichen Richtung gesehen, konvex. Beim weiteren Durchlaufen ändert sich dann die Art der Krümmung nicht mehr.

Definition:

Punkte, in denen sich der Krümmungssinn einer Funktionskurve ändert, heißen W e n d e - p u n k t e der Funktionskurve.

Die in der Abbildung 4.16. dargestellte Funktionskurve hat also einen Wendepunkt bei $(1; 3)$. Allgemein gilt folgender Satz:

148

▶ **Satz:**

Jede ganze rationale Funktion n-ten Grades hat höchstens $n-2$ Wendepunkte.

Die Untersuchung der graphischen Darstellung einer Funktion auf Nullstellen, Extrema und Wendepunkte nennt man Kurvendiskussion. Die Kenntnis derartiger besonderer Punkte erleichtert wesentlich das Zeichnen der graphischen Darstellung einer Funktion.

4.3. Potenzfunktionen $y = x^n$ ($n = 0, 1, 2, \ldots$)

4.3.1. Potenzieren

Der Potenzbegriff

Als Abkürzung für ein Produkt aus n gleichen Faktoren a wurde auf Vorschlag des Mathematikers René Descartes (1596 bis 1650) die Schreibweise a^n eingeführt.

Das Symbol a^n wird *n-te Potenz von a* genannt und „a hoch n" oder auch „a zur n-ten (Potenz)" gelesen.

$$\text{Es gilt:}\quad \underbrace{a \cdot a \cdot a \ldots a \cdot a}_{n \text{ Faktoren } a} = a^n = b$$

Exponent oder Hochzahl — a^n — Potenz — Basis oder Grundzahl

a wird   als *Basis* oder *Grundzahl*,

n als *Exponent* oder *Hochzahl*,

a^n und b als *Potenz* bezeichnet.

Stellt man aus einer Zahl a durch Anfügen eines Exponenten n die Potenz a^n her, so sagt man, „a wird mit n potenziert".

Als *Potenzrechnung* bezeichnet man das Rechnen mit Potenzen, für das bestimmte Regeln zu beachten sind.

Die Erklärung des Symbols a^n setzt für die Basis a keine Einschränkung fest. Als Exponent n wird eine natürliche (ganze positive) Zahl vorausgesetzt, die größer als 1 ist.

Obwohl zu einem Produkt wenigstens zwei Faktoren gehören, benutzt man auch die Schreibweise a^1, nennt sie die *erste Potenz von a* und setzt sie gleich a.

(1) $a^1 = a$

Produkte, die nur aus Faktoren 1 bestehen, haben den Wert 1. Deshalb sind alle Potenzen mit der Basis 1 gleich 1.

(2) $1^n = 1$

Eine Potenz, deren Basis eine positive Zahl ist, ist eine positive Zahl.

$$(+5)^3 = (+5) \cdot (+5) \cdot (+5) = +5^3 = +125.$$

Eine Potenz mit negativer Basis ist eine positive Zahl, wenn der Exponent eine gerade Zahl ist.

$$(-2)^4 = (-2) \cdot (-2) \cdot (-2) \cdot (-2) = +2^4 = +16.$$

Eine Potenz mit negativer Basis ist eine negative Zahl, wenn der Exponent eine ungerade Zahl ist.

$$(-2)^3 = (-2) \cdot (-2) \cdot (-2) = -2^3 = -8.$$

Da für jede ganze Zahl n die Zahl $2n$ gerade, die Zahl $2n+1$ ungerade ist, gilt allgemein

$$(+a)^n = +a^n,$$
$$(-a)^{2n} = +a^{2n},$$
$$(-a)^{2n+1} = -a^{2n+1}.$$

Um das Vorzeichen einer Potenz von dem Vorzeichen der Basis zu unterscheiden, wird eine mit Vorzeichen behaftete Basis einer Potenz in Klammern eingeschlossen. Es gilt

$$(-a)^{2n} = (+a)^{2n},$$
$$(-a)^{2n+1} = -(+a)^{2n+1},$$
$$(a-b)^{2n} = (b-a)^{2n},$$
$$(a-b)^{2n+1} = -(b-a)^{2n+1}.$$

● Aufgaben

1. Folgende Potenzen sind zu berechnen.

a) 2^7; 7^2; 3^6; 6^3; 2^{10}; 10^2; 13^1

b) $(\tfrac{1}{3})^1$; $(\tfrac{1}{3})^2$; $(\tfrac{1}{3})^3$; $(\tfrac{2}{5})^1$; $(\tfrac{2}{5})^2$; $(\tfrac{2}{5})^3$; $(1\tfrac{1}{4})^1$; $(1\tfrac{1}{4})^2$; $(1\tfrac{1}{4})^3$; $(2\tfrac{2}{3})^1$; $(2\tfrac{2}{3})^2$

c) $0{,}3^1$; $0{,}3^2$; $0{,}3^3$; $0{,}02^1$; $0{,}02^2$; $0{,}02^3$; $0{,}12^1$; $0{,}12^2$; $0{,}12^3$; $0{,}21^1$

2. Was ergibt

a) 4 mit 3; 5 mit 2; 10 mit 4; 2 mit 6; 6 mit 2

b) $\tfrac{3}{8}$ mit 3; $\tfrac{3}{8}$ mit 2; $\tfrac{3}{4}$ mit 4; $\tfrac{1}{2}$ mit 6; $\tfrac{5}{6}$ mit 1   potenziert?

3. Welche Zahl ist gleich

a) der ersten Potenz von 12,3; 2,34; 0,765; 80,56; 5,806,

b) der zweiten Potenz von 17; 0,018; 1,1; 0,13; 2,5,

c) der dritten Potenz von 0,03; 0,4; 0,5; 0,12; 1,5 ?

4. Welche Zahl ist gleich der Potenz mit

der Basis	2	9	0,2	$\tfrac{1}{2}$	$\tfrac{2}{7}$
und dem Exponenten	9	2	5	4	2

5. Welche Zahl ergibt sich, wenn

die Zahl	5595	19	0,7	0,02	$\frac{1}{5}$	$\frac{2}{3}$
in die	1.	2.	3.	4.	5.	6.

Potenz erhoben wird?

6. Wie lautet das kleinste gemeinsame Vielfache der folgenden Zahlen?

a) 42; 63; 72   **b)** 108; 117; 156   **c)** 225; 315; 525
(L: a bis c)

7. Nach der Überlieferung hat Archimedes den ersten Potenzflaschenzug konstruiert. Die Abbildung 4.18. zeigt ein Modell mit drei losen und einer festen Rolle. Bei n losen Rollen wird eine Last Q durch die Kraft $F = \dfrac{Q}{2^n}$ im Gleichgewicht gehalten. Wie groß ist F für 3, 4, 5 lose Rollen, wenn die Last $Q = 512$ kp beträgt? (L)

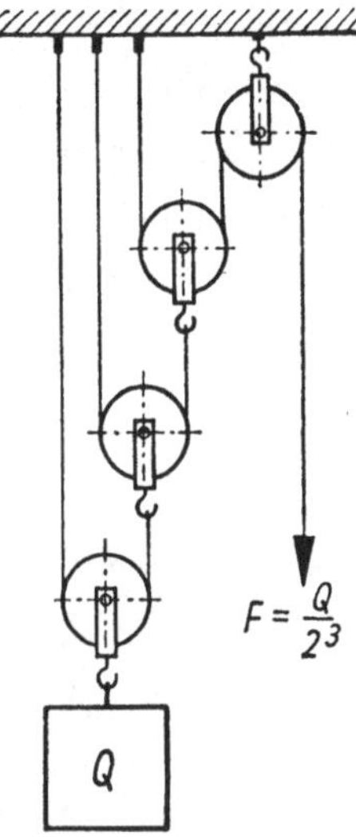

Abb. 4.18.

8. Berechnen Sie die folgenden Potenzen!

a) $(-1)^1$; -1^1; $(-1)^2$; -1^2; $(-1)^3$; -1^3; $(-1)^4$; -1^4

b) $(-2)^1$; -2^2; -2^3; (-2^4); $(-2)^5$; -2^6; $(-2)^{10}$; -2^{11}

c) $(+10)^1$; $(-10)^2$; -10^3; $+10^4$; $(-10)^4$; -10^4;
  $(-10)^5$; -10^6 (L: a bis c)

9. Ermitteln Sie die folgenden Summen bzw. Differenzen von Potenzen!

a) $4^3 + 3^4$; $11^2 - 7^2$; $(+8)^2 - (-6)^2$; $(-13)^2 + (-5)^3$

b) $(-3)^2 + (-2)^3$; $(+1)^3 + (-1)^3$; $(-4)^2 + (-2)^4$; $-4^2 - 2^4$

c) $1{,}2^2 - 0{,}2^2$; $0{,}71^3 + 0{,}17^3$; $0{,}5^2 + 0{,}05^2$; $1{,}11^3 - 0{,}111^2$ (L: a bis c)

Zusammenfassung

Addieren und Subtrahieren heißen Rechenoperationen der ersten Stufe. Das Multiplizieren und das Dividieren sind durch wiederholtes Addieren bzw. Subtrahieren entstanden und werden als die Rechenoperationen der zweiten Stufe bezeichnet. Das durch wiederholtes Multiplizieren entstehende Potenzieren nennt man eine Rechenoperation der dritten Stufe. Für die Rechenvorschrift a^n sagt man: „a ist mit n zu potenzieren“, oder „a ist in die n-te Potenz zu erheben“.

 **Die n-te Potenz der Grundzahl a ist das Produkt aus n gleichen Faktoren a.**

(3)
$$a^n = \underbrace{a \cdot a \cdot a \cdot a \cdot \ldots \cdot a \cdot a \cdot a}_{n \text{ Faktoren } a}$$

Das Symbol a^n ist für jede beliebige Zahl a erklärt, wenn n eine natürliche Zahl ist. Das Ausführen der durch a^n gekennzeichneten Rechenvorschrift wird Potenzieren genannt.

1. Die folgenden Zahlen sind zu berechnen.

a) $\left(\dfrac{1}{6}\right)^2$　b) $\dfrac{1}{6^2}$　c) $\dfrac{2^3}{3}$　d) $\dfrac{2}{3^3}$　e) $\left(-\dfrac{5}{7}\right)^2$　f) $\dfrac{(-5)^2}{7}$　g) $\dfrac{5}{(-7)^2}$　h) $-\dfrac{5^2}{7}$

2. Die folgenden Zahlen sind als Summen zu schreiben, deren Summanden möglichst Vielfache von Potenzen mit der Basis 10 sind.

a) 3456　　　b) 50050　　　c) 708090　　　d) 2010300　(L: a bis d)

3. Welche Zahlen können durch zwei Neunen dargestellt werden ?

4. Was ergibt 0^n für jede natürliche Zahl n　$(n \neq 0)$?

5. Wie wird die Zahl 625 als Potenz mit dem Exponenten

a) 1　　　b) 2　　　c) 4　　　geschrieben ?　(L: a bis c)

6. Wie wird die Zahl 4096 als Potenz mit der Basis

a) 2　　b) 4　　c) 8　　d) 16　　e) 64　　f) 4096　　geschrieben ?

7. Der mittlere Erddurchmesser beträgt etwa $d = 12\,740$ km. Berechnen Sie den Rauminhalt V der Erde in km³ nach der Formel $V = \dfrac{\pi}{6}\, d^3$!　(L)

8. Die Fliehkraft im Radkranz eines Schwungrades wächst mit dem Quadrat der Umlaufgeschwindigkeit. Auf das Wievielfache erhöht sich die Fliehkraft, wenn die Umlaufgeschwindigkeit des Schwungrades auf das 1,6fache (1,9fache, 2,1fache) ansteigt ?　(L)

4.3.2. Potenzrechengesetze

Bei den Potenzrechengesetzen handelt es sich um Regeln für das Rechnen mit Potenzen, dessen Ergebnis wieder Potenzen liefert.

Addieren und Subtrahieren von Potenzen

Summen und Differenzen von Potenzen können nur dann zusammengefaßt werden, wenn die Potenzen sowohl in der Basis als auch im Exponenten übereinstimmen. Es ist z.B. $3a^2 + 2a^2 = 5a^2$ und $10b^3 - 4b^3 = 6b^3$, dagegen lassen sich $a^3 + a^2$ oder $b^5 - a^2$ nur zusammenfassen, wenn für die Variablen a und b Zahlen eingesetzt und die angegebenen Potenzen berechnet werden können.

Multiplizieren und Dividieren von Potenzen mit gleichen Basen

Das *Produkt der Potenzen* a^m und a^n enthält insgesamt $m + n$ Faktoren a und kann daher als Potenz mit der Basis a und dem Exponenten $m + n$ geschrieben werden. Es gilt

(4)　　$a^m \cdot a^n = a^{m+n}$

und entsprechend

(5)　　$a^m \cdot a^n \cdot a^p = a^{m+n+p}.$

▶ **Potenzen mit gleichen Basen werden miteinander multipliziert, indem man die Basis mit der Summe der Exponenten potenziert.**

Durch Vertauschen der Seiten entsteht aus der Gleichung $a^m \cdot a^n = a^{m+n}$ die Form

$$(6) \qquad a^{m+n} = a^m \cdot a^n \, .$$

Der *Quotient der Potenzen* a^m und a^n heißt $a^m : a^n$ oder $\dfrac{a^m}{a^n}$.

Ist $m > n$, so entsteht durch Kürzen gleicher Faktoren des Zählers und des Nenners im Zähler ein Produkt aus $m - n$ Faktoren a, im Nenner 1. Man erhält somit

$$a^m : a^n = \frac{a^m}{a^n} = a^{m-n} \; (\text{wenn } m > n) \, .$$

Ist $m < n$, so entsteht durch Kürzen des Bruches $\dfrac{a^m}{a^n}$ im Zähler 1 und im Nenner a^{n-m}, also

$$a^m : a^n = \frac{a^m}{a^n} = \frac{1}{a^{n-m}} \; (\text{wenn } m < n) \, .$$

$$(7) \qquad \frac{a^m}{a^n} = \begin{cases} a^{m-n} & \textbf{für } m > n \\[2mm] \dfrac{1}{a^{n-m}} & \textbf{für } m < n \end{cases}$$

● **Aufgaben**

Durch Zusammenfassen gleichartiger Potenzen sind die folgenden Ausdrücke zu vereinfachen.

1. a) $3\,a^5 + 5\,a^5 - 2\,a^5$ **b)** $7\,b^2 - 3\,b^2 - 2\,b^2$

2. a) $\frac{1}{2} x^3 + \frac{2}{3} x^3 - \frac{1}{5} x^3$ **b)** $\frac{3}{4} y^2 - \frac{5}{6} y^2 + \frac{1}{2} y^2$

3. a) $7\,a^n + 6\,a^n - 3\,a^n$ **b)** $9\,a^p - 2\,a^p - 4\,a^p$

4. a) $5\,a^p + 3\,a^{r-1} - 2\,a^p - 2\,a^{r-1}$ **b)** $5\,b^{n+1} + 6\,b^m - 2\,b^{n+1} + 2\,b^m$

c) $2\,x^{m+n} + 3\,y^{m+n} - x^{m+n} + y^{m+n}$ **d)** $11\,u^{m-n} - 5\,v^{m-n} - 6\,u^{m-n} + 2\,v^{m-n}$

e) $(a+b)^{m+n} + (a-b)^{m-1} + 2(a+b)^{m+n} - 3(a-b)^{m-1}$ (L: a bis e)

Produkte aus Potenzen mit gleichen Basen sind durch einen Potenzausdruck darzustellen.

5. a) $a^n \cdot a^3$ **b)** $x^5 \cdot x^m$ **c)** $y^n \cdot y^m$ **d)** $b^{3x} \cdot b^2$ **e)** $u^2 \cdot u^{3a}$ **f)** $z^{2a} \cdot z^{3b}$

6. a) $2\,a^5 \cdot 5\,a^2$ **b)** $3\,x^2 \cdot 4\,x^3$ **c)** $\frac{1}{2} y^4 \cdot \frac{2}{3} y^3$ **d)** $\frac{3}{5} b \cdot \frac{5}{6} b^2$ **e)** $\frac{3}{4} u^4 \cdot u^x$ (L: a bis e)

7. a) $a^{n-2} \cdot a^2$ **b)** $x^3 \cdot x^{n+3}$ **c)** $y^{n+2} \cdot y^{n-2}$ **d)** $b^{3-n} \cdot b^{3+n}$ **e)** $u^{2n-1} \cdot u^{n+2}$

8. a) $2\,a^{1+n} \cdot \frac{1}{4}\,a^{1-n}$ **b)** $x^{n-3m} \cdot \frac{1}{m}\,x^{4m-n}$ **c)** $5\,b^{m+2n} \cdot 2\,b^{3n-2m}$ **d)** $9\,c^{5-3n} \cdot \frac{2}{3}\,c^{5n-6}$

9. a) $a^3 \cdot a^5 \cdot a^2$ **b)** $x^8 \cdot x \cdot x^3$ **c)** $2\,b^7 \cdot 7\,b^4 \cdot 4 \cdot b^3$

10. a) $a^{m-2} \cdot a^{3m} \cdot a^{2m+3}$ **b)** $b^{x-2y} \cdot b^{2x+y} \cdot b^{2y}$ **c)** $c^{n+1} \cdot c^{1-2n} \cdot c^{3n-2}$ (L: a bis c)

11. a) $a^4 \cdot (a^2 - a^3)$ **b)** $a^7 \cdot (a^5 + a^3)$ **c)** $a^2 \cdot (a^9 - a^4)$ **d)** $x^3 \cdot (x^4 + x^5)$

12. a) $a\,b^2 \cdot (a^3 b + a^2)$ **b)** $(m^4 n^2 - m^3 n) \cdot m^5 n^3$ **c)** $r^6 s^2 \cdot (r^4 - r^2 s^5)$ (L: a bis c)

13. a) $a^6 \cdot (a^2 + a^4 - a^3)$ **b)** $p^5 \cdot (p^3 - p^2 + p)$ **c)** $r^7 \cdot (r^5 - r^6 + r^7)$

14. a) $(1^3 + 1^2) \cdot (1^4 - 1^3)$ **b)** $(m^4 - m) \cdot (m^5 - m^4)$ **c)** $(a^2 - a) \cdot (a^2 + a)$

15. a) $(a^x - b^y + c^z) \cdot (a^x + b^y - c^z)$ **b)** $(x^a + y^b - z^c) \cdot (x^a - y^b - z^c)$

c) $(a^{x-2}b - 5\,ab^{x+3}) \cdot a^{3-x} \cdot b^{2-x}$ **d)** $(2\,x \cdot y^{2+n} - x^3 \cdot y^{n-1}) \cdot x^{n-2} \cdot y^{n+1}$

e) $3\frac{1}{2} \cdot a^{2n} \cdot (-b)^4 \cdot x \cdot \left(-\frac{5}{14}\right) \cdot a^2 \cdot b^{n-3} \cdot x^n \cdot 4 \cdot x^{1-n} \cdot b \cdot (-x)^3$

f) $2\frac{1}{4} \cdot (-x)^3 \cdot y \cdot z^{2n} \cdot \left(-\frac{4}{5}\right) \cdot x^{3n-1} \cdot y^{n-2} \cdot z^{3-2n} \cdot \frac{5}{9} \cdot x^2 (-y)^2 \cdot z$ (L: a bis f)

16. a) $\dfrac{6a^4}{3a^2}$; $\dfrac{12a^5}{4a^4}$ **b)** $\dfrac{9b^3}{3b}$; $\dfrac{5b^5}{10b^3}$ **c)** $\dfrac{3c^3}{18c^2}$; $\dfrac{x^3}{3x}$ **d)** $\dfrac{c^7}{7c}$; $\dfrac{a^x}{a \cdot x}$ **e)** $\dfrac{8y^9}{9y^8}$; $\dfrac{5 \cdot z^n}{n \cdot z^5}$

17. a) $\dfrac{x^6 \cdot y^7}{x^4 \cdot y^4}$ **b)** $\dfrac{a^3 b^5}{a^2 b}$ **c)** $\dfrac{x^m y^{m+1}}{x^{m-1} y^m}$ **d)** $\dfrac{a^{x+2} b^y}{a^x b^{y-2}}$ **e)** $\dfrac{x^{2n+1} \cdot y^{2n-1}}{x^{n-1} \cdot y^{n-2}}$ (L: a bis c)

18. $\dfrac{20a^5 + 10a^4}{5a^3}$; $\dfrac{12b^7 - 8b^5}{4b^4}$; $\dfrac{36c^9 + 18c^8 - 27c^7}{9c^6}$; $\dfrac{48a^2 + 32a^5 - 40a^6}{8a^2}$;

$\dfrac{8x^4 + 12x^3 - 24x^5}{4x^3}$ (L)

19. $\dfrac{12a^5 x^3 - 18a^4 x^5}{6a^4 x^3}$; $\dfrac{22a^3 b^3 - 11a^2 b^4}{11a^2 b^4}$; $\dfrac{21a^4 m^3 + 14a^5 m^4}{42a^4 m^4}$; $\dfrac{8a^6 y^4 - 6a^5 y^3}{24a^3 y^3}$ (L)

Multiplizieren und Dividieren von Potenzen mit gleichen Exponenten

Wird die Potenz a^m mit der Potenz b^m multipliziert, so erhält man $a^m \cdot b^m$, ein Produkt aus m Faktoren a und m Faktoren b. Ändert man die Reihenfolge dieser Faktoren und ordnet sie zu Paaren $a \cdot b$, so entsteht ein Produkt aus m Faktoren $(a \cdot b)$, also eine Potenz mit der Basis $(a \cdot b)$ und dem Exponenten m.

(8) $a^m \cdot b^m = (a \cdot b)^m.$

▶ **Potenzen mit gleichen Exponenten werden miteinander multipliziert, indem man das Produkt der Basen mit dem gemeinsamen Exponenten potenziert.**

Aus $a^m \cdot b^m = (a \cdot b)^m$ entsteht durch Vertauschen der Seiten

(9) $(a \cdot b)^m = a^m \cdot b^m.$

Als Quotient der Potenzen a^m und b^m entsteht $a^m : b^m = \dfrac{a^m}{b^m}$. Da der Zähler dieses Bruches m Faktoren a, sein Nenner m Faktoren b enthält, kann der Bruch als Produkt aus m Faktoren $\dfrac{a}{b}$, d. h. als m-te Potenz des Quotienten $a : b$ angesehen werden.

(10) $a^m : b^m = (a : b)^m$ oder $\dfrac{a^m}{b^m} = \left(\dfrac{a}{b}\right)^m.$

▶ **Man erhält den Quotienten zweier Potenzen mit gleichen Exponenten, wenn man den Quotienten ihrer Basen mit dem gemeinsamen Exponenten potenziert.**

Aus $\dfrac{a^m}{b^m} = \left(\dfrac{a}{b}\right)^m$ entsteht durch Vertauschen der Seiten

(11) $\left(\dfrac{a}{b}\right)^m = \dfrac{a^m}{b^m}.$

Aufgaben

Die folgenden Produkte sind möglichst einfach zu berechnen.

1. a) $8^3 \cdot 125^3$ **b)** $2^6 \cdot 5^6$ **c)** $4^2 \cdot 25^2$ **d)** $\left(\dfrac{5}{7}\right)^3 \cdot \left(\dfrac{7}{10}\right)^3$

2. a) $\left(1\dfrac{1}{2}\right)^6 \cdot \left(1\dfrac{1}{3}\right)^6$ **b)** $\left(2\dfrac{1}{3}\right)^5 \cdot \left(1\dfrac{2}{7}\right)^5$ **c)** $\left(3\dfrac{1}{2}\right)^2 \cdot \left(3\dfrac{1}{7}\right)^2$

3. a) $(-5)^n \cdot \left(1\dfrac{2}{5}\right)^n$ **b)** $\left(-3\dfrac{1}{4}\right)^m \cdot (-8)^m$ **c)** $\left(\dfrac{3xy}{4z}\right)^n \cdot \left(\dfrac{8z}{9xy}\right)^n$ (L: a bis c)

4. a) $(x \cdot y)^3 \cdot (5\,x)^2$ **b)** $(3\,ab)^4 \cdot (2\,a)^2$ **c)** $(xy)^n \cdot (xz)^{1-n}$ **d)** $(abc)^{4n} \cdot a^{m-4n} \cdot b^n \cdot c^{1-3n}$

5. a) $\dfrac{65^3}{78^3}$ **b)** $\dfrac{42^4}{56^4}$ **c)** $16^3 : \left(3\dfrac{1}{5}\right)^3$ **d)** $29^4 : \left(9\dfrac{2}{3}\right)^4$

6. a) $(35ab)^3 : (15bc)^3$ **b)** $(51xy)^4 : (68yz)^4$ **c)** $\left(7\dfrac{1}{5}x\right)^3 : \left(\dfrac{12ax}{5b}\right)^3$

7. a) $(xy - y^2)^3 : (x^2 - xy)^3$ **b)** $(abc + ab)^5 : (bc^2 + bc)^5$ **c)** $(ab + b^2)^n : (a^2 + ab)^n$
$$\text{(L: a bis c)}$$

Potenzieren von Potenzen

Nach der Erklärung des Potenzbegriffes bezeichnet $(a^n)^m$ abgekürzt das aus m Faktoren a^n bestehende Produkt. Da jeder Faktor a^n selbst ein Produkt aus n Faktoren a vorstellt, enthält $(a^n)^m$ insgesamt m mal n Faktoren a und ist somit ein Produkt aus $m \cdot n$ Faktoren a, also die Potenz $a^{m \cdot n}$. Dieselbe Überlegung ergibt für $(a^m)^n$ die Potenz $a^{n \cdot m} = a^{m \cdot n}$. Es gilt

$$(12) \quad (a^n)^m = (a^m)^n = a^{m \cdot n}.$$

▶ **Eine Potenz wird potenziert, indem man ihre Basis mit dem Produkt der Exponenten potenziert.**

Es gilt entsprechend

$$a^{m \cdot n} = (a^n)^m = (a^m)^n.$$

Aufgaben

1. a) $(10^3)^2$ **b)** $(10^2)^4$ **c)** $(a^4)^5$ **d)** $(x^7)^2$

2. a) $(a^n)^3$ **b)** $(b^8)^n$ **c)** $(c^x)^y$ **d)** $(d^u)^v$

3. a) $(x^{n+1})^2$ **b)** $(y^3)^{n-1}$ **c)** $(a^m)^{n-1}$ **d)** $(b^{m+1})^n$ (L: a bis d)

4. a) $(x^2 \cdot y^3)^5$ **b)** $(y^5 \cdot z^2)^4$ **c)** $(a^4 \cdot b^5 \cdot c)^3$ **d)** $(a^5 \cdot b \cdot c^6)^2$

5. a) $(x^2)^3 \cdot (x^4)^m$ **b)** $(y^5)^n \cdot (y^m)^2$ **c)** $(2,5\,a^4)^3 \cdot (4\,a^6)^3$ **d)** $(1,25\,x^3)^4 \cdot (8\,x^7)^4$ (L: a bis d)

6. Die folgenden Potenzen sollen mit Hilfe einer Zahlentafel berechnet werden, die nur die zweiten und dritten Potenzen der Zahlen von 1 bis 100 enthält.

a) 5^4 **b)** 7^6 **c)** 2^{12} **d)** 3^9

Die folgenden Ausdrücke sind in Summen zu verwandeln.

7. a) $(x+1)^3$ **b)** $(1-x)^3$ **c)** $(2a+b)^4$ **d)** $(a-2b)^4$ (L: a, c)

8. a) $(0{,}1\,x+0{,}2\,y)^3$ **b)** $(0{,}5\,a-0{,}3\,b)^3$ **c)** $(1{,}2\,x+1{,}1\,y)^3$ **d)** $(0{,}14\,a-1{,}3\,b)^3$ (L: a, b)

9. a) $\left(2y-\dfrac{z}{2}\right)^4$ **b)** $\left(\dfrac{y}{3}+3\right)^5$ (L: a, b)

10. a) $(0{,}1c+0{,}4d)^3-(0{,}2c-0{,}3d)^3$ **b)** $\left(z+\dfrac{2}{3}\right)^4-\left(z-\dfrac{2}{3}\right)^4$ (L: a)

4.3.3. Erweiterung des Potenzbegriffs

Das Symbol a^0

Als Abkürzung für ein Produkt aus n Faktoren a wurde die Schreibweise a^n eingeführt und als n-te Potenz der Zahl a bezeichnet. Die Definition versagt für $n=0$. Nur durch eine Erweiterung des bisher erklärten Potenzbegriffs kommt man hier zum Ziele. Setzt man für a^0 bei allen von 0 verschiedenen a den Potenzwert $a^0=1$ fest, so bleiben für das Symbol a^0 die für positive ganze Exponenten entwickelten Rechengesetze gültig.

Der Ausdruck a^0 soll eine Potenz mit der Grundzahl a und dem Exponenten 0 sein. Damit auch für diese Potenz die erarbeiteten Regeln gelten, ist sie so festzusetzen, daß z. B. die Potenzregel $a^m \cdot a^n = a^{m+n}$ erfüllt ist, wenn der Exponent m durch 0 ersetzt wird. Man erhält $a^0 \cdot a^n = a^{0+n}$, $a^0 \cdot a^n = a^n$ und muß daher $a^0 = 1$ festsetzen.

►   **Für die 0-te Potenz einer beliebigen von 0 verschiedenen endlichen Zahl wird der Potenzwert 1 festgesetzt.**

0^0 dagegen ist nicht definiert und daher ein sinnloses Symbol.

4.3.4. Potenzfunktionen $y = x^n$ $(n = 1, 2, 3, \ldots)$

Wir haben im Abschnitt 4.2.3. die ganzen rationalen Funktionen n-ten Grades kennengelernt. Ihre Werte ließen sich durch die Gleichung

$$y = a_n x^n + a_{n-1} x^{n-1} + \cdots + a_1 x + a_0$$

darstellen. Dabei waren die Koeffizienten $a_n \neq 0$, $a_{n-1}, \ldots, a_1, a_0$ beliebige konstante Zahlen. Wir wollen nun einen Spezialfall untersuchen, in dem alle Koeffizienten außer a_n gleich Null sind und a_n den Wert 1 hat. Der analytische Ausdruck nimmt dann die Form $y = x^n$ an. Für n lassen wir zunächst alle von Null verschiedenen natürlichen Zahlen zu. Funktionen, deren analytische Ausdrücke die Form $y = x^n$ haben, heißen Potenzfunktionen. Die Potenzfunktionen mit natürlichen Zahlen $n \neq 0$ als Exponenten sind also spezielle ganze rationale Funktionen n-ten Grades.

Wir wollen nun den Verlauf der graphischen Darstellungen der Potenzfunktionen mit natürlichen Exponenten untersuchen. Dabei betrachten wir zunächst Potenzfunktionen mit geradzahligen Exponenten n ($n = 2k$ mit $k = 1, 2, 3, \ldots$) und dann Potenzfunktionen mit ungeradzahligen Exponenten n ($n = 2k + 1$ mit $k = 0, 1, 2, 3, \ldots$).

4.3.5. Potenzfunktionen $y = x^{2k}$ ($k = 1, 2, 3, \ldots$)

Für $k = 1$ erhält man die quadratische Funktion $y = x^2$. Ihr Bild ist die auf Seite 143 als Normalparabel bezeichnete Parabel zweiten Grades. Wie diese verlaufen auch die für $k = 2; 3; \ldots$ entstehenden Parabeln vierten und sechsten Grades im I. und II. Quadranten symmetrisch zur y-Achse mit dem Scheitel im Koordinatenursprung (Abb. 4.19.). Alle diese Parabeln haben die Punkte $(-1; 1)$, $(0; 0)$ und $(1; 1)$ gemeinsam. Es sei darauf hingewiesen, daß die Parabeln höheren als zweiten Grades keine Kegelschnitte sind. Nur die Parabel zweiten Grades kann als Schnittfigur durch einen Schnitt eines geraden Kreiskegels mit einer Ebene erzeugt werden.

Der Vollständigkeit halber erwähnen wir noch die Potenzfunktion, die sich für $k = 0$ ergibt. Sie hat die Gleichung $y = x^0$. Nun wurde aber in der Potenzrechnung definiert: $a^0 = 1$ für alle $a \neq 0$. Also ist das Bild der Funktion mit der Gleichung $y = x^0$ für alle $x \neq 0$ eine Parallele zur x-Achse im Abstand 1 oberhalb der x-Achse. Für $x = 0$ gibt es keinen zugeordneten Funktionswert, da 0^0 nicht definiert ist. Man sagt, die Funktion hat bei $x = 0$ eine Lücke. Diese ist in Abbildung 4.20. angedeutet.

4.3.6. Potenzfunktionen $y = x^{2k+1}$ ($k = 0, 1, 2, 3, \ldots$)

Für $k = 0$ entsteht $y = x$, eine gerade Linie, die durch den Koordinatenursprung und die Punkte P_1 mit den Koordinaten $x_1 = +1$, $y_1 = +1$ und P_2 mit den Koordinaten $x_2 = -1$, $y_2 = -1$ hindurchgeht (Abb. 4.21.). Die für $k = 1$ entstehende Parabel dritten Grades $y = x^3$ ergibt nach der Wertetafel

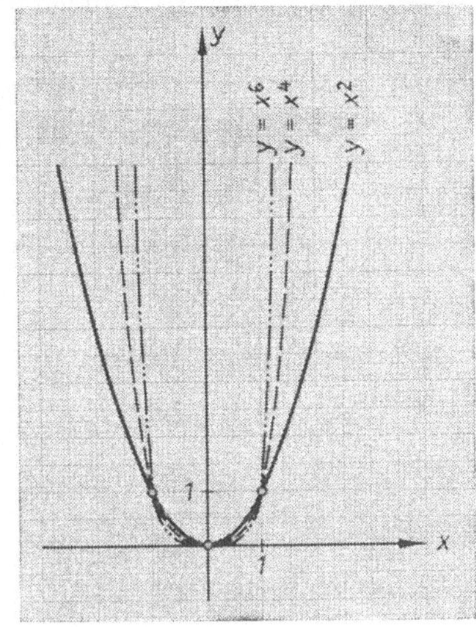

Abb. 4.19.

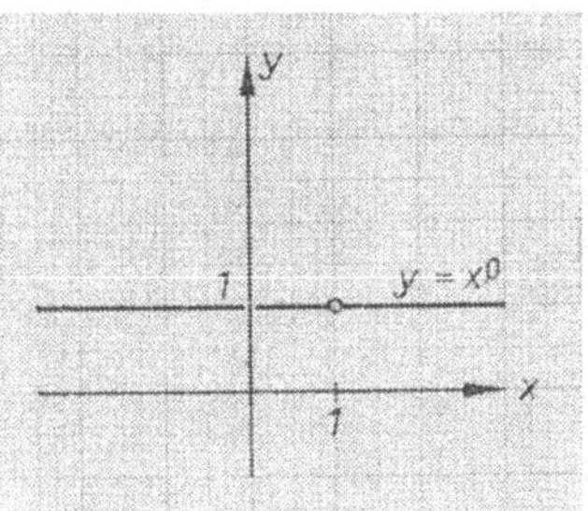

Abb. 4.20.

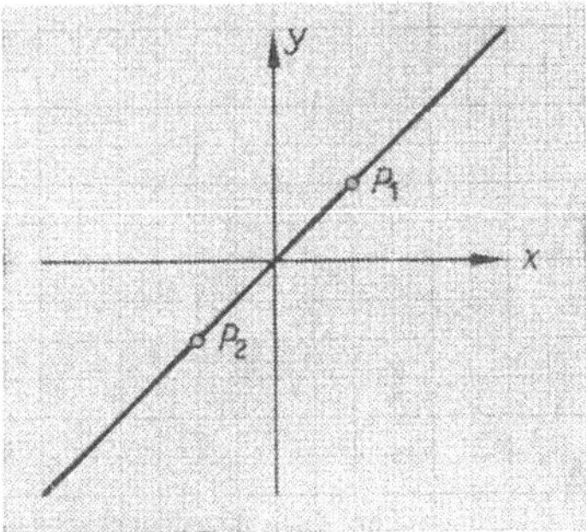

Abb. 4.21.

x	-2	-1	$-\frac{1}{2}$	0	$+\frac{1}{2}$	$+1$	$+2$
y	-8	-1	$-\frac{1}{8}$	0	$+\frac{1}{8}$	$+1$	$+8$

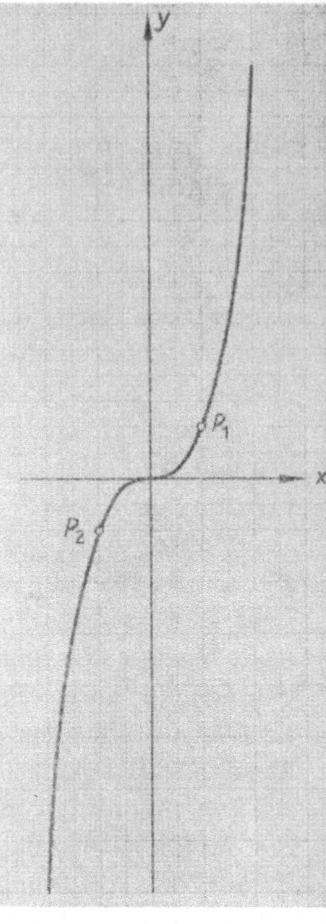

eine durch den Koordinatenursprung gehende Kurve, die im I. und III. Quadranten zentralsymmetrisch zum Ursprung verläuft. Der Ursprung ist ein Wendepunkt der Kurve. An dieser Stelle krümmt sich die aus dem III. Quadranten kommende Kurve beim Eintritt in den I. Quadranten nach der anderen Seite (Abb. 4.22.).

Einen gleichartigen Verlauf nehmen auch die Bilder der Funktionen $y = x^5$ (Parabel fünften Grades), $y = x^7$ (Parabel siebenten Grades) usf. Mit der Geraden $y = x$ haben diese Parabeln die Punkte P_1 und P_2 und den Ursprung gemeinsam.

4.4. Potenzfunktionen $y = x^{-n}$ $(n = 1, 2, 3, \ldots)$

4.4.1. Das Symbol a^{-n}

Der Ausdruck a^{-n} soll eine Potenz mit der Grundzahl a und dem Exponenten $-n$ (n eine natürliche Zahl) sein. Damit auch für diese Potenzen die erarbeiteten Regeln gelten, sind sie so zu deuten, daß z. B. die Potenzregel $a^m \cdot a^n = a^{m+n}$ erfüllt ist, wenn der Exponent m durch $-n$ ersetzt wird. Man erhält $a^{-n} \cdot a^n = a^{-n+n} = a^0 = 1$, also das gleiche wie bei $\frac{1}{a^n} \cdot a^n$; deshalb setzt man fest:

Abb. 4.22.

$$(13) \quad a^{-n} = \frac{1}{a^n} \quad (a \neq 0).$$

▶ **Eine Potenz mit negativem Exponenten ist gleich dem reziproken Wert (Kehrwert) der mit dem entsprechenden positiven Exponenten potenzierten Basis.**

● **Aufgaben**

1. Bestimmen Sie die folgenden Zahlen!

    a) $4 \cdot 5^0$ b) $\dfrac{7}{a^0}$ c) $\dfrac{6 \cdot (a + b)^0}{5 \cdot (a - b)^0}$ d) $5 \cdot \left(\dfrac{x}{y}\right)^0$

2. Die folgenden Ausdrücke sind so umzuformen, daß keine Brüche mehr auftreten.

    a) $\dfrac{1}{a^7}$ b) $\dfrac{1}{a^5}$ c) $\dfrac{4}{a^3}$ d) $\dfrac{11}{b^9}$ e) $\dfrac{a}{x^4}$

3. Die folgenden Quotienten sind in möglichst einfacher Form ohne Bruchstrich zu schreiben.

    a) $\dfrac{x^3 y^2}{x^2 y^3}$ b) $\dfrac{a^3 b^4}{a^5 b^2}$ c) $\dfrac{a^{n-1}}{a^{n+m}}$ d) $\dfrac{x^{1-n}}{x^{m-n}}$ e) $\dfrac{b^{2n-1}}{b^{3n-5}}$ f) $\dfrac{y^{3-2n}}{y^{n-4}}$

4. Die folgenden Ausdrücke sind soweit wie möglich zusammenzufassen.

   a) $x^{-4} + x^{-3}$ **b)** $x^{-2} + x^{-1}$ **c)** $x^{-n} + x^{1-n}$ (L: a bis c)

5. Formen Sie die folgenden Zahlen so um, daß nur Potenzen mit positiven Exponenten auftreten!

   a) $3\,x^{-5}$ **b)** $4\,x^{-3}$ **c)** x^{-11} **d)** y^{-4} **e)** $2\,y^{-5}$

4.4.2. Potenzfunktionen $y = x^{-2k}$ $(k = 1, 2, 3, \ldots)$

Die bisher untersuchten Potenzfunktionen umfaßten nur diejenigen, bei denen die Exponenten natürliche Zahlen sind. Wir hatten sie für $n \neq 0$ als spezielle ganze rationale Funktionen erkannt. Nun wollen wir entsprechend der Erweiterung des Potenzbegriffs unsere Untersuchungen auf Potenzfunktionen mit negativen ganzen Zahlen als Exponenten ausdehnen. Ausdrücklich sei hier vermerkt, daß diese Potenzfunktionen keine ganzen rationalen Funktionen sind.

Die zu $k = 1$ gehörende Funktion $y = x^{-2} = \dfrac{1}{x^2}$ enthält z.B. die folgenden Zahlenpaare.

x	-4	-3	-2	-1	$+1$	$+2$	$+3$	$+4$
y	$+\frac{1}{16}$	$+\frac{1}{9}$	$+\frac{1}{4}$	$+1$	$+1$	$+\frac{1}{4}$	$+\frac{1}{9}$	$+\frac{1}{16}$

Zu $k = 2$ gehört die Funktion $y = x^{-4} = \dfrac{1}{x^4}$ und die folgende Wertetafel.

x	-4	-3	-2	-1	$+1$	$+2$	$+3$	$+4$
y	$+\frac{1}{256}$	$+\frac{1}{81}$	$+\frac{1}{16}$	$+1$	$+1$	$+\frac{1}{16}$	$+\frac{1}{81}$	$+\frac{1}{256}$

Jede der beiden graphischen Darstellungen besteht aus zwei Zweigen (Ästen), von denen der eine im I. Quadranten, der andere im II. Quadranten liegt (Abb. 4.23.). Für beide Funktionen verlaufen die Zweige symmetrisch zur y-Achse und haben die Punkte P_1 mit den Koordinaten $x_1 = +1$, $y_1 = +1$ und P_2 mit den Koordinaten $x_2 = -1$, $y_2 = +1$ gemeinsam. Die Kurvenzweige nähern sich um so mehr der x-Achse, je mehr der Betrag von x zunimmt, sie nähern sich um so mehr der y-Achse, je mehr er abnimmt. Man sagt, sie nähern sich den Koordinatenachsen asymptotisch, oder die Koordinatenachsen sind **Asymptoten** der Kurvenzweige.

Die Funktionen $y = x^{-2}$ und $y = x^{-4}$ sind für $x = 0$ nicht erklärt.

Dieselbe Art des Verlaufs zeigen alle Kurven, die sich für Funktionen $y = x^{-2k}$ ergeben.

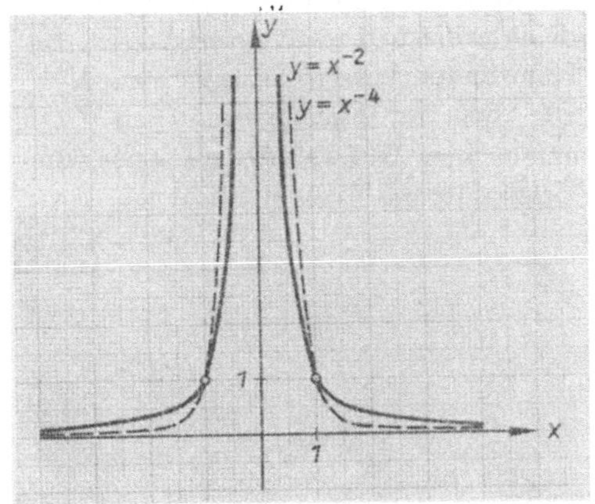

Abb. 4.23.

4.4.3. Potenzfunktionen $y = x^{-(2k-1)}$ $(k = 1, 2, \ldots)$

Für $k = 1$ z.B. ergibt sich die Funktion $y = x^{-1} = \dfrac{1}{x}$ und die folgende Wertetafel.

x	-4	-3	-2	-1	$-\frac{1}{2}$	$+\frac{1}{2}$	$+1$	$+2$	$+3$	$\ldots$
y	$-\frac{1}{4}$	$-\frac{1}{3}$	$-\frac{1}{2}$	-1	-2	$+2$	$+1$	$+\frac{1}{2}$	$+\frac{1}{3}$	$\ldots$

Entsprechend gehört zu $k = 2$ die Funktion $y = x^{-3} = \dfrac{1}{x^3}$ und die folgende Wertetafel.

x	-3	-2	-1	$-\frac{1}{2}$	$+\frac{1}{2}$	$+1$	$+2$	$+3$	$\ldots$
y	$-\frac{1}{27}$	$-\frac{1}{8}$	-1	-8	$+8$	$+1$	$+\frac{1}{8}$	$+\frac{1}{27}$	$\ldots$

Die Bilder der beiden Funktionen bestehen jedesmal aus zwei Zweigen (Ästen), von denen der erste im I. Quadranten, der zweite im III. Quadranten liegt (Abb. 4.24.). Die Funktion $y = \dfrac{1}{x}$ ergibt einen Kegelschnitt, nämlich eine gleichseitige Hyperbel, die zentralsymmetrisch zum Koordinatenursprung und symmetrisch in bezug auf die Winkelhalbierenden des Koordinatenkreuzes liegt. Die Funktion $y = \dfrac{1}{x^3}$ liefert eine Kurve, die mit der Kurve $y = \dfrac{1}{x}$ den Punkt P_1 mit den Koordinaten $x_1 = +1$, $y_1 = +1$ und den Punkt P_2 mit den Koordinaten $x_2 = -1$, $y_2 = -1$ gemeinsam hat. Beide Funktionen sind ebenfalls für $x = 0$ nicht erklärt. Ihre Kurven haben die Koordinatenachsen zu Asymptoten.

Die sich für Funktionen $y = x^{-(2k-1)}$ ergebenden Kurven zeigen alle die gleiche Art des Verlaufs.

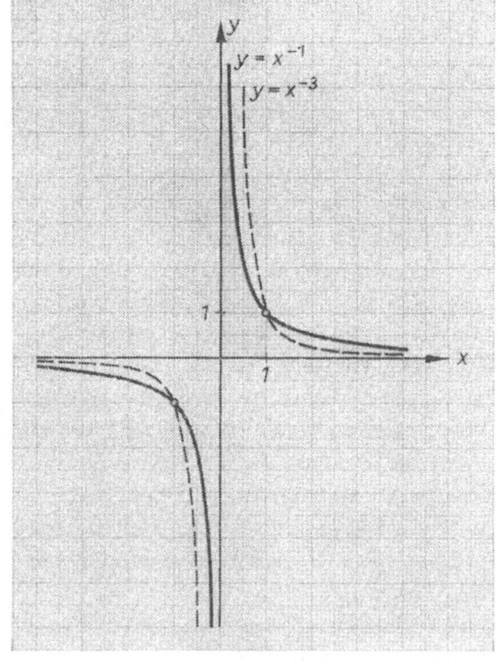

Abb. 4.24.

4.5. Potenzfunktionen $y = x^{\frac{1}{n}} = \sqrt[n]{x}$ $(n = 2, 3, 4, \ldots)$

4.5.1. Radizieren (Wurzelrechnung)

Durch Potenzieren entsteht aus einer gegebenen Zahl a und dem gegebenen Exponenten n die Potenz $b = a^n$. Sind in der Gleichung $a^n = b$ die Zahlen b und n (b nichtnegativ, $n \geq 2$, natürlich) gegeben, so kann der Zusammenhang auch durch $a = \sqrt[n]{b}$ (gelesen: n-te Wurzel aus b) angegeben werden.

Eine Zahl $b \geq 0$ mit einer Zahl n radizieren heißt also, die Zahl a zu bestimmen, die mit n potenziert b ergibt. Diese Zahl a wird mit $\sqrt[n]{b}$ bezeichnet.

▶ **Unter $\sqrt[n]{b}$ ($b \geq 0$) versteht man die nichtnegative Zahl, deren n-te Potenz b ergibt.**

$$(14) \quad \left(\sqrt[n]{b}\right)^n = b \quad (b \geq 0).$$

Entsprechend bezeichnet $\sqrt[n]{b^n}$ die Zahl, die mit n potenziert b^n ergibt, d.h. die Zahl b.

$$(15) \quad \sqrt[n]{b^n} = b \quad (b \geq 0).$$

Aufeinanderfolgendes Radizieren und Potenzieren mit derselben Zahl heben einander auf. Dabei ist b immer auf nichtnegative Zahlen zu beschränken.

▶ **Radizieren und Potenzieren sind einander entgegengesetzte Rechenoperationen.**

4.5.2. Der Begriff der Wurzel

In $\sqrt[n]{b} = a$ nennt man a und $\sqrt[n]{b}$ die n-te Wurzel aus b,

$\qquad\qquad\qquad b$ den *Radikanden* der Wurzel,

$\qquad\qquad\qquad n$ den *Exponenten* der Wurzel.

Das Bestimmen von $\sqrt[n]{b}$ nennt man *Ziehen* der n-ten Wurzel aus b oder *Radizieren* von b.

4.5.3. Irrationale Wurzeln

Gemäß der Definition $\sqrt[n]{b} = a$ ($a \geq 0$, $b \geq 0$) ist $\sqrt[n]{b}$ ohne weiteres angebbar, wenn der Radikand als Potenz dargestellt werden kann, deren Exponent gleich dem Wurzelexponenten ist. So ist

$$\sqrt[5]{32} = 2, \text{ weil } 2^5 = 32; \quad \sqrt[3]{\frac{1}{27}} = \frac{1}{3}, \text{ weil } \left(\frac{1}{3}\right)^3 = \frac{1}{27} \text{ ergibt}.$$

Wurzelausdrücke dieser Art ergeben ganze Zahlen oder Brüche und gehören zu den *rationalen* Zahlen.

Für Ausdrücke wie $\sqrt[2]{2}$, $\sqrt[3]{3}$, $\sqrt[5]{10}$ dagegen kann der Radikand nicht als Potenz einer ganzen oder gebrochenen Zahl dargestellt werden, deren Exponent gleich dem Wurzelexponenten ist. Wurzeln dieser Art sind weder durch ganze Zahlen noch durch Brüche angebbar. Sie gehören zu den *irrationalen* Zahlen, die durch rationale Zahlen beliebig angenähert werden können.

Beispiel 6:

$\sqrt{2}$ liegt zwischen 1 und 2; denn $1^2 = 1$ und $2^2 = 4$

$(1^2 < 2 < 2^2)$,

$\sqrt{2}$ liegt zwischen 1,4 und 1,5; denn $1,4^2 = 1,96$ und $1,5^2 = 2,25$

$(1,4^2 < 2 < 1,5^2)$,

$\sqrt{2}$ liegt zwischen 1,41 und 1,42; denn $1,41^2 = 1,9881$ und $1,42^2 = 2,0146$

$(1,41^2 < 2 < 1,42^2)$.

Durch Angeben weiterer Dezimalstellen kommt man dem wirklichen Wert für $\sqrt{2}$ unbegrenzt näher, erreicht ihn aber nie. Er liegt zwischen 1,41421 und 1,41422, da $1,41421^2 < 2 < 1,41422^2$ ist.

Aufgaben

1. $(\sqrt{111})^2$; $\left(\sqrt[3]{617}\right)^3$; $\left(\sqrt[5]{125}\right)^5$; $\left(\sqrt{4a^2 + 9b^2}\right)^2$; $\left(\sqrt[3]{x^3 + y^3}\right)^3$; $\left(\sqrt{x^2 - y^2}\right)^2$

2. $\sqrt{36}$; $\sqrt[3]{64}$; $\sqrt{64}$; $\sqrt[6]{64}$; $\sqrt[4]{16}$; $\sqrt{81}$; $\sqrt[4]{81}$; $\sqrt[5]{243}$

3. $\sqrt[3]{0,027}$; $\sqrt{2,56}$; $\sqrt[4]{0,0256}$; $\sqrt[3]{0,064}$; $\sqrt{0,25}$; $\sqrt[3]{0,125}$; $\sqrt{0,0121}$; $\sqrt[3]{0,008}$ (L)

4. $\sqrt{a^2}$; $\sqrt[3]{b^3}$; $\sqrt[5]{x^5}$; $\sqrt{(a + b)^2}$; $\sqrt[3]{(x - y)^3}$; $\sqrt[n]{(a - b)^n}$; $\sqrt[4]{x^8}$; $\sqrt[3]{z^6}$

5. Radizieren Sie!

$\sqrt{x^2 + 2x + 1}$; $\sqrt{a^2 + 2ab + b^2}$; $\sqrt{a^2 - 2a + 1}$; $\sqrt{m^2 + 4m + 4}$ (L)

6. Was ergibt

$\sqrt[3]{c^3} + \left(\sqrt{a + b}\right)^2$; $\left(\sqrt[m]{x + y}\right)^m - \sqrt[n]{y^n}$; $\sqrt{(x - y)^2} + \left(\sqrt{x + y}\right)^2$; $\sqrt[3]{(c + d)^3} - \left(\sqrt[3]{c - d}\right)^3$;

$\left(\sqrt[3]{c}\right)^3 \cdot \sqrt{(a + b)^2}$; $\left(\sqrt{x^2 + y^2}\right)^2 : \left(\sqrt[3]{z^2}\right)^3$? (L)

7. Die Bremsverzögerung für einen bestimmten Kraftfahrzeugtyp beträgt $6,5 \ \mathrm{m \cdot s^{-2}}$.

Welche Geschwindigkeit darf dieses Kraftfahrzeug haben, wenn es mit seiner Bremswirkung auf $s = 125 \ \mathrm{m}$ zum Stehen kommen soll? Wieviel Sekunden beträgt die Bremszeit? (Zeit $= t$)

Formeln: $v = \sqrt{2bs}$; $t = \sqrt{\dfrac{2s}{b}}$ (L)

8. Als Bruchpotenzen sind zu schreiben:

$$\sqrt{5}\;;\quad \sqrt[5]{2}\;;\quad \sqrt[3]{15}\;;\quad \sqrt[4]{3}\;;\quad \sqrt[6]{z}\;;\quad \sqrt[c]{n}\;;\quad \sqrt[m]{u+v}\;;\quad \sqrt{a^2+b^2}\;;\quad \sqrt[n]{x^n-y^n}\;.$$

9. Als Wurzeln sind folgende Ausdrücke zu schreiben:

$$3^{\frac{1}{2}}\;;\quad 2^{\frac{1}{3}}\;;\quad 5^{\frac{1}{4}}\;;\quad 4^{\frac{1}{5}}\;;\quad x^{\frac{1}{2}}\;;\quad y^{\frac{1}{3}}\;;\quad a^{\frac{1}{4}}\;;\quad b^{\frac{1}{5}}\;;\quad 25^{0,5}\;;\quad 16^{0,5}\;;\quad 4^{-0,5}\;;\quad 81^{0,25}.$$

10. Was ergibt

$$\sqrt[3]{z^3}\;;\quad \sqrt{(a+b)^2}\;;\quad \sqrt[n]{x^n}\;;\quad \sqrt[m]{(x-y)^m}\;;\quad (a^2)^{\frac{1}{2}}\;;\quad (a^2-2ab+b^2)^{\frac{1}{2}}\ ?$$

11. Als Bruchpotenzen sind zu schreiben:

$$\sqrt[5]{2^3}\;;\quad \sqrt[3]{(-3)^2}\;;\quad \sqrt{2^3}\;;\quad \sqrt[5]{7^2}\;;\quad \sqrt[3]{(-2)^4}\;;\quad \sqrt[4]{5^3}\;;\quad \sqrt[q]{z^p}\;;\quad \sqrt[n]{a^z}\;;\quad \sqrt[3]{(a+b)^2}\;.$$

12. Vor dem Multiplizieren sind die Wurzeln in Bruchpotenzen zu verwandeln:

$$\sqrt[3]{a}\cdot\sqrt{a}\;;\quad \sqrt[4]{a^3}\cdot\sqrt{a}\;;\quad \sqrt[5]{b}\cdot\sqrt[3]{b}\;;\quad \sqrt[3]{y}\cdot\sqrt[6]{y}\quad \text{(L)}$$

13. Welche Werte haben die folgenden Wurzeln ?

$$\sqrt{36}\;;\quad \sqrt{49}\;;\quad \sqrt{81}\;;\quad \sqrt{100}\;;\quad \sqrt{121}\;;\quad \sqrt{144}\;;\quad \sqrt{0,16}\;;\quad \sqrt{2500}\;;\quad \sqrt{0,64}\;;\quad \sqrt{0,0081}$$

14. $\sqrt[3]{27}\;;\quad \sqrt[3]{64}\;;\quad \sqrt[3]{125}\;;\quad \sqrt[5]{32}\;;\quad \sqrt[5]{243}\;;\quad \sqrt[5]{100\,000}\;;\quad \sqrt[3]{0,008}$

15. Welche Formen können für die folgenden Wurzelausdrücke angegeben werden, in denen a und b positive Zahlen sind ?

$$\sqrt{a^2}\;;\quad \sqrt[3]{a}\;;\quad \sqrt[3]{a^2}\;;\quad \sqrt{a\cdot b}\;;\quad \sqrt[3]{a\cdot b}\;;\quad \sqrt[5]{b^2}\;;\quad \sqrt[5]{a^3b^2}\;;\quad \sqrt[2n]{b}\;;\quad \sqrt[2n-1]{b}\;;\quad \sqrt[3]{(a\cdot b)^3}\;;\quad \sqrt[5]{b^5}$$

16. Wie in Aufgabe 12 sind zu berechnen:

$$\sqrt{x}\cdot\sqrt[3]{x}\cdot\sqrt[6]{x}\;;\quad \sqrt[3]{a}\cdot\sqrt[4]{a}\cdot\sqrt[6]{a}\;;\quad \sqrt{b}\cdot\sqrt[3]{b}\cdot\sqrt[6]{b}\;;\quad \sqrt{a}\cdot\sqrt[3]{a}\cdot\sqrt[9]{a}\;;\quad \sqrt[5]{a^3}\cdot\sqrt[3]{a}\;;\quad \sqrt[6]{a^3}\cdot\sqrt[6]{a^2}\;;$$

$$\sqrt{a}\cdot\sqrt[5]{a^2}\;.\quad \text{(L)}$$

17. Welche Zahlen sind gleich folgenden Potenzen ?

   a) $8^{\frac{1}{3}}$ **b)** $16^{\frac{1}{4}}$ **c)** $100^{0,5}$ **d)** $243^{0,2}$

18. Folgende Produkte sind zu vereinfachen:

   a) $\left(a^{\frac{1}{2}}\cdot a^{\frac{1}{3}}\right)^6$ **b)** $\left(a^{\frac{1}{2}}:a^{\frac{1}{3}}\right)^{-6}$ **c)** $\left(1\tfrac{3}{4}\right)^{\frac{1}{2}}\cdot\left(2\tfrac{6}{13}\right)^{\frac{1}{2}}\cdot\left(\tfrac{2}{7}\right)^{\frac{1}{2}}\cdot\left(\tfrac{1}{13}\right)^{-\frac{1}{2}}$

4.5.4. Das Symbol $a^{\frac{1}{n}}$

Der Ausdruck $a^{\frac{1}{n}}$ soll eine Potenz mit der Grundzahl a und dem Exponenten $\frac{1}{n}$ sein. Damit auch für diese Potenz die erarbeiteten Regeln gelten, ist sie so festzusetzen, daß z.B. die Potenzregel $(a^m)^n = a^{m\cdot n}$ erfüllt ist, wenn $m = \frac{1}{n}$ ist.

Man erhält $\left(a^{\frac{1}{n}}\right)^{n} = a^{\frac{1}{n}\cdot n} = a^{1} = a$ und muß daher festsetzen:

▶ $a^{\frac{1}{n}}$ **bedeutet die Zahl, deren n-te Potenz a ist. In der Wurzelschreibweise heißt diese Zahl $\sqrt[n]{a}$ (n-te Wurzel aus a).**

$$(16) \quad a^{\frac{1}{n}} = \sqrt[n]{a} \quad (a \geq 0)$$

Um auch $a^{\frac{p}{q}}$ als Potenz mit der Basis a und dem Exponenten $\frac{p}{q}$ bezeichnen zu können, ist $a^{\frac{p}{q}}$ so zu deuten, daß die Potenzregel $(a^{m})^{n} = a^{m\cdot n}$ erfüllt ist, wenn $m = \frac{p}{q}$ und $n = q$ gesetzt wird. Dann gilt $\left(a^{\frac{p}{q}}\right)^{q} = a^{\frac{p}{q}\cdot q} = a^{p}$.

$a^{\frac{p}{q}}$ ist somit als Zahl festzusetzen, deren q-te Potenz a^{p} ergibt. In der Wurzelschreibweise heißt diese Zahl $\sqrt[q]{a^{p}}$.

$$(17) \quad a^{\frac{p}{q}} = \sqrt[q]{a^{p}} \quad (a \geq 0)$$

▶ $a^{\frac{p}{q}}$ **bezeichnet die Zahl, deren q-te Potenz a^{p} ergibt.**

4.5.5. Wurzelgesetze

Das Symbol $\sqrt[n]{a}$ ist nach Definition mit dem Symbol $a^{\frac{1}{n}}$ gleichbedeutend. Das Rechnen mit Wurzelausdrücken geschieht deshalb nach den Regeln für das Rechnen mit Potenzen.

Addieren und Subtrahieren

Summen und Differenzen von Wurzelausdrücken lassen sich nur bei gleichen Radikanden und gleichen Wurzelexponenten zusammenfassen.

■ **Beispiel 7:**

$$2\sqrt{25} + 4\sqrt{25} = 6\sqrt{25} = 6\cdot 5 = 30$$

■ **Beispiel 8:**

$$c\cdot\sqrt{a} + d\cdot\sqrt{a} = (c+d)\cdot\sqrt{a}$$

● **Aufgaben**

1. $\sqrt{41} + 2\sqrt{41}$; $\quad 3\sqrt{15} + \sqrt{15}$; $\quad 7\sqrt{7} + 4\sqrt{7}$; $\quad 2\sqrt{11} + 9\sqrt{11}$; $\quad 5\sqrt{13} - \sqrt{13}$;
$3\sqrt[3]{12} + 6\sqrt[3]{12}$; $\quad 5\sqrt[4]{8} + 2\sqrt[4]{8}$; $\quad 3\sqrt[3]{2} - 2\sqrt[3]{2}$; $\quad 4\sqrt[5]{3} - 3\sqrt[5]{3}$; $\quad 8\sqrt[4]{5} - 4\sqrt[4]{5}$

2. a) $3\sqrt{7} - 5\sqrt{2} - \sqrt{11} + 3\sqrt{2} - \sqrt{7} + \sqrt{11} + 2\sqrt{2}$

   b) $4\sqrt{5} + 5\sqrt{3} - 3\sqrt{5} - 7\sqrt{11} + 6\sqrt{5} + 8\sqrt{11} - 2\sqrt{3}$ $\quad$ (L: a, b)

3. a) $a\sqrt{2} + b\sqrt{2} - c\sqrt{2}$ **b)** $x\sqrt{3} - y\sqrt{3} + z\sqrt{3}$ **c)** $a\sqrt{5} + \sqrt{5}$

4. a) $5\sqrt{x} + 2\sqrt[3]{x} - 3\sqrt{x} + 3\sqrt[3]{x}$ **b)** $6\sqrt{a} - 5\sqrt{a} - 4\sqrt[3]{a} + 7\sqrt[3]{a}$

   c) $2a\sqrt[3]{x} + 3b\sqrt{x} - 3b\sqrt[3]{x} - 2a\sqrt{x}$ **d)** $3x\sqrt{a} - 2y\sqrt[3]{a} + 3x\sqrt[3]{a} - 2y\sqrt{a}$ (L: a, d)

5. Nach dem Radizieren sind zusammenzufassen:

   a) $7\sqrt[3]{64} - 3\sqrt[3]{8} + 2\sqrt[3]{27} - 3\sqrt[3]{8} + 3\sqrt[3]{27} + \sqrt[3]{64}$

   b) $\sqrt{(2a)^2} - \left(\sqrt[3]{3a}\right)^3 + 10a$ **c)** $\sqrt{8} - \sqrt[3]{27}$ **d)** $\sqrt{9b^2} - (\sqrt{48})^2$.

Multiplizieren und Dividieren von Wurzelausdrücken mit gleichen Wurzelexponenten

$$\sqrt[n]{a} \cdot \sqrt[n]{b} = a^{\frac{1}{n}} \cdot b^{\frac{1}{n}} = (a \cdot b)^{\frac{1}{n}} = \sqrt[n]{a \cdot b} \;;\; \sqrt[n]{a} : \sqrt[n]{b} = a^{\frac{1}{n}} : b^{\frac{1}{n}} = (a : b)^{\frac{1}{n}} = \sqrt[n]{a : b}.$$

▶ **Wurzeln mit gleichen Wurzelexponenten werden multipliziert (dividiert), indem das Produkt (der Quotient) der Radikanden mit dem Wurzelexponenten radiziert wird.**

Ebenso gilt $\sqrt[n]{a \cdot b} = \sqrt[n]{a} \cdot \sqrt[n]{b}$ und $\sqrt[n]{a : b} = \sqrt[n]{a} : \sqrt[n]{b}$.

Das Produkt (der Quotient) von Wurzeln, deren Exponenten verschieden sind, kann durch einen Wurzelausdruck dargestellt werden, nachdem man gleiche Wurzelexponenten hergestellt hat.
Man erhält

$$\sqrt[m]{a} \cdot \sqrt[n]{b} = a^{\frac{1}{m}} \cdot b^{\frac{1}{n}} = a^{\frac{n}{m \cdot n}} \cdot b^{\frac{m}{m \cdot n}} = (a^n)^{\frac{1}{m \cdot n}} \cdot (b^m)^{\frac{1}{m \cdot n}} = (a^n \cdot b^m)^{\frac{1}{m \cdot n}} = \sqrt[m \cdot n]{a^n \cdot b^m}$$

und $\;\; \sqrt[m]{a} : \sqrt[n]{b} = a^{\frac{1}{m}} : b^{\frac{1}{n}} = a^{\frac{n}{m \cdot n}} : b^{\frac{m}{m \cdot n}} = (a^n : b^m)^{\frac{1}{m \cdot n}} = \sqrt[m \cdot n]{a^n : b^m}.$

● **Aufgaben**

1. a) $\sqrt{2} \cdot \sqrt{8}$; $\sqrt{2} \cdot \sqrt{50}$; $2 \cdot \sqrt{64} \cdot 3 \cdot \sqrt{4}$; $\sqrt{128} \cdot 3 \cdot \sqrt{2}$; $7\sqrt{3} \cdot 4\sqrt{6} \cdot 2\sqrt{18}$; $(2\sqrt{256})^2$

   b) $\sqrt[3]{2} \cdot \sqrt[3]{32}$; $\sqrt[3]{25} \cdot \sqrt[3]{5}$; $3\sqrt[3]{9} \cdot 6\sqrt[3]{3}$; $\left(\sqrt[3]{8}\right)^2$; $2\sqrt[3]{2} \cdot 3\sqrt[3]{3}$; $4\sqrt[3]{4} \cdot 5\sqrt[3]{9}$; $\sqrt[3]{54} \cdot \sqrt[3]{32}$

2. a) $\sqrt{3} \cdot \sqrt{12}$; $\sqrt{6} \cdot \sqrt{24}$; $\sqrt{18} \cdot \sqrt{50}$; $\sqrt{15} \cdot \sqrt{5} \cdot \sqrt{12}$; $\sqrt{6} \cdot \sqrt{2} \cdot \sqrt{48}$

   b) $\sqrt{5x} \cdot \sqrt{2y} \cdot \sqrt{10xy}$; $\sqrt{3u} \cdot \sqrt{2v} \cdot \sqrt{24uv}$; $\sqrt{a+b} \cdot \sqrt{a-b} \cdot \sqrt{a^2 - b^2}$

   c) $\sqrt[3]{12x^2y} \cdot \sqrt[3]{30xyz} \cdot \sqrt[3]{75yz^2}$; $\sqrt[n]{a^3} \cdot \sqrt[n]{a^{n-3}}$; $\sqrt[m]{z^2} \cdot \sqrt[m]{z^3} \cdot \sqrt[m]{z^{m-5}}$; $\sqrt[x]{(a+b)^{x-y}} \cdot \sqrt[x]{(a+b)^y}$

3. $\sqrt{5} \cdot \sqrt{10}$; $\sqrt{27} \cdot \sqrt{6}$; $\sqrt[3]{16} \cdot \sqrt[3]{20}$; $\sqrt[3]{28} \cdot \sqrt[3]{32}$; $\sqrt[3]{2ab^2} \cdot \sqrt[3]{3a^2b}$; $\sqrt[3]{2xy} \cdot \sqrt[3]{4y^2}$

4. a) $\sqrt{b^2c^2}$; $\sqrt{a^4c^2}$; $\sqrt{u^2v^2w^2}$; $\sqrt{a^2b^4c^6d^8}$; $\sqrt{9a^2b^6}$; $\sqrt{25x^{10}}$; $\sqrt{4a^2b^2}$; $\sqrt{(a-b)^2c^4}$

   b) $\sqrt[3]{x^3}$; $\sqrt[3]{m^3n^3}$; $\sqrt[3]{(uv)^3}$; $\sqrt[3]{a^6b^{12}}$; $\sqrt[3]{2m^3 + 6m^3}$; $\sqrt[3]{8x^3y^6}$; $\sqrt[3]{64a^3b^3}$

5. $\sqrt{a^5b^3c}$; $\sqrt[3]{a^5b^4c^2}$; $\sqrt{8x^3y}$; $\sqrt[3]{81xy^4}$; $\sqrt{6z^{2n+1}}$; $\sqrt[3]{24a^{3n+2}}$; $\sqrt[n]{(a+b)^{n+1}}$ (L)

6. Die folgenden Polynome sind durch Umformen der Glieder möglichst zu vereinfachen:

a) $5 \cdot \sqrt{18} + 6 \cdot \sqrt{32} - 4 \cdot \sqrt{50} + 3 \cdot \sqrt{72} - 2 \cdot \sqrt{98}$

b) $20 \cdot \sqrt{12} + 5 \cdot \sqrt{75} - 7 \cdot \sqrt{48} + 8 \cdot \sqrt{27} - 6 \cdot \sqrt{108}$

c) $8 \cdot \sqrt[3]{40} + 7 \cdot \sqrt[3]{135} - 5 \cdot \sqrt[3]{40} + 6 \cdot \sqrt[3]{135} + 3 \cdot \sqrt[3]{320}$

d) $9 \cdot \sqrt[3]{320} - 4 \cdot \sqrt[3]{135} - 2 \cdot \sqrt[3]{625} + 10 \cdot \sqrt[3]{40} - 3 \cdot \sqrt[3]{40}$

e) $\sqrt[3]{8x^3 + 8y^3} + \sqrt[3]{27x^3 + 27y^3}$ (L: a bis d)

7. a) $(3 + \sqrt{5}) \cdot (2 - \sqrt{5})$

b) $(4 \cdot \sqrt{3} - 3 \cdot \sqrt{5} - 2 \cdot \sqrt{6}) \cdot (2 \cdot \sqrt{3} + 3 \cdot \sqrt{5} - 4 \cdot \sqrt{6})$ (L: a, b)

8. Die folgenden Wurzeln sind zu berechnen:

a) $\sqrt{80}$; $\sqrt{63}$; $\sqrt{363}$; $\sqrt{2,88}$; $\sqrt{1,5}$

mit Hilfe von $\sqrt{2} = 1{,}414$; $\sqrt{3} = 1{,}732$; $\sqrt{5} = 2{,}236$; $\sqrt{6} = 2{,}450$; $\sqrt{7} = 2{,}646$;

b) $\sqrt[3]{54}$; $\sqrt[3]{48}$; $\sqrt[3]{81}$; $\sqrt[3]{189}$; $\sqrt[3]{500}$; $\sqrt[3]{0,08}$; $\sqrt[3]{3,087}$; $\sqrt[3]{0,32}$

mit Hilfe von $\sqrt[3]{2} = 1{,}260$; $\sqrt[3]{3} = 1{,}442$; $\sqrt[3]{4} = 1{,}587$; $\sqrt[3]{5} = 1{,}710$;

$\sqrt[3]{6} = 1{,}817$; $\sqrt[3]{7} = 1{,}913$; $\sqrt[3]{9} = 2{,}080$; $\sqrt[3]{10} = 2{,}154$.

9. a) $(\sqrt{2a} - \sqrt{6b} - 3\sqrt{a} + \sqrt{10b}) \cdot \sqrt{6ab}$ b) $(\sqrt{3x} + \sqrt{5y} - 2 \cdot \sqrt{x} + \sqrt{15y}) \cdot \sqrt{5xy}$

c) $(\sqrt[3]{a^2} - \sqrt[3]{a \cdot b} + \sqrt[3]{b^2}) \cdot \sqrt[3]{abc}$ d) $(\sqrt[3]{x^2 y} + \sqrt[3]{y^2 z} - \sqrt[3]{xz^2}) \cdot \sqrt[3]{xyz}$

e) $(\sqrt[n]{a^{n-1}b} + \sqrt[n]{ab^{n-1}} + \sqrt[n]{a^2 b^{n-2}}) \cdot \sqrt[n]{ab}$ f) $(\sqrt[m]{a^{m-2}b^2} + \sqrt[m]{a^2 b^{m-2}} + \sqrt[m]{a^3 b^{n-3}}) \cdot \sqrt[m]{a^2 b^2}$

(L: a, c, e)

10. a) $(3 + \sqrt{5})^2$ b) $(5 + \sqrt{3})^2$ c) $(\sqrt{5} - 2)^2$ d) $(3 - \sqrt{2})^2$

11. a) $(2\sqrt{7} + 7\sqrt{2})^2$ b) $(3\sqrt{5} + 5\sqrt{3})^2$ c) $(2\sqrt{3} - 3\sqrt{5})^2$ d) $(3\sqrt{6} - 2\sqrt{7})^2$ (L: a, c)

12. a) $(7 + 2\sqrt{5}) \cdot (7 - 2\sqrt{5})$ b) $(5\sqrt{3} + 7) \cdot (5\sqrt{3} - 7)$ c) $(5\sqrt{3} - 4\sqrt{2}) \cdot (5\sqrt{3} + 4\sqrt{2})$

13. a) $(\sqrt{x + y} + \sqrt{x}) \cdot (\sqrt{x + y} - \sqrt{x})$ b) $(a + \sqrt{a^2 - b^2}) \cdot (a - \sqrt{a^2 - b^2})$

c) $(x + \sqrt{1 - x^2}) \cdot (x - \sqrt{1 - x^2})$ d) $(\sqrt{u + v} + \sqrt{u - v}) \cdot (\sqrt{u + v} - \sqrt{u - v})$ (L: a bis d)

14. $\dfrac{\sqrt{12}}{\sqrt{3}}$; $\dfrac{\sqrt{80}}{\sqrt{5}}$; $\dfrac{\sqrt{54}}{\sqrt{6}}$; $\dfrac{\sqrt{98}}{\sqrt{2}}$; $\dfrac{\sqrt{75}}{\sqrt{300}}$; $\dfrac{\sqrt{11}}{\sqrt{44}}$; $\dfrac{\sqrt{48}}{\sqrt{75}}$; $\dfrac{\sqrt{50}}{\sqrt{72}}$; $\dfrac{\sqrt{100}}{\sqrt{10\,000}}$; $\dfrac{\sqrt{3}}{\sqrt{75}}$; $\dfrac{\sqrt{32}}{\sqrt{2}}$; $\dfrac{\sqrt{125}}{\sqrt{5}}$

15. $\dfrac{\sqrt[3]{54}}{\sqrt[3]{2}}$; $\dfrac{\sqrt[3]{24}}{\sqrt[3]{3}}$; $\dfrac{\sqrt[3]{320}}{\sqrt[3]{5}}$; $\dfrac{\sqrt[3]{128}}{\sqrt[3]{2}}$; $\dfrac{\sqrt[3]{250}}{\sqrt[3]{432}}$; $\dfrac{\sqrt[3]{88}}{\sqrt[3]{297}}$; $\dfrac{\sqrt[3]{189}}{\sqrt[3]{448}}$; $\dfrac{\sqrt[3]{1458}}{\sqrt[3]{2000}}$; $\dfrac{4 \cdot \sqrt[3]{864}}{3 \cdot \sqrt[3]{4}}$; $\dfrac{\sqrt[3]{48}}{\sqrt[3]{6}}$; $\dfrac{\sqrt[3]{3}}{\sqrt[3]{81}}$

16. $\dfrac{\sqrt{9x}}{\sqrt{x}}$; $\dfrac{\sqrt{18a}}{\sqrt{2a}}$; $\dfrac{\sqrt{x^3}}{\sqrt{x}}$; $\dfrac{\sqrt{x^n}}{\sqrt{x^{n-2}}}$; $\dfrac{\sqrt{z^{2n+1}}}{\sqrt{z}}$; $\dfrac{\sqrt[3]{54b^7}}{\sqrt[3]{2b}}$; $\dfrac{\sqrt[3]{40c}}{\sqrt[3]{5c^7}}$; $\dfrac{\sqrt{n^2 \cdot m}}{\sqrt{m}}$; $\dfrac{\sqrt{y^3 \cdot z^2}}{\sqrt{y \cdot z}}$

17. $\dfrac{\sqrt[n]{z^{n+1}}}{\sqrt[n]{z}}$; $\quad\dfrac{\sqrt[m]{(a+b)^n}}{\sqrt[m]{(a+b)^{m+n}}}$; $\quad\dfrac{\sqrt[a]{x^b}}{\sqrt[a]{x^{a+b}}}$; $\quad\dfrac{\sqrt[x]{(a-b)^{x+y}}}{\sqrt[x]{(a-b)^y}}$; $\quad\dfrac{\sqrt{a^2-b^2}}{\sqrt{a+b}}$ $\quad$ (L)

18. $\sqrt{\dfrac{9}{16}}$; $\quad\sqrt{\dfrac{25}{36}}$; $\quad\sqrt{\dfrac{49}{64}}$; $\quad\sqrt{\dfrac{121}{144}}$; $\quad\sqrt{\dfrac{2}{9}}$; $\quad\sqrt{6\dfrac{1}{8}}$; $\quad\sqrt{4\dfrac{1}{9}}$; $\quad\sqrt{3\dfrac{1}{5}}$; $\quad\sqrt{3\dfrac{1}{9}}$

19. $\sqrt[3]{\dfrac{8}{27}}$; $\quad\sqrt[3]{\dfrac{27}{64}}$; $\quad\sqrt[3]{\dfrac{64}{125}}$; $\quad\sqrt[3]{\dfrac{125}{216}}$; $\quad\sqrt{\dfrac{4a}{b^2}}$; $\quad\sqrt{\dfrac{x}{25y^2}}$; $\quad\sqrt[3]{\dfrac{4x}{27y^3}}$; $\quad\sqrt[3]{\dfrac{a^4}{64b^3}}$

20. $\sqrt[n]{\dfrac{n\cdot a^n}{b^n}}$; $\quad\sqrt[m]{\dfrac{m}{x^m}}$; $\quad\sqrt[n]{\dfrac{(a-b)^n}{c^{2n}}}$; $\quad\sqrt[m]{\dfrac{x^{2m}}{y^m z^m}}$ $\quad$ (L)

Potenzieren und Radizieren von Wurzelausdrücken

Ist $\sqrt[n]{a}$ $(a \geqq 0)$ mit m zu potenzieren, so erhält man

$$\left(\sqrt[n]{a}\right)^m = \left(a^{\frac{1}{n}}\right)^m = a^{\frac{m}{n}} = (a^m)^{\frac{1}{n}}.$$

In der Wurzelschreibweise gilt somit

$$(18)\qquad \left(\sqrt[n]{a}\right)^m = \sqrt[n]{a^m}$$

▶ **Anstatt eine Wurzel mit einer Zahl zu potenzieren, kann ihr Radikand mit der Zahl potenziert und diese Potenz mit dem Wurzelexponenten radiziert werden.**

Da ein Bruch ohne Wertänderung gekürzt oder erweitert werden kann, bleibt der Wert der Potenz $a^{\frac{m}{n}}$ ungeändert, wenn der Exponent $\dfrac{m}{n}$ gekürzt oder erweitert wird.

Der Wurzelausdruck $\sqrt[n]{a^m} = a^{\frac{m}{n}}$ ändert somit seinen Wert nicht, wenn Zähler und Nenner des Exponenten durch einen gemeinsamen Faktor geteilt oder wenn Zähler und Nenner des Exponenten mit derselben Zahl multipliziert werden.
Es gilt:

$$(19)\qquad \sqrt[n]{a^m} = \sqrt[n\cdot z]{a^{m\cdot z}}.$$

Durch dieses Kürzen oder Erweitern der Wurzelexponenten können Wurzeln mit ungleichen Wurzelexponenten in Wurzeln mit gleichen Wurzelexponenten verwandelt werden.

Ist $\sqrt[n]{a}$ mit m zu radizieren, so erhält man $\sqrt[m]{\sqrt[n]{a}} = \left(a^{\frac{1}{n}}\right)^{\frac{1}{m}} = a^{\frac{1}{n\cdot m}} = \left(a^{\frac{1}{m}}\right)^{\frac{1}{n}}.$

In der Wurzelschreibweise lautet diese Gleichung:

$$(20)\qquad \sqrt[m]{\sqrt[n]{a}} = \sqrt[n]{\sqrt[m]{a}} = \sqrt[n\cdot m]{a}.$$

▶ **Eine Wurzel kann mit einer Zahl radiziert werden, indem man ihren Wurzelexponenten mit der Zahl multipliziert und den Radikanden mit diesem Produkt radiziert.**

Von rechts nach links gelesen besagt die obige Gleichung:

▶ **Anstatt eine Zahl mit einem Produkt zu radizieren, kann die Zahl nacheinander mit den Faktoren des Produktes radiziert werden. Die Reihenfolge ist dabei gleichgültig.**

Bei einem Wurzelausdruck $\sqrt[n]{\sqrt[m]{a}}$ können die Wurzelexponenten vertauscht werden. Er kann auch durch eine Wurzel ersetzt werden, deren Wurzelexponent das Produkt der gegebenen Wurzelexponenten ist.

● **Aufgaben**

1. $\sqrt[3]{5^6}$; $\quad \sqrt[4]{3^{12}}$; $\quad \sqrt[6]{7^3}$; $\quad \sqrt[4]{13^2}$; $\quad \sqrt[10]{32}$; $\quad \sqrt[4]{x^{2n}}$; $\quad \sqrt[2n]{x^4}$; $\quad \sqrt[n]{a^{mn}}$; $\quad \sqrt[3]{x \cdot y^6}$; $\quad \sqrt[4n]{a^{8n}b^{4m}}$ $\quad$ (L)

2. Wie lauten die Wurzeln

a) $\sqrt{5}$; $\quad \sqrt[3]{2}$; $\quad \sqrt[4]{3}$; $\quad \sqrt[5]{7}$; $\quad \sqrt[3]{3^2}$; $\quad \sqrt{2^3}$; $\quad \sqrt[4]{a}$; $\quad \sqrt[n]{a}$

nach dem Erweitern der Bruchexponenten mit 2 ?

b) $\sqrt{3}$; $\quad \sqrt[3]{5}$; $\quad \sqrt[4]{2}$; $\quad \sqrt[6]{6}$; $\quad \sqrt[3]{2^2}$; $\quad \sqrt[4]{3^3}$; $\quad \sqrt{x}$; $\quad \sqrt[3]{x^n}$

mit den Wurzelexponenten 12 ? (L: a, b)

3. Unter einer Wurzel sind zusammenzufassen

$\sqrt{5} \cdot \sqrt[3]{2}$; $\quad \sqrt[3]{3} \cdot \sqrt{2}$; $\quad \sqrt[5]{2} \cdot \sqrt[3]{2}$; $\quad \sqrt[2n]{x^a} \cdot \sqrt[5n]{x^{2a-b}}$; $\quad \sqrt[3x]{z^{5-2n}} \cdot \sqrt[4x]{z^{2n-4}}$; $\quad \sqrt[n]{x^2} \cdot \sqrt[m]{x^3}$. (L)

4. a) $\sqrt[3]{2} \cdot \sqrt[5]{2}$ $\qquad\qquad$ b) $\sqrt[3]{2} : \sqrt[5]{2}$ $\quad$ (L: b)

5. a) $\sqrt{a^3} \cdot \sqrt[3]{a^2}$ $\qquad\qquad$ b) $\sqrt{a^3} : \sqrt[3]{a^2}$ $\quad$ (L: a)

6. a) $\sqrt{\dfrac{a}{b}} \cdot \sqrt[3]{\dfrac{b}{a}}$ $\qquad\qquad$ b) $\sqrt{\dfrac{a}{b}} : \sqrt[3]{\dfrac{b}{a}}$ $\quad$ (L: a)

7. a) $\sqrt[3]{x^7} \cdot \sqrt[9]{x^4} \cdot \sqrt[6]{x^5}$ $\qquad\qquad$ b) $\sqrt[4]{z^3} \cdot \sqrt[3]{z^3} : \sqrt{z}$ $\quad$ (L: a, b)

8. a) $\sqrt[3]{(a+b)^2} \cdot \sqrt[4]{(a+b)^3}$ $\qquad$ b) $\sqrt[4]{(a-b)^3} : \sqrt[3]{(a-b)^2}$ $\quad$ (L: a, b)

9. $\sqrt{\sqrt[3]{25}}$; $\quad \sqrt[3]{\sqrt{27}}$; $\quad \sqrt[5]{\sqrt{32}}$; $\quad \sqrt{\sqrt[5]{49}}$; $\quad \sqrt[3]{\sqrt[4]{125}}$; $\quad \sqrt[4]{\sqrt[3]{625}}$

10. $\sqrt[3]{\sqrt{a^3}}$; $\quad \sqrt[5]{\sqrt[6]{b^5}}$; $\quad \sqrt{\sqrt[3]{x^2 y^4}}$; $\quad \sqrt[3]{\sqrt{x^3 y^9}}$; $\quad \sqrt{\sqrt[5]{25(a-b)^4}}$; $\quad \sqrt[3]{\sqrt[5]{125(a+b)^6}}$ $\quad$ (L)

11. $\sqrt{3 \cdot \sqrt{3}}$; $\quad \sqrt[3]{2 \cdot \sqrt[3]{2}}$; $\quad \sqrt[3]{5 \cdot \sqrt{5}}$; $\quad \sqrt{3 \cdot \sqrt[3]{3}}$; $\quad \sqrt[3]{3z^2 \cdot \sqrt[5]{2z}}$; $\quad \sqrt{2a \cdot \sqrt{3a}}$; $\quad \sqrt{3a \cdot \sqrt{2a}}$

12. a) $3 \cdot \sqrt[3]{\sqrt[4]{xy}} + 6 \cdot \sqrt[6]{\sqrt{xy}} - 4 \cdot \sqrt[4]{\sqrt[3]{xy}} - 2 \cdot \sqrt{\sqrt[6]{xy}}$

b) $3 \cdot \sqrt[4]{\sqrt[3]{x-y}} - 2 \cdot \sqrt{\sqrt[6]{x-y}} - 3 \cdot \sqrt[3]{\sqrt[4]{x-y}} + 6 \cdot \sqrt{\sqrt[6]{x-y}}$ $\quad$ (L: a)

4.5.6. Zusammenfassung der Rechengesetze für Potenzen und Wurzeln

Zunächst war die Potenz nur für natürliche Zahlen als Exponenten erklärt. Außer den Bemerkungen zum Addieren und Subtrahieren dieser Potenzen wurden die fünf Rechenregeln

$$a^m \cdot a^n = a^{m+n}, \qquad a^m : a^n = a^{m-n} \ (m > n),$$
$$a^m \cdot b^m = (a \cdot b)^m, \qquad a^m : b^m = (a : b)^m, \qquad (a^m)^n = a^{m \cdot n}$$

aufgestellt. Dann wurde der Potenzbegriff erst auf alle ganzzahligen und schließlich auf beliebige rationale Zahlen (Brüche) als Exponenten erweitert, und zwar so, daß die Rechengesetze auch für diese Potenzen gültig bleiben.

▶ **Nach dieser Erweiterung des Potenzbegriffes fassen die Formeln**

$$\boldsymbol{a^m \cdot a^n = a^{m+n}; \qquad a^m \cdot b^m = (a \cdot b)^m; \qquad (a^m)^n = a^{m \cdot n}}$$

die Regeln für das Rechnen mit Potenz- und Wurzelausdrücken zusammen; _m_ und _n_ sind dabei beliebige rationale Zahlen.

● **Aufgaben**

1. Wie werden Potenzen mit gleichen Basen multipliziert?

2. Für welche Werte gilt $x^y = y^x$? (L)

3. Warum ist $(a - b)^2 = (b - a)^2$, $(1 - x)^4 = (x - 1)^4$?

4. Welcher Unterschied besteht zwischen $(a - b)^3$ und $(b - a)^3$, wenn a verschieden von b ist?

5. Die Potenzausdrücke $(2^3)^2$ und $2^{(3^2)}$ sind zu berechnen. (L)

6. Die Ausdrücke $(-3\,x^3)^2$ und $[(-3\,x)^2]^3$ sind zu berechnen. (L)

7. Aus einem Zylinder mit dem Durchmesser d und der Höhe h wird ein Kegel mit demselben Grundkreisdurchmesser und derselben Höhe herausgedreht. Wie groß ist der Restkörper? (L)

8. a) $4\,a^3 \cdot (2\,a^2 + a^3) - 8 \cdot (a^5 + a^6) - 3\,a^2\,(2\,a^4 - 4\,a^6) + 2\,a^4\,(6\,a^4 - 3\,a^2)$

b) $(a^3 - a^2) \cdot (a^2 + a)$ **c)** $(a^{12} - a^4) \cdot (a^2 + a^6)$ **d)** $(1^5 + 1^3) \cdot (1 - 1^3)$ (L: a bis d)

9. a) $a^7 : a^3$ **b)** $a^{12} : a^5$ **c)** $b^9 : b^8$ **d)** $\dfrac{a^2 m^4}{a\,m}$; $\dfrac{a^4 l^6}{a^2 l^3}$; $\dfrac{b^5 x^3 y^6}{x^2 y^4}$

10. a) $(54a^5 + 9a^2) : 3a^2$; $(16a^5 - 4a^4) : 2a^3$; $\dfrac{28 x^4 y^3 - 21 x^3 y^4}{7 x^2 y^2}$

b) $(a^{2x} + a^{x+1}) : a^x$; $(4\,a^{2m-2} - 8\,a^{m+2}) : a^2$

11. a) $a^4 \cdot a^{-2}$; $a^3 \cdot a^0$; $m^5 \cdot m^{-1}$; $1^{-2} \cdot 1^{-3}$; $g^{-2} \cdot g^3$

b) $a^5 : a^{-2}$; $a^4 : a^{-3}$; $m^6 : m^{-2}$; $r^{-4} : r^5$; $g^{-2} : g^4$

c) $(a^3)^{-2}$; $(a^5)^3$; $(b^{-4})^2$; $(m^3)^0$ (L: a bis c)

4.5.7. Umkehrfunktionen

Wir haben im Abschnitt 4.1.1. die Funktionen als Mengen von geordneten Paaren kennengelernt. Als Beispiel soll hier noch einmal die uns bereits bekannte Funktion mit dem analytischen Ausdruck $y = x^2$ angeführt werden (Abb. 4.8.). Die durch ihn bestimmte Menge von geordneten Paaren enthält u.a. auch folgende in der ersten Wertetafel zusammengestellten Paare:

x	-3	-2	-1	0	1	2	3
y	9	4	1	0	1	4	9

y	9	4	1	0	1	4	9
x	-3	-2	-1	0	1	2	3

Jedem Wert x aus dem Definitionsbereich ist hier wie bei allen Funktionen eindeutig ein Wert y des Wertevorrats zugeordnet. (Der Definitionsbereich besteht bei dieser Funktion aus allen reellen Zahlen, der Wertevorrat enthält alle reellen Zahlen y mit $y \geqq 0$.) Nun wollen wir die Bestandteile eines jeden geordneten Paares vertauschen. Dadurch wird jetzt jedem Wert y ein Wert für x zugeordnet. Wir erhalten eine neue Menge von geordneten Paaren. Einige von ihnen sind in der zweiten Wertetafel aufgeführt. Diese neue Menge von geordneten Paaren ist nun aber keine Funktion, denn die gegebene Zuordnung der Zahlen ist nicht mehr eindeutig. So sind z.B. der Zahl 9 aus der ersten Zeile die beiden Zahlen 3 und -3 der zweiten Zeile zugeordnet. Soll bei der Vertauschung wiederum eine Funktion entstehen, so müssen wir den Definitionsbereich der gegebenen Funktion z.B. auf alle reellen Zahlen x mit $x \geqq 0$ einschränken. Das bedeutet, daß von dem Bild der ersten, nicht eingeschränkten Funktion nur noch die rechte Parabelhälfte übrigbleibt. Von den als Beispiel angeführten Paaren der beiden Wertetafeln bleiben dann nur noch folgende Paare übrig:

x	0	1	2	3
y	0	1	4	9

y	0	1	4	9
x	0	1	2	3

Jetzt ist in der zweiten Wertetafel der Zahl 9 nur noch eine Zahl, nämlich die 3, zugeordnet. Dasselbe gilt für alle anderen Werte y, die nicht in der Wertetafel aufgeführt werden. Damit ist die Menge der geordneten Paare, die wir durch Vertauschung erhalten haben, ebenfalls eine Funktion. Wir nennen sie die Umkehrfunktion oder inverse Funktion [1] zu der auf den Definitionsbereich $x \geqq 0$ eingeschränkten Funktion mit der Gleichung $y = x^2$. Bei der Umkehrung einer Funktion vertauschen sich, wie wir am Beispiel gesehen haben, Definitionsbereich und Wertevorrat. Es ist daher vorteilhaft, bei der Umkehrfunktion die Bezeichnung der Variablen zu vertauschen, um die übliche Bezeichnungsweise für unabhängige und abhängige Variable zu erhalten:

x	0	1	2	3
y	0	1	4	9

x	0	1	4	9
y	0	1	2	3

---

[1] Hier sei ausdrücklich darauf hingewiesen, daß beide Bezeichnungen gleichwertig sind.

4.5.8. Die Potenzfunktionen $y = x^{\frac{1}{n}} = \sqrt[n]{x}$ ($n = 2, 3, 4, \ldots$)

Man kann nun auch, ohne die Menge der geordneten Paare zu betrachten, aus der Gleichung der gegebenen Funktion direkt die Gleichung ihrer Umkehrfunktion erhalten, falls die Funktion durch einen analytischen Ausdruck gegeben ist. Die Gleichung der gegebenen Funktion lautete:

$$y = f(x) = x^2 \quad (\text{DB: } x \geq 0; \text{ WV: } y \geq 0) .$$

Wir fassen nun x als abhängige Variable auf und lösen die Gleichung nach x auf:

$$x = g(y) = \sqrt{y} \quad (\text{DB: } y \geq 0; \text{ WV: } x \geq 0) .$$

Definitionsbereich und Wertevorrat sind hier auf Grund der Definition der Wurzel festgelegt. Das ist der analytische Ausdruck der Umkehrfunktion in expliziter Form. Die Rückkehr zur alten Variablenbezeichnung liefert schließlich:

$$y = g(x) = \sqrt{x} \quad (\text{DB: } x \geq 0; \text{ WV: } y \geq 0) .$$

Genauso erhält man aus dem analytischen Ausdruck der Funktion $y = f(x) = x^n$ den analytischen Ausdruck der zu ihr inversen Funktion $x = g(y) = \sqrt[n]{y}$ in expliziter Form. Tauscht man schließlich noch die Variablen aus, so erhält man $y = g(x) = \sqrt[n]{x}$. Unter der Funktion $y = g(x) = \sqrt[n]{x}$ soll im folgenden für jede natürliche Zahl $n > 1$ stets die Funktion verstanden werden, die jedem Argument x eine nicht negative Zahl y zuordnet. Die Abbildung 4.25. zeigt den Verlauf der graphischen Darstellung der Funktionen $y = g_1(x) = \sqrt{x}$ und $y = g_2(x) = \sqrt[3]{x}$, der für die graphischen Darstellungen der Funktionen $y = g(x) = \sqrt[n]{x}$ typisch ist. Die Verwendung des Wurzelsymbols erfordert eine Einschränkung des Definitionsbereichs aller Funktionen $y = g(x) = \sqrt[n]{x}$; derartige Funktionen sind nur für nichtnegative x erklärt. Zu den Bildern der Funktionen $y = g(x) = \sqrt[n]{x}$ gelangt man auch auf andere Weise. Tauscht man die Koordinaten des Punktes $P_1(x_1; y_1)$ gegeneinander aus, so daß daraus der Punkt $P_2(x_2; y_2)$ mit $x_2 = y_1$ und $y_2 = x_1$ entsteht, so stellt man fest, daß die Bilder dieser Punkte symmetrisch bezüglich der Geraden $y = x$ liegen (Abb. 4.26.). Anders ausgedrückt: Der Punkt P_2 geht aus dem Punkt P_1 durch Spiegelung an der Geraden $y = x$ hervor. Entsprechend kann man jeden Punkt des Bildes der Funktion $y = f_1(x) = x^2$ an der Geraden

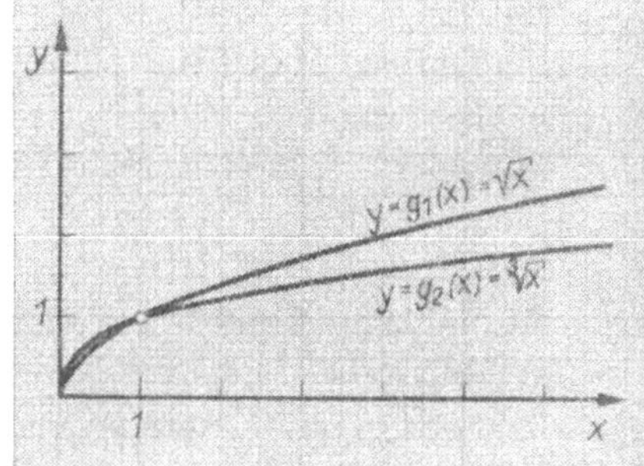

Abb. 4.25.

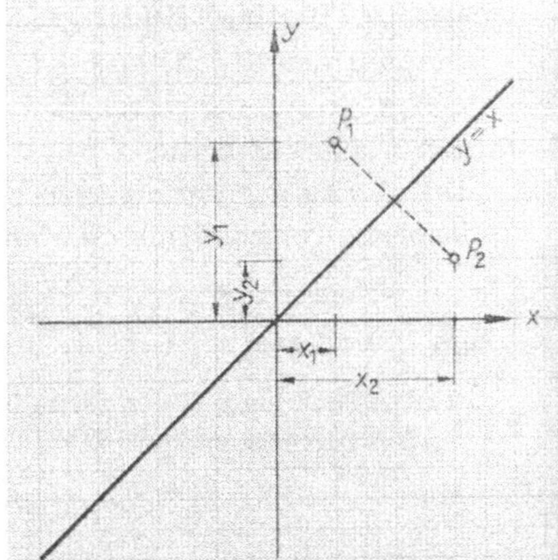

Abb. 4.26.

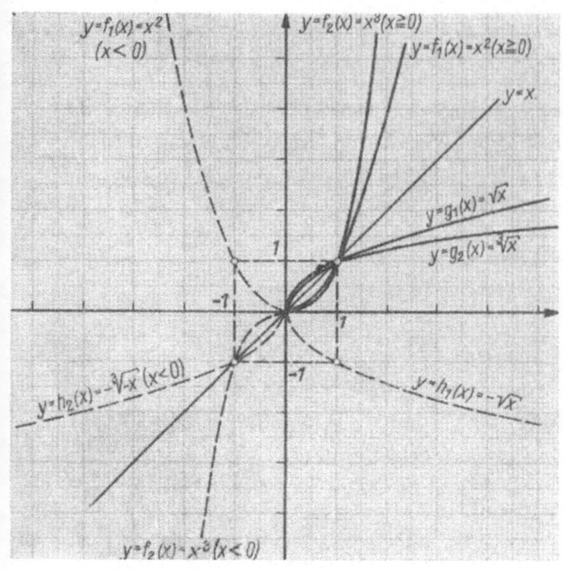

Abb. 4.27.

$y = x$ spiegeln. Er geht dann in den Punkt über, dessen Koordinaten gegenüber dem ursprünglichen Punkt vertauscht sind. Das aber ist nach der Erklärung der Wurzelfunktion ein Punkt des Bildes der Funktion $y = g_1(x) = \sqrt{x}$. Dabei gehen alle Punkte mit $x \geq 0$ der rechten Hälfte des Funktionsbildes von $y = f_1(x) = x^2$ in das Bild der Funktion $y = g_1(x) = \sqrt{x}$ über. Die andere Hälfte (die Punkte mit $x < 0$) wird durch das Spiegeln in das Bild der Funktion $y = h_1(x) = -\sqrt{x}$ überführt (Abb. 4.27.). Die Bilder der Funktionen $y = f_1(x)$ bzw. $y = g_1(x)$ bzw. $y = h_1(x)$ sind charakteristisch für alle Funktionen $y = f(x) = x^n$ bzw. $y = g(x) = \sqrt[n]{x}$ bzw. $y = h(x) = -\sqrt[n]{x}$ mit geradem Exponenten bzw. Wurzelexponenten n. Die Potenzfunktionen $y = x^{2k-1}$ $(k = 1, 2, 3, \ldots)$ mit ungeradem Exponenten sind allerdings in ihrem gesamten Definitionsbereich umkehrbar. Man kann jedoch die analytischen Ausdrücke ihrer Umkehrfunktionen explizit nur mit Hilfe von zwei Gleichungen angeben. Geht man z.B. von $y = x^3$ aus, so erhält man als analytischen Ausdruck der zugehörigen Umkehrfunktion:

$$y = \sqrt[3]{x}, \text{ falls } x \geq 0 \quad \text{und} \quad y = -\sqrt[3]{-x}, \text{ falls } x < 0.$$

In impliziter Form lassen sich beide Gleichungen zu $y^3 = x$ zusammenfassen.
Will man die Umkehrung einer beliebigen Funktion mit der Gleichung $y = f(x)$ bilden, so hat man darauf zu achten, daß bei dieser Umkehrung tatsächlich eine Funktion entsteht, d.h. daß die Zuordnung nach der Umkehrung wieder eindeutig ist. Ist das nicht der Fall, so ist die gegebene Funktion in ihrem Definitionsbereich nicht umkehrbar. Sie kann jedoch in Teilbereichen ihres Definitionsbereiches umkehrbar sein, wie das im Beispiel $y = x^2$ der Fall war. Zum Beispiel ist eine konstante Funktion mit der Gleichung $y = c$ (c konstant) in ihrer Gesamtheit nirgends umkehrbar, man könnte sie höchstens auf jeweils ein einziges geordnetes Paar einschränken und dieses dann umkehren.
Bildet man von der inversen Funktion einer gegebenen Funktion wiederum die Umkehrung, so erhält man die ursprünglich gegebene Funktion.

● **Aufgaben**

1. Die Funktion $y = -x^3$ ist im Bereich $-2 \leq x \leq +2$ graphisch darzustellen, und der Verlauf der Kurve ist zu beschreiben. Vergleichen Sie den Kurvenverlauf mit dem Bild von $y = x^3$!

2. Der Flächeninhalt eines Quadrats ist abhängig von der Quadratseite darzustellen. Aus der sich ergebenden Kurve ist zu entnehmen, bei welcher Seitenlänge das Quadrat den Flächeninhalt 3 hat.

3. Die Funktion $y = -x^{-2}$ ist im Bereich $-3 \leq x < 0$ und $0 < x \leq 3$ graphisch darzustellen, und der Verlauf des Diagramms ist zu beschreiben. (L)

4. Für welchen Wert von x ist die Funktion **a)** $y = \dfrac{1}{x}$; **b)** $y = \dfrac{1}{x-3}$; **c)** $y = \dfrac{1}{x+2}$ nicht erklärt?

5. Die Bilder der Funktionen **a)** $y = \dfrac{1}{x-2}$; **b)** $y = \dfrac{1}{x+3}$ sind zu zeichnen und zu beschreiben. (L: a)

6. Wie erhält man das Bild der Funktion $y = \sqrt{x}$, ohne die zugehörige Wertetafel zu verwenden? (L)

7. Das Bild der Funktion $y = \sqrt[4]{x}$ ist durch Spiegelung des Bildes der Funktion $y = x^4$ für $x \geq 0$ an der Geraden $y = x$ zu gewinnen.

8. Das Bild der Funktion $y = \sqrt[5]{x}$ ist durch Spiegelung des Bildes der Funktion $y = x^5$ für $x \geq 0$ an der Geraden $y = x$ zu gewinnen.

9. Die Kantenlänge y eines Würfels ist abhängig vom Rauminhalt x darzustellen. Dem zugehörigen Bild ist zu entnehmen, bei welcher Kantenlänge der Würfel den Rauminhalt 5 hat.

10. Das Bild der Funktion $y = \sqrt{x^3}$ ist nach einer Wertetafel punktweise zu konstruieren, und der Verlauf der Kurve ist zu beschreiben. (L)

4.5.9. Zusammenfassung

Die graphischen Darstellungen der Potenzfunktionen $y = x^n$ ergeben bei geradzahligen positiven Exponenten n Kurven, die symmetrisch zur y-Achse im I. und II. Quadranten und mit dem Scheitel im Koordinatenursprung liegen. Bei ungeradzahligen positiven Exponenten n entstehen Kurven, die durch den I. und III. Quadranten zentralsymmetrisch zum Koordinatenursprung gehen. Der im I. Quadranten liegende Kurventeil krümmt sich nach der positiven y-Achse zu, der im III. Quadranten nach der negativen y-Achse, der Wendepunkt der Krümmung liegt im Koordinatenursprung. Für negative geradzahlige Exponenten n entstehen Kurven mit zwei voneinander getrennten Ästen (Zweigen). Der eine Ast liegt im I. Quadranten, der andere im II. Quadranten, symmetrisch zum ersten in bezug auf die y-Achse. Die Äste nähern sich den Koordinatenachsen asymptotisch. Auch für negative ungeradzahlige Exponenten n entstehen Kurven mit zwei Ästen. Der eine Ast liegt im I. Quadranten, der andere liegt zentralsymmetrisch zum ersten in bezug auf den Koordinatenursprung im III. Quadranten. Die Äste nähern sich den Koordinatenachsen asymptotisch. Die für $n = -1$ entstehende Kurve ist eine gleichseitige Hyperbel.

Die graphischen Darstellungen der Funktionen $y = \sqrt[n]{x}$ liegen bezüglich der Geraden $y = x$ symmetrisch zu den graphischen Darstellungen der Funktionen $y = x^n$ mit $x \geq 0$. Sie beginnen im Koordinatenursprung und verlaufen nur innerhalb des I. Quadranten. Dem Spiegelbild der Funktion $y = x^2$ mit $x < 0$ entspricht im IV. Quadranten die graphische Darstellung der Funktion $y = -\sqrt{x}$.

Aufgaben

1. Was gilt für die Koordinaten x_1; y_1 und x_2; y_2 der Punkte P_1 und P_2, die auf der Parabel

   a) $y = x^2$ axialsymmetrisch;   b) $y = x^3$ zentralsymmetrisch liegen ? (L: a, b)

2. Auf welche Weise können

   a) die axialsymmetrischen Teile der Bilder der Funktionen $y = x^2$ und $y = \sqrt{x}$ bzw. $y = -\sqrt{x}$

   b) die zentralsymmetrischen Teile der Kurven $y = x^3$ und $y = \sqrt[3]{x}$ $(x \geq 0)$ bzw. $y = -\sqrt[3]{-x}$
   $(x < 0)$ zur Deckung gebracht werden ? (L: a, b)

3. Welchen Verlauf nimmt das Bild der Funktion

   a) $y = x^3$;   b) $y = x^{-2}$?

4. Was ergibt ein Vergleichen der Bilder der Funktionen $y = \dfrac{1}{x}$ und $y = \dfrac{1}{x^2}$? (L)

5. Warum existiert die Funktion $y = \sqrt[n]{x}$ nur für $x \geq 0$?

6. Für die Funktion $y = \sqrt[3]{x^2}$ ist

   a) eine Wertetafel zu berechnen,   b) das Bild punktweise zu konstruieren,

   c) der Kurvenverlauf zu beschreiben. (L)

4.6. Exponentialfunktionen

4.6.1. Potenzfunktionen $y = x^c$ (c eine beliebige reelle Zahl)

In den Abschnitten 4.3. bis 4.5. haben wir die Potenzfunktionen kennengelernt. Ihre
analytischen Ausdrücke hatten die Form $y = x^c$. Alle diese Funktionen entstanden
so, daß bei fester Zahl c jedem Wert der Basis x ein Funktionswert y zugeordnet
wurde. Dabei war c zunächst auf die natürlichen Zahlen 1, 2, 3, ... beschränkt.
Dann wurde der Bereich der für c zugelassenen Zahlen schrittweise erweitert, und
zwar wurde als erstes die Zahl Null hinzugenommen und dann die Potenz für alle
ganzzahligen Exponenten definiert. Schließlich wurden dann für c beliebige rationale
Zahlen $\dfrac{p}{q}$ $(q \neq 0)$ zugelassen. Wir wollen nun die Potenz auch für Exponenten erklären, die nicht rational sind, die also nicht in der Form $\dfrac{p}{q}$ mit ganzen Zahlen p und
q dargestellt werden können. Solche irrationalen Zahlen sind z.B. alle Quadratwurzeln, deren Radikanden keine Quadratzahlen (und auch keine Quotienten von
Quadratzahlen) sind, und alle Kubikwurzeln, deren Radikanden keine Kubikzahlen
und keine Quotienten von Kubikzahlen sind. Es gibt jedoch noch weitaus mehr irrationale Zahlen. Die Menge der irrationalen Zahlen besteht nämlich gerade aus
allen unendlichen, nicht periodischen Dezimalbrüchen. Die Gesamtheit der rationalen und irrationalen Zahlen nennt man reelle Zahlen. Wollen wir eine irrationale
Zahl als Dezimalbruch hinschreiben, so ist das nicht möglich; denn wir können
immer nur endlich viele Stellen des Dezimalbruchs schreiben. Wir müssen uns also
beim numerischen Rechnen mit irrationalen Zahlen mit rationalen Näherungswerten

dieser Zahlen begnügen. So schreiben wir z.B. für $\sqrt{2}$ je nach der geforderten Genauigkeit:

$$\sqrt{2} \approx 1{,}4 \ (1{,}4 < \sqrt{2} < 1{,}5, \text{ weil } 1{,}4^2 < 2 < 1{,}5^2);$$

$$\sqrt{2} \approx 1{,}41 \ (1{,}41 < \sqrt{2} < 1{,}42, \text{ weil } 1{,}41^2 < 2 < 1{,}42^2);$$

$$\sqrt{2} \approx 1{,}414 \ (1{,}414 < \sqrt{2} < 1{,}415, \text{ weil } 1{,}414^2 < 2 < 1{,}415^2);$$

$$\sqrt{2} \approx 1{,}4142 \ (1{,}4142 < \sqrt{2} < 1{,}4143, \text{ weil } 1{,}4142^2 < 2 < 1{,}4143^2) \quad \text{usw.}$$

Auf die gleiche Art berechnen wir auch eine Potenz mit irrationalem Exponenten c. Wir stellen zunächst c durch einen rationalen Näherungsdezimalbruch mit geforderter Genauigkeit dar und erhalten so für jeden Wert von x einen eindeutig bestimmten Funktionswert $y = x^c$ mit der geforderten Genauigkeit. Dabei müssen wir aus Gründen, die in 4.6.2. erläutert werden, $x > 0$ voraussetzen.

■ Beispiel 9:

$$3^{\sqrt{2}} \approx 3^{1{,}4} \approx 4{,}6; \qquad 3^{\sqrt{2}} \approx 3^{1{,}41} \approx 4{,}71; \qquad 3^{\sqrt{2}} \approx 3^{1{,}414} \approx 4{,}727;$$

$$3^{\sqrt{2}} \approx 3^{1{,}4142} \approx 4{,}7283 \ldots$$

Das Verfahren, nach dem hier die rationalen Näherungswerte für $3^{\sqrt{2}}$ berechnet wurden, lernen wir später kennen. Ohne Beweis sei hier noch bemerkt, daß die Näherungswerte für $3^{\sqrt{2}}$ einer eindeutig bestimmten reellen Zahl zustreben und um so dichter bei dieser Zahl liegen, je genauer der Näherungswert für $\sqrt{2}$ im Exponenten angegeben wird. Diese Zahl wird jedoch von den Näherungswerten nie erreicht, da man auch für $\sqrt{2}$ stets nur eine genäherte Dezimalzahl angeben kann. Ebenso streben bei jeder anderen Basis $x > 0$ die Funktionswerte $y = x^{c_n}$ ($n = 1, 2, 3, \ldots$) einer eindeutig bestimmten reellen Zahl x^c zu, falls die Näherungswerte c_n der reellen Zahl c zustreben. Damit haben wir die Potenzen für beliebige reelle Exponenten erklärt. Für sie gelten die gleichen Rechengesetze wie für Potenzen mit rationalem Exponenten.

4.6.2. Die Exponentialfunktionen mit der Gleichung $y = a^x$ ($a > 0$)

Bei den Potenzfunktionen ist die Basis variabel und der Exponent konstant (z.B. $y = x^2$). Jetzt soll der Exponent variabel und die Basis konstant sein (z.B. $y = 2^x$). Die so entstehenden Funktionen nennt man Exponentialfunktionen.

■ Beispiel 10:

$$y = 2^x \ (a = 2)$$

Wie wir im vorigen Abschnitt gesehen haben, ist die Potenz 2^x für jede reelle Zahl als Exponent erklärt. Daher ist der Definitionsbereich der durch die Gleichung $y = 2^x$ gelieferten Funktion die Menge aller reellen Zahlen. Um die graphische Darstellung dieser Funktion zeichnen zu können, schreiben wir uns einige zu ihr gehörenden Paare in Form einer Wertetafel auf.

x	y
-3	$2^{-3} = \dfrac{1}{2^3} = \dfrac{1}{8} = 0{,}125$
-2	$2^{-2} = \dfrac{1}{2^2} = \dfrac{1}{4} = 0{,}25$
-1	$2^{-1} = \dfrac{1}{2^1} = \dfrac{1}{2} = 0{,}5$
$-\dfrac{1}{2}$	$2^{-\frac{1}{2}} = \dfrac{1}{2^{\frac{1}{2}}} = \dfrac{1}{\sqrt{2}} \approx 0{,}707$
	(rationaler Näherungswert)
0	$2^0 = \qquad\qquad 1$
$\dfrac{1}{2}$	$2^{\frac{1}{2}} = \sqrt{2} \qquad \approx 1{,}414$
	(rationaler Näherungswert)
1	$2^1 = \qquad\qquad 2$
2	$2^2 = \qquad\qquad 4$
3	$2^3 = \qquad\qquad 8$

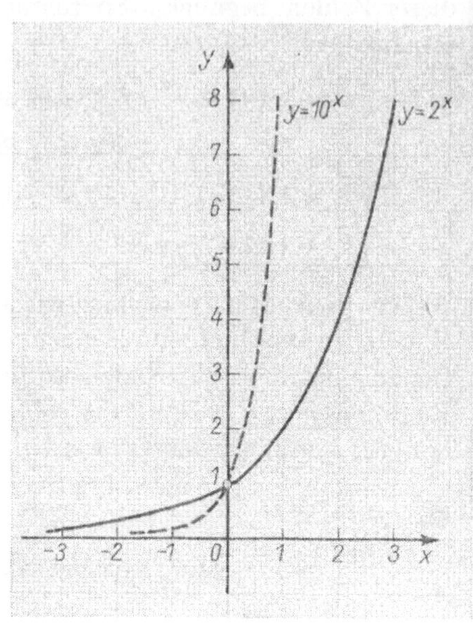

Abb. 4.28.

Die graphische Darstellung der Funktion zeigt Abbildung 4.28.

Beispiel 11:

$$y = 10^x \quad (a = 10)$$

Auch diese Funktion ist für alle reellen Zahlen definiert. Wir stellen einige geordnete Paare zu einer Wertetafel zusammen.

x	y	
-1	$10^{-1} = \dfrac{1}{10^1} = \dfrac{1}{10} = 0{,}1$	
$-\dfrac{1}{2}$	$10^{-\frac{1}{2}} = \dfrac{1}{10^{\frac{1}{2}}} = \dfrac{1}{\sqrt{10}} \approx 0{,}316$	(rationaler Näherungswert)
0	$10^0 \qquad\qquad = \qquad 1$	
$\dfrac{1}{2}$	$10^{\frac{1}{2}} = \sqrt{10} \approx \qquad 3{,}16$	(rationaler Näherungswert)
1	$10^1 \qquad\qquad = \qquad 10$	

In der Abbildung 4.28. ist das Bild dieser Funktion dargestellt.

Beispiel 12:

$$y = (-2)^x$$

Wir stellen eine Wertetafel zusammen.

x	y	
-3	$(-2)^{-3} = \dfrac{1}{(-2)^3} = \dfrac{-1}{8} = -0{,}125$	
-2	$(-2)^{-2} = \dfrac{1}{(-2)^2} = \dfrac{1}{4} = 0{,}25$	
-1	$(-2)^{-1} = \dfrac{1}{-2} = -0{,}5$	
$-\dfrac{1}{2}$	$(-2)^{-\frac{1}{2}} = \dfrac{1}{(-2)^{\frac{1}{2}}} = \dfrac{1}{\sqrt{-2}}$	nicht definiert
$-\dfrac{1}{3}$	$(-2)^{-\frac{1}{3}} = \dfrac{1}{(-2)^{\frac{1}{3}}} = \dfrac{1}{\sqrt[3]{-2}}$	nicht definiert
$-\dfrac{1}{4}$	$(-2)^{-\frac{1}{4}} = \dfrac{1}{(-2)^{\frac{1}{4}}} = \dfrac{1}{\sqrt[4]{-2}}$	nicht definiert
0	$(-2)^0 = 1$	
$\dfrac{1}{4}$	$(-2)^{\frac{1}{4}} = \sqrt[4]{-2}$	nicht definiert
$\dfrac{1}{3}$	$(-2)^{\frac{1}{3}} = \sqrt[3]{-2}$	nicht definiert
$\dfrac{1}{2}$	$(-2)^{\frac{1}{2}} = \sqrt{-2}$	nicht definiert
1	$(-2)^1 = -2$	
2	$(-2)^2 = 4$	
3	$(-2)^3 = -8$	

Diese Funktion ist, wie wir schon an der Wertetafel erkennen können, nicht für alle Werte von x definiert. Außerdem wechseln die vorhandenen Funktionswerte ständig ihr Vorzeichen. Das Bild dieser Funktion ist keine zusammenhängende Kurve mehr. Ähnlich verhalten sich alle Exponentialfunktionen mit negativer Basis. Die Funktion mit der Gleichung $y = 0^x$ ist für alle reellen Zahlen x mit $x \neq 0$ definiert. Ihr Bild ist die Abszissenachse ohne den Ursprung. Wegen der ungewöhnlichen Eigenschaften der zuletzt genannten Funktionen schränken wir bei der Betrachtung von Exponentialfunktionen deren Basis a auf positive reelle Zahlen ein. Wir untersuchen also nur Exponentialfunktionen mit der Gleichung $y = a^x$, wobei $a > 0$ gilt.

Beispiel 13:

$$y = \left(\frac{1}{2}\right)^x$$

Um uns einen Überblick über den Verlauf der graphischen Darstellung dieser Funktion zu verschaffen, stellen wir eine Wertetafel zusammen. Wir berücksichtigen dabei die Beziehung $\left(\dfrac{1}{2}\right)^x = \dfrac{1}{2^x} = 2^{-x}$, die uns aus der Potenzrechnung bekannt ist und die auch für beliebige reelle Exponenten x gilt. Auf Grund dieser Beziehung können wir bei der Aufstellung der Wertetafel die Wertetafel des Beispiels 10 benutzen.

x	y	
-3	2^3	$= 8$
-2	2^2	$= 4$
-1	2^1	$= 2$
$-\dfrac{1}{2}$	$2^{\frac{1}{2}} = \sqrt{2}$	$\approx 1{,}414$
	(rationaler Näherungswert)	
0	2^0	$= 1$
$\dfrac{1}{2}$	$2^{-\frac{1}{2}} = \dfrac{1}{2^{\frac{1}{2}}} = \dfrac{1}{\sqrt{2}} \approx 0{,}707$	
	(rationaler Näherungswert)	
1	$2^{-1} = \dfrac{1}{2^1} = \dfrac{1}{2} = 0{,}5$	
2	$2^{-2} = \dfrac{1}{2^2} = \dfrac{1}{4} = 0{,}25$	
3	$2^{-3} = \dfrac{1}{2^3} = \dfrac{1}{8} = 0{,}125$	

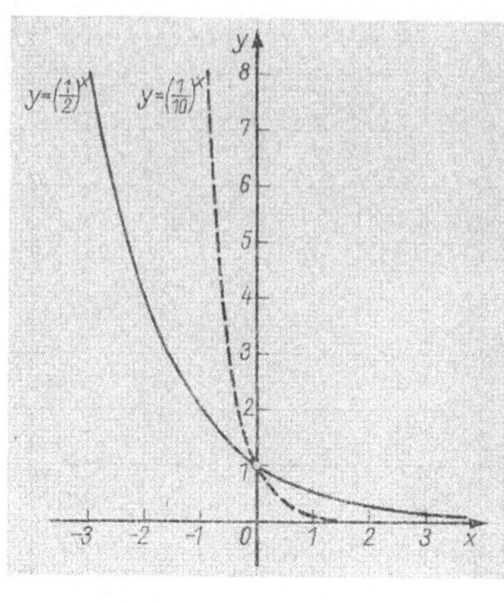

Abb. 4.29

Die Abbildung 4.29. zeigt das Bild dieser Funktion. Beim Vergleich dieser graphischen Darstellung mit dem Bild der durch $y = 2^x$ beschriebenen Funktion stellen wir fest, daß sie durch Spiegelung an der Ordinatenachse auseinander hervorgehen.

Begründen Sie diese Feststellung!

Beispiel 14:

$$y = \left(\frac{1}{10}\right)^x$$

Zur Aufstellung einer Wertetafel können wir wieder auf Grund der Beziehung $\left(\frac{1}{10}\right)^x = \frac{1}{10^x} = 10^{-x}$ die Wertetafel aus Beispiel 11 benutzen.

x	y		
-1	10^1	$= 10$	
$-\dfrac{1}{2}$	$10^{\frac{1}{2}} = \sqrt{10}$	$\approx 3{,}16$	(rationaler Näherungswert)
0	10^0	$= 1$	
$\dfrac{1}{2}$	$10^{-\frac{1}{2}} = \dfrac{1}{10^{\frac{1}{2}}} = \dfrac{1}{\sqrt{10}}$	$\approx 0{,}316$	(rationaler Näherungswert)
1	$10^{-1} = \dfrac{1}{10^1} = \dfrac{1}{10}$	$= 0{,}1$	

Das Bild dieser Funktion ist ebenfalls in Abbildung 4.29. dargestellt.

Vergleichen Sie auch hier wieder die Bilder der durch $y = 10^x$ und $y = \left(\frac{1}{10}\right)^x$ beschriebenen Funktionen!

Beispiel 15:

In der Naturwissenschaft und in der Technik tritt häufig eine Exponentialfunktion auf, deren Basis eine irrationale Zahl ist. Der rationale Näherungswert dieser Zahl auf drei Dezimalstellen genau ist 2,718. Man bezeichnet sie üblicherweise mit e.

$$e = 2{,}718281828459 \ldots$$

Die Abbildung 4.30. zeigt das Bild dieser Funktion.

● *Vergleiche es mit den Funktionsbildern der Abbildung 4.28.!*

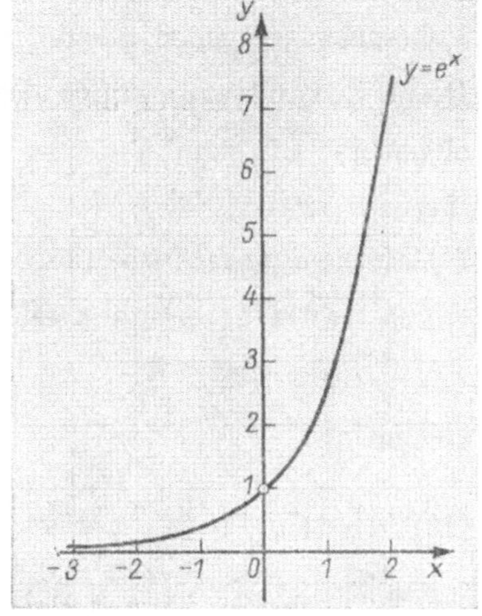

Abb. 4.30.

Zusammenfassung

Die Bilder der Exponentialfunktionen mit der Gleichung $y = a^x$ ($a > 0$) gehen alle durch den Punkt mit den Koordinaten $(0; 1)$, denn für alle Basen a der Exponentialfunktionen gilt $a^0 = 1$. Sämtliche Funktionswerte der von uns betrachteten Exponentialfunktionen sind positiv. Die Bilder der Exponentialfunktionen, für deren Basen $a > 1$ gilt, steigen im ganzen Definitionsbereich mit wachsendem Exponenten x. Strebt x gegen $-\infty$, so nähern sich die Kurven asymptotisch dem negativen Teil der x-Achse. Gilt für die Basen a der Exponentialfunktionen $0 < a < 1$, so fallen diese in ihrem ganzen Definitionsbereich mit wachsendem Exponenten x, und ihre Bilder nähern sich dabei asymptotisch dem positiven Teil der x-Achse.

● *Wie verläuft das Bild der Exponentialfunktion mit der Basis $a = 1$?*

● *Vergleichen Sie die Bilder der Exponentialfunktionen $y = a^x$ und $y = \left(\dfrac{1}{a}\right)^x$ miteinander $(a > 0)$!*

4.7. Die Logarithmusfunktion mit der Gleichung $y = \log_a x$ ($a = 2; 10$)

4.7.1. Der Begriff des Logarithmus

Das Logarithmieren als zweite Umkehrung des Potenzierens

Die Gleichung

$$b = a^n \quad (a > 0)$$

gibt einen Zusammenhang der drei Zahlen a, n und b an. Sind zwei der Zahlen gegeben, so ist die dritte Zahl durch diese Gleichung bestimmt. Die Gleichung ist nach derjenigen Zahl aufzulösen, die durch die gegebenen Zahlen ausgedrückt werden soll.

12*

Es sind drei Fälle möglich:

1. Gesucht b, gegeben $a = 5$, $n = 3$.

Durch **Potenzieren** ergibt sich $b = 5^3 = 5 \cdot 5 \cdot 5 = 125$,

allgemein:

(21) $b = a^n$.

2. Gesucht a, gegeben $b = 125$, $n = 3$.

Durch **Radizieren** ergibt sich aus $125 = a^3$ oder $a^3 = 125$

$$\text{und} \quad a = \sqrt[3]{125} \qquad a = 5,$$

allgemein:

(22) $a = \sqrt[n]{b}$ bzw. $a = b^{\frac{1}{n}}$ mit $b \geq 0$.

3. Gesucht n, gegeben $b = 125$, $a = 5$.

Die Gleichung $125 = 5^n$ oder $5^n = 125$

ist nach n aufzulösen. Wir erkennen in diesem Zahlenbeispiel sofort, daß n gleich 3
ist. Es muß aber eine besondere Rechenoperation eingeführt werden, durch die eine
solche Gleichung in allen Fällen aufgelöst werden kann. Diese Rechenoperation
wird **Logarithmieren** genannt. Die Auflösung der Gleichung $5^n = 125$ nach n wird
geschrieben $n = \log_5 125$ (gelesen: n ist gleich dem Logarithmus der Zahl 125 zur
Basis 5).

Das Kurzzeichen „log“ ist die Abkürzung des Wortes „Logarithmus“. Es ist aus *logos* (griech.
„Wort“) und *arithmos* (griech. „Zahl“) durch den Schotten John Neper gebildet worden, der
im Jahre 1614 die erste von ihm berechnete und übersichtlich angeordnete Tabelle zusammen-
gehörender Potenzwerte und Potenzexponenten veröffentlichte. Da der griechische Mathematiker Euklid, der um 300 v. u. Z. gelebt hat, das Wort „*logos*“ als Bezeichnung des Exponenten einer Potenz verwendete, kann das Wort „Exponentzahl“ sinngemäß die Übersetzung des
Wortes „Logarithmus“ sein.

Löst man die Gleichung $a^n = b$ nach n auf, so ergibt sich entsprechend

(23) $n = \log_a b$

(gelesen: n ist gleich dem Logarithmus von b zur Basis a).

Wie aus $a^n = b$ durch Radizieren die Gleichung $a = \sqrt[n]{b}$ entsteht, so entsteht durch
Logarithmieren die Gleichung $n = \log_a b$. Das Radizieren wird deshalb die **erste**,
das Logarithmieren die **zweite Umkehrung des Potenzierens** genannt.
In der Gleichung $b = a^n$ kann, wie eben ausgeführt wurde, n auch Logarithmus der
Zahl b zur Basis a genannt werden. In der durch Logarithmieren erhaltenen Gleichung
$n = \log_a b$ bezeichnet man b auch als **Numerus** (lat. „Zahl“), der zur Basis a den
Logarithmus n hat.

Das Potenzieren und seine Umkehrungen

Potenzieren	Radizieren (1. Umkehrung)	Logarithmieren (2. Umkehrung)
$b = a^n$	$a = \sqrt[n]{b}\ (a \geqq 0;\ b \geqq 0)$	$n = \log_a b\ (a > 0;\ b > 0)$
$b = 5^3 = 125$	$a = \sqrt[3]{125} = 5$	$n = \log_5 125 = 3$
b Potenz	a Wurzel	n Logarithmus
a Basis	b Radikand	b Numerus
n Potenzexponent	n Wurzelexponent	a Basis

Der Logarithmus einer Zahl

Die Gleichung $n = \log_5 125$ ist gleichbedeutend mit der Gleichung $5^n = 125$.
Beide Gleichungen besagen, daß 5 mit n potenziert 125 liefern soll. Es ergibt sich
$n = 3$, also $3 = \log_5 125$. Schreiben wir allgemein $n = \log_a b$ und $a^n = b$, so gilt:

▶ **Der Logarithmus einer Zahl $b > 0$ zur Basis $a > 0$ ist der Exponent n, mit dem a potenziert werden muß, damit sich b ergibt.**

■ **Beispiel 16:**

Als Basis wird zunächst 2 gewählt.
Dann ist z. B. der Logarithmus von 16 gleich 4, denn $2^4 = 16$; aus $2^4 = 16$ folgt
$\log_2 16 = 4$.
Ebenso folgt aus

$2^3 = 8$	$\log_2 8 = 3;$	$2^1 = 2$	$\log_2 2 = 1;$
$2^2 = 4$	$\log_2 4 = 2;$	$2^0 = 1$	$\log_2 1 = 0.$

■ **Beispiel 17:**

Als Basis wird 3 gewählt.
Dann ist z. B. der Logarithmus von 81 gleich 4, denn $3^4 = 81$; aus $3^4 = 81$ folgt
$\log_3 81 = 4$.
Ebenso folgt aus

$3^3 = 27$	$\log_3 27 = 3;$	$3^1 = 3$	$\log_3 3 = 1;$
$3^2 = 9$	$\log_3 9 = 2;$	$3^0 = 1$	$\log_3 1 = 0.$

■ **Beispiel 18:**

Als Basis wird 10 gewählt.
Dann ist z. B. der Logarithmus von 10000 gleich 4, denn $10^4 = 10000$; aus $10^4 = 10000$
folgt $\log_{10} 10000 = 4$.
Ebenso folgt aus

$10^3 = 1000$	$\log_{10} 1000 = 3;$	$10^1 = 10$	$\log_{10} 10 = 1;$
$10^2 = 100$	$\log_{10} 100 = 2;$	$10^0 = 1$	$\log_{10} 1 = 0.$

Alle Logarithmen, die zu derselben Basis gehören, bilden ein **Logarithmensystem.** Man bezeichnet die Logarithmen zur Basis 2 kurz als *Zweier-Logarithmen*, die zur Basis 3 als *Dreier-Logarithmen* usf. Die Beispiele lassen erkennen, daß gleiche Logarithmenwerte bei verschiedenen Basen im allgemeinen zu verschiedenen Numeruswerten führen: Die Zahl 4 ist der Logarithmus von 81, wenn man als Basis 3 wählt, sie ist der Logarithmus von 16, wenn man als Basis 2 wählt. Eine Ausnahme bildet die Zahl 1:

▶ **Der Logarithmus von 1 ist in allen Logarithmensystemen gleich 0.**

Aus $a^0 = 1$ folgt für jede positive Zahl a:

$$(24) \quad \log_a 1 = 0.$$

Ferner gilt folgender Satz:

▶ **Der Logarithmus der Basis ist in jedem Logarithmensystem gleich 1.**

Aus $a^1 = a$ folgt für jede positive Zahl a:

$$(25) \quad \log_a a = 1.$$

▶ **Jede positive Zahl, die von 1 verschieden ist, kann Basis eines Logarithmensystems sein.**

● **Aufgaben**

1. Berechnen Sie die folgenden Logarithmen!

    a) $\log_2 32$ **b)** $\log_2 64$ **c)** $\log_3 243$ **d)** $\log_3 729$ **e)** $\log_{10} 100000$ **f)** $\log_{10} 1000000$ (L: a bis f)

2. Berechnen Sie die folgenden Logarithmen!

    a) $\log_2 \frac{1}{8}$ **b)** $\log_2 \frac{1}{16}$ **c)** $\log_3 \frac{1}{27}$ **d)** $\log_3 \frac{1}{81}$ **e)** $\log_{10} 0,1$ **f)** $\log_{10} 0,01$ (L: a, c, e)

3. Berechnen Sie die folgenden Logarithmen!

    a) $\log_2 \sqrt[5]{2}$ **b)** $\log_2 \sqrt[10]{2}$ **c)** $\log_3 \sqrt[4]{3}$ **d)** $\log_3 \sqrt[5]{3}$ **e)** $\log_{10} \sqrt{10}$ **f)** $\log_{10} \sqrt[3]{10}$ (L)

4. Zu welchen Numeri gehört der Logarithmus **a)** 2; **b)** 3; **c)** 4 in den Logarithmensystemen mit den Basen 2, 3, 4, 5, 6? (L: a, b)

5. Warum ist die Zahl 1 als Basis eines Logarithmensystems ungeeignet? (L)

4.7.2. Die Zehnerlogarithmen

Da man als Basis eines Logarithmensystems jede positive von 1 verschiedene Zahl wählen kann, sind unendlich viele Logarithmensysteme möglich. Es sind jedoch nur zwei in Gebrauch:

1. das System der *Zehnerlogarithmen* mit der Zahl 10 als Basis,
2. das System der *natürlichen Logarithmen* mit der in der höheren Mathematik eine Rolle spielenden Zahl $e = 2,718 \ldots$ als Basis.

Die Besonderheit der Zehnerlogarithmen

In unserem auf der Grundzahl 10 beruhenden dekadischen Zahlensystem nehmen die Logarithmen zur Basis 10 eine besondere Stellung ein. Wie bereits festgestellt wurde, folgen aus den Beziehungen

$$10^0 = \quad 1 \quad \text{die Gleichungen} \quad \log_{10} \quad 1 = 0;$$
$$10^1 = \quad 10 \qquad\qquad\qquad\qquad \log_{10} \quad 10 = 1;$$
$$10^2 = \ 100 \qquad\qquad\qquad\qquad \log_{10} \ 100 = 2.$$

Die Zehnerlogarithmen dekadischer Einheiten sind durch Abzählen feststellbar. Steht die Ziffer 1 einer dekadischen Einheit in der

1., 2., 3. usf. Stelle links von der Einerstelle (bei 10, 100, 1000 usf.), so ist 1, 2, 3 usf. der zur Zahl gehörende Zehnerlogarithmus, denn

$$10 = 10^1, 100 = 10^2, 1000 = 10^3 \text{ usf.}$$

Steht die Ziffer 1 in der

1., 2., 3. usf. Stelle rechts von der Einerstelle (bei 0,1, 0,01, 0,001 usf.), so ist −1, −2, −3 usf. der zur Zahl gehörende Zehnerlogarithmus, denn

$$0,1 = 10^{-1}, 0,01 = 10^{-2}, 0,001 = 10^{-3} \text{ usf.}$$

Im folgenden werden nur die Logarithmen zur Basis 10 benutzt. Man nennt sie **Zehnerlogarithmen, dekadische Logarithmen,** auch **Briggssche Logarithmen,** weil der englische Mathematiker Henry Briggs (1556 bis 1630, Oxford) als erster eine Wertetafel für Zehnerlogarithmen berechnete. Zur Bezeichnung der Zehnerlogarithmen wird das Symbol „$\log_{10}$" in „lg" verkürzt. Man schreibt also für $\log_{10} 100 = 2$ kürzer $\lg 100 = 2$.

„lg" bedeutet „$\log_{10}$" oder „Logarithmus zur Basis 10".

Die Logarithmen der Zehnerpotenzen sind im dekadischen Logarithmensystem ohne weiteres angebbar (vgl. untenstehende Tabelle).

Die Logarithmen der anderen Zahlen dagegen können nicht ohne weiteres angegeben werden. Man erkennt aber z.B., daß lg 2 eine zwischen 0 und 1 liegende Zahl ist. Die Zahl 2 liegt ja zwischen $1 = 10^0$ und $10 = 10^1$. Ebenso ist 37,2 eine Zahl zwischen $10 = 10^1$ und $100 = 10^2$, also liegt lg 37,2 zwischen 1 und 2. Für den Logarithmus einer jeden Zahl, die keine Zehnerpotenz ist, lassen sich zwei aufeinanderfolgende ganze Zahlen als obere und untere Schranke feststellen. Für lg 0,078 sind −2 und −3 die beiden Schranken, denn 0,078 liegt zwischen 0,01 und 0,001, und es ist lg 0,01 = −2 und lg 0,001 = −3. Weitere Beispiele zeigt die folgende Tabelle.

$10\,000 = 10^4$,	also lg 10 000 =	4	lg 5623 liegt zwischen		4 und 3	
$1\,000 = 10^3$,	„ lg 1 000 =	3	lg 207 „	„	3 „	2
$100 = 10^2$,	„ lg 100 =	2	lg 25 „	„	2 „	1
$10 = 10^1$,	„ lg 10 =	1	lg 2 „	„	1 „	0
$1 = 10^0$,	„ lg 1 =	0	lg 0,7 „	„	0 „	−1
$0,1 = 10^{-1}$,	„ lg 0,1 = −1		lg 0,04 „	„	−1 „	−2
$0,01 = 10^{-2}$,	„ lg 0,01 = −2		lg 0,005 „	„	−2 „	−3
$0,001 = 10^{-3}$,	„ lg 0,001 = −3					

4.7.3. Die Logarithmusfunktion $y = \log_a x$ $(a = 2; 10)$

Wir wollen nun die Umkehrfunktionen zu den Exponentialfunktionen bilden. Alle Exponentialfunktionen mit positiver Basis liefern in ihrem gesamten Definitionsbereich (Menge der reellen Zahlen) bei der Umkehrung wiederum Funktionen, man sagt, sie seien in ihrem gesamten Definitionsbereich umkehrbar.

Die Umkehrfunktionen zu den Exponentialfunktionen heißen **Logarithmusfunktionen**. Wir erhalten ihre Gleichungen auf folgendem Wege:

Exponentialfunktion	Logarithmusfunktion
(26) $\quad y = f(x) = a^x$	(27) $\quad x = g(y) = \log_a y$
	$y = g(x) = \log_a x \quad$ (Rückkehr zur üblichen Variablenbezeichnung)

Der Definitionsbereich aller Logarithmusfunktionen $y = \log_a x \, (a > 0)$ umfaßt alle positiven reellen Zahlen.

● *Warum gibt es keine Logarithmusfunktion, die auch für negative Werte der unabhängigen Variablen definiert ist?*

Die Bilder aller Logarithmusfunktionen schneiden die x-Achse bei $x = 1$.

● *Erklären Sie diese Eigenschaft aus der entsprechenden Eigenschaft der Exponentialfunktionen!*

■ **Beispiel 19:**

$y = \log_2 x \quad (a = 2)$

Die Umkehrfunktion zu dieser Logarithmusfunktion ist die durch $y = 2^x$ beschriebene Exponentialfunktion. Um den Zusammenhang zwischen diesen beiden Funktionen zu verdeutlichen, stellen wir Wertetafeln der beiden Funktionen einander gegenüber:

<table>
<tr><td colspan="2" align="center">$y = 2^x$</td><td colspan="2" align="center">$y = \log_2 x$ (explizit)
$x = 2^y \qquad$ (implizit)</td></tr>
<tr><td align="center">x</td><td align="center">y</td><td align="center">x</td><td align="center">y</td></tr>
<tr><td align="center">-3</td><td align="center">$2^{-3} = \dfrac{1}{8}$</td><td align="center">$\dfrac{1}{8}$</td><td align="center">-3</td></tr>
<tr><td align="center">-2</td><td align="center">$2^{-2} = \dfrac{1}{4}$</td><td align="center">$\dfrac{1}{4}$</td><td align="center">-2</td></tr>
<tr><td align="center">-1</td><td align="center">$2^{-1} = \dfrac{1}{2}$</td><td align="center">$\dfrac{1}{2}$</td><td align="center">-1</td></tr>
<tr><td align="center">0</td><td align="center">$2^0 \ = 1$</td><td align="center">1</td><td align="center">0</td></tr>
<tr><td align="center">1</td><td align="center">$2^1 \ = 2$</td><td align="center">2</td><td align="center">1</td></tr>
<tr><td align="center">2</td><td align="center">$2^2 \ = 4$</td><td align="center">4</td><td align="center">2</td></tr>
<tr><td align="center">3</td><td align="center">$2^3 \ = 8$</td><td align="center">8</td><td align="center">3</td></tr>
</table>

Die Abbildung 4.31. zeigt das Bild der Funktion mit dem analytischen Ausdruck $y = \log_2 x$. Vergleichen **wir** die Bilder der durch $y = 2^x$ und $y = \log_2 x$ beschriebenen Funktionen, so stellen wir fest, daß sie durch Spiegelung an der Winkelhalbierenden des ersten und dritten Quadranten auseinander hervorgehen.

Begründen Sie diese Feststellung!

Beispiel 20:

$y = \lg x \quad (a = 10)$

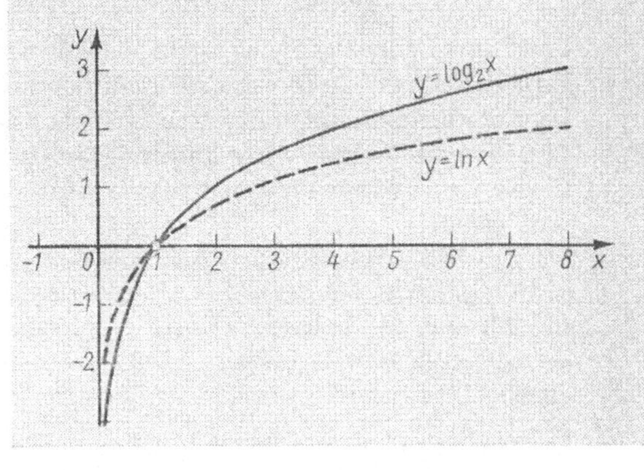

Abb. 4.31.

Wie die Gleichungen $2 = \lg 100$ und $10^2 = 100$ gleichbedeutend sind, so sind es auch die Gleichungen $y = \lg x$ und $10^y = x$, wenn man allgemein für den Numerus x und für den Logarithmus y setzt. Will man die Funktion $y = \lg x$ graphisch darstellen, so findet man die Koordinaten für Punkte der Kurve am bequemsten aus der rechts stehenden Form der obigen Gleichung. Setzt man z.B. für y die Zahlen 0, 1, 2, 3, 4 ein, so ergeben sich für x die Werte 1, 10, 100, 1000, 10 000. Wir erhalten die nebenstehende Wertetafel.

x	$y = \lg x$
1	0
10	1
100	2
1 000	3
10 000	4

Sie kann leicht durch weitere Wertepaare ergänzt werden.
Diese erhalten wir, indem wir wieder den Zusammenhang zwischen der betrachteten Logarithmusfunktion und ihrer durch $y = 10^x$ beschriebenen Umkehrung ausnutzen.

$$y = 10^x$$

x	y
-2	$10^{-2} = \dfrac{1}{100} = 0{,}01$
-1	$10^{-1} = \dfrac{1}{10} = 0{,}10$
$-\dfrac{1}{2}$	$10^{-\frac{1}{2}} = \dfrac{1}{\sqrt{10}} \approx 0{,}32$
$\dfrac{1}{4}$	$10^{\frac{1}{4}} = \sqrt[4]{10} \approx 1{,}78$
$\dfrac{1}{2}$	$10^{\frac{1}{2}} = \sqrt{10} \approx 3{,}16$
$\dfrac{2}{3}$	$10^{\frac{2}{3}} = \sqrt[3]{100} \approx 4{,}64$
$\dfrac{3}{4}$	$10^{\frac{3}{4}} = \sqrt[4]{1000} \approx 5{,}62$

$$y = \lg x \text{ (explizit)}$$
$$x = 10^y \text{ (implizit)}$$

x	y
$0{,}01$	-2
$0{,}10$	-1
$0{,}32$	$-\dfrac{1}{2}$
$1{,}78$	$\dfrac{1}{4}$
$3{,}16$	$\dfrac{1}{2}$
$4{,}64$	$\dfrac{2}{3}$
$5{,}62$	$\dfrac{3}{4}$

Unter ihrer Berücksichtigung nimmt die Kurve $y = \lg x$ den in der Abbildung 4.32. dargestellten Verlauf, wenn gleiche Strecken als Einheiten der beiden Koordinatenachsen gewählt werden. Die Kurvenpunkte, die zu x-Werten zwischen $x = 0$ und $x = 1$ gehören, haben negative y-Werte, deren absolute Beträge um so größer werden, je mehr die x-Werte abnehmen.

Die Kurvenpunkte kommen dem negativen Teil der y-Achse um so näher, je mehr sich die x-Werte der 0 nähern.

Für $x = 1$ ist $y = 0$, die Kurve schneidet die x-Achse. Zu x-Werten, die größer als 1 sind, gehören positive y-Werte. Mit dem Anwachsen der x-Werte über $x = 1$ hinaus nehmen die y-Werte nur allmählich zu, sie erreichen erst für $x = 100$ den Wert 2, werden aber für wachsende x-Werte beliebig groß. Das Diagramm muß also schon für verhältnismäßig kleine x-Werte abgebrochen werden.

Die Genauigkeit, mit der das Ablesen von y-Werten und damit das Bestimmen von Logarithmen an der Abbildung 4.32. erfolgen kann, genügt nur bescheidenen Ansprüchen. Sie wird besser, wenn man die Darstellung der Funktion auf einen kleinen Bereich beschränkt und die y-Werte in größerem Maßstab als die x-Werte abträgt. In der Abbildung 4.33. ist die Ordinateneinheit das Zehnfache der Abszisseneinheit.

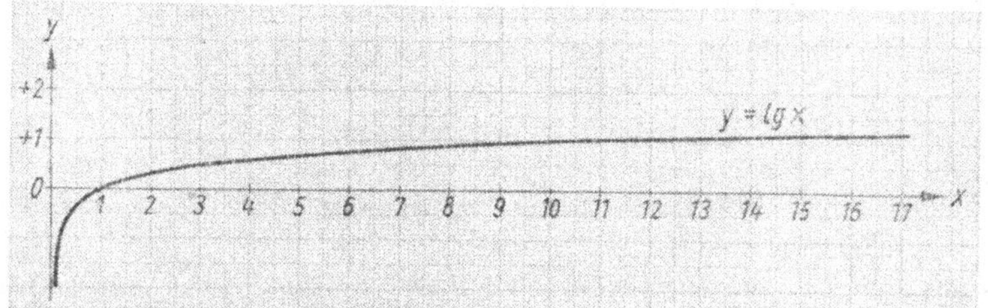

Abb. 4.32.

Beispiele:

Das Bild der Funktion $y = \lg x$ ergibt

in Abb. 4.32.	in Abb. 4.33.
$\lg 2 \approx 0{,}3$;	$\lg 2 \approx 0{,}30$;
$\lg 3 \approx 0{,}5$;	$\lg 3 \approx 0{,}48$;
$\lg 4 \approx 0{,}6$;	$\lg 4 \approx 0{,}60$;
$\lg 6 \approx 0{,}7$;	$\lg 6 \approx 0{,}78$;
$\lg 8 \approx 0{,}9$;	$\lg 8 \approx 0{,}90$.

Für den praktischen Gebrauch werden die Logarithmenwerte berechnet und in Logarithmentafeln zusammengefaßt. Sie sind im allgemeinen irrationale Zahlen und werden auf eine den Bedürfnissen der Praxis entsprechende Stellenzahl gerundet.

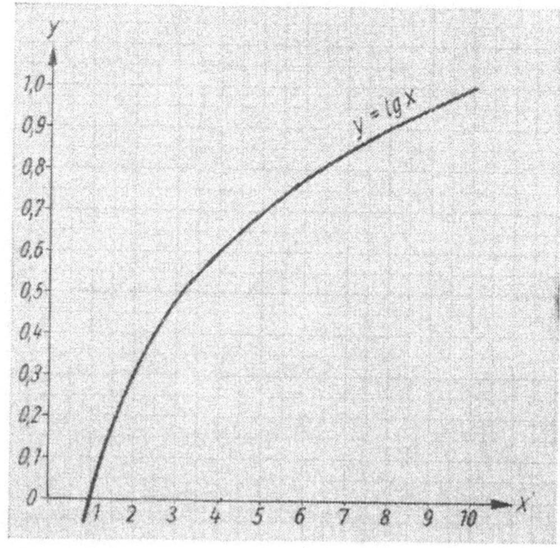

Abb. 4.33.

■ **Beispiel 21:**

$$y = \ln x \quad (a = e)$$

Genauso wie für die dekadischen Logarithmen wird für die natürlichen Logarithmen ein besonderes Symbol benutzt. (Man schreibt statt „$\log_e$" kürzer „$\ln$" [lat. logarithmus naturalis]). Das Bild der Funktion $y = \ln x$ ist in der Abbildung 4.31. dargestellt.

● **Aufgaben**

1. Zwischen welchen einander folgenden ganzen Zahlen liegt

   a) $\lg 0{,}0056$;   b) $\lg 0{,}78$;   c) $\lg 17{,}5$;   d) $\lg 321$;   e) $\lg 2468$;   f) $\lg 82\,720$?   (L)

2. Mit Hilfe der in Abbildung 4.32. dargestellten Kurve sind Näherungswerte für $\lg 5$, $\lg 7$, $\lg 9$, $\lg 11$, $\lg 12$, $\lg 13$, $\lg 14$, $\lg 15$, $\lg 16$, $\lg 17$ anzugeben!

3. Bestimmen Sie aus der Kurve der Abbildung 4.33.

   $\lg 1{,}5$; $\lg 2{,}5$; $\lg 3{,}5$; $\lg 4{,}5$; $\lg 5{,}5$; $\lg 6{,}5$; $\lg 7{,}0$; $\lg 7{,}5$; $\lg 8{,}5$!

4.7.4. Gesetze für das Rechnen mit Logarithmen

Da Logarithmen als Exponenten anzusehen sind, ergeben sich die Gesetze für das Rechnen mit Logarithmen aus den Gesetzen für das Rechnen mit Potenzen. Bei den im folgenden hergeleiteten Rechengesetzen verwenden wir für „Logarithmus" an Stelle von „lg" das Symbol „log", um zum Ausdruck zu bringen, daß diese Gesetze nicht nur im dekadischen Logarithmensystem, sondern auch in jedem anderen gelten.

Der Logarithmus eines Produktes

Für $16 = 4^2$ und $64 = 4^3$ ergibt sich als Produkt $16 \cdot 64 = 4^2 \cdot 4^3 = 4^{2+3} = 4^5$. In logarithmischer Schreibweise lauten dieselben Zusammenhänge

$$\log_4 16 = 2; \quad \log_4 64 = 3 \quad \text{und} \quad \log_4 (16 \cdot 64) = 2 + 3.$$

Wenn die Basis 10 benutzt wird, ergibt sich z.B.

$$100 = 10^2, \qquad 1000 = 10^3; \qquad 100 \cdot 1000 = 10^2 \cdot 10^3 = 10^{2+3} = 10^5 \quad \text{bzw.}$$
$$\log_{10} 100 = 2, \quad \log_{10} 1000 = 3; \qquad \log_{10} (100 \cdot 1000) = 2 + 3 = 5.$$

Wenn in der Gleichung $\log_{10} (100 \cdot 1000) = 2 + 3$ für 2 der Ausdruck $\log_{10} 100$ und für 3 der Ausdruck $\log_{10} 1000$ eingesetzt wird, erhält man

$$\log_{10} (100 \cdot 1000) = \log_{10} 100 + \log_{10} 1000.$$

Allgemein:

Ist $p = a^n$ und $q = a^m$, so ergibt sich als Produkt $p \cdot q = a^n \cdot a^m = a^{n+m}$. In logarithmischer Schreibweise gilt

$$\log_a p = n, \quad \log_a q = m \quad \text{und} \quad \log_a (p \cdot q) = n + m.$$

Setzen wir in der letzten Gleichung für n und m die Ausdrücke $\log_a p$ bzw. $\log_a q$ ein, so erhalten wir

$$\log_a (p \cdot q) = \log_a p + \log_a q.$$

Für Logarithmen der gleichen Basis gilt also der Satz:

Der Logarithmus eines Produktes ist gleich der Summe der Logarithmen seiner Faktoren.

Es läßt sich leicht nachweisen, daß die Regel auch für Produkte von mehr als zwei Faktoren richtig ist. Wir merken sie uns in der Form:

▶ **Ein Produkt wird logarithmiert, indem man die Logarithmen seiner Faktoren addiert.**

(28) $\quad \log (a \cdot b) = \log a + \log b$

■ **Beispiel 22:**

Aus $\lg 10 = 1$ und $\lg 100 = 2$ findet man $\lg (10 \cdot 100) = 1 + 2$, d.h. $\lg 1000 = 3$.

■ **Beispiel 23:**

Aus den gegebenen Werten
$\lg 2 \approx 0{,}30$ und $\lg 3 \approx 0{,}48$ findet man $\lg (2 \cdot 3) \approx 0{,}30 + 0{,}48$, d.h. $\lg 6 \approx 0{,}78$.

Der Logarithmus eines Quotienten

In $\log (a \cdot b) = \log a + \log b$ setzen wir $a \cdot b = c$, also $a = \dfrac{c}{b}$, dann entsteht
$\log c = \log \dfrac{c}{b} + \log b$ oder $\log \dfrac{c}{b} = \log c - \log b$.

In Worten: Der Logarithmus eines Quotienten (Bruches) ist gleich der Differenz der Logarithmen von Dividend und Divisor (Zähler und Nenner). Wir merken uns:

▶ **Ein Quotient (Bruch) wird logarithmiert, indem man vom Logarithmus des Dividenden (Zählers) den Logarithmus des Divisors (Nenners) subtrahiert.**

(29) $\quad \log \dfrac{a}{b} = \log a - \log b$

■ **Beispiel 24:**

Aus $\lg 1000 = 3$ und $\lg 100 = 2$ findet man $\lg \dfrac{1000}{100} = 3 - 2 = 1$; d.h. $\lg 10 = 1$.

■ **Beispiel 25:**

Aus $\lg 8 \approx 0{,}90$ und $\lg 4 \approx 0{,}60$ findet man $\lg \dfrac{8}{4} \approx 0{,}90 - 0{,}60 = 0{,}30$; d.h. $\lg 2 \approx 0{,}30$.

■ **Beispiel 26:**

Aus $\lg 2 \approx 0{,}3$ und $\lg 10 = 1$ findet man $\lg \dfrac{2}{10} \approx 0{,}3 - 1 = -0{,}7$; d.h. $\lg 0{,}2 \approx -0{,}7$.

Der Logarithmus einer Potenz

Wir betrachten die Gleichung $81 = 3^4$. Durch Quadrieren ergibt sich $81^2 = (3^4)^2$ oder $81^2 = 3^{2 \cdot 4}$.

Die erste und die dritte Gleichung lauten in logarithmischer Schreibweise

$$\log_3 81 = 4 \quad \text{und} \quad \log_3 81^2 = 4 \cdot 2.$$

Setzt man in der letzten Gleichung für 4 den Ausdruck $\log_3 81$ ein, so erhält man

$$\log_3 81^2 = 2 \cdot \log_3 81.$$

Allgemein:

Wir setzen $p = a^n$ und erheben beide Seiten der Gleichung in die m-te Potenz. So erhalten wir aus

$$p = a^n$$
$$p^m = (a^n)^m$$
$$p^m = a^{n \cdot m}.$$

Die logarithmische Schreibweise ergibt

für die erste Gleichung $\qquad \log_a p = n,$

für die dritte Gleichung $\qquad \log_a (p^m) = m \cdot n.$

Setzen wir in der letzten Gleichung für n den Wert $\log_a p$ ein, so wird

$$\log_a (p^m) = m \cdot \log_a p.$$

Diese Gleichung bedeutet:

Man erhält den Logarithmus der Potenz p^m, indem man den Logarithmus der Grundzahl p mit dem Exponenten m multipliziert.

► **Eine Potenz wird logarithmiert, indem man den Logarithmus ihrer Basis mit dem Potenzexponenten multipliziert.**

(30) $\quad \log p^m = m \cdot \log p$

Beispiele:

$\lg 10 = 1; \; \lg (10^2) = 2 \cdot \lg 10 = 2 \cdot 1 = 2; \qquad \lg 2 \approx 0,3; \; \lg (2^3) = 3 \cdot \lg 2 \approx 3 \cdot 0,3 = 0,9;$

$\lg (2^{-3}) = -3 \cdot \lg 2 \approx -3 \cdot 0,3 = -0,9.$

Das Rechnen mit Wurzelausdrücken geschieht bekanntlich nach den Regeln für das Rechnen mit Potenzen.

Den Logarithmus des Wurzelausdrucks $\sqrt[m]{p} = p^{\frac{1}{m}}$ gewinnt man also, indem man den Logarithmus des Radikanden p mit $\frac{1}{m}$ multipliziert bzw. durch den Wurzelexponenten m teilt.

Beispiele:

$\lg 1000 = 3; \; \lg \sqrt[3]{1000} = \dfrac{\lg 1000}{3} = \dfrac{3}{3} = 1; \qquad \lg 8 \approx 0,90; \; \lg \sqrt[3]{8} = \dfrac{\lg 8}{3} \approx \dfrac{0,90}{3} = 0,30;$

$\lg 100 = 2; \; \lg \sqrt[3]{100} = \dfrac{\lg 100}{3} = \dfrac{2}{3} = 0,67.$

1. Warum wird das Logarithmieren die zweite Umkehrung des Potenzierens genannt?

2. Welche Bezeichnungen sind in der Gleichung $n = \log_a b$ für a, b und n gebräuchlich?

3. Warum sind die Logarithmen zugleich Exponenten?

4. Welcher Unterschied besteht zwischen $y = \lg x$ und $y = \log x$?

5. Wie lauten die Formeln für die logarithmische Berechnung eines Produkts, eines Bruches, einer Potenz, einer Wurzel?
Warum ist

a) $\lg 3 + \lg 4 = \lg 12$; $\lg 3 + \lg 5 = \lg 15$; $\lg 2 + \lg 2 + \lg 2 = \lg 8$?

b) $\lg 9 - \lg 3 = \lg 3$; $\lg 8 - \lg 2 = \lg 4$; $\lg 18 - \lg 3 = \lg 6$?

c) $\lg 2 = \tfrac{1}{3} \lg 8$; $\lg 3 = \tfrac{1}{3} \lg 27$; $\lg 3 = \tfrac{1}{4} \lg 81$ (L); $\lg 5 = \tfrac{1}{4} \lg 625$?

6. Berechnen Sie $\log 1$!

7. Für welche Basis gehört zum Logarithmus 2 der Numerus 121, zum Logarithmus 3 der Numerus 343?

8. Welche Logarithmen zur Basis 3 ergeben die Numeri 9; 81; 243; 3; $\tfrac{1}{3}$; $\tfrac{1}{9}$?

9. Berechnen Sie aus den Logarithmuswerten $\lg 3 \approx 0{,}4771$ und $\lg 4 \approx 0{,}6021$ die Logarithmen für folgende Zahlen: 9; 12; 16; 36; 27!

10. Berechnen Sie aus den Werten $\lg 2 \approx 0{,}3010$ und $\lg 10 = 1$ die Logarithmen für folgende Zahlen: 20; 200; 2000; 0,2; 0,002!

11. Wie lautet der Logarithmus zur Basis 10 für folgende Zahlen: 0,03; 0,3; 30; 400; 40000; 0,0004?

12. Der Logarithmus von 3,1 beträgt rund 0,4914. Ermitteln Sie die Logarithmen für 31; 310; 31000; 0,31; 0,031!

13. Welche Logarithmen ergeben sich für die Zahlen 56,78; 567,8; 0,5678; 0,05678, wenn $\lg 5{,}678 \approx 0{,}7542$?

14. Ermitteln Sie aus

$\lg \ \ 9 \approx 0{,}9542$ den Wert für $\lg 3$,	$\lg 144 \approx 2{,}1584$ den Wert für $\lg 12$,
$\lg \ 49 \approx 1{,}6902$,, ,, ,, $\lg 7$,	$\lg \ 16 \approx 1{,}2041$,, ,, ,, $\lg 2$,
$\lg 121 \approx 2{,}0828$,, ,, ,, $\lg 11$,	$\lg 625 \approx 2{,}7959$,, ,, ,, $\lg 5$!

15. Berechnen Sie aus den Werten $\lg 210 \approx 2{,}3222$, $\lg 5 \approx 0{,}6990$ und $\lg 7 \approx 0{,}8451$ die Logarithmen für 42; 4,2; 35; 30!

5. Gleichungen

5.1. Lineare Gleichungen

Der Grad einer Gleichung, in der die Variablen nur als Potenzen mit natürlichen
Zahlen als Exponenten auftreten, wird durch diese Potenzen bestimmt. Kommt in
einer Gleichung nur eine einzige Variable vor, so ist der Grad der Gleichung einfach
gleich dem Exponenten der höchsten Potenz der Variablen.

Beispiele:

$4x + 9 = 0$ (Gleichung ersten Grades, auch lineare Gleichung genannt)
$0,7x^2 + 35x = 9$ (Gleichung zweiten Grades, auch quadratische Gleichung genannt)
$2x^3 + 7x = 0$ (Gleichung dritten Grades, auch kubische Gleichung genannt)
$3x^2 - \frac{2}{9}x^4 + 18 = 2x$ (Gleichung vierten Grades)

Treten in einer Gleichung mehrere Variable auf, so ist der Grad der Gleichung die
größte Exponentensumme der vorkommenden Variablenprodukte.

Beispiele:

$x \cdot y = 4$ ist eine Gleichung zweiten Grades, denn die Exponentensumme des vorkommenden Variablenprodukts $x^1 y^1$ ist gleich 2.
$2x^3y + 9x^2y + y^3 = 8$ ist eine Gleichung vierten Grades, denn die größte Exponentensumme ist im Produkt $x^3 y^1$ gleich 4.

$4x + y - 2z + 4 = 0$ Gleichung ersten Grades mit drei Variablen;
$25xy + 3{,}8z = 19$ Gleichung zweiten Grades mit drei Variablen;
$x^2 + 4yz - 8 = 3x$ Gleichung zweiten Grades mit drei Variablen;
$5x^3y = 1$ Gleichung vierten Grades mit zwei Variablen;
$a^2x + 3b^4y = c$ Gleichung ersten Grades bezüglich der Variablen x, y und c. Bezüglich der Variablen b ist diese Gleichung jedoch vierten Grades, und bezüglich der Variablen a ist sie zweiten Grades.

Wir beschäftigen uns zunächst mit der Lösung von linearen Gleichungen, d.h. von
Gleichungen ersten Grades.
Eine Gleichung mit einer Variablen lösen bedeutet, die Menge der Zahlen aus einer
vorgegebenen Zahlenmenge zu ermitteln, die die Gleichung zu einer wahren (richtigen) Gleichheitsaussage machen, wenn man diese Zahlen an Stelle der Variablen
in die Gleichung einsetzt. Man sagt auch kürzer, daß die gesuchten Zahlen die Gleichung erfüllen müssen. Die Menge dieser Zahlen heißt die Lösungsmenge oder
kurz Lösung der gegebenen Gleichung. Die vorgegebene Zahlenmenge, aus der die

Elemente der Lösungsmenge ausgesucht werden müssen, heißt Lösungsgrundmenge. Von der Wahl der Lösungsgrundmenge hängt es wesentlich ab, ob eine Gleichung eine Lösung hat oder nicht.

Beispiel 1:

Man löse die Gleichung $4x = 15$, wobei die vorgegebene Lösungsgrundmenge die Menge der rationalen Zahlen sein soll. Die Lösungsmenge enthält ein einziges Element, nämlich die rationale Zahl $\frac{15}{4}$. Setzen wir sie an Stelle der Variablen x in die gegebene Gleichung ein, so erhalten wir die wahre Gleichheitsaussage $4 \cdot \frac{15}{4} = 15$.

Beispiel 2:

Man löse die Gleichung $4x = 15$, wobei die Grundmenge jetzt die Menge der ganzen Zahlen sein soll.

Die Lösungsmenge ist in diesem Fall leer, es gibt nämlich keine ganze Zahl, die die gegebene Gleichung erfüllt. Man sagt: die Gleichung ist unlösbar.

Wenn im folgenden keine Bemerkung über die Lösungsgrundmenge gemacht wird, so soll stets die Menge der reellen Zahlen Lösungsgrundmenge sein.

Beispiel 3:

Man löse die Gleichung $3x = 21$.
Diese Gleichung wird nur von der Zahl 7 erfüllt. Mit anderen Worten heißt das: Nur wenn man die Zahl 7 für die Variable x in die Gleichung einsetzt, wird aus dieser eine wahre Gleichheitsaussage, nämlich die Gleichheitsaussage $3 \cdot 7 = 21$. Die Lösungsmenge der gegebenen Gleichung besteht also nur aus der Zahl 7.

Beispiel 4:

$2x + 4 = 2x - 8$; diese Gleichung wird von keiner reellen Zahl erfüllt; die Lösungsmenge ist also leer. Man sagt: die Gleichung ist unlösbar.

Beispiel 5:

$4x + 9 = x + 4 + 3x + 5$; die Lösungsmenge dieser Gleichung umfaßt alle reellen Zahlen, denn die Gleichung wird von allen reellen Zahlen erfüllt. Derartige Gleichungen heißen identische Gleichungen (bezüglich der Menge der reellen und auch der komplexen Zahlen).

Das Lösen einer Gleichung ersten Grades mit einer Variablen wird durch Umformen der Gleichung erleichtert. Damit erreicht man, daß die Variable isoliert wird. Auf der einen Seite steht dann nur die Variable, auf der anderen kommen nur bekannte Zahlen vor. Bei diesen Umformungen hat man darauf zu achten, daß durch sie die Lösungsmenge der gegebenen Gleichung nicht verändert wird. Ein Beispiel soll das verdeutlichen: Die Lösungsmenge der Gleichung $2x = 6$ enthält nur die Zahl 3. Quadriert man nun beide Seiten der Gleichung, so erhält man die neue Gleichung $4x^2 = 36$. Die Lösungsmenge dieser Gleichung enthält aber außer der Zahl 3 noch die Zahl $- 3$. Durch das Quadrieren ist ein neues Element zur Lösungsmenge hinzugekommen. Die beiden Gleichungen sind also nicht gleichwertig. In vielen Fällen lassen sich allerdings derartige Umformungen nicht vermeiden. Um sicher zu sein, daß die gefundenen Zahlen wirklich Lösungen einer gegebenen Gleichung sind, muß man deshalb auf jeden Fall eine Probe machen, indem man diese Zahlen an Stelle der Variablen in die gegebene Gleichung einsetzt und nachprüft, ob dadurch wirklich eine wahre Gleichheitsaussage entsteht.

Bei anderen Umformungen von Gleichungen können auch Elemente der Lösungsmenge verlorengehen. Solche Umformungen sind unzulässig.

Beispiel 6:

Man löse die Gleichung $4x(x + 8) = 12(x + 8)$.

Wie man durch Einsetzen nachprüfen kann, enthält die Lösung die beiden Elemente $x_1 = 3$ und $x_2 = -8$.

Geht man von der gegebenen Gleichung zur Gleichung $4x = 12$ über, indem man beiderseits durch $x + 8$ dividiert, so erhält man als Lösung der letzten Gleichung nur ein Element, nämlich $x_1 = 3$. Das andere Element $x_2 = -8$ ist also verlorengegangen. Man darf daher nicht eine Gleichung beiderseits durch einen Ausdruck dividieren, der die Variable enthält.

Bei der Lösung von Gleichungen mit zwei Variablen handelt es sich darum, die Menge der **Zahlenpaare** zu ermitteln, die die Gleichung erfüllen. Die Lösungsmenge einer Gleichung mit zwei Variablen ist also eine Menge von geordneten Zahlenpaaren.

Beispiel 7:

$$3x + 2y = 7$$

Wie wir aus der Lehre von den Funktionen schon wissen, enthält die Lösungsmenge dieser Gleichung unendlich viele Zahlenpaare. Einige von ihnen sind z.B. die folgenden:

$$(1;\ 2);\ (3;\ -1);\ (-5;\ 11);\ \left(6;\ -\frac{11}{2}\right);\ \left(\frac{1}{5};\ \frac{32}{10}\right).$$

Genauso wie bei den linearen Gleichungen mit einer Variablen muß man auch hier mit den betrachteten Lösungen Proben machen, indem man die in Frage kommenden Zahlenpaare in die Ausgangsgleichung einsetzt.

5.1.1. Gleichungen in Verbindung mit algebraischen Summen und Klammerausdrücken

Beispiel 8:

$$3x + 5 = 26$$

Das Isolieren der Variablen x erfolgt durch zwei Umformungen. Subtrahiert man auf beiden Seiten der Gleichung die Zahl 5, so ergibt sich $3x = 21$; werden nun beide Seiten durch 3 dividiert, so erhält man $x = 7$.

Will man kurz angeben, durch welche Rechenoperationen die Gleichung umgeformt werden soll, so schreibt man hinter einem senkrechten Strich am Ende der Gleichung mit den üblichen Rechenzeichen auf, was auf beiden Seiten der Gleichung zu rechnen ist („Rechenbefehl"):

Kurzform:

$$3x + 5 = 26 \quad | - 5$$
$$3x = 21 \quad | : 3$$
$$x = 7$$

Probe: Die linke Seite ergibt $3 \cdot 7 + 5 = 21 + 5 = 26$ und stimmt also mit der rechten überein.

Beispiel 9:

$$53 - 5x - 21 + 22x = 18x + 17 - 4x - 51$$

Beide Seiten der Gleichung können vereinfacht werden, bevor das Auflösen der Gleichung beginnt. Man erhält durch Zusammenfassen $17x + 32 = 14x - 34$. Subtrahiert man auf beiden Seiten $14x$, so entsteht $3x + 32 = -34$. Subtrahiert man auf beiden Seiten 32, so ergibt sich $3x = -66$; dividiert man beide Seiten durch 3, so erhält man $x = -22$.

Kurzform:

$$53 - 5x - 21 + 22x = 18x + 17 - 4x - 51 \quad | \text{ zusammenfassen}$$
$$17x + 32 = 14x - 34 \quad | - 14x$$
$$3x + 32 = -34 \quad | - 32$$
$$3x = -66 \quad | : 3$$
$$x = -22$$

Probe:

linke Seite $\quad 53 - 5 \cdot (-22) - 21 + 22 \cdot (-22) = 53 + 110 - 21 - 484 = -342$

rechte Seite $\quad 18 \cdot (-22) + 17 - 4(-22) - 51 = -396 + 17 + 88 - 51 = -342$

Vergleich: $-342 = -342$

Beispiel 10:

$$ax + bx = c \quad (a + b \neq 0)$$

Sind a, b und c bekannte Zahlen, so klammert man auf der linken Seite der Gleichung den gemeinsamen Faktor x aus und erhält $x \cdot (a + b) = c$. Nun isoliert man x, indem man beide Seiten der Gleichung durch $(a + b)$ dividiert. Es ergibt sich $x = \dfrac{c}{a + b}$.

Kurzform:

$$ax + bx = c \quad | \; x \text{ ausklammern}$$
$$x \cdot (a + b) = c \quad | : (a + b)$$
$$x = \frac{c}{a + b}$$

Probe:

$$a \cdot \frac{c}{a + b} + b \cdot \frac{c}{a + b} = \frac{ac + bc}{a + b} = \frac{c \cdot (a + b)}{a + b} = c$$

194

Beispiel 11:

$$6a^2 - 3b(x + 2a) = 3b(2a - 3x) - 4a(b - 2x) \qquad (3b - 4a \neq 0)$$

Die auf beiden Seiten der Gleichung stehenden Klammerausdrücke enthalten die Variable x. Wir erhalten zunächst durch Ausmultiplizieren der Klammern

$$6a^2 - 3bx - 6ab = 6ab - 9bx - 4ab + 8ax$$

und durch Zusammenfassen

$$6a^2 - 3bx - 6ab = 2ab - 9bx + 8ax.$$

Die Gleichung ordnen wir so, daß auf der linken Seite nur Glieder stehen, die x als Faktor enthalten, auf der rechten Seite nur Glieder, die x nicht als Faktor enthalten. Zu dem Zwecke müssen wir auf beiden Seiten der Gleichung einen Ausdruck addieren, der auf der linken Seite die Summanden $6a^2$ und $-6ab$, auf der rechten die Summanden $-9bx$ und $+8ax$ beseitigt. Es ist also auf beiden Seiten der Ausdruck $(-6a^2 + 6ab + 9bx - 8ax)$ zu addieren. Er enthält mit entgegengesetzten Vorzeichen alle Glieder der linken Seite, die x nicht enthalten, und alle Glieder der rechten Seite, die x enthalten. Beim Addieren fallen links die Glieder ohne x, rechts die Glieder mit x weg, und somit ist die Gleichung im gewünschten Sinne geordnet. Wir erhalten dabei

$$\left.\begin{array}{r} 6a^2 - 3bx - 6ab \\ -6a^2 + 9bx + 6ab - 8ax \end{array}\right\} = \left\{\begin{array}{l} 2ab - 9bx + 8ax \\ -6a^2 + 6ab + 9bx - 8ax. \end{array}\right.$$

Durch Zusammenfassen ergibt sich

$$6bx - 8ax = 8ab - 6a^2.$$

Jeder Summand dieser Gleichung enthält den Faktor 2. Wir dividieren daher jede Seite der Gleichung, d.h. jeden einzelnen Summanden, durch 2 und erhalten

$$3bx - 4ax = 4ab - 3a^2.$$

Klammert man aus den Summanden der linken Seite den gemeinsamen Faktor x aus, so entsteht $x \cdot (3b - 4a) = 4ab - 3a^2$.

Die Division durch $(3b - 4a)$ ergibt

$$x = \frac{4ab - 3a^2}{3b - 4a}.$$

Hier erkennen wir, daß es notwendig war, $3b - 4a \neq 0$ vorauszusetzen.

Kurzform:

$$6a^2 - 3b(x + 2a) = 3b(2a - 3x) - 4a(b - 2x) \quad | \text{ Klammern ausmultiplizieren}$$

$$6a^2 - 3bx - 6ab = 6ab - 9bx - 4ab + 8ax \quad | \text{ zusammenfassen}$$

$$6a^2 - 3bx - 6ab = 2ab - 9bx + 8ax \quad | + (-6a^2 + 6ab + 9bx - 8ax)$$

$$6bx - 8ax = 8ab - 6a^2 \quad | : 2$$

$$3bx - 4ax = 4ab - 3a^2 \quad | \; x \text{ ausklammern}$$

$$x \cdot (3b - 4a) = 4ab - 3a^2 \quad | : (3b - 4a)$$

$$x = \frac{4ab - 3a^2}{3b - 4a}.$$

Probe:

$$6a^2 - 3b\left(\frac{4ab - 3a^2}{3b - 4a} + 2a\right) = 6a^2 - 3b \cdot \frac{10ab - 11a^2}{3b - 4a} = \frac{51a^2b - 24a^3 - 30ab^2}{3b - 4a} \, ;$$

$$3b\left(2a - 3\,\frac{4ab - 3a^2}{3b - 4a}\right) - 4a\left(b - 2 \cdot \frac{4ab - 3a^2}{3b - 4a}\right) =$$

$$= 3b \cdot \frac{-6ab + a^2}{3b - 4a} - 4a \cdot \frac{3b^2 - 12ab + 6a^2}{3b - 4a} = \frac{-30ab^2 + 51a^2b - 24a^3}{3b - 4a}$$

▶ **Klammern, in denen die Variable vorkommt, müssen beim Auflösen der Gleichung beseitigt werden.**

Andere Klammern werden nur dann beseitigt, wenn sich dadurch die Gleichung vereinfacht.

5.1.2. Textgleichungen

In der folgenden Aufgabe ist der Zusammenhang zwischen einer unbekannten und anderen, bekannten Größen nicht durch eine aufzulösende Gleichung unmittelbar gegeben, sondern in einen Text eingekleidet, aus dem sich eine Gleichung aufstellen läßt.

■ **Beispiel 12:**

Das 7fache einer Zahl, um 11 vermindert, ergibt das 5fache der um 3 vermehrten Zahl. Wie findet man die Zahl aus diesen Angaben? Die Frage soll mit Hilfe einer Gleichung beantwortet werden.

Lösung: Die gesuchte Zahl wird mit x bezeichnet. Man bringt zunächst zum Ausdruck, was nach der Aufgabe für die Zahl x gefordert wird. Ihr 7faches heißt $7x$, das um 11 verminderte 7fache ergibt $7x - 11$, die um 3 vermehrte Zahl x heißt $x + 3$, ihr 5faches $5 \cdot (x + 3)$. Die Ausdrücke $7x - 11$ und $5 \cdot (x + 3)$ sollen gleich sein, es ergibt sich somit als Gleichung für x: $7x - 11 = 5 \cdot (x + 3)$.

Das Auflösen der Gleichung ergibt:

$$7x - 11 = 5x + 15 \quad | -5x + 11$$
$$2x = 26 \quad | : 2$$
$$x = 13.$$

Zur Prüfung der Richtigkeit der Lösung von Textaufgaben genügt es nicht, daß die gefundenen Werte in die Gleichung eingesetzt werden; es könnte ja schon beim Aufstellen der Gleichung ein Fehler unterlaufen sein. Deshalb muß die Lösung an Hand des wirklichen Sachverhalts überprüft werden.

Probe: Das 7fache von 13 ist 91. Diese Zahl, um 11 verkleinert, ergibt $91 - 11 = 80$; 13, um 3 vermehrt, ergibt 16. Das 5fache von 16 ist $5 \cdot 16 = 80$. Die Zahl 13 erfüllt die in der Aufgabe gestellten Forderungen.

Auch in der nächsten Aufgabe ist die aufzulösende Gleichung nicht unmittelbar gegeben. Statt dessen wird ein Problem geschildert, wie es in der Praxis auftreten kann; es muß erst in die Sprache der Mathematik übersetzt und in Form einer

Gleichung niedergeschrieben werden. Gerade durch Lösen von Textaufgaben wird geübt, mathematische Begriffe und Regeln, die aus Problemen der Umwelt entwickelt werden, wieder auf die Praxis anzuwenden, um neue Erkenntnisse zu gewinnen.

Beispiel 13:

Wieviel Kilogramm Zink (Dichte $7 \text{ kg} \cdot \text{dm}^{-3}$) sind mit 53,4 kg Kupfer (Dichte $8,9 \text{ kg} \cdot \text{dm}^{-3}$) zu legieren, damit man Messing mit der Dichte $8,4 \text{ kg} \cdot \text{dm}^{-3}$ erhält?

Lösung: Aus 53,4 kg Kupfer werden durch Zusatz von x kg Zink insgesamt $(53,4 + x)$ kg Messing hergestellt. Nach der Formel $V = \dfrac{m}{\varrho}$ sind das $\dfrac{53,4}{8,9}$ dm³ Kupfer und $\dfrac{x}{7}$ dm³ Zink, die zu $\dfrac{53,4 + x}{8,4}$ dm³ Messing verarbeitet werden. Das Gesamtvolumen ergibt sich als Summe der Volumina der Bestandteile. Man erhält für das Gesamtvolumen also die beiden Ausdrücke

$$\left(\frac{53,4}{8,9} + \frac{x}{7} \right) \text{dm}^3 \quad \text{und} \quad \frac{53,4 + x}{8,4} \text{dm}^3 \quad \text{und daraus für } x \text{ die Gleichung}$$

$$\frac{53,4}{8,9} + \frac{x}{7} = \frac{53,4 + x}{8,4} \, ,$$

Das Auflösen der Gleichung ergibt

$$6 + \frac{x}{7} = \frac{53,4 + x}{8,4} \qquad | \cdot 8,4$$

$$50,4 + 1,2x = 53,4 + x \qquad | - (50,4 + x)$$

$$0,2x = \;\; 3 \qquad\qquad | : 0,2$$

$$x = 15.$$

Den 53,4 kg Kupfer müssen demnach 15 kg Zink zugesetzt werden.

Probe: Fügt man 15 kg Zink zu 53,4 kg Kupfer, so erhält man 68,4 kg Messing.

$\dfrac{68,4}{8,4}$ dm³ oder $8\dfrac{1}{7}$ dm³ Messing enthalten

$\dfrac{53,4}{8,9}$ dm³ oder 6 dm³ Kupfer und $\dfrac{15}{7}$ dm³ oder $2\dfrac{1}{7}$ dm³ Zink.

$8\tfrac{1}{7} = 6 + 2\tfrac{1}{7}.$

Richtlinien für

das Aufstellen einer Gleichung nach einem Aufgabentext:

1. Es wird festgestellt, was unbekannt ist.
2. Alle Beziehungen der in der Aufgabe genannten Größen werden mit mathematischen Rechenzeichen aufgeschrieben, die unbekannte Größe wird dabei durch eine Variable (x, y, u, o. ä.) bezeichnet.
3. Es wird festgestellt, zwischen welchen Ausdrücken eine Gleichheitsbeziehung existiert. Enthält wenigstens der eine dieser Ausdrücke die Variable, so bildet er die eine Seite, der andere Ausdruck die andere Seite der Gleichung;

das Lösen der Gleichung:

1. Jede Seite der Gleichung wird für sich soweit wie möglich vereinfacht.
2. Die Gleichung wird geordnet und danach wieder soweit wie möglich vereinfacht.
3. Die Variable wird isoliert;

die Probe:

1. Die Elemente der Lösungsmenge werden an Stelle der Variablen in die Aufgabe eingesetzt.
2. Die Lösung ist nur dann richtig, wenn ihre Elemente den Bedingungen der Aufgabe genügen.

● Aufgaben

1. a) $x + 3 = 8$ b) $8 + x = 3$ c) $x + 0,7 = 2$

2. a) $x - 6 = 8$ b) $x - 5\frac{1}{7} = 2$ c) $7,5 - x = 2,1$

3. a) $4x = 28$ b) $35x = 7$ c) $1,4x = 42$

4. a) $\dfrac{x}{5} = 2$ b) $\dfrac{x}{4} = 2,4$ c) $\dfrac{x}{3} = 1$ d) $\dfrac{x}{2} = 3\frac{1}{7}$

5. a) $8x + 7 = 39$ b) $3x - 11 = 16$ c) $15 + 2x = 25$

6. a) $px + q = r$ b) $a - bx = c$ c) $4d + nx = 7d$

7. a) $13x - 19 = 9x + 5$ b) $29 + 14x = 5x + 2$ c) $14 - 7x = 15 - 8x$ (L:a)

8. a) $2 - 9x + 3 - 7x = 12 - 16x + 13 - 10x$
   b) $11 - x = 5x + 12 - 8x + 7$ (L:a)

9. a) $ax - 5b = 3bx + 2a$ b) $ax + b = cx + d$
   c) $4ax + 3b - 5bx = 3bx + 8a - b$ (L:a)

10. $12x - (5x + 4) = 7 - (23x - 19)$

11. $37x - [59 - (25 - 4x) - 7x] = 47 - (9x - 17)$ (L)

12. $7,3x - (17,8x + 2,6) = 19,3x - [15,6 - (5,2x + 20,1)] - 6,4$ (L)

13. $(3,4 + 2,3a) \cdot x = 2,2a - (x + 2,6) \cdot (2,3a - 3,4)$ (L)

14. $\dfrac{x}{4} - \dfrac{7x - 9}{3} = 5\frac{1}{2} - \dfrac{x - 8}{6}$ (L)   **15.** $\dfrac{x + 1}{10} + \dfrac{3 - x}{30} - \dfrac{x + 1}{12} = \dfrac{2x + 3}{20} - \dfrac{x - 4}{15}$

16. $\dfrac{4x - 3}{4} - \dfrac{3x + 2}{9} = \dfrac{x + 1}{3} - \dfrac{5}{12}$ **17.** $\dfrac{2x + b}{22} - \dfrac{15b - 8a}{33} = \dfrac{13x - a}{33} - \dfrac{2a - 3b}{6}$ (L)

18. Im zweiten Quartal produzierte eine Maschinenfabrik monatlich durchschnittlich 14 Maschinen mehr als der Monatsdurchschnitt des ersten Quartals ergab. So wurden im ersten Halbjahr insgesamt 282 Maschinen fertiggestellt. Wie hoch war der Monatsdurchschnitt des ersten Quartals?

19. In der Formel $\Delta t = t_2 - t_1$ bedeuten Δt Temperaturzunahme, t_1 Anfangstemperatur, t_2 Endtemperatur. Die Gleichung ist aufzulösen nach

a) t_1 (Zahlenbeispiel: $t_2 = 33{,}5°\text{C}$, $\Delta t = 25{,}8\,\text{grd}$),

b) t_2 (Zahlenbeispiel: $t_1 = 18°\text{C}$, $\Delta t = 7{,}1\,\text{grd}$).

Anmerkung: Hier wie in den folgenden Aufgaben sollen die Zahlenwerte erst eingesetzt werden, wenn die Gleichung aufgelöst worden ist.

20. Die Masse m eines Körpers wird aus dem Volumen V und der Dichte ϱ nach der Formel $m = V \cdot \varrho$ berechnet. Die Gleichung ist nach V aufzulösen (Zahlenbeispiel: $m = 24{,}03\,\text{kg}$; $\varrho = 8{,}9\,\text{kg} \cdot \text{dm}^{-3}$).

21. Bei gleichförmiger Bewegung wird der Weg s, der mit der Geschwindigkeit v in der Zeit t zurückgelegt wird, nach der Formel $s = v \cdot t$ berechnet. Die Gleichung ist nach t aufzulösen (Zahlenbeispiel: $s = 66\,\text{km}$, $v = 27{,}5\,\text{m} \cdot \text{s}^{-1}$).

22. Die Umfangsgeschwindigkeit v eines Schwungrades wird aus dem Durchmesser d und der Drehzahl n nach der Formel $v = \pi \cdot d \cdot n$ berechnet. Die Gleichung ist nach n aufzulösen. (Zahlenbeispiel: $v = 15{,}4\,\text{m} \cdot \text{s}^{-1}$, $d = 500\,\text{mm}$, $\pi \approx 3\tfrac{1}{7}$).

23. Durchfließt ein elektrischer Strom mit der Stärke I ein Stück eines Leiters, das den Widerstand R hat, so berechnet man den Spannungsabfall U zwischen den Enden des Leiterstücks nach dem Ohmschen Gesetz $U = I \cdot R$. Die Gleichung ist nach R aufzulösen (Zahlenbeispiel: $U = 220\,\text{V}$, $I = 0{,}55\,\text{A}$).

24. Der Widerstand R eines elektrischen Leiters wird aus seinem spezifischen Widerstand ϱ, seiner Länge l und seinem Querschnitt A nach der Formel $R = \varrho \cdot \dfrac{l}{A}$ berechnet. Die Gleichung ist nach A aufzulösen (Zahlenbeispiel: $R = 143\,\Omega$, $\varrho = 0{,}0286\,\Omega \cdot \text{mm}^2 \cdot \text{m}^{-1}$, $l = 2\,\text{km}$).

25. Die Masse m eines Keiles wird nach der Formel

$$m = \frac{a_1 + 2a_2}{6} \cdot b \cdot h \cdot \varrho$$

berechnet; dabei bezeichnet a_1 die Länge der Keilschneide, a_2 die Länge des Keilfußes, b die Breite des Keilfußes, h die Höhe des Keiles, ϱ die Dichte. Die Formel ist nach

a) a_1, **b)** a_2, **c)** b, **d)** h, **e)** ϱ aufzulösen.

26. Um wichtige Zeichen (Herstellungsnummern u. a.) in polierte Maschinenteile aus Stahl einzuätzen, verwendet man verdünnte Salpetersäure. In wieviel Liter Wasser ist $\tfrac{1}{8}\,\text{l}$ konzentrierte Salpetersäure von der Dichte $1{,}5\,\text{g} \cdot \text{cm}^{-3}$ zu schütten, damit Ätzflüssigkeit von der erforderlichen Dichte $1{,}1\,\text{g} \cdot \text{cm}^{-3}$ entsteht? (L)

27. Ein Wasserbecken kann durch zwei Pumpen A und B gefüllt werden. Arbeitet die Pumpe A allein, so kann das Becken in 5 Stunden gefüllt werden. Arbeitet die Pumpe B allein, so kann das Becken in 8 Stunden gefüllt werden.

a) Wie lange dauert es, wenn beide Pumpen während der ganzen Zeit gleichzeitig arbeiten?

b) Wieviel Zeit wird zum Füllen des Beckens benötigt, wenn die Pumpe A zuerst 3 Stunden allein arbeitet und dann für den Rest der Zeit beide Pumpen arbeiten?

28. Milchkonserven und Kunstspeisefette werden in immer größeren Mengen in den Haushalten verwendet. Im Jahre 1965 wurden in der Bundesrepublik Deutschland zusammen 540000 t dieser beiden Produkte hergestellt. Der Anteil der Kunstspeisefette beträgt aber nur 12,5 % von dem der Milchkonserven. Wieviel Tonnen Milchkonserven und wieviel Tonnen Kunstspeisefette wurden hergestellt?

29. Durch Einführung technischer Verbesserungen konnte die Produktion eines Maschinenbaubetriebes um 60 Werkzeugmaschinen eines Typs gegenüber dem Vorjahr erhöht werden. Diese erhöhte Produktion wurde tatsächlich noch um $\frac{1}{4}$ übertroffen, wodurch eine Produktion erreicht wurde, die 50 % über der des Vorjahres lag.
Wie groß ist **a)** die Vorjahresproduktion, **b)** die Produktion des neuen Jahres gewesen?

30. Im Außenhandel der Bundesrepublik Deutschland ist im Vergleich von 1964 zu 1965 in einigen Positionen ein bedeutender Anstieg der Ausfuhr zu verzeichnen gewesen. So wurde z. B. die Ausfuhr von Milch 1965 auf einen Stand gebracht, der 3,5 Mill. DM mehr als das Doppelte der Ausfuhr von 1964 betrug. In den beiden Jahren zusammen betrug die Ausfuhr an Milch 44,3 Mill. DM. Wie hoch war die Ausfuhr an Milch im Jahre 1965?

31. Am Rande einer Industriestadt wurde ein großer Wohnkomplex innerhalb von fünf Jahren gebaut. Die Arbeiten begannen im Jahre 1962, als für $\frac{1}{5}$ der jetzt dort Ansässigen die Wohnungen fertig wurden. Im Jahr 1963 folgten Wohnungen ebenfalls für $\frac{1}{5}$ im Jahre 1964 für $\frac{1}{3}$ der insgesamt 60000 Einwohner. 1965 wurden für die Hälfte der 1966 Zugezogenen Wohnungen errichtet. Wieviel Personen konnten jeweils in den einzelnen Jahren 1962 bis 1966 dort mit Wohnraum versorgt werden?

32. Drei Spieler sind an einem Lotteriegewinn beteiligt. Da die Höhe der eingezahlten Losanteile unterschiedlich ist, muß auch die Höhe der drei Gewinnanteile unterschiedlich sein. Der erste Spieler soll 100 DM mehr erhalten als der zweite, der dritte die Hälfte des ersten. Auf das Los wurden 900 DM gewonnen. Wie hoch ist der Gewinnanteil jedes einzelnen Spielers? (L)

33. Ein Lastkraftwagen fährt mit $40 \text{ km} \cdot \text{h}^{-1}$ Geschwindigkeit von A nach einem 260 km entfernten Orte B. Von B fährt eine Stunde später ein Personenkraftwagen mit 70 km h^{-1} Geschwindigkeit nach A. Nach wieviel Stunden Fahrzeit begegnen die Wagen einander? (L)

34. Ein Becher besteht aus einer Legierung von Gold und Kupfer. Er wiegt in Luft gewogen 176 g, in Wasser gewogen 162,3 g. Welcher Feingehalt ergibt sich daraus, wenn für Gold $19,25 \text{ g} \cdot \text{cm}^{-3}$, für Kupfer $8,75 \text{ g} \cdot \text{cm}^{-3}$ gerechnet wird? (L)

5.2. Quadratische Gleichungen

Die allgemeine Form der quadratischen Gleichung lautet

$$a x^2 + b x + c = 0 .$$

In der Gleichung $a x^2 + b x + c = 0$ nennt man $a x^2$ *das quadratische Glied*, bx *das lineare Glied*, c *das absolute Glied*.

In einer quadratischen Gleichung darf das quadratische Glied nicht fehlen, wohl aber eins der beiden anderen.
Bei der Lösung der quadratischen Gleichung $a x^2 + b x + c = 0$ soll die Menge der reellen Zahlen bestimmt werden, die, an Stelle der Variablen x eingesetzt, eine wahre Gleichheitsaussage ergeben. Für die Variablen a, b und c sind in jedem einzelnen Fall bestimmte Zahlen eingesetzt zu denken.

5.2.1. Die gemischt-quadratische Gleichung

Aus der allgemeinen Form $ax^2 + bx + c = 0$ geht durch Division durch a $(a \neq 0)$

$$x^2 + \frac{b}{a}\,x + \frac{c}{a} = 0$$

hervor.

Setzt man $\frac{b}{a} = p$ und $\frac{c}{a} = q$, so entsteht $x^2 + px + q = 0$.

Diese Form einer quadratischen Gleichung wird als *Normalform* der *gemischtquadratischen Gleichung* bezeichnet. Sie enthält neben dem quadratischen auch das lineare Glied.

Als *rein quadratisch* bezeichnet man die Gleichung $x^2 + q = 0$, weil in ihr das lineare Glied fehlt.

Da jede positive Zahl das Quadrat zweier dem Betrag nach gleicher Zahlen mit verschiedenen Vorzeichen ist, ergibt sich eine Zweiermenge als Lösung der rein quadratischen Gleichung. So folgt aus $x^2 - 49 = 0$ zunächst $x^2 = 49$ und dann $x = + \sqrt{49}$ und $x = - \sqrt{49}$, also $x = 7$ und $x = -7$. Man unterscheidet die beiden Elemente der Lösungsmenge durch die Indizes 1 und 2 und schreibt $x_1 = 7$, $x_2 = -7$.

Der Betrag der Elemente wird einer Quadratwurzeltabelle entnommen. Soll x^2 gleich einer negativen Zahl sein, so gibt es bezüglich der Grundmenge der reellen Zahlen keine Lösung, weil das Quadrat jeder reellen Zahl positiv ist.

Heißt die Gleichung $x^2 + px = 0$, fehlt also das absolute Glied, so erhält man durch Ausklammern des Faktors x den Ausdruck $x(x + p) = 0$. Da ein Produkt nur dann Null wird, wenn einer seiner Faktoren Null ist, wird die Gleichung erfüllt, wenn $x = 0$ oder $x + p = 0$ gilt. Die Elemente der Lösungsmenge dieser Gleichung sind dann $x_1 = 0$ und $x_2 = -p$.

Die linke Seite der Gleichung $x^2 + 2kx + k^2 = 0$ ist das Quadrat des Binoms $x + k$. Schreibt man die Gleichung in der Form $(x + k)(x + k) = 0$, so erhält man nach dem Vorhergehenden $x_1 = -k$ und $x_2 = -k$. Die Gleichung $(x + k)^2 = 0$ hat als Lösung nur eine Zahl, eine sogenannte *Doppellösung*, die Lösungsmenge enthält also nur ein Element.

Für die Gleichung $(x + k)^2 = d$ ergeben sich wegen $x + k = + \sqrt{d}$ und $x + k = - \sqrt{d}$:

$$x_1 = -k + \sqrt{d}, \quad x_2 = -k - \sqrt{d}.$$

Die Lösung der letzten Gleichung weist auf einen Weg hin, durch den auch die Normalform der gemischt-quadratischen Gleichung ohne weiteres lösbar wird. Man schreibt für $x^2 + px + q = 0$ zunächst $x^2 + px = -q$. Dann ergänzt man die linke Seite der Gleichung durch Hinzufügen des Summanden $\left(\frac{p}{2}\right)^2$ zum Quadrat des Binoms $\left(x + \frac{p}{2}\right)$ und addiert, damit die Lösungsmenge erhalten bleibt, diesen Summanden auch auf der rechten Seite.

Durch diese *quadratische Ergänzung* entsteht die Gleichung

$$\left(x + \frac{p}{2}\right)^2 = \left(\frac{p}{2}\right)^2 - q$$

mit ihrer Lösung

$$x_1 = -\frac{p}{2} + \sqrt{\left(\frac{p}{2}\right)^2 - q}\,,$$

$$x_2 = -\frac{p}{2} - \sqrt{\left(\frac{p}{2}\right)^2 - q}\,.$$

Diese zwei Elemente der Lösung existieren bezüglich der reellen Zahlen nur, wenn der Radikand $\left(\frac{p}{2}\right)^2 - q$ des Wurzelausdrucks größer oder gleich Null ist.

Gehört zu dem quadratischen Glied einer quadratischen Gleichung ein von $+1$ verschiedener Faktor, so ist die Gleichung durch diesen Faktor zu dividieren, bevor das Auflösungsverfahren eingeleitet wird.

Wurzelsatz von VIETA

Zwischen den Koeffizienten p und q der Normalform $x^2 + px + q = 0$ und den Lösungselementen x_1 und x_2 besteht ein einfacher Zusammenhang.

Addiert man x_1 zu x_2, so ergibt sich

$x_1 + x_2 = -p.$ Die Summe der beiden Elemente ergibt den mit entgegengesetztem Vorzeichen versehenen Koeffizienten des linearen Gliedes.

Multipliziert man x_1 mit x_2, so erhält man

$x_1 \cdot x_2 = q.$ Das Produkt der Lösungselemente ergibt das absolute Glied.

Diese Zusammenhänge fand der französische Mathematiker FRANÇOIS VIETA (1540 bis 1603).

Die dem Satz des VIETA entsprechende Zerlegung der Koeffizienten der Gleichung

$$x^2 + px + q = 0$$

läßt sich bei kleinen ganzzahligen Lösungselementen leicht erraten. Zum Beispiel ist bei der Gleichung $x^2 - 8x + 15 = 0$ der Koeffizient $-8 = -(3 + 5)$ und das absolute Glied $15 = 3 \cdot 5$. Die Erfüllungsmenge besteht daher aus den Zahlen 3 und 5.

● **Aufgaben**

1. a) $x^2 - 81 = 0$ **b)** $x^2 - 3{,}24 = 0$ **c)** $x^2 - 0{,}36 = 0$

2. a) $3x^2 - 10{,}83 = 0$ **b)** $5x^2 = 11{,}25$ **c)** $5x^2 - 12 = 51 - 2x^2$

3. a) $x^2 - \frac{1}{3} = 40 + \frac{2}{3}x^2$ **b)** $8x^2 + \frac{37}{49} = 3x^2 + \frac{6}{7}$ **c)** $(x - 3)(x + 3) = 55$

4. a) $(2x - 3)^2 + (2x + 3)^2 = 50$ **b)** $(3x + 7)^2 + (3x - 7)^2 = 260$

5. a) $x^2 - 1{,}5x = 0$ **b)** $3x^2 - x = 0$ **c)** $\frac{2}{3}x^2 + \frac{1}{2}x = 0$

6. a) $x^2 - 14x + 49 = 0$ **b)** $x^2 - 8x + 16 = 0$ **c)** $(x + 4)^2 = 100$

7. a) $(2x - 1)^2 = 841$ **b)** $(3x - 6)^2 = 576$ **c)** $(2{,}3x + 5{,}7)^2 = 200$

8. a) $x^2 + 4x - 165 = 0$ **b)** $x^2 - 6x - 187 = 0$ **c)** $x^2 - 12x + 32 = 0$ (L)

9. a) $x^2 - 19x - 42 = 0$ **b)** $x^2 - 13x - 48 = 0$ **c)** $x^2 + x - 30 = 0$

10. a) $x^2 + 1,3x - 0,9 = 0$ **b)** $x^2 - 1,7x + 0,16 = 0$ **c)** $x^2 - 1\frac{5}{8}x + 3\frac{3}{32} = 0$

11. a) $3x^2 + 2x - 133 = 0$ **b)** $3x^2 - 2x - 85 = 0$ **c)** $2x^2 - 5x - 18 = 0$ (L)

12. a) $7x^2 - 3x = 5x^2 + 7x - 8$ **b)** $11x^2 + 2x = 8x^2 + 9x - 2$

c) $(3x - 5)^2 - (x + 1)^2 = (x + 3)^2$ **d)** $(4x + 1)^2 - (3x + 1)^2 = (2x + 1)^2$ (L)

5.2.2. Zeichnerische Lösungsverfahren für quadratische Gleichungen

Die Elemente der Lösungsmenge der quadratischen Gleichung $ax^2 + bx + c = 0$ stimmen mit den Nullstellen der Funktion $y = ax^2 + bx + c$ und damit auch der Funktion $y = x^2 + \frac{b}{a}x + \frac{c}{a}$ überein. Das Bild der Funktion kann nach dem Aufstellen einer Wertetafel gezeichnet werden.

Ohne eine solche Wertetafel zu verwenden, kann das Bild auch gezeichnet werden, wenn die Koordinaten des Parabelscheitels berechnet werden und dann eine Schablone der Parabel $y = x^2$ durch Parallelverschiebung mit ihrem Scheitel an die Stelle des Scheitels der Parabel $y = x^2 + \frac{b}{a}x + \frac{c}{a}$ gebracht wird.

Das Bild zeigt, daß je nach den Koeffizienten a, b und c die Kurve von der x-Achse entweder an zwei Stellen geschnitten oder an einer Stelle berührt oder gar nicht geschnitten wird. Im ersten Fall gibt es zwei Nullstellen und zwei Lösungselemente der Gleichung, im zweiten Fall eine Nullstelle und ein Lösungselement der Gleichung und im dritten Fall keine Nullstelle und keine Lösung der Gleichung.

Für die Darlegung eines weiteren Verfahrens zur graphischen Lösung quadratischer Gleichungen wird von der Normalform $x^2 + px + q = 0$ ausgegangen. Man formt sie in $x^2 = -px - q$ um und fragt nach den Lösungsmengen der Gleichungen $y = x^2$ und $y = -px - q$. Die graphische Darstellung der in diesen Lösungsmengen enthaltenen Zahlenpaare in einem Koordinatensystem ergibt eine Normalparabel (Lösungsmenge der Gleichung $y = x^2$) und eine Gerade (Lösungsmenge der Gleichung $y = -px - q$). Je nachdem, ob die Gerade die Parabel meidet, berührt oder schneidet, enthalten die beiden Lösungsmengen kein gemeinsames, ein gemeinsames Zahlenpaar oder zwei gemeinsame Zahlenpaare. Nehmen wir an, (x_1, y_1) sei ein solches gemeinsames Zahlenpaar. Dann erfüllt es beide Gleichungen, d.h.,

$$y_1 = x_1^2 \quad \text{und} \quad y_1 = -px_1 - q$$

sind wahre Gleichheitsaussagen. Daraus folgt $x_1^2 = -px_1 - q$ oder die ebenfalls wahre Gleichheitsaussage $x_1^2 + px_1 + q = 0$.

Die erste Komponente x_1 des betrachteten Zahlenpaares gehört also zur Lösungsmenge der Gleichung $x^2 + px + q = 0$.

Die Elemente der Lösungsmenge der Gleichung $x^2 + px + q = 0$ werden demnach durch die Abszissen der Schnittpunkte zwischen der Parabel und der Geraden angegeben.

Es hängt von p und q ab, ob die Parabel von der Geraden in zwei Punkten geschnitten, in einem Punkt oder in keinem Punkt berührt wird.

1. Es sind Näherungswerte der Lösungen folgender Gleichungen graphisch zu bestimmen.

   a) $x^2 + 5x + 3{,}25 = 0$ **b)** $x^2 - 7{,}2x + 9{,}96 = 0$ **c)** $x^2 + 2{,}4x - 2{,}56 = 0$

   Das zugehörige Bild ist nach dem Ermitteln der Scheitelkoordinaten mit Hilfe der Schablone der Parabel $y = x^2$ in das Koordinatennetz einzuzeichnen. Die Zeichnung ist jedesmal durch eine Wertetafel für die Koordinaten der Kurvenpunkte zu kontrollieren. (L: a, b)

2. Die Lösungen der folgenden Gleichungen sind näherungsweise mit Hilfe der Normalparabel und einer Geraden zu bestimmen.

   a) $x^2 + 2x - 3 = 0$ **b)** $x^2 - 2x - 3 = 0$ **c)** $x^2 + x - 3{,}75 = 0$ (L: a, b, c)

5.2.3. Textaufgaben, die auf quadratische Gleichungen führen

Die Lösung einer nach den Angaben eines Aufgabentextes angesetzten Gleichung wird durch Nullstellen derjenigen Funktion bestimmt, die den Zusammenhang der in der Aufgabe genannten Größen angibt. Dabei ist es möglich, daß der Existenzbereich der Funktion über das Gebiet hinausreicht, das für den Zusammenhang der Aufgabe in Frage kommt. Dann scheiden unter Umständen Nullstellen der Funktion als Lösung der Aufgabe aus. Daher ist in jedem Falle zu prüfen, ob ein aus der Gleichung errechnetes Lösungselement Antwort auf die in der Aufgabe gestellte Frage gibt.

● **Aufgaben**

1. Um ein Rechteck von 40 cm Länge und 21 cm Breite ist ein zweites gezeichnet, dessen Seiten von den Seiten des ersten Rechtecks überall gleiche Abstände haben. Wie groß ist dieser Abstand, wenn sich die Rechteckflächen wie 4 : 7 verhalten?   (L)

2. Ein Eisenbahnzug braucht für eine 120 km lange Strecke 15 Minuten weniger Fahrzeit, wenn seine Durchschnittsgeschwindigkeit um $2 \text{ km} \cdot \text{h}^{-1}$ gesteigert wird. Wie groß ist die Geschwindigkeit nach der Steigerung?   (L)

3. Eine zweiziffrige Zahl hat die Quersumme 12. Dividiert man die Zahl durch das Produkt ihrer Ziffern, so erhält man 2 Rest 5. Wie heißt die Zahl?   (L)

4. Für den oberen Teil eines Flachbogenfensters (Abb. 5.1.) beträgt die Spannweite $s = 1{,}60$ m in einem Kreis vom Durchmesser $d = 2{,}40$ m. Die Pfeilhöhe h ist zu berechnen.   (L)

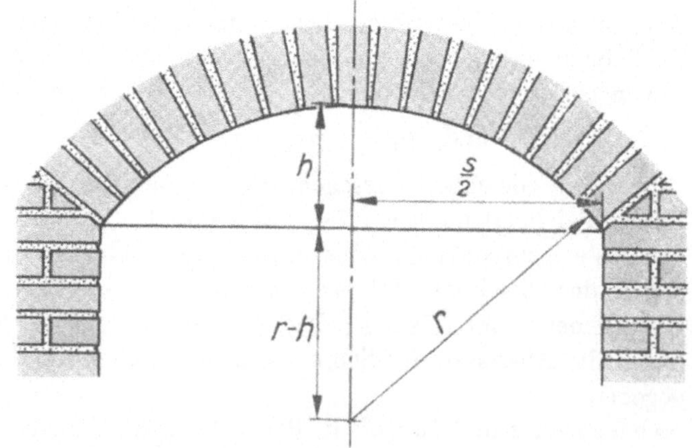

Abb. 5.1. Oberteil eines Bogenfensters

5. Zur Feststellung der Brinellhärte wird eine Stahlkugel von $d = 10\,\text{mm}$ Durchmesser auf eine ebene Fläche eines Werkstücks gepreßt. Die Breite des Eindrucks beträgt dabei $b = 6{,}4\,\text{mm}$. Die Eindrucktiefe h ist zu berechnen.

6. Von einem Orte A fährt ein Kraftwagen nach einem 90 km entfernten Orte B. Gleichzeitig fährt von B ein Kraftwagen nach A, der in einer Stunde 20 km mehr zurücklegt. Er braucht für die ganze Strecke 30 Minuten weniger Fahrzeit als der erste. Mit welcher Geschwindigkeit fährt der von A abfahrende Kraftwagen?

7. Wie tief ist ein Schacht, wenn das Aufschlagen eines Steines auf die Schachtsohle 8,5 Sekunden später gehört wird? (Fallbeschleunigung $g \approx 10\,\text{m} \cdot \text{s}^{-2}$, Schallgeschwindigkeit $c = 340\,\text{m} \cdot \text{s}^{-1}$) (L)

Zusammenfassung

Rechnerisch werden rein-quadratische Gleichungen durch Ziehen der Quadratwurzel gelöst. Gemischt-quadratische Gleichungen $x^2 + px + q = 0$ werden im allgemeinen zunächst durch quadratische Ergänzung auf die Form

$$\left(x + \frac{p}{2}\right)^2 = -q + \left(\frac{p}{2}\right)^2$$

gebracht. Nach dem Radizieren entsteht $x + \dfrac{p}{2} = \pm \sqrt{-q + \left(\dfrac{p}{2}\right)^2}$.

Die Lösung enthält die Elemente

$$x_1 = -\frac{p}{2} + \sqrt{\left(\frac{p}{2}\right)^2 - q}, \quad x_2 = -\frac{p}{2} - \sqrt{\left(\frac{p}{2}\right)^2 - q}.$$

Im allgemeinen benutzt man diese Formeln sofort.

Es sind x_1 und x_2 reelle Zahlen, wenn $\left(\dfrac{p}{2}\right)^2 - q \geq 0$ ist.

Es gilt $x_1 + x_2 = -p$ und $x_1 \cdot x_2 = q$.

Zeichnerisch erhält man die reelle Lösung einer quadratischen Gleichung durch Ermitteln der Nullstellen der zugehörigen quadratischen Funktion. Das Bild wird entweder durch punktweise Konstruktion nach einer Wertetafel oder durch Parallelverschiebung einer Parabelschablone gezeichnet. Man erhält die Lösung auch als Abszissen der Schnittpunkte einer Normalparabel mit einer Geraden.

● Aufgaben

1. Welche quadratischen Gleichungen können ohne Radizieren gelöst werden?

2. Wie lauten die Normalformen quadratischer Gleichungen mit den folgenden Lösungen?

    a) $x_1 = +3;\ \ x_2 = +4$ **b)** $x_1 = +3;\ \ x_2 = -4$ **c)** $x_1 = -3;\ \ x_2 = -4$

3. Was gilt für die Gleichung $x^2 + px + q = 0$, wenn die Parabel $y = x^2$ von der Geraden $y = -px - q$ nicht geschnitten wird?

4. a) Dividiert man eine zweiziffrige Zahl, die die Quersumme 11 hat, durch das Produkt ihrer Ziffern, so erhält man 2 Rest 18. Die Zahl ist mit Hilfe einer quadratischen Gleichung zu bestimmen.

    b) Für welche quadratische Funktion ergeben sich die Nullstellen durch die Lösung dieser Gleichung?

    c) Wie lautet der Definitionsbereich dieser Funktion?

    d) Welche Beschränkung des Gültigkeitsbereichs ist für die Lösung zu beachten?

    e) Welche Nullstelle der Funktion kommt für die Lösung der Aufgabe nicht in Frage?

5.3. Bruchgleichungen

Gleichungen, bei denen die Variable im Nenner von Brüchen vorkommt, werden kurz **Bruchgleichungen** genannt. Im allgemeinen ist es zweckmäßig, derartige Gleichungen mit dem Hauptnenner der vorkommenden Brüche zu multiplizieren und so die Nenner zu beseitigen. Danach stellt man durch Ausmultiplizieren von Klammern und Zusammenfassen gleichartiger Glieder die Normalform der Gleichung her, die nun in gewohnter Weise gelöst wird.

■ Beispiel 14:

$$\frac{10ax}{(3x-a)(x+b)} = \frac{2b}{x+b} + \frac{5a}{3x-a} \qquad \Big|\ \text{mit Hauptnenner}\ (3x-a)(x+b)\ \text{multiplizieren}$$

$$\frac{10ax}{(3x-a)(x+b)} \cdot (3x-a)(x+b) = \frac{2b}{x+b} \cdot (3x-a)(x+b) + \frac{5a}{3x-a} \cdot (3x-a)(x+b) \qquad \Big|\ \text{kürzen}$$

$$10ax = 2b(3x-a) + 5a(x+b) \qquad \Big|\ \text{ausmultiplizieren}$$

$$10ax = 6bx - 2ab + 5ax + 5ab \qquad \Big|\ \text{ordnen und zusammenfassen}$$

$$5ax - 6bx = 3ab \qquad \Big|\ x\ \text{ausklammern}$$

$$x(5a - 6b) = 3ab \qquad \Big|\ : (5a - 6b)$$

$$x = \frac{3ab}{5a - 6b}$$

Kurzform:

$$\frac{10ax}{(3x-a)(x+b)} = \overbrace{\frac{2b}{x+b}}^{\cdot(3x-a)} + \overbrace{\frac{5a}{3x-a}}^{\cdot(x+b)} \qquad \Big|\ \cdot(x+b)\cdot(3x-a)$$

$$10ax = 6bx - 2ab + 5ax + 5ab \qquad \Big|\ +(-5ax - 6bx)$$

$$5ax - 6bx = 3ab \qquad \Big|\ \text{ausklammern}$$

$$x(5a - 6b) = 3ab \qquad \Big|\ : (5a - 6b)$$

$$x = \frac{3ab}{5a - 6b}$$

▶ **Beim Lösen von Bruchgleichungen beseitigt man die Brüche durch Multiplizieren beider Seiten mit dem Hauptnenner.**

Die anschließende Probe hat hier aber nicht nur wie bei den linearen und quadratischen Gleichungen den Zweck, die Richtigkeit der Rechnung zu kontrollieren, sondern sie soll auch zeigen, ob das durch richtiges Rechnen erhaltene Ergebnis als Lösung der Aufgabe in Frage kommt. Deshalb ist sie immer durchzuführen. Die Bruchgleichung

$$-\frac{8}{x+4} + x = \frac{2x}{x+4}$$

führt z.B. auf die quadratische Gleichung $x^2 + 2x - 8 = 0$ mit der Lösung $x_1 = 2$, $x_2 = -4$. Doch für $x_2 = -4$ würden die Nenner der Bruchgleichung gleich Null, was nicht zulässig ist (die Division durch Null ist nicht erklärt). Also kommt $x_2 = -4$ als Element der Lösungsmenge der Bruchgleichung nicht in Frage; die Lösung enthält nur $x_1 = 2$.

● **Aufgaben**

1. $\dfrac{1}{3a} + \dfrac{3}{5bx} = \dfrac{1}{ax} + \dfrac{1}{5b}$ (L)

2. $\dfrac{7x+9}{10x} - 2\dfrac{1}{3} - \dfrac{19}{6x} = 1\dfrac{2}{5} - \dfrac{2x+3}{2x} - 2\dfrac{5}{12}$

3. $\dfrac{7}{2x-14} - \dfrac{13}{24} + \dfrac{1}{12x-84} = \dfrac{7}{3x-21} - \dfrac{3}{8x-56}$

4. $\dfrac{2}{x+4} + \dfrac{3}{x+3} = \dfrac{43}{x^2+7x+12}$ (L)

5. a) $5x - \dfrac{2x+9}{x+1} = 27$ b) $\dfrac{16-x}{4} + 2 \cdot \dfrac{x-11}{x-6} = \dfrac{x-4}{12}$

6. a) $\dfrac{6x+4}{5} - \dfrac{15-2x}{x-3} = \dfrac{7 \cdot (x-1)}{5}$ b) $\dfrac{3x-15}{5x-9} = \dfrac{10}{3} - \dfrac{5x-9}{3x-15}$ (L)

7. $\dfrac{x-4}{x+2} + \dfrac{x-2}{x+6} = \dfrac{56}{x^2+8x+12}$

8. $\dfrac{x}{x-2} + \dfrac{5x}{x-3} + \dfrac{6}{x^2-5x+6} = 0$ (L)

9. $\dfrac{6x}{x-5} + \dfrac{5}{x-2} = \dfrac{3 \cdot (2x+1)}{x^2-7x+10}$

10. $\dfrac{3x-2}{x-5} - \dfrac{x-12}{4x-3} = \dfrac{45}{4x^2-23x+15}$

11. Der Widerstand R einer Stromverzweigung mit dem Widerstand R_1 des einen, R_2 des anderen Zweiges wird nach der Formel $\dfrac{1}{R} = \dfrac{1}{R_1} + \dfrac{1}{R_2}$ berechnet. Die Formel ist

    a) nach R_1, b) nach R_2 aufzulösen.

12. Die Kapazität C der in Reihe geschalteten 3 Kondensatoren mit den Kapazitäten C_1, C_2 und C_3 wird nach der Formel $\dfrac{1}{C} = \dfrac{1}{C_1} + \dfrac{1}{C_2} + \dfrac{1}{C_3}$ berechnet. Die Formel ist nach den Kapazitäten C, C_1, C_2, C_3 aufzulösen (L für C und C_1).

13. Aus der Gegenstandsweite g und der Bildweite b wird die Brennweite f einer Linse nach der Formel $\dfrac{1}{f} = \dfrac{1}{g} + \dfrac{1}{b}$ berechnet. Die Formel ist nach f aufgelöst zu schreiben.

14. Eine Baugrube ist durch einen Platzregen vollgelaufen und soll durch drei Pumpen schnellstens entleert werden. Die erste Pumpe allein benötigt für diese Arbeit 3 h, die zweite allein 4 h und die dritte allein sogar 6 h. In welcher Zeit ist die Baugrube entleert, wenn alle drei Pumpen zugleich in Tätigkeit sind? (L)

5.4. Wurzelgleichungen

Bei **Wurzelgleichungen** ist die Variable im Radikanden von Wurzelausdrücken enthalten. In den hier betrachteten Fällen kommt die Variable nur in Quadratwurzelausdrücken vor. Diese Quadratwurzeln sind durch ein- oder mehrmaliges Quadrieren zu beseitigen. Da das Quadrieren die Lösungsmenge der gegebenen Gleichung verändert, hat auch hier die Probe nicht nur den Zweck, die Richtigkeit der Rechnung zu kontrollieren, sondern sie soll auch zeigen, ob das durch richtiges Rechnen erhaltene Ergebnis als Lösung der Aufgabe in Frage kommt. Die Wurzelgleichung $x + 2 + \sqrt{12 + 2x} = 0$ z.B. führt über $x + 2 = -\sqrt{12 + 2x}$ auf die quadratische Gleichung $x^2 + 2x - 8 = 0$ mit der Lösung $x_1 = 2$, $x_2 = -4$. Doch die Wurzelgleichung ist nur für x_2, aber nicht für x_1 erfüllt! Es gehört also nur $x_2 = -4$ zur Lösung.

● **Aufgaben**

1. a) $3x + 4 \cdot \sqrt{4x + 1} = 8$ b) $2x + 3 \cdot \sqrt{3x - 5} = 5$ (L)

2. a) $\sqrt{a + 2x} + \sqrt{a - 2x} = \sqrt{2a}$ b) $\sqrt{a + bx} - \sqrt{a - bx} = \sqrt{2a}$ (L)

3. a) $\sqrt{x + 6} + 3 \cdot \sqrt{x - 10} - 2 \cdot \sqrt{2 \cdot (x - 3)} = 0$

   b) $3 \cdot \sqrt{x - 10} = \sqrt{x + 6} + 2 \cdot \sqrt{2 \cdot (x - 3)}$ (L)

4. Warum ist es bei Wurzelgleichungen notwendig, die Gültigkeit der errechneten Lösung an der Ausgangsgleichung zu prüfen?

Die folgenden Aufgaben sind verschiedenen Gebieten entnommen.

Aus der Elektrotechnik

5. Das elektrische Lichtnetz einer Wohnung mit einer Spannung $U = 220$ V ist mit 6-A-Sicherungen abgesichert. Mit welcher elektrischen Leistung darf das Lichtnetz höchstens belastet werden? (L)

6. Durch einen starken Wind sind zwei Telefonleitungen mit einem Querschnitt $A = 3{,}14\,\text{mm}^2$ zusammengeschlagen, so daß ein Kurzschluß entstanden ist. Die Entstörungsstelle der Bundespost mißt vom Leitungsanfang aus über die Kurzschlußstelle hinweg einen Gesamtwiderstand von 120 Ω. Wie weit ist die Kurzschlußstelle vom Leitungsanfang entfernt, wenn $\varrho = 0{,}018\,\Omega \cdot \text{mm}^2 \cdot \text{m}^{-1}$ beträgt? (L)

7. Ein Elektromonteur wird beauftragt, in einer Werkstatt an einen vorhandenen Stromkreis des 220-V-Netzes einen Elektromotor mit einer mechanischen Leistung von 3 PS und einem Wirkungsgrad von $\eta = 0{,}8$ anzuschließen. Der Stromkreis ist mit 10-A-Sicherungen abgesichert und wird bereits mit 300 W belastet. Kann der Elektromotor betrieben werden, ohne die Sicherungen zu überlasten? (L)

8. Von einem Starkstromanlagenbauunternehmen ist die Trafo-Station eines Großbetriebes auf eine Wirkleistung von 4 kW vergrößert worden. Mit dem Einschalten der Anlage ist der Leistungsfaktor auf einen Wert von $\cos \varphi = 0{,}5$ gesunken. Ein Mitglied des Bautrupps des Anlagenbaubetriebes erhielt den Auftrag, die Kapazität C des neuen Phasenschieber-Kon-

densators für den geringsten Wert des Leistungsfaktors, $\cos \varphi = 1$, zu berechnen. Der Transformator wird hochspannungsseitig mit 1000 V/50 Hz gespeist.
Bestimmen Sie die Kapazität des Phasenschieberkondensators! (L)

9. In einem mit tropischen Zierfischen besetzten Aquarium ist infolge einer Stromunterbrechung an der Aquarienheizung die Temperatur von 28 °C auf eine für die Zierfische gefährliche Temperatur von 17 °C gesunken. Um die wertvollen Tiere zu retten, wird eine 200-W-Heizung unmittelbar an das Lichtnetz angeschlossen und in das mit 120 l Wasser gefüllte Aquarium gebracht. Nach welcher Zeit wird die ursprüngliche Temperatur wieder erreicht? (L)

10. An eine 6 km lange Kabelleitung ist am Ende ein Telefon angeschaltet. Der Leitungswiderstand R_L verhält sich zum Widerstand R_T des Telefones wie $2:1$. Der Gesamtwiderstand der Reihenschaltung wird mit 900 Ω gemessen. Um die günstigsten Widerstandsverhältnisse für eine einwandfreie Übertragung der Sprache zu ermitteln, müssen Leitungs- und Telefonwiderstand ermittelt werden. Berechnen Sie R_L und R_T! (L)

11. In einem kapazitiven Stromkreis einer elektronischen Steuereinrichtung liegen u. a. zwei Kondensatoren C_1 und C_2 parallel zueinander. Der Kondensator C_1 ist schadhaft geworden und muß ausgewechselt werden; seine Kapazität ist jedoch nicht bekannt. Aus der vorhandenen Beschreibung der Steuereinrichtung kann entnommen werden, daß sich die Kapazität von C_1 zur Gesamtkapazität C wie $1:3$ verhalten muß. Mit Hilfe einer R-C-L-Meßbrücke wird die Kapazität des Kondensators C_2 mit 500 pF bestimmt. Wie groß muß C_1 sein, und welchen Wert hat die Gesamtkapazität? (L)

12. Die Werkstatt eines Meßgerätewerkes bekommt ein Vielfachmeßinstrument zur Reparatur, bei dem die Skale für den Spannungsmeßbereich unleserlich geworden ist. Ein Elektromechaniker der Werkstatt wird damit beauftragt, die Spannungsmeßbereiche festzustellen. Der Mechaniker legt zunächst eine Spannung an und mißt bei Vollausschlag des Instrumentes an der Drehspule einen Strom von 3 mA. Ferner enthält das Instrument für den Spannungsmeßbereich 4 Widerstände; es muß also entsprechend 4 Spannungsmeßbereiche haben. Die Widerstände

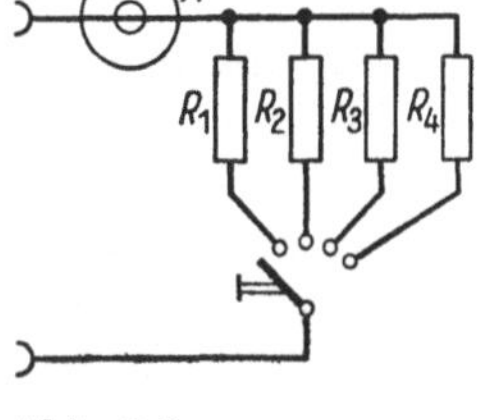

Abb. 5.2.

sind so bemessen, daß bei einem Gesamtwiderstand von 1588 Ω R_2 fünfmal größer ist als R_1, aber fünfmal kleiner als R_3, und R_4 ist fünfzigmal größer als R_1 (Abb. 5.2.). Bestimmen Sie die 4 Spannungsmeßbereiche! (L)

13. Die Entwicklungsabteilung eines elektrotechnischen Betriebes hat den Auftrag erhalten, einen relaisgesteuerten Impulsgeber zu entwickeln. Der Impulsgeber soll die Impulse in bestimmten Zeitabständen geben. Ferner wird die Bedingung gestellt, daß die Zeitdauer der Impulsgabe durch Betätigen eines Relais verlängert wird. Die Entwicklungsgruppe hat entschieden, die zeitliche Verlängerung der Impulsgabe durch 2 Kondensatoren zu erreichen, die über Relaiskontakte einmal so in den Stromkreis des Impulsgebers geschaltet werden, daß sie in Reihe liegen, zum anderen so, daß sie parallel zueinander liegen. In Reihe geschaltet soll die Kapazität C der beiden Kondensatoren C_1 und C_2 8 µF (normale Impulsgabe), und parallel geschaltet soll die Kapazität der beiden Kondensatoren 50 µF (Zeitverlängerung der Impulsgabe) betragen (Abb. 5.3.). Wie groß muß die Kapazität der beiden Kondensatoren C_1 und C_2 gewählt werden? (L)

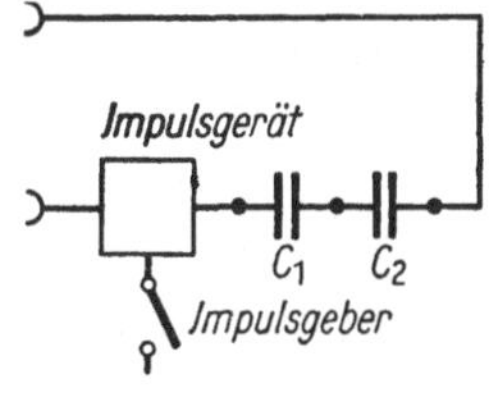

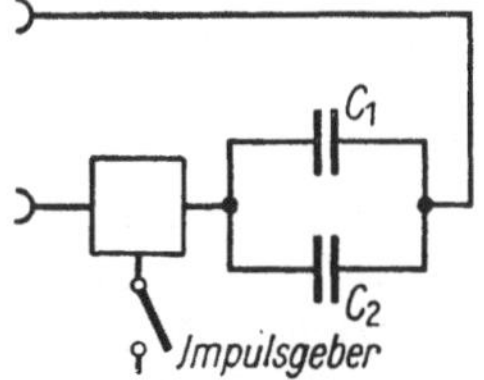

Abb. 5.3.

14. Im Fernsprechverkehr ist es besonders wichtig, daß die beiden Leitungen einer Doppelleitung symmetrisch sind, d.h., beide Leitungen müssen möglichst gleiche Widerstandsverhältnisse aufweisen, um Verzerrungen beim Übertragen der Sprache auf ein Mindestmaß herabzusetzen. Zwei Techniker sind dabei, eine solche Doppelleitung auf ihre Symmetrie zu prüfen. Zunächst messen sie den Schleifenwiderstand (beide Leitungen in Reihe) mit 600 Ω, und dann schalten sie beide Leitungen parallel und messen einen Widerstand von 270 Ω. Bei der Parallelschaltung der beiden Leitungen muß eine dritte Leitung als Meßleitung benutzt werden, die einen Widerstand von 120 Ω hat. Sind die Leitungen symmetrisch? (L)

Aus der Metallindustrie

15. Für einen Schiffsmotor sollen in einem Werk des Schwermaschinenbaues mit Hilfe einer Kurbelzapfen-Drehmaschine die Tragzapfen der Kurbelwelle bearbeitet werden. Der Trägerring für die Drehmeißel hat einen Durchmesser $d = 1640$ mm. Für das Material ist eine Schnittgeschwindigkeit $v = 10,3$ m $\cdot$ min^{-1} vorgeschrieben. Welche Drehzahl n muß der Dreher einstellen? (L)

16. Im Labor eines Werkzeugmaschinenbaubetriebes soll die maximale Schnittkraft des Drehmeißels einer neuen Drehmaschine bestimmt werden. Die Maschine ist mit einem Antriebsmotor von 8 PS versehen. Es wurden Werkstücke mit 240 mm Durchmesser bei 80 Umdrehungen je Minute bearbeitet. Welche maximale Schnittkraft F kann erreicht werden? (L)

17. Für Handbohrmaschinen sollen in einer Werkzeugmaschinenfabrik die Zahnradgetriebe hergestellt werden. Die Getriebe müssen mit einer Evolventenverzahnung versehen werden, wobei ein Übersetzungsverhältnis von 1 : 3 vorgeschrieben ist. Der Achsenabstand für das aus zwei Zahnrädern bestehende Getriebe liegt mit 48 mm fest. Mit welchen Abmessungen müssen die beiden Teilkreisdurchmesser d_{0_1} und d_{0_2} in den Fertigungsunterlagen angegeben werden? (L)

18. Ein Absolvent der Ingenieurschule für Maschinenbau hat die Masse eines aus zwei Teilen bestehenden Kompressorkolbens zu bestimmen. Der für eine Exportmaschine bestimmte Kolben hat eine Masse von 320 kg. Da die Kolbenteile einzeln nach dem Ausland transportiert werden müssen, muß die Masse jedes Teiles bestimmt werden. Um die Masse zu ermitteln, nutzt der Absolvent die Hebelgesetze aus; er stellt fest, daß sich der Kolben im Gleichgewicht befindet, wenn sich die Hebelarme wie 2 : 3 verhalten. Wie schwer ist jedes der beiden Kolbenteile? (L)

19. Ein Konstrukteur eines Maschinenbaubetriebes ist dabei, eine neue hydraulische Presse zu konstruieren. Im Verlauf seiner Konstruktionsarbeit muß er die beiden Seiten des rechteckigen Vollstempels berechnen. Für den Vollstempel ist bei einem Umfang von 90 cm eine Fläche von 500 cm² Inhalt festgelegt. Welche Abmessungen muß der Stempel haben? (L)

Aus der Bauwirtschaft

20. Ein Baubetrieb soll auf einem Bahnhof einen neu angelegten Bahnsteig überdachen. Für die Überdachung ist eine Pilzdecke vorgesehen, die von Betonsäulen mit einer Abmessung von 12 cm $\cdot$ 12 cm getragen werden soll. Unter Berücksichtigung aller einwirkenden Faktoren — Eigengewicht, Schneelast, Winddruck usw. — wird jede einzelne Säule mit einem maximalen Gewicht von 3,6 Mp belastet. Um die zulässige Spannung σ, d.h. die vorgeschriebene Beanspruchung der Säulen, nicht zu überschreiten, muß der Statiker des Betriebes die in einer Säule auftretende Spannung berechnen, wobei das Eigengewicht und eine ungleichmäßige Beanspruchung der Säule unberücksichtigt bleiben. Berechnen Sie die Spannung einer Säule! (L)

21. Ein Betrieb erhält eine neue Montagehalle mit einer stählernen Dachkonstruktion (Abb. 5.4.). Die Zugbänder der Dachkonstruktion haben einen Querschnitt $A = 8,2\ \mathrm{cm}^2$ und sind bei einer Länge $l = 28\ \mathrm{m}$ je Band mit einer Zugkraft $F = 12\ \mathrm{Mp}$ belastet. Damit bei Temperaturschwankungen keine unzulässig hohe Beanspruchung der Bänder entsteht, muß die zusätzlich auftretende Zugkraft berechnet werden. Für die Berechnung wird eine Temperaturänderung von $\pm\,40\ \mathrm{grd}$, wobei sich eine Längenänderung $l = \pm\,0,9\ \mathrm{cm}$ ergibt, zugrunde gelegt. Der Elastizitätsmodul hat eine Größe von $E = 2\,100\,000\ \mathrm{kp} \cdot \mathrm{cm}^{-2}$. Berechnen Sie die zusätzliche Zugkraft F_{zus}! (L)

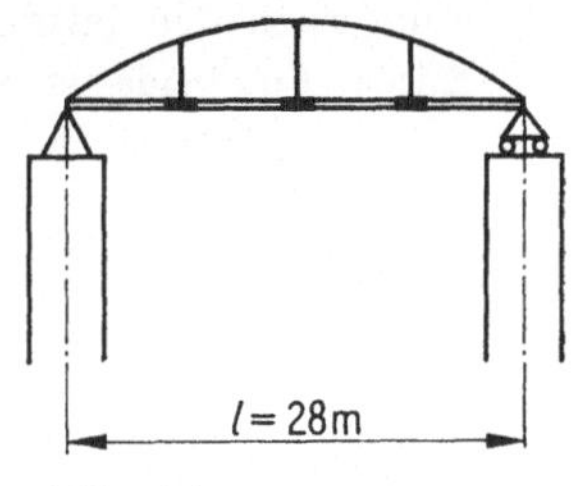

Abb. 5.4.

22. In einem Institut für Baustoffkunde ist der CaO- und SiO_2-Gehalt von $4\ \mathrm{m}^3$ Tonerdezement zu bestimmen. Beide Oxide nehmen nach den bisherigen Erfahrungen 50 % der Gesamtmenge ein, wobei der CaO-Gehalt etwa 4 mal höher ist als der SiO_2-Gehalt. Die restlichen 50 % sind andere Bestandteile. Wie hoch ist der Gehalt an CaO und SiO_2 in den zu untersuchenden $4\ \mathrm{m}^3$ Tonerdezement? (L)

23. Für den Großhandel ist eine neue Gemüsehalle errichtet worden, deren Bodenfläche mit Hochofenzement zementiert wurde. Nachdem der Boden ausgetrocknet ist und seine vorgeschriebene Druckfestigkeit erreicht hat, soll ein Fußbodenbelag verlegt werden. Nach 3, 7 und 28 Tagen wird die Druckfestigkeit des Bodens geprüft, wobei festgestellt wird, daß nach 7 Tagen die Druckfestigkeit um $75\ \mathrm{kp} \cdot \mathrm{m}^{-2}$ größer geworden ist als nach 3 Tagen, und nach 28 Tagen werden $100\ \mathrm{kp} \cdot \mathrm{m}^{-2}$ mehr als nach 7 Tagen gemessen. Wie groß war die Druckfestigkeit bei jeder Messung, und nach wieviel Tagen war die vorgeschriebene Druckfestigkeit erreicht, wenn zusammen $700\ \mathrm{kp} \cdot \mathrm{cm}^{-2}$ gemessen wurden? (L)

24. Ein Betrieb des Zimmererhandwerks übernimmt den Auftrag, für ein Wohnhaus das Dach zu errichten. Die Holzkonstruktion des Daches soll so aufgebaut werden, daß die zu jedem Streckbalken gehörenden zwei Strebensäulen je 2 m kürzer sind als die Streckbalken, wobei die Strebensäulen rechtwinklig zueinander angeordnet sein sollen (Abb. 5.5.). Wie lang müssen die Streckbalken und Strebensäulen sein? (L)

Abb. 5.5.

25. Ein Aussichtsturm, dessen obere Plattform ein Quadrat darstellt, soll von einer Baufirma gebaut werden. Die Plattform des Turmes soll $24\ \mathrm{m}^2$ groß sein, wobei die äußere Turmkante 4 m größer sein soll als die Kante der in der Mitte vorgesehenen quadratischen Aufstiegsluke. Wie groß muß die Firma die äußere Turmkante und die Kante der Aufstiegsluke mauern? (L)

26. $8\ \mathrm{m}^3$ kunstharzgetränktes Buchenholz mit einer Dichte von $0,94\ \mathrm{kg} \cdot \mathrm{dm}^{-3}$ (bei 15 % Feuchtigkeit) sollen auf einem Wagen, der für eine maximale Nutzlast von 10 Mp bestimmt ist, transportiert werden. Können die $8\ \mathrm{m}^3$ Buchenholz aufgeladen werden, ohne die Nutzlast des Wagens zu überschreiten? (L)

27. Eine Bautischlerei hat den Auftrag erhalten, Balken mit einer Breite $b = 8\ \mathrm{cm}$ für eine Überdachung herzustellen. Nach Tabelle ist für den Balken ein Widerstandsmoment $W = 620\ \mathrm{cm}^3$ vorgeschrieben. Mit welcher Höhe h müssen die Balken zugeschnitten werden? (L)

28. Für eine Bücherei hat ein Tischlermeister ein größeres Regal anzufertigen. Da die ermittelte Bücherlast für das Regal verhältnismäßig groß sein wird, soll das Regal von der Seitenwand nach den mittleren Fußbalken jeweils eine Strebe erhalten. Für beide ist eine Abmessung von 8 cm · 8 cm vorgesehen. Jede Strebe soll durch einen einfachen Brustversatz mit dem Fußbalken verbunden werden; sie wirkt entsprechend der durchgeführten Berechnung mit einer Scherkraft $H = 800$ kp in horizontaler Richtung auf den Fußbalken (Abb. 5.6.). Wie lang muß der Tischler das Vorholz belassen, damit die auftretende Scherkraft sicher aufgenommen wird? (L)

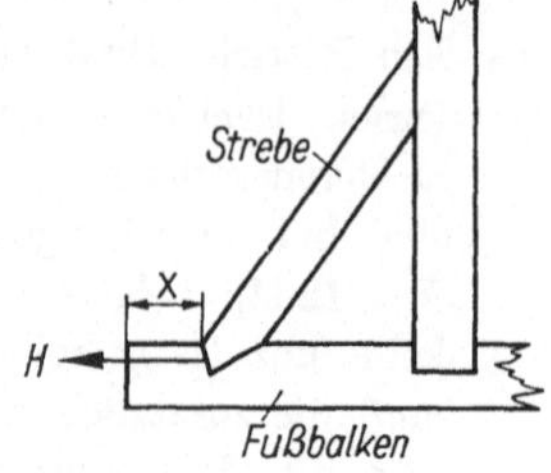

Abb. 5.6.

29. In einem Labor sollen die Dichten einer Holzfaserhartplatte, einer Holzfaserdämmplatte, einer mehrschichtigen und einer zweischichtigen Holzspanplatte bestimmt werden. Der ausführende Laborant stellt fest, daß alle 4 Platten zusammen eine Dichte von 2,1 kg · dm^{-3} haben. Eine Versuchsreihe, bei der die Platten mehrere Male ausgewogen wurden, hat ergeben, daß die Dichte der Holzfaserdämmplatte um 0,75 kg · dm^{-3} und die der mehrschichtigen Holzspanplatte um 0,4 kg · dm^{-3} kleiner ist als die der Holzfaserhartplatte. Ferner wurde festgestellt, daß die Dichte der zweischichtigen Holzspanplatte genau so groß sein muß wie die der Holzfaserdämmplatte. Wie groß ist die Dichte jeder Platte? (L)

Aus dem Bergbau

30. Mehrere Geologen sind dabei, die Tiefe einer Steinkohlenlagerstätte, über der sich eine Tondecke befindet, zu erforschen. Da die Lagerstätte verhältnismäßig tief ist, wird die Tiefe mit Hilfe künstlicher Explosionen ermittelt. Die bei den Explosionen entstehenden Erschütterungswellen pflanzen sich im Ton mit 3000 m · s^{-1} fort. Mit welcher ungefähren Tiefe der Lagerstätte kann gerechnet werden, wenn an den Meßinstrumenten für Hin- und Rücklauf der Wellen eine Zeit von 3,21 s ermittelt wurde? (L)

31. Bei Anwendung der Sprengseismik müssen die Fortpflanzungsgeschwindigkeiten v der Erschütterungswellen in den verschiedenen Gesteins- und Erdschichten bekannt sein. Ein Geologe wurde beauftragt, die Fortpflanzungsgeschwindigkeit der Erschütterungswellen in einer Steinsalzader für Vergleichszwecke zu ermitteln.
Der Geologe führt die für diesen Zweck erforderliche Explosion in einem Steinsalzschacht an einer Stelle durch, an der die Steinsalzader eine Stärke von 800 m hat. Die Ausbreitungszeit der Wellen in einer Richtung ermittelt er mit 0,16 s. Wie groß ist die Fortpflanzungsgeschwindigkeit im Steinsalz? (L)

32. Ein Ingenieurteam der Bergbauverwaltung hat zu entscheiden, welche von zwei Kohlelagerstätten aus wirtschaftlichen Erwägungen rentabler ist als die andere. Das eine Lager hat 42 m Deckgebirge und 12 m Kohle, das andere 36 m Deckgebirge und 8 m Kohle. Welche Lagerstätte ist wirtschaftlicher?

Hinweis: Je kleiner das Verhältnis Deckgebirge : Kohle ($D : K$), desto wirtschaftlicher ist der Abbau. (L)

33. In einem Schacht beträgt das Verhältnis Deckgebirge : Kohle 2,4 : 1, bei einer Gesamtabmessung von 52 m. Welche Abmessungen haben Deckgebirge und Kohle? (L)

5.5. Systeme linearer Gleichungen mit zwei und mehr Variablen

5.5.1. Graphisches Lösungsverfahren

Die Gleichung $ax + by = c$, die neben gegebenen Zahlen $a \neq 0$, $b \neq 0$, c die Variablen x und y enthält, hat eine bestimmte Lösungsmenge, die aus unendlich vielen geordneten Zahlenpaaren $(x; y)$ besteht. Die graphische Darstellung dieser Lösungsmenge ergibt eine gerade Linie. Die Lösungsmenge der Gleichung $x + 2y = 8$ ergibt bei der graphischen Darstellung die Gerade, die durch die Punkte P_1 mit den Koordinaten $x_1 = 0$ und $y_1 = 4$ und P_2 mit den Koordinaten $x_2 = 8$ und $y_2 = 0$ geht. Die graphische Darstellung der Lösungsmenge der Gleichung $3x - y = 3$ ist die Gerade durch die Punkte P_3 mit den Koordinaten $x_3 = 0$ und $y_3 = -3$ und P_4 mit den Koordinaten $x_4 = 1$ und $y_4 = 0$ (Abb. 5.7.). Die Abbildung 5.7. zeigt, daß beide Geraden einander im Punkt S schneiden, dessen Koordinaten $x_S = 2$ und $y_S = 3$ der Zeichnung entnommen werden können. Die Schnittpunktkoordinaten treten als Zahlenpaar in den Lösungsmengen der beiden Gleichungen auf; beide Gleichungen werden erfüllt, wenn x den Wert 2 und y den Wert 3 enthält. Betrachtet man

$$\left| \begin{array}{rcr} x + 2y &=& 8 \\ 3x - y &=& 3 \end{array} \right|$$

als System von zwei Gleichungen mit zwei Variablen, so kann man sagen,

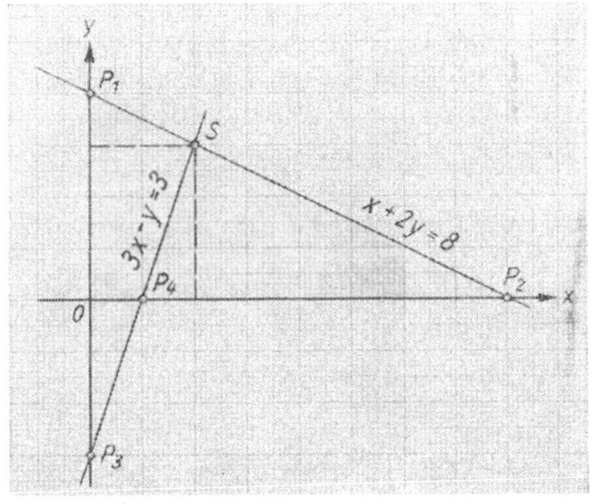

Abb. 5.7.

daß die Koordinaten $x = 2$, $y = 3$ des Schnittpunktes der beiden Geraden die Lösung des Gleichungssystems darstellen; die Lösung wurde also graphisch gewonnen. Das graphische Lösungsverfahren setzt genaues Zeichnen voraus.

Um ein System von zwei linearen Gleichungen mit zwei Variablen graphisch zu lösen, stellt man ihre Lösungsmengen in einem Koordinatensystem graphisch dar. Das ergibt zwei Geraden. Dann ermittelt man den Schnittpunkt dieser beiden Geraden. Er gehört beiden Lösungsmengen an. Seine Koordinaten sind die Lösung des gegebenen Gleichungssystems, da sie beide Gleichungen gleichzeitig erfüllen. Das Gleichungssystem ist nur dann eindeutig lösbar, wenn als graphische Darstellungen der Lösungsmengen wirklich zwei einander schneidende Geraden auftreten.

5.5.2. Arithmetische Lösungsverfahren

Soll ein System von zwei Gleichungen arithmetisch gelöst werden, so leitet man dazu aus den vorgelegten Gleichungen eine neue ab, die nur noch eine der beiden Variablen enthält. Das Lösen des Gleichungssystems wird auf das Lösen einer Gleichung mit einer Variablen zurückgeführt. Das Aussondern einer Variablen aus den Gleichungen des Systems wird **Eliminieren** (lat. **eliminare** „vertreiben") genannt. Die Elimination läßt sich durch drei Verfahren erreichen.

Gleichsetzungsverfahren

■ **Beispiel 15:**

$$5x - y = 56$$
$$2x + y = 35$$

1. Weg: Werden beide Gleichungen nach y aufgelöst, so erhält man

$$y = 5x - 56,$$
$$y = 35 - 2x.$$

In beiden Gleichungen sollen für die Variable y die gleichen Zahlen eingesetzt werden, d. h., die beiden linken Seiten sollen einander gleich sein, also auch die beiden rechten Seiten. Setzen wir sie gleich, so erhalten wir:

$$5x - 56 = 35 - 2x \qquad | + (2x + 56)$$
$$7x = 91 \qquad | : 7$$
$$x = 13 .$$

Setzt man diese Zahl für x in $y = 5x - 56$ ein, so ergibt sich

$$y = \ 5 \cdot 13 - 56$$
$$y = 65 - 56$$
$$y = \ 9.$$

Probe: Für die linken Seiten der Gleichungen ergibt sich $5 \cdot 13 - 9 = 56$ und $\quad 2 \cdot 13 + 9 = 35$; das stimmt mit den rechten Seiten überein.

2. Weg: Durch Auflösen nach x ergibt die erste Gleichung $x = \dfrac{56 + y}{5}$;

die zweite $x = \dfrac{35 - y}{2}$;

die durch Gleichsetzen der rechten Seiten gewonnene neue Gleichung heißt jetzt

$$\frac{56 + y}{5} = \frac{35 - y}{2} \qquad | \cdot 10.$$

Multipliziert man beide Seiten mit 10, so ergibt sich

$$112 + 2y = 175 - 5y \qquad | + (5y - 112)$$
$$7y = \ 63 \qquad | : 7$$
$$y = \ \ 9.$$

Daraus folgt $x = \dfrac{56 + 9}{5}, \quad x = \dfrac{65}{5}, \quad x = 13.$

Bei dem **Gleichsetzungsverfahren** werden die Ausdrücke einander gleichgesetzt, die sich durch Auflösen der beiden Gleichungen nach derselben Variablen ergeben. Es entsteht eine neue Gleichung mit einer Variablen. Daß man dabei unter

Umständen geschickt und auch weniger geschickt vorgehen kann, zeigt das Beispiel. Beim ersten Weg treten hier im Gegensatz zum zweiten keine Brüche auf, er ist also vorzuziehen.

Einsetzungsverfahren

Beispiel 16:

$$2x + y = 19$$
$$3x - 4y = 1$$

Aus der ersten Gleichung folgt $y = 19 - 2x$. Setzt man den Ausdruck $19 - 2x$ an die Stelle von y in der zweiten Gleichung ein, so erhält die zweite Gleichung die neue Form

$$3x - 4 \cdot (19 - 2x) = 1.$$

Sie enthält nur noch die eine Variable x und ergibt

$$3x - 76 + 8x = 1 \qquad | + 76$$
$$11x = 77 \qquad | : 11$$
$$x = 7.$$

Wird diese Zahl in $y = 19 - 2x$ an die Stelle von x gesetzt, so entsteht

$$y = 19 - 2 \cdot 7$$
$$y = 19 - 14$$
$$y = 5.$$

Die *Probe* ergibt:

$2 \cdot 7 + 5 = 19$ für die linke Seite der ersten Gleichung,
$3 \cdot 7 - 4 \cdot 5 = 1$ für die linke Seite der zweiten Gleichung; das stimmt mit der jeweils rechten Seite überein.

Hätte man die erste Gleichung auch erst nach x auflösen können? Wäre das geschickt gewesen?

Bei dem **Einsetzungsverfahren** wird eine der Gleichungen des Systems nach einer der in ihr vorkommenden Variablen aufgelöst und der sich ergebende Ausdruck an Stelle dieser Variablen in die zweite Gleichung eingesetzt. Es entsteht eine Gleichung mit einer Variablen.

Verfahren der gleichen Koeffizienten

Beispiel 17:

$$15x - 8y = 29$$
$$5x + 4y = 23$$

Das Eliminieren einer Variablen gelingt auch, indem man durch geeignetes Umformen die Koeffizienten dieser Variablen in beiden Gleichungen ihrem Betrage nach zur Übereinstimmung bringt. Dann werden die beiden linken und die beiden rechten Seiten der Gleichungen addiert bzw. voneinander subtrahiert, so daß die Variable mit den betragsgleichen Koeffizienten eliminiert wird. Läßt man z.B. die erste Gleichung unverändert und multipliziert die zweite Gleichung mit 2, so entsteht

$$\begin{vmatrix} 15x - \mathbf{8y} = 29 \\ 10x + \mathbf{8y} = 46 \end{vmatrix}.$$

Werden die linken Seiten und die rechten Seiten der Gleichungen addiert, so ergibt sich $25x = 75$, also $x = 3$.

Diese Zahl setzt man etwa in die zweite Gleichung ein und erhält $y = 2$. Auf die Probe soll hier verzichtet werden. Sie ist jedoch bei allen Gleichungen unerläßlich.

■ **Beispiel 18:**

$$\begin{vmatrix} \dfrac{7x - 5y}{y - 4} = 7 \\[2mm] \dfrac{3x + 2y}{x + 11} = 2 \end{vmatrix}$$

Diese Gleichungen können erst nach dem Verfahren der gleichen Koeffizienten gelöst werden, nachdem beide Gleichungen möglichst vereinfacht worden sind. Auf einer Seite sollen jedesmal nur zwei Summanden stehen, von denen der eine den Faktor x, der zweite den Faktor y enthält, während die andere Seite von den Variablen befreit ist.

Aus $\dfrac{7x - 5y}{y - 4} = 7$ erhält man $7x - 5y = 7y - 28$ und daraus $7x - 12y = -28$;

aus $\dfrac{3x + 2y}{x + 11} = 2$ erhält man $3x + 2y = 2x + 22$ und daraus $x + 2y = 22$.

Kurz dargestellt, ergibt sich nun folgender Lösungsweg:

$$\begin{array}{rcl}
7x - 12y &=& -28 \\
x + 2y &=& 22 \quad \cdot\, 6 \\
\hline
6x + 12y &=& 132 \\
\hline
13x &=& 104 \mid : 13 \\
x &=& 8 \\[2mm]
\hline
-7x - 14y &=& -154 \\
\hline
-26y &=& -182 \mid : (-26) \\
y &=& 7
\end{array}$$

Probe:

$$\frac{7 \cdot 8 - 5 \cdot 7}{7 - 4} = \frac{21}{3} = 7, \qquad \frac{3 \cdot 8 + 2 \cdot 7}{8 + 11} = \frac{38}{19} = 2.$$

Nachdem die eine Komponente des gesuchten Zahlenpaares ermittelt ist, kann man sie in eine Gleichung einsetzen und dann die andere Komponente bestimmen.

Bei dem **Verfahren der gleichen Koeffizienten** werden die Gleichungen zunächst möglichst vereinfacht und geordnet. Durch Multiplizieren jeder der beiden Gleichungen mit einer geeigneten Zahl kann erreicht werden, daß die Koeffizienten der einen Variablen übereinstimmen. Beim Addieren oder Subtrahieren der beiden Gleichungen wird dann diese Variable eliminiert. Dann werden die Koeffizienten der anderen Variablen durch Umformen in beiden Gleichungen gleichgemacht, so daß durch Addieren bzw. Subtrahieren der Gleichungen diese Variable eleminiert wird.

● Aufgaben

Die Aufgaben 1 und 2 sind graphisch und rechnerisch zu lösen. Für die rechnerischen Lösungen ist ein Lösungsweg zu wählen, der möglichst wenig Rechenaufwand erfordert.

1. a)
$$\begin{vmatrix} x + y = 23 \\ x = y + 5 \end{vmatrix}$$
b)
$$\begin{vmatrix} x - y = 5 \\ y = 7 - x \end{vmatrix}$$
c)
$$\begin{vmatrix} 9x - 5y = 3 \\ y = 8x - 13 \end{vmatrix}$$

2. a)
$$\begin{vmatrix} x = 7y - 19 \\ x = 17y - 5y \end{vmatrix}$$
b)
$$\begin{vmatrix} y = 1 + x \\ y = 13 - 2x \end{vmatrix}$$
c)
$$\begin{vmatrix} 2x = 3y - 9 \\ 2x = y + 5 \end{vmatrix}$$

3. a)
$$\begin{vmatrix} x + y = 24 \\ x - y = 10 \end{vmatrix}$$
b)
$$\begin{vmatrix} 2x + 3y = 23 \\ 3x + 2y = 22 \end{vmatrix}$$
c)
$$\begin{vmatrix} 12x + 5y = 19 \\ 4x + 5y = 3 \end{vmatrix}$$

4. a)
$$\begin{vmatrix} 7x + 4y = 10{,}3 \\ 6x - 5y = 0{,}4 \end{vmatrix}$$
b)
$$\begin{vmatrix} 1{,}3x - 2y = 2{,}4 \\ 0{,}9x - 5y = 1{,}3 \end{vmatrix}$$
c)
$$\begin{vmatrix} 0{,}5x + 0{,}2y = 0{,}58 \\ 0{,}7x - 0{,}3y = 0{,}29 \end{vmatrix}$$
(L: a, b)

5. a)
$$\begin{vmatrix} \dfrac{x}{3} + \dfrac{y}{4} = 9 \\[2mm] \dfrac{x}{2} + \dfrac{y}{5} = 10 \end{vmatrix}$$
b)
$$\begin{vmatrix} \dfrac{y}{8} - \dfrac{x}{9} = 1 \\[2mm] \dfrac{x}{6} + \dfrac{y}{4} = 9 \end{vmatrix}$$
c)
$$\begin{vmatrix} 3x - 2\dfrac{5}{7}y = 10 \\[2mm] \dfrac{x}{3} + \dfrac{y}{2} = -4\dfrac{1}{2} \end{vmatrix}$$
(L: a, b, c)

6. a)
$$\begin{vmatrix} 3 - 5 \cdot (3y - 2x) = 3 \cdot (3x - 2y) \\ 5 \cdot (5y - 2x) = 49 - 3 \cdot (5x - 2y) \end{vmatrix}$$
b)
$$\begin{vmatrix} \dfrac{4x - 5y + 12}{6} - \dfrac{7x - 8y + 4}{7} = 1 \\[2mm] \dfrac{5x - 4y + 7}{4} = 7 - \dfrac{6x + y - 4}{10} \end{vmatrix}$$
(L)

7. a)
$$\begin{vmatrix} 2x + 3y = 5a + b \\ 3x + 2y = 5a - b \end{vmatrix}$$
b)
$$\begin{vmatrix} 5x - 4y = a + 9b \\ -4x + 5y = a - 9b \end{vmatrix}$$

c)
$$\begin{vmatrix} ax - by = a^2 - 2ab - b^2 \\ bx + ay = a^2 + 2ab - b^2 \end{vmatrix}$$
d)
$$\begin{vmatrix} ax - by = a^3 - 2a^2b - b^3 \\ -bx + ay = a^3 + 2ab^2 - b^3 \end{vmatrix}$$
(L: a bis d)

Ein Gleichungssystem von zwei linearen Gleichungen mit zwei Variablen ist nur dann **eindeutig** lösbar, wenn die folgenden Bedingungen erfüllt sind.

▶ **1. Die Gleichungen dürfen einander nicht widersprechen.**

Ein Widerspruch besteht bei dem Gleichungssystem
$$\begin{vmatrix} x + y = 3 \\ x + y = 4 \end{vmatrix}$$

Es gibt kein Zahlenpaar, für das die Summe der Komponenten sowohl gleich 3 als auch gleich 4 ist. Bei der graphischen Darstellung der Lösungsmengen zeigt sich kein Schnittpunkt der entsprechenden Geraden, sie verlaufen zueinander parallel (Abb. 5.8.).

Dasselbe gilt, wenn das Gleichungssystem auf die Form

$$\begin{vmatrix} ax + by = c, \\ ax + by = d \end{vmatrix}$$

$(c \neq d)$ gebracht werden kann.

▶ **2. Die Gleichungen müssen voneinander unabhängig sein.**

Die Gleichungen

$$\begin{vmatrix} x + y = 3 \\ 2x + 2y = 6 \end{vmatrix}$$

sind voneinander *abhängig*.

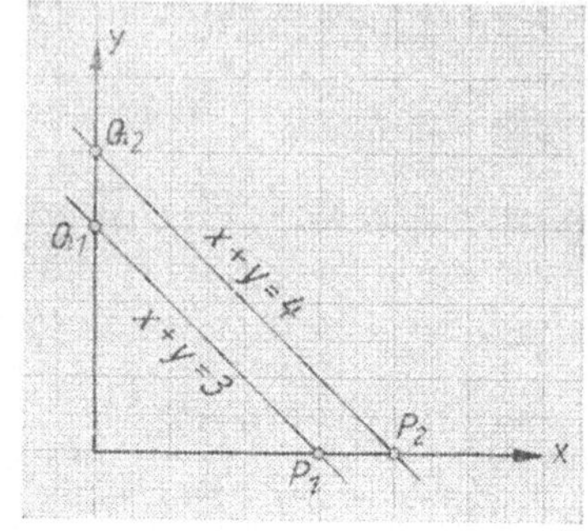

Abb. 5.8.

Wird die erste Gleichung mit 2 multipliziert, so entsteht die zweite. Alle Zahlenpaare x und y, die der ersten Gleichung genügen, erfüllen auch die zweite. Bei der graphischen Darstellung der Lösungsmengen fällt die zur ersten Gleichung gehörende Gerade auf die zur zweiten gehörende. Es ergibt sich kein eindeutig bestimmtes Zahlenpaar als Lösung des Gleichungssystems.

Dasselbe gilt für das Gleichungssystem

$$\begin{vmatrix} ax + by = c \\ kax + kby = kc \end{vmatrix}.$$

▶ **Ein System von zwei linearen Gleichungen mit zwei Variablen hat nur dann ein eindeutig bestimmtes Zahlenpaar als Lösung, wenn die beiden Gleichungen widerspruchsfrei und voneinander unabhängig sind.**

5.5.3. Textaufgaben mit zwei Variablen

Bei Textaufgaben sind Zusammenhänge unbekannter und bekannter Größen in Worten gegeben. Diese Abhängigkeit ist durch Gleichungen auszudrücken, die einander nicht widersprechen und zugleich voneinander unabhängig sind.

Beim Aufstellen der Gleichungen wird wie bei Gleichungen mit einer Variablen verfahren. Besonders zu beachten ist, daß in jeder Gleichung andere Zusammenhänge benutzt werden.

● **Aufgaben**

1. Die Welle einer einfachen Seilwinde hat 20 cm Durchmesser, die Kurbel 55 cm Länge. Die zum Heben einer Last Q erforderliche Kraft F ist um 50 kp kleiner als die Last. Wie groß sind Kraft und Last? (Anleitung: Hebelgesetz $F_1 \cdot a = F_2 \cdot b$)

218

2. Zwei ineinandergreifende Zahnräder mit dem Übersetzungsverhältnis 5 : 11 werden durch zwei andere Zahnräder ersetzt, die je 5 Zähne mehr haben. Das Übersetzungsverhältnis ist nun 1 : 2. Wieviel Zähne hat jetzt jedes Zahnrad? (L)

3. Von zwei zweiziffrigen Zahlen ist die zweite um 1 kleiner als das Doppelte der ersten Zahl. Setzt man die erste vor die zweite, so entsteht eine vierziffrige Zahl, die um 5 größer ist als das 52fache der zweiten Zahl. Wie heißen die Zahlen? (L)

4. Teilt man eine zweiziffrige Zahl durch ihre Einerziffer, so erhält man 12 Rest 2. Vertauscht man die Ziffern der Zahl und teilt die so entstandene Zahl durch ihre Einerziffer, so ergibt sich 9 Rest 8. Wie heißt die Zahl? (L)

5. Verlängert man die kleinere Seite eines Rechtecks um 3 cm und verkürzt die größere um 2 cm, so entsteht ein Quadrat, dessen Flächeninhalt um 22 cm² größer ist als der Flächeninhalt des Rechtecks. Wie groß sind die Rechteckseiten? (L)

6. Schachten 2 Arbeiter gemeinsam 4 Tage lang, so wird $\frac{1}{5}$ eines Fundamentgrabens ausgehoben. Arbeitet der erste 6 Tage und der zweite 15 Tage, so wird die Hälfte des Grabens fertig. Wieviel Zeit brauchte jeder Arbeiter allein, um den Graben auszuschachten? (L)

7. Bei der Ausgestaltung eines Neubauviertels soll eine rechteckige Grünfläche mit Bäumen bepflanzt werden. Hätte man zwei Reihen mehr genommen und je Reihe einen Baum mehr gesetzt, wären 23 Bäume mehr nötig gewesen. Hätte man aber eine Reihe mehr genommen und in jede Reihe zwei Bäume mehr gesetzt, wären sogar 29 Bäume zuwenig gewesen. Wieviel Bäume und wieviel Reihen waren vorhanden? (L)

8. Die Mannschaft einer Expedition ins Innere der Antarktis stellte sich für die Bewältigung einer 189 km langen Strecke einen Plan auf, der für jeden Tag einen gewissen Streckenabschnitt vorsah. Die darin für jeden Tag vorgesehene Tagesleistung konnte durchweg an jedem Tag um 6 km überboten werden, so daß die Mannschaft schon zwei Tage vor dem festgelegten Zeitpunkt an ihrem Ziel eintraf. Wieviel Tage wurden für den Marsch benötigt? (L)

9. Der Deutsche Sportbund verzeichnete 1965 in den Sportarten Fußball und Leichtathletik einen Stand von insgesamt 2 773 000 Mitgliedern. In der Sportart Fußball waren es 1 719 000 Mitglieder mehr als in der Sportart Leichtathletik. Wieviel Mitglieder gehörten jeder Sportart an? Wieviel Prozent hat die Sportart Fußball mehr Mitglieder als die Sportart Leichtathletik?

10. Bei einem sportlichen Wettkampf zweier Klassen A und B einer Berufsschule wurden die erzielten Leistungen nach einer speziellen Punkttabelle bewertet.
Wenn zu den von der Klasse A erreichten Punkten noch 44 addiert würden, so hätte die Klasse A 1,5mal so viel Punkte wie B. Wenn von den von der Klasse B erreichten Punkten 109 Punkte subtrahiert würden, so hätte die Klasse A doppelt so viele Punkte wie die Klasse B. Wieviel Punkte hatte jede Klasse erhalten?

11. Eine Messinggußlegierung von 35 kg enthält 12 kg mehr Kupfer als Zink und außerdem 1 kg Blei. Wieviel Kilogramm Kupfer und wieviel Kilogramm Zink enthält die Legierung?

12. Wieviel Kilogramm Stahl mit 0,5% Kohlenstoffgehalt und wieviel Tonnen Grauguß mit 2,5% Kohlenstoffgehalt ergeben — zusammengeschmolzen — 12 Tonnen mit 1,45% Kohlenstoffgehalt? (L)

13. Um beim Zerspanen von Metallen die Schneidfähigkeit der Werkzeuge zu erhalten, wird mit einer Emulsion geschmiert und zugleich gekühlt. Die Emulsion wird durch Mischen von gefettetem Mineralöl (Dichte $0{,}8\,\mathrm{g}\cdot\mathrm{cm}^{-3}$) und möglichst weichem Wasser hergestellt. Die Mischung muß für Schneidwerkzeuge höherer Festigkeit die Dichte $0{,}98\,\mathrm{g}\cdot\mathrm{cm}^{-3}$, für Schneidwerkzeuge niederer Festigkeit die Dichte $0{,}992\,\mathrm{g}\cdot\mathrm{cm}^{-3}$, bei Schleifarbeiten die Dichte $0{,}996\,\mathrm{g}\cdot\mathrm{cm}^{-3}$ haben. Wieviel Liter gefettetes Mineralöl und wieviel Liter weiches Wasser kommen für die einzelnen Bearbeitungsarten auf 10 Liter Emulsion?

14. Zum Herstellen von Rädern legiert man $189{,}2\,\mathrm{kg}$ Kupfer (Dichte $8{,}8\,\mathrm{g}\cdot\mathrm{cm}^{-3}$) mit Zinn (Dichte $7{,}2\,\mathrm{g}\cdot\mathrm{cm}^{-3}$) zu Bronze mit der Dichte $8{,}6\,\mathrm{g}\cdot\mathrm{cm}^{-3}$. Wieviel Kilogramm Zinn sind nötig, und wieviel Kilogramm Bronze ergeben sich? (L)

15. Spiritus enthält Alkohol und Wasser. Aus zwei Sorten Spiritus von verschiedenem Alkoholgehalt und Wasser wird Spiritus vom Gehalt 40% hergestellt. Man mischt entweder 48 l der ersten Sorte und 16 l der zweiten mit 56 l Wasser oder 50 l der ersten Sorte mit 10 l der zweiten und 60 l Wasser. Wieviel Prozent Alkohol enthalten die beiden Sorten? (L)

16. Salpetersäure mit der Dichte $1{,}5\,\mathrm{g}\cdot\mathrm{cm}^{-3}$ ist mit Wasser so zu verdünnen, daß 10 l mit der Dichte $1{,}1\,\mathrm{g}\cdot\mathrm{cm}^{-3}$ entstehen. (Lösung rechnerisch und graphisch!)

5.5.4. Gleichungssysteme mit mehr als zwei Variablen

So wie zum eindeutigen Lösen eines Gleichungssystems mit zwei Variablen zwei voneinander unabhängige und widerspruchsfreie Gleichungen nötig sind, müssen zum eindeutigen Lösen eines Gleichungssystems mit mehreren Variablen ebenso viele voneinander unabhängige und widerspruchsfreie Gleichungen vorliegen, wie Variable in diesem System enthalten sind.

Lösungsverfahren

Gleichungssysteme mit drei und mehr Variablen können graphisch nicht gelöst werden, weil in einem ebenen Koordinatensystem nur Zahlenpaare durch Punkte dargestellt werden können. Das arithmetische Lösungsverfahren beruht — wie bei den Gleichungen mit zwei Variablen — auf dem Gedanken, aus den Gleichungen durch Eliminieren einer Variablen ein neues Gleichungssystem herzustellen, das eine Variable weniger enthält. Das Verfahren wird fortgesetzt, bis nur noch eine Gleichung mit einer Variablen übrig ist.

Diese Gleichung wird dann nach der betreffenden Variablen aufgelöst. Das Einsetzen ihres Wertes macht nacheinander die Ermittlung der Werte der übrigen Variablen möglich.

Für das Gleichungssystem

$$\begin{vmatrix} (1) & 5x + 3y - 2z = 4 \\ (2) & 7x - 2y + 3z = 16 \\ (3) & 2x - 5y + 4z = 7 \end{vmatrix}$$

wird im folgenden ein Lösungsweg angegeben.

Das Eliminieren der Variablen z kann z. B. mit den Gleichungen (1) und (3) erreicht werden. Multipliziert man (1) mit dem Faktor 2, so entsteht (1 a) $10x + 6y - 4z = 8$. Durch Addieren der Gleichungen

(1a) $10x + 6y - 4z = 8$ und

(3) $2x - 5y + 4z = 7$ entsteht die Gleichung

(4) $12x + y = 15.$

In dieser Gleichung kommen nur noch die Variablen x und y vor. Das Eliminieren von z gelingt auch, nachdem man (1) mit dem Faktor 3 und (2) mit dem Faktor 2 multipliziert hat. Man erhält

(1b) $15x + 9y - 6z = 12$ und

(2a) $14x - 4y + 6z = 32.$

Durch Addieren von (1b) und (2a) ergibt sich

(5) $29x + 5y = 44.$

Zur Elimination von y stehen nun die Gleichungen (4) und (5) zur Verfügung. Multipliziert man noch (4) mit dem Faktor 5, so ergibt sich die Gleichung:

(4a) $60x + 5y = 75.$

Wird (5) von (4a) subtrahiert, so erhält man

(6) $31x = 31,$ also $x = 1.$

Durch Einsetzen dieses Wertes in (4) ergibt sich

$$12 \cdot 1 + y = 15, \quad y = 3.$$

Durch Einsetzen beider Werte in (1) entsteht

$$5 \cdot 1 + 3 \cdot 3 - 2z = 4, \quad z = 5.$$

Probe: Für die linken Seiten der gegebenen Gleichungen ergibt sich bei

(1) $5 \cdot 1 + 3 \cdot 3 - 2 \cdot 5 = 5 + 9 - 10 = 4,$ bei

(2) $7 \cdot 1 - 2 \cdot 3 + 3 \cdot 5 = 7 - 6 + 15 = 16$ und bei

(3) $2 \cdot 1 - 5 \cdot 3 + 4 \cdot 5 = 2 - 15 + 20 = 7,$ das stimmt mit den jeweiligen rechten Seiten überein.

Gleichungssysteme mit mehr als drei Variablen können durch ein entsprechendes Verfahren gelöst werden. Man eliminiert z. B. aus der ersten und zweiten, aus der ersten und dritten, . . . , aus der ersten und letzten Gleichung des Systems ein und dieselbe Variable, so daß ein neues Gleichungssystem entsteht, das eine Variable und eine Gleichung weniger enthält.

Für das neue System wird das Verfahren wiederholt, und so wird fortgefahren, bis sich schließlich eine Gleichung mit einer Variablen ergibt. Nach dem Auflösen dieser Gleichung setzt man die für diese Variable ermittelte Zahl in eine Gleichung des Systems ein, die zwei Variable enthält, ermittelt den Wert der zweiten Variablen und fährt so fort, bis alle Werte bestimmt sind.

In welcher Reihenfolge die Variablen eliminiert werden, ist dabei belanglos.
Sind die linearen Gleichungen voneinander unabhängig und widerspruchsfrei und
stimmt ihre Anzahl mit der der Variablen überein, so gibt es genau eine Lösung,
d. h. für jede Variable einen bestimmten Zahlenwert. Die Probe ist mit sämtlichen
Gleichungen des Systems durchzuführen.

Aufgaben

1.
$$\begin{aligned} 3x + 2y + z &= 11 \\ 2x + 3y - z &= 14 \\ 5x - 4y - 6z &= 4 \end{aligned} \quad \text{(L)}$$

2.
$$\begin{aligned} x - y &= 2 \\ z + y &= -1 \\ x - z &= -5 \end{aligned}$$

3.
$$\begin{aligned} x + 4y &= 21 \\ 2x + 3z &= 27 \\ 2y + 15z &= 128 \end{aligned} \quad \text{(L)}$$

4.
$$\begin{aligned} \tfrac{1}{2}x - 2\tfrac{1}{5}y + 1\tfrac{1}{3}z &= 1 \\ 1\tfrac{2}{3}x + \tfrac{4}{5}y - 1\tfrac{2}{5}z &= -3 \\ 2\tfrac{1}{3}x - 3\tfrac{1}{5}y + \tfrac{2}{3}z &= -8 \end{aligned} \quad \text{(L)}$$

5.
$$\begin{aligned} 5x - 3y &= 11 \\ 3z + 4u &= 10 \\ 5y - 8u &= 7 \\ 4x - 5z &= 6 \end{aligned} \quad \text{(L)}$$

6. Eine dreiziffrige Zahl hat die Quersumme 15. Die zweite Ziffer der Zahl ist das arithmetische
Mittel aus der ersten und dritten Ziffer. Die Summe der ersten beiden Ziffern ergibt das Vierfache der dritten Ziffer. Wie heißt die Zahl?

7. Dividiert man eine dreiziffrige Zahl durch die Summe ihrer ersten beiden Ziffern, so erhält
man 49 Rest 11. Dividiert man dieselbe Zahl durch die Summe der ersten und dritten Ziffer,
so ergibt sich 66 Rest 3. Dividiert man sie durch ihre Quersumme, so kommt 37 Rest 18
heraus. Wie heißt die Zahl? (L)

8. Ein Wasserbehälter faßt 630 Liter. Er wird gefüllt, wenn gleichzeitig durch drei Röhren
30 Minuten lang Wasser zufließt. Dabei liefert die erste Röhre in einer Minute 7 Liter mehr
als die zweite und dreimal soviel als die dritte. Wieviel Liter fließen durch jede Röhre in
einer Minute?

9. Ein Wasserbecken kann durch drei Pumpen gefüllt werden. Fördert die erste Pumpe zwei
Stunden lang und die zweite Pumpe neun Stunden, so werden vier Fünftel des Beckens ge-
füllt. Fördert die erste Pumpe fünf und die dritte Pumpe vier Stunden, so fehlt noch ein
Sechstel an der Füllung des Beckens. Fördert die zweite Pumpe fünf und die dritte acht
Stunden, so wird das Becken gerade voll. In welcher Zeit wird das Becken durch jede Pumpe
allein gefüllt? (L)

10. Drei Stück Silber, das erste mit dem Feingehalt 0,750, das zweite mit dem Feingehalt 0,585,
das dritte mit dem Feingehalt 0,800 wiegen zusammen 270 g. Werden die ersten zwei Stücke
zusammengeschmolzen, so erhält die entstandene Legierung den Feingehalt 0,700. Werden
das zweite und das dritte Stück zusammengeschmolzen, so entsteht Silber mit dem Feingehalt 0,600. Wieviel Gramm wiegt jedes Stück?

11. Zur Herstellung ärztlicher Geräte werden 4,5 kg Neusilber benötigt, das 60% Kupfer, 30%
Zink und 10% Nickel enthält. Zur Verfügung stehen drei Sorten Neusilber, von denen
die erste aus 52% Kupfer, 26% Zink und 22% Nickel,
die zweite aus 59% Kupfer, 30% Zink und 11% Nickel,
die dritte aus 63% Kupfer, 31% Zink und 6% Nickel besteht.
Wieviel Kilogramm von jeder Sorte sind zu nehmen? (L)

6. Winkelfunktionen und ebene Trigonometrie

6.1. Die Winkelfunktionen

6.1.1. Die Sinusfunktion

1. *a) Fertigen Sie ein Gelenkviereck an, bei dem alle Seiten die gleiche Länge haben (Rhombus)! Bewegen Sie das Viereck so, daß ein Innenwinkel alle Winkel von 0° bis 180° durchläuft! Wie verändert sich dabei der Flächeninhalt des Rhombus?*

b) Zeichnen Sie Rhomben mit den Seiten $a = 5$ cm und den Winkeln $\alpha_1 = 10°$; $\alpha_2 = 20°$; $\alpha_3 = 30°$; ...; $\alpha_{17} = 170°$! Messen Sie die zugehörigen Höhen h_1; h_2; h_3; ...; h_{17}, und bestimmen Sie die Flächeninhalte A_1; A_2; A_3; ...; A_{17}! Welcher Flächeninhalt ergibt sich für $\alpha_0 = 0°$ und $\alpha_{18} = 180°$?

c) Stellen Sie den Flächeninhalt A des Rhombus als Funktion des Winkels α graphisch dar $[A = f(\alpha)]$!

d) Berechnen Sie die Flächeninhalte der Rhomben mit den Seiten $a = 5$ cm und den Winkeln $\alpha = 30°$; 45°; 60°; 90°; 120°; 135°; 150°, indem Sie die jeweilige Höhe rechnerisch ermitteln! Vergleichen Sie mit den unter b) gefundenen Werten! Wie fügen sich die Werte für $\alpha = 45°$ und $\alpha = 135°$ ein?

e) Wie ändert sich die graphische Darstellung der Funktion $A = f(\alpha)$, wenn Sie $a = 3$ cm (7 cm) wählen?

2. *Dreht sich eine Spule gleichförmig in einem homogenen Magnetfeld, so wird in ihr eine Wechselspannung U induziert. Diese ändert ständig ihre Größe und wechselt ihre Polarität in regelmäßigen Zeitabständen. Zeichnen Sie den Verlauf der Spannung U in Abhängigkeit vom Drehwinkel α während einer Umdrehung der Spule!*

Der Flächeninhalt A eines Rhombus hängt bei gegebener Seitenlänge vom Winkel α ab. Ebenso hängt die in einer Spule induzierte Spannung U vom Winkel α ab. Die Abhängigkeit ist in beiden Fällen von gleicher Art; sie läßt sich aber durch keine der bisher behandelten Funktionen ausdrücken. Im folgenden werden wir diese Funktion näher bestimmen.

Es sei ein rechtwinkliges uv-Koordinatensystem mit gleicher Teilung auf den Achsen gegeben (Abb. 6.1.). Ein Winkel x entsteht dadurch, daß man einen Strahl um seinen Anfangspunkt O (0; 0) von der positiven u-Achse als Ausgangslage aus dreht. Als **positiven**

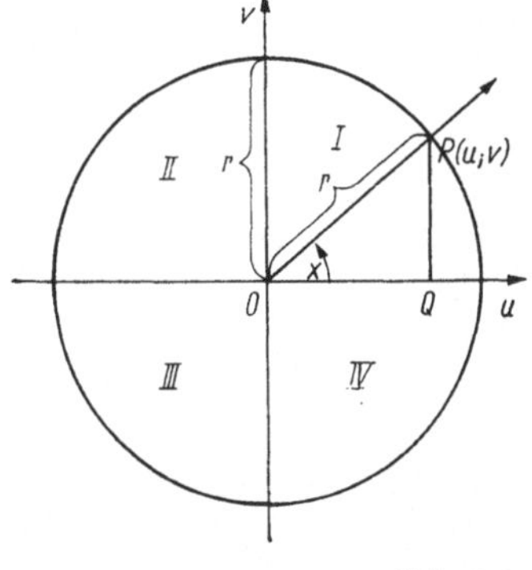

Abb. 6.1.

Drehsinn legt man fest, daß die positive u-Achse durch Drehung um $90°$ in die positive v-Achse übergeführt wird.

Um O sei ein Kreis mit beliebigem Radius r gezeichnet. Der bewegliche Schenkel des Winkels x schneide den Kreis im Punkt $P\,(u;\,v)$. Dreht sich der Strahl um O bis in die Ausgangslage zurück, so hat er die vier Quadranten des Kreises überstrichen, und der Punkt P ist auf der Peripherie des Kreises einmal herumgelaufen.

●   *Von P sei das Lot auf die u-Achse gefällt und der Fußpunkt mit Q bezeichnet. Wie bewegt sich Q, wenn P, von der Ausgangslage auf dem positiven Teil der u-Achse beginnend, einen vollen Umlauf ausführt?*

Im Verlauf der Drehung des Strahls ändert sich mit dem Winkel x die Länge des projizierenden Lotes $\overline{P_nQ_n}$ des zugehörigen Punktes $P_n\,(n=1;\,2;\,3;\,\ldots)$. Im I. Quadranten vergrößert sich die Länge des Lotes $\overline{P_nQ_n}$ mit wachsendem Winkel $x\,(0° \leqq x \leqq 90°)$ von 0 bis r (Abb. 6.2.). Im II. Quadranten verkürzt sich die Länge des Lotes $\overline{P_nQ_n}$ mit wachsendem Winkel $x\;(90° \leqq x \leqq 180°)$ von r bis 0 (Abb. 6.3.). Überschreitet der Winkel den Wert $180°$, so nimmt die Maßzahl des Lotes negative Werte an, und zwar nimmt sie im III. Quadranten von 0 bis $-r$ ab und steigt im IV. Quadranten von $-r$ bis 0 an. Die mit Vorzeichen versehene Maßzahl des Lotes $\overline{P_nQ_n}$ hängt bei konstanter Länge des Radius $\overline{OP} = r\,(r > 0)$ eindeutig vom Winkel x ab.

Wir bilden nun das Verhältnis $\dfrac{\text{projizierendes Lot } \overline{PQ}}{\text{Radius } \overline{OP}}$. Dieses Verhältnis (der Radius $\overline{OP}$ ist zunächst konstant) hängt ebenfalls eindeutig vom Winkel x ab, und ändert sich in gleicher Weise wie das projizierende Lot $\overline{PQ}$ selbst. Bedenkt man, daß nach dem Strahlensatz für die Winkel x das Verhältnis $\dfrac{\text{projizierendes Lot } \overline{PQ}}{\text{Radius } \overline{OP}}$ auch für veränderte Radien jeweils gleich ist, so erkennt man, daß das Verhältnis $\dfrac{\overline{PQ}}{\overline{OP}}$ nur vom Winkel x, nicht aber vom Radius $\overline{OP}$ abhängt.

Da die Maßzahl des projizierenden Lotes $\overline{PQ}$ gleich der Ordinate v des Punktes P ist, kann das Verhältnis auch lauten:

> Ordinate v: Maßzahl des Radius r.

Dieses Verhältnis nennt man den **Sinus (sin)**[1] des Winkels x.

---

[1] sinus (lat.), Rundung, Wölbung

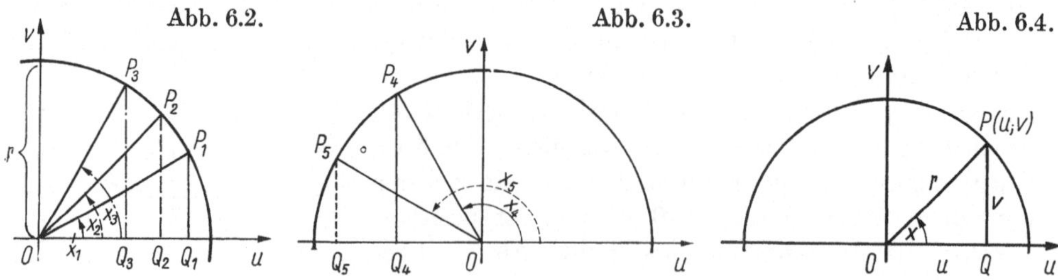

 Erklärung 1: Das Verhältnis der Ordinate v des auf der Peripherie laufenden Punktes P zur Maßzahl des Radius r des Kreises um O nennt man den Sinus des Winkels x (Abb. 6.4.).

$$(1) \quad \sin x = \frac{\overline{PQ}}{r} \quad (0° \leq x \leq 360°) \quad \text{oder} \quad \sin x = \frac{v}{r} \cdot$$

Für beide Gleichungen gilt: $r \neq 0$. In der zweiten Gleichung ist v mit Vorzeichen, von r jedoch nur die Maßzahl zu verwenden.

Die Funktion, welche die Abhängigkeit des Verhältnisses

Ordinate : Maßzahl des Radius

vom Winkel ausdrückt, heißt nach Erklärung 1 **Sinusfunktion**. Als Funktionszeichen wird dabei das Symbol sin benutzt.

Bezeichnet man den Wert des veränderlichen Quotienten mit y, so erhält man die Funktion

$$y = \sin x.$$

● *Ermitteln Sie mit Hilfe der Abbildung 6.1, in der r konstant ist, die Funktionswerte der Sinusfunktion für die Winkel $x = 0°$; $90°$; $180°$; $270°$; $360°$! (Im III. und IV. Quadranten nimmt sin x negative Funktionswerte an.)*

6.1.2. Die Kosinusfunktion

Bei der Drehung des Strahls $\overline{OP}$ um O in Abbildung 6.1. ändert sich mit dem Winkel x auch die Projektion $\overline{OQ}$ des Radius auf die u-Achse (Abb. 6.5.).

Das Verhältnis Projektion $\overline{OQ}$: Radius $\overline{OP}$, das auch lauten kann

Abszisse u: Maßzahl des Radius r,

hängt ebenfalls nur vom Winkel x ab. Dieses Verhältnis nennt man den **Kosinus (cos)** des Winkels x.

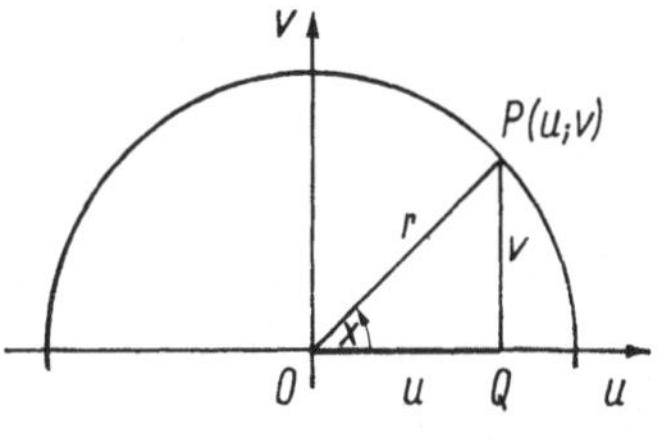

Abb. 6.5.

 Erklärung 2: Das Verhältnis der Abszisse u des auf der Peripherie laufenden Punktes P zur Maßzahl des Radius r des Kreises um O nennt man den Kosinus des Winkels x.

$$(2) \quad \cos x = \frac{\overline{OQ}}{r} \quad (0° \leq x \leq 360°) \quad \text{oder} \quad \cos x = \frac{u}{r} \cdot$$

Für beide Gleichungen gilt: $r \neq 0$. In der zweiten Gleichung ist wieder nur die Maßzahl von r zu verwenden.

Die Funktion y, welche die Abhängigkeit des Verhältnisses

Abszisse : Maßzahl des Radius

vom Winkel x ausdrückt, heißt **Kosinusfunktion**:

$$y = \cos x.$$

● *Ermitteln Sie die Funktionswerte der Kosinusfunktion für die Winkel $x = 0°$; $90°$; $180°$; $270°$; $360°$! Im II. und III. Quadranten hat u negative Werte. Daher nimmt $y = \cos x$ in diesen Quadranten negative Funktionswerte an.*

6.1.3. Die Tangensfunktion

Eine weitere Winkelfunktion erhalten wir durch das Verhältnis

$$\text{Ordinate } v : \text{Abszisse } u,$$

das ebenfalls nur vom Winkel x abhängt (Abb. 6.6.). Für $x = 0°$ ist $v = 0$ und $u = r$ $(r \neq 0)$, also $\frac{v}{u} = 0$. Mit wachsendem x nimmt $\frac{v}{u}$ zu. Wenn der Winkel x sich dem Wert 90° nähert, wächst der Quotient $\frac{v}{u}$ über alle Grenzen. (Dieser Fall kann mit der Funktion $y = \frac{1}{x}$ verglichen

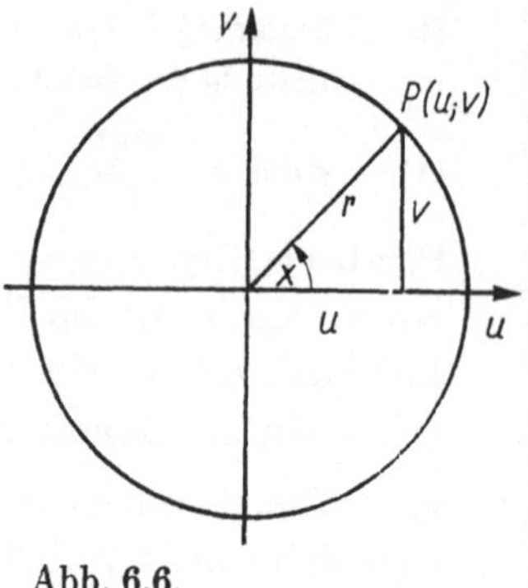

Abb. 6.6.

werden, wenn sich x dem Wert 0 nähert.) Für $x = 90°$ existiert demnach kein Tangenswert. Das gleiche gilt für $x = 270°$.

Im II. Quadranten ist der Quotient $\frac{v}{u}$ negativ. Das Verhältnis $\frac{v}{u}$ wächst mit zunehmendem Winkel und erreicht für $x = 180°$ den Wert 0. Der Quotient $\frac{v}{u}$ zeigt im III. Quadranten das gleiche Verhalten wie im I. Quadranten, und im IV. Quadranten verhält er sich wie im II. Quadranten.

▶ **Erklärung 3: Das Verhältnis der Ordinate v zur Abszisse u des auf der Peripherie laufenden Punktes P nennt man den Tangens[1] des Winkels x.**

$$(3) \qquad \tan x = \frac{v}{u} \qquad (0° \leqq x \leqq 360°;\ x \neq 90°;\ x \neq 270°)\,.$$

Die Funktion y, welche die Abhängigkeit des Verhältnisses

Ordinate : Abszisse

vom Winkel x ausdrückt, heißt **Tangensfunktion**:

$$y = \tan x\,.$$

6.1.4. Die Kotangensfunktion

Als vierte Funktion am Kreis betrachten wir das Verhältnis der Abszisse u zur Ordinate v (Abb. 6.7.).

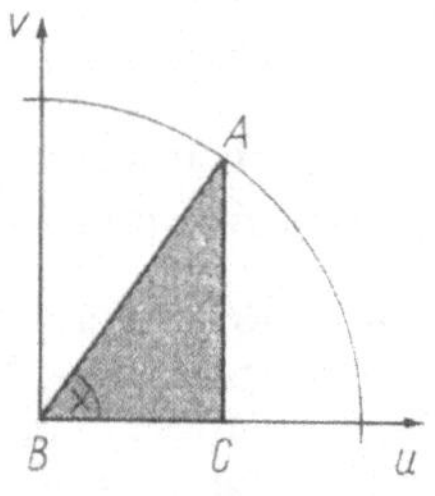

Abb. 6.7.

▶ **Erklärung 4: Das Verhältnis der Abszisse u zur Ordinate v des auf der Peripherie laufenden Punktes P nennt man den Kotangens des Winkels x.**

$$(4) \qquad \cot x = \frac{u}{v} \qquad (0° < x < 360°;\ x \neq 180°)\,.$$

Die Funktion y, welche die Abhängigkeit des Verhältnisses

Abszisse : Ordinate

---

[1] tangere (lat.), berühren.

vom Winkel x ausdrückt, heißt **Kotangensfunktion**:

$$y = \cot x.$$

Nähert sich der Winkel x im I. Quadranten von größeren Winkelwerten her dem Wert 0, so wächst der Quotient $\frac{u}{v}$ und damit die Funktion $y = \cot x$ über alle Grenzen. Für $x = 0°$ existiert die Funktion $y = \cot x$ nicht. Das gleiche gilt für $x = 180°$ und $x = 360°$.

Im II. und im IV. Quadranten haben die Tangensfunktion und die Kotangenfunktion negative Funktionswerte.

Zwei weitere nicht so bedeutende Winkelfunktionen sind der **Sekans** und der **Kosekans** eines Winkels. Der Sekans (sec) des Winkels x (Abb. 6.1.) ist das Verhältnis

Radius $\overline{OP}$: Projektion $\overline{OQ}$.

Der Kosekans (cosec) des Winkels x ist das Verhältnis

Radius $\overline{OP}$: Projizierendes Lot $\overline{PQ}$.

Für die Umrechnung gelten die Gleichungen:

$$\sec x = \frac{1}{\cos x} \quad \text{und} \quad \operatorname{cosec} x = \frac{1}{\sin x}.$$

● Aufgaben

1. Zeichnen Sie um den Anfangspunkt O eines uv-Koordinatensystems mehrere konzentrische Kreise, und legen Sie in den I. Quadranten einen Strahl, der in O beginnt!

   a) Bestimmen Sie jeweils das Verhältnis „Ordinate des Schnittpunktes des Strahls mit dem Kreis zur Maßzahl des zugehörigen Radius"!

   b) Vergleichen Sie die einzelnen Ergebnisse miteinander!

   c) Wie ändert sich das Verhältnis im I. Quadranten, wenn sich der Winkel ändert?

   d) Beurteilen Sie, warum die Sinusfunktion durch das Verhältnis von Ordinate zur Maßzahl des Radius und nicht durch die Ordinate allein definiert wird!

   e) Welche besondere Rolle spielt der Kreis, der die Längeneinheit als Radius hat?

   f) Führen Sie die Untersuchungen auch im II. Quadranten durch!

2. Um den Anfangspunkt O eines uv-Koordinatensystems sei ein Kreis mit dem Radius r gezogen. Von O geht ein Strahl aus, der den Kreis im Punkt $P\,(u;\,v)$ schneidet und mit dem positiven Teil der Abszissenachse den Winkel x bildet. Wie groß ist jeweils $\sin x$, wenn für die Symbole die folgenden Werte gesetzt werden?

   a) $r = 8;\ v = 4$ b) $r = 3;\ v = 1$ c) $r = 13;\ v = -5$

   d) $u = 3;\ v = 4$ e) $u = 2;\ v = -1{,}5$ f) $u = v = 2$

   g) $u = -1;\ v = 3$ h) $r = c;\ v = a$ i) $u = b;\ v = a$ (L a, d, e, i)

3. Zeichnen und messen Sie die Winkel, für die der Sinus die folgnden Werte annimmt!

   a) $\frac{1}{2}$ b) $\frac{1}{4}$ c) $\frac{2}{3}$ d) 0,1   e) $-0{,}3$ f) 0,4   g) $-0{,}8$ h) 0,9   (L: a, d, f, h)

   Beachten Sie, daß sich jeweils zwei Winkel ergeben! Überlegen Sie, wie man die Aufgabe möglichst leicht lösen kann!

   i) Warum ist 1,1 als Funktionswert des Sinus nicht möglich?

4. a) bis **c)** Beantworten Sie die Fragen der Aufgaben **1 a**, **b** und **c** für das Verhältnis „Abszisse des Schnittpunktes P des Strahls mit dem Kreis zur Maßzahl des zugehörigen Radius"!
d) Führen Sie die Untersuchungen auch im II. und III. Quadranten durch!

5. Wie groß sind für den in Aufgabe **2** geschilderten Sachverhalt die Werte von $\cos x$, wenn für die Symbole die folgenden Werte gesetzt werden?

    a) $r = 3;\ u = 2,$ **b)** $r = 2;\ u = \sqrt{3}$ **c)** bis **i)** Siehe Aufgabe **2 c** bis **i**! (L: b, c, i)

6. Bestimmen Sie die Kosinuswerte der folgenden Winkel nach Erklärung 2 durch Messung am Kreis!

    a) $22{,}5°$ **b)** $45°$ **c)** $67{,}5°$ **d)** $135°$ **e)** $202{,}5°$ **f)** $337{,}5°$ (L: a, d)

7. Zeichnen und messen Sie die Winkel, für die die Kosinusfunktion die in Aufgabe **3 a** bis **h** angegebenen Werte annimmt! (L: b, e, h)

8. Zeichnen Sie um den Anfangspunkt O eines uv-Koordinatensystems einen Kreis mit dem Radius r!
Wie verändert sich **a)** die Ordinate v, **b)** die Abszisse u eines Punktes P, der die Kreislinie, vom Punkt $P_1\,(r;\,0)$ beginnend, im mathematisch positiven Drehsinn durchläuft? Ziehen Sie daraus Folgerungen für den Verlauf der Sinus- bzw. der Kosinusfunktion!
Für welche Winkel ist $\sin x = \cos x$? In welchen Fällen ist $\sin x = -\cos x$? (L)

9. Vergleichen Sie miteinander:

    a) $\sin 30°$ und $\cos 60°$,   **c)** $\sin x$ und $\cos (90° - x)$, $0° \leqq x \leqq 90°$,
    b) $\sin 60°$ und $\cos 30°$,   **d)** $\cos x$ und $\sin (90° - x)$, $0° \leqq x \leqq 90°$! (L: a, b)

10. Tragen Sie in einem uv-Koordinatensytem in O an den positiven Teil der u-Achse den Winkel $55°$ an, und suchen Sie auf seinem freien Schenkel (im I. Quadranten) die Punkte P_1 und P_2 auf, deren Abszissen $u_1 = 4$ bzw. $u_2 = 6$ sind! Messen Sie in beiden Fällen die Ordinaten v_1 und v_2, und bestimmen Sie die Quotienten $\dfrac{v_1}{u_1}$ und $\dfrac{v_2}{u_2}$!
Was stellen Sie fest? Begründen Sie Ihre Feststellung! (L)

11. Bestimmen Sie für die Winkel **a)** $30°$, **b)** $60°$, **c)** $120°$, **d)** $150°$ am Kreis im uv-System das Verhältnis $v : u$ durch Messung! Kommt es auf den Radius des Kreises an? (L: a, d)

12. Welche Werte hat $\tan x$ am Kreis im uv-System, wenn der Schnittpunkt P des zum Winkel x gehörenden Strahles mit dem Kreis die folgenden Koordinaten hat?

    a) $u = 4;\ v = 3$ **b)** $u = v = 1$ **c)** $u = -4;\ v = 2$
    d) $u = 2;\ v = -1{,}5$ **e)** $u = -0{,}9;\ v = -0{,}6$ **f)** Abszisse b; Ordinate a. (L: b, e)

13. Zeichnen und messen Sie die Winkel, für die der Tangens die folgenden Werte annimmt!

    a) $\frac{1}{2}$ **b)** $\frac{3}{7}$ **c)** 4 **d)** -1 **e)** $\sqrt{3}$ **f)** $-\frac{1}{3}$ (L: b, d)

14. Tragen Sie im uv-Koordinatensystem in O an den positiven Teil der u-Achse den Winkel $35°$ an, und suchen Sie auf seinem freien Schenkel (im I. Quadranten) die Punkte P_1 und P_2, deren Ordinaten $v_1 = 6$ bzw. $v_2 = 8$ sind!
Messen Sie in beiden Fällen die Abszissen u_1 bzw. u_2, und bestimmen Sie die Quotienten $\dfrac{u_1}{v_1}$ und $\dfrac{u_2}{v_2}$!
Was stellen Sie fest? Begründen Sie Ihre Feststellung! (L)

15. Bestimmen Sie am Kreis nach Erklärung 4 durch Messung die folgenden Funktionswerte!

   a) $\cot 15°$ b) $\cot 75°$ c) $\cot 105°$ d) $\cot 165°$ e) $\cot 195°$ f) $\cot 255°$ (L: a, c, d)

16. Welche Werte hat $\cot x$ am Kreis im uv-System, wenn der Schnittpunkt P des zum Winkel x gehörenden Strahles mit dem Kreis die in Aufgabe 14 aufgeführten Koordinaten hat? (L: a, b, f)

17. Zeichnen und messen Sie die Winkel, für die der Kotangens die folgenden Werte annimmt!

   a) $\frac{4}{7}$ b) 2   c) 2,5   d) — 0,8   e) $\sqrt{5}$ f) — 5   (L: c, f)

18. Stellen Sie, soweit möglich, die Werte der vier Winkelfunktionen für $x = 0°$; $90°$; $180°$; $270°$; $360°$ in einer Tabelle zusammen!   (L)

19. In einigen Lehrbüchern der Mathematik werden die Winkelfunktionen am rechtwinkligen Dreieck erklärt.

   a) Wenden Sie die Erklärungen 1 bis 4 auf das rechtwinklige Dreieck ABC in Abbildung 6.7. an!

   b) Erklären Sie die Winkelfunktionen am rechtwinkligen Dreieck! Welcher Beschränkung unterliegen diese Erklärungen?

6.2. Der Zusammenhang der Winkelfunktionen

Die Darlegungen im Abschnitt 6.1. über die Winkelfunktionen können in folgenden Faustregeln zusammengefaßt werden:

$$1. \ \frac{\text{Ordinate}}{\text{Maßzahl des Radius}} = \text{Sinus} \qquad\qquad 2. \ \frac{\text{Abszisse}}{\text{Maßzahl des Radius}} = \text{Kosinus}$$

$$3. \ \frac{\text{Ordinate}}{\text{Abszisse}} = \text{Tangens} \qquad\qquad 4. \ \frac{\text{Abszisse}}{\text{Ordinate}} = \text{Kotangens}$$

Für alle vier Verhältnisse wurde die Abhängigkeit vom Winkel x festgestellt.

Die Verhältnisse stellen die Funktionen des Winkels x dar.

Die Verhältnisse	$v : r$	$u : r$	$v : u$	$u : v$
stellen die Funktionen	$\sin x$	$\cos x$	$\tan x$	$\cot x$

Aus der Zusammenstellung entnehmen wir, daß die Verhältnisse, die Tangens und Kotangens erklären, für denselben Winkel x zueinander reziprok sind. Die Tangens- und die Kotangensfunktion eines Winkels haben reziproke Werte. Für die Werte der Sinus- und der Kosinusfunktion eines Winkels gilt eine derartige einfache Beziehung nicht.

6.2.1. Die Bilder der Winkelfunktionen

Die Winkelfunktionen können im rechtwinkligen Koordinatensystem dargestellt werden. Hierzu verwendet man die Winkel x als Abszissen und die Funktionswerte y als Ordinaten der Kurvenpunkte. Die Abbildung 6.8. stellt das Bild der Funktion $y = \sin x$ im Bereich $0° \leq x \leq 360°$ dar. Die Funktionswerte wurden einer Dar-

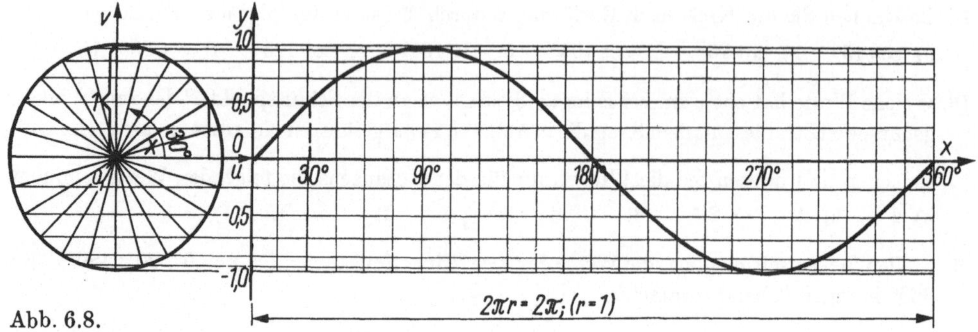

Abb. 6.8.

stellung im uv-Koordinatensystem entnommen, in der dem Radius des Kreises der Wert 1 gegeben wurde. In diesem Einheitskreis (Abb. 6.8., linker Teil) geht die Gleichung (1) über in

$$(1\,\mathrm{a}) \quad \sin x = \frac{\overline{PQ}}{1} = \overline{PQ}.$$

Die Maßzahl der Länge des Lotes $\overline{PQ}$ im Einheitskreis entspricht also jeweils dem Sinus des entsprechenden Winkels x.

Es ist zweckmäßig, auf der Abszissenachse des xy-Systems als Einheit die Länge desjenigen Bogens zu wählen, den der Zentriwinkel 1° auf der Peripherie des Einheitskreises ausschneidet. Man rollt dazu den Einheitskreis auf dem positiven Teil der x-Achse vom Ursprung O aus ab und erhält eine Strecke, die dem Vollwinkel 360° entspricht.

Um ein Bild der Funktion zu zeichnen, reicht es praktisch aus, wenn man den rechten Winkel im Einheitskreis in sechs gleiche Teile teilt und die zu einem Winkel von 15° gehörende Bogenlänge näherungsweise durch die Sehne ersetzt.

● *Wie ermittelt man in der Abbildung 6.8. für einen gegebenen Winkel den zugehörigen Kurvenpunkt?*

Aus der Abbildung 6.8. ist ersichtlich:
Die Werte der Sinusfunktion $y = \sin x$ liegen zwischen $y = -1$ und $y = +1$. Es gilt also der Wertevorrat: $-1 \leqq y \leqq +1$.
Im I. und IV. Quadranten ist die Sinusfunktion eine steigende, im II. und III. Quadranten eine fallende Funktion. Im Bereich $0° \leqq x \leqq 360°$ ist jedem Winkel x ein Funktionswert $y = \sin x$ eindeutig zugeordnet. Diese Aussage kann man jedoch nicht umkehren.

● *Wieviel Winkelwerte gehören a) im allgemeinen zu einem gegebenen Funktionswert, b) zu $y = +1$, $y = -1$, $y = 0$?*

Dagegen wird im Bereich $0° \leqq x \leqq 90°$ jedem Winkel x ein Funktionswert $y\,(0 \leqq y \leqq +1)$ umkehrbar eindeutig (eineindeutig) zugeordnet. Man sagt auch: Die Funktion $y = \sin x$ bildet die Menge der Winkel x $(0° \leqq x \leqq 90°)$ auf die Menge der

230

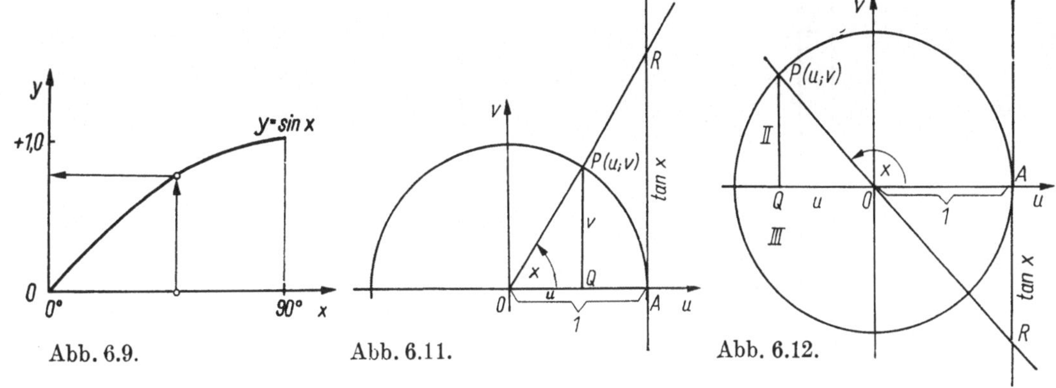

Abb. 6.9.　　　　　Abb. 6.11.　　　　　Abb. 6.12.

Abb. 6.10.

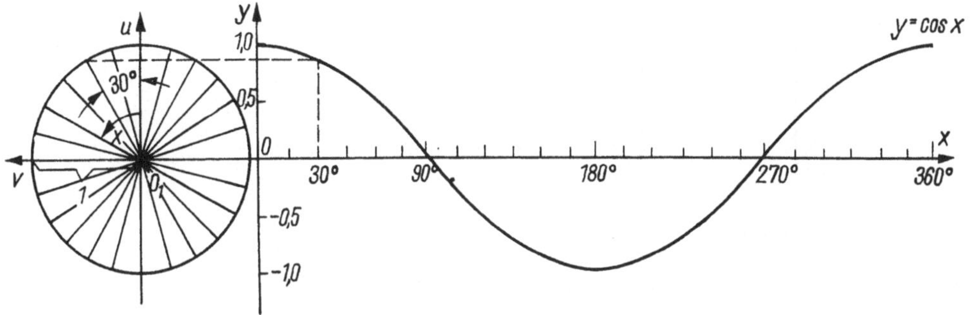

reellen Zahlen zwischen 0 und $+1$ $(0 \leqq y \leqq +1)$ eineindeutig ab (Abb. 6.9.). Die
Abbildung 6.10. zeigt das Bild der Funktion $y = \cos x$, das in ähnlicher Weise wie
das der Sinusfunktion gezeichnet wird. Als Ordinaten y hat man die entsprechenden
Abszissen u im Einheitskreis des uv-Koordinatensystems zu verwenden.

Zur Konstruktion des Bildes der Tangensfunktion in Abbildung 6.11. wurde an den
Einheitskreis im Punkt A $(1;0)$ die Tangente (Haupttangente) gelegt. Der den Winkel x erzeugende Strahl schneidet die Tangente in R. Nach dem Strahlensatz gilt

$$\overline{AR} : 1 = v : u.$$

Da $v : u = \tan x$ ist, ergibt sich

$$\overline{AR} = \tan x.$$

Der Abschnitt $\overline{AR}$ auf der Haupttangente im Punkte A des Einheitskreises stellt
also den Tangens des Winkels x geometrisch dar.[1] Liegt der Winkel x im II. oder
III. Quadranten, so schneidet der bewegliche Schenkel des Winkels x die Tangente
nicht. Der den Tangens des Winkels x darstellende Abschnitt der Haupttangente wird
in diesem Fall von der Verlängerung des beweglichen Schenkels über den Scheitel O
hinaus gebildet (Abb. 6.12.). Auf dieser geometrischen Darstellung der Funktions-

---

[1] Diese geometrische Deutung läßt die Bezeichnung Tangens für das Verhältnis $v : u$ der Koordinaten eines Kreispunktes verständlich werden.

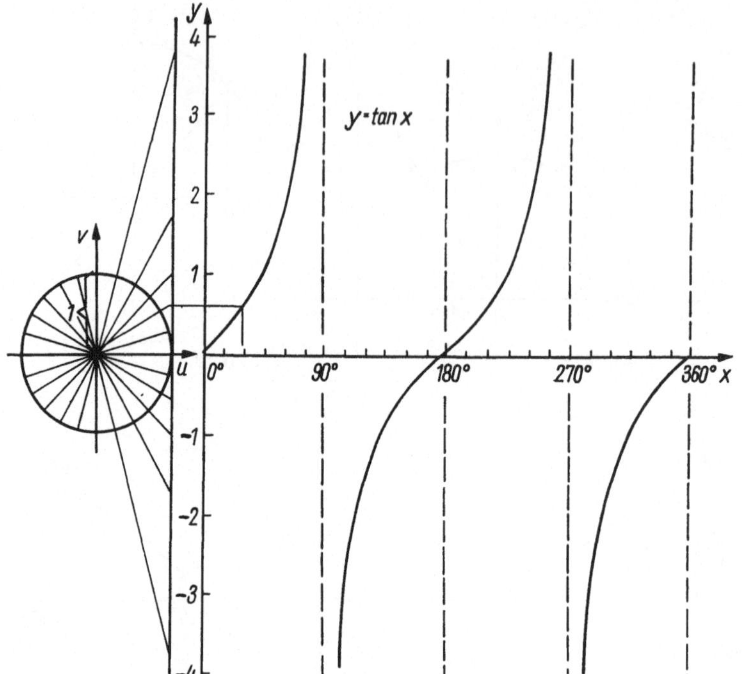

Abb. 6.13.

werte beruht das Konstruktionsverfahren für das Bild der Funktion $y = \tan x$ (Abb. 6.13.).

In ähnlicher Weise erhält man das Bild der Kotangensfunktion (Abb. 6.14.). Hierzu wird an den Einheitskreis im Punkt B (0; 1) die Tangente (Nebentangente) gelegt.

Der bewegliche Schenkel des Winkels x schneidet diese Tangente in T. Die Dreiecke OTB und OQP sind ähnlich; somit gilt die Proportion:

$$\overline{BT} : 1 = u : v.$$

Da $u : v = \cot x$ ist, ergibt sich

$$\overline{BT} = \cot x.$$

Der Abschnitt $\overline{BT}$ auf der Nebentangente im Punkte B des Einheitskreises stellt also den Kotangens des Winkels x geometrisch dar.

Im III. und IV. Quadranten wird der den Kotangens des Winkels x darstellende Tangentenabschnitt von der Verlängerung des beweglichen Schenkels über den Scheitel O hinaus gebildet (Abb. 6.15.). Bei der Konstruktion des Bildes

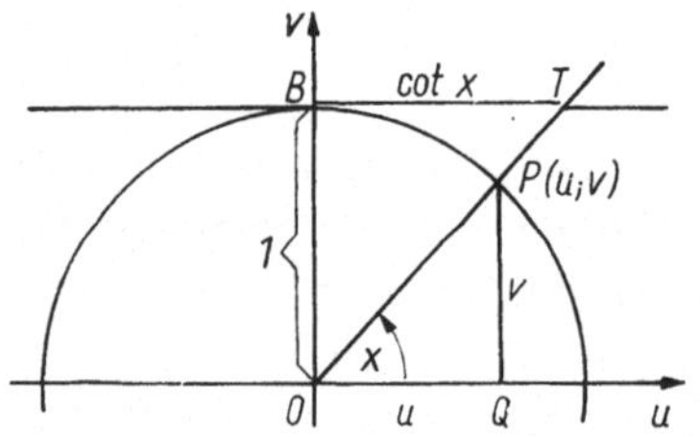

Abb. 6.14.

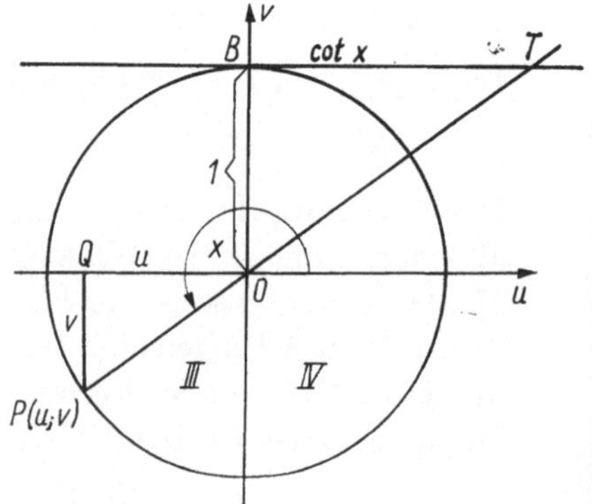

Abb. 6.15.

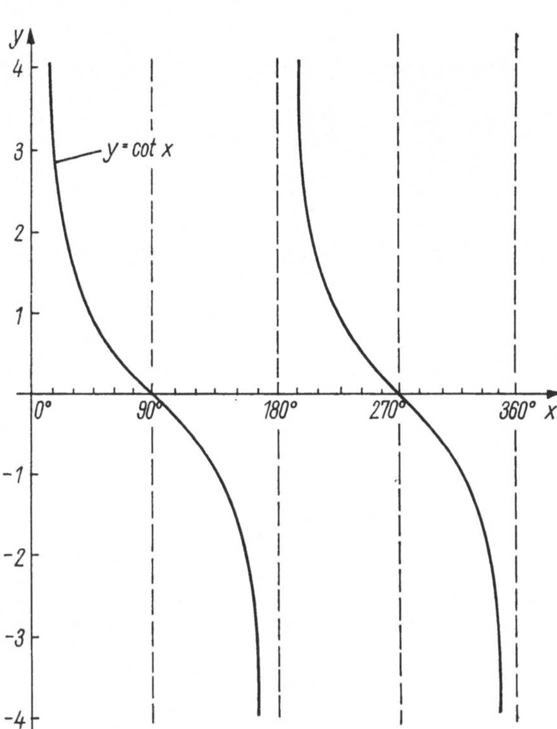

Abb. 6.16.

der Funktion $y = \cot x$ hat man als Ordinaten die Tangentenabschnitte $\overline{BT}$ zu verwenden (Abb. 6.16.). In den Abbildungen 6.13. und 6.16. zeigt der Verlauf der Kurven anschaulich, daß die Funktion $y = \tan x$ für $x = 90°$ und $x = 270°$, die Funktion $y = \cot x$ für $x = 0°$, $x = 180°$ und $x = 360°$ nicht definiert ist. Beachten Sie, daß die Funktionswerte der Tangens- und Kotangensfunktion nicht die Strecken $\overline{AR}$ bzw. $\overline{BT}$ selbst, sondern deren Maßzahlen, also unbenannte Zahlen sind!

6.2.2. Die Vorzeichen der Winkelfunktionen

Der Radius r ist stets positiv, aber die Maßzahlen der Projektion $\overline{OQ}$ und des projizierenden Lotes $\overline{PQ}$ bzw. die Koordinaten u und v nehmen je nach dem Quadranten das positive oder negative Vorzeichen an. Die Vorzeichen von u und v bestimmen damit das Vorzeichen der Winkelfunktionen für die Winkel dieses Quadranten.

Vorzeichen der Winkelfunktionen in den vier Quadranten

	I	II	III	IV
sin	+	+	−	−
cos	+	−	−	+
tan	+	−	+	−
cot	+	−	+	−

● *Leiten Sie die Vorzeichen aus den Erklärungen der Winkelfunktionen her!*

6.2.3. Beziehungen zwischen den Funktionen bei gleichem Winkel

Dividiert man in der Zusammenstellung auf S. 229 die erste Gleichung durch die zweite und die zweite durch die erste, so erhält man:

$$\frac{\text{Ordinate}}{\text{Abszisse}} = \frac{\sin x}{\cos x} \quad \text{bzw.} \quad \frac{\text{Abszisse}}{\text{Ordinate}} = \frac{\cos x}{\sin x}.$$

Hieraus ergeben sich für den gleichen Winkel x die Grundformeln

(5) $\tan x = \dfrac{\sin x}{\cos x}$

(6) $\cot x = \dfrac{\cos x}{\sin x}$.

● *Sprechen Sie diese Beziehungen in Worten aus!*
Für welche Winkelwerte hat die Formel (5), für welche die Formel (6) keine Gültigkeit?

Durch Multiplikation der Gleichungen (5) und (6) findet man

(7) $\tan x \cdot \cot x = 1$.

● *Lösen Sie Gleichung (7) nach* $\tan x$ *bzw. nach* $\cot x$ *auf!*
Sprechen Sie die sich ergebenden Beziehungen in Worten aus!

Nach den Erklärungen (1) und (2) ist $\sin x = \dfrac{v}{r}$ und $\cos x = \dfrac{u}{r}$. Werden die beiden Gleichungen quadriert und anschließend addiert, so ergibt sich:

$$(\sin x)^2 + (\cos x)^2 = \frac{v^2}{r^2} + \frac{u^2}{r^2} = \frac{v^2 + u^2}{r^2} \cdot$$

Wie aus den Abbildungen 6.4., 6.5. und 6.6. hervorgeht, gilt nach dem Satz des Pythagoras $v^2 + u^2 = r^2$ für jeden Punkt $P(u; v)$ im I. bis IV. Quadranten. Hieraus ergibt sich:

$$(\sin x)^2 + (\cos x)^2 = 1 \, .$$

An Stelle von $(\sin x)^2$ bzw. $(\cos x)^2$ schreibt man vereinfacht $\sin^2 x$ bzw. $\cos^2 x$. So erhält man

(8) $\sin^2 x + \cos^2 x = 1$.

● *Lösen Sie die Gleichung (8) nach* $\sin x$ *bzw. nach* $\cos x$ *auf!*

Einige weitere Beziehungen gehen aus der Abbildung 6.17. hervor. In der Abbildung 6.17.a wurde im I. Quadranten der Winkel x, in der Abbildung 6.17.b der Winkel $(90° - x)$ eingezeichnet.

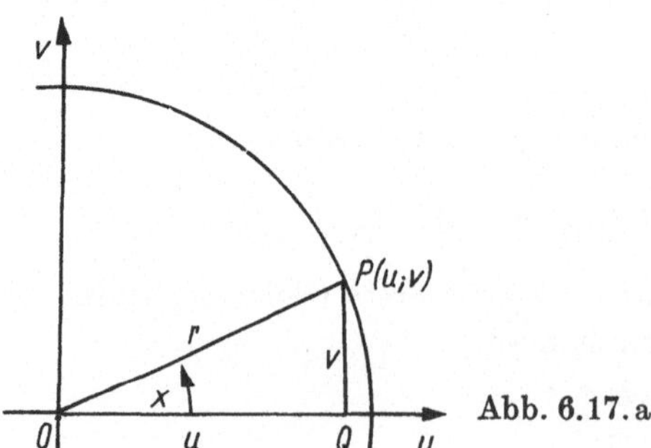

Abb. 6.17.a

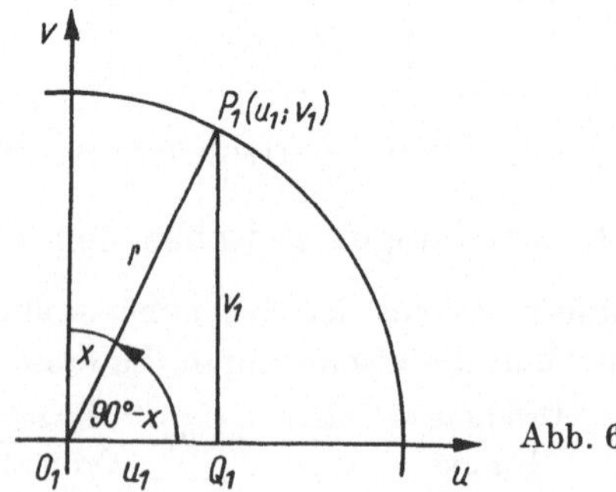

Abb. 6.17.b

Auf Grund der Erklärungen der Winkelfunktionen (1) bis (4) gelten die folgenden Gleichungen:

$$\sin (90° - x) = \frac{v_1}{r}\,. \qquad\qquad \tan (90° - x) = \frac{v_1}{u_1}\,,$$

$$\cos (90° - x) = \frac{u_1}{r}\,, \qquad\qquad \cot (90° - x) = \frac{u_1}{v_1}\,.$$

Da die Dreiecke OQP und $O_1Q_1P_1$ kongruent sind, kann man setzen:

$$u_1 = v \quad \text{und} \quad v_1 = u\,.$$

Wendet man die Erklärungen der Winkelfunktionen nochmals an, so ergeben sich aus den obigen Gleichungen die **Komplementbeziehungen**:

$$(9) \qquad \begin{aligned} \sin (90° - x) &= \cos x\,, & \tan (90° - x) &= \cot x\,, \\ \cos (90° - x) &= \sin x\,, & \cot (90° - x) &= \tan x\,. \end{aligned}$$

Durch die Formeln in der zweiten Zeile werden die Namen *Kosinus* und *Kotangens* verständlich: complementi sinus (abgekürzt **cosinus**) bedeutet Sinus des Komplementwinkels, complementi tangens (abgekürzt **cotangens**) bedeutet Tangens des Komplementwinkels. Die Kosinus- bzw. die Kotangensfunktion nennt man die **Kofunktionen** zur Sinus- bzw. zur Tangensfunktion und umgekehrt.

Die Beziehungen (9) können zu folgender Aussage zusammengefaßt werden:

▶ **Die Funktion eines Winkels ist gleich der Kofunktion seines Komplementwinkels (Komplementbeziehung).**

Die Formeln (5) bis (8) werden verwendet, um aus gegebenen Werten einer Winkelfunktion entsprechende Werte anderer Winkelfunktionen zu berechnen. Mit Hilfe der Formeln (9) werden Werte der entsprechenden Kofunktion des Komplementwinkels ermittelt.

■ **Beispiel 1:**

Gegeben ist $\sin x_1 = \frac{1}{2}\sqrt{2}$. Es ist $\tan x_1$ zu bestimmen. Hierzu ist es erforderlich, daß zunächst $\tan x$ durch $\sin x$ ausgedrückt wird.

Nach (5) ist $\tan x = \dfrac{\sin x}{\cos x}$ und nach (8) $\cos x = \sqrt{1 - \sin^2 x}$. Indem wir für $\cos x$ den Wurzelausdruck einsetzen, erhalten wir: $\tan x = \dfrac{\sin x}{\sqrt{1 - \sin^2 x}}\,.$

Für $\sin x_1 = \frac{1}{2}\sqrt{2}$ ergibt sich daraus $\tan x_1 = \dfrac{\frac{1}{2}\sqrt{2}}{\sqrt{1 - \frac{1}{2}}} = \dfrac{\frac{1}{2}\sqrt{2}}{\frac{1}{2}\sqrt{2}} = 1\,.$

■ **Beispiel 2:**

Bekannt seien die Werte der Sinusfunktion für die Winkel $x = 30°$; $45°$; $60°$. Welche Werte hat die Kosinusfunktion für diese Winkel?

Es ist
$$\cos 30° = \sin (90° - 30°) = \sin 60°;$$
$$\cos 45° = \sin (90° - 45°) = \sin 45°;$$
$$\cos 60° = \sin (90° - 60°) = \sin 30°.$$

1. a) Für die Sinus- und die Kosinusfunktion ist zwischen 0° und 90° von 10° zu 10° eine dreistellige Tafel aufzustellen.

Anleitung: Zeichnen Sie den I. Quadranten eines Einheitskreises, und tragen Sie die Winkel 10°; 20°; 30°; . . .; 80° ein! Wählen Sie als Radius 1 dm! Die Funktionswerte kann man so auf zwei Dezimalstellen genau bestimmen und die dritte Dezimalstelle schätzen (Millimeterpapier!). Kosinus- und Sinusfunktion haben den gleichen Wertevorrat; die Funktionswerte sind aber anderen Winkeln zugeordnet. Welcher Zusammenhang ergibt sich daraus für die Funktionen $y = \sin x$ und $y = \cos x$?

b) Stellen Sie auch für den II. Quadranten eine Wertetafel der Sinus- und der Kosinusfunktion auf!   (L)

2. a) Stellen Sie eine dreistellige Tafel der Tangens- und der Kotangensfunktion zwischen 0° und 90° von 10° zu 10° auf!

Anleitung: Es ist $\tan x$ die Maßzahl des Haupttangentenabschnittes, $\cot x$ die Maßzahl des Nebentangentenabschnittes.

Welchen Zusammenhang beobachten Sie an den Funktionen $y = \tan x$ und $y = \cot x$?

b) Stellen Sie auch für den II. Quadranten eine Wertetafel der Tangens- und der Kotangensfunktion auf!

3. a) Stellen Sie die Nullstellen der Sinus- und der Kosinusfunktion zusammen! (Darunter sind die Stellen x zu verstehen, für die $\sin x = 0$ bzw. $\cos x = 0$ ist.)

b) Stellen Sie diejenigen Stellen zusammen, an denen $y = \sin x$ und $y = \cos x$ die Werte $+1$ und -1 annehmen!   (L)

4. In einem Kreis mit dem Radius r ist eine Sehne von der Länge l mit dem zugehörigen Zentriwinkel α gezeichnet. Das Lot vom Kreismittelpunkt auf die Sehne halbiert Zentriwinkel und Sehne.

a) Stellen Sie die Funktion auf, welche die Beziehung zwischen halbem Zentriwinkel, halber Sehne und Kreisradius ausdrückt!

b) Wie groß ist in einem Kreis vom Durchmesser 7 cm die Sehne zum Zentriwinkel 20°; 80°; 140°?

Anleitung: Benutzen Sie zur Bestimmung die Tafel aus Aufgabe 1!   (L)

5. Bestimmen Sie graphisch durch Interpolation an der Sinus- bzw. Kosinuskurve die folgenden Funktionswerte!

a) $\sin 5°$ **b)** $\sin 78°$ **c)** $\sin 175°$ **d)** $\sin 258°$
e) $\cos 25°$ **f)** $\cos 62°$ **g)** $\cos 118°$ **h)** $\cos 355°$ (L: a, b, h)

6. Entnehmen Sie der graphischen Darstellung der Funktion $y = \sin x$ die Winkel, deren Sinus die folgenden Werte haben!

a) 0,35   **b)** 0,70   **c)** $-0,30$ **d)** $-0,65$ (L: a, d)

7. Entnehmen Sie der graphischen Darstellung der Funktion $y = \cos x$ die Winkel, deren Kosinus die folgenden Werte haben!

a) 0,40   **b)** 0,125   **c)** $-0,45$ **d)** $-0,140$ (L: b, d)

8. a) Die Bilder der Sinus- und der Kosinusfunktion sind im I. Quadranten in ein und dasselbe xy-Achsenkreuz zu zeichnen.

Spiegeln Sie die Kurven an der Parallelen zur y-Achse durch den Punkt mit der Abszisse $x = 45°$! Zeichnen Sie dazu entweder (1) nur das Bild einer der beiden Funktionen oder (2) beide Funktionen lediglich im Bereich von 0° bis 45°, und vervollständigen Sie die Zeichnungen durch Spiegelung!

Durch welche Beziehungen wird das Verfahren analytisch begründet?

b) Zeichnen Sie die Bilder der Sinus- und der Kosinusfunktion nun auch im II. bis IV. Quadranten! Nutzen Sie die Möglichkeit der Spiegelung an der Parallelen zur y-Achse durch den Punkt mit der Abszisse $x = 225°$!

Durch welche Beziehungen wird das Verfahren analytisch begründet?   (L)

9. Bestimmen Sie durch Interpolation an der Tangens- bzw. Kotangenskurve die folgenden Funktionswerte!

a) $\tan 73°$	**b)** $\tan 11°$	**c)** $\tan 107°$	**d)** $\tan 191°$
e) $\cot 39°$	**f)** $\cot 66°$	**g)** $\cot 107°$	**h)** $\cot 294°$ (L: a, e)

10. Entnehmen Sie der graphischen Darstellung der Funktion $y = \cot x$ die Winkel, deren Kotangens die folgenden Werte hat!

a) 2,10	**b)** 0,83	**c)** $-0{,}50$	**d)** $-1{,}50$ (L: a, b)

11. Leiten Sie aus den nachstehenden Werten der Sinus- und der Tangensfunktion die entsprechenden Werte der Kofunktionen her! (L)

x	0°	10°	20°	30°	40°	50°	60°	70°	80°	90°
$\sin x$	0	0,174	0,342	0,5	0,643	0,766	0,866	0,940	0,985	1
$\tan x$	0	0,176	0,364	0,577	0,839	1,192	1,732	2,747	5,671	—

12. Beschreiben und vergleichen Sie den Verlauf der Kurven der Sinus- und der Tangensfunktion im Bereich von 0° bis 90°!

Welche Punkte haben die beiden Kurven gemeinsam?

13. Beweisen Sie die Formeln

a) $\sin x = \sqrt{1 - \cos^2 x}$,   **b)** $\cos x = \sqrt{1 - \sin^2 x}$!   (L: a)

14. Bestätigen Sie die Richtigkeit der Beziehungen

a) $1 + \tan^2 x = \dfrac{1}{\cos^2 x}$ und   **b)** $1 + \cot^2 x = \dfrac{1}{\sin^2 x}$!   (L: b)

15. Aus den Funktionen $y = \sin x$; $y = \cos x$; $y = \tan x$; $y = \cot x$ können jeweils die drei anderen Winkelfunktionen bestimmt werden.

Leiten Sie die Beziehungen her, und vervollständigen Sie die nachstehende Tabelle!

gesucht \ ausgedrückt durch	$\sin x$	$\cos x$	$\tan x$	$\cot x$
$\sin x$	—	$\sqrt{1 - \cos^2 x}$	. . .	. . .
$\cos x$	$\sqrt{1 - \sin^2 x}$	—	. . .	. . .
$\tan x$	. . .	. . .	—	. . .
$\cot x$	. . .	. . .	. . .	—

16. Vereinfachen Sie die folgenden Ausdrücke!

a) $\cos x \cdot \tan x$ b) $\sin x \cdot \cot x$ c) $\dfrac{\cos x}{\cot x}$

d) $\dfrac{\sin x}{\tan x}$ e) $\dfrac{\tan x}{\cot x}$ f) $\tan x \cdot \sqrt{1 - \sin^2 x}$ (L: a, e)

17. Gegeben sind die folgenden Funktionswerte.

a) $\sin 30° = 0{,}5$ b) $\tan 45° = 1$ c) $\cos 120° = -0{,}5$
d) $\tan 0° = 0$ e) $\cot 270° = 0$ f) $\sin 13° = 0{,}2250$
g) $\cos 40° = 0{,}7660$ h) $\tan 308° = -1{,}280$ i) $\cot 59° = 0{,}6009$

Bestimmen Sie mit Hilfe der Tabelle in Aufgabe **21** die übrigen Funktionswerte der Winkel!
(L: **a, d, e, i**)

18. Berechnen Sie aus den gegebenen Funktionswerten jeweils die Werte der drei anderen Winkelfunktionen!

a) $\sin x = \frac{1}{3}$ b) $\cos x = \frac{3}{4}$ c) $\tan x = 3$

d) $\cot x = \sqrt{3}$ e) $\sin x = \frac{10}{11}$ f) $\cos x = -\frac{1}{2}\sqrt{2 + \sqrt{3}}$

g) $\tan x = \frac{1}{4}$ h) $\cot x = 2 - \sqrt{3}$ i) $\sin x = -\frac{1}{2}$

k) $\cos x = \frac{1}{2}$ l) $\tan x = -1$ m) $\cot x = \sqrt{3} - 2$ (L: **a, g, h, k**)

● *Fertigen Sie das in Abbildung 6.18. dargestellte Gerät zum Bestimmen der Werte der Winkelfunktionen an!*
Es besteht aus einem durchscheinenden Deckblatt mit dem Vollkreis und dem Durchmesser sowie aus einem Grundblatt mit dem Quadrat und dem Quadranten. Auf den Quadratseiten kann man für den mit dem Durchmesser eingestellten Winkel unmittelbar die Funktionswerte $\sin x$, $\cos x$, $\tan x$ $(0° \leqq x \leqq 45°)$ und $\cot x$ $(45° \leqq x \leqq 90°)$ ablesen. Führen Sie den Beweis! Wie findet man die Tangenswerte für Winkel zwischen 45° und 90° und die Kotangenswerte für Winkel zwischen 0° und 45°?
Beurteilen Sie die Genauigkeit, mit der Sie die Funktionswerte an Ihrem Gerät ablesen können!

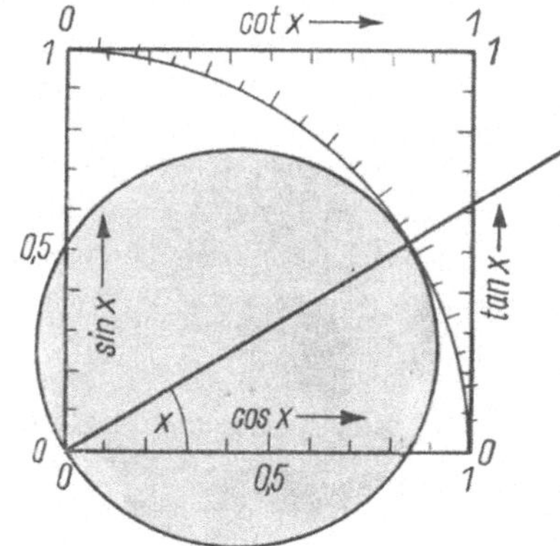

Abb. 6.18.

6.3. Die Tafeln der Winkelfunktionen

Die Werte der Winkelfunktionen sind überwiegend irrationale Zahlen. Sie sind in Tafeln zusammengefaßt, die

> das Aufsuchen des Wertes $y = f(x)$ einer Winkelfunktion $f(x)$ zu einem gegebenen Winkel x
>
> sowie das Aufsuchen des Winkels x zu einem gegebenen Funktionswert $f(x)$ ermöglichen.

Im folgenden werden in Beispielen stets Funktionswerte aus einem vierstelligen Tafelwerk angegeben.

6.3.1. Aufsuchen der Funktionswerte bzw. der Winkel

● *Erläutern Sie die Begriffe „steigende Funktion" und „fallende Funktion", indem Sie im I. Quadranten bei jeder der vier Winkelfunktionen angeben, wie sich der Funktionswert bei einer Änderung des Winkels ändert!*

Unter Ausnutzung des Umstandes, daß die Kosinusfunktion die Kofunktion zur Sinusfunktion ist, wird zum Aufsuchen der Funktionswerte für $y = \sin x$ und $y = \cos x$ ($0° \leq x \leq 90°$) eine einzige Tafel verwendet. Entsprechend enthält die Tafel für die Funktionswerte für $y = \tan x$ gleichzeitig die Funktionswerte für $y = \cot x$.
Die Winkel im Rahmen auf der linken Seite und oben bilden den Tafeleingang für die Funktion $y = \sin x$ ($y = \tan x$), die Winkel im Rahmen auf der rechten Seite und unten den für die Funktion $y = \cos x$ ($y = \cot x$). Dabei sind die Winkel für die Funktionen Kosinus bzw. Kotangens in entgegengesetzter Folge aufgeführt.
Die Funktionswerte sind jeweils zwei Winkeln zugeordnet. Einerseits stellen sie den Sinuswert (Tangenswert) eines Winkels dar, andererseits den Kosinuswert (Kotangenswert) des Komplementwinkels.

■ **Beispiel 1:**

$$\sin 21{,}0 = 0{,}3584; \quad \cos(90° - 21{,}0°) = \cos 69{,}0° = 0{,}3584$$
$$\tan 63{,}2° = 1{,}980; \quad \cot(90° - 63{,}2°) = \cot 26{,}8° = 1{,}980$$

Da die tabellierten Funktionswerte fast alle gerundet sind, müßte eigentlich geschrieben werden: $\sin 21{,}0° \approx 0{,}3584$. Man verzichtet jedoch wie auch bei den Logarithmen auf diese Unterscheidung im Schriftbild.
Ist der Winkel gesucht, so liest man bei gegebenem Sinusfunktionswert (Tangensfunktionswert) die Gradzahl in dem Winkelrahmen ab, der die linke Spalte und die obere Zeile bildet. Bei gegebenem Kosinusfunktionswert (Kotangensfunktionswert) findet man die Gradzahl in dem Winkelrahmen, der die rechte Spalte und die untere Zeile bildet.

■ **Beispiel 2:**

$\sin x = 0{,}4664$	$\cos x = 0{,}2284$	$\tan x = 0{,}7400$	$\cot x = 10{,}99$
$x = 27{,}8°$	$x = 76{,}8°$	$x = 36{,}5°$	$x = 5{,}2°$

Aufsuchen der Funktionswerte $y = f(x)$ mit Interpolieren

Ist der Winkel mit einer Genauigkeit von Hundertstelgrad gegeben, so hat man zu interpolieren. Für das Interpolieren gelten bei dezimal geteiltem Grad die gleichen Regeln wie beim Rechnen mit Logarithmen.

Beispiel 3:

$y = \sin 13{,}27^\circ.$

Aus der Tafel für die natürlichen Werte der Sinusfunktion entnimmt man die Funktionswerte für sin 13,20° und sin 13,30°, zwischen denen der gesuchte Funktionswert liegt.

$$\frac{10^\circ}{100}\left[\frac{n^\circ}{100}\left[\begin{matrix}\sin 13{,}20^\circ = 0{,}2284\\ \sin 13{,}27^\circ = 0{,}22\ldots\end{matrix}\right]d\atop \sin 13{,}30^\circ = 0{,}2300\right]D$$

Nach dem Einsetzen in die Interpolationsformel $d = \dfrac{D \cdot n}{10}$ ergibt sich:

$$d = \frac{16 \cdot 7}{10} = 11{,}2 \approx 11.$$

Man addiert 11 Zehntausendstel zu 0,2284 und erhält $y = \sin 13{,}27^\circ = 0{,}2295$.

Beispiel 4:

$y = \cos 52{,}14^\circ$

$\cos 52{,}10^\circ = 0{,}6143$
$\cos 52{,}14^\circ = 0{,}61\ldots$
$\cos 52{,}20^\circ = 0{,}6129$

Wächst der Winkel um 10 Hundertstelgrad, so fällt der Funktionswert um $D = 14$ Zehntausendstel.
Wächst der Winkel um $n = 4$ Hundertstelgrad, so fällt der Funktionswert um d Zehntausendstel.

Die Eigendifferenz berechnet man zu $d = \dfrac{14 \cdot 4}{10} = 5{,}6$, gerundet 6. Man subtrahiert 6 Zehntausendstel von 0,6143 und erhält $y = \cos 52{,}14^\circ = 0{,}6137$.

Beispiel 5:

$y = \tan 68{,}44^\circ$

$$\begin{array}{rl}\tan 68{,}44^\circ = & 2{,}526 \\ & +0{,}005 \\ \hline \tan 68{,}44^\circ = & 2{,}531\end{array} \qquad d = \frac{13 \cdot 4}{10} = 5{,}2 \approx 5$$

Ist der Winkel in sexagesimaler Teilung, also in Grad, Minuten und Sekunden gegeben, so hat man vor der Benutzung der Tafeln die Minuten (′) und Sekunden (″) in dezimale Teile eines Grades umzurechnen. Für die Umwandlung von m' bzw. s'' in Grad gelten folgende Formeln:

$$60' = 1° \qquad 60'' = \left(\frac{1}{60}\right)°$$

$$1' = \left(\frac{1}{60}\right)° \qquad 1'' = \left(\frac{1}{3600}\right)°$$

$$m' = \left(\frac{m}{60}\right)° \qquad s'' = \left(\frac{s}{3600}\right)°$$

Beispiel 6:

17° 13′ 25″ sind in Grad und Dezimalgrad zu verwandeln (auf 2 Dezimalstellen).

$$13' = \left(\frac{13}{60}\right)° \approx 0{,}217° \qquad 25'' = \left(\frac{25}{3600}\right)° \approx 0{,}007°$$

Ergebnis: 17° 13′ 25″ $\approx$ 17,22°

Es gibt auch Tafeln der Winkelfunktionen, denen die sexagesimale Teilung des Winkels zugrunde gelegt ist.

Aufsuchen der Winkel x mit Interpolieren

Steht der gegebene Funktionswert nicht in der Tafel, so hat man beim Aufsuchen des Winkels zu interpolieren.

Beispiel 7:

tan $x = 0{,}3652$.

Der gegebene Funktionswert liegt zwischen den in der Tafel verzeichneten Werten 0,3640 und 0,3659, zu denen die Winkel 20,00° und 20,10° gehören:

$$\frac{10°}{100}\left[\frac{n°}{100}\begin{bmatrix}\tan 20{,}00° = 0{,}3640\\ \tan 20{,}0\ .° = 0{,}3652\end{bmatrix}d\right]D$$
$$\tan 20{,}10° = 0{,}3659$$

Nach dem Einsetzen in die Formel $n = \dfrac{d \cdot 10}{D}$ ergibt sich: $n = \dfrac{12 \cdot 10}{19} = 6{,}3\ .. \approx 6$.

Man addiert 6 Hundertstelgrad zu 20,00° und erhält $x = 20{,}06°$.

Beispiel 8:

cos $x = 0{,}8768$

$$x = \quad 28{,}70° \qquad n = \frac{3 \cdot 10}{8} \approx 4$$
$$+ \quad 0{,}04°$$
$$x = \quad \overline{28{,}74°}$$

Soll der errechnete Winkel in sexagesimaler Teilung ausgedrückt werden, so hat man anschließend umzurechnen:

$$x = 28{,}74° \qquad (0{,}1° = 6'; \ 0{,}01° = 36'')$$
$$0{,}7° = 7 \cdot 6' = 42'$$
$$0{,}04° = 4 \cdot 36'' = 144'' = 2'\ 24''$$
$$x = 28°\ 44'\ 24''.$$

6.3.2. Die Winkelfunktionsleitern auf dem Rechenstab

Werden die Punkte der Sinuskurve mit den Abszissen $x = 0°; 10°; 20°; \ldots; 90°$ senkrecht auf die y-Achse projiziert, so erhält man eine Darstellung der Funktion $y = f(x) = \sin x$ in Form einer **Funktionsskale**. Auf der Funktionsskale in Abbildung 6.19. sind auf der Einheitslänge $0 \ldots 1$ die Punkte, die den Winkeln $0°; 10°; \ldots; 90°$ entsprechen, markiert. Stark gerundete Werte der Sinusfunktion können somit auf dieser sogenannten **Doppelleiter** abgelesen werden.

Die Teilung der Funktionsskale in Abbildung 6.19. ist eine Sinusteilung der Einheitslänge $0 \ldots 1$.

Die **Sinusfunktionsleiter** auf der Rückseite des Rechenstabes unterscheidet sich von der eben beschriebenen dadurch, daß die Logarithmen der Sinusfunktion abgetragen sind. Auf dem Normalrechenstab sind auf einer Länge von 25 cm die Logarithmen der Zahlen 0,1 bis 1 aufgetragen. Dementsprechend sind bei der Sinusleiter die Logarithmen der Funktion $y = \sin x$ im Wertebereich $0,1 \leqq y \leqq 1$ abgetragen und mit den zugehörigen Winkelangaben versehen. Da $0,1000 = \sin 5,74°$ ist, beginnt die Sinusleiter auf dem Rechenstab mit $5,74°$ (Abb. 6.20.).

Die Sinusleiter ist auf die logarithmische Skale D des Rechenstabes abgestimmt.

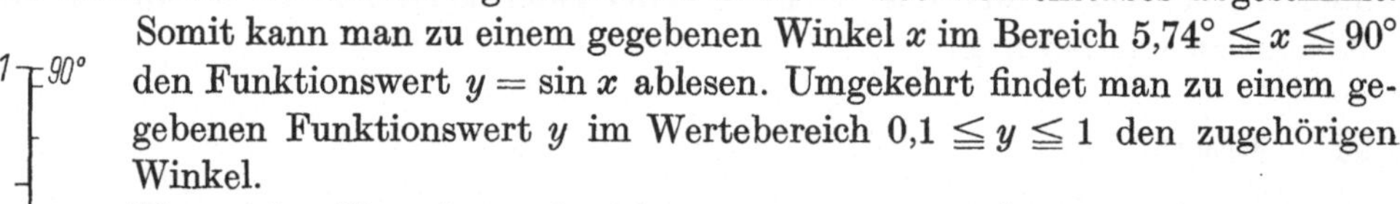

Somit kann man zu einem gegebenen Winkel x im Bereich $5,74° \leqq x \leqq 90°$ den Funktionswert $y = \sin x$ ablesen. Umgekehrt findet man zu einem gegebenen Funktionswert y im Wertebereich $0,1 \leqq y \leqq 1$ den zugehörigen Winkel.

Wegen der Komplementbeziehung $\cos x = \sin (90° - x)$ kann die Sinusfunktionsleiter auf dem Rechenstab auch dazu benutzt werden, zu gegebenen Winkeln x im Bereich $84,26° \geqq x \geqq 0°$ den Kosinuswert zu finden und umgekehrt.

● *Stellen Sie eine Sinusfunktionsleiter her, indem Sie auf einem Kartonstreifen auf einer Strecke von 250 mm Länge die Logarithmen der Werte der Sinusfunktion für folgende Winkel auftragen: 10°; 20°; 30°; 40°; 50°; 60°; 70°; 80°; 90°! Überlegen Sie, mit welchem Faktor Sie die Mantissen der Logarithmen multiplizieren müssen!*

Schreiben Sie die Winkelwerte an! Vergleichen Sie Ihre Sinusleiter mit der auf dem Rechenstab!

Bei der **Tangensfunktionsleiter** auf dem Rechenstab sind die Logarithmen der Tangensfunktion, $y = \tan x$, ebenfalls für den Wertebereich $0,1 \leqq y \leqq 1$ abgetragen und mit den zugehörigen Argumenten versehen.

Da $0,1000 = \tan 5,71°$ und $1,000 = \tan 45°$ ist, reicht die Tangensleiter auf dem Rechenstab von $5,71°$ bis $45°$. Man kann also auf dem Rechenstab die natürlichen Zahlenwerte der Tangensfunktion nur im Bereich $5,71° \leqq x \leqq 45°$ ablesen, und umgekehrt.

Abb. 6.19.   Abb. 6.20.

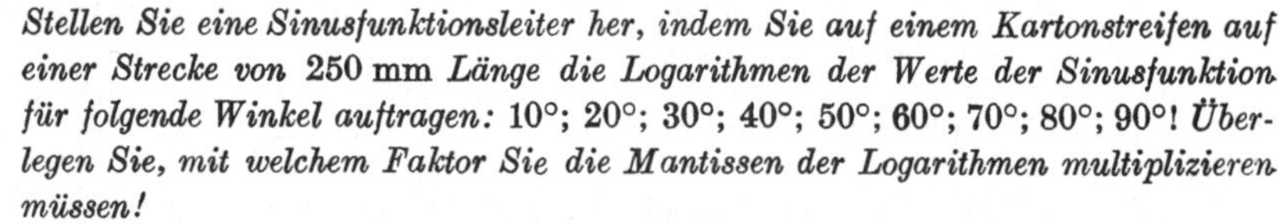

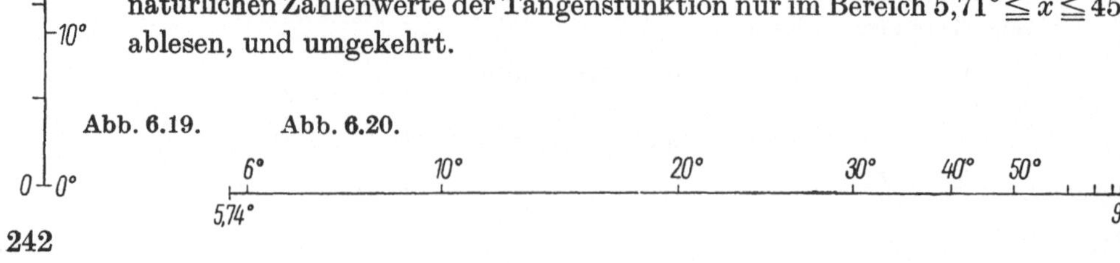

Wegen der Komplementbeziehung $\cot x = \tan(90° - x)$ kann die Tangensleiter verwendet werden, zu gegebenen Winkeln x im Bereich $45° \leqq x \leqq 84,29°$ den Kotangenswert zu finden und umgekehrt. Außerdem findet man auf dem Rechenstab für Sinus und Tangens kleiner Winkel eine gemeinsame Leiter. Sie reicht von $0,57°$ bis $5,73°$ entsprechend den Funktionswerten $0,01$ bzw. $0,1$ für Sinus und Tangens. Es ist $\sin 0,57° \approx \tan 0,57° \approx 0,0100$. Da sich beim Funktionswert $0,1000$ die zugehörigen Winkelwerte bei Sinus und Tangens in den Hundertstelgraden unterscheiden ($5,74°$ bzw. $5,71°$), ist für den Winkel der mittlere Wert $5,73°$ zu nehmen. Diese Leiter läßt sich außerdem für die Kosinusfunktion und die Kotangensfunktion im Bereich $89,43° \geqq x \geqq 84,27°$ verwenden.

● *Stellen Sie eine Tangensleiter her!*

6.3.3. Kombiniertes Tafel-Stab-Rechnen

Falls bei der Lösung einer Aufgabe die Genauigkeit des Rechenstabes ausreicht, aber kein Stab mit Winkelfunktionsleitern zur Verfügung steht, benutzen wir zum Aufsuchen der Funktionswerte die Tafeln der Winkelfunktionen und rechnen im übrigen mit dem Rechenstab. Diese Methode wird als **kombiniertes Tafel-Stab-Rechnen** bezeichnet. Sie hat insbesondere auch Bedeutung bei Winkelfunktionswerten, die auf dem Rechenstab nicht unmittelbar abgelesen werden können.

● *Geben Sie diese Bereiche des Rechenstabes an!*

■ **Beispiel 9:**

$x = \tfrac{1}{2} \cdot 8,7 \cdot 7,1 \cdot \sin 44,6°$

Wir finden in der Tafel $\sin 44,6° = 0,7022$. Mit dem Rechenstab berechnen wir den Ausdruck $\tfrac{1}{2} \cdot 8,7 \cdot 7,1 \cdot 0,702$. Es ergibt sich $x = 21,7$.

■ **Beispiel 10:**

$$\sin x = \frac{36,6 \cdot \sin 55,7°}{32,3}$$

In der Tafel finden wir $\sin 55,7° = 0,8261$. Mit dem Rechenstab berechnen wir den Ausdruck $\dfrac{36,6 \cdot 0,826}{32,3}$ und finden $\sin x = 0,936$. Nun suchen wir in der Tafel den Winkel auf. Es ergibt sich $x = 69,4°$.

■ **Beispiel 11:**

$$x = \frac{2,73 \cdot \tan 73,4° \cdot \cos 3,5°}{6,84}$$

Den Funktionswert $\tan 73,4°$ finden wir nicht auf dem Rechenstab. Wir könnten $\tan 16,6°$ ablesen und davon den reziproken Wert nehmen. Desgleichen könnten wir $\cos 3,5°$ als $\sin 86,5°$ ablesen, aber nur mit geringer Genauigkeit. Deshalb suchen wir $\tan 73,4°$ und $\cos 3,5°$ in den entsprechenden Tafeln auf und berechnen den Ausdruck $\dfrac{2,73 \cdot 3,35 \cdot 0,998}{6,84}$. Wir erhalten $x = 1,34$.

6.3.4. Beziehungen zwischen Funktionswerten von Winkeln aus verschiedenen Quadranten (Quadrantenbeziehungen)

Die Werte der Winkelfunktionen für Winkel des I. Quadranten werden aus den Tafeln der natürlichen Werte der Sinus- bzw. Tangensfunktion entnommen. Aber auch die Funktionswerte von Winkeln in den Quadranten II bis IV können mit Hilfe dieser beiden Tafeln bestimmt werden.

Es sei x_{II} ein Winkel im II. Quadranten (Abb. 6.21.).
Auf Grund der Erklärungen (1) bis (4) gelten die folgenden Gleichungen:

$$\sin x_{II} = \frac{\overline{PQ}}{r}, \qquad \tan x_{II} = \frac{\overline{PQ}}{\overline{OQ}},$$

$$\cos x_{II} = \frac{\overline{OQ}}{r}, \qquad \cot x_{II} = \frac{\overline{OQ}}{\overline{PQ}}.$$

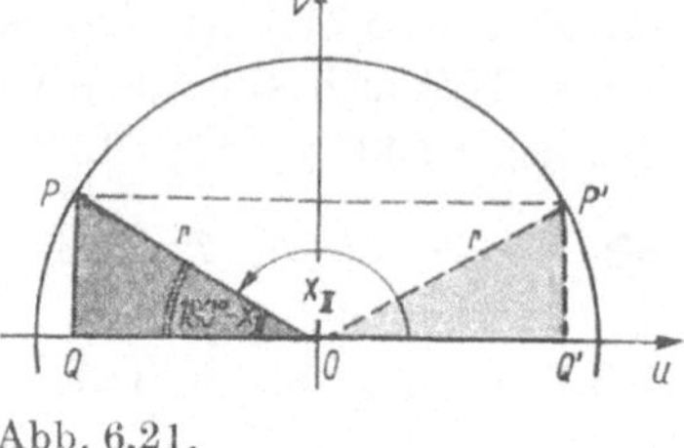

Abb. 6.21.

Spiegelt man das Dreieck OQP in Abbildung 6.21. an der v-Achse, so erhält man das Dreieck $OQ'P'$ im I. Quadranten. Der Winkel $POQ = (180° - x_{II})$ entspricht dann dem Winkel $P'OQ$. Weiter ist $\overline{PQ} = \overline{P'Q'}$ und $\overline{OQ'} = -\overline{OQ}$! Setzt man in die obigen Gleichungen ein und berücksichtigt, daß

$$\frac{\overline{P'Q'}}{r} = \sin (180° - x_{II}), \qquad \frac{\overline{P'Q'}}{\overline{OQ'}} = \tan (180° - x_{II}),$$

$$\frac{\overline{OQ'}}{r} = \cos (180° - x_{II}), \qquad \frac{\overline{OQ'}}{\overline{P'Q'}} = \cot (180° - x_{II})$$

ist, so ergibt sich:

$$\sin x_{II} = \quad \sin (180° - x_{II}), \quad \tan x_{II} = -\tan (180° - x_{II}),$$

$$\cos x_{II} = -\cos (180° - x_{II}), \quad \cot x_{II} = -\cot (180° - x_{II}).$$

Diese Gleichungen setzen die Winkelfunktionen eines Winkels im II. Quadranten zu den entsprechenden Winkelfunktionen des im I. Quadranten gelegenen Supplementwinkels in Beziehung.

Die Quadrantenbeziehung für den III. Quadranten erhält man mit Hilfe einer Spiegelung des Dreiecks OPQ in Abbildung 6.22. am Koordinatenursprung des uv-Koordinatensystems. Das bedeutet, daß dieses Dreieck um O um den Winkel 180° gedreht wird. Man erhält wiederum ein Dreieck $OQ'P'$ im I. Quadranten, und der Winkel $QOP = (x_{III} - 180°)$ entspricht dem Winkel $Q'OP'$.

● *Führen Sie die Untersuchungen über die Winkelfunktionen im III. Quadranten weiter!*

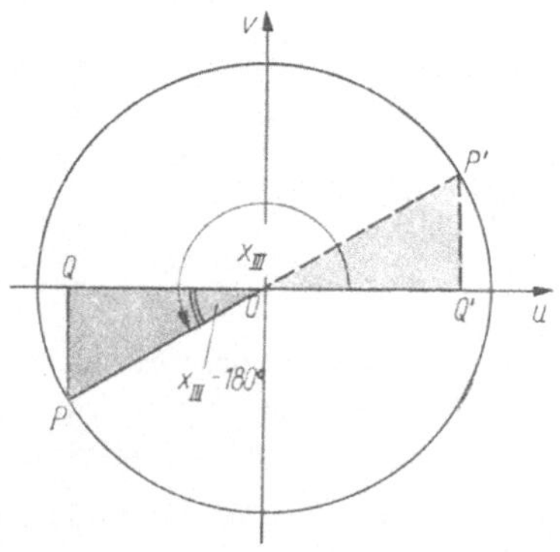

Abb. 6.22.

Die Quadrantenbeziehung für den IV. Quadranten
wird mit Hilfe einer Spiegelung des Dreiecks OQP
mit dem Winkel $POQ = (360° - x_{IV})$ an der u-Achse
gewonnen (Abb. 6.23.).

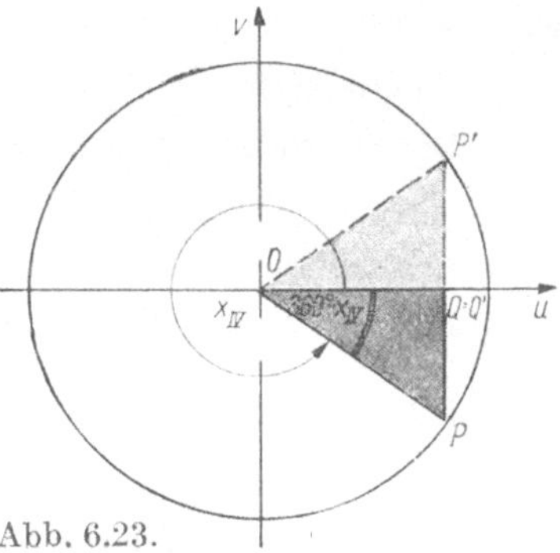

Abb. 6.23.

● *Führen Sie die Untersuchungen über die Winkelfunk-*
tionen im IV. Quadranten selbst durch!

Zwischen den Winkelfunktionen, die zu Winkeln
in höheren Quadranten gehören, und den Winkelfunktionen des entsprechenden Winkels im I. Quadranten gelten die folgenden Beziehungen.

II. Quadrant

$$(10) \quad \sin x_{II} = \quad \sin (180° - x_{II}) \qquad \tan x_{II} = -\tan (180° - x_{II})$$
$$\cos x_{II} = -\cos (180° - x_{II}) \qquad \cot x_{II} = -\cot (180° - x_{II})$$

III. Quadrant

$$(11) \quad \sin x_{III} = -\sin (x_{III} - 180°) \qquad \tan x_{III} = \tan (x_{III} - 180°)$$
$$\cos x_{III} = -\cos (x_{III} - 180°) \qquad \cot x_{III} = \cot (x_{III} - 180°)$$

IV. Quadrant

$$(12) \quad \sin x_{IV} = -\sin (360° - x_{IV}) \qquad \tan x_{IV} = -\tan (360° - x_{IV})$$
$$\cos x_{IV} = \quad \cos (360° - x_{IV}) \qquad \cot x_{IV} = -\cot (360° - x_{IV})$$

Die Beziehungen (10) bis (12) führen die Winkelfunktionen im II. bis IV. Quadranten
auf die entsprechenden Funktionen im I. Quadranten zurück.

■ **Beispiel 12:**

$$\cos 152° = -\cos (180° - 152°) = -\cos 28°$$

■ **Beispiel 13:**

$$\cot 215° = \quad \cot (215° - 180°) = \cot 35°$$

■ **Beispiel 14:**

$$\tan 312° = -\tan (360° - 312°) = -\tan 48°$$

Allgemein:

Um den Wert einer Winkelfunktion zu einem Winkel x $(90° < x < 360°)$ zu ermitteln,
sucht man in den Tafeln der natürlichen Werte der Sinus- bzw. Tangensfunktion
den Wert der gleichen Funktion für den Winkel $180° - x$, $x - 180°$ bzw. $360° - x$
auf. Zur schnellen Vorzeichenbestimmung dient die Tabelle auf S. 233.
Man erkennt, daß bei jeder der vier Funktionen jedes Vorzeichen genau zweimal
vorkommt. Bei einem gegebenen Funktionswert eines Winkels x findet man infolgedessen für den Winkel (im Bereich von $0° \leq x < 360°$) zwei Lösungen.

Beispiel 15:

$\sin x = 0{,}9664$

Der Funktionswert ist positiv, also liegen die Winkel x im I. und II. Quadranten.

$x_\mathrm{I} = x \quad (0° \leqq x \leqq 90°); \qquad\qquad x_\mathrm{II} = 180° - x \quad (0° \leqq x \leqq 90°).$

Aus der Tafel entnimmt man $x = 75{,}1°$.

Demnach ist $x_\mathrm{I} = 75{,}1°$; $x_\mathrm{II} = 180° - 75{,}1° = 104{,}9°$.

Beispiel 16:

$\cos x = -0{,}7145$

Der Funktionswert ist negativ, also liegen die Winkel x im II. und III. Quadranten.

$x_\mathrm{II} = 180° - x \quad (0° \leqq x \leqq 90°) \qquad x_\mathrm{III} = 180° + x \quad (0° \leqq x \leqq 90°)$

Aus der Tafel entnimmt man $x = 44{,}4°$.

Demnach ist $x_\mathrm{II} = 180° - 44{,}4° = 135{,}6°$; $x_\mathrm{III} = 180° + 44{,}4° = 224{,}4°$.

Aufgaben

Übungen im Tafelrechnen

Bestimmen Sie mit Hilfe der Tafeln für die natürlichen Werte der Winkelfunktionen die folgenden Funktionswerte!

1. a) $\sin 12°$ b) $\sin 84°$ c) $\sin 3°$ d) $\sin 29°$
   e) $\sin 37°$ f) $\sin 135°$ g) $\sin 97°$ h) $\sin 200°$
   i) $\cos 2°$ k) $\cos 17°$ l) $\cos 32°$ m) $\cos 51°$
   n) $\cos 68°$ o) $\cos 150°$ p) $\cos 101°$ q) $\cos 213°$ (L: a, e, i, m, n, q)

2. a) $\tan 21°$ b) $\tan 58°$ c) $\tan 5°$ d) $\tan 12°$
   e) $\tan 31°$ f) $\tan 120°$ g) $\tan 91°$ h) $\tan 261°$
   i) $\cot 8°$ k) $\cot 13°$ l) $\cot 64°$ m) $\cot 76°$
   n) $\cot 87°$ o) $\cot 110°$ p) $\cot 249°$ q) $\cot 96°$ (L: a, e, i, m, n, q)

3. a) $\sin 58{,}11°$ b) $\sin 63{,}44°$ c) $\sin 87{,}15°$ d) $\sin 34{,}26°$
   e) $\sin 19{,}24°$ f) $\sin 147{,}87°$ g) $\sin 219{,}73°$ h) $\sin 331{,}12°$
   i) $\cos 22{,}94°$ k) $\cos 17{,}32°$ l) $\cos 37{,}22°$ m) $\cos 9{,}67°$
   n) $\cos 1{,}12°$ o) $\cos 177{,}13°$ p) $\cos 209{,}65°$ q) $\cos 348{,}48°$ (L: a, e, i, m, n, q)

4. a) $\tan 1{,}92°$ b) $\tan 17{,}44°$ c) $\tan 28{,}55°$ d) $\tan 39{,}67°$
   e) $\tan 41{,}72°$ f) $\tan 216{,}36°$ g) $\tan 298{,}47°$ h) $\tan 154{,}41°$
   i) $\cot 14{,}74°$ k) $\cot 26{,}59°$ l) $\cot 34{,}53°$ m) $\cot 43{,}88°$
   n) $\cot 53{,}46°$ o) $\cot 224{,}33°$ p) $\cot 337{,}29°$ q) $\cot 135{,}23°$ (L: a, e, i, m, n, q)

5. a) $\sin 0{,}2°$ b) $\sin 0{,}83°$ c) $\sin 1{,}77°$ d) $\sin 2{,}6°$
     $\tan 0{,}2°$ $\tan 0{,}83°$ $\tan 1{,}77°$ $\tan 2{,}6°$
   e) $\sin 3{,}25°$ f) $\sin 4{,}71°$ g) $\sin 5{,}0°$ h) $\sin 9{,}1°$
     $\tan 3{,}25°$ $\tan 4{,}71°$ $\tan 5{,}0°$ $\tan 9{,}1°$ (L: a, c, e, g)

6. Bis zu welchen Winkeln stimmen die Werte der Sinus- und der Tangensfunktion
   a) auf vier Dezimalstellen, b) auf drei Dezimalstellen überein?
   c) Begründen Sie diese Erkenntnisse am Kreis, und formulieren Sie sie!   (L: a, b)

246

7. Verwandeln Sie die sexagesimale Teilung der folgenden Winkel in die dezimale (auf zwei Dezimalstellen)!

a) $16° \, 18'$ b) $38° \, 24'$ c) $79° \, 39'$ d) $24° \, 25'$

e) $20° \, 30' \, 30''$ f) $54° \, 3' \, 48''$ g) $78° \, 52' \, 33''$ h) $0° \, 5' \, 13''$ (L: b, d, f)

8. Rechnen Sie die folgenden Winkelangaben in Grad, Minuten und Sekunden um!

a) $27,1°$ b) $14,9°$ c) $34,12°$ d) $50,08°$

e) $68,47°$ f) $73,57°$ g) $7,93°$ h) $40,28°$ (L: a, b, c)

9. Berechnen Sie im Bereich $89,00° \leqq x \leqq 89,10°$ die Werte der Tangensfunktion für Hundertstelgrad durch lineare Interpolation! — Vergleichen Sie die Ergebnisse mit den Werten der Tangensfunktion in der untenstehenden Tabelle! Diese sind einer genaueren Tafel entnommen. — Bilden Sie die Differenzen zwischen den interpolierten und den in der Tabelle stehenden Funktionswerten!

Beurteilen Sie für verschiedene Intervalle von x die Möglichkeit, bei der Tangensfunktion linear zu interpolieren!

x	$89,00°$	$,01°$	$,02°$	$,03°$	$,04°$	$,05°$	$,06°$	$,07°$	$,08°$	$,09°$	$,10°$
$\tan x$	57,29	57,87	58,46	59,06	59,68	60,31	60,95	61,60	62,27	62,96	63,66

10. Suchen Sie die folgenden Funktionswerte auf!

a) $\tan 87,88°$ b) $\tan 89,05°$ c) $\cot 1,33°$ d) $\cot 2,87°$ e) $\cot 0,92°$ (L: a, b)

Bestimmen Sie mit Hilfe der Tafeln die Winkel, denen die folgenden Funktionswerte zugeordnet sind!

11. a) $\sin x = 0,2756$ b) $\sin x = 0,6157$ c) $\sin x = 0,8829$ d) $\sin x = 0,4787$

e) $\sin x = 0,2990$ f) $\sin x = -0,5105$ g) $\cos x = 0,0454$ h) $\cos x = 0,9921$

i) $\cos x = 0,1547$ k) $\cos x = -0,6858$ l) $\cos x = 0,7325$ m) $\cos x = -0,9724$

(L: a, b, c, d)

12. a) $\tan x = 0,0699$ b) $\tan x = 0,2679$ c) $\tan x = 1,483$ d) $\tan x = -0,9725$

e) $\tan x = 0,1495$ f) $\tan x = -0,4536$ g) $\cot x = 1,865$ h) $\cot x = 0,3115$

i) $\cot x = 2,592$ k) $\cot x = -3,420$ l) $\cot x = -5,730$ m) $\cot x = 0,0052$

(L: e, f, g, h)

13. a) $\sin x = 0,6407$ b) $\sin x = 0,4711$ c) $\sin x = 0,8308$ d) $\sin x = -0,6300$

e) $\sin x = 0,6070$ f) $\sin x = 0,0081$ g) $\cos x = 0,1700$ h) $\cos x = 0,3473$

i) $\cos x = -0,9872$ k) $\cos x = 0,0037$ l) $\cos x = -0,0323$ m) $\cos x = 0,9999$

(L: i, k, l, m)

Rechnen Sie die gefundenen Winkel in sexagesimal geteilte Grad um!

14. Bestimmen Sie die Winkel x, die den folgenden Funktionswerten zugeordnet sind! (L: c, d, e)

	a)	b)	c)	d)	e)	f)	g)
$\sin x$	0	1	$-0,5$	$0,3746$	$-0,7314$	$0,1500$	$-0,0728$
$\cos x$	0	1	-1	$0,7071$	$-0,9336$	$0,2358$	$-0,7005$
$\tan x$	0	1	2	-3	$-0,4452$	$0,9387$	$-0,0120$
$\cot x$	0	1	-3	$-16,50$	$0,1700$	$-1,319$	$-2,439$

Übungen mit dem Rechenstab

15. Stellen Sie am Rechenstab fest, in welchem Bereich die Sinusfunktionsleiter gilt!
Die Unterteilung wechselt. Wie viele Teilbereiche mit verschiedener Unterteilung gibt es?
Beschreiben Sie die Unterteilung! Was bedeutet in jedem dieser Bereiche ein Skalenteil?

Bestimmen Sie mit Hilfe des Rechenstabes!

16. a) $\sin\ 85°$ **b)** $\sin 72°$ **c)** $\sin 61{,}5°$ **d)** $\sin\ 24{,}3°$
    e) $\sin\ 10{,}4°$ **f)** $\sin\ 7{,}42°$ **g)** $\sin\ 5{,}95°$ **h)** $\sin 213{,}38°$
    i) $\sin 323{,}83°$ **k)** $\cos 22°$ **l)** $\cos 57{,}6°$ **m)** $\cos\ 73{,}27°$ (L: a, d, g, k)

17. a) $\tan\ 43°$ **b)** $\tan\ 37{,}2°$ **c)** $\tan 22{,}22°$ **d)** $\tan 17{,}29°$
    e) $\tan\ 6{,}15°$ **f)** $\tan 186{,}35°$ **g)** $\tan 42{,}4°$ **h)** $\tan 283{,}55°$
    i) $\tan 354{,}21°$ **k)** $\cot\ 48°$ **l)** $\cot 54{,}2°$ **m)** $\cot\ 79{,}66°$ (L: b, f, k)

18. a) $\sin\ 2°$ **b)** $\sin\ 5{,}5°$ **c)** $\sin\ 1{,}92°$ **d)** $\tan\ 0{,}75°$
    e) $\tan\ 1{,}07°$ **f)** $\tan\ 2{,}96°$ **g)** $\cos 85°$ **h)** $\cos 87{,}3°$
    i) $\cos 89{,}08°$ **k)** $\cot 86°$ **l)** $\cot 84{,}9°$ **m)** $\cot 88{,}63°$ (L: c, g, l)

19. Lösen Sie, soweit möglich, die Aufgaben **3** und **4** mit Hilfe des Rechenstabes!
Vergleichen Sie in den verschiedenen Teilbereichen des Rechenstabes die Genauigkeit mit
der der Tafel!

Bestimmen Sie mit Hilfe des Rechenstabes die Winkel, die den folgenden Funktionswerten
zugeordnet sind!

20. a) $\sin x = 0{,}99$ **b)** $\sin x = 0{,}87$ **c)** $\sin x = 0{,}654$ **d)** $\sin x = 0{,}358$
    e) $\sin x = -0{,}194$ **f)** $\sin x = 0{,}111$ **g)** $\sin x = 0{,}722$ **h)** $\sin x = -0{,}533$
    i) $\sin x = 0{,}276$ **k)** $\cos x = 0{,}23$ **l)** $\cos x = 0{,}872$ **m)** $\cos x = 0{,}433$
       (L: a, b, c, d)

21. a) $\tan x = 0{,}97$ **b)** $\tan x = 0{,}83$ **c)** $\tan x = 0{,}755$ **d)** $\tan x = 0{,}444$
    e) $\tan x = 0{,}123$ **f)** $\tan x = -0{,}337$ **g)** $\tan x = -0{,}842$ **h)** $\tan x = 0{,}229$
    i) $\tan x = 0{,}656$ **k)** $\cot x = 0{,}17$ **l)** $\cot x = 0{,}778$ **m)** $\cot x = 0{,}100$
       (L: e, f, g, h)

22. a) $\sin x = 0{,}09$ **b)** $\sin x = 0{,}082$ **c)** $\sin x = 0{,}054$ **d)** $\tan x = 0{,}017$
    e) $\tan x = 0{,}0323$ **f)** $\tan x = 0{,}0122$ **g)** $\cos x = 0{,}08$ **h)** $\cos x = 0{,}045$
    i) $\cos x = 0{,}0226$ **k)** $\cot x = 0{,}07$ **l)** $\cos x = 0{,}061$ **m)** $\cot x = 0{,}0118$
       (L: i, k, l, m)

23. Lösen Sie, soweit möglich, die Aufgaben **13** mit Hilfe des Rechenstabes!
Beurteilen Sie die Genauigkeit des Rechenstabes in den verschiedenen Teilbereichen!

Anwendungen

24. Beweisen Sie das folgende Formelsystem ($0° \leq x \leq 90°$)!

II. Quadrant	$\sin (180° - x) = \sin x$	$\tan (180° - x) = -\tan x$
	$\cos (180° - x) = -\cos x$	$\cot (180° - x) = -\cot x$
III. Quadrant	$\sin (180° + x) = -\sin x$	$\tan (180° + x) = \tan x$
	$\cos (180° + x) = -\cos x$	$\cot (180° + x) = \cot x$
IV. Quadrant	$\sin (360° - x) = -\sin x$	$\tan (360° - x) = -\tan x$
	$\cos (360° - x) = \cos x$	$\cot (360° - x) = -\cot x$

25. a) Im II. bis IV. Quadranten können die Winkel x auch durch folgende Beziehungen ausgedrückt werden ($0° \leq x' \leq 90°$):

$90° + x'$; $270° - x'$; $270° + x'$!

Stellen Sie unter diesen Bedingungen Quadrantenbeziehungen für die vier Winkelfunktionen auf! Zeichnen Sie am Kreis entsprechende Figuren!

b) In welchen Fällen sind die von 90° bzw. 270° ausgehenden Quadrantenbeziehungen den von 180° und 360° ausgehenden Beziehungen (10) bis (12) bzw. denen in Aufgabe **24** vorzuziehen?

c) Führen Sie auf verschiedene Arten auf Funktionen im I. Quadranten zurück: sin 110,43°; cos 200°; tan 290,86°; cot 185°!

26. a) Berechnen Sie die zu einem beliebigen Zentriwinkel α gehörige Sehne s, den zugehörigen Kreisbogen $\widehat{b}$ und die Pfeilhöhe h (Abstand der Bogenmitte von der Sehne) eines Kreises mit dem Radius r als Funktionen des Zentriwinkels, und stellen Sie diese Funktionen graphisch dar (Abb. 6.24.)!

b) Wie lauten die analytischen Darstellungen für die Funktionen $s\,(\alpha)$; $\widehat{b}\,(\alpha)$ und $h\,(\alpha)$ am Einheitskreis? (L: b)

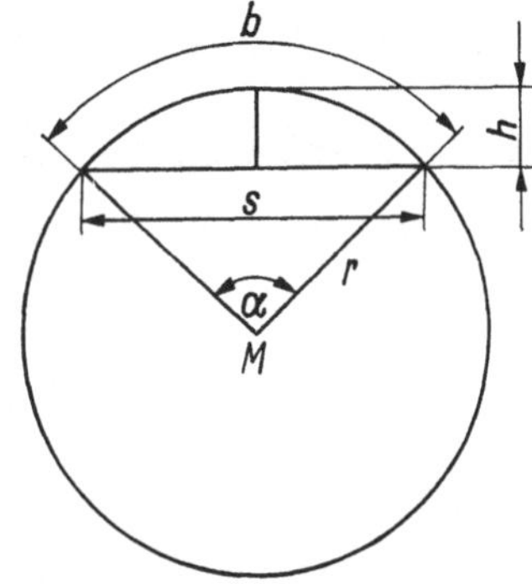

Abb. 6.24.

27. Die Fläche eines Kreissegments über der Sehne s, das von dem Kreisbogen $\widehat{b}$ begrenzt wird, berechnet man als Differenz aus dem Kreissektor zum Bogen $\widehat{b}$ und dem gleichschenkligen Dreieck über der Sehne s als Basis, dessen Spitze im Kreismittelpunkt liegt.

a) Wie groß ist die Fläche des Kreissegments zum Zentriwinkel $\alpha = 54°$ in einem Kreis mit dem Radius $r = 1$ m?

b) Berechnen Sie die Pfeilhöhe h des Segments aus Aufgabe **a**!

c) Von einem Segment sind die Sehne $s = 5,40$ m (Spannweite s) und die Pfeilhöhe $h = 0,50$ m (Bogenhöhe h) gegeben. Berechnen Sie die Fläche des Kreissegments und den zugehörigen Zentriwinkel!

d) Stellen Sie
1. den Sektor zum Bogen $\widehat{b}$ eines Einheitskreises,
2. den Flächeninhalt des gleichschenkligen Dreiecks über der Sehne s als Basis, dessen Spitze im Mittelpunkt des Einheitskreises liegt,
3. das Kreissegment über der Sehne s, das von dem Kreisbogen $\widehat{b}$ begrenzt wird, als Funktionen des Zentriwinkels α analytisch und graphisch dar! (L)

28. Berechnen Sie den Umfang der Breitenkreise, auf denen folgende Orte liegen:

a) Berlin ($\varphi = 52,4°$ N; $\lambda = 13,1°$ O),

b) Moskau ($\varphi = 55,8°$ N; $\lambda = 37,6°$ O),

c) Johannesburg (Republik Südafrika) ($\varphi = 26,2°$ S; $\lambda = 28,1°$ O),

d) La Plata (Argentinien) ($\varphi = 34,9°$ S; $\lambda = 57,9°$ O),

e) Peking ($\varphi = 39,8°$ N; $\lambda = 116,5°$ O),

f) Ihr Heimatort!

6.4. Das rechtwinklige Dreieck

Konische Zapfen (auch Kegelzapfen oder kurz „Kegel" genannt) können auf der Drehmaschine durch Schrägstellen des Oberteils am verschiebbaren Werkzeugschlitten, des sogenannten Längssupports, gedreht werden (Abb. 6.25.a und b). In der Mathematik bezeichnet man einen solchen Körper als **Kegelstumpf** (Abb. 6.26.). Die Symbole l, D und d werden in der Technik zur Bezeichnung der Größen eines Kegelzapfens verwendet.

Der Einstellwinkel des Längssupports β hängt vom Kegelwinkel α ab; es ist $\beta = \dfrac{\alpha}{2}$ (Abb. 6.25.b).

In der Praxis wird die Gestalt des Kegels nicht durch den Winkel α angegeben, sondern durch die Verjüngung $\dfrac{1}{x}$ (Fachbezeichnung: Kegel $1 : x$). Das bedeutet, daß der Durchmesser D sich auf einer Zapfenlänge von x mm um 1 mm vermindert

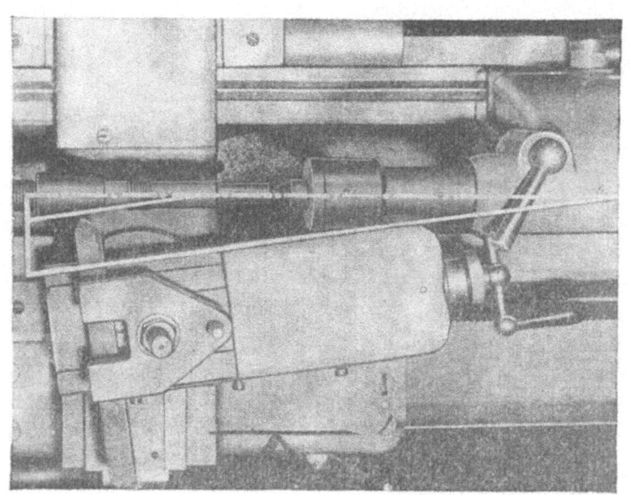

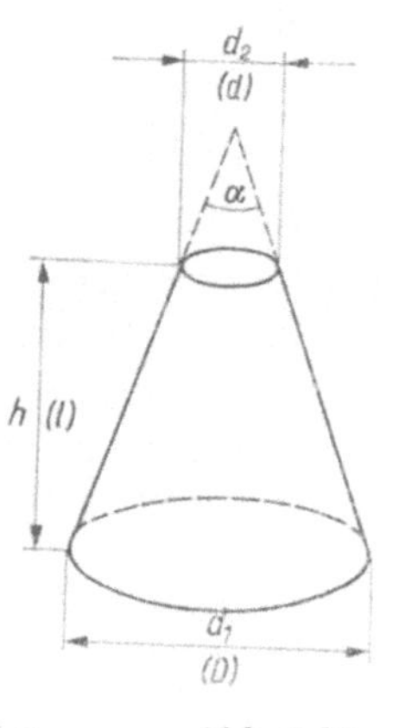

Abb. 6.25.a   Abb. 6.26.

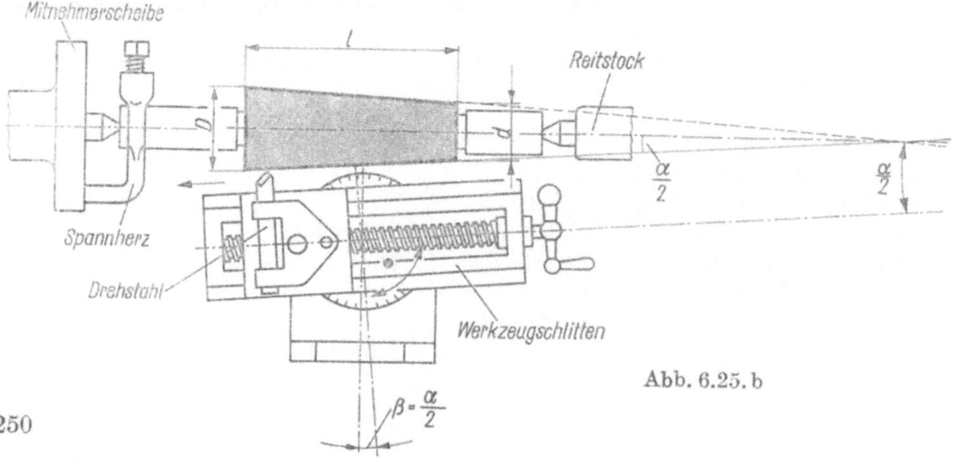

Abb. 6.25.b

(Abb. 6.27.). Hat der Kegel die Länge l, so verjüngt er sich von D auf d, das heißt um $(D-d)$. Wendet man den Strahlensatz auf die Figur in Abbildung 6.28. an, so gilt:

$$1 : x = (D-d) : l\,.$$

Die Verjüngung $\dfrac{1}{x}$ beträgt also $\dfrac{D-d}{l}$.

Sowohl in Abbildung 6.27. als auch in Abbildung 6.28. sind „Kegel $1 : 4$" dargestellt. Für das Arbeiten auf der Drehmaschine ist es nötig, aus der Vorschrift $1 : x$ den Einstellwinkel β des Supports, also letztlich den Kegelwinkel α zu bestimmen.

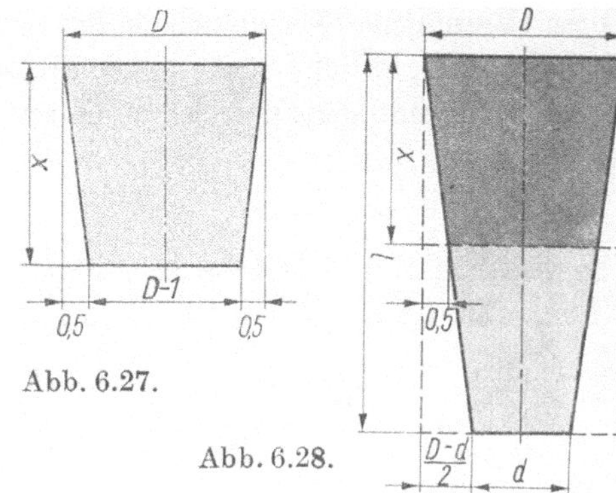

Abb. 6.27.

Abb. 6.28.

 1. *Bestimmen Sie geometrisch den Kegelwinkel α, wenn die Verjüngung $1 : 4$ beträgt!*

2. *Ein Turm wirft auf eine waagerechte Ebene einen Schatten von der Länge l, während die Sonne unter dem Winkel α gegen die Horizontallinie gesehen wird. Die Turmhöhe h ist aus der Schattenlänge l und dem Winkel α zu bestimmen.*

Die Bearbeitung technischer oder naturwissenschaftlicher Probleme führt häufig zu Aufgaben, in denen in einer Figur Zusammenhänge zwischen Streckenverhältnissen und Winkeln an Dreiecken auftreten. Die rechnerische Lösung solcher Aufgaben ist mit Hilfe der ebenen Trigonometrie[1] möglich.

6.4.1. Die Winkelfunktionen am rechtwinkligen Dreieck

Die Winkelfunktionen wurden im Abschnitt 6.1. mit Hilfe eines Kreispunktes $P(u; v)$ im Kreis mit dem Radius r erklärt. Das entstehende Dreieck OQP ist rechtwinklig (Abb. 6.4.). In bezug auf den Winkel x werden $\overline{PQ}$ als Gegenkathete und $\overline{OQ}$ als Ankathete bezeichnet.

Am rechtwinkligen Dreieck OQP gelten auf Grund der Erklärungen (1) bis (4), Abschnitt 6.1., die folgenden Beziehungen:

$$\sin x = \frac{\text{Gegenkathete}}{\text{Hypotenuse}}\,; \qquad \cos x = \frac{\text{Ankathete}}{\text{Hypotenuse}}\,;$$

$$\tan x = \frac{\text{Gegenkathete}}{\text{Ankathete}}\,; \qquad \cot x = \frac{\text{Ankathete}}{\text{Gegenkathete}}\,.$$

In der Abbildung 6.29. werden drei rechtwinklige Dreiecke (ABC, A_1B_1C und A_2B_2C) dargestellt. Die Dreiecke sind ähnlich, deshalb gilt:

$$\frac{\overline{BC}}{\overline{AB}} = \frac{\overline{B_1C}}{\overline{A_1B_1}} = \frac{\overline{B_2C}}{\overline{A_2B_2}} = \frac{a}{c}\,.$$

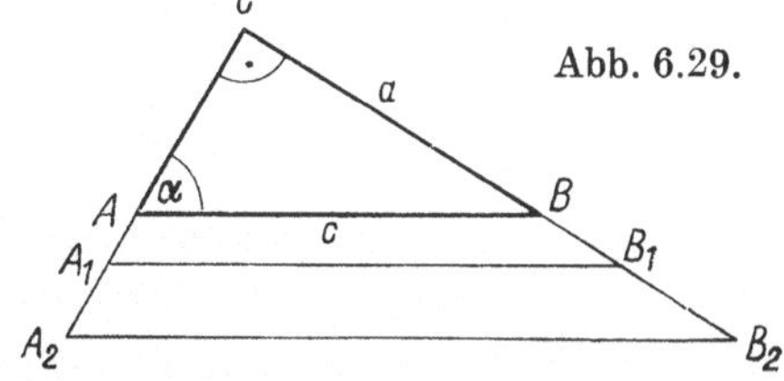

Abb. 6.29.

---

[1] **Tri-gono-metrie** (griech.), wörtlich: Drei-Winkel- oder Drei-Eck-Messung; frei: Dreiecksberechnung.

Dieses Verhältnis (Gegenkathete für den Winkel α : Hypotenuse) ist aber nach der Erklärung (1), Abschnitt 6.1., gleich dem Sinus des Winkels α. Das gilt für alle ähnlichen rechtwinkligen Dreiecke mit dem Winkel α:

$$\sin \alpha = \frac{a}{c}.$$

Die rechtwinkligen Dreiecke der Abbildung 6.30. stimmen in der Hypotenuse c überein.

● *Wo liegen die Scheitel C_n der rechten Winkel aller Dreiecke, die c als Hypotenuse haben?*

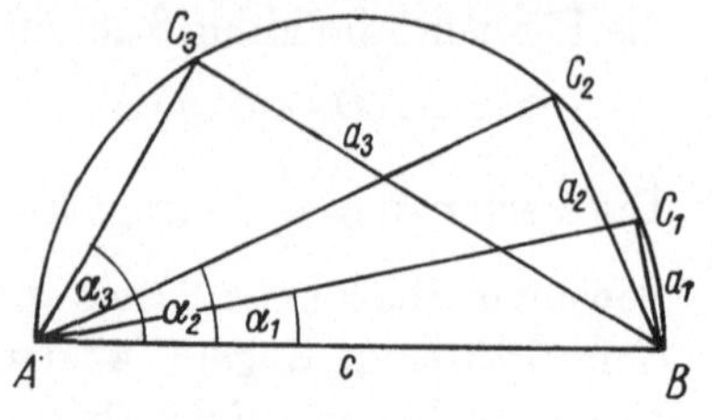

Abb. 6.30.

Der Winkel mit dem Scheitel A nimmt zu, wenn man vom Dreieck ABC_1 zum Dreieck ABC_2 und von diesem zum Dreieck ABC_3 übergeht. Es gilt die Ungleichung

$$\alpha_1 < \alpha_2 < \alpha_3.$$

Mit dem Winkel α wächst die zugehörige Gegenkathete a_n. Da die Hypotenuse c konstant bleibt, wächst mit dem Winkel auch das Verhältnis der Gegenkathete zur Hypotenuse; es ist

$$\frac{a_1}{c} < \frac{a_2}{c} < \frac{a_3}{c}.$$

Allgemein gilt:

Wenn im rechtwinkligen Dreieck ein Winkel wächst, so nimmt auch der Quotient aus Gegenkathete und Hypotenuse zu. Im rechtwinkligen Dreieck ist also das Verhältnis der Gegenkathete eines Winkels zur Hypotenuse eine Funktion des Winkels. Umgekehrt hängt der Winkel von dem Verhältnis der Gegenkathete zur Hypotenuse ab. Diese Abhängigkeit wird durch die Sinusfunktion ausgedrückt:

$$(13) \quad \sin \alpha = \frac{a}{c}.$$

▶ **Satz 1: Im rechtwinkligen Dreieck ist der Sinus eines Winkels der Quotient aus der Gegenkathete dieses Winkels und der Hypotenuse.**

Analoge Betrachtungen können für die Seitenverhältnisse $\dfrac{b}{c}$, $\dfrac{a}{b}$ und $\dfrac{b}{a}$ durchgeführt werden. Dabei ergeben sich

$$(14) \quad \cos \alpha = \frac{b}{c},$$

$$(15) \quad \tan \alpha = \frac{a}{b},$$

$$(16) \quad \cot \alpha = \frac{b}{a}.$$

▶ **Satz 2: Im rechtwinkligen Dreieck ist der Kosinus eines Winkels der Quotient aus der Ankathete dieses Winkels und der Hypotenuse.**

▶ **Satz 3: Im rechtwinkligen Dreieck ist der Tangens eines Winkels der Quotient aus der Gegenkathete und der Ankathete dieses Winkels.**

▶ **Satz 4: Im rechtwinkligen Dreieck ist der Kotangens eines Winkels der Quotient aus der Ankathete und der Gegenkathete dieses Winkels.**

● *Untersuchen Sie auf Grund der Gleichungen 13 bis 16 die Grenzfälle $\alpha = 0°$ und $\alpha = 90°$! Halten Sie c konstant, und weisen Sie nach, daß die Ergebnisse mit den Werten der Winkelfunktionen für diese Winkel übereinstimmen!*

Auf Grund der Sätze 1 bis 4 gelten im rechtwinkligen Dreieck folgende Beziehungen:

$$a : c = \sin \alpha = \cos \beta, \qquad b : c = \cos \alpha = \sin \beta,$$
$$a : b = \tan \alpha = \cot \beta, \qquad b : a = \cot \alpha = \tan \beta. \qquad (\gamma = 90°)$$

● *Drücken Sie diese Beziehungen in Worten aus, und leiten Sie die Formeln (5) und (6), Abschnitt 6.2., her!*

Im rechtwinkligen Dreieck ist der Flächeninhalt $A = \tfrac{1}{2} ab$. Wir drücken nach (13) und (14) die Katheten durch die Hypotenuse und Winkelfunktionen von α aus:

$$(17) \quad A = \frac{1}{2} c^2 \sin \alpha \cos \alpha .$$

6.4.2. Berechnung spezieller Funktionswerte

Für die Winkel 30°, 45° und 60° können die Werte der Winkelfunktionen durch die Anwendung von Sätzen aus der Planimetrie berechnet werden. Für den Winkel 30° verwendet man hierbei ein gleichseitiges Dreieck (Abb. 6.31.). Es ergibt sich:

$$\sin 30° = \frac{a}{2} : a = \frac{1}{2};$$

$$\cos 30° = h : a = \frac{a}{2} \sqrt{3} : a = \frac{1}{2} \sqrt{3};$$

$$\tan 30° = \frac{a}{2} : h = \frac{a}{2} : \frac{a}{2} \sqrt{3} = \frac{1}{3} \sqrt{3};$$

$$\cot 30° = h : \frac{a}{2} = \frac{a}{2} \sqrt{3} : \frac{a}{2} = \sqrt{3}.$$

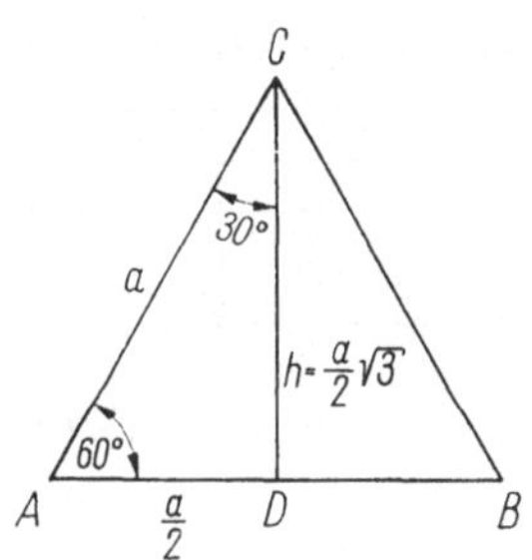

Abb. 6.31.

● *Bestimmen Sie die Werte der vier Winkelfunktionen für den Winkel 60°, indem Sie ein gleichseitiges Dreieck (Abb. 6.31.) zugrunde legen!*

Die Funktionswerte für den Winkel 45° können mit Hilfe eines Quadrates ermittelt werden (Abb. 6.32.). Es ergibt sich:

$$\sin 45° = a : d = a : a \sqrt{2} = \tfrac{1}{2} \sqrt{2};$$
$$\cos 45° = a : d = a : a \sqrt{2} = \tfrac{1}{2} \sqrt{2};$$
$$\tan 45° = a : a = 1;$$
$$\cot 45° = a : a = 1.$$

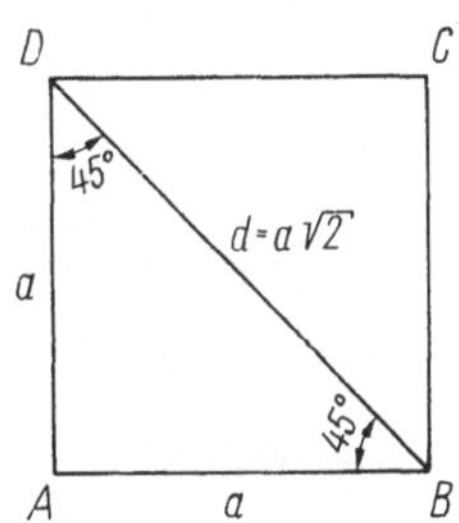

Abb. 6.32.

 Verwandeln Sie die Funktionswerte für die Winkel 30°, 45° und 60° in Dezimalzahlen! Vergleichen Sie die Ergebnisse mit den Angaben in den Tafeln!

Wir wissen, daß $\tan x$ größer wird als jede angebbare Zahl, wenn x gegen 90° strebt, und ebenso $\cot x$, wenn x gegen 0° strebt. Dafür verwendet man das Symbol:

$$\tan x \rightarrow \infty, \quad \text{falls } x \rightarrow 90°$$
$$\cot x \rightarrow \infty, \quad \text{falls } x \rightarrow 0°,$$

gelesen: „$\tan x$ ($\cot x$) wird größer als jede angebbare Zahl, falls x gegen 90° (gegen 0°) strebt".

Die auf diese Weise berechneten Funktionswerte und die für 0° und 90° werden in der folgenden Übersicht zusammengefaßt.

x	0°	30°	45°	60°	90°
$\sin x$	0	$\frac{1}{2}$	$\frac{1}{2}\sqrt{2}$	$\frac{1}{2}\sqrt{3}$	1
$\cos x$	1	$\frac{1}{2}\sqrt{3}$	$\frac{1}{2}\sqrt{2}$	$\frac{1}{2}$	0
$\tan x$	0	$\frac{1}{3}\sqrt{3}$	1	$\sqrt{3}$	(∞)
$\cot x$	(∞)	$\sqrt{3}$	1	$\frac{1}{3}\sqrt{3}$	0

Die gedächtnismäßige Beherrschung dieser Funktionswerte ist vorteilhaft. Dabei genügt es, wegen der Komplementbeziehungen (9), wenn man sich nur die Folgen der Sinus- und Tangenswerte einprägt. Für die Sinuswerte kann man dazu die folgende Gedächtnisstütze benutzen:

x	0°	30°	45°	60°	90°
$\sin x$	$\frac{1}{2}\sqrt{0}$	$\frac{1}{2}\sqrt{1}$	$\frac{1}{2}\sqrt{2}$	$\frac{1}{2}\sqrt{3}$	$\frac{1}{2}\sqrt{4}$

6.4.3. Die Logarithmen der Winkelfunktionen

Zur Erleichterung trigonometrischer Berechnungen wendet man auch auf die Werte der Winkelfunktionen das Rechnen mit Logarithmen an. Um ein doppeltes Aufschlagen von Werten zu vermeiden (1. Aufschlagen des Funktionswertes, 2. Aufschlagen des Logarithmus des Funktionswertes), wurden die Logarithmen der Winkelfunktionswerte tabellarisch in Tafeln erfaßt.

Die Tafeln der Logarithmen der Winkelfunktionen sind in gleicher Weise zu handhaben wie die Tafeln der Werte der Winkelfunktionen. Dabei ist zu beachten, daß die Winkelfunktionswerte überwiegend kleiner als 1 sind und somit Logarithmen mit negativen Kennzahlen haben.

■ Beispiel 17:

$\sin 23{,}3° = 0{,}3955$

$\lg \sin 23{,}3° = \lg 0{,}3955 = 0{,}5972 - 1$

In den Tafeln sind alle Logarithmen mit negativer Kennzahl auf die Kennzahl -10 gebracht worden, die aus drucktechnischen Gründen fehlt. Es muß also jeweils -10 ergänzt werden. In der Tafel steht zum Beispiel für

lg sin $23{,}3°$ der Wert $9{,}5972$; das bedeutet: lg sin $23{,}3° = 9{,}5972 - 10$.

In der Rechenpraxis subtrahiert man beim Aufschlagen der Logarithmen von der Form $9, \ldots; 8, \ldots; 7, \ldots;$ usw. im Kopfe die Zahl 10 und erhält $0, \ldots -1; 0, \ldots -2; 0, \ldots -3;$ usw. Umgekehrt ist zu einem gegebenen Logarithmus mit negativer Kennzahl vor Benutzung der Tafel die Zahl 10 zu addieren. Infolge der dezimalen Teilung des Grades ist die Interpolation dieselbe wie beim Rechnen mit Logarithmen. Aus der Tafel entnimmt man die Logarithmen der Sinus- und Tangenswerte für Winkel von $0°$ bis $5°$ und die Logarithmen der Kosinus- und Kotangenswerte von $85°$ bis $90°$ mit einer Genauigkeit von Hundertstelgrad unmittelbar, durch Interpolation mit einer Genauigkeit von Tausendstelgrad.

		Werte der Winkelfunktionen	Logarithmen der Funktionswerte
Beispiel 18:	sin $21{,}87°$	$0{,}3725$	$9{,}5711 - 10 = 0{,}5711 - 1$
Beispiel 19:	cos $31{,}58°$	$0{,}8519$	$9{,}9304 - 10 = 0{,}9304 - 1$
Beispiel 20:	tan $69{,}43°$	$2{,}664$	$0{,}4257$
Beispiel 21:	cot $86{,}68°$	$0{,}0580$	$8{,}7635 - 10 = 0{,}7635 - 2$

Beim Rechnen mit den Logarithmen der Werte der Winkelfunktionen von Winkeln über $90°$ müssen die negativen Vorzeichen außer Betracht gelassen werden. Denn Logarithmen von negativen Zahlen existieren im Bereich der reellen Zahlen nicht. Man muß also in diesen Fällen mit den absoluten Beträgen der Werte der Winkelfunktionen rechnen. Im übrigen gelten dann die gleichen Gesetze, die für das Rechnen mit den Logarithmen bei Winkeln im I. Quadranten erklärt wurden.

Beispiel 22:

lg cos $152°$

Der Funktionswert cos $152°$ ist negativ. Deshalb wird der Logarithmus des Betrages des Winkelfunktionswertes angegeben: lg $|\cos 152°| = 0{,}9459 - 1$.

Beispiel 23:

lg $|\tan x| = 0{,}4389$ ($\tan x < 0$)

In diesem Falle soll der Wert der Winkelfunktion, zu dem der Logarithmus angegeben ist, negativ sein. Man bestimmt zunächst den im I. Quadranten liegenden Winkelwert und erhält $x = 70°$. Unter Berücksichtigung der Vorschrift $\tan x < 0$ findet man als Lösungen:

$$x_1 = 180° - x = 110°; \quad x_2 = 360° - x = 290°.$$

6.4.4. Berechnungen am rechtwinkligen Dreieck

Da im rechtwinkligen Dreieck immer der rechte Winkel gegeben ist, sind zur Bestimmung dieses Dreiecks nur noch zwei Stücke nötig. Dazu können die Hypotenuse, die beiden Katheten, einer der spitzen Winkel, der Flächeninhalt und andere Stücke in geeigneter Zusammensetzung dienen. Beschränken wir uns auf die Seiten und Winkel (primäre Stücke), so sind vier Fälle möglich (Abb. 6.33.).

Gegeben können sein:

1. die Hypotenuse und ein Winkel;
2. eine Kathete und ein Winkel;
3. eine Kathete und die Hypotenuse;
4. die beiden Katheten.

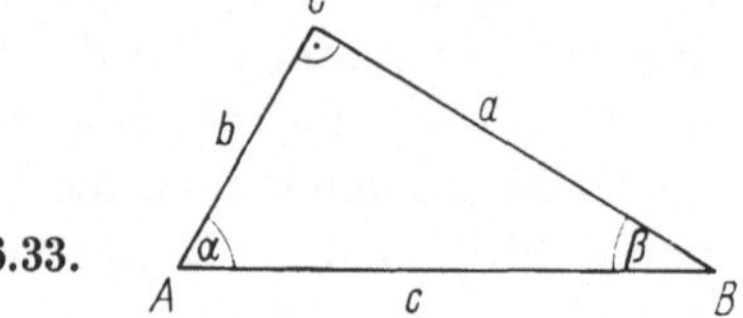

Abb. 6.33.

Stellen Sie für das Dreieck in Abbildung 6.33. alle möglichen Fälle zusammen!

Die Berechnungen werden in zwei Schritten durchgeführt:

1. Die Aufgabe wird unter Verwendung der allgemeinen Symbole (a, b, c; α, β; A usw.) gelöst (Allgemeine Lösung).
   Dabei müssen oft Winkelfunktionen hinzugezogen werden.
2. Die gegebenen speziellen Zahlenwerte werden verwendet (Zahlenmäßige Lösung).

In den folgenden Beispielen erfahren die Symbole a, b, c und A während der Lösung einen Bedeutungswechsel. Während diese Symbole in der allgemeinen Lösung als Größen verwendet werden, sind sie in der zahlenmäßigen Lösung als Symbole für Zahlenwerte anzusehen.

Beispiel 24:

(1. Fall der obigen Zusammenstellung):
Gegeben: $c = 51{,}90$ m; $\alpha = 52{,}55°$.
Gesucht: **1)** a (in m);   **2)** b (in m);   **3)** β (in Grad);   **4)** A (in m²).

Allgemeine Lösung (a, b, c, A bedeuten Größen):

1) $\sin \alpha = \dfrac{a}{c}$ **2)** $\cos \alpha = \dfrac{b}{c}$

   $a = c \cdot \sin \alpha$ $b = c \cdot \cos \alpha$

3) $\beta = 90° - \alpha$ **4)** $A = \tfrac{1}{2} c^2 \sin \alpha \cdot \cos \alpha$

Zahlenmäßige Lösung (a, b, c, A bedeuten Zahlenwerte):

1) $a = 51{,}90 \cdot \sin 52{,}55°$

   $a = 41{,}21$

2) $b = 51{,}90 \cdot \cos 52{,}55°$

   $b = 31{,}56$

3) $\beta = 90° - 52{,}55° = 37{,}45°$

	N.	L.	
	51,90	1,7152	
	sin 52,55°	0,8998 — 1	+
	a	1,6150	
	51,90	1,7152	
	cos 52,55°	0,7839 — 1	+
	b	1,4991	

4) $A = \frac{1}{2} \cdot 51{,}90^2 \cdot \sin 52{,}55° \cdot \cos 52{,}55°$

$A = 650{,}3$

Die Stücke des Dreiecks sind:

$a = 41{,}21$ m; $b = 31{,}56$ m; $c = 51{,}90$ m;

$\alpha = 52{,}55°$; $\beta = 37{,}45°$; $\gamma = 90°$;

$A = 650{,}3$ m².

N.	L_1	L_2	
$51{,}90^2$	$1{,}7152 \cdot 2$	$3{,}4304$	
$\sin 52{,}55°$		$0{,}8998 - 1$	$+$
$\cos 52{,}55°$		$0{,}7839 - 1$	$+$
$0{,}5$		$0{,}6990 - 1$	$+$
A		$2{,}8131$	

6.4.5. Berechnungen am gleichschenkligen Dreieck

Das gleichschenklige Dreieck wird durch seine Symmetrieachse, die zugleich die Höhe h_c auf der Grundlinie ist, in zwei kongruente rechtwinklige Dreiecke zerlegt (Abb. 6.34.).

Da man das gleichschenklige Dreieck auf das rechtwinklige zurückführen kann, genügen zwei Stücke, um die fehlenden Stücke und den Flächeninhalt zu berechnen. Beschränken wir uns auf die primären Stücke (Basis, Schenkel und einen der Winkel), so können die gegebenen Stücke in folgender Zusammenstellung auftreten:

1. die Basis und ein Winkel,
2. der Schenkel und ein Winkel,
3. die Basis und der Schenkel.

● *Stellen Sie für das Dreieck in Abbildung 6.34. alle möglichen Fälle zusammen!*
Vergleichen Sie mit den möglichen Zusammenstellungen beim rechtwinkligen Dreieck!

■ **Beispiel 25:**

(2. Fall der obigen Zusammenstellung):
Gegeben: $a = 15{,}2$ cm; $\gamma = 76{,}8°$.
Gesucht: **1)** α (in Grad); **2)** c (in cm); **3)** A (in cm²).

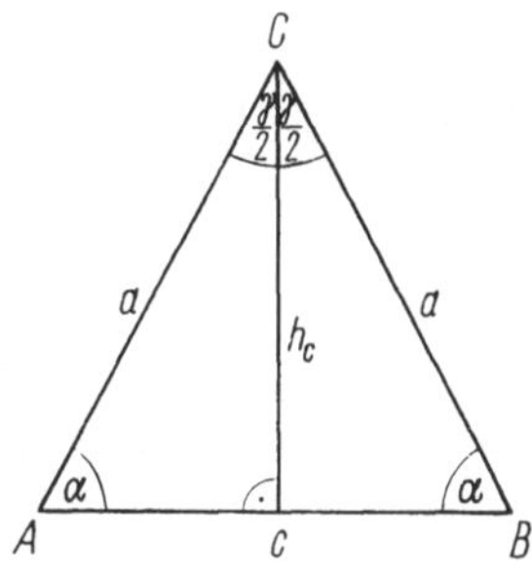

Abb. 6.34.

Allgemeine Lösung (a, b, c, A bedeuten Größen):

1) $\alpha = 90° - \dfrac{\gamma}{2}$
2) $\sin \dfrac{\gamma}{2} = \dfrac{c}{2} : a = \dfrac{c}{2a}$

$$c = 2a \cdot \sin \frac{\gamma}{2}$$

3) $A = \dfrac{1}{2} c \cdot h_c$

$$\cos \frac{\gamma}{2} = \frac{h_c}{a}$$

$$h_c = a \cos \frac{\gamma}{2}$$

$$A = \frac{1}{2} \cdot 2a \cdot \sin \frac{\gamma}{2} \cdot a \cdot \cos \frac{\gamma}{2}$$

$$A = a^2 \sin \frac{\gamma}{2} \cos \frac{\gamma}{2}$$

Es kann auch die Gleichung (17) auf die rechtwinkligen Teildreiecke angewandt werden.

$$A = 2 \cdot \frac{1}{2} a^2 \sin \frac{\gamma}{2} \cos \frac{\gamma}{2}$$

$$A = a^2 \sin \frac{\gamma}{2} \cos \frac{\gamma}{2}$$

Zahlenmäßige Lösung
(a, b, c, A bedeuten Zahlenwerte):

1) $\alpha = 90° - 38,4° = 51,6°$

2) $c = 2 \cdot 15,2 \cdot \sin 38,4°$
   $c = 18,88$

3) $A = 15,2^2 \cdot \sin 38,4° \cdot \cos 38,4°$
   $A = 112,4$

Die Stücke des Dreiecks sind:

$a = b = 15,2 \text{ cm}$;

$c = 18,88 \text{ cm} \approx 18,9 \text{ cm}$;

$\alpha = \beta = 51,6°$;

$\gamma = 76,8°$;

$A = 112,4 \text{ cm}^2$.

N.	L.	
2	0,3010	
15,2	1,1818	+
$\sin 38,4°$	$0,7932 - 1$	+
c	1,2760	

N.	L_1	L_2	
$15,2^2$	1,1818	2,3636	
$\sin 38,4°$		$0,7932 - 1$	+
$\cos 38,4°$		$0,8941 - 1$	+
A		2,0509	

6.4.6. Berechnungen am regelmäßigen n-Eck

Von einem Punkt O seien n Strahlen in einer Ebene so gezogen, daß je zwei Strahlen einen Winkel von $\varphi = \dfrac{360°}{n}$ miteinander bilden. Wird diese Figur, wie in Abbildung 6.35. angedeutet, um den Punkt O um den Winkel $\varphi = \dfrac{360°}{n}$ gedreht, so kommt sie mit sich selbst zur Deckung (Radialsymmetrie).

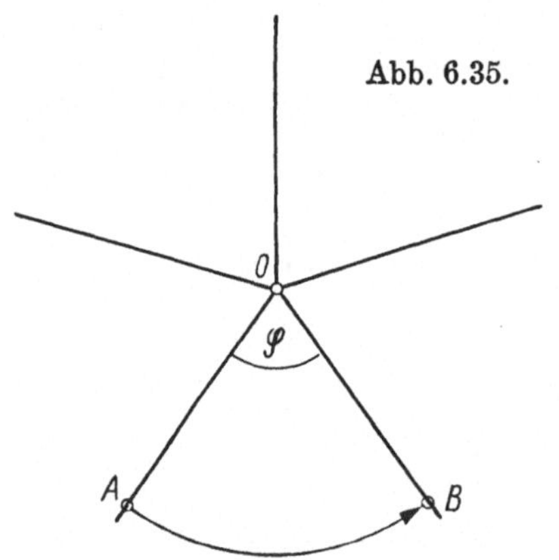

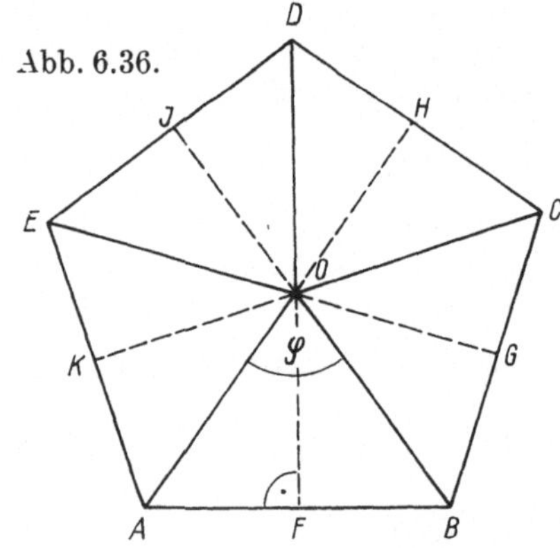

Wir nennen die Punkte der Strahlen, die durch Drehung zur Deckung gebracht werden, einander entsprechende Punkte. Verbinden wir die entsprechenden Punkte A, B, C, D, E der Reihe nach miteinander, so entsteht ein Vieleck, in dem alle Seiten und Winkel einander gleich sind, denn sie gelangen durch Drehung um den Winkel $\varphi = \dfrac{360°}{n}$ zur Deckung (Abb. 6.36.).

Ein Vieleck, dessen Seiten und dessen Winkel einander gleich sind, heißt **regelmäßig**. Dreht man das regelmäßige Vieleck $ABCDE$ um den Punkt O, so gelangen nicht nur seine Seiten und Winkel zur Deckung, sondern es decken sich auch die Strecken $\overline{OA}$, $\overline{OB}$, ..., $\overline{OE}$ und ebenso die von O auf die Seiten gefällten Lote $\overline{OF}$, $\overline{OG}$, ..., $\overline{OK}$. Der Punkt O ist demnach von allen Eckpunkten und allen Seiten des regelmäßigen Vielecks jeweils gleich weit entfernt.

Allgemein gilt:

▶ **Jedem regelmäßigen Vieleck läßt sich ein Kreis umbeschreiben (Umkreis) und ein Kreis einbeschreiben (Inkreis).**

Die Abbildung 6.37. stellt ein regelmäßiges Achteck dar. Jedes der gleichschenkligen Dreiecke (z. B. $\triangle ABM$) kann als ein Bestimmungsdreieck angesehen werden. Die Berechnung des regelmäßigen Vielecks läßt sich auf die Aufgabe zurückführen, ein Bestimmungsdreieck mit den Mitteln der Trigonometrie zu berechnen. Wir können dabei die Ergebnisse der Berechnung des gleichschenkligen Dreiecks anwenden.

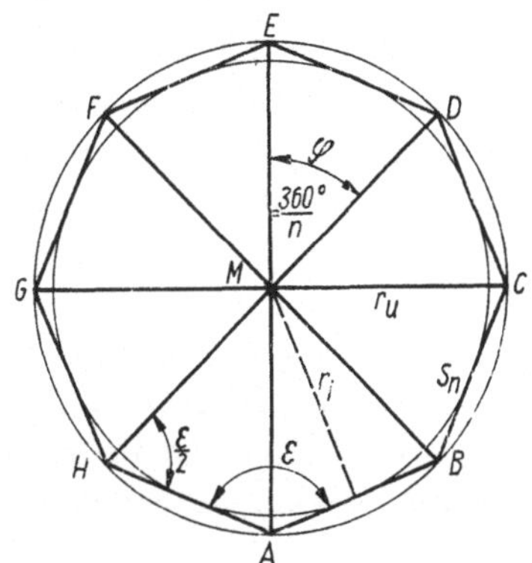

Abb. 6.37.

■ **Beispiel 26:**

Gegeben ist die Seite $s_{12} = 6{,}41$ dm des regelmäßigen Zwölfecks. Wie groß ist der Winkel des Zwölfecks? Wie groß sind die Radien des Inkreises und des Umkreises sowie der Umfang und der Flächeninhalt?

Das Bestimmungsdreieck für diese Aufgabe zeigt die Abbildung 6.38.

Gegeben: $s_{12} = 6{,}41$ dm; $\quad \varphi = \dfrac{360°}{12} = 30°$.

Gesucht: 1) ε (in Grad); 2) r_u (in dm); 3) r_i (in dm); 4) u_{12} (in dm); 5) A_{12} (in dm²).

Allgemeine Lösung (r_u, r_i, u_{12}, s_{12}, A_{12} bedeuten Größen):
(Zur Vereinfachung wird im folgenden $s_{12} = s$ gesetzt.)

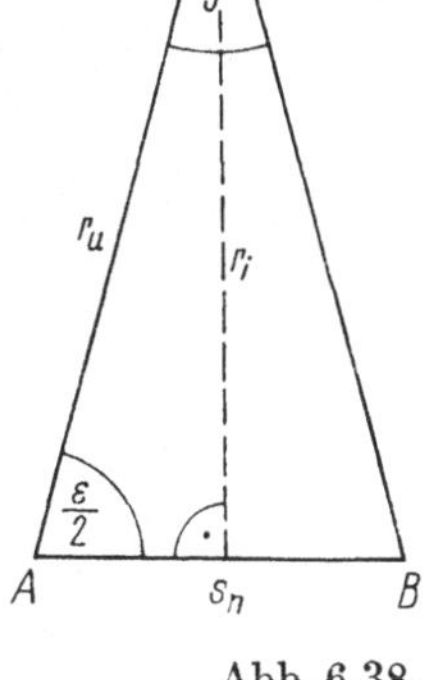

1) $\dfrac{\varepsilon}{2} = 90° - \dfrac{\varphi}{2}$ 2) $\sin \dfrac{\varphi}{2} = \dfrac{s}{2} : r_u$ 3) $\cot \dfrac{\varphi}{2} = r_i : \dfrac{s}{2}$

$\varepsilon = 180° - \varphi$ $r_u = \dfrac{s}{2 \cdot \sin \dfrac{\varphi}{2}}$ $r_i = \dfrac{s}{2} \cdot \cot \dfrac{\varphi}{2}$

4) $u_{12} = 12\,s$ 5) $A_{12} = 12 \dfrac{s \cdot r_i}{2} = 6\,s\,r_i = 3\,s^2 \cot \dfrac{\varphi}{2}$

Abb. 6.38.

Zahlenmäßige Lösung (r_u, r_i, u_{12}, s_{12}, A_{12} bedeuten Zahlenwerte):

1) $\varepsilon = 180° - 30° = 150°$ 2) $r_u = \dfrac{6{,}41}{2 \cdot \sin 15°}$ 3) $r_i = \dfrac{6{,}41 \cdot \cot 15°}{2}$

$r_u = 12{,}39$ $r_i = 11{,}96$

4) $u_{12} = 12 \cdot 6{,}41$ 5) $A_{12} = 3 \cdot 6{,}41^2 \cdot \cot 15°$

$u_{12} = 76{,}92$ $A_{12} = 460$

Die Stücke des Zwölfecks sind:

$s_{12} = 6{,}41$ dm; $\varepsilon = 150°$; $r_u = 12{,}39$ dm; $r_i = 11{,}96$ dm; $u_{12} = 76{,}92$ dm; $A_{12} = 460$ dm².

Mit der Konstruktion und Berechnung regelmäßiger Vielecke hat sich im Altertum der griechische Mathematiker und Physiker Archimedes beschäftigt. Er lebte von 287 bis 212 in Syrakus. Archimedes berechnete die Vielecke allerdings planimetrisch, da ihm die Mittel der Trigonometrie noch nicht zur Verfügung standen. Er verwendete die Methode der einem Kreis ein- und umbeschriebenen regelmäßigen Vielecke auch, um das Verhältnis von Umfang zu Durchmesser eines Kreises zu bestimmen. Mit Hilfe des 96-Ecks fand er, daß dieses Verhältnis zwischen $3\frac{10}{71}$ und $3\frac{10}{70}$ liegt. Er gab $3\frac{1}{7}$ und $3\frac{10}{71}$ als Näherungswerte für die Zahl π an. Um seine Leistung richtig zu würdigen, müssen wir bedenken, daß er weder die Dezimalzahlen noch das Stellenwertsystem kannte. Archimedes suchte seine wissenschaftlichen Erkenntnisse auch für die Zwecke der Praxis nutzbar zu machen.

Gegen Ende des 18. Jahrhunderts stellte einer der berühmtesten deutschen Mathematiker, Carl Friedrich Gauß, eine allgemeine Theorie der regelmäßigen Vielecke auf. In diesem Zusammenhang entdeckte der damals Neunzehnjährige, daß das regelmäßige 17-Eck mit Zirkel und Lineal konstruierbar ist. Die Theorie der regelmäßigen Vielecke ist in dem bedeutenden Werk von Gauß *Disquisitiones arithmeticae* (Arithmetische Untersuchungen) dargestellt, das 1801 in Leipzig erschien.

6.4.7. Anwendungsaufgaben

Bei der Lösung von Anwendungsaufgaben mit Hilfe der Trigonometrie sucht man zunächst nach einem für die Berechnung geeigneten rechtwinkligen Dreieck.

Beispiel 27:

Welchen Anstiegswinkel hat eine Schraube mit metrischem Gewinde, deren Gewindedurchmesser $d = 11{,}4$ mm und deren Ganghöhe $h = 2{,}0$ mm beträgt?

Lösung: Aus Abbildung 6.39. ergibt sich:

$$\tan \alpha = \frac{h}{\pi d}$$

$$\tan \alpha = \frac{2{,}0 \text{ mm}}{\pi \cdot 11{,}4 \text{ mm}} .$$

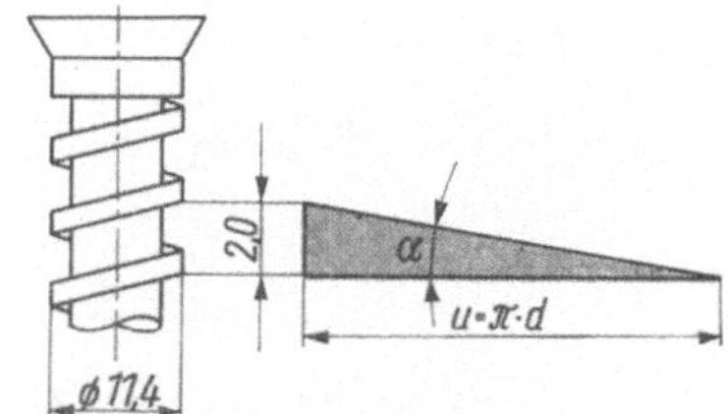

Abb. 6.39.

Mit dem Rechenstab berechnet man $\tan \alpha = 0{,}0559$. Aus der Tafel ergibt sich $\alpha = 3{,}2°$.

Ergebnis: Die Schraube hat einen Anstiegswinkel von $3{,}2°$.

Beispiel 28:

Der in Abbildung 6.40. dargestellte Bolzen soll gedreht werden. Wie groß sind Supporteinstellwinkel und Kegelwinkel? (Vergleichen Sie auch mit den Ausführungen auf S. 250!)

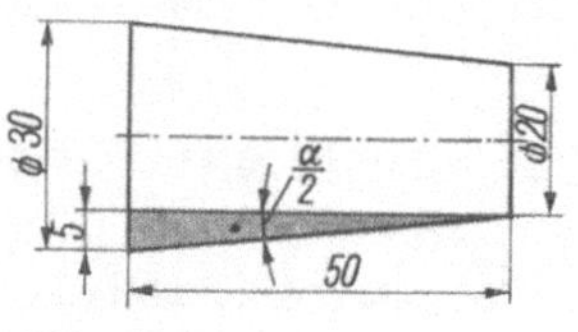

Abb. 6.40.

Lösung: Allgemein gilt: $\tan \dfrac{\alpha}{2} = \dfrac{D-d}{2} : l = \dfrac{1}{2} \cdot \dfrac{D-d}{l}$,

das heißt, der Tangens des halben Kegelwinkels ist gleich der halben Verjüngung.

Im vorliegenden Fall ist $\tan \dfrac{\alpha}{2} = \dfrac{1}{10} = 0{,}1000$.

Aus der Tafel ergibt sich $\dfrac{\alpha}{2} \approx 5{,}71°$ und damit $\alpha \approx 11{,}42°$.

Ergebnis: Der Supporteinstellwinkel beträgt etwa 5,71°; der Kegelwinkel etwa 11,42°.

Beispiel 29:

Bei der Deutschen Bundesbahn werden Steigungen durch Schilder der in Abbildung 6.41.a dargestellten Form gekennzeichnet. Die Aufschrift besagt, daß auf 40 m waagerechte Entfernung 1 m senkrechte Erhebung kommt; die gleiche Steigung hält auf den nächsten 830 m Streckenlänge an (Abb. 6.41.b; nicht maßstäblich). Wie groß ist der Höhenunterschied H zwischen Anfang A und Ende C_1 dieses Streckenabschnittes?

Lösung (mit Hilfe der trigonometrischen Methode):

$$\tan \alpha = \frac{1}{40}; \quad \sin \alpha = \frac{H}{830 \text{ m}}$$
$$H = 830 \cdot \sin \alpha \text{ m}.$$

Es ist nicht notwendig, Winkel α zu bestimmen; wir können vielmehr $\sin \alpha$ durch $\tan \alpha$ ausdrücken.

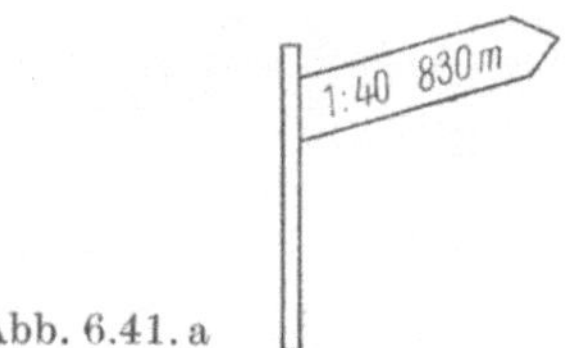

Abb. 6.41.a

$$\sin \alpha = \frac{\tan \alpha}{\sqrt{1 + \tan^2 \alpha}}$$

$$\sin \alpha = \frac{\dfrac{1}{40}}{\sqrt{1 + \dfrac{1}{1600}}} = \frac{1}{\sqrt{1601}}.$$

Dann ergibt sich $H = \dfrac{830}{\sqrt{1601}}$ m.

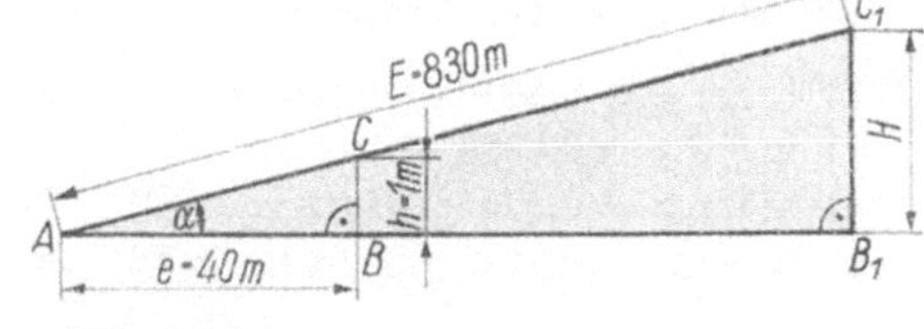

Abb. 6.41.b

Mit dem Rechenstab berechnet man $H \approx 20{,}75$ m.

Ergebnis: Der Höhenunterschied beträgt rund 20,8 m.

Lösen Sie die Aufgabe auch, ohne daß Sie die trigonometrische Methode anwenden, und vergleichen Sie die Ergebnisse!

Aufgaben

Übungen im Tafelrechnen

1. a) lg sin 19,5°   **b)** lg sin 31,67°   **c)** lg sin 93,5°   **d)** lg sin 17° 42′
   e) lg cos 73,92°   **f)** lg cos 37,57°   **g)** lg $\lvert$cos 224,7°$\rvert$ **h)** lg cos 45° 22′ 45″   (L)

2. a) lg tan 21,28°   **b)** lg tan 50,68°   **c)** lg tan 187,55°   **d)** lg tan 47° 33′
   e) lg cot 38,95°   **f)** lg cot 45,08°   **g)** lg $\lvert$cot 101,54°$\rvert$ **h)** lg cot 2° 5′ 12″   (L: a, b, c)

3. Stellen Sie die folgenden Funktionen graphisch dar!

a) $y = \lg \sin x$ **b)** $y = \lg \cos x$ **c)** $y = \lg \tan x$ **d)** $y = \lg \cot x$

Anleitung: Benutzen Sie die Tafelwerte für $x = 15°$; $30°$; $45°$; $60°$; $75°$! Verwenden Sie für **a** und **b** bzw. für **c** und **d** ein gemeinsames Koordinatensystem! Beschreiben Sie den Verlauf jeder Funktion!

Untersuchen Sie insbesondere die folgenden Fragen:

1) Wie verlaufen die Funktionen in der Umgebung von $x = 0°$ und $x = 90°$?

2) Für welche Winkel ändern sich die einzelnen Funktionen besonders stark, für welche besonders wenig?

3) Haben die Kurven zu **a** und **b** bzw. die zu **c** und **d** Symmetrieeigenschaften?

4. Welche Beziehungen bestehen zwischen

a) $\lg \tan x$ und $\lg \cot x$;   **b)** $\lg \sin x$, $\lg \cos x$ und $\lg \tan x$;   **c)** $\lg \sin x$, $\lg \cos x$ und $\lg \cot x$?

Berechnen Sie mit Hilfe dieser Beziehungen für einige selbstgewählte Beispiele $\lg \tan x$ und $\lg \cot x$ aus $\lg \sin x$ und $\lg \cos x$!

Gibt es eine entsprechende Beziehung auch zwischen $\lg \sin x$ und $\lg \cos x$? (L)

Bestimmen Sie zu den nachstehenden Logarithmen die Winkel aus dem ersten Quadranten!

5. a) $\lg \sin x = 0,6093 - 1$ **b)** $\lg \sin \alpha = 0,3775 - 1$ **c)** $\lg \sin \gamma = 0,5717 - 1$
     d) $\lg \cos \beta = 0,2700 - 1$ **e)** $\lg \cos \alpha = 0,9900 - 1$ **f)** $\lg \cos \beta = 0,2356 - 1$ (L)

6. a) $\lg \tan x = 0,1387$ **b)** $\lg \tan \beta = 0,8003$ **c)** $\lg \tan \gamma = 0,6486 - 1$
     d) $\lg \cot \gamma = 0,3688$ **e)** $\lg \cot \beta = 0,1888$ **f)** $\lg \cot \alpha = 0,9800$ (L)

7. Bestimmen Sie zu den nachstehenden Logarithmen der Winkelfunktionen die zwischen $0°$ und $360°$ liegenden Winkel x!

a) $\lg \sin x = 0,8810 - 1$ $(\sin x > 0)$ **b)** $\lg |\sin x| = 0,9750 - 2$ $(\sin x < 0)$
c) $\lg \cos x = 0,9996 - 1$ $(\cos x > 0)$ **d)** $\lg |\cos x| = 0,3075 - 1$ $(\cos x < 0)$
e) $\lg \tan x = 0,2764 - 1$ $(\tan x > 0)$ **f)** $\lg |\tan x| = 0,9000 - 2$ $(\tan x < 0)$
g) $\lg \cot x = 0,7718$ $(\cot x > 0)$ **h)** $\lg |\cot x| = 1,2700$ $(\cot x < 0)$ (L: a, b, c)

Aus der Geometrie

8. Berechnen Sie die Seiten, Winkel und Flächeninhalte der rechtwinkligen Dreiecke ABC $(\gamma = 90°)$, von denen folgende Stücke gegeben sind!

a) $a = 12,7$ cm; $b = 4,9$ cm   **b)** $a = 54,85$ m; $b = 74,54$ m
c) $a = 420$ m; $c = 645$ m   **d)** $a = 14,54$ cm; $c = 29,08$ cm
e) $c = 125$ m; $\alpha = 35,60°$ **f)** $c = 10,50$ cm; $\beta = 40,30°$
g) $a = 63$ mm; $\alpha = 40,30°$ **h)** $b = 80,70$ m; $\beta = 62,30°$ (L: a, b, c)

9. In einem rechtwinkligen Dreieck (Abb. 6.42.) sind die folgenden Stücke gegeben.

a) $c = 18,50$ m; $p = 4,20$ m   **b)** $c = 18,50$ m; $h = 4,30$ m
c) $h = q = 3,5$ cm   **d)** $h = 22,42$ m; $b = 25,30$ m
e) $p = 10,2$ cm; $\alpha = 37,50°$ **f)** $c = 4,20$ m; $q = 2,53$ m
g) $a = 60,5$ cm; $h = 15,2$ cm   **h)** $p = 18,18$ m; $q = 3,88$ m

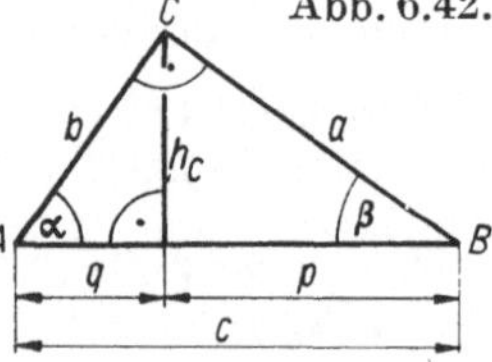

Abb. 6.42.

Berechnen Sie jeweils die fehlenden Seiten, die Winkel und den Flächeninhalt, und konstruieren Sie die rechtwinkligen Dreiecke! (L: e, f, g)

10. In einem gleichschenkligen Dreieck (Abb. 6.43.) sind die folgenden Stücke gegeben.

a) $c = 125$ m; $\quad h_c = 85$ m $\qquad$ b) $a = 3{,}70$ m; $\quad c = 2{,}50$ m

c) $a = 5{,}70$ m; $\quad c = 3{,}50$ m $\qquad$ d) $c = 19{,}64$ cm; $\quad \gamma = 55{,}40°$

e) $c = 75{,}92$ dm; $\quad \alpha = 52{,}62°$ $\qquad$ f) $h_c = 4{,}786$ m; $\quad \gamma = 32{,}10°$

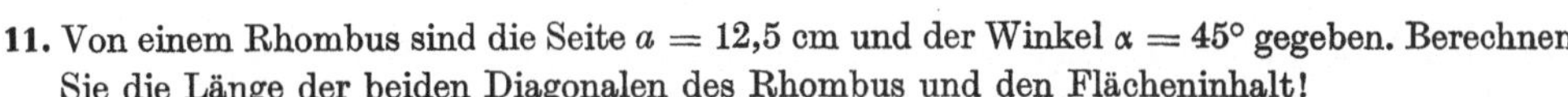

Berechnen Sie jeweils die fehlenden Seiten und Winkel sowie den Flächeninhalt, und konstruieren Sie die gleichschenkligen Dreiecke!

(L: a, b, c) $\qquad$ Abb. 6.43.

11. Von einem Rhombus sind die Seite $a = 12{,}5$ cm und der Winkel $\alpha = 45°$ gegeben. Berechnen Sie die Länge der beiden Diagonalen des Rhombus und den Flächeninhalt!

12. In einem regelmäßigen n-Eck ist a) der Umkreisradius r_u, b) der Inkreisradius r_i gegeben. Zeigen Sie, daß der Flächeninhalt des regelmäßigen n-Ecks

im Falle a) $a_n = n r_u^2 \sin \dfrac{180°}{n} \cdot \cos \dfrac{180°}{n}$, $\quad$ im Falle b) $A_n = n r_i^2 \tan \dfrac{180°}{n}$ ist! $\quad$ (L: a)

13. Berechnen Sie Seite, In- und Umkreisradius sowie Flächeninhalt für folgende regelmäßigen n-Ecke!

a) $n = 7$; $\quad s = 13{,}2$ cm $\qquad$ b) $n = 10$; $\quad r_u = 23{,}5$ cm

c) $n = 5$; $\quad r_i = 17{,}4$ dm $\qquad$ d) $n = 8$; $\quad A = 23{,}47$ m² $\quad$ (L: a, b)

14. Ein Punkt P liege a cm vor der Aufrißtafel, b cm vor der Kreuzrißtafel und c cm über der Grundrißtafel; der Schnittpunkt der Rißachsen sei O.

a) Welche Winkel bildet die Verbindungsstrecke $\overline{PO}$ mit den Projektionen $\overline{P'O}$, $\overline{P''O}$ sowie $\overline{P'''O}$?

b) Bestimmen Sie die Winkel für $a = 3$, $b = 2$ und $c = 2{,}5$ sowohl mit Hilfe des darstellend-geometrischen als auch mit Hilfe des trigonometrischen Verfahrens! $\quad$ (L: a)

Aus der Physik und der Technik

15. Am äußeren Ende eines Tragarms mit Zugstange hängt eine Last $F = 400$ kp (Abb. 6.44.).

a) Bestimmen Sie geometrisch durch eine maßstäbliche Zeichnung Größe und Richtung der auf den Tragarm und auf die Zugstange wirkenden Teilkräfte für die Neigungswinkel $\alpha = 30°$; $45°$; $60°$ der Zugstange gegen den Tragarm!

b) Handelt es sich um Zug- oder um Druckkräfte?

c) Berechnen Sie trigonometrisch die Größe der Teilkräfte für die angegebenen Neigungswinkel! $\quad$ (L)

16. Am Ende eines Tragarms mit Stütze hängt eine Last $F = 400$ kp (Abb. 6.45.).

a) Bestimmen Sie geometrisch durch eine maßstäbliche Zeichnung Größe und Richtung der auf den Tragarm und auf die Stütze wirkenden Teilkräfte für die Neigungswinkel $\alpha = 30°$; $45°$; $60°$ der Stütze gegen den Tragarm!

b) Werden Tragarm und Stütze auf Zug oder auf Druck beansprucht?

c) Berechnen Sie die Größe der Teilkräfte für die angegebenen Neigungswinkel!

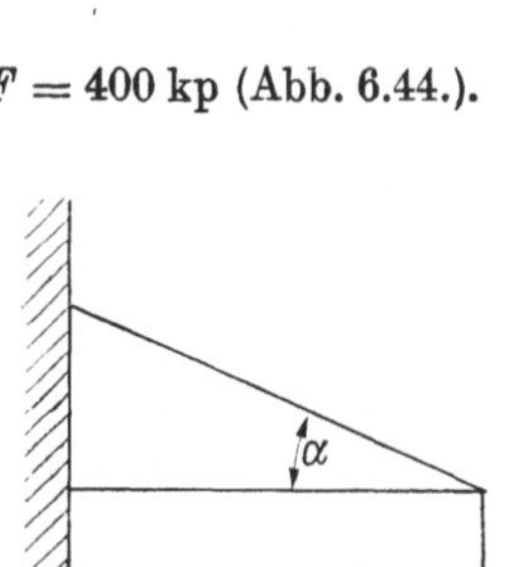

Abb. 6.44.

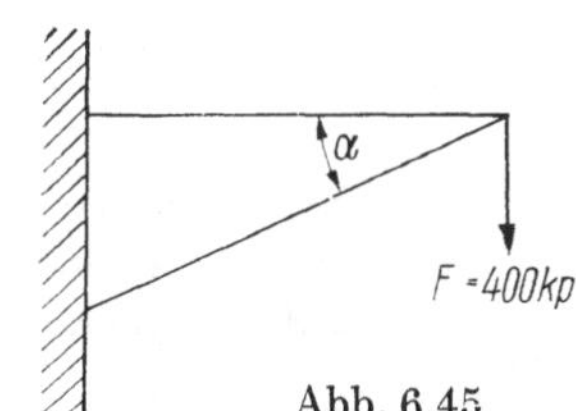

Abb. 6.45.

17. Ein Ausleger soll 2000 kp tragen und ist mit einem Seil von 5000 kp Tragfähigkeit abzufangen (Abb. 6.46.). Wie groß muß das Maß x mindestens werden, wenn die Tragfähigkeit des Seiles nicht überschritten werden soll?

18. Eine Kiste, die 220 kg wiegt, wird mittels einer Schrotleiter abgeladen (Abb. 6.47.).

Bei welchem Winkel α beginnt die Kiste zu gleiten, wenn zur Überwindung der Reibung 17 kp erforderlich sind? (L)

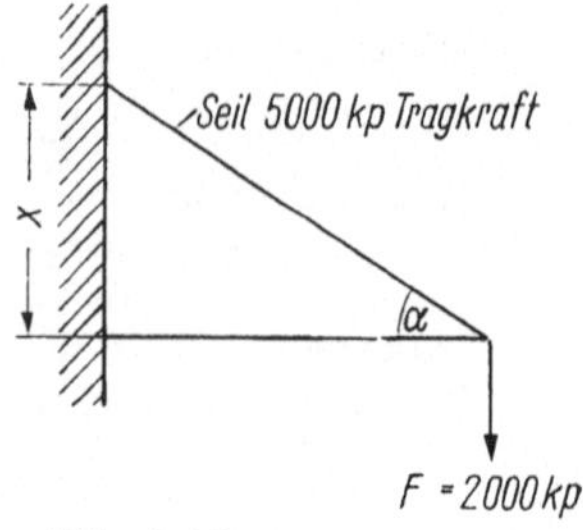

Abb. 6.46.

19. Eine Kiste, die 96 kg wiegt, soll auf einer unter 25° gegen die Horizontalebene geneigten Holzrampe hochgezogen werden.

   a) Bestimmen Sie trigonometrisch und geometrisch die Abhängigkeit des Hangabtriebs H und des Normaldrucks N vom Neigungswinkel α der Rampe!

   b) Berechnen Sie unter Berücksichtigung der Gleitreibung die Größe der erforderlichen Zugkraft! Die Reibungszahl für Holz auf Holz ist im Mittel $\mu = 0{,}18$.

   c) Berechnen Sie den Neigungswinkel ϱ der Rampe, bei welchem der Hangabtrieb H gleich der Reibung R wird (Reibungswinkel ϱ)!

   d) Zeigen Sie, daß der Tangens des Reibungswinkels ϱ gleich der Reibungszahl μ ist! (L: a, b)

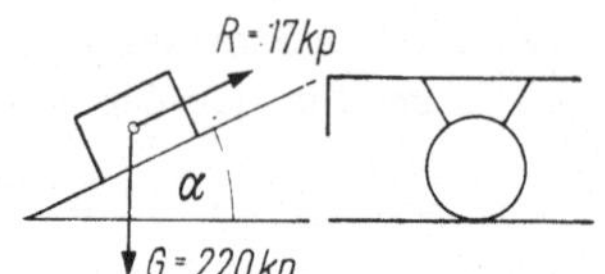

Abb. 6.47.

20. Aus einem Rundstahl mit dem Durchmesser $d = 60$ mm soll ein regelmäßiges Fünfkant gefräst werden (Abb. 6.48.). Bestimmen Sie

   a) die Seite s_5 des Fünfkants,

   b) den prozentualen Verlust an Querschnittsfläche! (L: a)

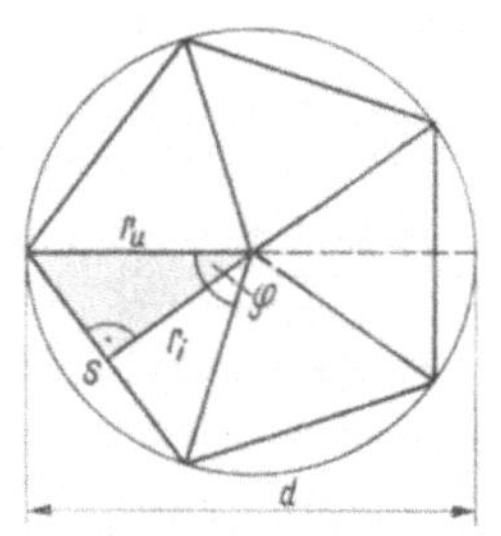

Abb. 6.48.

Lichtbrechung

Fallen Lichtstrahlen unter dem Winkel α aus Luft in ein optisch dichteres Medium ein, so werden sie von ihrer ursprünglichen Richtung zum Einfallslot hin derart gebrochen, daß das Verhältnis des Sinus des Einfallswinkels α zum Sinus des Brechungswinkels β gleich der Brechungszahl n des optischen Mediums gegenüber Luft ist.

Brechungsgesetz: $\dfrac{\sin \alpha}{\sin \beta} = n$.

Bei umgekehrtem Strahlengang ist die Brechungszahl $n' = \dfrac{1}{n}$.

21. Ein Lichtstrahl fällt unter dem Einfallswinkel $\alpha = 15°$; $30°$; $45°$; $60°$; $75°$; $90°$ aus Luft in Wasser. Die Brechungszahl für den Übergang von Luft in Wasser ist $n = \frac{4}{3}$.

   a) Berechnen Sie die zugehörigen Brechungswinkel β!

   b) Stellen Sie die einander zugeordneten Werte von Einfalls- und Brechungswinkel in einer Tafel zusammen!

22. Beim Durchgang durch eine planparallele Platte wird ein Lichtstrahl parallel verschoben.

a) Wie groß ist die Parallelverschiebung, die ein Lichtstrahl durch eine planparallele Glasplatte von $d = 10$ cm Dicke bei einem Einfallswinkel $\alpha = 60°$ erfährt $(n = \frac{3}{2})$?

b) Bestimmen Sie den Gang des Lichtstrahls geometrisch!

c) Stellen Sie die Verschiebung des Lichtstrahls als Funktion des Einfallswinkels α graphisch dar! (L: a)

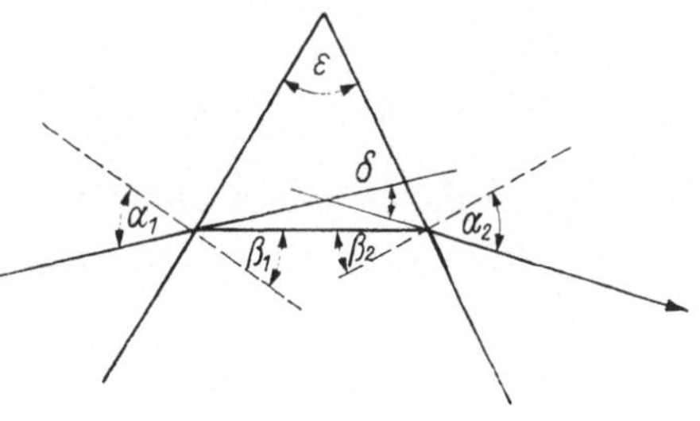

Abb. 6.49.

23. Auf ein Glasprisma (Brechungszahl $n = \frac{3}{2}$), dessen brechende Flächen einen Winkel $\varepsilon = 60°$ bilden, fällt ein Lichtstrahl unter dem Einfallswinkel $\alpha_1 = 45°$ ein (Abb. 6.49.).

a) Bestimmen Sie geometrisch den Gang des Lichtstrahls!

b) Bestimmen Sie rechnerisch die Gesamtablenkung δ des Lichtstrahls! (L: b)

24. Unter dem Grenzwinkel der totalen Reflexion versteht man denjenigen spitzen Einfallswinkel im optisch dichteren Medium, für den der Brechungswinkel im optisch dünneren Medium 90° wird. Wie groß ist der Grenzwinkel der totalen Reflexion für den Übergang von

a) Wasser in Luft $(n' = \frac{3}{4})$,

b) Glas in Luft $(n' = \frac{2}{3})$? (L: a)

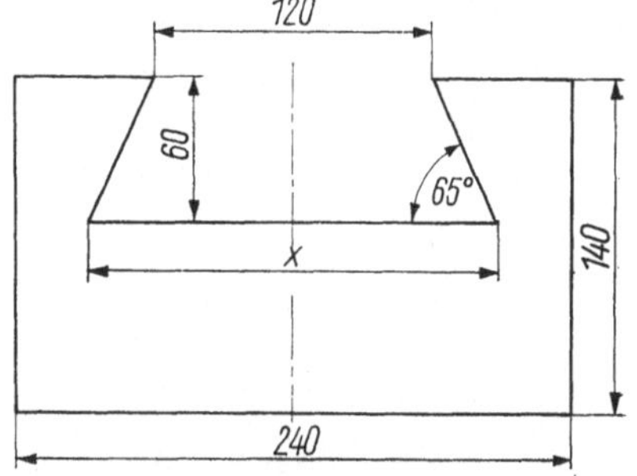

Abb. 6.50.

25. Berechnen Sie für die in Abbildung 6.50. dargestellte Schwalbenschwanzführung das Maß x! (L)

26. Berechnen Sie für das in Abbildung 6.51. dargestellte Führungsprisma die fehlenden Maße! (L)

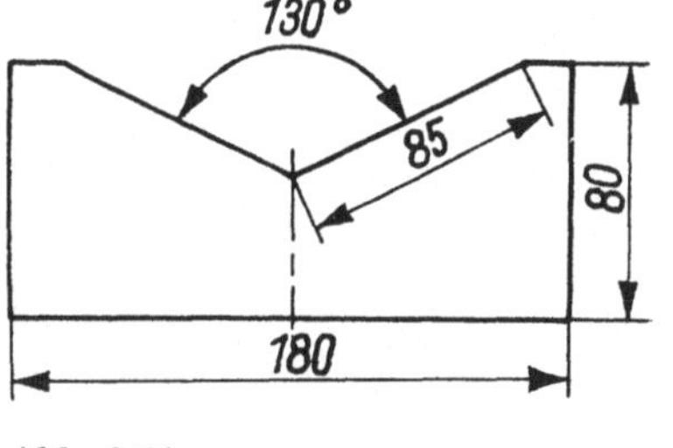

Abb. 6.51.

6.5. Additionstheoreme

● *Bestimmen Sie, ohne die Tafel zu benutzen:* $\sin 45°$, $\cos 45°$, $\sin 30°$, $\cos 30°$!

● *Ohne Benutzung der Tafel sind exakt zu bestimmen:* $\sin 75°$, $\cos 75°$.

Da $75° = 45° + 30°$ ist, könnte die Aufgabe gelöst werden, wenn es Beziehungen zwischen $\sin(45° + 30°)$, $\cos(45° + 30°)$ einerseits und $\sin 45°$, $\cos 45°$, $\sin 30°$, $\cos 30°$ andererseits gäbe.

Allgemein handelt es sich um die folgende Aufgabe: Gegeben sind die Werte der Sinusfunktion und der Kosinusfunktion für zwei Argumente x und y. Es sollen die Sinusfunktion und die Kosinusfunktion der Summe der Argumente, $\sin(x + y)$ bzw. $\cos(x + y)$, durch die Sinus- und Kosinuswerte der Einzelargumente, $\sin x$, $\cos x$, $\sin y$ und $\cos y$, dargestellt werden. Wir leiten jetzt entsprechende Beziehungen her.

6.5.1. Funktionswerte der Summe zweier Winkel

Die Aufgabe werde unter der Voraussetzung gelöst, daß die Winkel x und y im
I. Quadranten liegen und ihre Summe kleiner als $\dfrac{\pi}{2}$ bleibt.

Wir gehen von der Figur eines Kreises mit beliebigem Radius um den Punkt A aus
(Abb. 6.52.). Die Winkel x und y sind als Zentriwinkel eingezeichnet. Von C aus sind
die Lote mit den Fußpunkten B bzw. E auf die beiden Schenkel des Winkels x ge-
fällt. Es ist $\sphericalangle BCE = \sphericalangle x$. Durch E sind die Parallelen zu AB und zu BC gezeichnet; sie schneiden BC in D beziehungsweise die Verlängerung von $\overline{AB}$ in F.

Die Dreiecke ABC, AEC, AFE und DEC sind rechtwinklig. Es gilt $\overline{BC}=\overline{BD}+\overline{DC}$
und $\overline{BD} = \overline{EF}$.

Im Dreieck ABC gilt:

$$\sin (x + y) = \frac{\overline{BC}}{\overline{AC}}.$$

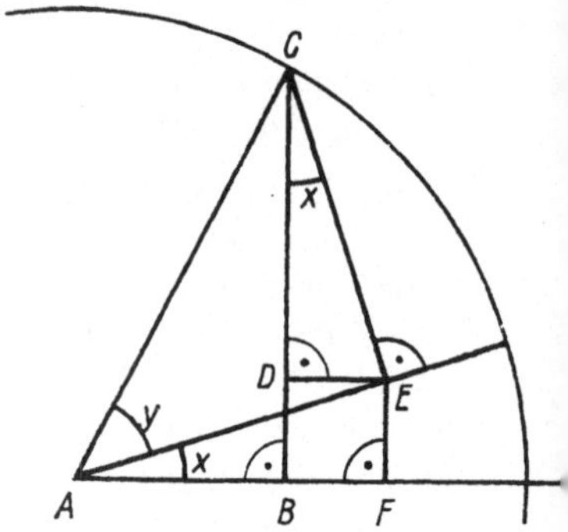

Weiterhin ist

$$\frac{\overline{BC}}{\overline{AC}} = \frac{\overline{BD}+\overline{DC}}{\overline{AC}} = \frac{\overline{BD}}{\overline{AC}} + \frac{\overline{DC}}{\overline{AC}} = \frac{\overline{EF}}{\overline{AC}} + \frac{\overline{DC}}{\overline{AC}}$$

Wir erweitern den ersten Bruch mit $\overline{AE}$, den
zweiten mit $\overline{CE}$.

$$\frac{\overline{BC}}{\overline{AC}} = \frac{\overline{EF}}{\overline{AE}} \cdot \frac{\overline{AE}}{\overline{AC}} + \frac{\overline{DC}}{\overline{CE}} \cdot \frac{\overline{CE}}{\overline{AC}}.$$

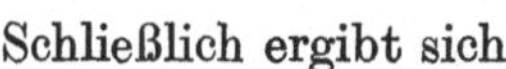

Abb. 6.52.

Nun gilt im Dreieck AFE: $\dfrac{\overline{EF}}{\overline{AE}} = \sin x$,

im Dreieck DEC: $\dfrac{\overline{DC}}{\overline{CE}} = \cos x$ und

im Dreieck AEC: $\dfrac{\overline{AE}}{\overline{AC}} = \cos y$, $\dfrac{\overline{CE}}{\overline{AC}} = \sin y$.

Schließlich ergibt sich

(18) $\sin (x + y) = \sin x \cos y + \cos x \sin y.$

Auf die gleiche Weise erhalten wir

$$\frac{\overline{AB}}{\overline{AC}} = \frac{\overline{AF}-\overline{BF}}{\overline{AC}} = \frac{\overline{AF}}{\overline{AC}} - \frac{\overline{BF}}{\overline{AC}} = \frac{\overline{AF}}{\overline{AC}} - \frac{\overline{DE}}{\overline{AC}} = \frac{\overline{AF}}{\overline{AE}} \cdot \frac{\overline{AE}}{\overline{AC}} - \frac{\overline{DE}}{\overline{CE}} \cdot \frac{\overline{CE}}{\overline{AC}}.$$

(19) $\cos (x + y) = \cos x \cos y - \sin x \sin y.$

● *Begründen Sie die Umformungen im einzelnen!*

Die Beziehungen (18) und (19) drücken den Sinus und den Kosinus einer Winkelsumme durch den Sinus und den Kosinus der Summanden aus. Sie heißen die **Additionstheoreme**[1] der Sinus- beziehungsweise Kosinusfunktion. Das zu ihrer Herleitung benutzte Verfahren heißt „Kreismethode".

● *Formulieren Sie die Beziehungen (18) und (19) mit Worten!*

● *Lösen Sie mit Hilfe der Additionstheoreme die eingangs gestellte Aufgabe!*

Das Additionstheorem der Tangensfunktion finden wir als Folgerung aus den Additionstheoremen der Sinus- und der Kosinusfunktion. Dividieren wir die Gleichung (18) durch die Gleichung (19) (die Fälle $x + y = \dfrac{2k+1}{2}\,\pi$, $x = \dfrac{2k+1}{2}\,\pi$ und $y = \dfrac{2k+1}{2}\,\pi$ werden durch die einschränkende Bedingung auf S. 266, 3. Zeile von oben, ausgeschlossen), so ergibt sich

$$\frac{\sin(x+y)}{\cos(x+y)} = \frac{\sin x \cos y + \cos x \sin y}{\cos x \cos y - \sin x \sin y}.$$

Wenn wir Zähler und Nenner des Bruches auf der rechten Seite durch das Produkt $\cos x \cos y$ dividieren und berücksichtigen, daß der Quotient von Sinus und Kosinus ein und desselben Winkels den Tangens dieses Winkels ergibt, so erhalten wir

$$\frac{\sin(x+y)}{\cos(x+y)} = \frac{\dfrac{\sin x}{\cos x} + \dfrac{\sin y}{\cos y}}{1 - \dfrac{\sin x \sin y}{\cos x \cos y}},$$

$$(20) \quad \tan(x+y) = \frac{\tan x + \tan y}{1 - \tan x \tan y}.$$

● *Formulieren Sie die Beziehung (20) mit Worten!*

6.5.2. Funktionswerte der Differenz zweier Winkel

Für manche Rechnungen sind Beziehungen nützlich, welche die Sinusfunktion und die Kosinusfunktion der Differenz der Argumente, $\sin(x-y)$ beziehungsweise $\cos(x-y)$, durch die Sinus- und Kosinuswerte der Einzelargumente, $\sin x$, $\sin y$, $\cos x$ und $\cos y$, darstellen. Die Winkel x, y und die Differenz $x - y$ mögen im I. Quadranten liegen. Wir setzen

$$x + y = z,$$

dann ist $x = z - y$. Setzen wir $x = z - y$ in (18) und (19) ein, so erhalten wir

$$\sin z = \sin(z-y)\cos y + \cos(z-y)\sin y,$$
$$\cos z = \cos(z-y)\cos y - \sin(z-y)\sin y.$$

Aus diesen beiden Gleichungen eliminieren wir $\sin(z-y)$, indem wir die erste

---

[1] θεώρημα (griech.), Lehrsatz.

Gleichung mit $\sin y$, die zweite mit $\cos y$ multiplizieren und dann beide Gleichungen addieren (Verfahren der gleichen Koeffizienten). Wir erhalten

$$\sin z \sin y + \cos z \cos y = \cos (z - y) \cdot (\sin^2 y + \cos^2 y) .$$

Wegen $\sin^2 y + \cos^2 y = 1$ wird

$$\cos (z - y) = \cos z \cos y + \sin z \sin y .$$

Ebenso ergibt sich

$$\sin (z - y) = \sin z \cos y - \cos z \sin y .$$

● *Führen Sie die Herleitung durch!*

Wir hätten auch mit $y = z - x$ rechnen können, was formal zu den gleichen Ergebnissen führt.

Wir ändern die Bezeichnungen, indem wir x an Stelle von z setzen, dann stimmen die gefundenen Beziehungen mit den in den Formelsammlungen enthaltenen auch äußerlich überein.

$$(21) \quad \sin (x - y) = \sin x \cos y - \cos x \sin y$$

$$(22) \quad \cos (x - y) = \cos x \cos y + \sin x \sin y$$

● *Drücken Sie die Beziehungen (21) und (22) mit Worten aus!*

Aus den Gleichungen (21) und (22) erhalten wir in der gleichen Weise, wie wir die Gleichung (20) aus den Gleichungen (18) und (19) gewonnen haben, die Beziehung

$$(23) \quad \tan (x - y) = \frac{\tan x - \tan y}{1 + \tan x \, \tan y} .$$

● *Führen Sie die Herleitung durch!*

● *Drücken Sie die Formel (23) in Worten aus!*

6.5.3. Erweiterung des Gültigkeitsbereiches für die Additionstheoreme

Die Beziehungen (18) bis (23) haben wir unter der Voraussetzung hergeleitet, daß alle vorkommenden Winkel im I. Quadranten liegen. Die Formeln sind aber auch allgemeingültig. Wir führen jedoch den Beweis allgemein nicht durch, sondern zeigen nur in einem Fall, wie der Gültigkeitsbereich für die Additionstheoreme der Sinus- und der Kosinusfunktion erweitert werden kann. Die Winkel x und y mögen im I. Quadranten, ihre Summe aber im II. Quadranten liegen.
Es sei also

$$x < \frac{\pi}{2}, \; y < \frac{\pi}{2}, \; \frac{\pi}{2} < x + y < \pi .$$

Dann sind die Voraussetzungen für die Gültigkeit der Formeln (18) und (19) für die Winkel

$$\frac{\pi}{2} - x, \ \frac{\pi}{2} - y, \ \frac{\pi}{2} - x + \frac{\pi}{2} - y = \pi - (x + y)$$

erfüllt.

$$\sin\left[\pi - (x + y)\right] = \sin\left(\frac{\pi}{2} - x\right)\cos\left(\frac{\pi}{2} - y\right) + \cos\left(\frac{\pi}{2} - x\right)\sin\left(\frac{\pi}{2} - y\right)$$

$$\cos\left[\pi - (x + y)\right] = \cos\left(\frac{\pi}{2} - x\right)\cos\left(\frac{\pi}{2} - y\right) - \sin\left(\frac{\pi}{2} - x\right)\sin\left(\frac{\pi}{2} - y\right).$$

Auf Grund bestehender Quadrantenbeziehungen setzen wir

$$\sin\left[\pi - (x + y)\right] = \sin(x + y); \quad \cos\left[\pi - (x + y)\right] = -\cos(x + y);$$

$$\sin\left(\frac{\pi}{2} - x\right) = \cos x; \qquad \cos\left(\frac{\pi}{2} - x\right) = \sin x;$$

$$\sin\left(\frac{\pi}{2} - y\right) = \cos y; \qquad \cos\left(\frac{\pi}{2} - y\right) = \sin y$$

und erhalten

$$\sin(x + y) = \cos x \sin y + \sin x \cos y;$$
$$-\cos(x + y) = \sin x \sin y - \cos x \cos y$$

oder wieder

$$\sin(x + y) = \sin x \cos y + \cos x \sin y;$$
$$\cos(x + y) = \cos x \cos y - \sin x \sin y.$$

Die Gleichungen (18) und (19) gelten also auch unter der Bedingung, daß die Winkelsumme im II. Quadranten liegt.

▶ **Zusammenstellung der Additionstheoreme:**

$$\sin(x \pm y) = \sin x \cos y \pm \cos x \sin y$$
$$\cos(x \pm y) = \cos x \cos y \mp \sin x \sin y$$
$$\tan(x \pm y) = \frac{\tan x \pm \tan y}{1 \mp \tan x \tan y}$$

● **Aufgaben**

1. Leiten Sie die Formeln (18) und (19) aus speziellen Figuren entsprechend Abbildung 6.52. für folgende Fälle her („Kreismethode"):

a) x, y im I. Quadranten, $x + y$ im II. Quadranten;

b) x oder y und $x + y$ im II. Quadranten. (L: a, b)

2. Beweisen Sie, daß im schiefwinkligen Dreieck die Beziehungen

$$c = a \cos \beta + b \cos \alpha \quad \text{und} \quad b = c \cos \alpha + a \cos \gamma$$

gelten!

Verwenden Sie diese Beziehungen, um die Additionstheoreme der Sinusfunktion und der Kosinusfunktion herzuleiten („Dreiecksmethode")!

Geben Sie die Bedingungen an, unter denen die Herleitung gilt! (L)

3. Leiten Sie aus der Figur der Abbildung 6.53. das Additionstheorem der Sinusfunktion her!
Anleitung: Gehen Sie davon aus, daß die Summe der Flächeninhalte der Dreiecke PAC und PBC gleich dem Flächeninhalt des Dreiecks PAB ist, und benutzen Sie, um Winkel einzuführen, entsprechende Gleichungen für den Flächeninhalt des Dreiecks! (L)

4. Zeichnen Sie eine entsprechende Figur, wie die der vorigen Aufgabe, für den Fall, daß ein Winkel stumpf ist, und leiten Sie daraus das Additionstheorem der Sinusfunktion her!

5. Bestimmen Sie das Additionstheorem der Kosinusfunktion aus dem der Sinusfunktion unter Verwendung der Quadrantenbeziehung $\cos x = \sin \left(\dfrac{\pi}{2} - x \right)$! (L)

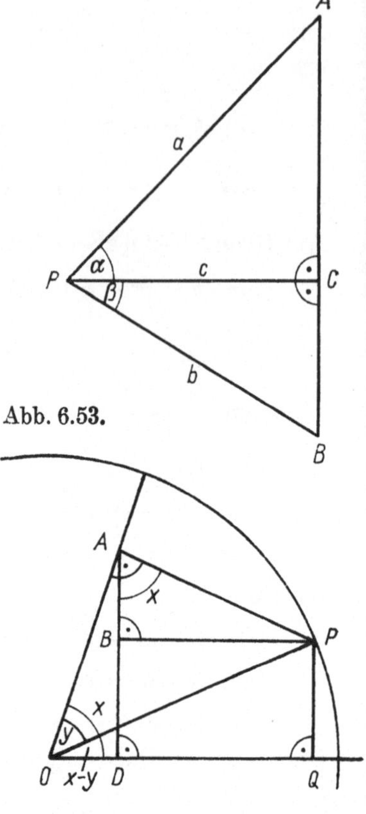

Abb. 6.53.

6. Leiten Sie die Formeln (21) und (22) geometrisch
   a) aus der Figur nach Abbildung 6.54. („Kreismethode"),
   b) aus der Figur nach Abbildung 6.55. („Dreiecksmethode") her! (L: b)

7. Leiten Sie die Gleichung (21) aus der Figur der Abbildung 6.55. in der gleichen Weise her wie die Gleichung (18) aus der Figur der Abbildung 6.52.!

8. Zeigen Sie, daß die Gleichungen (18) und (19) auch gelten, wenn y im IV. Quadranten liegt ($y < 0$)! (L)

9. Ohne Beweis haben wir mitgeteilt, daß die Gleichungen (18) und (19) für beliebige Winkel gelten. Leiten Sie unter dieser Voraussetzung die Gleichungen (21) und (22) aus den Gleichungen (18) und (19) her! (L)

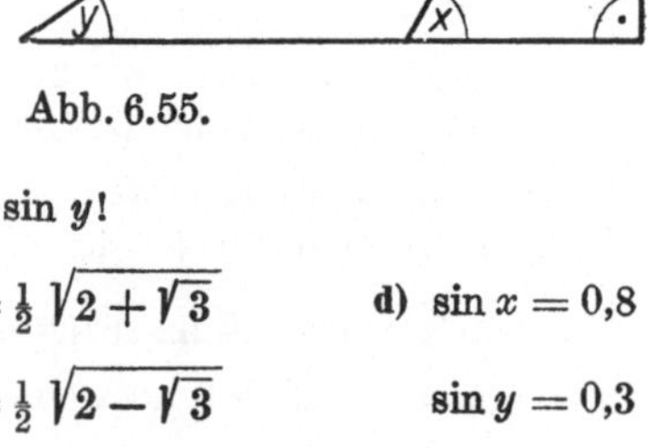

Abb. 6.54.

10. Setzen Sie in den Gleichungen (18) bis (23) $y = x$, und diskutieren Sie die Ergebnisse!

11. Bestimmen Sie exakt, ohne die Tafel zu benutzen: $\tan 75°$; $\sin 15°$; $\cos 22{,}5°$; $\sin 7{,}5°$! (L)

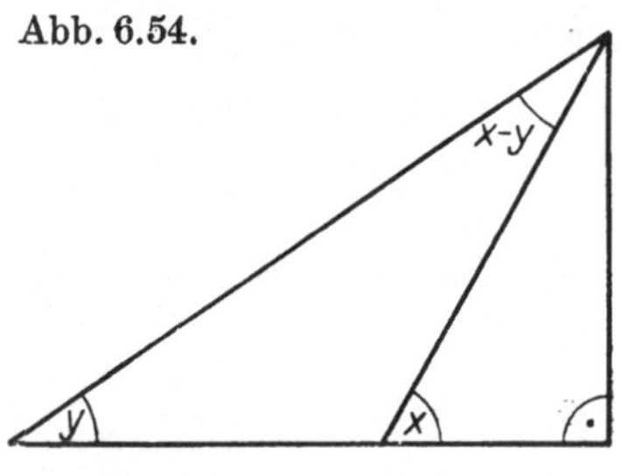

Abb. 6.55.

12. Berechnen Sie $\sin (x + y)$ und $\sin (x - y)$ aus $\sin x$ und $\sin y$!

a) $\sin x = \tfrac{1}{2}\sqrt{2}$ b) $\sin x = \tfrac{1}{2}\sqrt{3}$ c) $\sin x = \tfrac{1}{2}\sqrt{2 + \sqrt{3}}$ d) $\sin x = 0{,}8$

$\sin y = \tfrac{1}{2}$ $\sin y = \tfrac{1}{2}\sqrt{2}$ $\sin y = \tfrac{1}{2}\sqrt{2 - \sqrt{3}}$ $\sin y = 0{,}3$

Geben Sie Werte für die Winkel x, y, $x + y$ und $x - y$ an, welche die Bedingungen erfüllen! (L: a, b)

13. Berechnen Sie $\cos (x + y)$ und $\cos (x - y)$ aus $\cos x$ und $\cos y$!

a) $\cos x = \tfrac{1}{2}\sqrt{3}$ b) $\cos x = -\tfrac{1}{2}\sqrt{2}$ c) $\cos x = -\tfrac{1}{4}$ d) $\cos x = -0{,}2$

   $\cos y = \tfrac{1}{2}$ $\cos y = \tfrac{1}{2}\sqrt{2-\sqrt{3}}$ $\cos y = \tfrac{3}{4}$ $\cos y = 0{,}9$

Geben Sie Werte für die Winkel x, y, $x + y$ und $x - y$ an, welche die Bedingungen erfüllen!
(L: **a**, b)

14. Berechnen Sie $\tan(x + y)$ und $\tan(x - y)$ aus $\tan x$ und $\tan y$!

   a) $\tan x = \sqrt{3}$ b) $\tan x = 2 + \sqrt{3}$ c) $\tan x = -\tfrac{1}{3}\sqrt{3}$ d) $\tan x = 3$

   $\tan y = 1$ $\tan y = \tfrac{1}{3}\sqrt{3}$ $\tan y = -1$ $\tan x = 2$

Geben Sie Werte für die Winkel x, y, $x + y$ und $x - y$ an, welche die Bedingungen erfüllen!
(L: a, b)

6.6. Das schiefwinklige Dreieck

6.6.1. Der Sinussatz und die Flächenformel

Die trigonometrische Methode findet auch bei Berechnungen in schiefwinkligen Dreiecken Anwendung. Ein schiefwinkliges Dreieck läßt sich durch eine Höhe in zwei rechtwinklige Dreiecke zerlegen. Diese sind jedoch im allgemeinen nicht kongruent. Die Höhe h_c des Dreiecks ABC läßt sich auf doppelte Weise ausdrücken (Abb. 6.56.):

$$\sin \beta = \frac{h_c}{a}\,; \qquad\qquad h_c = a \sin \beta\,;$$

$$\sin \alpha = \frac{h_c}{b}\,; \qquad\qquad h_c = b \sin \alpha\,.$$

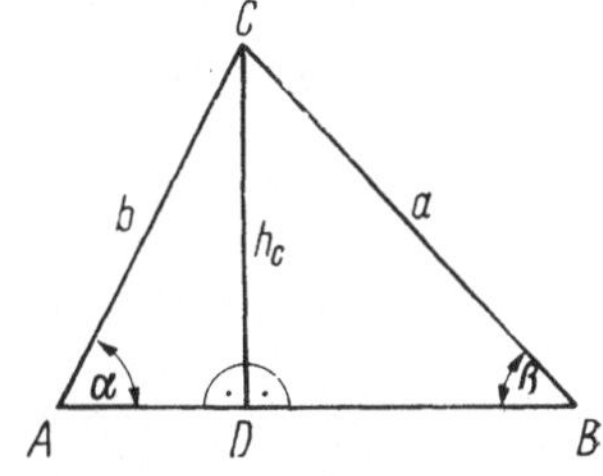

Abb. 6.56.

Setzt man die Ausdrücke für h_c einander gleich, so wird h_c eliminiert, und es ergibt sich

$$a \sin \beta = b \sin \alpha$$

oder, als Proportion geschrieben,

$$(24) \quad a : b = \sin \alpha : \sin \beta\,.$$

Entsprechend findet man, wenn man das Dreieck durch die Höhe h_a bzw. h_b zerlegt,

$$(25) \quad b : c = \sin \beta : \sin \gamma$$

und

$$(26) \quad c : a = \sin \gamma : \sin \alpha\,.$$

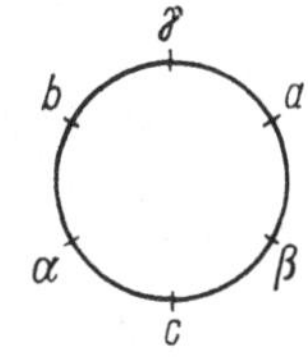

Abb. 6.57.

Die Gleichungen (25) und (26) kann man auch aus (24) durch zyklische Vertauschung erhalten. Man ordnet die Seiten und Winkel des Dreiecks auf einem Kreis so an, wie sie beim Umlaufen des Dreiecks aufeinander folgen (Abb. 6.57.). Für jeden lateinischen und griechischen Buchstaben der Formel (24) hat man den lateinischen bzw. griechischen Buchstaben zu setzen, der auf ihn folgt, wenn man den Kreis im positiven Drehsinn durchläuft.

Auch in dem stumpfwinkligen Dreieck in Abbildung 6.58. erhält man durch Eliminieren der Höhe h_c die Gleichung (24)

$$h_c = a \sin \beta; \quad h_c = b \sin (180° - \alpha).$$

Wegen $\sin (180° - \alpha) = \sin \alpha$ geht die zweite Gleichung über in $h_c = b \sin \alpha$.

Die Gleichungen (24), (25) und (26) werden als **Sinussatz** der ebenen Trigonometrie bezeichnet.

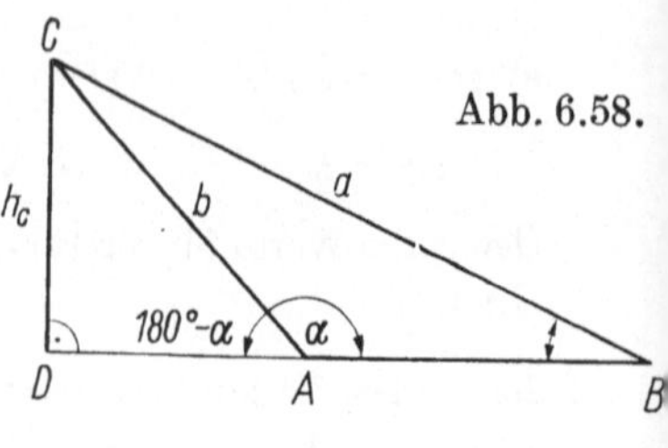

▶ **In einem Dreieck verhalten sich zwei Seiten wie die Sinus der gegenüberliegenden Winkel.**

Man kann den Sinussatz auch als fortlaufende Proportion schreiben:

(27) $\quad a : b : c = \sin \alpha : \sin \beta : \sin \gamma$.

Da der Sinus im I. und II. Quadranten positiv ist, hat man bei der Berechnung eines Dreieckwinkels nach dem Sinussatz die Doppeldeutigkeit des Winkels zu berücksichtigen. Zu einem Sinuswert gehören stets ein Winkel im I. und ein Winkel im II. Quadranten. Beide Winkel sind zunächst als Rechenergebnisse möglich, und es bedarf einer besonderen Untersuchung, ob sie auch beide als Lösungen der betreffenden Aufgabe in Frage kommen.

Durch den Sinussatz werden Berechnungen im schiefwinkligen Dreieck vereinfacht, da nicht erst die entsprechende Höhe berechnet werden muß.

● *Was ergibt sich aus den Gleichungen (24) bis (26) im Spezialfall des rechtwinkligen Dreiecks?*

Der Sinussatz kann auch in der Form

(28) $\quad \dfrac{a}{\sin \alpha} = \dfrac{b}{\sin \beta} = \dfrac{c}{\sin \gamma}$

geschrieben werden.

Der Quotient aus einer Seite und dem Sinus des gegenüberliegenden Winkels hängt mit dem Umkreisradius r zusammen.

Nach dem Peripheriewinkelsatz ist in Abbildung 6.59.:

$$\sphericalangle BMC = 2\alpha; \quad \sphericalangle BMD = \alpha \, (0° < \alpha < 90°).$$

Im Dreieck MBD gilt dann

$$\sin \alpha = \frac{a}{2} : r \quad \text{und nach Umformung} \quad \frac{a}{\sin \alpha} = 2r .$$

In Verbindung mit (28) ergibt sich:

(29) $\quad \dfrac{a}{\sin \alpha} = \dfrac{b}{\sin \beta} = \dfrac{c}{\sin \gamma} = 2r$.

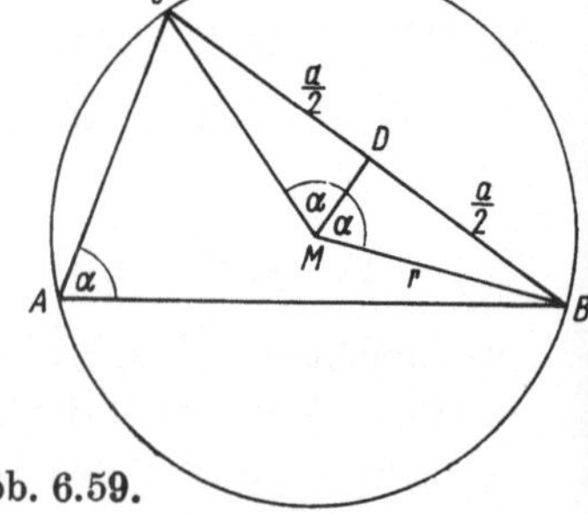

Abb. 6.59.

▶ **Im Dreieck ist der Quotient aus einer Seite und dem Sinus des gegenüberliegenden Winkels gleich dem Umkreisdurchmesser.**

1) *Zeichnen Sie eine Figur für den Fall, daß α ein stumpfer Winkel ist!*
2) *Welcher Sonderfall ergibt sich aus (29), wenn das Dreieck ABC rechtwinklig ist?*

Aus der Formel $A = \frac{1}{2} c h_c$ für den Flächeninhalt eines Dreiecks erhält man mit Hilfe von $h_c = b \cdot \sin \alpha$ durch Substitution

$$(30) \quad A = \frac{1}{2} b c \sin \alpha.$$

Durch zyklische Vertauschung ergeben sich

$$(31) \quad A = \tfrac{1}{2} c a \sin \beta \quad \text{und} \quad (32) \quad A = \tfrac{1}{2} a b \sin \gamma.$$

▶ **Der Flächeninhalt eines Dreiecks ist gleich dem halben Produkt aus zwei Seiten und dem Sinus des eingeschlossenen Winkels.**

1) *Was ergibt sich aus den Gleichungen (30) bis (32) im Spezialfall des rechtwinkligen Dreiecks?*
2) *Leiten Sie aus Gleichung (30) die Gleichung (17) her!*

Eine weitere Formel für den Flächeninhalt eines Dreiecks ist

$$A = \frac{c^2}{2} \cdot \frac{\sin \alpha \sin \beta}{\sin \gamma}.$$

Weisen Sie die Richtigkeit dieser Formel nach!
Stellen Sie die Beziehungen für A auf, in denen die Seite a bzw. b verwendet wird!

■ **Beispiel 1:**

Gegeben: $a = 20$ cm; $b = 8$ cm; $\alpha = 117°$.
Gesucht: **1)** c (in cm); **2)** β; **3)** γ; **4)** r (in cm); **5)** A (in cm²).

Konstruieren Sie zunächst das Dreieck mit dem Umkreis (Maßstab $1:2$), und ermitteln Sie durch Messung näherungsweise die Werte für c, β, γ und r!

Allgemeine Lösung (a, b, c, r und A bedeuten Größen):

1) $a : b = \sin \alpha : \sin \beta$ **2)** $\gamma = 180° - (\alpha + \beta)$

$$\sin \beta = \frac{b \cdot \sin \alpha}{a}$$

3) $a : c = \sin \alpha : \sin \gamma$ **4)** $\dfrac{a}{\sin \alpha} = 2r$ **5)** $A = \tfrac{1}{2} a b \sin \gamma$

$$c = \frac{a \cdot \sin \gamma}{\sin \alpha} \qquad\qquad r = \frac{a}{2 \cdot \sin \alpha}$$

Zahlenmäßige Lösung (a, b, c, r und A bedeuten Zahlenwerte):

1) $\sin \beta = \dfrac{8 \cdot \sin 117°}{20}$

$$\sin \beta = \frac{8 \cdot \sin 63°}{20}$$

$\beta_1 = 20{,}88°$ Da ein Dreieck nicht zwei stumpfe Winkel
$\beta_2 = 180° - 20{,}88° = 159{,}12°$ haben kann, entfällt β_2.

2) $\gamma = 180° - 137,88° = 42,12°$

3) $c = \dfrac{20\ \sin 42,12°}{\sin 117°}$

$c = \dfrac{20 \cdot \sin 42,12°}{\sin 63°}$

$c = 15,06$

4) $r = \dfrac{20}{2 \cdot \sin 117°}$

$r = \dfrac{10}{\sin 63°}$

$r = 11,22$

5) $A = \frac{1}{2} \cdot 20 \cdot 8 \cdot \sin 42,12°$
$A = 80 \cdot \sin 42,12°$
$A = 53,66$

Ergebnisse:

$a = 20\ \text{cm};$ $b = 8\ \text{cm};$ $c = 15,06\ \text{cm} \approx 15,1\ \text{cm};$

$\alpha = 117°;$ $\beta = 20,88°;$ $\gamma = 42,12°.$

$r = 11,22\ \text{cm} \approx 11,2\ \text{cm};$ $A = 53,66\ \text{cm}^2;$

Vergleichen Sie die rechnerischen Ergebnisse mit den Meßwerten aus der Konstruktion!

Beispiel 2:

Gegeben: $a = 7,6\ \text{cm};\ b = 6,4\ \text{cm};\ r = 8,2\ \text{cm}.$

Gesucht: **1)** c (in cm); **2)** α; **3)** β; **4)** γ; **5)** A (in cm²).

Konstruieren Sie das Dreieck, und sagen Sie die Ergebnisse näherungsweise voraus! Wie viele Lösungen gibt es?

Allgemeine Lösung (a, b, c, r und A bedeuten Größen):

1) $\dfrac{a}{\sin \alpha} = 2r$ **2)** $\dfrac{b}{\sin \beta} = 2r$ **3)** $\gamma = 180° - (\alpha + \beta)$ **4)** $\dfrac{c}{\sin \gamma} = 2r$

$\sin \alpha = \dfrac{a}{2r}$ $\sin \beta = \dfrac{b}{2r}$ $c = 2r \sin \gamma$

5) $A = \dfrac{1}{2}\, a\, b\, \sin \gamma$

Zahlenmäßige Lösung (a, b, c, r und A bedeuten Zahlenwerte):

1) $\sin \alpha = \dfrac{7,6}{2} : 8,2 = \dfrac{3,8}{8,2}$ **2)** $\sin \beta = \dfrac{6,4}{2} : 8,2 = \dfrac{3,2}{8,2}$

$\alpha_1 = 27,61°$ $\beta_1 = 22,97°$

$\alpha_2 = 180° - 27,61° = 152,39°$ $\beta_2 = 180° - 22,97° = 157,03°$

Rechnerisch ergeben sich je zwei Werte für α und β. Deshalb muß untersucht werden, welche Winkel möglich sind. Das Dreieck könnte folgende Winkel enthalten:

(1) α_1 und β_1 (2) α_1 und β_2 (3) α_2 und β_1 (4) α_2 und β_2.

Man erkennt sofort, daß (4) nicht möglich ist, da das Dreieck nicht zwei stumpfe Winkel enthalten kann. Aber auch (2) entfällt, weil $\alpha + \beta < 180°$ sein muß. Dagegen widersprechen (1) und (3) der Winkelsummenbedingung nicht und müssen für die weiteren Berechnungen berücksichtigt werden.

$\alpha_1 = 27,61°$ $\alpha_2 = 152,39°$

$\beta_1 = 22,97°$ $\beta_1 = 22,97°$

3) $\gamma_1 = 180° - 50{,}58°$ 4) $c_1 = 2 \cdot 8{,}2 \cdot \sin 129{,}42°$ 5) $A_1 = \frac{1}{2} \cdot 7{,}6 \cdot 6{,}4 \cdot \sin 129{,}42°$

$\quad\ \gamma_1 = 129{,}42°$ $c_1 = 16{,}4 \ \ \sin 50{,}58°$ $A_1 = 3{,}8 \cdot 6{,}4 \cdot \sin 50{,}58°$

$\qquad\qquad\qquad\qquad\qquad\quad\ c_1 = 12{,}67$ $A_1 = 18{,}79$

$\quad\ \gamma_2 = 180° - 175{,}36°$ $c_2 = 16{,}4 \cdot \sin 4{,}64°$ $A_2 = 3{,}8 \cdot 6{,}4 \cdot \sin 4{,}64°$

$\quad\ \gamma_2 = 4{,}64°$ $c_2 = 1{,}326$ $A_2 = 1{,}967$

Ergebnisse:

(I) $a = 7{,}6$ cm; $b = 6{,}4$ cm; $c = 12{,}7$ cm; $\alpha = 27{,}6°$;
     $\beta = 23{,}0°$; $\gamma = 129{,}4°$; $r = 8{,}2$ cm; $A = 18{,}79$ cm²

(II) $a = 7{,}6$ cm; $b = 6{,}4$ cm; $c = 1{,}3$ cm; $\alpha = 152{,}4°$;
     $\beta = 23{,}0°$; $\gamma = 4{,}6°$; $r = 8{,}2$ cm; $A = 1{,}97$ cm²

●   *Vergleichen Sie die Ergebnisse mit den Ergebnissen aus Ihrer Konstruktion des Dreiecks!*

6.6.2. Der Kosinussatz

Sind in einem schiefwinkligen Dreieck die drei Seiten bzw. zwei Seiten und der eingeschlossene Winkel gegeben, so kann der Sinussatz nicht zur Berechnung der fehlenden Stücke herangezogen werden. In diesem Fall führt die Anwendung einer weiteren trigonometrischen Beziehung zum Ziel, die im folgenden allgemein hergeleitet wird. Das Dreieck ABC in Abbildung 6.60. wird durch die Höhe h_c in zwei rechtwinklige Teildreiecke zerlegt.

Nach dem **Satz des Pythagoras** gilt

$$h_c{}^2 = b^2 - q^2 \quad \text{und} \quad h_c{}^2 = a^2 - p^2.$$

Gleichsetzen und Umordnen ergibt

$$b^2 - q^2 = a^2 - p^2$$
$$a^2 = b^2 + p^2 - q^2.$$

Wegen $p = c - q$ wird

$$a^2 = b^2 + (c - q)^2 - q^2$$
$$a^2 = b^2 + c^2 - 2cq.$$

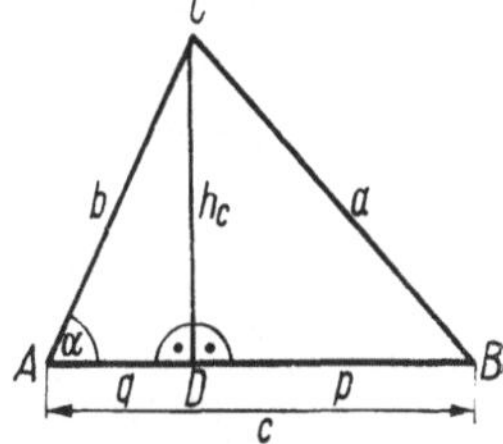

Abb. 6.60.

Der Hypotenusenabschnitt q läßt sich durch eine Seite und eine Winkelfunktion ausdrücken. Im Dreieck ADC ist $\cos \alpha = \dfrac{q}{b}$, woraus folgt

$$q = b \cos \alpha.$$

Setzt man diesen Ausdruck in die Gleichung $a^2 = b^2 + c^2 - 2cq$ ein, so erhält man

(33) $\mathbf{a^2 = b^2 + c^2 - 2\,b\,c \cos \alpha.}$

Durch zyklische Vertauschung ergeben sich die beiden weiteren Gleichungen

(34) $\mathbf{b^2 = c^2 + a^2 - 2\,c\,a \cos \beta}$ und   (35) $\mathbf{c^2 = a^2 + b^2 - 2\,a\,b \cos \gamma.}$

Die drei Gleichungen (33), (34) und (35) werden als **Kosinussatz** der ebenen Trigonometrie bezeichnet.

Weisen Sie die Richtigkeit der Gleichungen (34) und (35) durch entsprechende Zerlegung des Dreiecks ABC mit Hilfe der Höhen h_a bzw. h_b nach!

Ist Winkel α stumpf, so wird $p = c + q$ (Abb. 6.61.). Weiterhin ist

$$\cos(180° - \alpha) = \frac{q}{b}, \text{ also } q = b \cos(180° - \alpha).$$

Wegen $\cos(180° - \alpha) = -\cos\alpha$ wird $q = -b \cos\alpha$.

Man findet:

$$a^2 = b^2 + p^2 - q^2$$
$$a^2 = b^2 + (c + q)^2 - q^2$$
$$a^2 = b^2 + c^2 + 2c\,(-b\cos\alpha)$$
$$a^2 = b^2 + c^2 - 2bc\cos\alpha.$$

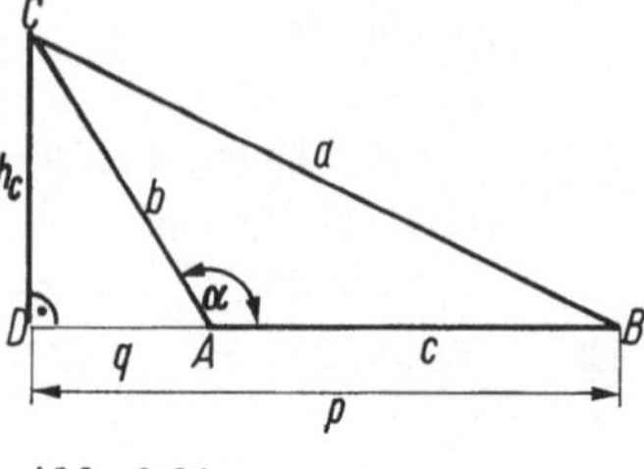

Abb. 6.61.

Man erhält also ebenfalls Gleichung (33).

Da der Kosinus im I. und II. Quadranten verschiedene Vorzeichen hat, ist die Berechnung eines Dreieckwinkels nach dem Kosinussatz eindeutig.

Durch die Anwendung des Kosinus- und des Sinussatzes wird es überflüssig, in jedem Einzelfall das Dreieck in zwei rechtwinklige zu zerlegen. Mit Hilfe des Sinus- und des Kosinussatzes lassen sich alle Stücke eines Dreiecks berechnen, wenn drei voneinander unabhängige Stücke gegeben sind. Die folgende Übersicht zeigt die Verwendung der beiden Sätze.

	Gegebene Stücke	Lösung
(1)	*ssw*	Sinussatz
(2)	*sww*	Sinussatz
(3)	*sws*	Kosinussatz und Sinussatz
(4)	*sss*	Kosinussatz und Sinussatz

Bei jeder Aufgabe muß untersucht werden, ob und wie viele Lösungen vorhanden sind **(Determination)**. Die Determination wird erleichtert, wenn man neben dem Rechengang die geometrische Konstruktion ausführt.

Werden die unbekannten Stücke des schiefwinkligen Dreiecks logarithmisch berechnet, so hat der Kosinussatz gegenüber dem Sinussatz den Nachteil, daß die logarithmische Rechnung unterbrochen werden muß.

Beispiel 3:

Gegeben: $a = 24$ cm; $b = 13$ cm; $c = 15$ cm.
Gesucht: **1)** α; **2)** β; **3)** γ; **4)** A (in cm²).

Allgemeine Lösung (a, b, c und A bedeuten Größen):

1) $a^2 = b^2 + c^2 - 2bc\cos\alpha$

$$\cos\alpha = \frac{b^2 + c^2 - a^2}{2bc}$$

2) $a : b = \sin\alpha : \sin\beta$

$$\sin\beta = \frac{b\sin\alpha}{a}$$

3) $\gamma = 180° - (\alpha + \beta)$

4) $A = \frac{1}{2}ab\sin\gamma$

Zahlenmäßige Lösung (a, b, c und A bedeuten Zahlenwerte):

1) $\cos\alpha = \dfrac{169 + 225 - 576}{2 \cdot 13 \cdot 15}$

  $\cos\alpha = -\dfrac{182}{390} = -\dfrac{7}{15} = -0,4667$

  $\alpha = 180° - 62,18°$

  $\alpha = 117,82°$

2) $\sin\beta = \dfrac{13 \cdot \sin 117,82°}{24}$

  $\sin\beta = \dfrac{13 \cdot \sin 62,18°}{24}$

  $\beta_1 = 28,62°$

  $\beta_2 = 180° - 28,62° = 151,38°$

Der Winkel β_2 entfällt als Lösung, da bereits Winkel α stumpf ist

3) $\gamma = 180° - 146,44° = 33,56°$

4) $A = \tfrac{1}{2} \cdot 24 \cdot 13 \cdot \sin 33,56°$

  $A = 86,24$

Ergebnisse:

$a = 24$ cm; $\qquad b = 13$ cm; $\qquad c = 15$ cm;

$\alpha = 117,8°;$ $\qquad \beta = 28,6°;$ $\qquad \gamma = 33,6°:$

$A = 86,24$ cm².

● **Aufgaben**

1. Berechnen Sie die fehlenden Seiten und Winkel sowie den Flächeninhalt folgender Dreiecke, und kontrollieren Sie die Ergebnisse, gegebenenfalls maßstäblich verkleinert, durch Konstruktion!

a) $a = 4$ cm
  $\beta = 43°$
  $\gamma = 55°$

b) $a = 5,6$ cm
  $\beta = 83,8°$
  $\gamma = 26,5°$

c) $c = 1,46$ m
  $\alpha = 20,2°$
  $\beta = 74,3°$

d) $b = 8,5$ cm
  $\beta = 44,2°$
  $\gamma = 54,5°$ (L: a, b, c)

2. Berechnen Sie die fehlenden Seiten und Winkel sowie den Flächeninhalt folgender Dreiecke! Achten Sie dabei darauf, ob der gegebene Winkel der größeren oder der kleineren Seite gegenüberliegt!

a) $a = 12,15$ m
  $b = 27,83$ m
  $\beta = 109,24°$

b) $b = 4,3$ cm
  $c = 4,6$ cm
  $\gamma = 20°\,35'$

c) $a = 30,4$ cm
  $c = 27,8$ cm
  $\alpha = 67°\,23'$

d) $b = 24,9$ m
  $c = 17,2$ m
  $\beta = 117°\,4'$ (L: e, f, g)

3. Berechnen Sie die Seiten des Dreiecks, von dem $\alpha = 81,91°$, $\beta = 41,54°$ und $r = 258,4$ cm gegeben sind!   (L)

4. a) Beweisen Sie, daß der Flächeninhalt eines Dreiecks durch die Gleichung

  $A = 2r^2 \sin\alpha \sin\beta \sin\gamma$ gegeben ist!

b) Berechnen Sie aus den Winkeln $\alpha = 56,79°$ und $\beta = 62,89°$ sowie dem Umkreisradius $r = 12$ cm den Flächeninhalt des Dreiecks!

5. Warum können die Seiten $a = 8$ cm, $b = 5$ cm und der Flächeninhalt $A = 22$ cm² nicht Bestimmungsstücke eines Dreiecks sein?

a) Begründen Sie geometrisch, daß dies nicht möglich ist!

  Anleitung: Untersuchen Sie die funktionale Abhängigkeit des Flächeninhalts vom Winkel γ, wenn dieser von 0° bis 180° zunimmt!

b) Wie zeigt sich beim trigonometrischen Lösungsverfahren, daß die Aufgabe keine Lösung hat?   (L)

6. Berechnen Sie die fehlenden Seiten und Winkel sowie die Dreiecksfläche!

a) $a = 6,1$ cm
  $c = 4,7$ cm
  $\beta = 63,2°$

b) $a = 123,5$ m
  $b = 134,2$ m
  $\gamma = 102,16°$

c) $b = 17,18$ m
  $c = 13,85$ m
  $\alpha = 74,32°$ (L: a, b)

7. Beweisen Sie mit den Mitteln der Trigonometrie, daß die Winkelhalbierende im Dreieck die Gegenseite im Verhältnis der beiden anliegenden Seiten teilt!

8. Drei Kreise mit den Radien

   a) $r_1 = 6,5$ cm; $r_2 = 5,2$ cm; $r_3 = 3,8$ cm
   b) $r_1 = 9,5$ cm; $r_2 = 7,6$ cm; $r_3 = 5,1$ cm
   c) $r_1 = 24,2$ cm; $r_2 = 15,6$ cm; $r_3 = 21,8$ cm

   berühren einander gegenseitig von außen. Welchen Winkel schließen je zwei Zentralen miteinander ein? (Die Zentrale zweier Kreise ist die Verbindungsgerade ihrer Mittelpunkte.) (L: a, b)

9. Ein gleichseitiges Dreieck wird in Kavalierperspektive abgebildet.

   a) Bestimmen Sie im Bilddreieck die Winkel 1) darstellend-geometrisch, 2) trigonometrisch!
   b) Führen Sie die gleiche Aufgabe an einem gleichschenkligen Dreieck mit dem Basiswinkel 75° durch! (L: a)

Aus der Physik und der Technik

10. Ein Leitungsmast wird unter einem Winkel von 105° mit 70 kp und 40 kp Zug beansprucht (Abb. 6.62.).
    Bestimmen Sie zeichnerisch und rechnerisch Größe und Richtung der Resultierenden! (L)

11. Der 5,20 m hohe Mast am Ende einer elektrischen Grubenbahn ist durch eine waagerechte Seilspannkraft von 1020 kp belastet und durch ein schräges Drahtseil am Boden gegen Biegung verankert (Abb. 6.63.). Bestimmen Sie zeichnerisch und rechnerisch

    a) die Spannkraft im Ankerseil,
    b) die Belastung des Mastfundamentes (Gewicht des Mastes: $F = 800$ kp)! (L)

12. Ein Drehkran trägt am Auslegerkopf B eine Last $F = 3000$ kp. Welche Spannkräfte treten in der Strebe S und in der Zugstange Z auf (Abb. 6.64.)? Sind es Zug- oder Druckkräfte?

13. Beantworten Sie die Fragen aus Aufgabe 12 für

    a) $F = 6000$ kp; $\overline{AB} = 6000$ mm; $\overline{BC} = 5000$ mm; $\overline{AC} = 2000$ mm;
    b) $F = 4000$ kp; $\overline{AB} = 3000$ mm; $\overline{BC} = 2000$ mm; $\overline{AC} = 1500$ mm! (L: a)

14. Drei Kräfte, deren Wirkungslinien in einer Ebene liegen greifen in einem Punkte P an und halten sich das Gleichgewicht.

    a) $F_1 = 50$ kp, $F_2 = 60$ kp, $F_3 = 80$ kp
    b) $F_1 = 720$ kp, $F_2 = 315$ kp, $F_3 = 555$ kp

    Welche Winkel schließen ihre Wirkungslinien miteinander ein? (L: a)

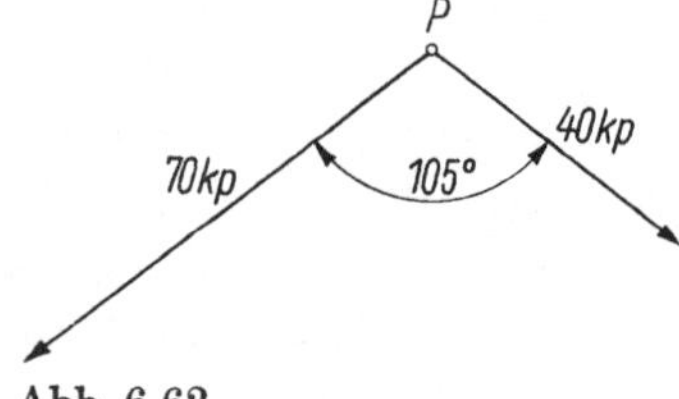

Abb. 6.62.

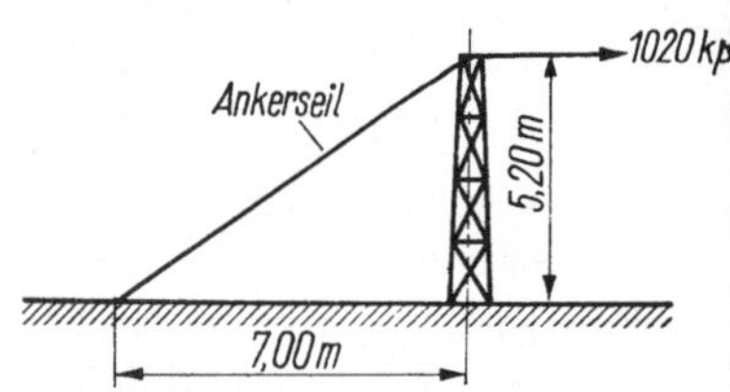

Abb. 6.63.

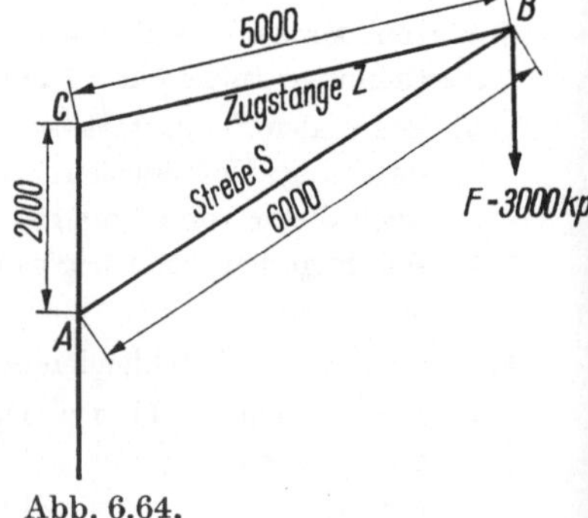

Abb. 6.64.

278

15. In einem Bergwerk sind von demselben „Stoß" (Wand) eines Schachtes aus in gleicher Höhe zwei horizontal verlaufende „Strecken" (Gänge) vorgetrieben worden, deren Eingänge um 4 m voneinander entfernt liegen (Grundriß der Schachtanlage: Abb. 6.65.). Die erste Strecke ist 350 m lang und verläuft senkrecht zur Schachtwand. Die zweite Strecke ist 420 m lang und verläuft unter einem Winkel von 125° gegen die Schachtwand. Die Enden beider Strecken sollen durch eine dritte Strecke miteinander verbunden werden.

a) Wie lang wird die Verbindungsstrecke?

b) In welchen Richtungen ist die Verbindungsstrecke von den beiden Streckenenden vorzutreiben, wenn sie von den Endpunkten aus gleichzeitig in Angriff genommen werden soll?

c) Lösen Sie die Aufgabe auch geometrisch durch eine maßstäbliche Zeichnung! (L)

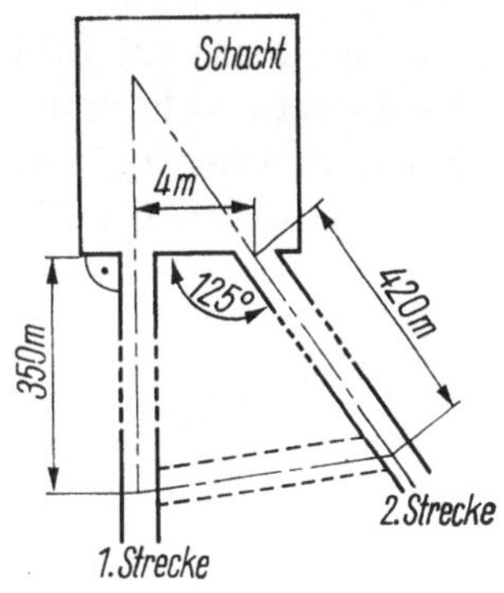

Abb. 6.65.

6.7. Anwendungen aus dem Vermessungswesen

Bei Messungen im Gelände unterscheidet man Längen- oder Streckenmessungen, Winkelmessungen und Höhenmessungen.

6.7.1. Streckenmessungen

Punkte werden im Gelände meist durch lotrecht aufgestellte Fluchtstäbe (Abb. 6.66.) bezeichnet. Zur Festlegung von Strecken werden zwei oder auch mehrere **Fluchtstäbe** verwendet.

Strecken werden im ebenen Gelände mit Stahlmeßbändern entweder abgesetzt (Abb. 6.67.a) oder fortgesetzt (Abb. 6.67.b) gemessen. Häufig verwendet man auch 5,00 m lange Meßlatten, mit denen fortgesetzt gemessen wird. Ist das Gelände geneigt, so wird die horizontale Entfernung zweier Punkte A und B durch Staffel-

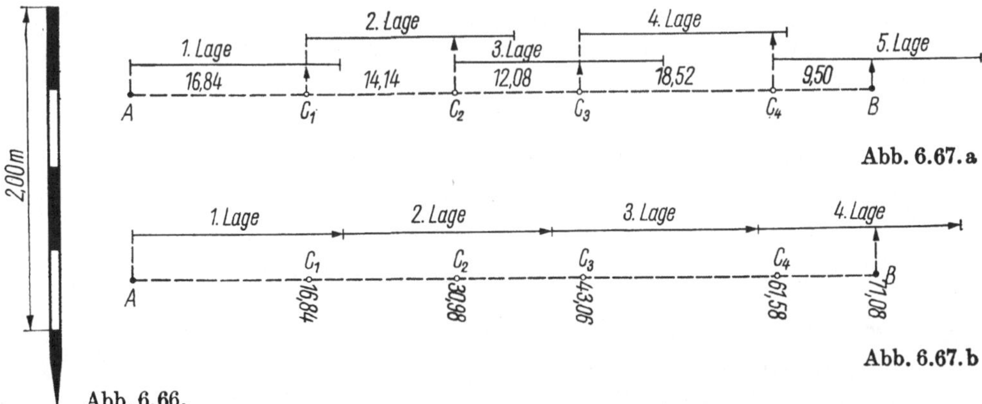

messung bestimmt (Abb. **6.68.**). Man hält in A eine Meßlatte mittels Wasserwaage horizontal und lotet ihren Endpunkt mit dem Senklot auf die Abhangfläche nach C hinunter. Hier legt man die zweite Meßlatte horizontal an usw. Im Gebirge oder nicht begehbarem Gelände können Entfernungen optisch gemessen werden.

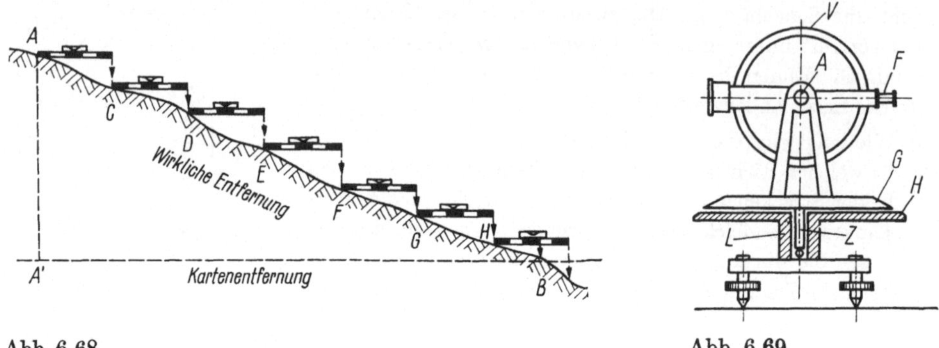

Abb. 6.68.   Abb. 6.69.

6.7.2. Winkelmessungen

Das wichtigste Instrument für Winkelmessungen im Gebirge ist der **Theodolit** (Abb. 6.69.; schematische Darstellung). Ein in drei Punkten gelagertes und durch Stellschrauben horizontal einstellbares Untergestell trägt den Horizontalkreis H mit Kreisteilung (neue Teilung 400^g, alte Teilung 360°). Im Lager L des Fußes dreht sich mit dem Zapfen Z die Grundplatte G des Obergestells. Auf dieser ist um die (horizontal liegende) Kippachse A drehbar das Zielfernrohr F befestigt. Die Größe des Winkels, um den das Zielfernrohr beim Anpeilen eines Geländepunktes aus der Anfangslage in horizontaler Richtung gedreht werden muß, wird mit Hilfe der auf der Grundplatte G angebrachten Marke am Horizontalkreis H abgelesen; die Drehung des Fernrohres in der Vertikalrichtung wird an dem senkrecht zur Kippachse A stehenden Höhen- oder Vertikalkreis V gemessen. Weitere Geräte zur Winkelmessung sind zum Beispiel der **Feldwinkelmesser** und das **Winkelprisma**.

Für die Winkelgrößen sind für den Vollkreis 400 Grad neuer Teilung festgesetzt. Der rechte Winkel wird also in 100 Teile (Neugrad oder Gon) statt in 90 Teile (Altgrad) geteilt.

Zur Umrechnung dienen die folgenden Beziehungen.

Neugrad in Altgrad	Altgrad in Neugrad
$100^g = 90°$	$90° = 100^g$
$1^g = \left(\frac{9}{10}\right)°$	$1° = \left(\frac{10}{9}\right)^g$
$n^g = \frac{9}{10} \cdot n°$	$a° = \frac{10}{9} \cdot a^g$

■ Beispiele:

1) $34{,}26^g = 0{,}9 \cdot 34{,}26° \approx 30{,}83°$
2) $86{,}58° = \frac{10}{9} \cdot 86{,}58^g = 96{,}20^g$

Neben der Unterteilung des Neugrades in Dezimalgrade ist auch die Zählung in Minuten und Sekunden in Gebrauch. Die Einheit 1^g hat 100 Minuten (100^c), und 1 Minute hat 100 Sekunden (100^{cc}).

6.7.3. Das Vorwärtseinschneiden

Ein Punkt kann in der Ebene entweder durch seine Abstände von zwei festen Punkten festgelegt werden (Dreieckverfahren) oder durch Parallelen zu den Achsen eines rechtwinkligen Achsenkreuzes (orthogonales Aufnahmeverfahren; Koordinatensystem).

Beim Dreieckverfahren geht man von einer Standlinie oder Basis $\overline{AB} = c$ aus (Abb. 6.70.). Ein Punkt C (Neupunkt) wird folgendermaßen angeschlossen. Man mißt die Winkel $CAB = \alpha$ und $CBA = \beta$. Durch die drei Stücke c, α und β ist das Dreieck ABC bestimmt, die Abstände $\overline{AC}$ und $\overline{BC}$ können nach der trigonometrischen Methode berechnet werden. Das Verfahren ist in der Feldmessung als **Vorwärtseinschneiden** bekannt.

Abb. 6.70.

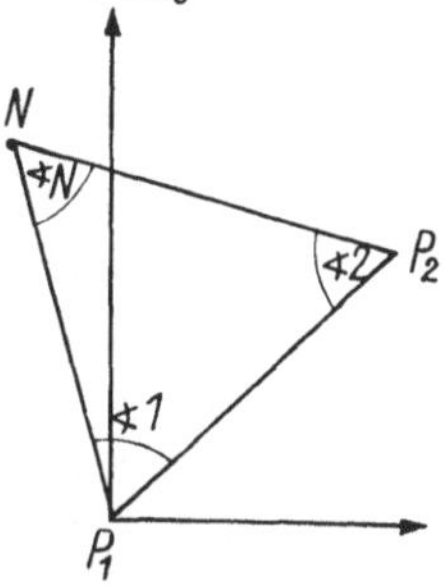

Beispiel 3:

Die Strecke $\overline{P_1 P_2}$ ist zu 30,37 m bestimmt worden. Sie bildet mit der Nordrichtung den Winkel 48,8° (Abb. 6.71.). Die Winkel, die durch die Strecke $\overline{P_1 P_2}$ und durch die beiden Visierlinien zum Neupunkt ($P_1 N$ bzw. $P_2 N$) gebildet werden, betragen: $\sphericalangle\,1 = 62{,}72°$ und $\sphericalangle\,2 = 58{,}07°$. Zu berechnen sind die Entfernungen $\overline{P_1 N}$ und $\overline{P_2 N}$.

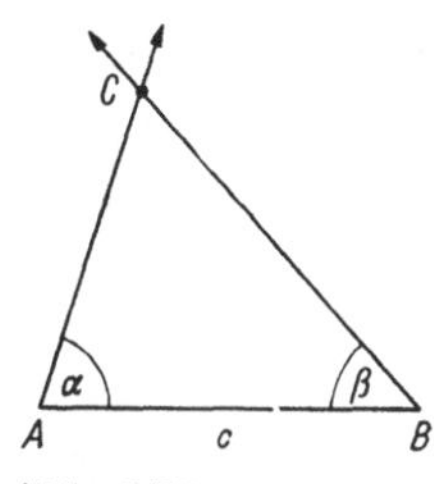

Abb. 6.71.

Lösung: Innerhalb der Berechnung werden für die Strecken nur die Maßzahlen der Strecken eingesetzt:

1) $\sphericalangle N = 180° - (62{,}72° + 58{,}07°)$
$\sphericalangle N = 180° - 120{,}79° = 59{,}21°$
$\overline{P_1 N} : \overline{P_1 P_2} = \sin (\sphericalangle\,2) : \sin (\sphericalangle N)$

$$\overline{P_1 N} = \frac{\overline{P_1 P_2} \cdot \sin (\sphericalangle\,2)}{\sin (\sphericalangle N)}$$

$$\overline{P_1 N} = \frac{30{,}37 \cdot \sin 58{,}07°}{\sin 59{,}21°}$$

$\overline{P_1 N} = 30{,}01$

2) $\overline{P_2 N} : \overline{P_1 P_2} = \sin (\sphericalangle\,1) : \sin (\sphericalangle N)$

$$\overline{P_2 N} = \frac{\overline{P_1 P_2} \cdot \sin (\sphericalangle\,1)}{\sin (\sphericalangle N)}$$

$$\overline{P_2 N} = \frac{30{,}37 \cdot \sin 62{,}72°}{\sin 59{,}21°}$$

$\overline{P_2 N} = 31{,}43$

Ergebnis: Die Entfernungen des Neupunktes von den Endpunkten P_1 und P_2 der Strecke $\overline{P_1 P_2}$ betragen 30,01 m bzw. 31,43 m.

6.7.4. Flächenberechnungen

Um die Fläche eines aufgenommenen (geradlinig begrenzten) Grundstückes zu bestimmen, zerlegt man die maßstäblich gezeichnete Figur in Vielecke, zum Beispiel Dreiecke und Trapeze, und berechnet die Flächeninhalte der Vielecke.

Die Messung einer Fläche bedingt ebenso wie die von Geraden die Festlegung einzelner Punkte. Bei kleinen Flächen können die Punkte von einer geraden Linie aus rechtwinklig aufgenommen werden. Die Fußpunkte der von den Punkten auf die Standlinie zu fällenden Lote werden mit einem Winkelprisma bestimmt.

Beispiel 4:

Ein Grundstück von der Form eines in der Abbildung 6.72. dargestellten Sechsecks $P_1 P_2 P_3 P_4 P_5 P_6$ ist vermessen worden. Die Begrenzungen sind auf die Gerade durch die Ecken P_1 und P_5 projiziert. Die Abbildung 6.72. zeigt den Aufnahmeplan mit eingeschriebenen Meterzahlen. Der Flächeninhalt ist zu berechnen.

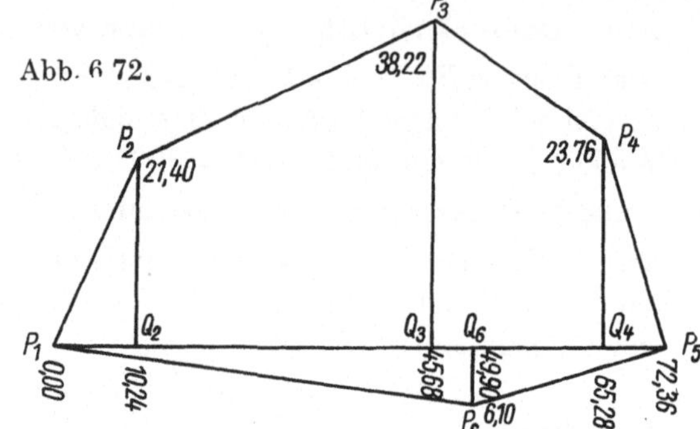

Lösung: Die Projektionen der Punkte P_2, P_3, P_4 und P_6 bezeichnen wir entsprechend mit Q_2, Q_3, Q_4 und Q_6.

Wir berechnen die Flächeninhalte der Teilfiguren.

1. Dreieck $P_1 Q_2 P_2$ ist rechtwinklig.

$$A_1 = \tfrac{1}{2} \cdot 10{,}24 \cdot 21{,}40 \ \text{m}^2 = 5{,}12 \cdot 21{,}40 \ \text{m}^2 \approx 109{,}57 \ \text{m}^2$$

2. Dreieck $P_4 Q_4 P_5$ ist ebenfalls rechtwinklig.

$$A_2 = \tfrac{1}{2} \cdot 23{,}76 \cdot (72{,}36 - 65{,}28) \ \text{m}^2 = 11{,}88 \cdot 7{,}08 \ \text{m}^2 \approx 84{,}11 \ \text{m}^2$$

3. Dreieck $P_1 P_6 P_5$

$$A_3 = \tfrac{1}{2} \cdot 72{,}36 \cdot 6{,}10 \ \text{m}^2 = 36{,}18 \cdot 6{,}10 \ \text{m}^2 \approx 220{,}70 \ \text{m}^2$$

4. Trapez $P_2 Q_2 Q_3 P_3$

$$A_4 = \frac{21{,}40 + 38{,}22}{2} \cdot (45{,}68 - 10{,}24) \ \text{m}^2$$

$$A_4 = \frac{59{,}62}{2} \cdot 35{,}44 \ \text{m}^2 = 29{,}81 \cdot 35{,}44 \ \text{m}^2 \approx 1056{,}47 \ \text{m}^2$$

5. Trapez $P_3 Q_3 Q_4 P_4$

$$A_5 = \frac{38{,}22 + 23{,}76}{2} \cdot (65{,}28 - 45{,}68) \ \text{m}^2$$

$$A_5 = \frac{61{,}98}{2} \cdot 19{,}60 \ \text{m}^2 = 30{,}99 \cdot 19{,}60 \ \text{m}^2 \approx 607{,}40 \ \text{m}^2$$

$$A = A_1 + A_2 + A_3 + A_4 + A_5$$
$$A = 109{,}57 \ \text{m}^2 + 84{,}11 \ \text{m}^2 + 220{,}70 \ \text{m}^2 + 1056{,}47 \ \text{m}^2 + 607{,}40 \ \text{m}^2$$
$$A = 2078{,}25 \ \text{m}^2$$

Ergebnis: **Der Flächeninhalt beträgt angenähert 2078,25 m².**

6.7.5. Höhenmessungen

Zur Bestimmung von Höhenunterschieden kann die Winkelmessung ebenfalls benutzt werden, wenn die Entfernung nach den aufzunehmenden Punkten bekannt ist oder sich bestimmen läßt. Werden die Höhe des Instrumentes mit i, die Entfernung mit e und der Winkel gegen die Horizontale mit α bezeichnet, so ist (Abb. 6.73.)

$$h = i + e \cdot \tan \alpha.$$

Liegt der Winkel α über der Horizontalen, so nennt man ihn **Erhebungswinkel (Höhenwinkel)**, liegt er unterhalb, so heißt er **Senkungswinkel (Tiefenwinkel)** (Abb. 6.74.; α bzw. α'). Der Winkel, unter dem eine Strecke $\overline{AB}$ gesehen wird, heißt **Sehwinkel** σ. Es ist der Winkel, den die Visierlinien nach den Endpunkten A und B miteinander bilden (Abb. 6.75.).

Abb. 6.73. Abb. 6.74. Abb. 6.75.

Beispiel 5:

Um die Höhe eines Berges zu messen, wird in der Ebene eine Standlinie $\overline{AB} = s = 113$ m abgesteckt, deren Richtung genau auf die Bergspitze hinweist (Abb. 6.76.). An den Enden der Standlinie werden die Erhebungswinkel $\alpha_1 = 24{,}29°$ und $\alpha_2 = 19{,}80°$ gemessen. Wie hoch erhebt sich der Berg über der Ebene?

Lösung: Es ist $\tan \alpha_1 = \dfrac{h}{e_1}$ und $\tan \alpha_2 = \dfrac{h}{e_1 + s}$.
Die zweite Gleichung wird nach h aufgelöst, die erste nach e_1.

$$h = e_1 \cdot \tan \alpha_2 + s \cdot \tan \alpha_2$$

$$e_1 = \frac{h}{\tan \alpha_1}$$

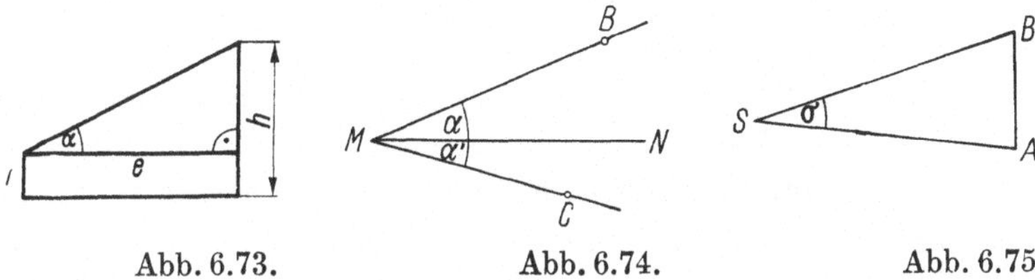

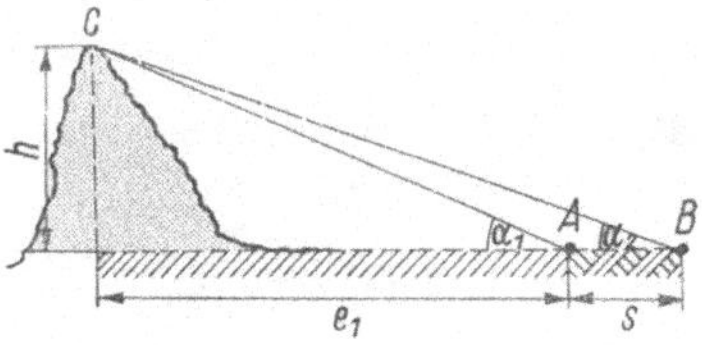

Abb. 6.76.

Setzt man den Ausdruck für e_1 in den für h ein und formt um, so erhält man h.

$$h = \frac{h \cdot \tan \alpha_2}{\tan \alpha_1} + s \cdot \tan \alpha_2$$

$$h \left(1 - \frac{\tan \alpha_2}{\tan \alpha_1}\right) = s \tan \alpha_2$$

$$h = \frac{s \cdot \tan \alpha_2}{\dfrac{\tan \alpha_1 - \tan \alpha_2}{\tan \alpha_1}}$$

$$h = \frac{s \cdot \tan \alpha_1 \cdot \tan \alpha_2}{\tan \alpha_1 - \tan \alpha_2}$$

Die Zahlenwerte werden eingesetzt.

$$h = \frac{113 \cdot \tan 24{,}29° \cdot \tan 19{,}80°}{\tan 24{,}29° - \tan 19{,}80°}$$

$$\tan 24{,}29° = 0{,}4513$$
$$- \tan 19{,}80° = 0{,}3600$$

$$\text{Nenner} = 0{,}0913$$

$$h = 201{,}1$$

Ergebnis: Der Berg erhebt sich rund 201 m über der Ebene.

6.7.6. Bemerkungen zur Triangulation

Die Unterlagen für die Herstellung zuverlässiger Karten liefert die Landesvermessung, die nach den Gesetzen der Geodäsie vorgenommen wird. Die Methoden der Vermessung, Berechnung und Abbildung, die zur Lösung der verschiedenen geodätischen Aufgaben angewendet werden, rechnet man je nach den Anforderungen an die theoretischen Grundlagen zur „niederen" oder zur „höheren" Geodäsie. Sind die zu vermessenden Gebiete so klein, daß sie als eben behandelt werden können und daß für Berechnungen die Methoden der ebenen Trigonometrie hinreichend genaue Ergebnisse liefern, so gehört die Bearbeitung zur niederen Geodäsie. Aufgabe der höheren Geodäsie dagegen ist es, weite Gebiete unter Berücksichtigung der Erdkrümmung zu vermessen. Hierzu müssen die auf der Erdoberfläche festgelegten Hauptpunkte der Landesvermessung auf eine Kugel- oder Ellipsoidoberfläche, die als Ersatz für die Erdoberfläche gedacht ist, eingeordnet sowie die einzelnen Gebiete dieser Flächen auf ebenen Karten dargestellt werden.

Bei der **Triangulation** wird das Land mit Dreiecksnetzen verschiedener Ordnung überzogen. Die Dreiecke der I. Ordnung haben 30 bis 100 km Seitenlänge, die der II. Ordnung durchschnittlich 8 km und die der III. Ordnung durchschnittlich 3 km. Von einer sehr genau gemessenen Basis ausgehend, werden die Punkte der Dreiecksnetze durch Winkelmessungen und Rechnung bestimmt. Über den trigonometrischen Marksteinen werden oft Holzgerüste errichtet, die die Sicht auf größere Entfernungen hin ermöglichen (trigonometrische Signale).

⬤ *Stellen Sie trigonometrische Punkte in Ihrem Ort bzw. in seiner Umgebung fest!*

Höhenpunkte werden ebenfalls festgelegt. Die Vermarkung solcher Punkte geschieht zum Beispiel durch Einlassen von eisernen Bolzen in standsichere massive Gebäude.

⬤ *Stellen Sie Höhenbolzen in der Umgebung Ihrer Schule fest!*

Für die Landesvermessung in Deutschland war das Vorbild die Vermessung, die der deutsche Mathematiker Carl Friedrich Gauß durchgeführt hat.

6.7.7. Carl Friedrich Gauß (1777–1855)

Der deutsche Mathematiker Carl Friedrich Gauß wurde 1777 in Braunschweig geboren. Er stammte aus einfachen Verhältnissen; sein Vater hatte vielerlei Beschäftigungen, zum Beispiel als Gärtner, als Weißbinder, als Kassierer einer Sterbekasse. Wie Gauß selbst äußerte, schrieb und rechnete der Vater gut. Seine Mutter hatte jahrelang als Magd gearbeitet. Schon als Kind hatte Gauß Freude am Rechnen. In der Volksschule in Braunschweig

Abb. 6.77.
Carl Friedrich Gauss (1777–1855)

entdeckte der Lehrer Büttner die mathematischen Fähigkeiten des Jungen. In der damaligen Gesellschaftsordnung war den Kindern der unteren Schichten der Weg zur Hochschule im allgemeinen verschlossen. So war es ein besonderer Glücksfall, daß Gauß in Braunschweig das Gymnasium und in Göttingen die Universität besuchen konnte. Gauß beschäftigte sich schon als Fünfzehnjähriger mit Problemen der höheren Mathematik. Im Jahre 1799 promovierte er zum Doktor der Philosophie mit einer grundlegenden Arbeit auf dem Gebiet der Algebra. Seit 1807 war er Professor der Astronomie und Direktor der Sternwarte in Göttingen.

Das wissenschaftliche Schaffen von C. F. Gauß ist außerordentlich vielseitig. Auf allen Gebieten der Mathematik, der Arithmetik, Algebra, Analysis und der Geometrie, kam er zu neuen und für die weitere Entwicklung der Mathematik fruchtbaren Erkenntnissen. Außerdem wandte er sich auch anderen Wissenschaften zu, der Astronomie, der Physik und der angewandten Mathematik. Er war der Meinung, daß die Anwendungen für die mathematische Forschung große Bedeutung haben. Seine Vielseitigkeit ist auch dadurch gekennzeichnet, daß er sich als Student außer der höheren Mathematik der Philosophie und der Literatur widmete. In seinem Leben und Wirken hat Gauß die Theorie mit der Praxis eng verbunden. Als er schon in höherem Alter war, führte er die Landesvermessung im Land Hannover durch. Die Triangulation diente zunächst praktischen Zwecken. Gauß benutzte sie aber zugleich zu wissenschaftlichen Erkenntnissen; durch äußerst genaue Vermessung des Dreiecks Brocken–Inselsberg–Hoher Hagen (bei Göttingen) prüfte er die Grundlagen der Geometrie. Fast ein volles Jahrzehnt fuhr er Sommer für Sommer ins Gelände, um die erforderlichen Messungen entweder selbst durchzuführen oder zu überwachen. Mit ungeheurem Fleiß wertete er die Meßergebnisse aus. Dabei berechnete er etwa eine Million Zahlen und führte Eliminationen aus, bei denen 55 Gleichungen ebenso viele unbekannte Größen enthielten.

Carl Friedrich Gauß war einer der bedeutendsten Mathematiker.

● **Aufgaben**

1. Unter welchem Winkel steigt eine geradlinige Straße gleichmäßig an, wenn zwei Meßpunkte A und B auf ihr um 810 m voneinander entfernt liegen (in der Straßenmitte gemessen) und einen Höhenunterschied von 40,80 m gegeneinander aufweisen? Zeichnen Sie einen maßstäblichen Geländeschnitt durch die Straßenmitte, und lösen Sie die Aufgabe auch geometrisch (Abb. 6.78.)! (L)

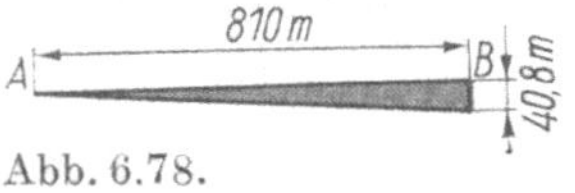

Abb. 6.78.

2. Welche Breitenausdehnung hat ein Körper, der einem Beobachter in der Entfernung d unter dem Sehwinkel 1° erscheint?

    a) $d = 1\,\text{m}$ **b)** $d = 10\,\text{m}$ **c)** $d = 100\,\text{m}$ **d)** $d = 1\,\text{km}$ **e)** $d = 10\,\text{km}$ (L: a, b)

3. Ein elektrischer Leitungsmast wirft bei einer Sonnenhöhe von 52,7° in der Horizontalebene einen 16,76 m langen Schatten.

    a) Wie groß ist die Höhe des Leitungsmastes über der Erde?

    b) Lösen Sie die Aufgabe auch geometrisch! (L)

4. Um die Höhe einer Wolkendecke zu bestimmen, wird diese von dem Scheinwerfer einer meteorologischen Station lotrecht angestrahlt, so daß die Spitze des Lichtkegels an der Wolkendecke einen scharf begrenzten Lichtfleck erzeugt. Der Lichtfleck wird durch das Fernrohr eines in 300 m horizontaler Entfernung vom Scheinwerfer aufgestellten Theodoliten angepeilt und am Höhenkreis des Theodoliten ein Höhenwinkel $\alpha = 70{,}4°$ abgelesen. Wie hoch ist die Wolkendecke?

Lösen Sie die Aufgabe a) trigonometrisch, b) geometrisch! (L)

5. Von einem Standpunkt P aus sieht man einen Turm unter dem Sehwinkel $\alpha = 29{,}82°$. Der Standpunkt P ist horizontal um $d = 240$ m vom Turm entfernt und liegt um $h = 19{,}40$ m höher als der Fuß des Turmes. Wie hoch ist der Turm?

Lösen Sie die Aufgabe

a) trigonometrisch, b) geometrisch! (L)

6. Beim Abstecken eines rechtwinklig-dreieckigen Grundrisses ergeben sich die Seitenlängen für die Hypotenuse zu 53,50 m und eine Kathete zu 25 m. Wie groß sind die Winkel des rechtwinkligen Dreiecks, der Flächeninhalt und die dritte Seite?

7. Berechnen Sie die Horizontalentfernungen e_1 und e_2 eines Turmes von den Standorten St. 1 und St. 2 und die Höhe h der Turmspitze über NN (Abb. 6.79.)!

a) Gemessen sind die Grundlinie $b = 247{,}290$ m, die Horizontalwinkel $\varphi_1 = 110{,}99°$ und $\varphi_2 = 34{,}90°$ (Vorwärtseinschneiden).

b) Gegeben sind die Höhen der Standorte $H_1 = 145{,}02$ m über NN; $H_2 = 139{,}04$ m über NN sowie die Höhen der Meßinstrumente $i_1 = 1{,}30$ m; $i_2 = 1{,}20$ m. Gemessen sind die Höhenwinkel $\alpha_1 = 19{,}12°$ und $\alpha_2 = 12{,}80°$.

c) Beachten Sie die Rechenkontrolle für h!

(L: a)

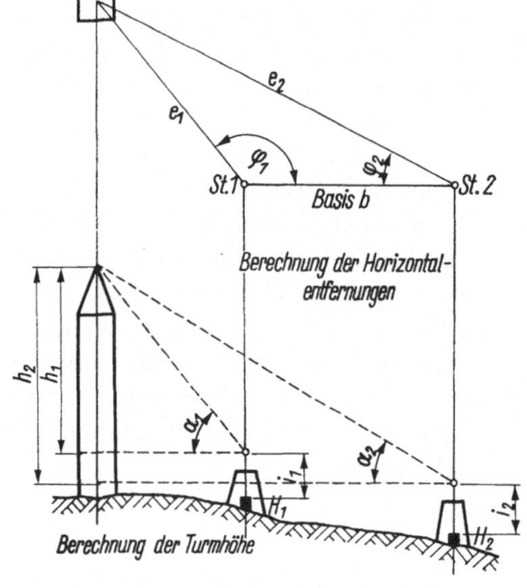

Abb. 6.79.

8. Von einem Viereck kennt man die Seite $\overline{AB}$ und die Winkel, die $\overline{AB}$ mit den Seiten $\overline{AD}$ und $\overline{BC}$ und mit den Diagonalen $\overline{AC}$ und $\overline{BD}$ bildet. Es soll aus diesen Angaben die Länge der Seite $\overline{CD}$ berechnet werden.

a) $\overline{AB} = 85$ m, $\sphericalangle ABC = 57{,}12°$, $\sphericalangle ABD = 34{,}24°$, $\sphericalangle BAC = 44{,}37°$ und $\sphericalangle BAD = 122{,}19°$

b) $\overline{AB} = 72$ m, $\sphericalangle ABC = 39° 43'$, $\sphericalangle ABD = 25° 21'$, $\sphericalangle BAC = 62° 5'$ und $\sphericalangle BAD = 118° 24'$

c) $\overline{AB} = 514$ m, $\sphericalangle ABC = 90° 27'$, $\sphericalangle ABD = 62° 27'$, $\sphericalangle BAC = 39° 52'$ und $\sphericalangle BAD = 73° 54'$ (L: b, c)

9. Über einen Fluß soll eine Brücke mit zwei gleichen Bogen gebaut werden. Um die Lage des mittleren Pfeilers zu bestimmen, hat man auf dem linken Ufer eine Standlinie $\overline{CD}$ von $a = 190$ m Länge abgesteckt und die Winkel gemessen, die die Visierlinien nach den Endpfeilern A und B mit $\overline{CD}$ bilden. Welche Entfernung muß der mittlere Pfeiler von jedem der beiden anderen erhalten, wenn er 2,4 m breit werden soll?

$\not{\!\!<} ACD = \alpha = 152{,}53°, \quad \not{\!\!<} BCD = \beta = 121{,}26°,$

$\not{\!\!<} ADC = \gamma = 4{,}16°$ und $\not{\!\!<} BDC = \delta = 32{,}43°$ (L)

10. An den Endpunkten einer Strecke $\overline{CD}$, deren direkte Ausmessung nicht möglich ist, sind die Richtungen nach den Endpunkten einer bekannten Strecke $\overline{AB}$ festgelegt und ihre Winkel mit $\overline{CD}$ gemessen. Es soll hieraus die Länge von $\overline{CD}$ berechnet werden.

a) $\overline{AB} = 25$ m, $\not{\!\!<} DCA = 47{,}19°$, $\not{\!\!<} DCB = 79{,}14°$,

$\quad \not{\!\!<} CDA = 74{,}23°$ und $\not{\!\!<} CDB = 59{,}26°$

b) $\overline{AB} = 60$ m, $\not{\!\!<} DCA = 62° 25'$, $\not{\!\!<} DCB = 101° 39'$,

$\quad \not{\!\!<} CDA = 65° 27'$ und $\not{\!\!<} CDB = 43° 29'$

c) $\overline{AB} = 150$ m, $\not{\!\!<} DCA = 23° 54'$, $\not{\!\!<} DCB = 87° 43'$,

$\quad \not{\!\!<} CDA = 125° 42'$ und $\not{\!\!<} CDB = 63° 24'$ (L: a, b)

11. An zwei einander gegenüberliegenden Punkten C und D der Elbufer bei Torgau wurden die Winkel der Visierlinien nach zwei auf dem linken Ufer stehenden Pappeln A und B von $a = 56$ m Abstand mit der Geraden $\overline{CD}$ gemessen. Es ergab sich:

$\not{\!\!<} DCA = 120°$, $\not{\!\!<} DCB = 97{,}46°$, $\not{\!\!<} CDA = 4{,}30°$ und $\not{\!\!<} CDB = 18{,}23°$.

Welche Größe ergab sich hieraus für die Breite der Elbe an der Beobachtungsstelle? (L)

12. Zwei Straßen stoßen geradlinig unter einem Winkel von 120° aufeinander. Zur Verbesserung der Straßenführung sollen beide durch einen Kreisbogen vom Radius

a) $r = 300$ m, **b)** $r = 500$ m

verbunden werden. Um wieviel Meter wird durch den Bogen der Straßenzug verkürzt? (L: a)

13. Von einer Klasse wird ein Feld vermessen (Abb. 6.80.).
Ergebnisse:

Basis $\overline{AB} = 125$ m

$\not{\!\!<} BAC = \alpha_1 =$	35,1°	$\not{\!\!<} ABC = \beta_1 =$	87,8°
$\not{\!\!<} BAD = \alpha_2 =$	58,1°	$\not{\!\!<} ABD = \beta_2 =$	71,9°
$\not{\!\!<} BAE = \alpha_3 =$	112,0°	$\not{\!\!<} ABE = \beta_3 =$	26,1°
$\not{\!\!<} BAF = \alpha_4 =$	121,0°	$\not{\!\!<} ABF = \beta_4 =$	33,6°
$\not{\!\!<} BAG = \alpha_5 =$	64,0°	$\not{\!\!<} ABG = \beta_5 =$	84,2°

Der Flächeninhalt des Feldes ist zu berechnen. (L)

14. Eine neue Eisenbahnlinie wird gebaut. Sie verläuft in einer Ebene senkrecht zu einer bereits bestehenden Bahnlinie, über die sie mittels einer Brücke von 8,50 m Höhe geführt werden soll. Wie lang muß die Rampe mindestens sein, wenn der Anstiegswinkel nicht mehr als 1° betragen soll?

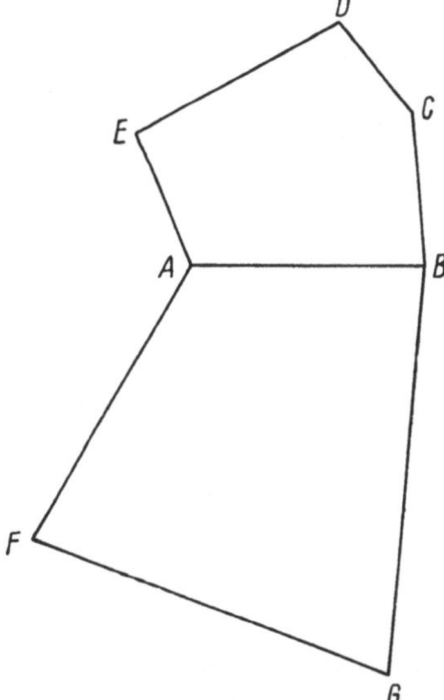

Abb. 6.80.

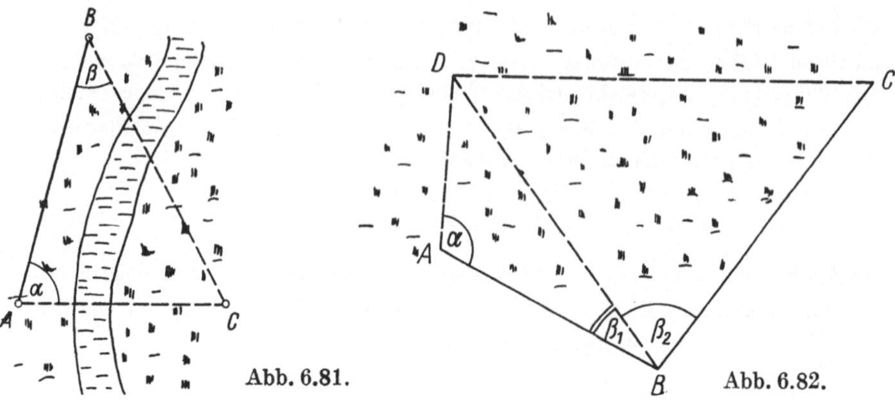

Abb. 6.81.   Abb. 6.82.

15. Im Gelände ist eine Basis $\overline{AB} = 225$ m vermessen worden. Ein dritter Punkt im Gelände ist C, der von A und B aus nicht zugänglich ist. Mit dem Theodoliten wurden

$\sphericalangle\, CAB = \alpha = 75°\,20'$ und $\sphericalangle\, CBA = \beta = 42°\,40'$ ermittelt.

Wie lang sind die Strecken $\overline{AC}$ und $\overline{BC}$ (Abb. 6.81.)?   (L)

16. Wieviel Hektar Land werden durch die Trockenlegung der in Abbildung 6.82. skizzierten feuchten Wiese $ABCD$ gewonnen?

Bemerkung: $\overline{AD}$ und $\overline{DC}$ sind nicht begehbar.

$\overline{AB} = 470$ m; $\overline{BC} = 675$ m; $\alpha = 115°$; $\beta_1 = 26°$; $\beta_2 = 72{,}5°$

17. Zwischen zwei durch einen Wald getrennten Orten A und B soll für eine Hochspannungsleitung eine Schneise geschlagen werden. Die Orte A und B liegen gleich hoch und sind von einem in gleicher Höhe liegenden Geländepunkt C aus beide sichtbar. Die Peilstrahlen CA und CB werden zu 2,380 km und 3,450 km bestimmt. Der Winkel ACB beträgt 38,7°.

a) Wie groß ist die Horizontalentfernung $\overline{AB}$?

b) In welchen Richtungen von A und B aus ist die Schneise zu schlagen?

c) Lösen Sie die Aufgabe auch geometrisch durch eine maßstäbliche Zeichnung!

18. Ein 23 m hoher Gittermast einer Hochspannungsleitung wirft in der Horizontalebene einen 16,76 m langen Schatten. Unter welchem Winkel fallen im Zeitpunkt der Beobachtung die Sonnenstrahlen ein? Lösen Sie die Aufgabe **a)** trigonometrisch, **b)** geometrisch durch eine maßstäbliche Zeichnung!   (L)

6.8. Die Periodizität der trigonometrischen Funktionen

6.8.1. Das Bogenmaß eines Winkels

Beim Zeichnen der Bilder der Winkelfunktionen hatten wir auf der Abszissenachse als Einheit des Winkels die Bogenlänge aufgetragen, die zum Zentriwinkel 1° des Einheitskreises gehört. Wir hatten also auf der x-Achse eine bestimmte Einheit zur Darstellung der Winkelgrade und auf der y-Achse eine andere Maßeinheit für die unbenannten Verhältniszahlen. Beide haben verschiedene Bedeutungen. Der Unterschied wird beseitigt, wenn man für die Winkel ein Maß verwendet, das aus unbenannten Zahlen besteht.

Aus Abbildung 6.83. erkennt man die Gültigkeit folgender
Proportion:

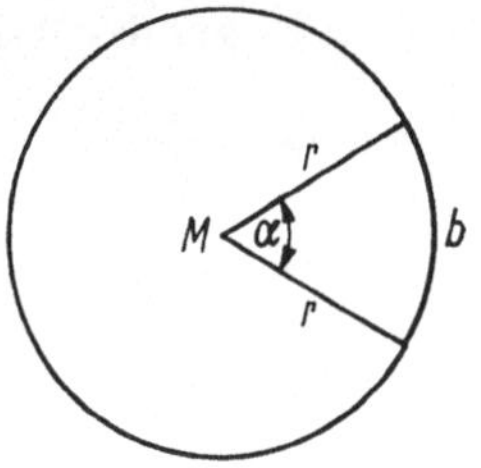

Kreisumfang : Kreisbogen = Vollwinkel : Zentriwinkel

$$2\pi r : \qquad b = \qquad 360° \qquad : \qquad \alpha.$$

Daraus folgt:

$$b = \frac{\pi r}{180°}\,\alpha.$$

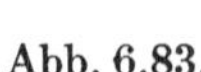

Abb. 6.83.

▶ **Die Länge eines Kreisbogens b ist dem Zentriwinkel α und dem Radius r proportional.**

● *Wie lautet der Proportionalitätsfaktor?*

Bildet man aus der Proportion die neue Beziehung $\dfrac{b}{r} = \dfrac{\pi}{180°} \cdot \alpha$, so ist das Verhältnis aus Kreisbogen und Radius nur noch dem Zentriwinkel proportional. Man kann daher dieses Verhältnis als Maß für den Winkel α einführen. Da diesem Maß der Bogen zugrunde liegt, bezeichnet man es als **Bogenmaß**.

▶ Erklärung:
Unter dem Bogenmaß eines Winkels versteht man das Verhältnis der zugehörigen Bogenlänge zum Radius.

Das Symbol für das Bogenmaß ist: arc α oder $\widehat{\alpha}$ (gelesen: „Arkus von alpha"[1] oder „Bogen alpha").
Es gilt:

$$(36) \quad \widehat{\alpha} = \operatorname{arc}\alpha = \frac{b}{r} = \frac{\pi \cdot \alpha}{180°}.$$

Das Bogenmaß des Winkels ist also, wie es beabsichtigt war, als Verhältnis zweier Längen eine unbenannte Zahl. Die Gleichung (36) stellt eine lineare Funktion $[\widehat{\alpha} = f(\alpha)]$ dar.

Wird zur Bestimmung des Bogenmaßes speziell der Einheitskreis genommen, so ergibt sich eine einfache Deutung:

$$\widehat{\alpha} = \frac{b\ \text{Längeneinheiten}}{1\ \text{Längeneinheit}} = b.$$

Das Bogenmaß eines Winkels ist also gleich der Maßzahl des zugehörigen Bogens auf dem Einheitskreis.

6.8.2. Übergang vom Gradmaß zum Bogenmaß und umgekehrt

Durch Einsetzen in die Gleichung (36) kann für die im Gradmaß gegebenen Winkel das zugehörige Bogenmaß berechnet werden.

---

[1] arcus (lat.), Bogen

■ Beispiel 1:

Es soll das Bogenmaß für den Winkel 45° berechnet werden.

$$\widehat{\alpha} = \frac{\pi \cdot \alpha}{180°}$$

$$\widehat{\alpha} = \frac{\pi \cdot 45°}{180°} = \frac{\pi}{4} \approx 0,79$$

● *Berechnen Sie das Bogenmaß für die Winkel* 90°, 180°, 360°*!*

Zum Gradmaß 1° gehört als Bogenmaß die Zahl

$$\text{arc}\, 1° = \frac{\pi \cdot 1°}{180°} \approx 0,0175 \approx \frac{7}{400}.$$

Zum Gradmaß $\alpha°$ gehört als Bogenmaß die Zahl

$$\text{arc}\, \alpha° = \widehat{\alpha} = \frac{\pi \cdot \alpha}{180°} \approx 0,0175 \cdot \alpha \approx \frac{7}{400} \cdot \alpha.$$

Das Bogenmaß kann also angenähert berechnet werden, indem man das Gradmaß des Winkels mit 0,0175 multipliziert.

Die Tafel der vierstelligen Logarithmentafel enthält die Bogenmaße der Winkel 0° bis 360°.

Die Bogenmaße von Winkeln mit nicht tabellierten Gradzahlen, zum Beispiel von Bruchteilen von Graden, bestimmt man durch additive oder subtraktive Zusammensetzung aus tabellierten Werten oder Bruchteilen davon. Auch der Interpolation kann man sich bedienen.

■ Beispiele

für die Umrechnung von Grad- in Bogenmaß:

2)	$\alpha = 132°$	3)	$\alpha = 198,92°$
	$130° \mathrel{\widehat{=}} 2,2689$		$180° \mathrel{\widehat{=}} 3,1416$
	$2° \mathrel{\widehat{=}} 0,0349$		$18° \mathrel{\widehat{=}} 0,3142$
	$\widehat{\alpha} = 2,3038$		$0,92° \mathrel{\widehat{=}} 0,0161$
			$\widehat{\alpha} = 3,4719$

Wird die Beziehung (36) nach α aufgelöst, so ergibt sich

$$\alpha = \frac{180°}{\pi} \cdot \widehat{\alpha}.$$

Daraus erhält man:

Zur Zahl π als Bogenmaß gehört als Gradmaß $\dfrac{180°}{\pi} \cdot \pi = 180°$.

Zur Zahl 1 als Bogenmaß gehört als Gradmaß $\dfrac{180°}{\pi} \cdot 1 \approx \dfrac{180°}{3,14} \approx 57,3°$.

Die Winkeleinheit im Bogenmaß entspricht einem Winkel von etwa 57,3°, das ist fast die Größe der Winkel im gleichseitigen Dreieck. Die Einheit des Bogenmaßes, die **Radiant** genannt wird, ist also wesentlich größer als die des Gradmaßes.

 Beispiele

für die Umrechnung von Bogen- in Gradmaß:

4) $\widehat{\alpha} = 4{,}9742$ 5) $\widehat{\alpha} = 2{,}7193$

$\qquad 4{,}7124 \triangleq 270°$ $2{,}7053 \triangleq 155°$

$\qquad \overline{0{,}2618}$ $\overline{0{,}0140}$

$\qquad 0{,}2618 \triangleq \ 15°$ $0{,}0140 \triangleq \ \ 0{,}8°$

$\qquad\qquad \overline{\alpha = 285°}$ $\overline{\alpha = 155{,}8°}$

Zur Umrechnung des Gradmaßes eines Winkels ins Bogenmaß und umgekehrt können also die folgenden Formeln verwendet werden:

$$\widehat{\alpha} = \frac{\pi}{180°}\,\alpha \quad \text{und} \quad \alpha = \frac{180°}{\pi}\,\widehat{\alpha}.$$

Bei Benutzung des Bogenmaßes ist es nunmehr möglich, in der graphischen Darstellung der Winkelfunktionen auf beiden Achsen Maßeinheiten zu verwenden, die nach Bedeutung und Größe übereinstimmen. Da die Tafeln die Winkel im Gradmaß enthalten, muß bei ihrer Verwendung jeder Winkelgradwert erst in den zugehörigen Bogenmaßwert umgerechnet werden.

In der Elementargeometrie mißt man Winkel meistens im Gradmaß. In der Trigonometrie benutzt man Winkelgrade bei praktischen Messungen und Rechnungen, bei allgemeineren Betrachtungen über Winkelfunktionen bevorzugt man das Bogenmaß. In der höheren Mathematik bedient man sich ausschließlich des Bogenmaßes.

6.8.3. Die Winkelfunktionen negativer Winkel

Legt man auf dem Radius $\overline{OP} = r$ des Kreises um den Koordinatenanfangspunkt O als Richtung die von O nach P fest, so entsteht die gerichtete Strecke $\overrightarrow{OP}$, die man als **Ortsvektor** r bezeichnet (Abb. 6.84.). Die Richtung des Ortsvektors r ist durch den Richtungswinkel x bestimmt, seine Länge durch die Strecke $\overline{OP}$. Wenn sich der Ortsvektor um seinen Anfangspunkt O dreht, so kann diese Drehung — je nach der Drehrichtung — im positiven oder im negativen Drehsinn erfolgen. Eine Drehung im positiven Sinne erfolgt gegen die Bewegung des Uhrzeigers (im Gegenzeigersinn), eine Drehung im negativen Sinne mit der Uhrzeigerbewegung (im Uhrzeigersinn). Dreht sich der Ortsvektor im positiven Sinne, so entstehen positive Winkel $\Big($z. B. $+120° = +\frac{2\pi}{3}\Big)$, im anderen Falle bezeichnen wir die entstehenden Winkel als negative Winkel $\Big($z. B. $-120° = -\frac{2\pi}{3}$; Abb. 6.85.$\Big)$. Man legt fest, daß die Erklärungen 1 bis 4 der

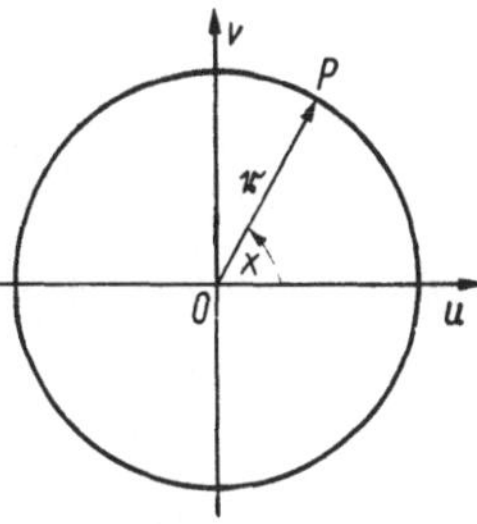

Abb. 6.84.

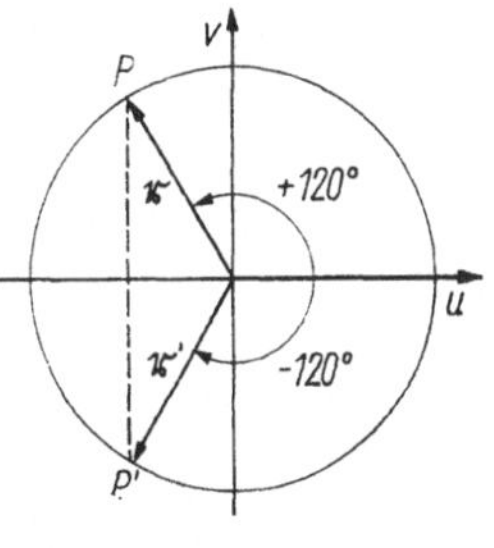

Abb. 6.85.

Winkelfunktionen auch für Winkel im Bereich $0 > x \geqq -2\pi$
gelten sollen. Die Abbildung 6.86. veranschaulicht das für den
Winkel $-\dfrac{\pi}{3}$:

$$\sin\left(-\frac{\pi}{3}\right) = \frac{v}{r} = -\frac{\frac{r}{2}\sqrt{3}}{r} = -\frac{1}{2}\sqrt{3}\,.$$

Die Winkelfunktionen negativer Winkel lassen sich auf die
entsprechenden Funktionen positiver Winkel zurückführen. Es
ist zum Beispiel $\sin(-x) = \sin(2\pi -x)$.
Andererseits ist $\sin(2\pi - x) = -\sin x$.
Daraus folgt $\sin(-x) = -\sin x$.

Es ist:

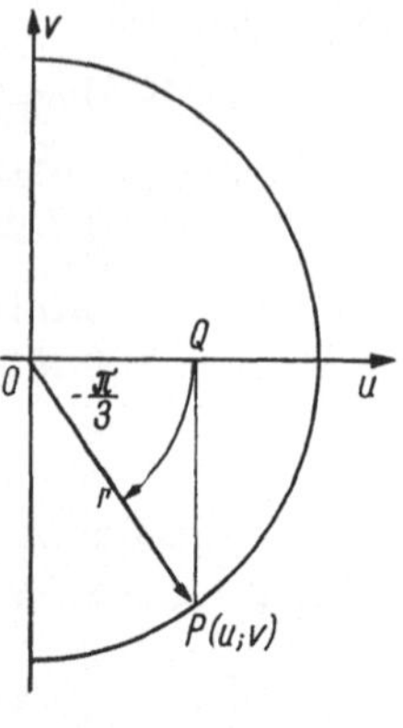

Abb. 6.86.

(37) $\quad \sin(-x) = -\sin x \qquad \tan(-x) = -\tan x$

$\qquad \cos(-x) = \cos x \qquad \cot(-x) = -\cot x.$

● *Beweisen Sie die Beziehungen (37) für negative Winkel in den verschiedenen Quadranten!*
Gelten die Gleichungen (5) bis (8) von Seite 122, die die Beziehungen zwischen den Winkel-
funktionen bei gleichem Winkel zum Ausdruck bringen, sowie die Gleichungen (10) bis (12)
von Seite 133, die die Beziehungen zwischen Funktionswerten von Winkeln verschiedener
Quadranten darlegen, auch für negative Winkel?

Also ist die Kosinusfunktion, $y = \cos x$, eine gerade Funktion, die Sinusfunktion,
$y = \sin x$, dagegen eine ungerade Funktion.

● *Deuten Sie diese Funktionseigenschaften geometrisch! Welche Symmetrieverhältnisse hat die.*
Kosinusfunktion $y = \cos x$ zur y-Achse, welche die Sinusfunktion $y = \sin x$ zum Nullpunkt O
(0; 0)? Zu welcher Funktionsgruppe gehören die Tangens- und die Kotangensfunktion?

● *Nennen Sie gerade und ungerade Potenzfunktionen!*

■ **Beispiele:**

6) $\sin\left(-\dfrac{\pi}{3}\right) = -\sin\dfrac{\pi}{3} = -\sin 60° = -\dfrac{1}{2}\sqrt{3}$

7) $\cos(-110°) = \cos 110° = \cos(180° - 70°) = -\cos 70° = -0{,}3420$

8) $\tan\left(-\dfrac{2\pi}{3}\right) = -\tan\dfrac{2\pi}{3} = -\tan 120° = -\tan(180° - 60°)$

$\qquad\qquad = -(-\tan 60°) = +\sqrt{3}$

9) $\cot(-214{,}92°) = -\cot 214{,}92° = -\cot(180° + 34{,}92°)$

$\qquad\qquad = -\cot 34{,}92° = -1{,}432$

6.8.4. Die Winkelfunktionen für Winkel mit Beträgen über 2π

Dreht sich der Ortsvektor $\mathfrak{r}$ im positiven oder im negativen Sinne, so werden nach einem vollen Umlauf Winkel erzeugt, deren absoluter Betrag größer als 2π ist, nach zwei Umläufen Winkel, deren absoluter Betrag größer als 4π ist, usw. (Abb. 6.87.a und 6.87.b). Winkel, die sich um ganzzahlige Vielfache von 2π unterscheiden, heißen zueinander **äquivalent**.

Beispiel 10:

$$\ldots - \frac{17\,\pi}{3};\ -\frac{11\,\pi}{3};\ -\frac{5\,\pi}{3};\ \frac{\pi}{3};\ \frac{7\,\pi}{3};\ \frac{13\,\pi}{3};\ \ldots$$

Bezeichnet man den zwischen 0 und 2π liegenden Winkel $\bar{x}$ als den **Hauptwert**, so läßt sich jeder beliebige Winkel durch die Gleichung

$$x = \bar{x} + k \cdot 2\pi$$

darstellen, wobei k eine (positive oder negative) ganze Zahl ist.

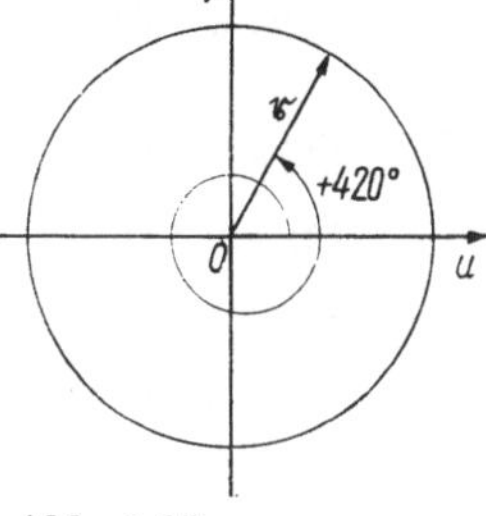

Abb. 6.87.a

Beispiel 11:

Wenn $x = -855°$ ist, so ist
$$x = -855° - (-3) \cdot 360° = -855° + 3 \cdot 360° = 225°.$$

Man legt nun fest, daß die Erklärungen der Winkelfunktionen auch für Winkel x mit Beträgen über 2π gelten.

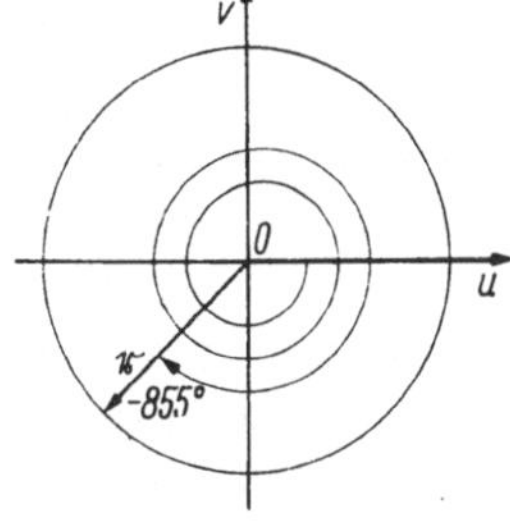

Abb. 6.87.b

Dreht sich der Ortsvektor von einer beliebigen Ausgangslage aus im Einheitskreis, so hat sein Endpunkt P nach ein, zwei, drei usw. vollen Umläufen dieselben Koordinaten wie in der Ausgangslage. Daher haben die Winkelfunktionen in den **Intervallen**[1] $2\pi \ldots 4\pi$; $4\pi \ldots 6\pi$ usw. dieselben Werte wie im Intervall $0 \ldots 2\pi$. Entsprechendes gilt für negative Winkel.

● *Veranschaulichen Sie einige Zahlenbeispiele durch geeignete Abbildungen!*

Die Winkelfunktionen eines beliebigen Winkels x lassen sich auf dieselbe Funktion des Hauptwertes $\bar{x}$ des Winkels zurückführen. Es ist

$$
\begin{aligned}
(38)\quad \sin x &= \sin\,(\bar{x} + k \cdot 2\pi) = \sin \bar{x};\\
\cos x &= \cos\,(\bar{x} + k \cdot 2\pi) = \cos \bar{x};\\
\tan x &= \tan\,(\bar{x} + k \cdot 2\pi) = \tan \bar{x};\\
\cot x &= \cot\,(\bar{x} + k \cdot 2\pi) = \cot \bar{x},
\end{aligned}
$$

wobei k eine (positive oder negative) ganze Zahl ist.

● *Zeigen Sie, daß die Formeln (5) bis (8) auf Seite 122 für beliebige Winkel gelten!*

---

[1] intervallum (lat.), Zwischenraum, Teilbereich.

Bei gegebener Funktion $f(x)$, f bedeute sin, cos, tan oder cot, und bekanntem Funktionswert findet man für den Winkel x zunächst die Werte zwischen 0 und 2π und durch Addition bzw. Subtraktion der ganzzahligen Vielfachen von 2π die äquivalenten Werte. Zu der gegebenen Funktion $f(x)$ erhält man also im allgemeinen die beiden Winkel

$$\bar{x}_1 + k \cdot 2\pi \quad \text{und} \quad \bar{x}_2 + k \cdot 2\pi, \ (k = 0; \ \pm 1; \ \pm 2; \ \ldots).$$

Beispiele:

12) $\sin 3520° = \sin (3520° - 9 \cdot 360°) = \sin 280° = -\sin 80° = -0{,}9848$

13) $\tan x = 2{,}565; \ \bar{x}_1 = 68{,}7°, \ \bar{x}_2 = 248{,}7°$

Allgemeine Lösung: $x_1 = 68{,}7° + k \cdot 360°$ und $x_2 = 248{,}7° + k \cdot 360°$,
$$(k = 0; \ \pm 1; \ \pm 2; \ \ldots),$$
oder $\qquad\qquad x = 68{,}7° + k' \cdot 180°, \ (k' = 0; \ \pm 1; \ \pm 2; \ \ldots).$

6.8.5. Die Periodizität der Sinus- und der Kosinusfunktion

Da sich bei der Sinusfunktion die Funktionswerte nach jeweils 2π (in den Bereichen $2\pi \leq x < 4\pi$; $4\pi \leq x < 6\pi$; ... und in den Bereichen $-2\pi \leq x < 0$; $-4\pi \leq x < -2\pi$; ...) wiederholen, muß sich das Kurvenstück, das die graphische Darstellung von $y = \sin x$ ($0 \leq x < 2\pi$) ergab, in regelmäßiger Wiederkehr nach beiden Seiten fortsetzen. Für die Sinusfunktion ergibt sich so die Abbildung 6.88. Das Bild der Funktion $y = \sin x$ nennt man kurz **Sinuskurve**. Man erkennt, daß sich das zwischen 0 und 2π gelegene Kurvenstück immer wiederholt. Ebenso könnte man das allerdings auch von dem zwischen 0 und 6π gelegenen Kurvenstück sagen. Eine derartige Funktion nennt man eine periodische Funktion.

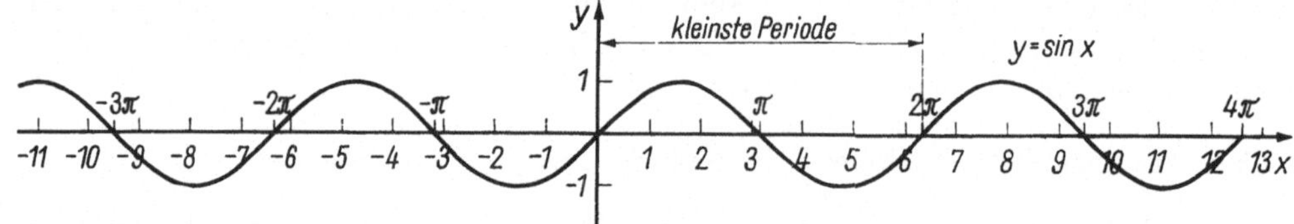

Abb. 6.88.

Die Abschnitte auf der x-Achse, innerhalb derer ein sich wiederholendes Kurvenstück liegt, nennt man Perioden der betreffenden Funktion. Perioden der Sinusfunktion sind beispielsweise $0 \ldots 2\pi$; $2\pi \ldots 4\pi$; $4\pi \ldots 6\pi$; ... und $0 \ldots -2\pi$; $-2\pi \ldots -4\pi$; $-4\pi \ldots -6\pi$; ...
Allgemein lassen sich die Perioden der Sinusfunktion zusammenfassen als

$$k \cdot 2\pi = 2k\pi, \ (k = \pm 1; \ \pm 2; \ \ldots).$$

Am wichtigsten ist die kleinste Periode; sie beträgt 2π. Mit ihrer Hilfe läßt sich der analytische Ausdruck der Sinusfunktion wie folgt umgestalten.

Statt $y = \sin x$ mit $-\infty < x < +\infty$ kann man auch schreiben:

(39) $\quad \boldsymbol{y = \sin\,(x + 2\,k\,\pi)}$ mit $0 \leq x < 2\pi$; k ganzzahlig.

Das ist deshalb möglich, weil nach unseren Überlegungen gilt:

$$\sin\,(x + 2k\pi) = \sin x \quad \text{für} \quad 0 \leq x < 2\pi; \; k \text{ ganzzahlig.}$$

Wichtig ist, daß die Darstellung (39) nicht nur für einen bestimmten Winkel x, sondern für alle x in dem angegebenen Bereich gilt.

● *Wodurch unterscheidet sich (39) von der Beziehung (38)?*

Der Teilbereich $0 \leq x < 2\pi$ enthält alle für die Sinuswerte möglichen Werte, das heißt ihren Wertevorrat $(-1 \leq y \leq 1)$.

Die Kosinusfunktion ist ebenfalls eine periodische Funktion mit der (kleinsten) Periode 2π. Es ist

$$\cos\,(x + 2k\pi) = \cos x \quad \text{mit} \quad 0 \leq x < 2\pi; \; k \text{ ganzzahlig.}$$

In Abbildung 6.89. ist die Funktion

(40) $\quad \boldsymbol{y = \cos\,(x + 2\,k\,\pi)}$ mit $0 \leq x < 2\pi$; k ganzzahlig,

graphisch dargestellt.

Wir stellen fest, daß die Funktionen $y = \sin x$ und $y = \cos x$ für jedes beliebige x erklärt sind.

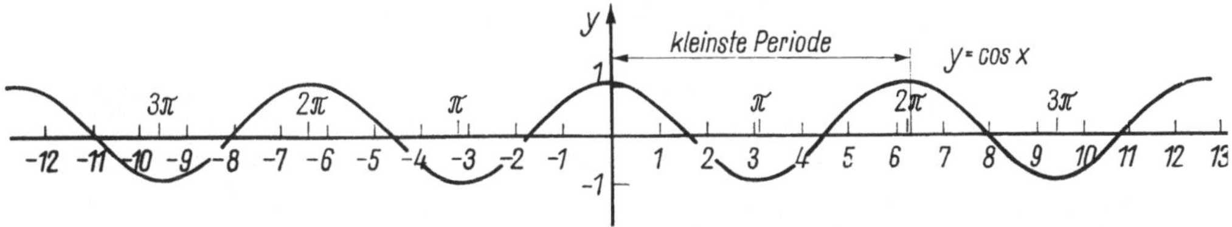

Abb. 6.89.

6.8.6. Die Periodizität der Tangens- und der Kotangensfunktion

Die Tangens- und die Kotangensfunktion verhalten sich ähnlich wie die Sinus- und die Kosinusfunktion. Wir können die Tangensfunktion im ganzen x-Bereich $-\infty < x < +\infty$ mit Ausnahme der Stellen $\frac{\pi}{2} + n\pi$ (n ganzzahlig) graphisch darstellen (Abb. 6.90.). Wir erkennen, daß auch die Tangensfunktion eine periodische Funktion ist. Perioden von $y = \tan x$ sind beispielsweise $0 \ldots \pi$; $\pi \ldots 2\pi$; $2\pi \ldots 3\pi$; $\ldots$ und $0 \ldots -\pi$; $-\pi \ldots -2\pi$; $-2\pi \ldots -3\pi$; $\ldots$

Im Gegensatz zur Sinus- und Kosinusfunktion wiederholen sich bei der Funktion $y = f(x) = \tan x$ die Funktionswerte y bereits nach einem Zuwachs des Arguments[1] x um π. Die Tangensfunktion hat also die (kleinste) Periodenlänge π. Es ist, wenn k eine ganze Zahl bedeutet, $(k = 0; \pm 1; \pm 2; \ldots)$,

$$\tan\,(x + k\pi) = \tan x \quad \text{für} \quad 0 \leq x < \pi.$$

Als Argument wird hier die unabhängige Veränderliche der Winkelfunktion bezeichnet.

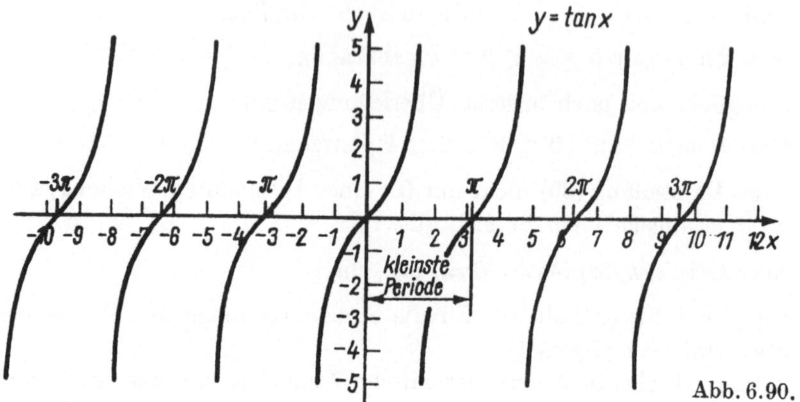

Abb. 6.90.

Die Tangensfunktion kann durch den analytischen Ausdruck

(41) $y = \tan(x + k\pi)$ mit $0 \leqq x < \pi$; k ganzzahlig

wiedergegeben werden.

Sie ist nicht erklärt an den Stellen

$$x = \frac{\pi}{2} + n\pi \quad (n \text{ ganzzahlig}).$$

Die Kotangensfunktion ist ebenfalls eine periodische Funktion mit der (kleinsten) Periode π. Es gilt

$$\cot(x + k\pi) = \cot x \quad \text{mit} \quad 0 \leqq x < \pi; \; k \text{ ganzzahlig}.$$

Für die in Abbildung 6.91. dargestellte Kotangensfunktion lautet der analytische Ausdruck

(42) $y = \cot(x + k\pi)$ mit $0 \leqq x < \pi$; k ganzzahlig.

Sie ist nicht erklärt an den Stellen

$$x = n\pi \quad (n \text{ ganzzahlig}).$$

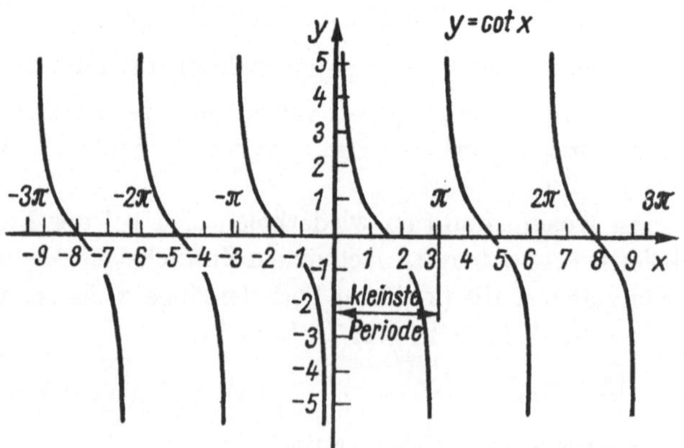

Abb. 6.91.

Aus den graphischen Darstellungen der Winkelfunktionen kann man den Wertevorrat jeder dieser Funktionen deutlich erkennen. Zu jeder reellen Zahl x (als Winkel x im Bogenmaß) gehört eine bestimmte reelle Zahl y aus dem Bereich $-1 \leqq y \leqq +1$ als Funktionswert der Sinus- bzw. Kosinusfunktion. Zu jeder reellen Zahl x mit Ausnahme der Stellen $\frac{\pi}{2} + n\pi$ bzw. $n\pi$ gehört eine bestimmte reelle Zahl y als Funktionswert der Tangens- bzw. Kotangensfunktion.

In der folgenden Übersicht sind Definitionsbereich und Wertevorrat der vier Winkelfunktionen nochmals zusammengestellt.

Winkelfunktion	Definitionsbereich	Wertevorrat
$y = \sin x$	$-\infty < x < +\infty$	$-1 \leqq y \leqq +1$
$y = \cos x$	$-\infty < x < +\infty$	$-1 \leqq y \leqq +1$
$y = \tan x$	$-\infty < x < +\infty$ mit Ausnahme der Stellen $\frac{\pi}{2} + n\pi$ (n ganzzahlig)	$-\infty < y < +\infty$
$y = \cot x$	$-\infty < x < +\infty$ mit Ausnahme der Stellen $n\pi$ (n ganzzahlig)	$-\infty < y < +\infty$

● Aufgaben

1. Bestimmen Sie die Werte aller Winkelfunktionen der folgenden Winkel!

a) $-30°$ b) $-18°$ c) $-135°$ d) $-83,4°$ e) $-90,45°$

f) $-174,77°$ g) $-214,92°$ h) $-282°\,12'\,38''$ i) $-393,27°$ k) $-450,13°$ (L: a, b, c, d)

2. Suchen Sie die Logarithmen der Beträge zu den Funktionen Sinus, Kosinus, Tangens und Kotangens für die in Aufgabe **1a** bis **k** angeführten Winkel auf! (L: a, b, c, d)

3. Bestimmen Sie zu den folgenden Funktionswerten $f(x)$ die zwischen $0°$ und $-360°$ liegenden negativen Winkel! (L: a, b, f)

	a)	b)	c)		d)	e)	f)
$\sin x$	$-0,4848$	$-0,9024$	$0,0820$	$\tan x$	$-0,3759$	$-0,9935$	$2,877$
$\cos x$	$0,9655$	$0,3704$	$-0,8671$	$\cot x$	$-191,0$	$-1,333$	$0,0107$

4. Bestimmen Sie zu den folgenden Logarithmen der vier Winkelfunktionen sowohl die positiven als auch die negativen Winkel!

a) $\lg \sin x = 0,5717 - 1, (\sin x > 0)$ b) $\lg |\sin x| = 0,1718 - 1, (\sin x < 0)$

c) $\lg \cos x = 0,9970 - 2, (\cos x > 0)$ d) $\lg |\cos x| = 0,4237 - 1, (\cos x < 0)$

e) $\lg \tan x = 0,3393, (\tan x > 0)$ f) $\lg |\tan x| = 1,0763, (\tan x < 0)$

g) $\lg \cot x = 0,6506 - 1, (\cot x > 0)$ h) $\lg |\cot x| = 0,8411 - 2, (\cot x < 0)$

(L: a, b, c, d)

5. Untersuchen Sie, ob die nachfolgenden Beziehungen auch für negative Winkel gelten!

a) $\tan x = \dfrac{\sin x}{\cos x}$ **b)** $\cot x = \dfrac{\cos x}{\sin x}$ **c)** $\tan x \cot x = 1$

d) $\sin^2 x + \cos^2 x = 1$ **e)** $\sin x = \cos (90° - x)$ **f)** $\tan x = \cot (90° - x)$

g) $\cos x = \sin (90° - x)$ **h)** $\cot x = \tan (90° - x)$ (L: e, f, g, h)

6. Geben Sie zu den nachstehenden Winkeln die auf sie folgenden drei äquivalenten Winkel bei positivem und negativem Drehsinn an!

a) $50°$ **b)** $175°$ **c)** $335°$ **d)** $117,5°$ **e)** $-221,68°$

f) $-33°$ **g)** $212,7°$ **h)** $-148,5°$ **i)** $241°\,15'$ **k)** $7°\,10'\,10''$

(L: a, b, c, d, e)

7. Wie groß ist der Hauptwert der folgenden Winkel?

a) $1200°$ **b)** $5180°$ **c)** $-320°$ **d)** $-1755°$ **e)** $-615°\,23'$

f) $2123°$ **g)** $-4713°$ **h)** $498°\,10'$ **i)** $-913,2°$ **k)** $2916,48°$

(L: f, g, h, i, k)

8. Geben Sie sämtliche Lösungen (im Gradmaß) folgender Gleichungen an!

a) $\sin x = 0,3223$ **b)** $\sin x = 0,8440$ **c)** $\cos x = 0,9018$ **d)** $\cos x = -0,1382$

e) $\tan x = -1,083$ **f)** $\tan x = 0,9045$ **g)** $\cot x = 0,0524$ **h)** $\cot x = -0,4109$

(L: a, c, e)

9. Welche Winkel ergeben sich als allgemeine Lösung aus den nachstehenden Logarithmen der Winkelfunktionen?

a) $\lg \sin x = 0,4328 - 1, \quad (\sin x > 0)$ **b)** $\lg |\sin x| = 0,6743 - 1, \quad (\sin x < 0)$

c) $\lg \cos x = 0,1873 - 1, \quad (\cos x > 0)$ **d)** $\lg |\cos x| = 0,8591 - 1, \quad (\cos x < 0)$

e) $\lg \tan x = 0,4711 - 1, \quad (\tan x > 0)$ **f)** $\lg |\cot x| = 0,7220 - 2, \quad (\cot x < 0)$

(L: a, c, e)

10. Rechnen Sie die folgenden im Gradmaß gegebenen Winkel in das Bogenmaß um!

a) $1°$ **b)** $0,1°$ **c)** $0,01°$ **d)** $1'$ **e)** $1''$ **f)** $45°$

g) $120°$ **h)** $75°$ **i)** $300°$ **k)** $-180°$ **l)** $900°$ **m)** $32°$

n) $67,5°$ **o)** $102,7°$ **p)** $256,58°$ **q)** $318,04°$ **r)** $-177,42°$ **s)** $1125,17°$

(L: a, e, i, n, r)

11. Rechnen Sie die folgenden im Bogenmaß gegebenen Winkel ins Gradmaß um!

a) $\dfrac{\pi}{3}$ **b)** $\dfrac{\pi}{5}$ **c)** $\dfrac{\pi}{10}$ **d)** $\dfrac{\pi}{15}$ **e)** $\dfrac{\pi}{30}$ **f)** $\dfrac{\pi}{180}$

g) $\dfrac{3}{2}\pi$ **h)** $\dfrac{3}{4}\pi$ **i)** $\dfrac{7}{8}\pi$ **k)** $\dfrac{\pi}{12}$ **l)** $2,5\,\pi$ **m)** $37\,\pi$

n) $1,13\,\pi$ **o)** $0,1$ **p)** $0,01$ **q)** 2 **r)** $1,5$ **s)** $3,04$

t) $-\pi$ **u)** $-\dfrac{2}{3}\pi$ **v)** -3 **w)** $-0,703$ **x)** $-\dfrac{1}{2}\sqrt{3}$ **y)** 12 (L: b, f, k, o, s, w)

12. Berechnen Sie die Bogenlängen auf einem Kreis mit dem Radius $r = 5$ cm für die folgenden Zentriwinkel!

a) $36,3°$ **b)** $117,45°$ **c)** $255,58°$ (L: a)

13. Wie groß ist jeweils der Bogen zum Zentriwinkel $1°$ auf Kreisen mit den folgenden Radien?

a) $r = 1$ cm   **b)** $r = 2$ cm   **c)** $r = 4$ cm   (L: b, c)

14. Bestimmen Sie die Winkel x (im Gradmaß) zu den nachstehenden Funktionswerten!

a) $\sin x = 0{,}0000238$ b) $\sin x = 3{,}76 \cdot 10^{-6}$ c) $\sin x = 8{,}24 \cdot 10^{-7}$

d) $\tan x = 0{,}0000104$ e) $\tan x = 4{,}43 \cdot 10^{-6}$ f) $\tan x = 9{,}83 \cdot 10^{-7}$

15. Bestimmen Sie die folgenden Funktionswerte!

a) $\sin \dfrac{\pi}{3}$ b) $\sin \dfrac{3}{8}\pi$ c) $\sin\left(-\dfrac{3}{2}\pi\right)$ d) $\sin 1$ e) $\sin 0{,}43$

f) $\sin(-1{,}87)$ g) $\sin 2{,}163$ h) $\cos\dfrac{4}{3}\pi$ i) $\cos\dfrac{\pi}{4}$ k) $\cos\left(-\dfrac{5}{6}\pi\right)$

l) $\cos 1{,}31\pi$ m) $\cos 0{,}5$ n) $\cos(-1)$ o) $\cos 2{,}897$ p) $\cos(-2{,}17)$

(L: a, b, c, d, e)

16. Bestimmen Sie die folgenden Funktionswerte!

a) $\tan \pi$ b) $\tan \dfrac{2}{7}\pi$ c) $\tan\left(-\dfrac{\pi}{20}\right)$ d) $\tan 0{,}7$ e) $\tan(-1{,}2)$

f) $\tan 5{,}943$ g) $\tan 1{,}052$ h) $\cot(-\pi)$ i) $\cot\dfrac{2}{5}\pi$ k) $\cot 1{,}8\pi$

l) $\cot 0{,}05$ m) $\cot \sqrt{2}$ n) $\cot 3$ o) $\cot(-1{,}32)$ p) $\cot(-0{,}48\pi)$

(L: a, b, c, d, e)

17. Suchen Sie die Logarithmen der Beträge der folgenden Funktionswerte auf!

a) $\sin\dfrac{5}{9}\pi$ b) $\sin 0{,}1\pi$ c) $\sin 6{,}1$ d) $\cos 1\dfrac{3}{4}\pi$ e) $\cos(-2{,}4)$

f) $\cos 3{,}515$ g) $\tan\dfrac{13}{20}\pi$ h) $\tan\dfrac{\pi}{100}$ i) $\cot 5{,}5$ k) $\cot(-0{,}72)$

(L: a, b, c, d)

18. Geben Sie die Winkel x zu den folgenden Funktionswerten im Bogenmaß an!

a) $\sin x = 0{,}9511$ b) $\sin x = 0{,}6428$ c) $\sin x = 0{,}9736$ d) $\sin x = -0{,}1951$

e) $\sin x = 3{,}23 \cdot 10^{-6}$ f) $\cos x = \tfrac{1}{2}\sqrt{2}$ g) $\cos x = 0{,}4067$ h) $\cos x = -0{,}8805$

i) $\cos x = 0{,}2190$ k) $\tan x = 1$ l) $\tan x = 0{,}7265$ m) $\tan x = -3{,}630$

n) $\tan x = -0{,}5924$ o) $\tan x = 5{,}18 \cdot 10^{-5}$ p) $\cot x = 0$ q) $\cot x = -\sqrt{3}$

(L: a, b, c, d, e, f)

19. Welche Winkel x im Bogenmaß ergeben sich aus den folgenden Logarithmen der Winkelfunktionen?

a) $\lg \sin x \;= 0{,}8495 - 1, (\sin x > 0)$ b) $\lg \sin x = 0{,}7990 - 3, (\sin x > 0)$

c) $\lg \sin x \;= 0{,}5686 - 6, (\sin x > 0)$ d) $\lg \cos x = 0{,}9730 - 1, (\cos x > 0)$

e) $\lg |\cos x| = 0{,}8026 - 1, (\cos x < 0)$ f) $\lg \cos x = 0{,}9278 - 1, (\cos x > 0)$

g) $\lg \tan x \;= 0{,}0762, (\tan x > 0)$ h) $\lg \tan x = 0{,}8699 - 2, (\tan x > 0)$

i) $\lg |\cot x| = 0{,}0456, (\cot x < 0)$ k) $\lg \cot x = 0{,}7741 - 1, (\cot x > 0)$

(L: a, c, e, g, i)

20. a) Berechnen Sie den Weg, den ein um die Strecke $r = 5$ cm vom Scheitelpunkt entfernter Punkt P zurücklegt, wenn der Winkel $90°$; $270°$; $360°$; $45°$; $57{,}3°$ beträgt!

    b) Zeichnen Sie die jeweiligen Winkel sowie die dazugehörigen Wege des Punktes P als Kreisbögen und als Strecken! (L)

21. Geben Sie die in Aufgabe **20** bestimmten Wege unter der Voraussetzung an, daß $r = 1$ cm ist!

22. Stellen Sie die Funktion $y = \text{arc } x \ (0° \leq x \leq 360°)$ in einem geeigneten Maßstab graphisch dar!

23. a) Untersuchen Sie an Hand von Beispielen, welche der Winkelfunktionen gerade und welche ungerade sind!

b) Welche anderen geraden bzw. ungeraden Funktionen kennen Sie?

24. Untersuchen Sie die Symmetrieverhältnisse bei den Bildern der Winkelfunktionen in den folgenden Bereichen!

a) $0 \leq x \leq 2\pi$ **b)** $0 \leq x \leq \pi$ **c)** $-\dfrac{\pi}{2} \leq x \leq +\dfrac{\pi}{2}$

25. Unter Benutzung der Formeln (5) und (6) ist zu zeigen, daß die Tangens- und die Kotangensfunktion die kleinste Periode π haben. (L)

26. Bestimmen Sie die folgenden Funktionswerte!

a) $\sin 5\pi$ **b)** $\sin 7\dfrac{3}{8}\pi$ **c)** $\sin(-15{,}4\pi)$ **d)** $\sin 10{,}5$ **e)** $\cos(-3\pi)$

f) $\cos 2\dfrac{1}{2}\pi$ **g)** $\cos 100\pi$ **h)** $\cos 6{,}53$ **i)** $\tan \dfrac{3}{2}\pi$ **k)** $\tan 1{,}7\pi$

l) $\tan\left(-2\dfrac{1}{12}\pi\right)$ **m)** $\tan 3{,}487$ **n)** $\cot\left(-\dfrac{10}{9}\pi\right)$ **o)** $\cot 14\pi$ **p)** $\cot 14$

(L: a, b, c, d, e, f)

27. Suchen Sie die Logarithmen zu den Beträgen der Funktionen in den Aufgaben **26a** bis **p**!

(L: a, b, c, d, e, f)

28. Geben Sie die allgemeinen Lösungen für die folgenden Funktionswerte im Bogenmaß an!

a) $\sin x = \frac{1}{2}\sqrt{3}$ **b)** $\sin x = -\frac{1}{2}\sqrt{2-\sqrt{3}}$ **c)** $\sin x = 0{,}5052$ **d)** $\cos x = \frac{1}{2}\sqrt{2}$

e) $\cos x = -\frac{1}{2}\sqrt{2+\sqrt{3}}$ **f)** $\cos x = 0{,}9340$ **g)** $\tan x = 2+\sqrt{3}$ **h)** $\tan x = -\frac{1}{3}\sqrt{3}$

i) $\tan x = 5{,}823$ **k)** $\cot x = -\sqrt{3}$ **l)** $\cos x = \sqrt{3}-2$ **m)** $\cot x = 0{,}1341$

(L: a, b, c, d, e, f)

29. Geben Sie die allgemeinen Lösungen zu den folgenden Logarithmen der Winkelfunktionen im Bogenmaß an!

a) $\lg \sin x = 0{,}7859 - 3, (\sin x > 0)$ **b)** $\lg |\sin x| = 0{,}9750 - 1, (\sin x < 0)$

c) $\lg \cos x = 0{,}8436 - 2, (\cos x > 0)$ **d)** $\lg |\cos x| = 0{,}8436 - 1, (\cos x < 0)$

e) $\lg \tan x = 0{,}4189 - 1, (\tan x > 0)$ **f)** $\lg |\tan x| = 0{,}7732, (\tan x < 0)$

g) $\lg \cot x = 0{,}5066 - 1, (\cot x > 0)$ **h)** $\lg |\cot x| = 1{,}1178, (\cot x < 0)$

(L: a, c, e, g)

30. Stellen Sie in einem einzigen Koordinatensystem dar:

$$\left.\begin{array}{l} 1) \ y = \sin x \\ 2) \ y = 2\sin x \\ 3) \ y = \sin 2x \end{array}\right\} \ (-\pi \leq x \leq +3\pi)$$

a) Vergleichen Sie die Ordinaten der Punkte der zu 1 und 2 gehörenden Kurven bei jeweils gleichen Argumenten!

b) Welche Periode hat die Funktion 3?

c) Was ergibt ein Vergleich der Bilder der Funktionen
$y = \sin x, \ y = n \sin x$ und $y = \sin n x$?

Lösungen

1. Arithmetik

Seite 9

1. $475\,534\,883\,095$ **2.** $4\,655\,985$ **3.** $15\,732\,813$ **4. c)** 1 **5.** $4\,680\,625$ **6.** $12\,080\,796$

Seite 13

1. $62\,440 + (8005 + 235) + (9218 + 12) = 79\,910$ **2.** $(67\,508 \cdot 1000) : 8 = 8\,438\,500$

3. $(9876 \cdot 12\,345) \cdot 100 = 12\,191\,922\,000$ **4.** $(99 + 9) \cdot 16 = 108 \cdot 16 = 1728$

Seite 17

1. a) $-1000;\quad -5;\quad -1;\quad 0;\quad +1;\quad +2;\quad +500$

b) $-12\,346;\quad -12\,345;\quad +12\,345;\quad +12\,346$

2. $-12;\quad +5;\quad -1;\quad +1;\quad -10\,555;\quad +3479;\quad 0$

3. $12;\quad 5;\quad 1;\quad 1;\quad 10\,555;\quad 3479;\quad 0$

4. $-13 > -14;\quad |-14| > |-13|;\quad 18 > 17;\quad |18| > |17|,\quad +100 > -100;\quad |+100| = |-100|$

Seite 21

1. $+16$ **2.** -219 **3.** $7a - 7b + c$ **4.** $-9m - 4n$

5. $-41a + 3b - 7x$ **6.** $-16y - 1$ **7.** $9a - 6b + 12c - 14x$ **8.** 0

Seite 22

1. $x - a - b$ **2.** $a + b$ **3.** $2m - 3n - 2p + 3r$ **4.** $28n - 22y + 15z$

5. $5r + 1280s + 45t + 250v$ **6.** 0 **7.** $58x + 193z$ **8.** $5a - 4b - 4c$

9. $a - 2b$ **10.** $-4y$ **11.** $4a - 3b - 2x$ **12.** $10a - 5b$

Seite 25

1. -720 **2.** 0 **3.** $-1\,154\,664$ **4.** -151

5. $+16$ **6.** $\pm 1;\quad \pm 2;\quad \pm 3;\quad \pm 5;\quad \pm 6;\quad \pm 10;\quad \pm 15;\quad \pm 30$

8. $(-88) : (-16) = x;\quad 5 < x < 6$

$1286 : (-93) = y;\quad -14 < y < -13$

$(-16) : 25 = z;\quad -1 < z < 0$ **9.** $-216u^3v^3$ **10.** $-1480w^2x^5y^5$

11. $-480a^3b^3c^3$ **12.** $+b^4c^3z^4$ **13.** $+1260m^4n^4$ **14.** $+400x^3y^3$

15. $+7200a^2b^3c^6d$ **16.** $-5y$ **17.** $+13$ **18.** $-a$

Seite 30

1. $-6a + 15b - 18c$ **2.** $-6ab - 12b^2$ **3.** $-15rx + 18tx$ **4.** $8x^5y^2 - 12x^4y^2 + 12x^3y^2 - 4x^2y^2$

5. $8b + 6c + 5d$ **6.** $7a - 6d - 5c$ **7.** $5xy - 3yz - 2xz$

8. $3 - 4 \cdot 5 + 16 : 4 - 8 = -21 < (3 - 4) \cdot 5 + 16 : (4 - 8) = -9$

9. $6a - 19b + c$ **10.** $6r^2 + 12s^2$ **11.** 0 **12.** $a^2 + 4ab + b^2$

13. $-m^2 - 8mn - 10mq$ **14.** $2 - 2r$ **15.** $x^3 + y^3$ **16.** $16a^4 - b^4$

17. $a^2 - b^2 - c^2 + d^2 - 2ad + 2bc$ **18.** $36a^2c^2 - 9a^2d^2 + 12abc^2 - 3abd^2$

19. $9a^2 - 25$ **20.** $144x^2 + 360xy + 225y^2$ **21.** $49m^2 - 140\,mn + 100n^2$

22. $169c^2 - 26c + 1$ **23.** $z^4 - 16$ **24.** $256h^2 + 192hk + 36k^2$

25. $5a^2 + 5b^2 + 5c^2 - 4ab - 4bc - 4ac$ **26.** $a^2 - 4a^2 + b^2$ **27.** 0

28. $(120 + 7)^2 = 16129$ **29.** $(80 - 7)(80 + 7) = 6351$ **30.** $(50 - 12)(50 + 12) = 2356$

31. $13300 - 5050x$ **32.** $2y^2 + z^2 - xy - xz - yz$ **33.** $30y^3 - 87y^2 + 30y$

34. $42x^2 + 79x^2 - 25$ **35.** $a^4 - 2a^2b^2 + b^4$ **36.** $37x^2 - 5x$ **37.** $a^3 + 3a^2b + 3ab^2 + b^3$

38. $m^4 - 4m^3n + 6m^2n^2 - 4mn^3 + n^4$ **39.** $5b(3a - 5b + 6c)$

40. $7(x - 1 + y)$ **41.** $(6x + y)^2 = (6x + y)(6x + y)$ **42.** $(2x + 1)(2x - 1)$

43. $(9m^2 + 6n^2)(9m^2 - 6n^2)$ **44.** $(1 + 7r)^2 = (1 + 7r)(1 + 7r)$

45. $(a - b)(x + y)$ **46.** $(m - n)(x - 2)$ **47.** $(x - 1)(y - 1)$

48. $(7a - 5y)(5a - 6x)$ **49.** $2a - 5b$ **50.** $3a + 2b$ **51.** $3x^2 + 2xy - y^2$

52. $2x + 1$ **53.** $b - 1$ **54.** $a^2 + ab + b^2$ **55.** $-x^2 - x - 1$

Seite 37

1. z. B. $+\dfrac{4}{6}$; $+\dfrac{20}{3}$; $+\dfrac{10}{15}$; $+\dfrac{8}{12}$; $+\dfrac{200}{300}$

2. z. B. $-\dfrac{16}{10}$; $-\dfrac{80}{50}$; $-\dfrac{32}{20}$; $-\dfrac{160}{100}$; $-\dfrac{8000}{5000}$

3. z. B. $+\dfrac{60}{6}$; $+\dfrac{30}{3}$; $+\dfrac{40}{4}$; $+\dfrac{10}{1}$; $+\dfrac{12000}{1200}$

4. z. B. $-\dfrac{1}{1}$; $-\dfrac{2}{2}$; $-\dfrac{3}{3}$; $-\dfrac{4}{4}$; $-\dfrac{5}{5}$

5. z. B. $\dfrac{0}{1}$; $\dfrac{0}{2}$; $\dfrac{0}{3}$; $\dfrac{0}{10}$; $\dfrac{0}{2035}$

6. $+\dfrac{5}{7} < +\dfrac{11}{14}$; denn $5 \cdot 14 < 7 \cdot 11$

7. $-\dfrac{17}{36} < +\dfrac{25}{54}$, denn verschiedene Vorzeichen

8. $-\dfrac{7}{8} < -\dfrac{5}{6}$, denn $7 \cdot 6 > 8 \cdot 5$

9. $-\dfrac{5}{13} > -\dfrac{9}{17}$, denn $5 \cdot 17 < 9 \cdot 13$

10. $+\dfrac{24}{26} = +\dfrac{36}{39}$, denn $24 \cdot 39 = 26 \cdot 36$

11. $\dfrac{3}{2} > -\dfrac{3}{2}$, denn verschiedene Vorzeichen

12. $-\dfrac{7}{8} > -\dfrac{8}{9}$, denn $7 \cdot 9 < 8 \cdot 8$

13. $+6 = +\dfrac{54}{9}$, denn $+6 = +\dfrac{6}{1}$ und $6 \cdot 9 = 1 \cdot 54$

14. $-\dfrac{15}{18} = -\dfrac{70}{84}$, denn $15 \cdot 84 = 70 \cdot 18$

15. $+\dfrac{13}{12} = +\dfrac{143}{123}$, denn $13 \cdot 132 = 12 \cdot 143$

16. $+\dfrac{151}{201} > +\dfrac{3}{4}$, denn $4 \cdot 151 > 3 \cdot 201$

17. $+\dfrac{5}{12} > -\dfrac{7}{16}$, denn verschiedene Vorzeichen

18. $+\dfrac{1}{8} < +\dfrac{8}{3}$, denn $1 \cdot 3 < 3 \cdot 8$

19. $-\dfrac{2}{5} > -\dfrac{10}{5}$, denn $2 \cdot 5 < 5 \cdot 10$

20. $+\dfrac{1}{3} > +\dfrac{1}{5}$, denn $1 \cdot 5 > 1 \cdot 3$

21. $-\dfrac{2}{9} < -\dfrac{2}{101}$, denn $2 \cdot 101 > 2 \cdot 9$

22. $\dfrac{a}{n} > \dfrac{b}{n}$, wenn $an > bn$, also $a > b$;

$\dfrac{z}{x} > \dfrac{z}{y}$, wenn $zy > zx$, also $y > x$

23. $+\dfrac{3}{4}$; $+\dfrac{5}{6}$; $+\dfrac{8}{9}$; $+\dfrac{11}{12}$

24. $-\dfrac{29}{37}$; $-\dfrac{25}{37}$; $-\dfrac{12}{37}$; $-\dfrac{6}{37}$; $-\dfrac{5}{37}$; $+\dfrac{7}{37}$; $+\dfrac{13}{37}$; $+\dfrac{14}{37}$; $+\dfrac{16}{37}$; $+\dfrac{27}{37}$

25. $-\dfrac{7}{8}$; $-\dfrac{7}{10}$; $-\dfrac{7}{12}$; $-\dfrac{7}{13}$; $-\dfrac{7}{29}$; $-\dfrac{7}{53}$; $+\dfrac{7}{41}$; $+\dfrac{7}{30}$; $+\dfrac{7}{22}$; $+\dfrac{7}{9}$

26. $+\dfrac{1}{8}$; $+\dfrac{3}{8}$; $+\dfrac{3}{7}$; $+\dfrac{5}{7}$; $+\dfrac{5}{5}$; $+\dfrac{5}{4}$; $+\dfrac{7}{4}$

27. $-\dfrac{11}{7}$; $-\dfrac{9}{7}$; $-\dfrac{8}{7}$; $-\dfrac{8}{9}$; $-\dfrac{7}{9}$; $-\dfrac{7}{10}$; $-\dfrac{7}{11}$; $-\dfrac{7}{12}$; $-\dfrac{5}{12}$; $-\dfrac{1}{12}$

28. $-\dfrac{20}{23}$; $-\dfrac{5}{8}$; $-\dfrac{2}{5}$; $+\dfrac{7}{10}$; $+\dfrac{16}{12}$

302

$$29. + \frac{108}{126} \qquad 30. - \frac{140}{350} \qquad 31. + \frac{1696}{424} \qquad 32. - \frac{100}{110}$$

$$33. - \frac{50}{100} \qquad 34. + \frac{16}{8} \qquad 35. + \frac{a\,c\,x\,z}{b\,c\,y\,z} \qquad 36. - \frac{15\,a^2}{15\,b^2}$$

$$37. + \frac{m\,x - m\,y}{m\,a - m\,b} \qquad 38. + \frac{8\,a^2\,b\,m}{12\,a\,m^2\,n} \qquad 39. + \frac{20\,a^3\,b^4\,c\,d}{10\,a\,b\,c^4\,d^3}$$

$$40. - \frac{65\,a^2\,b^2\,c}{5\,a\,b\,c} \qquad 41. - \frac{a^2\,b\,c + a\,b^2\,c - a\,b\,c^2}{a^2\,b\,c - a\,b^2\,c + a\,b\,c^2}$$

$$42. + \frac{r^2 + 2\,r\,s + s^2}{r^2 - s^2} \qquad 43. - \frac{70\,l^3\,k^2 - 50\,l^2\,k^3}{60\,l^3\,k^3} \qquad 44. + \frac{31250\,h^3\,g}{51200\,h\,g^4}$$

$$65. + \frac{9}{10} \qquad 66. - \frac{24}{25} \qquad 67. -1 \qquad 68. + \frac{7}{9} \qquad 69. - \frac{9}{10} \qquad 70. - \frac{1}{37}$$

$$71. - \frac{7}{8} \qquad 72. + \frac{2}{3} \qquad 73. - a \qquad 74. + 4\,c \qquad 75. - 5\,a\,q \qquad 76. + 5b^2$$

$$77. - 3 \qquad 78. + \frac{1}{2} \qquad 79. - \frac{5\,b}{3\,c} \qquad 80. - \frac{2\,a}{3\,b}$$

$$81. + \frac{3\,a}{7\,x} \qquad 82. - \frac{a}{x} \qquad 83. + \frac{3\,(a + x)}{4\,(a - x)} \qquad 84. - \frac{a\,b\,c^2}{2\,x}$$

$$85.\ \text{a)}\ - \frac{1}{9}\ ;\ + \frac{6}{8}\ ;\ - \frac{1}{17}\ ;\ - \frac{6}{10}\ ;\ - \frac{1}{6}\ ;\ + \frac{0}{2}$$

$$\text{b)}\ + \frac{3}{2}\ ;\ - \frac{16}{6}\ ;\ + \frac{17}{1} \qquad \text{c)}\ - \frac{6}{6}\ ;\ + \frac{17}{1}\ ;\ + \frac{0}{2} \qquad \text{d)}\ - \frac{1}{9}\ ;\ - \frac{1}{17}\ ;\ - \frac{1}{6}$$

$$\text{e)}\ + \frac{3}{2}\ ;\ - \frac{16}{6}\ ;\ + \frac{6}{8}\ ;\ - \frac{6}{6}\ ;\ + \frac{17}{1}\ ;\ - \frac{6}{10}$$

$$\text{f)}\ + \frac{3}{2}\ \text{und} + \frac{0}{2}\ ;\ - \frac{6}{6}\ \text{und} - \frac{1}{6}\ \text{und} - \frac{16}{6}$$

$$86. + \frac{2}{3}\ ;\ - \frac{9}{1}\ ;\ - \frac{6}{16}\ ;\ + \frac{8}{6}\ ;\ - \frac{6}{6}\ ;\ - \frac{17}{1}\ ;\ + \frac{1}{17}\ ;\ - \frac{10}{6}\ ;\ - \frac{6}{1}$$

$$87. + 4\,\frac{1}{4}\ ;\ - 8\,\frac{1}{3}\ ;\ + 8\,\frac{14}{25}\ ;\ - 3\,\frac{1}{5}\ ;\ + 62\,\frac{4}{10}\ ;\ - 6\,\frac{24}{100}$$

92. a) $a = x = 1;$ $\qquad b = y = 2$: echter Bruch

   b) $a = x = 5;$ $\qquad b = y = 1$: unechter Bruch

   c) $a = x = 2;$ $\qquad b = y = 1$: uneigentlicher Bruch

Seite 43

1. Es ist teilbar

   14450 durch 2, 5, 25

   1000 durch 2, 4, 5, 8, 25, 125

   10584 durch 2, 3, 4, 8, 9;

   258555 durch 3, 5, 11

   297000 durch 2, 3, 4, 5, 8, 9, 11, 25, 125

2. Eine Zahl ist durch 6 teilbar, wenn ihre letzte Grundziffer durch 2 und ihre Quersumme durch 3 teilbar ist.
Oder:
Jede gerade Zahl, deren Quersumme durch 3 teilbar ist, ist durch 6 teilbar.
10584; 297000 sind durch 6 teilbar.

3. Jede Zahl, deren letzte Grundziffer durch 2 und 5 teilbar ist (also eine Null ist), ist durch 10 teilbar.

$$5.\ 2^3 \cdot 3^2 \qquad 6.\ 2 \cdot 3^2 \cdot 5 \qquad 7.\ 2^5 \cdot 3 \qquad 8.\ 2^4 \cdot 3^2$$

9. Primzahl $\qquad 10.\ 2^4 \cdot 3^2 \cdot 7 \qquad 11.\ 11 \cdot 101 \qquad 12.\ 3^3 \cdot 5^2 \cdot 11$

$$13.\ 5^2 \cdot 7^3 \qquad 14.\ 2^3 \cdot 3^2 \cdot 5^4 \qquad 15.\ 20 \qquad 16.\ 2$$

17. 125	**18.** 391	**19.** 1800	**20.** 10
21. $16\,a\,n\,p$	**22.** $13\,a\,n\,p^2$	**23.** $(a-5)$	**24.** $(x+a)$
25. $(3\,b-4\,c)$	**26.** $75\,m\,n$	**27.** $+\dfrac{15}{16}$	**28.** $-\dfrac{11}{13}$
29. $-\dfrac{7}{20}$	**30.** $+\dfrac{7}{11}$	**31.** $-\dfrac{109}{117}$	**32.** $-\dfrac{2\,b\,c}{7\,x\,y}$
33. $+\dfrac{2\,c\,x}{3\,b}$	**34.** $+\dfrac{3\,r}{5\,x}$	**35.** $-\dfrac{9\,a}{100\,d}$	**36.** $+\dfrac{a-2\,b}{2\,x-y}$
37. $+\dfrac{3}{5}$	**38.** $+\dfrac{3\,a}{5}$	**39.** $-\dfrac{2\,(x+1)}{x-1}$	
40. $+\dfrac{3\,a-4\,b}{4\,a-3\,b}$	**41.** $-\dfrac{x-1}{x+1}$	**42.** 432	**43.** 720
44. 3150	**45.** 600	**46.** 630	**47.** 2520 **48.** $360\,a^2\,b^2$
49. $990\,x^3\,y^2$	**50.** $360\,a^2\,b\,x^3$	**51.** $300\,x^3\,y^2$	**52.** $(x+1)^2\cdot(x-1)^3$

Seite 46

1. $+\dfrac{11}{29}$	**2.** $+\dfrac{84}{7}$	**3.** $-\dfrac{93}{16}$	**4.** $+\dfrac{5}{17}$
5. $-\dfrac{113}{30}$	**6.** $+\dfrac{281}{210}$	**7.** $+\dfrac{592}{165}$	**8.** $-\dfrac{26}{90}$
9. $-\dfrac{3}{10}$	**10.** $-\dfrac{109}{24}$	**11.** $-\dfrac{6}{5}$	**12.** $-\dfrac{4}{3}$
13. $+\dfrac{893}{2520}$	**14.** $9\dfrac{43}{60}$	**15.** $16\dfrac{9}{80}$	**16.** $56\dfrac{63}{80}$
17. $+\dfrac{4\,x}{7}$	**18.** $-\dfrac{2\,a+4\,b}{a+b}$	**19.** $+\dfrac{2\,b}{c}$	**20.** $+\dfrac{x-7\,y}{x-y}$
21. $+2$	**22.** $+\dfrac{3}{5}$	**23.** $+\dfrac{a-b}{x+y}$	**24.** 0
25. $-\dfrac{7\,a}{24}$	**26.** $+\dfrac{12\,x-15\,y}{78}$	**27.** $+\dfrac{a+4}{6}$	**28.** $+\dfrac{x+2}{30}$
29. $+\dfrac{5}{12\,x}$	**30.** $+\dfrac{x\,(b-a)}{a\,b}$	**31.** $+\dfrac{m^2+n^2-2\,m\,n}{m\,n}$	**32.** $+\dfrac{a}{5\,x}$
33. $+\dfrac{x+17\,y}{12\,y}$	**34.** $+\dfrac{9\,a-b}{12\,x}$	**35.** $+\dfrac{36}{35}$	**36.** $-\dfrac{8}{15}$
37. $+\dfrac{x}{x^2-1}$	**38.** $+\dfrac{4\,x}{x^2-1}$	**39.** $\dfrac{1}{x^2-5\,x+6}$	**40.** $+\dfrac{25\,m}{6\,(m^2-1)}$

Seite 49

1. $+\dfrac{279}{4}$	**2.** $-\dfrac{21}{25}$	**3.** $+\dfrac{1}{4}$	**4.** $-\dfrac{3}{55}$
5. $+\dfrac{4}{71}$	**6.** $+\dfrac{205}{3}$	**7.** $+\dfrac{38}{3}$	**8.** $-\dfrac{72}{5}$
9. $+\dfrac{6\,a^2}{5\,b^2}$	**10.** $-25\,p\,q$	**11.** $+a$	**12.** $+\dfrac{m\,(x-1)}{x+2}$
13. $-\dfrac{b}{10\,x}$	**14.** $+\dfrac{15\,b}{4\,a}$	**15.** $-\dfrac{9\,y}{x}$	**16.** $-\dfrac{6\,a}{7\,b}$
17. $+\dfrac{3\,a^2\,y}{2\,n\,p\,x}$	**18.** $+\dfrac{5\,a\,x^5}{3\,b^5\,y}$	**19.** $-\dfrac{3\,a^2\,(n-1)}{4\,x^2\,(x-1)}$	
20. $-\dfrac{2\,a^2\,b}{15\,x^2}$	**21.** $-\dfrac{(m+n)\,(r+s)}{4\,(r-s)}$		

22. $+\dfrac{7\,(a-x)^3}{6\,(a+x)^3}$ **23.** $y\,z+x\,z-x\,y$ **24.** $5-10\,x+15\,x^2$

25. $3\,b\,c\,d+4\,a\,c\,d+5\,a\,b\,d-6\,a\,b\,c$

26. $\dfrac{9\,a\,b}{5}-\dfrac{5\,b^2}{2}+\dfrac{12\,b\,c}{a}$ **27.** $\dfrac{3\,x^2}{5\,y}-\dfrac{4\,x}{35}-\dfrac{4\,y}{21}$

28. $\dfrac{3\,x}{5\,y}-\dfrac{5\,y}{3\,x}$ **29.** 0

30. $\dfrac{9\,a^2\,y}{4\,b\,x}-\dfrac{2\,b^2\,x}{b\,y}-\dfrac{4\,b^2\,x^2}{3\,a\,y^2}-\dfrac{b\,x}{y}$

31. $\dfrac{15\,x}{4\,y^2}+\dfrac{4\,y}{5\,x^2}+\dfrac{1}{y}-\dfrac{3}{x}$ **32.** $\dfrac{15\,a^2}{3\,b^2}+\dfrac{9\,b}{4\,a}+1$ **33.** $\dfrac{4\,a^2}{27\,b^2}+\dfrac{b}{2\,a}$

34. $\dfrac{a^2}{b^2}-2+\dfrac{b^2}{a^2}$ **35.** $\dfrac{4\,x^2}{y^3}-\dfrac{9\,y^2}{x^3}$ **36.** $\dfrac{121\,r^4}{4\,t^2}-\dfrac{99}{4}\,r\,t+\dfrac{81\,t^4}{16\,r^2}$

37. $\dfrac{a}{b}-\dfrac{4}{5}$ **38.** $\dfrac{a}{7}-\dfrac{b}{5}$ **39.** $\dfrac{3\,x^2}{4\,y}-\dfrac{x}{2}+\dfrac{y}{3}$

40. $\dfrac{2\,a}{9\,b}+\dfrac{1}{3}+\dfrac{3\,b}{5\,a}$ **41.** $\dfrac{5\,x-2}{5\,x+2}$ **42.** $\dfrac{3\,a-2\,b}{3\,a+2\,b}$ **43.** $\dfrac{b+a}{b-a}$

44. $\dfrac{3\,y-5\,x}{5\,y-3\,x}$ **45.** $\dfrac{a\,y+b\,x}{b\,y-a\,x}$ **46.** $\dfrac{1}{a}$

47. $\dfrac{2\,x+9}{x}$ **48.** $\dfrac{a}{b}$ **49.** 1

Seite 55

1. $0,575$ **2.** $0,0859375$ **3.** $0,3125$ **4.** $0,95$

5. $0,3625$ **6.** $0,04$ **7.** $0,011875$ **8.** $0,1296$

9. $0,992$ **10.** $0,32032$ **11.** $0,\overline{1}$ **12.** $0,\overline{428571}$

13. $0,\overline{615384}$ **14.** $0,4\overline{5}$ **15.** $0,\overline{210526315789473684}$

16. $0,\overline{6}$ **17.** $0,3\overline{8}$ **18.** $0,41\overline{6}$ **19.** $0,0\overline{3}$

20. $0,5\overline{3}$ **21.** $0,59\overline{0}$ **22.** $0,791\overline{6}$ **23.** $0,\overline{904761}$

24. $0,21\overline{6}$ **25.** $0,\overline{289256198347107438016 5}$ **26.** $0,\overline{297}$

27. $0,5\overline{4}$ **28.** $\dfrac{49}{200}$ **29.** $\dfrac{33}{12500}$ **30.** $3\dfrac{3}{20}$

31. $7\dfrac{41}{2000}$ **32.** $\dfrac{428}{625}$ **33.** $\dfrac{2}{3}$ **34.** $4\dfrac{12}{55}$

35. $6\dfrac{602}{1111}$ **36.** $\dfrac{16}{2475}$ **37.** $2\dfrac{49963}{499500}$

38. $153, 61947$; 153 Ganze 61947 Hunderttausendstel

39. $1,29246$; 1 Ganzes 29246 Hunderttausendstel

40. $1,4918655$; 1 Ganzes 4918655 Zehnmillionstel

41. $18,82384$; 18 Ganze 82384 Hunderttausendstel

42. $0,0004052754$; 4052754 Zehnmilliardstel

43. 289 **44.** $0,234$; 234 Tausendstel

45. $0,01776$; 1776 Hunderttausendstel

46. $4167,1875$; 4167 Ganze 1875 Zehntausendstel

47. $17,249$ **48.** $0,0529$ **49.** $150,7$ **50.** $725,70$

51. $17,73$ **52.** $0,04$ **53.** $6,788$ **54.** $16,02$

55. $100,00$ **56.** 300000 **57.** 134000 **58.** 1000

59. 2600000 **60.** 2600000 **61.** 17600

62. $9876,5432 \approx 9876,543 \approx 9876,54 \approx 9876,5 \approx 9877 \approx 9880 \approx 9900 \approx 10000$

1. $42 \cdot 10 = 15 \cdot 28$; $15 : 42 = 10 : 28$ **2.** $57 \cdot 60 = 45 \cdot 76$; $60 : 45 = 76 : 57$

$42 : 28 = 15 : 10$; $15 : 10 = 42 : 28$ $57 : 76 = 45 : 60$; $60 : 76 = 45 : 57$

$10 : 15 = 28 : 42$; $28 : 42 = 10 : 15$ $45 : 57 = 60 : 76$; $45 : 60 = 57 : 76$

$10 : 28 = 15 : 42$; $28 : 10 = 42 : 15$ $76 : 57 = 60 : 45$; $76 : 60 = 57 : 45$

3. $15 \cdot 56 = 21 \cdot 40$; $56 : 21 = 40 : 15$ **4.** $21 \cdot 36 = 28 \cdot 27$; $36 : 28 = 27 : 21$

$15 : 40 = 21 : 56$; $56 : 40 = 21 : 15$ $21 : 27 = 28 : 36$; $36 : 27 = 28 : 21$

$40 : 15 = 56 : 21$; $40 : 56 = 15 : 21$ $28 : 36 = 21 : 27$; $28 : 21 = 36 : 27$

$21 : 15 = 56 : 40$; $21 : 56 = 15 : 40$ $27 : 36 = 21 : 28$; $27 : 21 = 36 : 28$

5. $5ab \cdot 6c = 3bc \cdot 10a$; $6c : 3bc = 10a : 5ab$;   **6.** $m \cdot q = p \cdot n$; $q : p = n : m$

$5ab : 10a = 3bc : 6c$; $6c : 10a = 3bc : 5ab$ $m : n = p : q$; $q : n = p : m$

$10a : 5ab = 6c : 3bc$; $10a : 6c = 5ab : 3bc$ $n : m = q : p$; $n : q = m : p$

$3bc : 5ab = 6c : 10a$; $3bc : 6c = 5ab : 10a$ $p : m = q : n$; $p : q = m : n$

7. $3 : 6 = 14 : 28$; $6 : 3 = 28 : 14$ **8.** $5 : 9 = 10 : 18$; $9 : 5 = 18 : 10$

$3 : 14 = 6 : 28$; $6 : 28 = 3 : 14$ $5 : 10 = 9 : 18$; $9 : 18 = 5 : 10$

$28 : 6 = 14 : 3$; $14 : 3 = 28 : 6$ $18 : 9 = 10 : 5$; $10 : 5 = 18 : 9$

$8 : 14 = 6 : 3$; $14 : 28 = 3 : 6$ $18 : 10 = 9 : 5$; $10 : 18 = 5 : 9$

9. $8 : 2 = 44 : 11$; $2 : 8 = 11 : 44$ **10.** $14 : 7 = 18 : 9$; $7 : 14 = 9 : 18$

$8 : 44 = 2 : 11$; $2 : 11 = 8 : 44$ $14 : 18 = 7 : 9$; $7 : 9 = 14 : 18$

$11 : 2 = 44 : 8$; $44 : 8 = 11 : 2$ $9 : 7 = 18 : 14$; $18 : 14 = 9 : 7$

$11 : 44 = 2 : 8$; $44 : 11 = 8 : 2$ $9 : 18 = 7 : 14$; $18 : 9 = 14 : 7$

11. $3x : 15xy = 4y : 20y^2$; $15xy : 3x = 20y^2 : 4y$

$3x : 4y = 15xy : 20y^2$; $15xy : 20y^2 = 3x : 4y$

$20y^2 : 15xy = 4y : 3x$; $4y : 3x = 20y^2 : 15xy$

$20y^2 : 4y = 15xy : 3x$; $4y : 20y^2 = 3x : 15xy$

12. $16h : 112hi = 1 : 7i$; $112hi : 16h = 7i : 1$

$16h : 1 = 112hi : 7i$; $112hi : 7i = 16h : 1$

$7i : 112hi = 1 : 16h$; $1 : 16h = 7i : 112hi$

$7i : 1 = 112hi : 16h$; $1 : 7i = 16h : 112hi$

13. $4 \cdot 333 = 9 \cdot 148$ Proportion richtig   **14.** $16 \cdot 660 \neq 87 \cdot 120$ Keine Proportion

15. $95 \cdot 210 = 114 \cdot 175$ Proportion richtig   **16.** $35 \cdot 63 \neq 56 \cdot 40$ Keine Proportion

17. $16a^2 \cdot 225b^3 = 150ab \cdot 29ab^2$ Proportion richtig   **18.** $13x \cdot 13x \neq 12y \cdot 12y$ Keine Proportion

19. 10 **20.** $0,3$ **21.** $\dfrac{1}{3}$ **22.** 54 **23.** 6

24. 12 **25.** $\dfrac{16}{3}$ **26.** $\dfrac{27}{4}$ **27.** $\dfrac{27}{4}$ **28.** $2bd$

29. $27p$ **30.** 38 **31.** 2 **32.** $0,5$ **33.** $13 : 7 = 39 : 21 = 91 : 49 = 117 : 63$

34. $0,8 : 3 = 8 : 30 = 1,6 : 6 = 0,4 : 1,5 = 3,2 : 12 = 32 : 120 = 64 : 240$

35. $ab : a = 2bc : 2c = 3b^2 : 3b = 4abcd : 4acd = 5bd^2 : 5d^2$

36. 75% **37.** 350% **38.** 20% **39.** $66\dfrac{2}{3}\%$ **40.** 6%

41. $87\dfrac{1}{2}\%$ **42.** $43\dfrac{1}{3}\%$ **43.** $57\dfrac{1}{7}\%$ **44.** $140\dfrac{60}{91}\%$ **45.** 45%

46. $85\dfrac{5}{7}\%$ **47.** 78% **48.** 25% **49.** 150% **50.** 50%

51. $33\frac{1}{3}\,\%$	**52.** $225\,\%$	**53.** $10\,\%$	**54.** $140\,\%$

56. 0,025   **57.** $\approx 0{,}083$ **58.** 0,25   **59.** 0,5   **60.** 0,75

61. 1   **62.** 0,125   **63.** $\approx 0{,}333$ **64.** 1,05   **65.** 2

66. 5   **67.** $\approx 0{,}032$ **68.** $\approx 0{,}167$ **69.** $\approx 0{,}021$ **70.** $\approx 0{,}052$

71. $\approx 0{,}111$ **72.** $\approx 0{,}051$ **73.** 90 M   **74.** 28,8 ha   **75.** 42,25 m

76. 15,87 kg   **77.** 270,65 kg   **78.** 44,4 dt   **79.** 900 M   **80.** 7900 t

81. 0,8 dt   **82.** 720 l   **83.** 5400 kg   **84.** 500 l   **85.** 90 %

86. 30 %   **87.** 74,4 %   **88.** 500 %   **89.** 75 %   **90.** $133\frac{1}{3}\,\%$

2. Planimetrie

Seite 66

1. $234°1'13'' \approx 234{,}020°$ **2.** $96{,}510° \approx 96°30'36''$

3. a) $300°\,49'\,12'' \approx 300{,}819°$ **b)** $246°22'' \approx 246{,}006°$ **c)** $336°\,48'' \approx 336{,}013°$

4. a) $312{,}445° \approx 312°26'\,42''$ **b)** $136{,}864° \approx 136°\,51'\,50''$ **c)** $294{,}552° \approx 294°\,33'\,7''$

5. a) $19°\,40'\,23'' \approx 19{,}672°$ **b)** $2'\,20'' \approx 0{,}039°$ **c)** $3°\,5'\,1'' \approx 3{,}083°$

6. a) $11{,}092° \approx 11°\,5'\,31''$ **b)** $0{,}058° \approx 0°\,3'\,29''$ **c)** $0{,}794° \approx 0°\,47'\,38''$

8. $\alpha = \gamma = 90°;\quad \beta = \delta = 180° - \gamma = 180° - 90° = 90°$

10. $\alpha_1 = \gamma_1 = \delta_2 = 64°\,12'\,48'' \qquad \alpha_2 = \gamma_2 = \beta_1 = \delta_1 = 115°\,47'12''$

Seite 68

3. a) einfach   **b)** vierfach   **c)** einfach   **d)** nein

   e) dreifach   **f)** sechsfach   **g)** beliebig vielfach

4. a) zweifach   **b)** vierfach   **c)** zweifach   **d)** einfach

   e) dreifach   **f)** sechsfach   **g)** beliebig vielfach

Seite 74

1. $90°$ und $32°\,43'\,35''$

2. a) Jeder Basiswinkel ist $51°\,52'\,12''$ groß.

   b) Der Winkel an der Spitze ist $27°\,28'\,48''$ groß, der andere Basiswinkel ebenfalls $76°\,15'\,36''$.

5. Basis $\lesseqgtr$ Schenkel, falls Winkel an der Spitze $\lesseqgtr 60°$.

6. $\alpha = 37{,}34° \approx 37°\,20'\,24'' \qquad \alpha' = 142{,}66° \approx 142°\,39'\,36''$

   $\beta = 93{,}47° \approx 93°\,28'\,12'' \qquad \beta' = 86{,}53° \approx 86°\,31'\,48''$

   $\gamma = 49{,}19° \approx 49°\,11'\,24'' \qquad \gamma' = 130{,}81° \approx 130°\,48'\,36''$

Seite 75

2. etwa 8,1 dt   **3. a)** 315 mm   **b)** 168 mm   **4.** rund 80 m²

5. $h \approx 90$ cm   **6. a)** 14,4 cm²   **b)** 0,075 dm²

7. $2\frac{2}{3}$ cm²   und $21\frac{1}{3}$ cm²

9. a) 2 cm²   **b)** 12 cm²   **c)** 2 cm²   **d)** 4 cm²   **e)** 12 cm²   **f)** 6 cm²

   g) 4 cm²   **h)** 8 cm²   **i)** 10 cm²   **k)** 10 cm²   **l)** 4 cm²   **m)** 10 cm²   **n)** 8 cm²

10. um 21 %

Seite 78

1. a) Das Quadrat ist das gleichseitige Rechteck.

   b) Das Quadrat ist der rechtwinklige Rhombus.

   c) Der Rhombus ist das gleichseitige Drachenviereck.

   d) Das Parallelogramm ist das Trapez mit parallelen Schenkeln.

2. Allgemein: $\begin{cases} \text{Trapez;} \qquad \text{Speziell: Quadrat} \\ \text{Drachenviereck} \\ \text{Parallelogramm} \end{cases}$

Seite 81

1. a) Gegenwinkel: 72°;   2 Nachbarwinkel: je 108°

   b) Der zweite Winkel an der gleichen Parallelseite: 72°

   Die beiden Winkel an der anderen Parallelseite: je 108°

2. 45°;   45°;   135°;   135°

3. 30°

4. a) Rhombus   b) Parallelogramm oder Drachenviereck

5. a) Rechteck, Quadrat, gleichschenkliges Trapez

   b) Drachenviereck, Rhombus, Quadrat   c) Parallelogramm, Rhombus, Rechteck, Quadrat

   d) Drachenviereck   e) Parallelogramm, Rhombus, Rechteck, Quadrat

   f) gibt es nicht   g) Rechteck, Quadrat   h) Trapez

   i) Parallelogramm, Rhombus, Rechteck, Quadrat

6. Rechteck und Quadrat; jeder Winkel ist 90° groß

Seite 84

2. Krone: 3 m breit;   Flächeninhalt: 13,75 m²

3. $h_b = \dfrac{2}{3}\,a;\qquad A_{\mathrm P} = \dfrac{a^2}{3} = \dfrac{4\,b^2}{3} = 3h_a{}^2 = \dfrac{3}{4}\,h_b{}^2$

4. 2,40 m Leiste;   3500 cm² Wandfläche

6. a) 96 cm²   b) 48 cm²   c) 80 cm²   d) 48 cm²   e) 224 cm²

   f) 16 cm²   g) 144 cm²   h) 192 cm²   i) 48 cm²   k) 96 cm²

7. $A = 90$ cm²   8. 62370 mm² $= 0{,}06237$ m² $\approx \dfrac{1}{16}$ m²

9. $A \approx 174{,}8$ cm²

Seite 91

1.

r	0,12 m	83 cm	3,25 cm	3 200 m
d	0,24 m	166 cm	6,5 cm	6 400 m
u	0,754 m	521,5 cm	20,42 cm	20 110 m
A	0,045 m²	21 640 cm²	33,18 cm²	8 042 000 m²

2. etwa 17 273 mal   3. $d \approx 27$ cm; $r \approx 13{,}5$ cm

4. etwa 157 Stück   5. am Tag rund 83 cm, in der Woche rund 5,81 m

6. a) 0,196 m²   b) 254,5 cm²   c) 9500 m²

7. $A_{\mathrm{Qu}} = 756{,}3$ cm² $A_{\mathrm{Kr}} = 962{,}1$ cm²   8. rund 23 %   9. a) 100,6 cm²   b) 3,3 cm²

10. Lichte Weite: 8,5 cm;   Querschnittsflächeninhalt: 47,15 cm²

11. 152,7 cm²   12. 10,1 m/s   13. $u \approx 6{,}28$ cm $(= 2\,\pi$ cm$)$; $A \approx 3{,}14$ cm² $(= \pi$ cm²$)$

14. reichlich 50 cm   15. Umfang wird doppelt, Querschnittsfläche viermal so groß.   16. 91,7 mm

1. a) $b = 26,2$ cm; $A = 327$ cm²

   b) $b = 78,2$ cm; $A = 1564$ cm²

2. a) 2860 cm²   **b)** 1767 cm²   **3.** 1,9 m   **4.** 51,6°   **5.** 36 cm

6. $b = 4,15$ m; $A = 14,12$ m²   **7.** 0,424 m²   **8.** 245,4°   **9.** 7,86 m

Seite 100

4. $m = \dfrac{a + c}{2}$ **6.** $u' : u = k\ (= 2 : 1),$ $A' : A = k^2\ (= 4 : 1)$

Seite 103

5. a) 1 km   **b)** 750 m   **6. a)** 65 m   **b)** etwa 307 m

7. a) etwa 16,5 m   **b)** 21 m   **8. a)** 60 mm   **b)** 96 mm

Seite 111

6. $2a^2$ **7.** $a^2 + b^2$ **8.** $\dfrac{3}{4}\,s^2$ **9. a)** 72,09 cm²   **b)** 20,37 cm²

3. Stereometrie

Seite 114

4. a) 3   **b)** 3

5. b)

Körper	E	F	E + F	K	K + 2
Würfel	8	6	14	12	14
Quader	8	6	14	12	14
quadratische Säule	8	6	14	12	14
3-seitiges Prisma	6	5	11	9	11
5-seitiges Prisma	10	7	17	15	17
6-seitiges Prisma	12	8	20	18	20
7-seitiges Prisma	14	9	23	21	23
8-seitiges Prisma	16	10	26	24	26

b) Ecken plus Flächen gleich Kanten plus 2:

$$E + E = K + 2$$

Seite 118

1. a) $V = 0,729$ m³; $O = 4,86$ m²   **2. a)** $V = 1,539$ l; $A = 11,87$ dm²

   b) $V = 1,547$ cm³; $O = 186,88$ cm²   **b)** $V = 4,085$ l; $A = 22,6$ dm²

   c) $V = 72$ dm³; $O = 156$ dm²   **c)** $V = 6,786$ l; $A = 31,67$ dm²

   d) $V = 340,2$ cm³;   **e)** $V = 8750$ cm³

3. In rund 7 Std.   **4.** 960 m³

5. 50,266 m² sind zu entrosten, wenn innen und außen entrostet wird. $V = 9426\ l$

6. 263,74 cm³   **7.** 399 m³   **8.** $V = 1,95$ dm³; $G = 3,315$ kp

9. $G = 1,574$ kp   **10. a)** V wird verachtfacht, O vervierfacht

     b) V wird $\dfrac{1}{27}$, O wird $\dfrac{1}{9}$ der ursprünglichen Größe

     c) V wird 1000mal, O wird 100mal so groß.

11. $G = 31{,}68$ kp

12. $V = \dfrac{a^3}{4}\,\pi;\qquad O = \dfrac{3}{2}\,a^2\pi$

13. rund 4 kp

14. Rotation um a: V_a, M_a
Rotation um b: V_b, M_b
$V_a : V_b = \pi b^2 a : \pi a^2 b = b : a$
$M_a : M_b = 2\pi b \cdot a : 2\pi a \cdot b = 1 : 1,\quad$ also $M_a = M_b$

15. Teilstrichentfernung etwa 4 mm

Seite 120

2. $d : h = 2 : 1$

3. a) $h_K : h_Z = 2 : 1$

b) $h_K : h_Z = 4 : 1$

c) $h_K : h_Z = n : (n - m)$

Seite 123

1. a) $V = 3{,}2$ dm^3; $\qquad O = 14{,}40$ dm^2

b) $V = 720$ dm^3; $\qquad O = 564$ dm^2

c) $V = 301{,}6$ cm^3; $\qquad O = 301{,}6$ cm^2

2. Dachraum zum Turmraum wie $1 : 12$;$\qquad V \approx 3598$ m^3

3. Rotation um a: V_a, M_a, O_a
Rotation um b: V_b, M_b, O_b

$$V_a : V_b = \frac{\pi}{3} \cdot 6^2 \cdot 8 : \frac{\pi}{3} \cdot 8^2 \cdot 6 = 6 : 8 = 3 : 4 \qquad V_a = 301{,}5\ \text{cm}^3;\quad V_b = 402\ \text{cm}^3$$

$$M_a : M_b = \frac{\pi}{2} \cdot 12 \cdot 10 : \frac{\pi}{2} \cdot 16 \cdot 10 = 12 : 16 = 3 : 4 \qquad M_a = 188{,}5\ \text{cm}^2;\quad M_b = 251{,}3\ \text{cm}^3$$

$$O_a : O_b = \frac{\pi}{2}\, 12\,(6 + 10) : \frac{\pi}{2}\, 16\,(8 + 10) = 12 : 18 = 2 : 3 \qquad O_a = 301{,}6\ \text{cm}^2;\quad O_b = 452{,}4\ \text{cm}^2$$

4. 16 Fuhren

5. Die Maße können stimmen, da $2^2 + 5^2 \approx 5{,}39^2$
Bodenfläche: $12{,}57$ m^2 $\qquad$ Luftraum: rund 21 m^3
Stoffmenge: rund 34 m^2

6. $G \approx 3{,}4$ kp; $\qquad l \approx 143$ mm $\qquad$ **7.** $h_Z \approx 7{,}4$ cm; $\qquad V \approx 907$ cm^3

8. Rotation um die größere Seite: V_g
Rotation um die kleinere Seite: V_k

$$V_g : V_k = \left(4^2\pi \cdot 6 + \frac{2}{3} \cdot 4^2\pi \cdot 3\right) : \left(4^2\pi \cdot 12 - \frac{2}{3} \cdot 4^2\pi \cdot 3\right) = 128 : 160 = 4 : 5$$

$$V_g \approx 4{,}021\ \text{dm}^3;\qquad V_k \approx 5{,}027\ \text{dm}^3$$

9. 30 cm^3 $\qquad$ **10.** Abfall: $a^3\left(1 - \dfrac{\pi}{12}\right) \approx 0{,}26 a^3$, also 26 %

11. Das Volumen des Doppelkegels ist immer gleich: $V \approx 728$ cm^3

Volumenverhältnisse: $\qquad$ **a)** $1 : 1$ $\qquad$ **b)** $1 : 2$ $\qquad$ **c)** $1 : 3$ $\qquad$ **d)** $1 : 5$

Teilkegelvolumina: $\qquad$ **a)** $V_1 = 364$ cm^3; $\qquad V_2 = 364$ cm^3

b) $V_1 \approx 243$ cm^3; $\qquad V_2 \approx 485$ cm^3

c) $V_1 \approx 182$ cm^3; $\qquad V_2 \approx 546$ cm^3

d) $V_1 \approx 121$ cm^3; $\qquad V_2 \approx 607$ cm^3

12. $0{,}98$ kp

Seite 127

1. $V \approx 1684$ cm^3; $\qquad O \approx 961$ cm^2

2. $V_1 = 4575$ cm^3; $\qquad V_2 = 2775$ cm^2; $\qquad V_1 : V_2 = 61 : 37$

3. rund $3{,}5\ l$ $\qquad$ **4.** $138{,}2$ dm^2 $\qquad$ **5.** $V = 263{,}9$ cm^3; $\qquad O = 282{,}7$ cm^2

Seite 129

1. $V_Z : V_{Ku} : V_{Ke} = 2r^3\pi : \dfrac{4}{3}\,r^3\pi : \dfrac{2}{3}\,r^3\pi = 3 : 2 : 1$

2. $O_{Ku} : M_Z = 1 : 1;\qquad O_{Ku} : O_Z = 2 : 3$

3. a) $O = 12{,}57\ \text{m}^2;\qquad V = 4{,}19\ \text{m}^3$

  b) $O = 572{,}6\ \text{cm}^2;\qquad V = 1288\ \text{cm}^3$

  c) $O = 1{,}54\ \text{dm}^2;\qquad V = 0{,}18\ \text{dm}^3$

4. $O = 78{,}54\ \text{dm}^2;\qquad V \approx 65{,}3\ \text{dm}^3$ **5.** $4{,}44\ \text{kp}$

6. $V = 7{,}75\ \text{m}^3;\qquad$ Benetzte Oberfläche: $17{,}6\ \text{m}^2$

7. $\ddot{A} = 40\,000\ \text{km};\qquad O_E \approx 5{,}1 \cdot 10^8\,\text{km}^2;\qquad V_E \approx 1{,}08 \cdot 10^{12}\ \text{km}^3$

8. a) $6{,}7\ \text{cm}$ **b)** $0{,}1\ \text{cm}$ **c)** $0{,}01\ \text{cm}$

9. $\dfrac{1}{3}\,\pi r^3$ **10.** $h = \dfrac{2}{3}\,d$ **11.** 209 Kugeln

12. Abfall: $a^3\left(1 - \dfrac{\pi}{6}\right) \approx 0{,}48\ a^3$, das sind $48\,\%$

13. Restkörper: $V_R = \dfrac{\pi}{16}\,d^3$

$$V_{HK} : V_R : V_K = \dfrac{\pi}{12}\,d^3 : \dfrac{\pi}{16}\,d^3 : \dfrac{\pi}{48}\,d^3 = 4 : 3 : 1$$

14. $122{,}7\ \text{m}^3$ **15.** rund $2\ \text{km}^2$ **16.** rund 532 p

Seite 132

1. $V = 141{,}4\ \text{cm}^3;\qquad O = 113{,}1\ \text{cm}^2$

2. a) $\dfrac{1}{2}\,r$ **b)** $\dfrac{2}{3}\,r$ **c)** $\dfrac{3}{5}\,r$ **3.** $h = \dfrac{2}{3}\,r$

4. $V = 73{,}3\ \text{dm}^3;\qquad O = 88\ \text{dm}^2$

5. Restkörper: $V_R = 7{,}155\ \text{dm}^3$

  Abfall (Bohrkern): $V_A = 2{,}046\ \text{dm}^3 \,\hat{=}\, 22{,}2\,\%$

6. $O_{KuZ} = 2\pi r^2;\qquad O_{KuZ} : O_{Ku} = 1 : 2$

7. Die Schnitte liegen in der Entfernung $\dfrac{1}{3}\,r$ vom Kugelmittelpunkt.

8. Segment 1: Höhe h_1

  Segment 2: Höhe $h_2 = 2r - h_1$

$$V_{KuSg\,1} = \dfrac{\pi}{3}\,h_1^2\,(3r - h_1)$$

$$V_{KuSg\,2} = \dfrac{\pi}{3}\,(2r - h_1)^2\,(3r - [2r - h_1])$$

$$V_{KuSg\,1} + V_{KuSg\,2} = \dfrac{\pi}{3}\left\{3rh_1^2 - h_1^3 + 4r^3 - 4r^2h_1 + rh_1^2 + 4r^2h_1 - 4rh_1^2 + h_1^3\right\} = \dfrac{\pi}{3} \cdot 4r^3 = V_{Ku}$$

4. Funktionen

Seite 137

3. Handsatz:　　　Antimon 28% → 100,8°;　　Blei 67% → 241,2°;　　Zinn 5% → 18°

　　Linotype:　　　Antimon 12% → 43,2°;　　Blei 83% → 298,8°;　　Zinn 5% → 18°

　　Monotype:　　　Antimon 19% → 68,4°;　　Blei 72% → 259,2°;　　Zinn 9% → 32,4°

9. Die Arbeitsproduktivität wächst,

wenn statt der Sense der	
Ableger verwendet wird, um	433%
Mähbinder verwendet wird, um	650%
Wellenbinder verwendet wird, um	733%

wenn statt des Ablegers der	
Mähbinder verwendet wird, um	40,6%
Wellenbinder verwendet wird, um	56,2%
wenn statt des Mähbinders der	
Wellenbinder verwendet wird, um	11,1%

Seite 142

2. I. **a)** $y = -x + 23$　　　**b)** $y = x - 5$　　　II. **a)** $x = -y + 23$　　　**b)** $x = y + 5$

c) $y = -\dfrac{2}{3}x + 15$　　**d)** $y = \dfrac{7}{9}x - \dfrac{11}{9}$　　**c)** $x = -\dfrac{3}{2}y + \dfrac{45}{2}$　　**d)** $x = +\dfrac{9}{7}y + \dfrac{11}{7}$

e) $y = \dfrac{6}{7}x - \dfrac{43}{7}$　　**f)** $y = -\dfrac{12}{11}x + \dfrac{9}{11}$　　**e)** $x = \dfrac{7}{6}y + \dfrac{48}{6}$　　**f)** $x = -\dfrac{11}{12}y + \dfrac{3}{4}$

4. Trägt man auf der Abszissenachse vom Koordinatenanfang aus die Anzahl der Altgrade (0° bis 360°), auf der Ordinatenachse ebenso die Anzahl der Neugrade (0^g bis 400^g) ab, so entsteht als gesuchtes Diagramm die vom Koordinatenanfang nach dem Punkt mit der 360° entsprechenden Abszisse und der 400^g entsprechenden Ordinate verlaufende Gerade. Die Koordinaten der Punkte dieser Geraden ergeben zusammengehörende Werte von Altgrad und Neugrad.

Seite 145

4. a) Scheitelkoordinaten zu $y = +(x-5)^2$ sind $x_s = +5, y_s = 0$; die Symmetrieachse verläuft parallel zur positiven y-Achse.

b) Scheitelkoordinaten zu $y = -(x-5)^2$ sind $x_s = +5, y_s = 0$; die Symmetrieachse verläuft parallel zur negativen y-Achse.

c) Scheitelkoordinaten zu $y = +\dfrac{1}{2}(x+2)^2$ sind $x_s = -2, y_s = 0$; die Symmetrieachse verläuft parallel zur positiven y-Achse.

d) Scheitelkoordinaten zu $y = -\dfrac{1}{2}(x+2)^2$ sind $x_s = -2, y_s = 0$; die Symmetrieachse verläuft parallel zur negativen y-Achse.

e) Scheitelkoordinaten zu $y = +(x+2,5)^2 - 3$ sind $x_s = -2,5; y_s = -3$; die Symmetrieachse verläuft parallel zur positiven y-Achse.

f) Scheitelkoordinaten zu $y = -(x+2,5)^2 - 3$ sind $x_s = -2,5; y_s = -3$; die Symmetrieachse verläuft parallel zur negativen y-Achse.

g) Scheitelkoordinaten zu $y = +\dfrac{1}{8}(x-3,6)^2 + 4$ sind $x_s = +3,6; y_s = +4$; die Symmetrieachse verläuft parallel zur positiven y-Achse.

h) Scheitelkoordinaten zu $y = -\dfrac{1}{3}(x-3,6)^2 + 4$ sind $x_s = +3,6; y_s = +4$; die Symmetrieachse verläuft parallel zur negativen y-Achse.

Seite 151

6. a) Da $42 = 2 \cdot 3 \cdot 7$;　$63 = 3^2 \cdot 7$;　$72 = 2^3 \cdot 3^2$ ist, lautet das kleinste gemeinsame Vielfache dieser Zahlen $2^3 \cdot 3^2 \cdot 7 = 504$.

b) Da $108 = 2^2 \cdot 3^3$;　$117 = 3^2 \cdot 13$;　$156 = 2^2 \cdot 3 \cdot 13$ ist, lautet das kleinste gemeinsame Vielfache dieser Zahlen $2^2 \cdot 3^3 \cdot 13 = 1404$.

c) Da $225 = 3^2 \cdot 5^2$;　$315 = 3^2 \cdot 5 \cdot 7$;　$525 = 3 \cdot 5^2 \cdot 7$ ist, lautet das kleinste gemeinsame Vielfache $3^2 \cdot 5^2 \cdot 7 = 1575$

7. $F_1 = \dfrac{512}{2^3}\,\mathrm{kp} = 64\,\mathrm{kp}$; $F_2 = \dfrac{512}{24}\,\mathrm{kp} = 32\,\mathrm{kp}$; $F_3 = \dfrac{512}{2^5}\,\mathrm{kp} = 16\,\mathrm{kp}$

8. **a)** -1; -1; $+1$; -1; -1; -1; $+1$; -1

   b) -2; -4; -8; -16; -32; -64; $+1024$; -2048

   c) $+10$; $+100$; -1000; $+10\,000$; $+10\,000$; $-10\,000$; $-100\,000$; $-1\,000\,000$

9. **a)** 145; 72; 28; 44 **b)** $+1$; 0; $+32$; -32 **c)** $1{,}40$; $0{,}362\,824$; $0{,}2525$; $1{,}355\,310$

Seite 152

2. **a)** $3 \cdot 10^3 + 4 \cdot 10^2 + 5 \cdot 10^1 + 6 \cdot 10^0$ **b)** $5 \cdot 10^4 + 5 \cdot 10^1$

   c) $7 \cdot 10^5 + 8 \cdot 10^3 + 9 \cdot 10^1$ **d)** $2 \cdot 10^6 + 1 \cdot 10^4 + 3 \cdot 10^2$

5. **a)** 625^1 **b)** 25^2 **c)** 5^4

7. $V = 1083 \cdot 10^9\ \mathrm{km}^3$

8. Die Fliehkraft im Radkranz wächst auf das 2,56- (3,61-; 4,41-)fache.

Seite 153

4. **a)** $3\,a^p + a^{r-1}$ **b)** $3\,b^{n+1} + 8\,b^n$ **c)** $x^{m+n} + 4\,y^{m+n}$

   d) $5\,u^{m-n} - 3\,v^{m-n}$ **e)** $3\,(a+b)^{m+n} - 2\,(a-b)^{m-1}$

6. **a)** $10\,a^7$ **b)** $12\,x^5$ **c)** $\dfrac{1}{3} \cdot y^7$ **d)** $\dfrac{1}{2} \cdot b^3$ **e)** $\dfrac{3}{4} \cdot u^{4+x}$

10. **a)** a^{6m+1} **b)** b^{3x+y} **c)** c^{2n}

12. **a)** $a^4 b^3 + a^3 b^2$ **b)** $m^9 n^5 - m^8 n^4$ **c)** $r^{10} s^2 - r^8 s^7$

5. **a)** $a^{2x} - b^{2y} - c^{2z} + 2\,b^y c^z$ **b)** $x^{2a} - y^{2b} + z^{2c} - 2\,x^a z^c$ **c)** $a \cdot b^{3-x} - 5 \cdot a^{4-x} \cdot b^5$

   d) $2 \cdot x^{n-1} \cdot y^{2n+3} - x^{n+1} \cdot y^{2n}$ **e)** $5 \cdot a^{2n+2} \cdot b^{n+2} \cdot x^5$ **f)** $x^{3n+4} \cdot y^{n+1} \cdot z^4$

17. **a)** $x^2 y^3$ **b)** $a \cdot b^4$ **c)** $x \cdot y$

18. $4\,a^2 + 2\,a$; $3\,b^3 - 2\,b$; $4\,c^3 + 2\,c^2 - 3\,c$; $48 + 4\,a^3 - 5\,a^4$; $3 + 2\,x - 6\,x^2$

19. $2\,a - 3\,x^2$; $\dfrac{2\,a}{b} - 1$; $\dfrac{1}{2\,m} + \dfrac{a}{3}$; $\dfrac{a\,y}{3} - \dfrac{a^2}{4}$

Seite 155

3. **a)** $(-7)^n$ **b)** 26^m **c)** $\left(\dfrac{2}{3}\right)^n$

7. **a)** $\dfrac{y^3}{x^3}$ **b)** $\dfrac{a^5}{c^5}$ **c)** $\dfrac{v^n}{a^n}$

Seite 155

3. **a)** x^{2n+2} **b)** y^{3n-3} **c)** a^{mn-m} **d)** b^{mn+n}

5. **a)** x^{4m+6} **b)** y^{2m+5n} **c)** $1000 \cdot a^{30}$ **d)** $10\,000 \cdot x^{40}$

7. **a)** $(x+1)^3 = x^3 + 3\,x^2 + 3\,x + 1$ **c)** $(2\,a+b)^4 = 16\,a^4 + 32\,a^3 b + 24\,a^2 b^2 + 8\,a b^3 + b^4$

8. **a)** $0{,}001\,x^3 + 0{,}006\,x^2 y + 0{,}012\,x y^2 + 0{,}008\,y^3$ **b)** $0{,}125\,a^3 + 0{,}225\,a^2 b + 0{,}135\,a b^2 + 0{,}027\,b^3$

9. a) $16\,y^4 - 16\,y^3 z + 6\,y^2 z^2 - y \cdot z^3 + \dfrac{1}{16}\,z^4$ **b)** $\dfrac{1}{243}\,y^5 + \dfrac{5}{27}\,y^4 + \dfrac{10}{3}\,y^3 + 30 y^2 + 135\,y + 243$

10. a) $-0{,}007\,c^3 + 0{,}048\,c^2 d - 0{,}006\,c d^2 + 0{,}091\,d^3$

Seite 159

4. a) $(1+x)x^{-4}$ **b)** $(1+x) \cdot x^{-2}$ **c)** $(1+x) \cdot x^{-n}$

Seite 162

3. $0{,}3;$ $1{,}6;$ $0{,}4;$ $0{,}4;$ $0{,}5;$ $0{,}5;$ $0{,}11;$ $0{,}2$ **5.** $x+1;$ $a+b;$ $a-1;$ $m+2$

6. $a+b+c;$ $x;$ $2\,x;$ $2\,d;$ $ac+bc;$ $\dfrac{x^2+y^2}{z^2}$ **7.** $v = 40{,}3\ \mathrm{ms}^{-1};$ $t = 6{,}2\ \mathrm{s}$

12. $a^{\frac{1}{3}} \cdot a^{\frac{1}{2}} = a^{\frac{5}{6}};$ $a^{\frac{3}{4}} \cdot a^{\frac{1}{2}} = a^{\frac{5}{4}};$ $b^{\frac{1}{5}} \cdot b^{\frac{1}{3}} = b^{\frac{8}{15}};$ $y^{\frac{1}{3}} \cdot y^{\frac{1}{6}} = y^{\frac{1}{2}}$

16. $x;$ $a^{\frac{3}{4}};$ $b;$ $x^{\frac{11}{12}};$ $y^{\frac{4}{5}};$ $a^{\frac{17}{18}};$ $a^{\frac{14}{15}};$ $a^{\frac{5}{6}};$ $a^{\frac{9}{10}}$

Seite 164

2. a) $2 \cdot \sqrt{7}$ **b)** $7 \cdot \sqrt{5} + 3 \cdot \sqrt{3} + \sqrt{11}$ **4. a)** $2\sqrt{x} + 5 \cdot \sqrt[3]{x}$ **d)** $(3x-2y) \cdot \left(\sqrt{a} + \sqrt[3]{a}\right)$

Seite 165

5. $a^2 \cdot b \cdot \sqrt{abc};$ $a \cdot b \cdot \sqrt[3]{a^2 b c^2};$ $2\,x \cdot \sqrt{2xy};$ $3 \cdot y \cdot \sqrt[3]{3xy};$ $z^n \cdot \sqrt{6z};$ $2 \cdot a^n \cdot \sqrt[3]{3a^2};$ $(a+b) \cdot \sqrt[n]{a+b}$

6. a) $23 \cdot \sqrt{2}$ **b)** $25 \cdot \sqrt{3}$ **c)** $57 \cdot \sqrt[3]{5}$ **d)** $28 \cdot \sqrt[3]{5}$

7. a) $1 - \sqrt{5}$ **b)** $27 + 6 \cdot \sqrt{15} - 60\sqrt{2} + 6\sqrt{30}$

9. a) $2\,a \cdot \sqrt{3b} - 6b \cdot \sqrt{a} - 3\,a \cdot \sqrt{6b} + 2\,b \cdot \sqrt{15\,a}$ **c)** $a \cdot \sqrt[3]{bc} - \sqrt[3]{a^2 b^2 c} + b\sqrt[3]{ac}$

   e) $a \cdot \sqrt[n]{b^2} + b \cdot \sqrt[n]{a^2} + \sqrt[n]{a^3 \cdot b^{n-1}}$

11. a) $126 + 28 \cdot \sqrt{14}$ **c)** $57 - 12 \cdot \sqrt{15}$ **13. a)** y **b)** b^2 **c)** $2\,x^2 - 1$ **d)** $2\,v$

17. $z;$ $\dfrac{1}{a+b};$ $\dfrac{1}{x};$ $(a-b)^x;$ $\sqrt{a-b}$ **20.** $\dfrac{a}{b} \cdot \sqrt[m]{n};$ $\dfrac{\sqrt[m]{m}}{x};$ $\dfrac{a-b}{c^2};$ $\dfrac{x^2}{y \cdot z}$

Seite 168

1. $\sqrt{x^n};$ $\sqrt[n]{x^2};$ $a^m;$ $y^2 \cdot \sqrt[3]{x};$ $a^2 \cdot \sqrt[n]{b^m}$

2. a) $\sqrt[4]{25};$ $\sqrt[6]{4};$ $\sqrt[8]{9};$ $\sqrt[10]{49};$ $\sqrt[6]{81};$ $\sqrt[4]{64};$ $\sqrt[8]{a^2};$ $\sqrt[2n]{a^2}$

   b) $\sqrt[12]{729};$ $\sqrt[12]{625};$ $\sqrt[12]{8};$ $\sqrt[12]{36};$ $\sqrt[12]{256};$ $\sqrt[12]{19\,683};$ $\sqrt[12]{x^6};$ $\sqrt[12]{x^{4n}}$

3. $\sqrt[6]{500};$ $\sqrt[6]{72};$ $\sqrt[15]{256};$ $\sqrt[10n]{x^{9a-2b}};$ $\sqrt[6]{z^{4-n}};$ $\sqrt[m \cdot n]{x^{2m+3n}}$

4. b) $\sqrt[15]{4}$ **5. a)** $\sqrt[6]{a^{13}}$ **6. a)** $\sqrt[6]{\dfrac{a}{b}}$

7. a) $\sqrt[18]{x^{65}}$ **b)** $\sqrt[12]{z^{11}}$ **8. a)** $\sqrt[12]{(a+b)^{17}}$ **b)** $\sqrt[12]{(a-b)}$

10. $\sqrt{a};$ $\sqrt[6]{b};$ $\sqrt[3]{xy^2};$ $y \cdot \sqrt{x \cdot y};$ $\sqrt[5]{5 \cdot (a-b)^2};$ $\sqrt[5]{5 \cdot (a+b)^2}$ **12. a)** $3 \cdot \sqrt[12]{x \cdot y}$

2. Es gilt $x^y = y^x$ für $x = 1$ und $y = 1$, für $x = 2$ und $y = 4$.   **5.** $(2^3)^2 = 2^6 = 64$; $2^{(3^2)} = 2^9 = 512$

6. $(-3\,x^3)^2 = 9\,x^6$; $[(-3\,x)^2]^3 = [9x^2]^3 = 729\,x^6$ **7.** $V = \dfrac{\pi}{6}\,d^2 \cdot h$

8. a) $24\,a^3 - 16\,a^6$ **b)** $a^5 - a^3$ **c)** $a^{18} + a^{14} - a^{10} - a^6$ **d)** 0

11. a) a^2; a^3; m^4; 1; g **b)** a^7; a^7; m^8; r^{-9}; g^{-6} **c)** a^{-6}; a^{15}; b^{-8}; 1

3. Für $x = -3$; -2; -1; $-0{,}1$; $+0{,}1$; $+1$; $+2$; $+3$ ergibt sich

$y = -\dfrac{1}{9}$; $-\dfrac{1}{4}$; -1; -100; -100; -1; $-\dfrac{1}{4}$; $-\dfrac{1}{9}$.

Die Kurve besteht aus zwei symmetrisch zur y-Achse und III. und IV. Quadranten verlaufenden Zweigen, nähert sich beiderseits asymptotisch der x-Achse und ist bei $x = 0$ nicht definiert.

5. a) $y = \dfrac{1}{x-2}$ ergibt eine gleichseitige Hyperbel, die für $x = 2$ nicht erklärt ist.

6. Man spiegelt die Kurve $y = x^2$ mit $x \geq 0$ an der Geraden $y = x$.

10. Für $x = 0$; $0{,}4$; $0{,}6$; $0{,}8$; 1; 2; 3 erhält man

$y = 0$; $0{,}25$; $0{,}46$; $0{,}7$; 1; $2{,}83$; $5{,}1$.

Es entsteht ein Ast der „Neilschen Parabel". Sie besteht eigentlich aus zwei Zweigen, von denen der eine im I., der zweite im IV. Quadranten, beide symmetrisch in bezug auf die x-Achse verlaufen.

1. a) $x_1 = -x_2$; $y_1 = y_2$ **b)** $x_1 = -x_2$; $y_1 = -y_2$

2. a) Durch Umklappen um die y-Achse bzw. um die x-Achse.

b) Durch Drehung um 180° um den Koordinatenursprung innerhalb der Koordinatenebene.

4. Beide Funktionsbilder bestehen aus zwei Zweigen, die für $y = \dfrac{1}{x}$ im I. und III., für $y = \dfrac{1}{x^2}$ im I. und II. Quadranten verlaufen. Die Kurvenzweige liegen bei $y = \dfrac{1}{x}$ weiter vom Achsenkreuz entfernt als bei $y = \dfrac{1}{x^2}$.

6. a) $x = -4$; -3; -2; -1; 0; $+1$; $+2$; $+3$

$y = 2{,}52$; $2{,}08$; $1{,}59$; 1; 0; 1; $1{,}59$; $2{,}08$.

c) Die Kurve zeigt zwei im I. und II. Quadranten symmetrisch zur y-Achse verlaufende Zweige, die in eine Spitze im Koordinatenanfang zusammenlaufen.

1. a) 5 **b)** 6 **c)** 5 **d)** 6 **e)** 5 **f)** 6 **2. a)** -3 **c)** -3 **e)** -1

3. a) $0{,}2$ **b)** $0{,}1$ **c)** $0{,}25$ **d)** $0{,}2$ **e)** $0{,}5$ **f)** $\dfrac{1}{3}$

4. a) 4; 9; 16; 25; 36 **b)** 8; 27; 64; 125; 216

5. Zu jedem Logarithmus ergibt sich der Numerus 1, wenn die Basis des Systems 1 ist.

1. a) $-3 < \lg 0{,}0056 < -2$ **b)** $-1 < \lg 0{,}78 < 0$ **c)** $1 < \lg 17{,}5 < 2$

d) $2 < \lg 321 < 3$ **e)** $3 < \lg 2468 < 4$ **f)** $4 < \lg 82720 < 5$

5. c) $\lg 3 = \frac{1}{4} \lg 81$ ist richtig, da $3 = 81^{\frac{1}{4}}$ bzw. $3 = \sqrt[4]{81}$.

21*

5. Gleichungen

Seite 198

7. a) $x = 6$ **8. a)** $x = 2$

9. a) $x = \dfrac{2a + 5b}{a - 3b}$ **11.** $x = 2$ **12.** $x = 0{,}02$

13. $x = \dfrac{4{,}42 - 1{,}89\,a}{2{,}3\,a}$ **14.** $x = -2$ **17.** $x = 2a - 3b$

26. Wird $\frac{1}{8}$ l Salpetersäure zu x l Wasser gegossen, entstehen $\left(x + \frac{1}{8}\right)$ l Ätzflüssigkeit der Dichte 1,1. Es gilt
$\left(x + \frac{1}{8}\right) \cdot 1{,}1 = x + \frac{1}{8} \cdot 1{,}5$; $x = 0{,}5$. Die Wassermenge beträgt 0,5 l.

32. Erhält der 1. Spieler x DM, so der 2. Spieler $(x - 100)$ DM, der dritte $\frac{x}{2}$ DM.
Es gilt $x + (x - 100) + \frac{x}{2} = 900$; $x = 400$.
Der 1. Spieler erhält 400 DM, der 2. Spieler 300 DM, der 3. Spieler 200 DM.

33. Erfolgt das Begegnen x h von A, so gilt $40\,x + 70 \cdot (x - 1) = 260$; $x = 3$.

34. Der Gewichtsverlust beträgt 13,7 p, also der Rauminhalt des Bechers 13,7 cm³. Wird sein Feingehalt mit $\frac{x}{1000}$ bezeichnet, so gibt $\frac{176 \cdot x}{1000}$ p das Gewicht des Goldes, $\frac{176 \cdot (1000 - x)}{1000}$ p das des Kupfers an. Der Becher enthält somit $\frac{176 \cdot x \cdot 4}{77}$ cm³ Gold und $\frac{176 \cdot (1000 - x) \cdot 4}{35}$ cm³ Kupfer.
Somit gilt die Gleichung $\dfrac{176 \cdot x \cdot 4}{1000 \cdot 77} + \dfrac{176\,(1000 - x) \cdot 4}{1000 \cdot 35} = 13{,}7$; $x = 585$.

Seite 202

8. a) $(x + 2)^2 = 169$, $x_1 = +11$; $x_2 = -15$ **b)** $(x - 3)^2 = 196$, $x_1 = +17$; $x_2 = -11$

c) $(x - 6)^2 = 4$, $x_1 = +8$; $x_2 = +4$

11. a) $\left(x + \frac{1}{3}\right)^2 = \frac{400}{9}$, $x_1 = +6\frac{1}{3}$; $x_2 = -7$ **b)** $\left(x - \frac{1}{3}\right)^2 = \frac{256}{9}$, $x_1 = 5\frac{2}{3}$; $x_2 = -5$

c) $\left(x - \frac{5}{4}\right)^2 = \frac{169}{16}$, $x_1 = +4\frac{1}{2}$; $x_2 = -2$

12. a) $x_1 = +4$; $x_2 = +1$ **b)** $x_1 = +2$; $x_2 = +\frac{1}{2}$ **c)** $x_1 = +5$; $x_2 = +\frac{3}{7}$ **d)** $x_1 = +1$; $x_2 = -\frac{1}{3}$

Seite 204

1. a) Scheitelkoordinaten: $x_3 = -2{,}5$; $y_3 = -3$ Lösungen: $x_1 = -0{,}77$; $x_2 = -4{,}23$

b) Scheitelkoordinaten: $x_3 = +3{,}6$; $y_3 = -3$ Lösungen: $x_1 = +5{,}33$; $x_2 = +1{,}87$

2. a) $x_1 = 1$; $x_2 = -3$ **b)** $x_1 = +3$; $x_2 = -1$ **c)** $x_1 = 1{,}5$; $x_2 = -2{,}5$

Seite 204

1. Haben die Rechteckseiten der beiden Rechtecke überall den Abstand x cm, so gilt
$(21 + 2x) \cdot (40 + 2x) \cdot \frac{4}{7} = 21 \cdot 40$; $x_1 = 4{,}5$; $x_2 = -35$.   Der Abstand beträgt 4,5 cm.

2. Beträge die Geschwindigkeit x km h⁻¹, so dauert die Fahrt $\frac{120}{x}$ h, und es gilt $\frac{120}{x - 2} - \frac{120}{x} = \frac{1}{4}$; $x_1 = 32$; $x_2 = -30$. Die gesteigerte Geschwindigkeit ist 32 km · h⁻¹.

3. Die Zahl heißt 75.

4. Aus $h(d-h) = \left(\dfrac{s}{2}\right)^2$ ergibt sich $h(240-h) = 80^2$; $\quad h_1 = 30{,}6$; $\quad h_2 = 209{,}4$.

Die Pfeilhöhe beträgt 30,6 cm.

7. Ist der Schacht x m tief, so beträgt die Fallzeit des Steines $t_1 = \sqrt{\dfrac{x}{5}}$ s.

Das Aufschlagen des Steines wird $t_2 = \dfrac{x}{340}$ s später wahrgenommen, und es gilt $\sqrt{\dfrac{x}{5}} + \dfrac{x}{340} = 8{,}5$. Der Schacht ist 292 m tief.

Seite 207

1. $x = 3$ $\qquad\qquad$ **4.** $x = 5$

6. a) $x_1 = 18$; $\qquad x_2 = 6$ $\qquad\qquad$ **b)** $x_1 = 9$; $\qquad x_2 = 1$

8. $x_1 = \dfrac{2}{3}$; $\qquad x_2 = \dfrac{3}{2}$

12. $\dfrac{1}{C} = \dfrac{1}{C_1} + \dfrac{1}{C_2} + \dfrac{1}{C_3}$; $\qquad \dfrac{1}{C} = \dfrac{C_1 \cdot C_2 + C_1 \cdot C_3 + C_2 \cdot C_3}{C_1 \cdot C_2 \cdot C_3}$; $\qquad C = \dfrac{C_1 \cdot C_2 \cdot C_3}{C_1 \cdot C_2 + C_1 \cdot C_3 + C_2 C_3}$

$\dfrac{1}{C_1} = \dfrac{1}{C} - \dfrac{1}{C_2} - \dfrac{1}{C_3}$; $\qquad \dfrac{1}{C_1} = \dfrac{C_2 \cdot C_3 - C \cdot C_3 - C \cdot C_2}{C \cdot C_2 \cdot C_3}$; $\qquad C_1 = \dfrac{C \cdot C_2 \cdot C_3}{C_2 \cdot C_3 - C \cdot C_3 - C \cdot C_2}$

14. Faßt die Baugrube b m³ und wird durch die drei Pumpen in x h entleert, so fördert die 1. Pumpe in dieser Zeit $x \cdot \dfrac{b}{3}$ m³, die 2. Pumpe $x \cdot \dfrac{b}{4}$ m³, die 3. Pumpe $x \cdot \dfrac{b}{6}$ m³, und es gilt

$$x \cdot \dfrac{b}{3} + x \cdot \dfrac{b}{4} + x \cdot \dfrac{b}{6} = b \qquad \Big| \cdot \dfrac{12}{b} \qquad x = 1\dfrac{1}{3}. \quad \text{Die Baugrube wird in } 1\dfrac{1}{3} \text{ h entleert.}$$

Seite 208

1. a) $(x_1 = +12)$; $x_2 = +\dfrac{4}{9}$ $\qquad x_1$ erfüllt die Gleichung nicht.

b) $(x_1 = +10)$; $x_2 = +\dfrac{7}{4}$ $\qquad x_1$ erfüllt die Gleichung nicht.

2. a) $x_1 = +\dfrac{a}{2}$; $\qquad x_2 = -\dfrac{a}{2}$ $\qquad\qquad$ **b)** $x_1 = +\dfrac{a}{b}$; $\qquad x_2 = -\dfrac{a}{b}$

3. a) $x_1 = 12$; $(x_2 = -15)$ $\quad x_2$ erfüllt die Gleichung nicht.

b) $(x_1 = 12)$; $x_2 = -15$ $\quad x_1$ erfüllt die Gleichung nicht.

5. Das Lichtnetz darf höchstens mit 1320 W belastet werden.

6. Anleitung: $R = \dfrac{\varrho \cdot l}{A}$. Die Kurzschlußstelle ist 10,467 km vom Leitungsanfang entfernt.

7. Anleitung: Gesamtstromentnahme ermitteln! Beziehungen: $P = U \cdot I$ und $\eta = \dfrac{P_{ab}}{P_{zu}}$. Die Gesamtstromentnahme beträgt 13,4 A. Die vorhandene Absicherung reicht nicht aus.

8. Anleitung: C ergibt sich aus der Gleichung für die kapazitive Blindleistung $P_B' = U^2 \cdot \omega \cdot C$. Da die kapazitive Blindleistung P_B' die induktive Blindleistung P_B kompensieren soll, kann $P_B' = P_B$ gesetzt werden. P_B ist das Produkt aus $P_w \cdot \tan \varphi$. Lösung: $C = 223\ \mu\text{F}$.

9. Anleitung: Da 120 l Wasser 120 kg wiegen, ist die benötigte Wärmemenge $Q = m(t_2 - t_1)$. Die Zeit ergibt sich aus $A = U \cdot I \cdot t$.

Lösung: Die ursprüngliche Temperatur würde nach 7 h 40′ erreicht werden; es ist aber zu beachten, daß das Wasser während des Erwärmens einen Wärmeverlust an die Luft hat.

10. Anleitung: $R = R_1 + R_2$. $\qquad$ Lösung: $R_T = 300\ \Omega$; $\qquad R_L = 600\ \Omega$.

11. Anleitung: $C = C_1 + C_2$ $\qquad$ Lösung: $C_1 = 250\ \text{pF}$; $\quad C = 750\ \text{pF}$.

12. Anleitung: $\dfrac{1}{R_g} = \dfrac{1}{R_1} + \dfrac{1}{R_2} + \cdots + \dfrac{1}{R_n}$ und $U = I \cdot R$.

Lösung: $U_1 = 6\ \text{V}$; $\quad U_2 = 30\ \text{V}$; $\quad U_3 = 150\ \text{V}$; $\quad U_4 = 300\ \text{V}$.

13. Anleitung: Gleichungen für Reihen- und Parallelschaltungen von Kapazitäten.

Lösung: $C_1 = 40\,\mu$F; $\quad C_2 = 10\,\mu$F.

14. Anleitung: Gleichungen für Reihen- und Parallelschaltungen von Widerständen.

Lösung: $R_1 = 300\,\Omega$; $\quad R_2 = 300\,\Omega$. $\qquad$ Die beiden Leitungen sind also symmetrisch.

15. Anleitung: $v = \dfrac{d \cdot \pi \cdot n}{60}$ $\qquad$ Lösung: Der Dreher muß 120 min^{-1} einstellen.

16. Anleitung: $P = \dfrac{F \cdot v}{75}$ $\qquad$ Lösung: $F_{\max} = 597{,}014$ kp.

17. Lösung: $d_{01} = 24$ mm; $\quad d_{02} = 72$ mm.

18. Anleitung: Die beiden Teile halten einander am zweiarmigen Hebel im Gleichgewicht, wenn sich die Hebelarme wie $2 : 3$ verhalten. $\qquad$ Lösung: $m_1 = 192$ kg; $\quad m_2 = 128$ kg.

19. Die Abmessungen des Stempels sind 25 cm · 20 cm.

20. Anleitung: $\sigma = \dfrac{F}{A}$ $\qquad$ Lösung: $\sigma = 25$ kp · cm^{-2}.

21. Anleitung: $F_{\text{zus.}} = \dfrac{\Delta l \cdot A \cdot E}{l}$ $\qquad$ Lösung: Die zusätzliche Zugkraft beträgt 553,5 kp.

22. Die 4 m^3 Tonerdezement enthalten 1,6 m^3 CaO und 0,4 m^3 SiO$_2$.

23. Die Druckfestigkeit betrug nach 3 Tagen 150 kp · cm^{-2}, nach 7 Tagen 225 kp · cm^{-2} und nach 28 Tagen 325 kp · cm^{-2}. Hinweis: Die Angabe der Güteklasse entspricht der vorgeschriebenen Mindestdruckfestigkeit nach 28 Tagen.

24. Anleitung: Satz des Pythagoras. $\qquad$ Lösung: Streckbalken 6,8 m, Strebensäulen 4,8 m.

25. Die äußere Turmkante muß 5 m, die Kante der Aufstiegsluke muß 1 m lang gemauert werden.

26. Das Buchenholz hat ein Gewicht von 7,52 Mp. Die Nutzlast wird nicht überschritten.

27. Anleitung: $W = \dfrac{b \cdot h^2}{6}$

Lösung: $h = 15{,}25$ cm; entsprechend den Handelsgrößen wird man eine Höhe von 16 cm wählen.

28. Anleitung: Die erforderliche Fläche A ergibt sich aus $A = \dfrac{H}{\tau_{\text{zul}}}$, wobei sich die Vorholzlänge aus $\dfrac{A}{b}$ ergibt. (Laut Tabelle ist $\tau_{\text{zul}} = 7$ kp · cm^{-2}.)

Lösung: Das Vorholz muß 15 cm lang belassen werden.

29. Die Platten haben folgende Dichten:
Die Holzfaserhartplatte 1 kg · dm^{-3}, $\qquad$ die mehrschichtige Holzspanplatte 0,6 kg · dm^{-3},
die Holzfaserdämmplatte 0,25 kg · dm^{-3}, $\qquad$ die zweischichtige Holzspanplatte 0,25 kg · dm^{-3}.

30. Die Lagerstätte ist bei einer durchschnittlichen Tiefe von 4815 m zu erwarten.

31. Die Fortpflanzungsgeschwindigkeit im Steinsalz beträgt 5000 m · s^{-1}.

32. Das Verhältnis der ersten Lagerstätte ist $3{,}5 : 1$, das der zweiten $4{,}5 : 1$. Der Abbau der ersten Lagerstätte wird also rentabler.

33. Das Deckgebirge hat eine Abmessung von 36,7 m und die Kohle von 15,3 m.

Seite 217

4. a) $x = 0{,}9$; $y = 1$ $\quad$ **5. a)** $x = 12$; $y = 20$ $\quad$ **6. a)** $x = +6$; $y = +1$ $\quad$ **7. a)** $x = a - b$; $y = a + b$

$\quad$ **b)** $x = 2$; $y = 0{,}1$ $\quad\quad$ **b)** $x = 18$; $y = 24$ $\quad\quad$ **b)** $x = +5$; $y = +4$ $\quad\quad$ **b)** $x = a + b$; $y = a - b$

$\quad\quad\quad\quad\quad\quad\quad\quad\quad\quad\quad\quad\quad\quad\quad\quad\quad\quad\quad\quad\quad\quad\quad$ **c)** $x = -3$; $y = -7$ $\quad\quad\quad\quad\quad\quad\quad\quad$ **c)** $x = a - b$; $y = a + b$

$\quad\quad\quad\quad\quad\quad\quad\quad\quad\quad\quad\quad\quad\quad\quad\quad\quad\quad\quad\quad\quad\quad\quad\quad\quad\quad\quad\quad\quad\quad\quad\quad\quad\quad\quad$ **d)** $x = a^2 - ab + b^2$; $y = a^2 + ab + b$

2. Hat das erste der beiden neuen Zahnräder x, das zweite y Zähne, so hat von den beiden alten das erste $(x-5)$, das zweite $(y-5)$ Zähne, und es gelten die Gleichungen

$$\left|\begin{aligned} \frac{x-5}{y-5} &= \frac{5}{11} \\ \frac{x}{y} &= \frac{1}{2} \end{aligned}\right|$$

$$x = 30; \quad y = 60.$$

Das erste Zahnrad hat 30, das zweite 60 Zähne.

4. Mit x als Zehnerziffer und y als Einerziffer heißt die Zahl $10x+y$, mit y als Zehnerziffer und x als Einerziffer heißt sie $10y+x$. Es gelten die Gleichungen

$$\left|\begin{aligned} \frac{10x+y-2}{y} &= 12 \\ \frac{10y+x-8}{x} &= 9 \end{aligned}\right|$$

$$x = 9; \quad y = 8. \quad \text{Die Zahl heißt 98.}$$

6. Um den Graben fertigzustellen, sind G m³ auszuschachten. Dazu braucht der erste Arbeiter x Tg., der zweite y Tg. An einem Tag schachtet der erste Arbeiter $\frac{G}{x}$ m³, der zweite $\frac{G}{y}$ m³ aus, somit gelten die Gleichungen

$$\left|\begin{aligned} \frac{G}{x}\cdot 4 + \frac{G}{y}\cdot 4 &= \frac{G}{5} \\ \frac{G}{x}\cdot 6 + \frac{G}{y}\cdot 15 &= \frac{G}{2} \end{aligned}\right|$$

$$x = 36; \quad y = 45.$$

Der erste Arbeiter würde in 36 Tagen, der zweite in 45 Tagen den Graben allein ausschachten.

8. Geplante durchschnittliche Tagesleistung: $x\,\dfrac{\text{km}}{\text{d}}$

geplante Anzahl von Reisetagen: y d

tatsächliche durchschnittliche Tagesleistung:

$$(x+6)\,\frac{\text{km}}{\text{d}}$$

tatsächliche Anzahl von Reisetagen: $(y-2)$ d

(1) $\qquad\qquad x\cdot y = 189$

(2) $\quad (x+6)\,(y-2) = 189$

$$x = 21; \quad y = 9$$

Es wurden tatsächlich nur 7 Tage benötigt.

14. Die Legierung aus 189,2 kg Kupfer und x kg Zinn ergibt y kg Bronze. Somit gelten die Gleichungen

$$\left|\begin{aligned} 189{,}2 + x &= y \\ \frac{189{,}2}{8{,}8} + \frac{x}{7{,}2} &= \frac{y}{8{,}6} \end{aligned}\right|$$

$$x = 22\frac{4}{35}; \quad y = 211\frac{11}{35}.$$

Die Legierung aus 189,2 kg Kupfer und 22,1 kg Zinn ergibt 211,3 kg Bronze.

3. Heißt die erste Zahl x, die zweite y, so gilt

$$\left|\begin{aligned} 2x &= y+1 \\ 100x+y &= 52y+5, \end{aligned}\right|$$

$$x = 45; \quad y = 23.$$

5. Ist die kleinere Seite des Rechtecks x cm, die größere y cm lang, so gilt

$$\left|\begin{aligned} (x+3)\cdot(y-2) &= x\cdot y + 22 \\ x+3 &= y-2 \end{aligned}\right|$$

$$x = 13; \quad y = 18.$$

Die kleinere Rechteckseite ist 13 cm, die größere 18 cm lang.

7. Werden in einer Reihe x Bäume gepflanzt, und sind y Reihen vorgesehen, so sind $x\cdot y$ Bäume notwendig.

Mit einem Baum mehr in jeder Reihe und zwei Reihen mehr würden $(x+1)\cdot(y+2)$ Bäume, mit zwei Bäumen mehr in jeder Reihe und einer Reihe mehr würden $(x+2)\cdot(y+1)$ Bäume gebraucht, und es gelten die Gleichungen

$$\left|\begin{aligned} (x+1)\cdot(y+2) &= x\cdot y + 23 \\ (x+2)\cdot(y+1) &= x\cdot y + 29 \end{aligned}\right|$$

$$x = 5; \quad y = 11.$$

Je 5 Bäume stehen in 11 Reihen.

12. Werden x kg Stahl mit y kg Grauguß zusammengeschmolzen, so gilt

$$\left|\begin{aligned} \frac{x\cdot 0{,}5}{100} + \frac{y\cdot 2{,}5}{100} &= \frac{12\,000\cdot 1{,}45}{100} \\ x+y &= 12\,000 \end{aligned}\right|$$

$$x = 6300; \quad y = 5700.$$

6,3 t Stahl werden mit 5,7 t Grauguß zusammengeschmolzen.

15. Enthält die erste Sorte $x\%$, die zweite $y\%$ Alkohol, so gilt, wenn der beim Mischen entstehende Schwund vernachlässigt wird,

$$\left|\begin{aligned} \frac{48\cdot x}{100} + \frac{16\cdot y}{100} &= \frac{120\cdot 40}{100} \\ \frac{50x}{100} + \frac{10y}{100} &= \frac{120\cdot 40}{100} \end{aligned}\right|$$

$$x = 90; \quad y = 30.$$

Die erste Sorte enthält 90%, die zweite 30% Alkohol.

1. $x = 2$; $y = 3$; $z = -1$

3. $x = 1\frac{2}{3}$; $y = 4\frac{5}{6}$; $z = 7\frac{8}{9}$

4. $x = 6$; $y = 10$, $z = 15$

5. $x = 4$; $y = 3$; $z = 2$; $u = 1$

7. Besteht die Zahl aus x Hundertern, y Zehnern und z Einern, so ergeben sich folgende Gleichungen:

$$\left|\begin{array}{l} \dfrac{100\,x + 10\,y + z - 11}{x + y} = 49 \\[2mm] \dfrac{100\,x + 10\,y + z - 3}{x + z} = 66 \\[2mm] \dfrac{100\,x + 10\,y + z - 18}{x + y + z} = 37 \end{array}\right|$$

$x = 7$; $y = 9$; $z = 5$.

Die Zahl heißt 795.

9. Zur Füllung des b m³ fassenden Beckens benötigt die erste Pumpe x h, die zweite y h, die dritte z h; in einer Stunde fördert die erste Pumpe $\dfrac{b}{x}$ m³, die zweite $\dfrac{b}{y}$ m³, die dritte $\dfrac{b}{z}$ m³ Wasser. Somit ergeben sich die Gleichungen

$$\left|\begin{array}{l} 2 \cdot \dfrac{b}{x} + 9 \cdot \dfrac{b}{y} = \dfrac{4}{5}\,b \\[2mm] 5 \cdot \dfrac{b}{x} + 4 \cdot \dfrac{b}{z} = \dfrac{5}{6}\,b \\[2mm] 5 \cdot \dfrac{b}{y} + 8 \cdot \dfrac{b}{z} = b \end{array}\right|$$

$x = 10$; $y = 15$; $z = 12$.

11. Werden von der 1. Sorte x kg, von der 2. Sorte y kg, von der 3. Sorte z kg genommen, so ergibt sich:

$$\left|\begin{array}{l} 0{,}52\,x + 0{,}59\,y + 0{,}63\,z = (x + y + z) \cdot 0{,}60 \\ 0{,}26\,x + 0{,}30\,y + 0{,}31\,z = (x + y + z) \cdot 0{,}30 \\ 0{,}22\,x + 0{,}11\,y + 0{,}06\,z = (x + y + z) \cdot 0{,}10 \end{array}\right|$$

$x = 0{,}5$; $y = 2{,}0$; $z = 2{,}0$.

6. Winkelfunktionen und ebene Trigonometrie

2. a) $\dfrac{1}{2}$ **d)** $\dfrac{4}{5}$ **e)** $-\dfrac{3}{5}$ **i)** $\dfrac{a}{\sqrt{a^2 + b^2}}$

3. a) $30°$; $150°$ **d)** $5{,}7°$; $174{,}3°$ **f)** $23{,}6°$; $156{,}4°$ **h)** $64{,}2°$; $115{,}8°$

5. b) $\dfrac{1}{2}\sqrt{3}$ **c)** $\pm\dfrac{12}{13}$ **i)** $\dfrac{b}{\sqrt{a^2 + b^2}}$

6. a) $0{,}92$ **d)** $0{,}71$

7. b) $75{,}5°$; $284{,}5°$ **e)** $107{,}5°$; $252{,}5°$ **h)** $25{,}8°$; $334{,}2°$

8. $\sin x = \cos x$ für $x_1 = 45°$; $x_2 = 225°$

$\sin x = -\cos x$ für $x_1 = 135°$; $x_2 = 315°$

9. a) $\sin 30° = \cos 60°$ **b)** $\sin 60° = \cos 30°$

10. $\dfrac{v_1}{u_1} = \dfrac{v_2}{u_2} \approx 1{,}4$ **11. a)** $\dfrac{1}{3}\sqrt{3} \approx 0{,}58$ **d)** $-\dfrac{1}{3}\sqrt{3} \approx -0{,}58$

12. b) 1 **c)** $\dfrac{2}{3}$

13. b) $23{,}2°$; $203{,}2°$ **d)** $135{,}0°$; $315{,}0°$ **14.** $\dfrac{u_1}{v_1} = \dfrac{u_2}{v_2} \approx 1{,}4$

15. a) $3{,}73$ **c)** $-0{,}27$ **d)** $-3{,}73$
(nach Tafel 14)

16. a) $\dfrac{4}{3}$ **b)** 1 **i)** $\dfrac{b}{a}$

17. c) $21{,}8°$; $201{,}8°$ **f)** $168{,}7°$; $348{,}7°$

18.

α	$\sin\alpha$	$\cos\alpha$	$\tan\alpha$	$\cot\alpha$
0°	0	1	0	—
90°	1	0	—	0
180°	0	−1	0	—
270°	−1	0	—	0
360°	0	1	0	—

Seite 236

1. a)

α	0°	10°	20°	30°	40°	50°	60°	70°	80°	90°
$\sin\alpha$	0	0,174	0,342	0,500	0,643	0,766	0,866	0,940	0,985	1
$\cos\alpha$	1	0,985	0,940	0,866	0,766	0,643	0,500	0,342	0,174	0

b)

α	100°	110°	120°	130°	140°	150°	160°	170°	180°
$\sin\alpha$	0,985	0,940	0,866	0,766	0,643	0,500	0,342	0,174	0
$\cos\alpha$	−0,174	−0,342	−0,500	−0,643	−0,766	−0,866	−0,940	−0,985	−1

3.

Quadrant	$\sin x$	$\cos x$	$\tan x$	$\cot x$
I.	steigend	fallend	steigend	fallend
II.	fallend	fallend	steigend	fallend
III.	fallend	steigend	steigend	fallend
IV.	steigend	steigend	steigend	fallend

4. a) $l = 2r \sin\dfrac{\alpha}{2}$ **b)**

α	20°	80°	140°
l (in cm)	1,22	4,50	6,58

5. a) 0,087 **b)** 0,978 **h)** 0,996 **6. a)** 20,5° **d)** 220,5° **7. b)** 83,0° **d)** 98,0°

  159,5°   319,5°   277,0°   262,0°

8. Analytische Begründung:

a) $\sin(45°-x) = \cos(45°+x)$ **b)** $\sin(225°-x) = \cos(225°+x)$

  $\cos(45°-x) = \sin(45°+x)$ $\cos(225°-x) = \sin(225°+x)$

9. a) 3,27 **e)** 1,24 **10. a)** 25,5° **b)** 50,3°

  205,5°   230,3°

11.

x	0°	10°	20°	30°	40°	50°	60°	70°	80°	90°
$\cos x$	1	0,985	0,940	0,866	0,766	0,643	0,500	0,342	0,174	0
$\cot x$	—	5,671	2,747	1,732	1,192	0,839	0,577	0,364	0,176	0

13. a) $\sin^2 x + \cos^2 x = 1$ **14. b)** $1 + \cot^2 x = \dfrac{1}{\sin^2 x}$ **16. a)** $\sin x$ **e)** $\tan^2 x$

  $\sin^2 x = 1 - \cos^2 x$ $\sin^2 x + \sin^2 x \cot^2 x = 1$

  $\sin x = \sqrt{1 - \cos^2 x}$ $\sin^2 x + \cos^2 x = 1$

17. a) $\cos 30° = \dfrac{1}{2}\sqrt{3} \approx 0,866;$ $\tan 30° = \dfrac{1}{3}\sqrt{3} \approx 0,577;$

  $\cot 30° = \sqrt{3} \approx 1,732$

d) $\sin 0° = 0;$ $\cos 0° = 1;$ $\cot 0°$ nicht erklärt

e) $\sin 270° = -1;$ $\cos 270° = 0;$ $\tan 270°$ nicht erklärt

i) $\sin 59° = 0,8572;$ $\cos 59° = 0,5150;$ $\tan 59° = 1,664$

13. a) $\sin x = \dfrac{1}{3}$; $\qquad \cos x = \dfrac{2}{3}\sqrt{2}$ $\qquad$ Der Funktionswert ist

(Lage des Winkels: $\qquad\qquad\qquad\qquad\qquad$ im I. Quadranten +,

I. und II. Quadrant) $\quad \tan x = \dfrac{1}{4}\sqrt{2}$ $(\pm)$ $\qquad$ im II. Quadranten −

$\qquad\qquad\qquad\qquad\qquad \cot x = 2\sqrt{2}$ $(\pm)$

g) $\tan x = \dfrac{1}{4}$: $\qquad \sin x = \dfrac{1}{17}\sqrt{17}$ $(\pm)$ $\qquad\qquad$ **h)** $\cot x = 2 - \sqrt{3}$: $\sin x = \dfrac{1}{2}\sqrt{2+\sqrt{3}}$ $(\pm)$

(I. und III.) $\qquad\qquad \cos x = \dfrac{4}{17}\sqrt{17}$ $(\pm)$ $\qquad\qquad$ (I. und III.) $\qquad\qquad \cos x = \dfrac{1}{2}\sqrt{2-\sqrt{3}}$ $(\pm)$

$\qquad\qquad\qquad\qquad\qquad \cot x = 4$ $(+)$ $\qquad\qquad\qquad\qquad\qquad\qquad \tan x = 2 + \sqrt{3}$ $(+)$

k) $\cos x = \dfrac{1}{2}$: $\qquad \sin x = \dfrac{1}{2}\sqrt{3}$ $(\pm)$

(I. und IV.) $\qquad\qquad \tan x = \sqrt{3}$ $(\pm)$

$\qquad\qquad\qquad\qquad\qquad \cot x = \dfrac{1}{3}\sqrt{3}$ $(\pm)$

Seite 246

1. a) 0,2079 $\qquad$ **c)** 0,6018 $\qquad$ **i)** 0,9994 $\qquad$ **m)** 0,6293 $\qquad$ **n)** 0,3746 $\qquad$ **q)** −0,8387

2. a) 0,3839 $\qquad$ **c)** 0,6009 $\qquad$ **i)** 7,115 $\qquad$ **m)** 0,2493 $\qquad$ **n)** 0,0524 $\qquad$ **q)** −0,1051

3. a) 0,8491 $\qquad$ **c)** 0,3295 $\qquad$ **i)** 0,9209 $\qquad$ **m)** 0,9858 $\qquad$ **n)** 0,9998 $\qquad$ **q)** 0,9798

4. a) 0,0335 $\qquad$ **c)** 0,8916 $\qquad$ **i)** 3,801 $\qquad$ **m)** 1,040 $\qquad$ **n)** 0,7411 $\qquad$ **q)** −1,008

5. a) 0,0035 $\qquad$ **c)** 0,0309 $\qquad$ **e)** 0,0567 $\qquad$ **g)** 0,0872

$\qquad$ 0,0035 $\qquad\qquad$ 0,0309 $\qquad\qquad$ 0,0568 $\qquad\qquad$ 0,0875

6. a) bis zu 2,6° $\qquad\qquad$ **b)** bis zu 4,0°

7. b) 38,40° $\qquad\qquad$ **d)** 24,42° $\qquad\qquad$ **f)** 54,06°

8. a) 27° 6′ $\qquad\qquad$ **b)** 14° 54′ $\qquad\qquad$ **c)** 34° 7′ 12″

10. a) 27,03 $\qquad\qquad$ **b)** 60,24

11. a) 16° $\qquad\qquad$ **b)** 38° $\qquad\qquad$ **c)** 62° $\qquad\qquad$ **d)** 28,6°

$\qquad$ 164° $\qquad\qquad\qquad$ 142° $\qquad\qquad$ 118° $\qquad\qquad\qquad$ 151,4°

12. e) 8,5° $\qquad\qquad$ **f)** 155,6° $\qquad\qquad$ **g)** 28,2° $\qquad\qquad$ **h)** 72,7°

$\qquad$ 188,5° $\qquad\qquad$ 335,6° $\qquad\qquad$ 208,2° $\qquad\qquad$ 252,7°

13. i) 170,83° $\qquad\qquad$ **k)** 89,79° $\qquad\qquad$ **l)** 91,85° $\qquad\qquad$ **m)** 0,6° bis 0,9°

$\qquad$ 189,17° $\qquad\qquad$ 270,21° $\qquad\qquad$ 268,15° $\qquad\qquad$ 359,1° bis 359,4°

14.

c)		d)		e)	
210°	330°	22°	158°	227°	313°
180°		45°	315°	159	201°
63,43°	243,43°	108,44°	288,44°	156°	336°
161,56°	341,56°	176,53°	356,53°	80,35°	260,35°

16. a) 0,996 $\qquad$ **d)** 0,412 $\qquad$ **g)** 0,104 $\qquad$ **k)** 0,927

17. b) 0,759 $\qquad$ **f)** 0,111 $\qquad$ **k)** 0,900

18. e) $\quad 0{,}0335 \qquad$ **g)** $\quad 0{,}0872 \qquad$ **l)** $\quad 0{,}0892$

20. a) $81{,}9° \qquad$ **b)** $60{,}5° \qquad$ **c)** $40{,}7° \qquad$ **d)** $21{,}0°$
$\qquad 98{,}1° \qquad\qquad 119{,}5° \qquad\qquad 139{,}3° \qquad\qquad 159{,}0°$

21. e) $7{,}0° \qquad$ **f)** $161{,}4° \qquad$ **g)** $139{,}9° \qquad$ **h)** $12{,}9°$
$\qquad 187{,}0° \qquad\qquad 341{,}4° \qquad\qquad 319{,}9° \qquad\qquad 192{,}9°$

22. i) $88{,}7° \qquad$ **k)** $86{,}0° \qquad$ **l)** $86{,}5° \qquad$ **m)** $89{,}3°$
$\qquad 271{,}3° \qquad\qquad 266{,}0° \qquad\qquad 273{,}5° \qquad\qquad 269{,}3°$

26. b) $s = 2 \sin \dfrac{\alpha}{2} \qquad\qquad b = \dfrac{\pi \alpha}{180°} \qquad\qquad h = 1 - \cos \dfrac{\alpha}{2}$

27. a) $A_{\text{Segment}} = 0{,}0667 \ \text{m}^2 \qquad\qquad$ **b)** $h = 0{,}109 \ \text{m} \qquad\qquad$ **c)** $r = 7{,}54 \ \text{m}$

d) $A_{\text{Sektor}} = f(\alpha) = \dfrac{\pi \alpha}{360°}$

$\qquad A_{\triangle} = f(\alpha) = \dfrac{1}{2} \sin \alpha$

$\qquad A_{\text{Segment}} = f(\alpha) = \dfrac{\pi \alpha}{360°} - \dfrac{1}{2} \sin \alpha - \dfrac{1}{2} \left(\dfrac{\pi \alpha}{180°} - \sin \alpha \right)$

Seite 261

1. a) $0{,}5235 - 1 \qquad$ **b)** $0{,}7201 - 1 \qquad$ **c)** $0{,}9992 - 1 \qquad$ **d)** $0{,}4829 - 1$
$\quad$ **e)** $0{,}4425 - 1 \qquad$ **f)** $0{,}8991 - 1 \qquad$ **g)** $0{,}8517 - 1 \qquad$ **h)** $0{,}8466 - 1$

2. a) $0{,}5905 - 1 \qquad$ **b)** $0{,}0867 \qquad$ **c)** $0{,}1223 - 1$

4. a) $\lg \tan x = - \lg \cot x \qquad$ **b)** $\lg \tan x = \lg \sin x - \lg \cos x \qquad$ **c)** $\lg \cot x = \lg \cos x - \lg \sin x$
Eine entsprechende Beziehung zwischen $\lg \sin x$ und $\lg \cos x$ gibt es nicht.

5. a) $x = 24° \qquad$ **b)** $\alpha = 13{,}8° \qquad$ **c)** $\gamma = 21{,}9°$
$\quad$ **d)** $\beta = 79{,}27° \qquad$ **e)** $\alpha = 12{,}25° \qquad$ **f)** $\beta = 80{,}09°$

6. a) $x = 54° \qquad$ **b)** $\beta = 81° \qquad$ **c)** $\gamma = 24°$
$\quad$ **d)** $\gamma = 23{,}16° \qquad$ **e)** $\beta = 32{,}92° \qquad$ **f)** $\alpha = 5{,}98°$

7. a) $49{,}50° \qquad$ **b)** $185{,}42° \qquad$ **c)** $\quad 2{,}3°$ bis $\quad 2{,}6°$
$\qquad 130{,}50° \qquad\qquad 354{,}58° \qquad\qquad 357{,}4°$ bis $357{,}7°$

8. a) $\alpha = 68{,}90° \qquad c = 13{,}6 \ \text{cm} \qquad \beta = 21{,}10° \qquad A = 31{,}12 \ \text{cm}^2$
$\quad$ **b)** $\alpha = 36{,}35° \qquad c = 92{,}55 \ \text{m} \qquad \beta = 53{,}65° \qquad A = 2045 \ \text{m}^2$
$\quad$ **c)** $\alpha = 40{,}62° \qquad b = 490 \ \text{m} \qquad \beta = 49{,}38° \qquad A = 102 \ 900 \ \text{m}^2$

9. e) $a = 16{,}8 \ \text{cm} \qquad c = 27{,}5 \ \text{cm} \qquad b = 21{,}8 \ \text{cm} \qquad \beta = 52{,}50° \qquad A = 183{,}1 \ \text{cm}^2$
$\quad$ **f)** $a = 2{,}65 \ \text{m} \qquad \alpha = 39{,}1° \qquad b = 3{,}26 \ \text{m} \qquad \alpha = 50{,}9° \qquad A = 4{,}32 \ \text{m}^2$
$\quad$ **g)** $b = 15{,}7 \ \text{cm} \qquad \alpha = 75{,}45° \qquad c = 62{,}5 \ \text{cm} \qquad \beta = 14{,}55° \qquad A = 474{,}9 \ \text{cm}^2$

10. a) $\alpha = \beta = 53{,}67° \qquad \gamma = 72{,}66° \qquad a = b = 105{,}5 \ \text{m}$ (berechtigt $106 \ \text{m}$) $\qquad A = 5312 \ \text{m}^2$
$\quad$ **b)** $\alpha = \beta = 70{,}26° \qquad \gamma = 39{,}48° \qquad A = 4{,}35 \ \text{m}^2$
$\quad$ **c)** $\alpha = \beta = 72{,}12° \qquad \gamma = 35{,}76° \qquad A = 9{,}50 \ \text{m}^2$

12. a) $a_n = n \cdot a_{\triangle}$

$\qquad a_{\triangle} = \dfrac{1}{2} s_n \cdot r_i$

$\qquad a_{\triangle} = r_u^2 \sin \dfrac{180°}{n} \cos \dfrac{180°}{n}$

$\qquad a_{\triangle} = \dfrac{1}{2} r_u^2 \sin \dfrac{360°}{n}$

$\qquad a_n = \dfrac{1}{2} n r_u^2 \sin \dfrac{360°}{n}$

13. a) $r_i = 13{,}7$ cm $\qquad r_u = 15{,}2$ cm $\qquad A_7 = 633$ cm^2

b) $s_{10} = 14{,}5$ cm $\qquad r_i = 22{,}4$ cm $\qquad A_{10} = 1624$ cm^2

14. a) $\tan \alpha = \dfrac{c}{\sqrt{a^2 + b^2}}\,; \qquad\qquad \tan \beta = \dfrac{a}{\sqrt{b^2 + c^2}}\,; \qquad\qquad \tan \gamma = \dfrac{b}{\sqrt{a^2 + c^2}}$

15.

	P_Z	P_D
30°	800 kp	693 kp
45°	566 kp	400 kp
60°	462 kp	231 kp

18. $\alpha = 4{,}43°$

19. a) $H = G \cdot \sin \alpha = 40{,}6$ kp $\qquad\qquad$ **b)** Gleitreibung $\;R = \mu \cdot N = 15{,}7$ kp

$\;\, N = G \cdot \cos \alpha = 87{,}0$ kp $\qquad\qquad$ Zugkraft $\qquad Z = H + R = 56{,}3$ kp

20. a) $s_5 = 35{,}3$ mm

22. a) $\beta = 35{,}26°$

Verschiebung: $s = \dfrac{d \cdot \sin(\alpha - \beta)}{\cos \beta} \approx 5{,}12$ cm

23. b) $\sin \beta_1 = \dfrac{\sin \alpha_1}{n} \qquad\qquad \beta_1 = 28{,}13°$

$\;\; \beta_2 = 60° - \beta_1 \qquad\qquad \beta_2 = 31{,}87°$

$\;\; \sin \alpha_2 = n \sin \beta_2 \qquad\quad\; \alpha_2 = 52{,}37°$

Gesamtablenkung $\delta = (\alpha_1 - \beta_1) + (\alpha_2 - \beta_2) = 37{,}37°$

24. a) $48{,}6°$

25. $x = (120 + 2 \cdot 28)$ mm $= 176$ mm

26. Breite der Ausfräsung: $\;154$ mm

 Tiefe der Ausfräsung: $\quad\;36$ mm

Seite 269

1. a) $\sin[\pi - (x+y)] = \sin x \sin\left(\dfrac{\pi}{2} - y\right) + \cos x \cos\left(\dfrac{\pi}{2} - y\right)$

$\;\cos[\pi - (x+y)] = \sin x \sin y - \cos x \cos y$

b) Sei x im II. Quadrant

$\;\sin[\pi - (x+y)] = \sin(\pi - x)\cos y - \cos(\pi - x)\sin y$

$\;\cos[\pi - (x+y)] = \sin(\pi - x)\sin y + \cos(\pi - x)\cos y$

2. Es ist z. B. $c = p + q;\quad p = a \cos \beta, \quad q = b \cos \alpha.$

Mit $c = \dfrac{a \sin \gamma}{\sin \alpha}$ und $b = \dfrac{a \sin \beta}{\sin \alpha}$ ergibt sich $\qquad \sin \gamma = \sin \alpha \cos \beta + \cos \alpha \sin \beta.$

Aus $b = c \cos \alpha + a \cos \gamma$ ergibt sich $\qquad\qquad \sin \beta = \cos \alpha \sin \gamma + \sin \alpha \cos \gamma.$

$\sin \alpha \cos \gamma = \sin \beta - \cos \alpha \sin \gamma$

$\qquad\qquad = \sin \beta - \cos \alpha(\sin \alpha \cos \beta + \cos \alpha \sin \beta)$

$\qquad\qquad = -\cos \alpha \sin \alpha \cos \beta + \sin \beta(1 - \cos^2\alpha)$

$\qquad\qquad = -\cos \alpha \sin \alpha \cos \beta + \sin \beta \sin^2 \alpha$

$\quad\cos \gamma = -\cos \alpha \cos \beta + \sin \alpha \sin \beta$

Da die Beziehungen $c = a \cos \beta + b \cos \alpha$ und $b = c \cos \alpha + a \cos \gamma$ auch in stumpfwinkligen Dreiecken gelten, sind die Bedingungen: α, β im I. oder II. Quadranten, $\alpha + \beta < \pi$.

3. $\dfrac{1}{2}\,ab\,\sin(\alpha+\beta)=\dfrac{1}{2}\,a^2\sin\alpha\cos\alpha+\dfrac{1}{2}\,b^2\sin\beta\cos\beta$

$\dfrac{a}{b}=\dfrac{\cos\beta}{\cos\alpha}$

$\sin(\alpha+\beta)=\dfrac{a}{b}\sin\alpha\cos\alpha+\dfrac{b}{a}\sin\beta\cos\beta$

5. Die Einzelargumente seien $\dfrac{\pi}{2}-x$ und $-y$, dann ist die Summe $\dfrac{\pi}{2}-(x+y)$. Unter der Voraussetzung, daß (21) für beliebige Winkel gilt, ist

$$\sin\left[\dfrac{\pi}{2}-(x+y)\right]=\sin\left(\dfrac{\pi}{2}-x\right)\cos(-y)+\cos\left(\dfrac{\pi}{2}-x\right)\sin(-y).$$

6. b) $c=p-q=b\cos y-a\cos x$

$$c=\dfrac{a\sin(x-y)}{\sin y}\qquad\qquad b=\dfrac{a\sin(\pi-x)}{\sin y}$$

$$a\,\dfrac{\sin(x-y)}{\sin y}=\dfrac{a\sin(\pi-x)}{\sin y}\cos y-a\cos x.$$

Aus $b=c\cos y+a\cos(x-y)$ ergibt sich

$$\dfrac{\sin(\pi-x)}{\sin y}=\dfrac{\sin(x-y)}{\sin y}\cos y+\cos(x-y)$$

$$\sin x=(\sin x\cos y-\cos x\sin y)\cos y+\sin y\cos(x-y).$$

Dann weiter analog Aufgabe 2.

8. Sei $y<0$ im IV. Quadranten, dann ist $-y>0$ im I. Quadranten. Die Bedingungen für die Formeln (18) und (19) sind für die Winkel $\dfrac{\pi}{2}-x$ und $-y$ erfüllt.

$$\sin\left[\dfrac{\pi}{2}-(x+y)\right]=\sin\left(\dfrac{\pi}{2}-x\right)\cos(-y)+\cos\left(\dfrac{\pi}{2}-x\right)\sin(-y)$$

$$\cos\left[\dfrac{\pi}{2}-(x+y)\right]=\cos\left(\dfrac{\pi}{2}-x\right)\cos(-y)-\sin\left(\dfrac{\pi}{2}-x\right)\sin(-y)$$

9. Man setzt $-y$ für y ein:

$$\sin(x-y)=\sin x\cos(-y)+\cos x\sin(-y)$$
$$\cos(x-y)=\cos x\cos(-y)-\sin x\sin(-y)$$

11. $2+\sqrt{3}\,;\qquad \dfrac{1}{2\sqrt{2}}\,(\sqrt{3}-1);\qquad \dfrac{1}{2}\sqrt{2+\sqrt{2}}\,;\qquad \dfrac{1}{2}\sqrt{2-\sqrt{2+\sqrt{3}}}$

12. a) $\dfrac{1}{4}\sqrt{2}\,(\sqrt{3}+1);\quad \dfrac{1}{4}\sqrt{2}\,(\sqrt{3}-1)$ **b)** $\dfrac{1}{4}\sqrt{2}\,(\sqrt{3}+1)\ \dfrac{1}{4}\sqrt{2}\,(\sqrt{3}-1)$

       $45°;\quad 30°;\quad 75°;\quad 15°$ $60°;\quad 45°;\quad 105°;\quad 15°$

13. a) $0;\quad \dfrac{1}{2}\sqrt{3}$ **b)** $-\dfrac{1}{4}\sqrt{2}\,(\sqrt{2-\sqrt{3}}+\sqrt{2+\sqrt{3}});\qquad \dfrac{1}{4}\sqrt{2}\,(\sqrt{2+\sqrt{3}}-\sqrt{2+\sqrt{3}})$

       $30°;\quad 60°;\quad 90°;\quad -30°$ $135°;\quad 75°;\quad 210°;\quad 60°$

14. a) $-(2+\sqrt{3});\qquad 2-\sqrt{3}$ **b)** $-(\sqrt{3}+2);\quad 1$

       $60°;\quad 45°;\quad 105°;\quad 15°$ $75°;\quad 30°;\quad 105°;\quad 45°$

Seite 277

1. a) $\alpha=82°$ $b=2{,}76\ \text{cm}$ $c=3{,}31\ \text{cm}$ $A=4{,}51\ \text{cm}^2$

   b) $\alpha=69{,}7°$ $b=5{,}94\ \text{cm}$ $c=2{,}66\ \text{cm}$ $A=7{,}42\ \text{cm}^2$

   c) $\gamma=85{,}5°$ $a=0{,}506\ \text{m}$ $b=1{,}410\ \text{m}$ $A=0{,}3555\ \text{m}^2$

2. a) $\alpha = 24,34°$ $\qquad$ $\gamma = 46,42°$ $\qquad$ $c = 21,36$ m $\qquad$ $A = 122,5$ m^2

   b) $\beta = 19°11'$ $\qquad$ $\alpha = 140°14'$ $\qquad$ $a = 8,37$ cm $\qquad$ $A = 6,33$ cm^2

   c) $\gamma = 57°35'$ $\qquad$ $\beta = 55°2'$ $\qquad$ $b = 27,0$ cm $\qquad$ $A = 346,4$ cm^2

3. $a = 511,6$ cm $\qquad$ $b = 342,7$ cm $\qquad$ $c = 431,2$ cm

5. a) Wegen $\sin\gamma \leqq 1$ und $A = 20\sin$ ist $0 \leqq A \leqq 20$ cm^2

   b) $\sin\gamma = \dfrac{2F}{ab} > 1$

6. a) $b = 5,78$ cm $\qquad$ $\alpha = 70,27°$ $\qquad$ $\gamma = 46,53°$ $\qquad$ $A = 12,79$ cm^2

   b) $c = 200,6$ m $\qquad$ $\alpha = 36,99°$ $\qquad$ $\beta = 40,85°$ $\qquad$ $A = 8100$ m^2

8. a) $\sphericalangle M_2 M_1 M_3 = 47,77°$ $\qquad\qquad$ b) $\sphericalangle M_2 M_1 M_3 = 46,41°$

      $\sphericalangle M_1 M_2 M_3 = 57,94°$ $\qquad\qquad\qquad$ $\sphericalangle M_1 M_2 M_3 = 56,38°$

      $\sphericalangle M_1 M_3 M_2 = 74,29°$ $\qquad\qquad\qquad$ $\sphericalangle M_1 M_3 M_2 = 77,21°$

9. a) Die Winkel im Bilddreieck

   $\alpha = 20,8°$ $\qquad$ $\beta = 57,6°$ $\qquad$ $\gamma = 101,6°$

10. $R = 71,07$ kp

   Winkel zwischen F_1 (40 kp) und $R = 72,1°$

   Winkel zwischen F_2 (70 kp) und $R = 32,9°$

11. a) Spannkraft im Ankerseil: 1271 kp $\qquad$ b) Belastung des Mastfundamentes: $(758 + 800)$ kp $= 1558$ kp

13. a) $F_Z = 15000$ kp $\qquad$ $F_D = 18000$ kp

14. a) $\sphericalangle$ zwischen F_1 und $F_2 = 87°$

     $\sphericalangle$ zwischen F_1 und $F_3 = 131,5°$

     $\sphericalangle$ zwischen F_2 und $F_3 = 141,4°$

15. a) 244,9 m $\qquad$ b) 90° bzw. 55°

Seite 285

1. 2,89° $\qquad$ 2. a) 0,0175 m $\qquad$ b) 0,175 m

3. a) $h \approx 22,0$ m

4. a) $h = 842,4$ m

5. Turmhöhe: 132,3 m $\qquad$ 7. a) $e_1 = 252,3$ m; $\qquad$ $e_2 = 411,7$ m

8. b) $\overline{CD} = 47,0$ m $\qquad$ c) $\overline{CD} = 390,9$ m

9. Abstand des Mittelpfeilers von A bzw. B: 99,3 m
   Abstand der Endpfeiler A und B: 201 m

10. a) $\overline{CD} = 36,5$ m $\qquad$ b) $\overline{CD} = 75,8$ m

11. $\overline{CD} = 211$ m

12. Verkürzung a) 32,2 m

13. $\overline{AD} = 155,1$ m $\qquad$ $A_{ADE} = 51,60$ a

    $\overline{AE} = 82,3$ m $\qquad$ $A_{ABD} = 82,30$ a

    $\overline{BD} = 138,5$ m

    $\overline{BC} = 85,6$ m $\qquad$ $A_{BCD} = 16,24$ a $\qquad$ $A \approx 4,42$ ha

    $\overline{AG} = 236$ m $\qquad$ $A_{AGB} = 132,60$ a

    $\overline{AF} = 161,3$ m $\qquad$ $A_{AFG} = 159,60$ a

15. $\overline{AC} = 172,8$ m $\qquad$ $\overline{BC} = 246,6$ m

18. Einfallswinkel: 53,92°

1.

	a) −30°	b) −18°	c) −135°	d) −83,4°
sin	−0,5000	−0,3090	−0,7071	−0,9934
cos	0,8660	0,9511	−0,7071	0,1149
tan	−0,5774	−0,3249	1,0000	−8,643
cot	−1,732	−3,078	1,0000	−0,1157

2.

	a)	b)	c)	d)
lg $|\sin x|$	9,6990	9,4900	9,8495	9,9971
lg $|\cos x|$	9,9375	9,9782	9,8495	9,0605
lg $|\tan x|$	9,7614	9,5118	0,0000	0,9367
lg $|\cot x|$	0,2386	0,4882	0,0000	9,0633

3.

	$\sin x$	x_1	x_2	$\cos x$	x_1	x_2
a)	−0,4848	−29°	−151°	0,9655	−15,1°	−344,9°
b)	−0,9024	−64,48°	−115,52°	0,3704	−68,26°	−291,74°
	$\tan x$	x_1	x_2	$\cot x$	x_1	x_2
f)	2,877	−109,17°	−289,17°	0,0107	−90,61°	−270,61°

4. a) 21,9°   158,1°   −201,9°   −338,1°
b) 188,54°   351,46°   − 8,54°   −171,46°
c) 84,3°   275,7°   − 84,3°   −275,7°
d) 105,38°   254,62°   −105,38°   −254,62°

5. φ sei > 0; damit ist $x = -\varphi$:

e) $\cos(90° - (-\varphi)) = \cos(90° + \varphi) = -\sin\varphi = \sin(-\varphi) \rightarrow \cos(90° - x) = \sin x,$ $x < 0$

f) $\sin(90° - (-\varphi)) = \sin(90° + \varphi) = +\cos\varphi = \cos(-\varphi) \rightarrow \sin(90° - x) = \cos x,$ $x < 0$

g) $\tan(90° - (-\varphi)) = \tan(90° + \varphi) = -\cot\varphi = \cot(-\varphi) \rightarrow \tan(90° - x) = \cot x,$ $x < 0$

h) $\cot(90° - (-\varphi)) = \cot(90° + \varphi) = -\tan\varphi = \tan(-\varphi) \rightarrow \cot(90° - x) = \tan x,$ $x < 0$

6.

a)	−1030°	− 670°	− 310°	50°	410°	770°	1130°
b)	− 905°	− 545°	− 185°	175°	535°	895°	1255°
c)	− 745°	− 385°	− 25°	335°	695°	1055°	1415°
d)	− 962,5°	− 602,5°	− 242,5°	117,5°	477,5°	837,5°	1197,5°
e)	−1301,68°	− 941,68°	− 581,68°	−221,68°	138,32°	498,32°	858,32°

7. f) 323°   **g)** 327°   **h)** 138° 10′   **i)** 166,8°   **k)** 36,48°

8. a) $x_1 = 18,8° + k \cdot 360°$ $x_2 = 161,2° + k \cdot 360°$
c) $x_1 = 25,6° + k \cdot 360°$ $x_2 = 334,4′ + k \cdot 360°$
e) $x = 132,72° + k \cdot 180°$

9. a) $x_1 = 15,72° + k \cdot 360°$ $x_2 = 164,28° + k \cdot 360°$
c) $x_1 = 81,15° + k \cdot 360°$ $x_2 = 278,85° + k \cdot 360°$
e) $x = 16,48° + k \cdot 180°$

10. a) 0,0175   **e)** 0,000 004 85   **i)** $\dfrac{5\pi}{3} = 5,2360$ **n)** 1,1781   **r)** −3,0966

11. b) $36°$ **f)** $1°$ **k)** $15°$ **o)** $5,73°$ **s)** $174,2°$ **w)** $-40,3$

12. a) $3,17$ cm   **13. b)** $0,0349$ cm   **c)** $0,0698$ cm

15. a) $\sin 60° = 0,8660$ **b)** $\sin 67,5° = 0,9239$ **c)** $\sin(-270°) = 1$
     d) $\sin 57,30° = 0,8415$ **e)** $\sin 24,63° = 0,4168$

16. a) $\tan 180° = 0$ **b)** $\tan 51,43° = 1,254$
     c) $\tan(-9°) = -0,1584$ **d)** $\tan 40,11° = 0,8424$ **e)** $\tan(-68,76°) = -2,573$

17. a) $\lg \sin 100° = 0,9934-1$ **b)** $\lg \sin 18° = 0,4900-1$
     c) $\lg |\sin 349,51°| = 0,2602-1$ **d)** $\lg \cos 315° = 0,8495-1$

18. a) $72° \triangleq \dfrac{2\pi}{5} = 1,2566$ $108° \triangleq \dfrac{3\pi}{5} = 1,8850$

     b) $40° \triangleq \dfrac{2\pi}{9} = =0,6981$ $140° \triangleq \dfrac{7\pi}{9} = 2,4435$

     c) $76,8 \triangleq 1,3405$ $103,2 \triangleq 1,8012$

     d) $191,25° \triangleq 3,3380$ $348,75° \triangleq 6,0869$

     e) $3,23 \cdot 10^{-6}$ $\pi - 3,23 \cdot 10^{-6}$

     f) $45° \triangleq \dfrac{\pi}{4} = 0,7854$ $315° \triangleq \dfrac{7\pi}{4} = 5,4978$

19. a) $45° \triangleq \dfrac{\pi}{4} = 0,7854$ $135° \triangleq \dfrac{3\pi}{4} = 2,3562$

     c) $3,703 \cdot 10^{-6}$ $\pi - 3,703 \cdot 10^{-6}$

     e) $129,4° \triangleq 2,2584$ $230,6° \triangleq 4,0248$

     g) $50° \triangleq 0,8727$ $230° \triangleq 4,0143$

     i) $138° \triangleq 2,4085$ $318° \triangleq 5,5502$

20.

	$90°$	$270°$	$360°$	$45°$	$57,3°$
s	$\dfrac{5\pi}{2}$	$\dfrac{15\pi}{2}$	10π	$\dfrac{5\pi}{4}$	
(in cm)	$7,85$	$23,56$	$31,42$	$3,93$	$5,0$

25. Es sei stets $0 \leqq x \leqq \pi$

$$\tan(\pi + x) = \frac{\sin(\pi + x)}{\cos(\pi + x)} = \frac{-\sin x}{-\cos x} = \tan x$$

$$\cot(\pi + x) = \frac{\cos(\pi + x)}{\sin(\pi + x)} = \frac{-\cos x}{-\sin x} = \cot x$$

26. a) 0 **b)** $-0,9239$ **c)** $0,9511$ **d)** $-0,8796$ **e)** -1 **f)** 0

27. a) $-$ **b)** $0,9656-1$ **c)** $0,9782-1$ **d)** $0,9443-1$ **e)** $0,0000$ **f)** $-$

28. a) $\dfrac{\pi}{3} + 2k\pi = 1,0472 + 2k\pi$ $\dfrac{2\pi}{3} + 2k\pi = 2,0944 + 2k\pi$

     b) $\dfrac{13\pi}{12} + 2k\pi = 3,4034 + 2k\pi$ $\dfrac{23\pi}{12} + 2k\pi = 6,0214 + 2k\pi$

     c) $0,5297 + 2k\pi$ $2,6119 + 2k\pi$

     d) $\dfrac{\pi}{4} + 2k\pi = 0,7854 + 2k\pi$ $\dfrac{7\pi}{4} + 2k\pi = 5,4978 + 2k\pi$

     e) $\dfrac{11\pi}{12} + 2k\pi = 2,8798 + 2k\pi$ $\dfrac{13\pi}{12} + 2k\pi = 3,4034 + 2k\pi$

     f) $0,3653 + 2k\pi$ $5,9179 + 2k\pi$

29. a) $0,006109 + 2k\pi$ $3,1355 + 2k\pi$ **c)** $1,5010 + 2k\pi$ $4,7822 + 2k\pi$
     e) $0,2565 + k\pi$ **g)** $1,2601 + k\pi$